石油石化职业技能培训教程

集 输 工

中国石油天然气集团公司职业技能鉴定指导中心 编

石油工业出版社

内 容 提 要

本书是由中国石油天然气集团公司职业技能鉴定指导中心，依据集输工职业资格等级标准，统一组织编写的《石油石化职业技能培训教程》中的一本。主要内容包括油气集输及工艺流程、容器及相关工艺安装、集输用泵、集输电气设备、计量仪表及控制系统、常用工用具、安全生产及培训等集输工应掌握的基础和专业知识。

本书语言通俗易懂，理论知识重点突出，实用性和可操作性较强，是集输工职业技能培训的必备教材。

图书在版编目（CIP）数据

集输工/中国石油天然气集团公司职业技能鉴定指导中心编．
北京：石油工业出版社，2011.12
石油石化职业技能培训教程
ISBN 978-7-5021-8766-8

Ⅰ．集⋯
Ⅱ．中⋯
Ⅲ．油气集输-技术培训-教材
Ⅳ．TE86

中国版本图书馆 CIP 数据核字（2011）第 217522 号

出版发行：石油工业出版社
（北京安定门外安华里2区1号　100011）
网　址：www.petropub.com
编辑部：（010）64240656　图书营销中心：（010）64523633
经　　销：全国新华书店
印　　刷：北京中石油彩色印刷有限责任公司

2011年12月第1版　2019年5月第3次印刷
787×1092毫米　开本：1/16　印张：31
字数：794千字

定价：60.00元
（如出现印装质量问题，我社图书营销中心负责调换）
版权所有，翻印必究

《石油石化职业技能培训教程》编委会

主　任： 孙金瑜

副主任： 向守源　丁传峰

委　员：（以姓氏笔画为序）：

仇国光　王子云　王奎一　申　哲　刘小明

孙春梅　纪安德　何　波　宋玉权　张建国

李世效　李孟州　李禄松　杨明亮　杨峰亭

杨静芬　哈志凌　赵宝红　商桂秋　崔贵维

职丽枫　蔡激扬

前 言

随着企业产业升级、装备技术更新改造步伐不断加快，对从业人员的素质和技能提出了新的更高要求。为适应经济发展方式转变和"四新"技术变化要求，满足员工培训、鉴定工作的需要，中国石油天然气集团公司职业技能鉴定指导中心坚持动态开发修订技能培训教材和鉴定题库制度，组织力量对"十五"期间开发的第一批职业技能培训教程中的采油工等部分从业人数多的主体工种进行了修订。

本批教程按工种编写，每个工种一本，以新修订颁发的石油石化行业职业资格等级标准为依据，内容范围与鉴定题库基本一致，与公开出版的试题集配套使用，既可用于职业技能鉴定前培训，也可用于员工岗位技术培训和自学提高。

集输工职业技能培训教程由大庆油田有限责任公司组织编写，李军、赵萍任主编，参加编写的人员有代龙兴、陈艳霞、张艳华、杨海波、王运成、刘丽波；参加审定的人员有大庆油田有限责任公司杨明亮、于立英、贾学海、宋宝玉，吉林油田公司智绪光，辽河油田公司岳大伟、武斌安，新疆油田公司沈蔓，胜利油田公司毕新忠。

由于编者水平有限，书中错误、疏漏之处请广大读者提出宝贵意见。

编者
2011.3

目 录

第一章 油气集输及工艺流程 ... 1
- 第一节 油气集输相关知识 ... 1
- 第二节 油气集输流程 ... 10
- 第三节 油气集输管道 ... 14
- 第四节 油气集输管道投产与维护 ... 39
- 第五节 油气集输工艺安装 ... 50

第二章 容器及相关工艺技术 ... 66
- 第一节 容器的基本知识 ... 66
- 第二节 油气分离 ... 70
- 第三节 集输加热设备 ... 88
- 第四节 原油脱水 ... 118
- 第五节 储油罐 ... 145
- 第六节 含油污水处理 ... 162

第三章 集输用泵 ... 175
- 第一节 泵的概述 ... 175
- 第二节 离心泵结构原理 ... 176
- 第三节 离心泵的性能参数 ... 182
- 第四节 离心泵安装使用 ... 197
- 第五节 离心泵保养与维护 ... 212
- 第六节 往复泵 ... 226
- 第七节 齿轮泵 ... 239
- 第八节 螺杆泵 ... 246
- 第九节 轴承、密封装置及联轴器 ... 252

第四章 集输电气设备 ... 278
- 第一节 电工基础 ... 278
- 第二节 常用低压电器 ... 288
- 第三节 交流电动机 ... 303
- 第四节 三相异步电动机的操作及维护 ... 314
- 第五节 变频器 ... 326
- 第六节 变压器 ... 329

第五章 计量仪表及控制系统 ... 341
- 第一节 计量与计量单位 ... 341
- 第二节 计量仪表 ... 346

第三节 自动控制系统 389
- **第六章 常用工用具** 393
  - 第一节 常用手工工具 393
  - 第二节 钳工工具 402
  - 第三节 管工工具 414
  - 第四节 电工工具 418
  - 第五节 测量工具 420
  - 第六节 起重器材 431
- **第七章 安全生产及培训** 436
  - 第一节 安全生产知识 436
  - 第二节 HSE 管理体系 456
  - 第三节 全面质量管理 468
  - 第四节 技术培训 472
  - 第五节 编写技术论文 478
  - 第六节 编写阶段生产总结报告 484
- **参考文献** 490

第一章　油气集输及工艺流程

第一节　油气集输相关知识

一、油田产出物及性质

（一）石油的组成

油田油藏中的油通常称为石油。石油是由各种碳氢化合物与少量杂质组成的可燃液体。从油田开采出来的石油在加工提炼以前通常称为原油。从原油中可以提炼出汽油、煤油、柴油、润滑油以及其他一系列的产品。

1. 石油的元素组成
（1）碳元素：含量为 84%～95%；
（2）氢元素：含量为 12%～14%；
（3）氧、氮、硫等其他元素：含量为 1%～4%。

2. 石油的化合物组成
（1）烷烃、环烷烃、芳香烃等烃类化合物：含量一般为 96%～99%；
（2）含氧、氮、硫的化合物：含量一般为 1%～4%。

（二）石油的性质

1. 石油的密度和相对密度

（1）石油的密度。

单位体积石油的质量称为石油的密度，其计算公式为：

$$\rho = \frac{m}{V} \tag{1-1}$$

式中　ρ——石油的密度，kg/m^3；
　　　m——石油的质量，kg；
　　　V——石油的体积，m^3。

（2）石油的相对密度。

石油的密度 ρ 与 4℃纯水的密度 $\rho_水$ 之比称为石油的相对密度，其计算公式为：

$$d_4^t = \frac{\rho}{\rho_水} \tag{1-2}$$

式中　d_4^t——石油的相对密度；
　　　ρ——石油的密度，kg/m^3；
　　　$\rho_水$——在 4℃，0.101MPa 状态下纯水的密度，kg/m^3。

石油的相对密度一般小于 1，多数在 0.80～0.98 之间。石油按相对密度可分为以下几类：

①轻质石油：$d_4^{15.6} < 0.830$。
②中质石油：$d_4^{15.6}$ 为 0.830～0.904。

③ 重质石油：$d_4^{15.6}$ 为 0.904～0.966。

④ 特重质石油：$d_4^{15.6}$ > 0.966。

2. 原油的凝点

原油的凝点是指原油冷却凝固失去流动性时的最高温度。原油通常呈液态，但当温度降低时则变稠，以至呈半固态或固态，失去了流动性。原油的凝点主要决定于其中的含蜡量。含蜡量高则凝点高。集输过程中常见的结蜡现象就是原油的凝固现象。不同油田原油凝点各不相同。例如：大庆油田原油凝点为 23～28℃。凝点在 40℃ 以上的原油称为高凝油。

3. 原油的粘度

原油流动时，其内部分子之间产生的摩擦阻力称为原油的粘度，单位是毫帕秒（mPa·s）。原油粘度的大小，直接影响集输管路的能量消耗。油田集输工艺中，采取升温、油气水混输、加降粘剂等措施，达到节能降耗的目的。原油的粘度 > 50mPa·s 且相对密度 d_4^{20} > 0.920 时称为稠油。

4. 原油的饱和蒸气压 p_0

原油的饱和蒸气压是指在同一温度下，该原油蒸气与液相成平衡（$V_蒸 = V_凝$）状态时所产生的油品蒸气的压力，如图 1-1 所示。

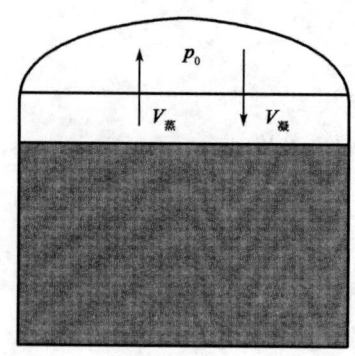

图 1-1　原油的饱和蒸气压 p_0

原油的饱和蒸气压大小决定于原油性质和温度。原油是各种碳氢化合物组成的混合物，它在某一条件下的蒸气压等于该条件下它的组分饱和分压之和，与气体空间大小以及是否存在空气无关。原油的饱和蒸气压是衡量其挥发性的重要指标。

（三）天然气的性质

天然气是以气态碳氢化合物为主的气体组成的混合气体。天然气分为油田伴生气和气田气。在油田伴生气中，甲烷（CH_4）的含量一般为 80%～90%，而气田气中甲烷的含量为 90% 以上。

1. 天然气的元素组成

（1）碳元素：含量为 65%～80%。

（2）氢元素：含量为 12%～19%。

（3）氧、氮、硫等其他元素：含量为 1%～23%。

2. 天然气的化合物组成

（1）甲烷、乙烷、丙烷、丁烷：含量一般为 77%～99%。

（2）含氧、氮、硫的化合物：含量一般为 1%～4%。

3. 天然气的密度和相对密度

（1）天然气的密度。

单位体积天然气的质量称为天然气的密度，其计算公式为：

$$\rho = \frac{m}{V} \qquad (1-3)$$

式中　ρ——天然气的密度，kg/m^3；

　　　m——天然气的质量，kg；

　　　V——天然气的体积，m^3。

(2) 天然气的相对密度。

标准状态（压力为0.101MPa，温度为20℃）下，天然气密度与空气密度之比称为天然气的相对密度，其计算公式为：

$$\gamma = \frac{\rho_{气}}{\rho_{空}} \quad (1-4)$$

式中　γ——天然气的相对密度；

　　　$\rho_{空}$——空气的密度，kg/m^3；

　　　$\rho_{气}$——天然气的密度，kg/m^3。

4. 天然气的粘度

天然气流动时，气体内部分子之间的摩擦阻力称为天然气的粘度，单位是毫帕秒（mPa·s）。

5. 天然气的露点

天然气中含有一定量的水蒸气，当温度下降或压力升高到一定数值时，天然气中水蒸气开始冷凝析出，此时的温度称为天然气的露点。天然气中水蒸气的含量与天然气所具有的压力、温度及分子质量等有关。

按天然气在地下的产出状态可分为油田气、气田气、凝析气、水溶气、煤层气及固态气体水合物。

（四）油田水

1. 油田水的概念

广义的油田水是指油气田区域内的地下水，包括油层水和非油层水。狭义的油田水是指油田范围内储集油气地层中的地下水，也称地层水，它与油气共存于岩石的孔隙中。由于地层水在地质历史时期与油气长期接触，因此在性质方面，与地表水不同。

2. 油田水的性质

溶解物极少的纯水为无色透明、无臭、无味，水层较厚时呈蓝色，温度为4℃时，密度为$1g/cm^3$，粘度为$1×10^{-3}Pa·s$。油田水中溶有各种盐类、气体和有机质，油田水与非油田水相比有许多不同的物理性质。

（1）颜色与透明度。

油田水通常带色并浑浊不清，含硫化氢时，呈淡青绿色；含铁质胶状体时，呈淡红色、褐色或淡黄色。

（2）密度及粘度。

因油田水含盐类多，使其密度及粘度均比纯水高。油田水密度一般大于$1000kg/m^3$。含盐量越高，则密度及粘度越大；温度升高，粘度则下降。

（3）嗅觉和味觉。

油田水中混有少量石油时，往往具有汽油或煤油味；当含有硫化氢时，常常使水有臭蛋味；溶有NaCl时，具有咸味；溶有$MgSO_4$时，具有苦味。总之，油田水给人的嗅觉和味觉是比较特殊的。

（4）温度。

油田水的温度随着油层埋深的增加而增加。据测定，油田水的温度一般介于20~100℃之间。

（5）导电性。

水为极性化合物，纯水是不良导体，而油田水因含有各种离子，所以具有导电性。离子浓度越大，导电性越强；温度增高，导电性增强。

二、流体力学基础知识

（一）流体的特点

物质以固体、液体和气体三种状态存在。物质是由分子组成的，分子之间作用力的大小，决定了物质存在的状态。

固体的分子排列紧密，分子间的作用力大。因此，固体不仅具有一定的体积，而且能够保持一定的形状，能抵抗一定的外力作用，变形微小。

液体和气体与固体相比较，分子间的作用力小，这就决定了液体和气体具有区别于固体的共同特性，不能保持一定的形状，液体和气体放在什么形状的容器里就成什么形状。

凡是无固定形状、易流动的物质称为流体。因此，液体和气体都属于流体。

液体和气体相比较，气体的形状更不固定。液体放在开口容器中与大气形成明显的分界线，而气体则只能限制在密闭的容器中。如果容器有漏洞，就会向外扩散和四周的大气混在一起。这种扩散现象是气体和液体的一个重要区别。

当流体改变形状发生流动时，由于内聚力作用，还表现出抵抗变形阻止流动的性质，称为流体的粘滞性。对一般液体来说，温度越高粘滞性越小。液体压力对其粘滞性的影响不明显，但对气体来说，由于压力的增大会使气体的密度增大，从而粘滞性增大。

液体和气体的另一个明显区别在于它们的可压缩性。气体很容易被压缩，受压后的气体体积明显变化，密度增大，而液体受压后，体积和密度变化不明显。工程上把液体看成是不可压缩流体，把气体看成可压缩流体。

（二）流体的基本性质

1. 密度

流体单位体积内所具有的质量称为流体的密度，用 ρ 表示。即：

$$\rho = \frac{m}{V} \tag{1-5}$$

式中　ρ ——流体的密度，kg/m^3；

　　　m ——流体的质量，kg；

　　　V ——流体的体积，m^3。

2. 压缩性

在温度不变的条件下，流体的体积随压力增大而缩小的性质称为流体的压缩性。

流体的压缩性大小，用体积系数 β_p 表示，它代表压力增加 1Pa 时所引起的体积相对变化量，即：

$$\beta_p = \frac{\frac{dV}{V}}{dp} = -\frac{1}{V}\frac{dV}{dp} \tag{1-6}$$

式中　V ——流体的体积，m^3；

　　　dV ——流体体积的变化量，m^3；

　　　dp ——流体压力的变化量，Pa；

β_p——流体的体积压缩系数，Pa^{-1}。

因为 dV 与 dp 的变化方向相反，即压力增加时体积减小，所以式（1-6）中加负号，以便流体的体积压缩系数 β_p 永远为正值。

3. 粘滞性

粘滞性是指当流体内部质点发生相对运动时而产生切向阻力的性质，也称粘性。流体是由分子组成的物质，当它以某一速度流动时，其内部分子存在着吸引力。此外，流体分子和固体壁之间有附着力作用。分子间的吸引力和壁面间的附着力都属于抵抗流体运动的阻力，而且是以摩擦形式表现出来，其作用是抵抗流体内部的相对运动，从而影响着流体的运动状况。由于粘性的存在，流体在运动中克服摩擦力必然要做功，所以粘性也是流体中发生机械能量损失的根源。

（三）流体力学的基本概念

1. 水静压强

（1）水静压强的概念。

处于静止状态的液体，其内部各质点之间、质点对容器的壁面均有压力的作用。将静止液体内部各质点间作用的压力以及液体质点对容器壁作用的压力称为水静压力，静止液体作用在单位面积上的水静压力称为水静压强。

（2）水静压强的特性。

①水静压强的方向垂直并指向作用面。如图1-2所示的水箱，若在侧壁开一小孔，水就从小孔喷射出来，水流的方向垂直于水箱壁面。

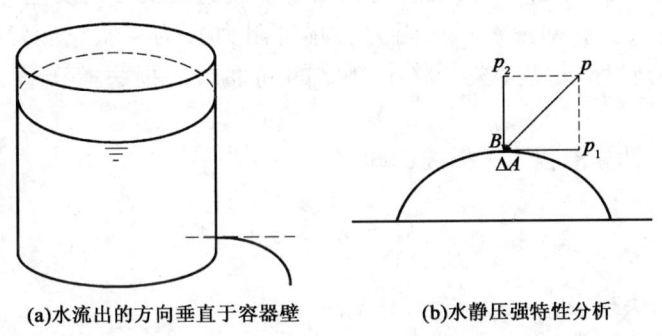

(a)水流出的方向垂直于容器壁　　(b)水静压强特性分析

图1-2　水静压强方向与作用面垂直的示意图

②静止液体中任意一点的水静压强不论来自哪个方向，其大小相等，即同一点的水静压强各向等值。

2. 两种流动状态

（1）层流。

流体流动时，如果质点没有横向脉动，不引起流体质点的混杂，而是层次分明，能够维持稳定的流束状态，这种流动状态称为层流。

（2）紊流。

流体流动时，随速度上升，质点具有横向脉动，引起流层质点的相互错杂交换，这种质点无规则运动状态称为紊流。

（3）雷诺数。

雷诺数是用来判别流体在流道中流态的无量纲准数，用 Re 表示，即：

$$Re = \frac{vd}{\nu} \tag{1-7}$$

式中 v——管内流体流速;
　　d——管内径;
　　ν——液体的运动粘度;
　　Re——雷诺数,无量纲。

当 $Re<2000$ 时,管内液体流态为层流;当 $Re>3000$ 时,管内液体流态为紊流;当 $2000<Re<3000$ 时,管内液体流态为过渡区。

3. 水头损失

当液体流动时,由于液体质点的相对运动,在液体中产生摩擦力,其对液体运动形成阻力——液流阻力,克服阻力所需的能量称为能量损失。克服管道中流动的单位质量流体质点之间和质点与管路之间的摩擦所消耗的能量称为管道摩阻损失,也称水头损失。它有沿程水头损失和局部水头损失之分。一般情况下,液体在长距离输液管路中的总水头损失以沿程水头损失为主。

(1) 沿程水头损失。

液流沿着流程产生的摩擦阻力称为沿程阻力。为克服它而产生的水头损失称为沿程水头损失。它与液流经过的流程成正比,整个管路的沿程水头损失等于不同径的管路沿程水头损失之和。

(2) 局部水头损失。

当液流经过各种发生巨变的局部装置时,由于液流速度及方向发生变化,质点间发生剧烈摩擦、碰撞和能量交换,对液流形成阻力(局部阻力)为克服它而发生的能量损失称为局部水头损失。它与管路长度无关,整个管路的局部水头损失等于各管路局部水头损失之和。

(3) 用达西公式计算沿程水头损失,即:

$$h_f = \lambda \frac{L}{d} \frac{v^2}{2g} \tag{1-8}$$

式中 h_f——沿程水头损失,m;
　　λ——水力摩阻系数;
　　L——管线长度,m;
　　d——管内径,m;
　　v——液流平均速度,m/s;
　　g——重力加速度,9.8m/s^2。

4. 水力坡度

单位长度管道上的摩阻损失称为水力坡度,用 i 表示,即:

$$i = \frac{h_f}{L} \tag{1-9}$$

式中 i——水力坡度,m;
　　h_f——沿程摩阻损失,m/m 或 m/km;
　　L——管线长度,m。

（四）水静力学的基本方程式

1. 定义

如图1-3所示，将一侧壁上开三个小孔的容器灌满水，然后把三个小孔的塞子同时打开，这时，可以看到水流从三个小孔喷射出来。越靠近容器底部的小孔，其水流喷射的越远。这个现象说明水中不同深度的压强是不一样的，即压强随着水的深度变化而变化。从而可以得出一种感性认识，液体对容器侧壁的压强是随着深度的增加而增大的。

如图1-4所示，在静止液体中任取一点 M，该点在液面以下的深度为 h，围绕 M 点以水平的微小面积 dA 为底，沿容器取出一个高为 h 的微小液柱。这时，作用在小液柱上的力有：

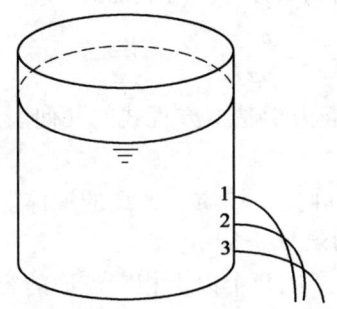 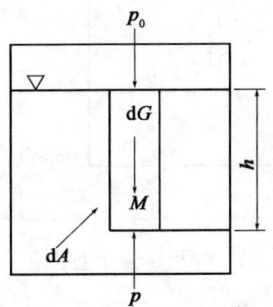

图1-3 液体的压强与深度的关系　　图1-4 微小液柱示意图

（1）液柱上面的压力 $F_0 = p_0 dA$（p_0 为液面压强），方向铅垂向下；
（2）液柱底面上的压力 $F = p dA$，方向铅垂向上；
（3）液柱侧面上的压力在铅垂方向上的分力为0；
（4）液柱所受的重力 $dG = \rho g h dA$，方向铅垂向下。

由于液体静止，所以液柱在垂直方向上力的平衡方程为：

$$F = F_0 + dG$$
$$p = p_0 + \rho g h \tag{1-10}$$

式中　p——静止液体中任一点 M 的水静压强，Pa；
　　　p_0——液面上的压强，Pa；
　　　ρ——液体的密度，kg/m³；
　　　g——重力加速度，9.8m/s²；
　　　h——M 点距液面的垂直深度，m。

式（1-10）定量地提示了静止液体中水静压强与深度的关系，反映了水静压强的分布规律，一般称为水静力学基本方程式。

2. 意义

（1）液体内任一点的压强 p 由两部分组成：一部分是液面上的压强 p_0，另一部分是液柱的自重产生的压强 $\rho g h$，液面上的压强是外力作用于液面上引起的。

（2）当液面压强 p_0 一定时，在同种均质静止液体中，水静压强 p 的大小与深度 h 成正比。

（3）在同种均质静止液体中，若各点距液面的深度相等，则各点的压强相等；由这些压强相等的点组成的面称为等压面，绝对静止液体中的等压面是水平面；

（4）由于液体内任一点的压强都包含液面上的压强 p_0，因此液面压强 p_0 的任何变化都会引起液体内部所有液体质点上压强的变化。这种液面压强等值地在液体内部传递的规律称为帕斯卡定律。

（5）根据水静力学基本方程式可知，液体在不同深度的任意两点，如图1-5中1点和2点之间的压强差为：

$$p_2 = p_1 + \rho g(h_2 - h_1) = p_1 + \rho g \Delta h \tag{1-10a}$$

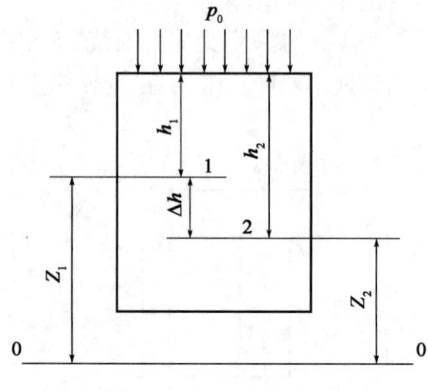

图1-5 静止压强示意图

式（1-10a）说明，液体内任意两点的压强差等于两点间的液柱高度产生的压强。

若取 $0-0'$ 为基准面，则1点与2点到该基准面的铅垂距离分别为 Z_1 与 Z_2，式（1-10a）为：

$$Z_1 + \frac{p_1}{\rho g} = Z_2 + \frac{p_2}{\rho g} \tag{1-11}$$

式（1-11）是水静力学基本方程式的几何表达式。

3. 应用条件

它适用于绝对静止、均质、连续的液体。

4. 连通器内的液体平衡

连通器是指两个或两个以上相互流通的容器。

对于绝对静止的液体来讲，在重力作用下，单个容器等压面的条件是静止液体的同一水平面。两个或两个以上容器（即连通器）共有等压面的条件为同一连续静止液体的同一水平面。

连通器压力平衡方程式为：

$$p_{02} = p_{01} \pm \sum \rho_i g \Delta h_i \tag{1-12}$$

式中　p_{01}、p_{02}——计算起点和计算终点的压力，N/m²；

$\sum \rho_i g \Delta h_i$——连续计算过程中压力差的代数和（从计算起点到计算终点连续计算过程中，向下取"+"，向上取"-"）。

连通器压力平衡方程式是水静力学基本方程式在连通器中的推广。解决连通器平衡问题的关键是找出两种液体的分界面所在的共有等压面。

（五）水动力学的基本方程式

水动力学是研究流体运动规律的科学，运动是绝对的，静止是相对的，静止只是运动的一种特殊形式。在水动力学中粘滞力起主要作用。

1. 流体的连续性方程式

同一流速的所有过流断面上的流量是相等的，即 $Q_1 = Q_2$，也可写成：

$$v_1 A_1 = v_2 A_2 \tag{1-13}$$

式中　v_1、v_2——总流过流断面 A_1 和 A_2 上的平均流速，m/s；

　　　Q_1、Q_2——总流过流断面 A_1 和 A_2 上的流量，m/s³。

连续性方程式（1-13）表明各个过流断面的面积与该断面上平均流速的乘积为一常数，即流体的所有过流断面上的流量都是相等的。因而，各流段内的液体体积和质量都是一定的，它是流体的质量守恒定律在水力学中的数学表达式。

2. 理想液体流束的伯努利方程

式（1-14）为理想液体稳定流流束的伯努利方程式，即理想液体稳定流流束的能量方程式：

$$Z_1 + \frac{p_1}{\rho g} + \frac{v_1^2}{2g} = Z_2 + \frac{p_2}{\rho g} + \frac{v_2^2}{2g} \qquad (1-14)$$

式中 Z——单位质量液体在重力作用下所具有的比位能；

$\frac{p}{\rho g}$——单位质量液体在重力作用下所具有的比压能；

$\frac{v^2}{2g}$——单位质量液体在重力作用下的比动能。

理想液体稳定流流束的伯努利方程式表明，液流同一流束的各断面上单位质量液体在重力作用下总机械能为常数，即液流任一断面的总机械能守恒：

$$Z_1 + \frac{p_1}{\rho g} + \frac{v^2}{2g} = C \qquad (1-15)$$

3. 实际液体总流的伯努利方程式

实际上，由于液体与外界摩擦和液体内部摩擦的存在，使得液体的机械能沿流动方向逐渐降低；另外，局部装置所引起的液流扰乱，使得液体的机械能在某些断面处突然降低。在流动过程中，液体有一部分能量由于消耗变成热能而散失，流束后端的机械能永远小于流束前端的机械能。因此，实际液体总流的伯努利方程式为：

$$Z_1 + \frac{p_1}{\rho g} + \frac{\alpha v_1^2}{2g} = Z_2 + \frac{p_2}{\rho g} + \frac{\alpha v_2^2}{2g} + h_{w1-2} \qquad (1-16)$$

式中 Z——单位质量液体在重力作用下所具有的比位能；

$\frac{p}{\rho g}$——单位质量液体在重力作用下所具有的比压能；

$\frac{v^2}{2g}$——单位质量液体在重力作用下的比动能；

α——动能修正系数；

h_{w1-2}——流束前、后端单位重量液体的能量损失。

实际液体总流的伯努利方程式适用条件为稳定流、不可压缩液体、流量沿流程不变、质量力只有重力、缓变流断面。

三、串联和并联管路

（一）串联管路

由不同长度、不同直径的管路依序连接的管段称为串联管路。

串联管路的各联结点（称为节点）处流量平衡，即流入节点的总流量等于流出节点的总流量。

串联管路是由简单长管组成的，其水力计算方法与简单长管的计算方法基本相同，只是需要考虑到串联管路的水力特点。

串联管路各管段的直径不同，当流量一定时，直径较大的管路其单位长度的水头损失

（水力坡降）较小。因此，可在长输液管的某段上加大管路直径，降低水力坡降，达到延长输送距离的目的。

（二）并联管路

自一点分离而又汇合到一点处的两条以上的管路称为并联管路。

进入各并联管的总流量等于流出各并联管路流量的总流量，即：

$$Q = \sum Q_i$$

各并联管内单位质量液体的能量损失（水头损失）都相同，即：

$$h_f = h_{f1} = h_{f2} = \cdots = h_{fi} = 常数$$

并联管路是由简单长管组成的，其水力计算方法与简单长管的计算方法基本相同，只是需要考虑到并联管路的水力特点。

在输油管路上，常利用铺设并联的副管以达到增大输送量和降低水头损失的目的。总之，用部分加大串联管径或部分铺设并联副管的方法都是为了降低水力坡降，达到增大流量或延长输送距离、减少中间站的目的。

第二节　油气集输流程

油气集输是指油田矿场原油和天然气的收集、处理和运输。它的主要任务是通过一定的工艺流程，把分散在油田各油井产出的油、气、水等混合物集中起来，经过必要的处理，使之成为符合国家或行业质量标准的原油、天然气、轻烃等产品和符合地层回注水质量标准或外排水质量标准的含油污水，并将原油和天然气分别输往长距离输油管道的首站（或矿场油库）、输气管道首站，将污水送往油田注水站或外排。

油气集输工艺流程是油、气等物质在集输管网中的流向和生产过程。选用油气集输流程时，应以油田开发总体方案为依据，综合考虑采油工艺、油气性质、油区所处的地理环境以及现有的技术水平等诸多因素，遵循"适用、合理、可靠、经济、节能、高效、安全、环保"的基本原则。

一、油气集输工艺流程的分类

（一）按集输布站方式分类

1. 一级布站集油流程

一级布站集油流程如图 1 - 6 所示，油井产物经单井管线直接混输至联合站进行分离、计量等处理。该流程适用于离联合站较近的油井。

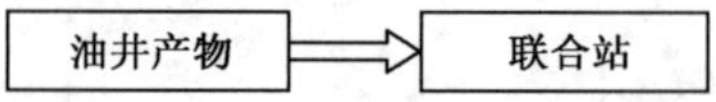

油井产物　⟶　联合站

图 1 - 6　一级布站集油流程

2. 二级布站集油流程

二级布站集油流程如图 1 - 7 所示。油井产物先经单井管线混输至计量间，在计量间分井计量后，再分队混输至联合站进行处理。该流程减少了去联合站的管线，适用于油井相对集中、离联合站不太远、靠油井压力能将油井产物混输至联合站的油区，通常是按采油队布置计量间。

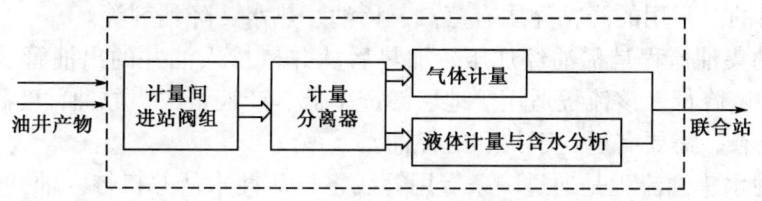

图 1-7　二级布站集油流程

3. 三级布站集油流程

三级布站集油流程如图 1-8 所示。油井产物在计量间分井计量后，再由计量间混输至中转站，在中转站进行气液分离，其中液相经加压后输至联合站进行后续处理，气相由油井压力输至联合站或天然气处理厂进行处理。该流程适用于离联合站较远，靠油井压力不能将油井产物输至联合站的油区。

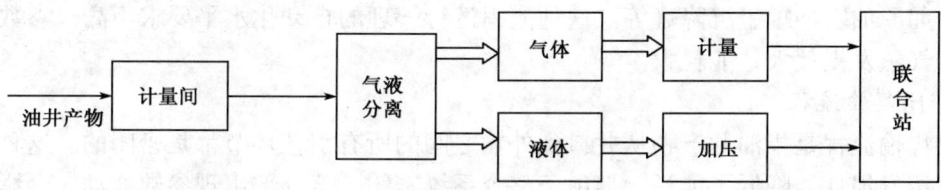

图 1-8　三级布站集油流程

总体看，二级布站集油流程密闭程度较高，油气损耗小，能量利用合理，便于集中管理，是较合理的布站方式。但在实际应用中，如何布站，要根据具体分析确定。

（二）按集输流程降粘方式分类

1. 不加热集油流程

井口不加热集油流程是随着油田开采进入中期、后期，油井产液含水不断增加而采用的一种集输方法。由于油井产液含水量的增加，一方面使采出液的温度有所提高，另一方面使采出液可能形成水包油型乳化液，从而使得输送阻力大大减小，为井口不加热，油井产物在井口温度和压力下直接混输至计量间创造了条件。

2. 加热集油流程

油井产物经井口加热炉加热后，进计量间分离计量，再经计量站加热炉加热后，混输至中转站或联合站。

3. 伴热集油流程

伴热集油流程是一种用热介质对集输管线进行伴热的集油流程。常用的伴热介质有蒸汽和热水。

蒸汽伴热集油流程是通过设在中转站内的蒸汽锅炉产生蒸汽，用一条蒸汽管线对井口与计量间的混输管线进行伴热。

热水伴热集油流程是通过设在中转站内的加热炉对循环水进行加热。去油井的热水管线单独保温，对井口装置进行伴热；回水管线与油井的出油管线共同保温在一起，对油管线进行伴热。

伴热集油流程比较简单，适用于低产、低压、原油流动性差的油区集输，但需要有蒸汽锅炉或循环水加热炉，一次性投资大，运行中热损耗大，热效率较低。

4. 掺和集油流程

掺和集油流程是将具有降粘作用的介质掺入井口出油管线中，以达到降低油品粘度、实现安全输送的目的。常用的降粘介质有蒸汽、稀油、热水、降粘剂等。

（1）掺稀油集油流程是稀油经加压、加热后从井口掺入油井的出油管线中，使原油在集输过程中的粘度降低。该流程适用于地层渗透率低、产液量少、原油粘度高的油井，但设备较多，流程复杂，需要有适合于掺和的稀油。

（2）掺活性水集油流程是通过一条专用管线将热活性水从井口掺入油井的出油管线中，使原油形成水包油型的乳状液，这样原来油与油、油与管壁间的摩擦变为水与水、水与管壁间的摩擦，以达到降低油品粘度的目的。该流程适用于高粘度原油的集输，但流程复杂，管线、设备易结垢，后端需要增加破乳、脱水等设施。

（三）按集输系统的密闭程度分类

1. 非密闭集输流程

非密闭集输流程是指油井产物从井口到外输之间的所有工艺环节当中，至少有一处与大气相通，如原油缓冲罐、沉降罐等。这种流程运行管理的自动化水平要求不高，参数容易调节，但油气蒸发损耗大，能耗大。

2. 密闭集输流程

密闭集输流程是指油井产物从井口到外输之间的所有工艺环节都是密闭的。这种流程减少了油气蒸发损耗，降低了能耗，但由于整个系统密闭，若局部出现参数波动，会影响到整个系统，因而要求运行管理的自动化水平较高。

二、油田常用集输工艺流程

（一）双管掺活性水流程

双管掺活性水流程如图1-9所示。在井场有两条管线：一条管线将油井产物送往场站计量、分离和增压；另一条将从场站分离出的经过加热的伴生水，加入化学剂后送往井场，掺入出油管线，降低原油的粘度。该流程适用于单井产量高、凝固点高及处于高寒带的油区。

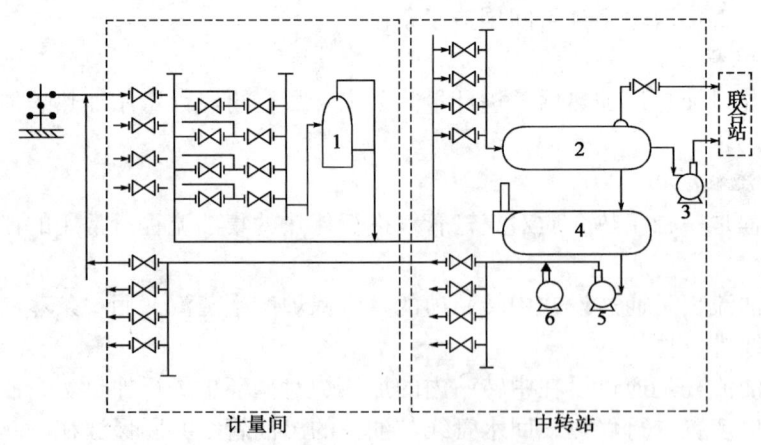

图1-9 双管掺活性水流程示意图

1—计量分离器；2—沉降、分离、缓冲三合一；3—升压输油泵；4—加热、缓冲二合一炉；5—掺水泵；6—加药泵

（二）二级布站油气集输流程

二级布站油气混输单管集输流程如图1-10所示，它适用于油井相对集中、离联合站不太远、靠油井压力能将油井产物混输至联合站的油区，通常是按采油队布置计量间。

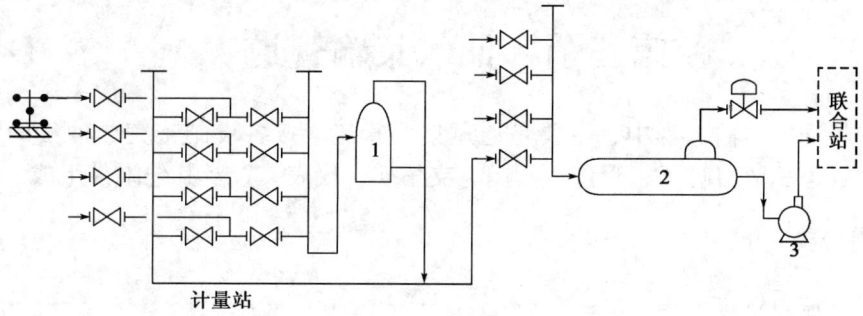

图 1-10 二级布站油气集输流程示意图（单管流程）
1—计量分离器；2—分离、缓冲二合一；3—升压输油泵

（三）环形管网集输流程

环形管网集输流程如图 1-11 所示，用一条通往中转站或联合站的环形管道将各油井串联起来。该流程适用于油田外围油区的集输。

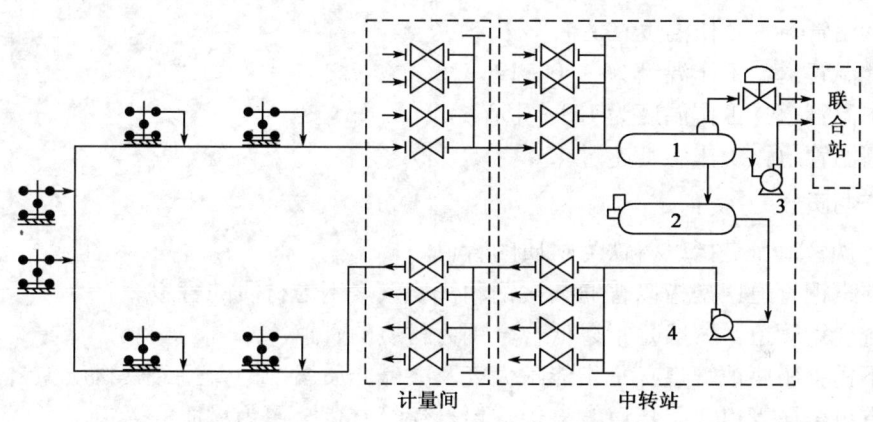

图 1-11 环形管网集输流程示意图
1—分离、缓冲二合一；2—加热、缓冲二合一炉；3—升压输油泵；4—掺水泵

（四）集输工艺流程操作应遵循的原则

（1）集输工艺流程的操作和切换，必须实行调度统一指挥，非特殊紧急情况，任何未经授予权限的人员，不得擅自改变操作。

（2）一切流程操作均应遵循"先开后关"的原则，即确认新流程已经导通后，方可切断原流程。

（3）具有高低压衔接部位的流程，操作时必须先导通低压部位，后导通高压部位。反之先切断高压部位，后切断低压部位。

（4）流程操作开关阀门时，必须缓开缓关，以防发生"水击"现象损坏管道和设备。向无压或从来未升过压的管段升压时，更应缓开阀门，至压力平衡后方可正常开大。

（5）对于两端压差较大的闸板阀，可先开阀体上的旁通阀平衡调压。

（6）液压球阀和平板阀操作时只许全开全关。手动阀开完后，要将手轮倒回半圈或一圈。

第三节　油气集输管道

在油田矿场油气集输工程中，主要是通过集输管道连接各设施来完成油气的收集和输送。油气集输管道一般由管子、管件、阀门、支吊架、仪表装置及其他附件组成。

一、管道分类

（一）按介质压力分

（1）真空管道：公称压力＜0MPa。
（2）低压管道：公称压力≤1.6MPa。
（3）中压管道：1.6MPa＜公称压力≤10MPa。
（4）高压管道：10MPa＜公称压力≤100MPa。
（5）超高压管道：公称压力＞100MPa。

（二）按介质温度分

（1）低温管道：工作温度在 −40℃ 以下。
（2）常温管道：工作温度为 −40 ~ 120℃。
（3）中温管道：工作温度 121 ~ 450℃。
（4）高温管道：工作温度超过 450℃。

（三）按材质分

（1）铸铁管道：是指以铸铁为材质的管道。
（2）碳素钢管道：是指以普通碳素钢和优质碳素钢为材质的管道。
（3）合金钢管道：一般是指以低合金钢为材质的管道。
（4）不锈钢耐腐蚀管道：是指能耐大气及酸碱介质腐蚀的管道，其材质为铬钢、镍钢。
（5）有色金属管道：是指以铜、铝、铅、钛等有色金属为材质的管道。
（6）非金属管道：是指以塑料、玻璃、陶瓷、橡胶、玻璃钢、尼龙等为材质的管道。

二、管材

（一）管材种类及规格

管道工程中常用管材有金属管材、非金属管材和复合管材三大类。

管子的外径用 ϕ 表示，其后附加外径数值，例如：外径为 108mm 的管子用 ϕ108 表示。管子的公称直径用 DN 表示，其后附加公称直径数值，例如：公称直径为 100mm 的管子用 DN100 表示。普通无缝钢管，螺旋、直缝卷焊钢管等用"外径×壁厚"表示，例如：外径为 108mm、壁厚为 4mm 的无缝钢管表示为：无缝钢管 ϕ108 ×4。

1. 金属管材

常用的金属管材有钢管和铸铁管。

钢管是集输管道中用量最大的管材。钢管可分为无缝钢管和有缝钢管，在高温、高压工作条件下或输送的介质为易燃、易爆和有毒流体，均采用无缝钢管。有缝钢管又称为焊接钢管，是用钢板或钢带卷成筒形后焊接而成，多用在低温、低压和不重要的地方。

铸铁管按承压能力分承压铸铁管和排水铸铁管，承压铸铁管可输送压力流体等。除钢管、铸铁管外，金属管材还包括铜管、铝管和铅管等。

2. 非金属管材

常见的非金属管材有混凝土管、钢筋混凝土管、陶管、塑料管、胶管等。

3. 复合管材

复合管材常见有铝塑复合（PE—AL—PE、PEX—AI—PEX）管和钢塑复合管等。

（二）管材的连接

钢管的连接方法有焊接、螺旋连接、法兰连接三种。铸铁管的连接方法有法兰连接和承插连接两种。混凝土管分平口连接和承插连接。钢筋混凝土管、陶管等常采用承插连接，塑料管有热熔接和承插连接，石棉水泥管常用套管连接。

（三）管材的图示

管材按外形分直管、法兰管、承插管等，其表示方法如图 1-12 所示。

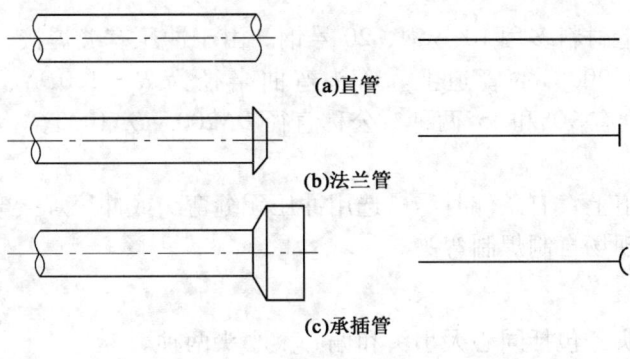

图 1-12 管材的图示

三、管件

（一）管件的作用

管件即管子的配件，是用来连接管子的成型零件。这些连接可以是可拆卸的，也可以是不可拆卸的。

管件在管道中起连接两根管子、改变管路方向或直径、引出支管或堵塞管路等作用。同一个管件有时可起几种作用。

（二）管件的分类

1. 按管件材质分

按管件材质可分为钢制、铸铁、有色金属等类。石油工业中广泛采用钢制管件，在给排水管道中才大量采用铸铁管件。

2. 按管件用途分

按管件的用途可以分为三通、弯头、大小头、活接头、管接头、管堵、内外螺母、法兰、阀件等。

3. 按管件与管道连接形式分

（1）焊接管件。焊接在管路上的管件称为焊接管件，可以用管子直接制成。管件材料多为碳钢、合金钢和有色金属。其中以低碳钢应用最为广泛，如钢制大小头和弯头等。

（2）法兰管件。法兰管件主要是配合具有法兰的铸铁管而制成的。铸铁法兰管件用在低压管道上。在高压管道上也常采用焊接方法制成的法兰管件。

（3）螺纹管件。管子用螺纹连接时，它的延长、分支、变径、转弯要用不同形式的螺纹管件。螺纹管件由铸铁和铸钢制成。螺纹管件公称直径为 $DN6 \sim DN150$，大于 $DN70$ 的管件由于制造和安装不方便，故多不采用。

（4）承接管件。承接管件都是铸件，所用材料多为铸铁和铸钢。承接管件多用在给排水管道上，管件有肘管（90°、45°、30°及10°等）、三通管和大小头等。

（三）弯头

1. 钢制无缝弯头

无缝弯头有90°和45°两种。如按弯曲半径来分有 $R = 1.0DN$、$R = 1.5DN$ 和 $R = 2.0DN$ 三种规格，此种弯头用钢制作。对于合金钢无缝弯头壁厚根据设计确定。各种弯头的使用，减少了大量的弯管工作，方便了施工，提高了质量，因而得到了广泛使用。

2. 冲压焊接弯头

冲压焊接弯头制造材料多用10号钢、20号钢。由于冲压有缝焊接，故适用于公称压力 $PN \leqslant 40MPa$、温度 $t \leqslant 200℃$ 的管道上。弯头弯曲半径为 $R = 1.0DN$、$R = 1.5DN$ 及 $R = 2.0DN$，弯头弯曲角度有90°和45°两种，公称直径 $DN200 \sim DN1000$。

3. 焊制弯头

在中压、低压管道上，有条件时尽量选用冲压无缝弯头或冲压焊接弯头，这样可满足施工质量要求，可以在现场自制焊制弯头。

（四）异径管

异径管俗称大小头，包括同心大小头和偏心大小头两种。

无缝异径管由于质量好、强度高，故适用于高温、高压管道上，按公称压力分级选用的异径管分为 $PN40$、$PN64$ 和 $PN100$ 三种规格。

（五）活接头

活接头又称由壬，由三个单件组成，即公口、母口和套母。公口为一头带插嘴与母口承嘴相配，一头带内螺纹与管子外螺纹连接。母口一头带承嘴与公口插嘴相配，在中间接合面上加垫片密封，垫片多用耐油橡胶石棉板或橡胶石棉板，在压力较高的场合，有时不用垫片密封，而是靠压紧两接头体相接触部分的球面或锥面，使其金属紧密接触而达到密封的目的。一头带内螺纹与管子外螺纹连接。套母的外表面呈六角形，内表面有内螺纹，内螺纹与母口上的外螺纹配合。

活接头适用于公称压力 $PN \leqslant 40MPa$ 的可拆卸管段上。活接头最大的优点在于连接或拆卸管子时，只要旋紧或松开连接螺母即可达到目的，不必动用火电焊，故在需要经常拆卸螺纹连接的管段上，要适当的安装一些活接头，以便安装拆卸管子。

（六）螺纹短接、管箍、丝堵

1. 螺纹短接

螺纹短接又称为丝头，分单头和双头两种。根据需要可用优质碳钢、普通低合金钢、合金钢无缝钢管制作。螺纹短接可焊在管子上用于连接阀门，或配合活接头用于两管之间的连接，双头螺纹短接与活接头配合使用，可同时连接阀门和管子。

2. 管箍

钢制管箍适用于小直径（$DN < 50$）低压的输送水、煤气的管道上，分镀锌和不镀锌两

种。管箍主要用来连接两根公称直径相同的管子，内部有锥形螺纹，因而易于旋紧密封。

3. 丝堵

丝堵常与三通、弯头等管件配合使用，用来堵塞管路，阻止管内的介质向管外泄漏，同时可阻止杂物侵入管内。丝堵旋入部分有锥形螺纹，以便易于旋紧密封防止泄漏。

（七）法兰

在石油化工生产中，法兰是容器及管道连接中的重要部件。它的作用是通过螺栓和垫片的连接与密封，保持设备或管道系统不发生泄漏，法兰尺寸标准化是保证阀门能够互换的重要条件之一。

1. 法兰的分类

法兰类型很多，分类方法也多，常用的有以下几种方法：

（1）按连接部位分类。

法兰按所连接的部位可分为管法兰和压力容器法兰。用于管道连接的称为管法兰，用于容器封头和筒体或管板与容器连接的称为压力容器法兰，又称为设备法兰。由于容器筒体的公称直径和管子的公称直径所代表的尺寸不同，所以同一公称直径的容器法兰与管法兰，它们的尺寸并不相同，两者不能互相代替。在管道施工中全部采用管法兰。

（2）按法兰结构形式分类。

①平焊法兰，易于制造，成本低，但法兰刚度差，焊接工作量大，在温度和压力较高时容易泄漏。

②对焊法兰，又称为高颈法兰，因法兰本体带一段短管，法兰与管子连接时实际是短管与管子的对口焊接，故称为对焊法兰。

③活套法兰，又称为松套法兰，法兰不与设备或管道直接连成整体，所以设备或管道不受附加外力。这类法兰特点是拆卸、维修、更换比较方便，但其强度较低，有时不易对正法兰螺栓孔、多用于低压和小直径的有色金属，不锈耐酸钢容器及管道上。

④螺纹法兰，法兰和管子端部采用螺纹连接，法兰不与介质接触，安装比较方便。有时法兰采用螺纹与管端连接后，再焊接一次。螺纹法兰多用于高压管道连接。

（3）按法兰形状分类。

按法兰形状可以分为圆形法兰、方形法兰和椭圆形法兰。钢制管道施工中广泛采用圆形法兰，方形法兰有利于把管子排列紧凑。椭圆形法兰通常用于阀门和小直径的高压管上。

2. 法兰的选用

选择法兰时除了要求合适的尺寸与管、阀配合外，还要特别注意法兰的种类及公称压力等级。

3. 紧固件

法兰连接是由一对法兰、一个垫片（或垫圈）、若干螺母和螺栓组成。法兰通过螺栓来连接，并旋紧螺栓压紧垫片而保证密封。紧固件是指螺栓、螺母和垫片。

（1）螺栓。

螺栓连接具有安装容易、拆卸方便、操作简单等特点。在检修过程中几乎不浪费钢材，在预制过程中，可大大加深预制程度，减少现场安装的工作量，所以螺栓连接得到广泛的应用。

法兰上的连接螺栓，要求均匀分布。如果螺栓数量少，法兰环上螺栓间距较大，管道承受压力后，两螺栓之间的法兰将因此产生较大的弯曲变形，致使密封面处发生泄漏。但螺栓的数量也不宜过多，否则会削弱法兰环的强度，增加机械加工的工作量，成本有所增加。

螺栓间距还应考虑扳手活动间距，螺栓数目应为 4 的整倍数，螺栓的螺纹都是三角形公制螺纹（普通螺纹），分为粗牙螺纹和细牙螺纹。

（2）螺母。

管道法兰连接中，螺母都采用六角形的，这是为了使用方便和最大限度地利用材料。

安装螺母的基本要求如下：

①螺母应能用手轻轻地旋到待连接的零件表面上；

②螺母的端面必须垂直于螺纹轴线；

③螺纹表面必须光滑；

④紧固螺母时，必须对称均匀拧紧。

（3）垫片。

垫片是用来充填两个结合面间（如阀门与阀盖、阀门法兰与管路法兰等）所有凹凸不平处，防止介质从结合面泄漏。垫片的材质和尺寸，对法兰连接的密封性能以及法兰的尺寸都有很大的影响。

①对垫片的要求。在工作温度下具有一定的弹性、塑性和足够的强度，以保证密封。应用在酸碱以及各种药品管线上的垫片，必须注意要耐介质的腐蚀。

②垫片的分类。垫片可分为软质和硬质两种。软质一般为非金属的，如硬纸板橡胶、石棉橡胶板、聚四氟乙烯等；硬质一般用金属、金属包石棉或金属与石棉缠绕的。

③垫片的形状。垫片的形状很多，有扁形、圆形、椭圆形、齿形、透镜式及其他特殊形状。

④常用垫片特性。橡胶石棉垫片的塑性好，用不大的压力就能达到密封，对温度和压力的作用比较稳定，耐腐蚀性也较好，因此使用十分广泛。缺点是强度不高和易粘附到密封面上，因此使用时最好表面涂上一层石墨粉或油质，以防粘附。钢、铝、不锈钢垫片均用于输送压力较高和有腐蚀性介质的工艺管路密封上。

四、阀门

阀门是一种通过改变其内部通道截面积来控制管路内介质流动的通用机械装置。

阀门的用途主要为：

（1）接通或截断介质；

（2）防止介质倒流；

（3）调节介质的压力、流量等参数；

（4）分离、混合或分配介质；

（5）防止介质压力超过规定数值，以保证管路或设备安全运行。

阀门种类繁多，如果选用不当、管理不善，将直接影响到油气集输安全。在油气集输中，"跑、冒、滴、漏"等事故的发生大多与阀门渗漏有关。因此，正确地选用和使用阀门，掌握必要的阀门保养维修技术是油气集输的一项重要工作。

（一）阀门的基本参数

1. 公称通径

公称通径是指阀门与管道连接处流通通道的名义直径，用 DN 表示。它表示阀门规格的大小，是阀门最主要的结构参数。

2. 公称压力

公称压力是阀门在规定的基准温度下允许的最大工作压力，用 PN 表示。它表明阀门承压能力的大小。

3. 适用介质

由于介质性能不同，对阀门材料的要求也不同。各类阀门都有一定的适用范围，在选用时予以考虑。油气集输中使用的阀门阀体材质大多数为铸钢或铸铁。

（二）阀门的驱动方式

1. 手动

手动是最基本的驱动方式，包括用手轮、手柄或扳手直接驱动和通过传动机构进行驱动。

当阀门启闭力矩较小时，可采用手轮、手柄或扳手直接驱动。伞形手轮主要用于截止阀和节流阀；平行手轮主要用于闸阀；扳手主要用于旋塞阀、球阀和蝶阀。手轮直径、手柄和扳手的长度应根据阀门启闭力矩的大小选定。

当阀门启闭力矩较大时，可通过齿轮或涡轮传动机构进行驱动，以达到省力的目的。齿轮传动分直齿圆柱齿轮传动和圆锥齿轮传动，齿轮传动减速比小，适用于闸阀和截止阀，涡轮传动减速比较大，适用于旋塞阀、球阀和蝶阀。

2. 气动和液动

气动和液动是以一定压力的空气、水或油为动力源，利用气缸（液压缸）和活塞的运动来驱动阀门的。一般气动装置的空气压力小于 0.79MPa；液压装置的水压或油压为 2.47~24.7MPa。

气、液驱动装置又可分为往复型和回转型两种。往复型气、液驱动装置用于驱动闸阀、截止阀或隔膜阀；回转型气、液驱动装置用于驱动球阀、蝶阀或旋塞阀。

液驱动装置的驱动力大，适用于驱动大口径阀门。若用于驱动旋塞阀、球阀和蝶阀时，必须将活塞的往复运动转换成回转运动。除了采用气缸或液压缸的活塞来驱动外，还有采用薄膜驱动的，因为其行程和驱动力都较小，故主要用于调节阀。

3. 电磁驱动

电磁驱动是以电磁线圈通电后所产生的磁力来驱动阀门的。采用电磁驱动的阀门通常称为磁阀，它广泛地应用于气动、液动系统中。电磁驱动的特点是行程小，驱动力也小，但可使阀门迅速关闭，可用于驱动小口径阀门。

4. 电力驱动

电力驱动的特点如下：

（1）启闭迅速，可大大缩短启闭阀门所需的时间；

（2）可以大大减轻操作人员的劳动强度，特别适用于高压大口径阀门；

（3）适于安装在不能手动操作或难于接近处，易于实现远距离操纵且安装高度不受限制；

（4）有利于整个系统的自动化。

（三）阀门分类

1. 按用途和作用分类

（1）截断阀，又称闭路阀，其作用是接通或截断管路中的介质。截断阀类包括闸阀、截止阀、旋塞阀、球阀、蝶阀和隔膜阀等。

（2）止回阀，又称单向阀或逆止阀，其作用是防止管路中介质的倒流。止回阀类包括止回阀和底阀。

（3）调节阀，其作用是调节管路中介质的流量、压力等参数。调节阀类包括调节阀、节流阀和减压阀等。

（4）分流阀，其作用是分配、分离或混合管路中的介质。分流阀类包括各种形式的分配阀及疏水阀等。

（5）安全阀，其作用是防止装置中介质压力超过规定数值，对管路或设备提供超压安全保护。安全阀类包括各种形式的安全阀、泄流阀等。

2. 按结构特征分类

（1）闸板类，关闭件垂直于阀座通道的中心线上下移动。

（2）截止类，关闭件沿阀座通道的中心线上下移动。

（3）旋塞类，关闭件系锥塞或球体，启闭时绕自身轴线旋转。

（4）旋启类，关闭件绕阀座通道外的轴旋转。

（5）蝶形类，关闭件系圆盘形，启闭时绕垂直于阀类通道的轴线旋转。

3. 按驱动方式分类

（1）手动阀。手动阀是靠人力操纵手轮、手柄或驱动的阀门。阀门启闭扭矩较大时，在手轮和阀杆之间设置齿轮或涡轮减速器；必要时也利用万向接头及传动轴进行较远距离的操作。

（2）动力驱动阀。动力驱动阀可利用各种动力源进行驱动。它主要包括电动阀、气动阀、液动阀和电磁阀。

（3）自动阀。自动阀不需要外力驱动，而利用介质本身的能量使阀门动作。它主要包括止回阀、安全阀、减压阀和自动调压阀。

4. 按公称压力分类

（1）真空阀，工作压力低于标准大气压，$PN<0.1\text{MPa}$。

（2）低压阀，$PN\leqslant 1.6\text{ MPa}$。

（3）中压阀，$2.5\text{ MPa}\leqslant PN\leqslant 6.4\text{MPa}$。

（4）高压阀，$10\text{MPa}\leqslant PN<80\text{MPa}$。

（5）超高压阀，$PN\geqslant 100\text{MPa}$。

5. 按工作温度分类

（1）高温阀，工作温度$>450℃$。

（2）中温阀，$450℃\geqslant$工作温度$>120℃$。

（3）常温阀，$120℃\geqslant$工作温度$\geqslant -40℃$。

其他按阀体材料可分为铸铁阀、铸钢阀、锻钢阀、合金钢阀、衬胶阀等。按与管道连接的方式不同，可分为法兰连接阀、螺纹连接阀和焊接阀等。

（四）阀门型号

1. 阀门型号组成

阀门型号由下列七个单元顺序组成。

| 1 | 2 | 3 | 4 | 5 | — | 6 | 7 |

（1）第 1 单元表示阀门类型，用汉语拼音字母表示；
（2）第 2 单元表示驱动方式，用阿拉伯数字表示；
（3）第 3 单元表示连接方式，用阿拉伯数字表示；
（4）第 4 单元表示结构型式，用阿拉伯数字表示；
（5）第 5 单元表示阀座密封面衬里材料，用汉语拼音字母表示；
（6）第 6 单元表示公称压力数值；
（7）第 7 单元表示阀体材料，用汉语拼音字母表示。

在生产实际应用中，有关阀门类型的代号可查相关的图表。

2. 常用阀门型号举例

（1）法兰截止阀：J41H—1.6C。

J—截止阀，4—法兰连接，1—直通式，H—阀座密封面材料合金钢，1.6—公称压力 1.6MPa，C—阀体材料为碳钢。

（2）内螺纹螺纹截止阀：J11T-1.6。

J—截止阀，1—内螺纹，1—直通式，T—铜合金，1.6—公称压力 1.6MPa。

（3）法兰节流阀：L41T-392Q。

L—节流阀，4—法兰连接，1—直通式，T—铜合金，392—公称压力 392MPa，Q—阀体灰铸铁。

（4）法兰旋式止回阀：H44T-10。

H—止回阀，4—法兰连接，4—单瓣式，T—铜合金，10—公称压力 10MPa。

（5）法兰弹簧式带扳手安全阀：A47H-1.6C。

A—安全阀，4—法兰连接，7—结构型式活塞式，H—合金钢，1.6—公称压力 1.6MPa，C—阀体碳钢。

（6）法兰明杆楔式弹性闸板阀：Z40H-1.6。

Z—闸阀，4—法兰连接，O—明杆楔式闸板，H—合金钢，1.6—公称压力 1.6MPa。

（7）三通旋塞阀：X18T-1.6T。

X—旋塞阀，1—螺纹，8—T形三通，1.6—公称压力 1.6MPa，T—铜合金。

（五）常用阀门的结构及特点

1. 闸阀

闸阀是在阀杆的带动下，闸板沿阀座密封面作相对运动，从而达到开闭目的的一种最常用的截断阀。它用来接通或截断管路中的介质，适合调节介质流量。闸阀一般适用于大口径的管道上，主要作切断用，不作节流用，所以必须全开或全关。

（1）闸阀的结构。

闸阀主要由阀体、阀盖、阀杆、闸板、密封填料及驱动装置等组成，如图 1-13 所示。

①阀体与阀盖。

因制造工艺和检修的需要，阀体与阀盖多采用法兰连接。小口径的闸阀用螺纹连接。

②闸板与阀座密封圈。

闸板是闸阀的启闭件。闸阀的工作、密封性能和寿命主要取决于闸板，所以它是闸阀的关键部件。根据闸板结构形式的不同，闸阀可以分成楔式闸板阀和平行式闸板阀两大类。

楔式闸阀采用楔形闸板，其密封面与闸板垂直中心线成一定倾角（楔半角），两密封面成楔形。楔半角的大小取决于介质的温度和通径的大小。一般介质温度越高，通径越大，所

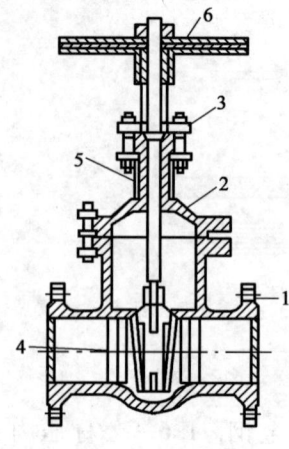

图 1-13 闸阀结构图
1—阀体；2—阀盖；
3—阀杆；4—闸板；
5—密封填料；6—驱动装置

取楔半角越大，以防止温度变化时闸板被卡住。常见楔形闸板的楔半角有 2°52′ 和 5° 两种。楔式闸板又有弹性闸板、楔式单闸板和楔式双闸板之分。

弹性闸板是一种易于实现可靠密封的闸板形式，中间有一道沟槽，起弹性作用，补偿加工中给密封面带来的微量误差，密封性好。适用于较高温度下工作，多用于粘度较大的介质。

楔式单闸板是一种整体的楔式闸板，其特点是结构简单、尺寸小、使用比较可靠。但闸板和阀座密封面的楔角加工精度要求很高，加工与维修较困难，启闭过程中密封面易发生擦伤，温度变化时闸板易被楔住。它适用于常温、中温下各种压力的闸阀。

楔式双闸板是由两块闸板组合而成，用球面顶心铰接成楔形闸板。

平行式闸阀两密封面是平行的，大多制造成双闸板，从结构上讲，平行式比楔式闸阀易制造，便于修理，不易变形。

③阀杆。

闸阀阀杆有明杆和暗杆之分，因而闸阀也分明杆闸阀和暗杆闸阀两类。

明杆闸阀的手轮固定在阀杆螺母上。阀杆螺母在阀盖或阀盖支架上可以自由转动，但不允许有上下位移。

暗杆闸阀的手轮固定在阀杆上。阀杆螺母固定在闸板顶部。阀杆受阀盖限制，只能做旋转运动，而不能做升降运动。

在一般情况下，明杆式闸阀适用于腐蚀性介质及室内管道上，暗杆式闸阀适用于非腐蚀性介质及安装操作位置受限制的地方。明杆闸阀开闭明显，减少了跑油、漏油的可能性。

（2）闸阀的工作原理。

当逆时针方向转动手轮时，用键与手轮固定在一起的阀杆螺母随之转动，从而带动阀杆和与阀杆连在一起的闸板上升，阀体通道被打开，流体由阀体的一端流向另一端。相反，顺时针方向转动手轮时，阀杆和闸板下降，阀关闭。

闸阀使用时，其公称直径与管道公称直径相同，公称压力应大于被输送流体的压力。操作闸阀时，用力要稳定、均匀，不能使用冲击力。当闸阀开完后，应将手轮反方向回转 1~2 圈。开关闸阀时，身体不能正对阀杆顶部，以防阀杆打出伤人。

（3）闸阀的特点。

①流动阻力小，密封性比截止阀好，应用比较广泛；
②结构长度（与管道相连接的两端面间的距离）较小，适用范围大；
③启闭较省力；
④全开使密封面受介质的冲蚀小，介质流动方向不受限制，具有双流向；
⑤外形尺寸大，开启需要一定的空间，启闭时间长；
⑥在启闭时密封面易产生擦伤；
⑦零件较多，结构较复杂，制造与维修较困难，比截止阀成本高；
⑧可以从阀杆的升降高度看出阀的开度大小。

2. 截止阀

截止阀是利用装在阀杆下面的阀瓣在阀杆的带动下沿阀座密封面的轴线作升降运动，从而启闭阀门的一种常用截断阀,如图 1-14 所示。截止阀可以调节流量,应用广泛,但流体流动阻力较大,为防止堵塞或磨损,不适用于流通带颗粒和粘度较大的介质。常用于小口径的输油管道或水管、蒸气管道上,全开或全闭,一般不作为调节或节流用。

(1) 截止阀的结构。

截止阀主要由阀体、阀盖、阀杆、阀瓣及手轮等组成。

①阀体与阀盖。

阀体与阀盖用螺纹连接。按截止阀进出口通道方向,截止阀阀体可分为:

a. 直通式阀体。

b. 角式阀体,它的进出口通道的中心线成直角,介质流动方向也将变化 90°,角式截止阀安装在垂直相交的管路上。

c. 直流式阀体用于斜杆式截止阀。

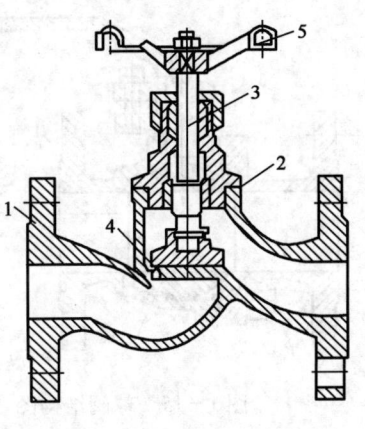

图 1-14 截止阀结构图
1—阀体;2—阀盖;3—阀杆;
4—阀瓣;5—手轮

②阀瓣与密封圈。

阀瓣是截止阀的启闭件。它与阀座形成密封副,接通或截断介质。

③阀杆。

截止阀阀杆一般都做旋转升降运动,手轮固定在阀杆上部。顺时针方向旋转手轮,阀杆一起旋转并向下运动。当阀瓣密封面与阀座密封面达到紧密接触时,截止阀处于关闭状态;逆时针方向旋转手轮,阀杆一起旋转并带着阀瓣向上运动,使其离开阀座密封面,这时截止阀处于开启状态。

(2) 截止阀的特点。

①与闸阀相比,截止阀结构简单,制造与维修较方便。

②截止阀启闭时阀瓣与阀体密封面之间无相对滑动(锥形密封面除外),因而磨损与擦伤均不严重,密封性能好,使用寿命长。

③启闭时,阀瓣行程小,因而截止阀高度较小,但结构长度较大。关闭时,因为阀瓣运动方向与介质压力作用方向相反,必须克服介质的作用力,关闭力矩大。因此,截止阀通径受到限制,一般公称直径不大于 200mm。

④流动阻力大。阀体内介质通道比较曲折,流动阻力大,动力消耗大。在各类截断阀中,截止阀的流动阻力最大。

⑤介质流动方向受限制。介质流经截止阀时,在阀座通道处应保证从下向上流动,所以介质只能单方向流动。

3. 球阀

球阀是利用一个中间开孔的球体作阀芯,靠旋转球体围绕着阀体的垂直中心线做回转运动来控制阀的开启和关闭。球阀在管道中做全开或全关用,可安装在管道的任何位置,靠旋转手柄来开闭。

(1) 球阀的结构。

球阀主要由阀体、球体、密封圈、阀杆及驱动装置等组成,如图 1-15 所示。

①阀体。

阀体的两端用法兰与管线连接,内装球体和密封圈,并有介质进出口通道,球体可在其

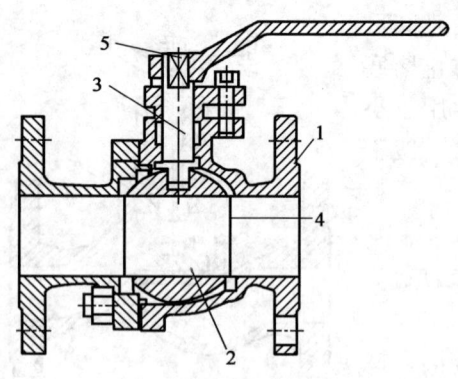

图 1-15 球阀结构图
1—阀体；2—球体；3—阀杆；
4—密封圈；5—驱动装置

中做 90°旋转。

②球体。

球体是球阀的启闭件，它的表面是密封面，因此要求有较高的精度和光洁度。球体外形为球形中间有一直孔（圆形截面的介质通道，通道的直径通常等于阀的公称通径），球体在阀中旋转，打开和关闭球阀可接通和截断两端通道。直通球阀球体上的通道是直通的。

按照球体在阀体内的固定方式，球阀可分为浮动球式球阀和固定球式球阀两种。

浮动球式球阀球体是可以浮动的，在介质压力作用下球体被压紧到出口侧的密封圈上，从而保证密封。它的特点是结构简单、单侧密封、密封性能好，但由于球面与出口侧密封圈之间压紧力较大，启闭力矩也大。它一般只用于较小口径和较低压力的场合。

固定球式球阀球体被上下两端的轴承固定，只能转动，不能产生水平位移。为了保证密封性，它必须有能够产生推力的浮动阀座，使密封圈压紧在球体上，因此，它的结构复杂，外形尺寸大。由于球体被轴承固定，介质对球体的压力是由轴承来承受的，因而，密封圈不易磨损，使用寿命长。密封圈与球体间的摩擦力小，启闭也较省力，一般适用于较大口径、较高压力的场合。

③密封结构。

密封结构避免了介质流体由高压一端漏失到低压一端。只有密封圈与球体表面必须紧密接触才能保证密封。球体的密封主要有浮动式和刚式球阀密封。

④阀杆。

球阀的阀杆很短，下端与球体相嵌接，带动球体转动。较小口径球阀的启闭可采用扳手驱动，较大口径、较高压力的球阀可采用气动、液动、电动或各种联动系统驱动。

（2）球阀的特点。

球阀来自于旋塞阀，它具有旋塞阀的一些优点。

①中口径、小口径球阀结构相对简单、体积小、重量轻。特别是它的高度远小于闸阀和截止阀。

②流动阻力小。全开时球体通道、阀体通道和连接管道的截面积相等，并且成直线相通；介质流过球阀相当于流过一段直通的管子，所以在各类阀门中球阀的流动阻力最小。

③启闭迅速，介质流向不受限制。球阀与旋塞阀一样，启闭时只需把球体转动 90°，比较方便而且迅速。直通球阀应用最广泛，可作为截断阀用。

④球阀具有维修方便、密封性能好等优点。

4. 蝶阀

蝶阀是截断阀类中的一种。它的启闭件呈圆盘状，称为蝶板。它绕其自身的轴线作旋转运动。适合制造较大直径的阀，该种阀门只适用于低压，用来输送水、空气等，用于切断和节流。如图 1-16 所示。

（1）蝶阀的结构。

蝶阀由阀体、阀杆、圆盘形启闭件（蝶板）、密封圈和驱动装置组成。

①阀体。

蝶阀的阀体呈圆筒状，它的上下部（或两侧）各有一个圆柱形凸台，用来安装阀杆（蝶板转轴）。为了防止介质外漏，轴端采用填料函密封结构。

②蝶板。

蝶板是蝶阀的启闭件。根据蝶阀在阀体中的安装方式，蝶阀可以分成中心对称板式蝶阀、斜板式蝶阀、偏置板式蝶阀。

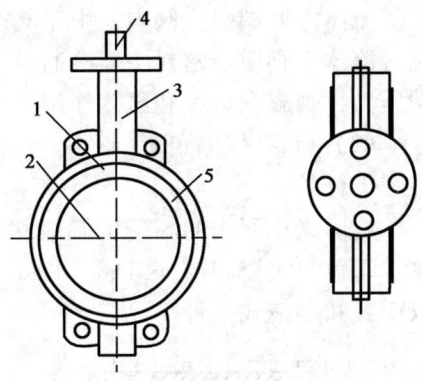

图 1-16 蝶阀结构图
1—阀体；2—圆盘形启闭件（蝶板）；
3—阀杆；4—驱动装置；5—密封圈

（2）蝶阀的特点。

①结构简单、体积小、重量轻；尺寸小，其长度甚至可以小于通径，适合大口径阀门。

②流动阻力较小。全开时，阀座通道有效流通截面积较大，流动阻力较小。

③启阀方便迅速而且比较省力。蝶板旋转 90°即可完成启闭，由于转轴两侧蝶板受介质作用力接近相等，而且产生的转矩方向相反，因而，启闭力矩较小。

④低压下，可以实现良好的密封。

⑤调节性能好。通过改变蝶板的旋转角度可以分级控制流量。

⑥受密封圈材料的限制，目前，蝶阀的使用压力和工作温度范围很小，主要用在大口径或要求启闭迅速的场合及消防系统中。

5. 止回阀

止回阀是一种自动开闭的阀门，在阀体内有一阀盘或摇板，当介质顺流时，阀盘或摇板即升起打开，当介质倒流时，阀盘或摇板即自动关闭，故称为止回阀。止回阀属于自动阀类，其启闭动作是由介质本身的能量驱动的。其主要由阀体、阀盖和阀瓣组成。一般安装在离心泵出口第一个阀位上，也可用在胀油管上，同时，也可用在喷射泡沫的液下管道出口处，它只适用于清净介质，不适用于有固体颗粒和粘度较大的介质。

止回阀按其结构可分为升降式止回阀、旋启式止回阀和蝶式止回阀和底阀。升降式止回阀的密封性能比旋启式止回阀的好，但旋启式止回阀的流体阻力比升降式止回阀的小。

（1）升降式止回阀。

升降式止回阀是一种截止型止回阀。它的结构与截止阀有很多相似之处，其中，阀体与截止阀阀体完全一样，可以通用。阀瓣形式也与截止阀阀瓣相同，阀瓣上部和阀盖下部都加工出导向套筒，阀瓣导向筒可在阀盖导向筒内自由升降。

①分类。

按照其在管路上的安装位置可分为直通式升降式止回阀和立式升降式止回阀两种。

a. 直通式升降式止回阀。当介质停止流动时，阀瓣靠自重降落在阀座上，阻止介质倒流。故其只允许安装在水平管路上。

b. 立式升降式止回阀。立式升降式止回阀的介质进出口通道方向与阀座通道方向相同，为使阀瓣能靠自重下落到阀体阀座上，必须把它安装在垂直管路上，这种止回阀的流动阻力较小。

②工作原理。

流体由低端引入阀内,由于阀前、后流体的压差所产生的推力大于阀瓣重力而将阀瓣顶升,流体由阀瓣与密封圈环缝通过高端流出阀体。当流体发生倒流时,出口端压力大于进口端压力,阀瓣在重力和压差作用下下降座入密封圈,阻止了流体反向流动。

(2) 旋启式止回阀。

①分类。

旋启式止回阀的阀瓣呈圆盘状,绕阀座通道外的转轴做旋转运动,旋启式止回阀由阀体、阀盖、阀瓣和摇杆组成(图1-17)。根据阀瓣的数目,旋启式止回阀可分为单瓣式、双瓣式和多瓣式三种。

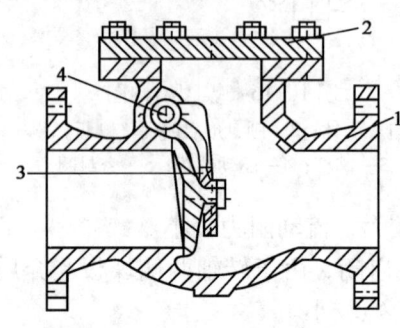

图1-17 旋启式止回阀结构图
1—阀体;2—阀盖;3—阀瓣;4—摇杆

单瓣式止回阀适用于中等口径旋启式止回阀。双瓣式止回阀适用于较大口径旋启式止回阀,但一般通径不超过600mm。多瓣旋启式止回阀的公称通径多在600mm以上。较大口径的旋启式止回阀带有旁通阀。

②工作原理。

旋启式止回阀的工作原理与升降式止回阀相同,只是摇杆及与之相连接的阀瓣不作上下运动,而是沿摇杆轴作旋转运动,让流体通过或限制流体倒流。旋启式止回阀一般应安装在大口径水平管道上,也可安装在小口径管道的垂直管道上(要注意水击不能太大)。

(3) 蝶式止回阀。

蝶式止回阀与蝶阀结构相似,其主要区别在于:蝶阀作为截断阀必须由外力驱动,而蝶式止回阀是自动阀,不需要驱动机构。当介质停止流动或倒流时,蝶板靠自身重量和倒流介质作用而旋至阀座上。

(4) 底阀。

底阀是一种专用止回阀。它主要安装在不能自吸或没有真空泵抽气引水的水泵吸水管的尾端,底阀必须没入水中。它的作用是防止泵吸水管中的水倒流,保证水泵正常启动。

6. 安全阀

(1) 安全阀的作用及分类。

安全阀是为了防止介质压力超过规定数值的一种起安全作用的阀门。当介质工作压力超过规定数值时,自动将关闭件(阀盘)开启,排除多余部分的介质,而当压力恢复到规定数值时,阀盘又自动关闭。

根据安全阀结构及平衡内压的方式不同,可分为重锤式和弹簧式两种。重锤式又称为杠杆式或杠杆重锤式安全阀,它是靠改变重锤在杠杆上的位置来调整压力,调整好后为了防止别人乱调节机构必须用铁盒罩上。弹簧式安全阀是利用压缩弹簧的力来平衡阀盘的压力,一般按顺时针方向旋紧弹簧上的螺母,弹簧压力会加大,安全阀开启压力随着加大,反之安全阀开启压力会减小。弹簧安全阀随着不同使用场所有封闭和不封闭两种形式。封闭式即排除的介质不外泄而全部通过排泄管道排泄到指定的地方,一般用在有毒和腐蚀性介质中,不封闭式也称敞开式,排放时介质不引到外面,直接由阀盘上排放。对于空气、蒸汽多用不封闭式安全阀。

安全阀排泄量取决于阀的直径和关闭件(阀盘)的升起高度。当升起高度为阀座内径的0.25~0.35倍时称为全启式安全阀;当为0.05~0.1倍时称为微启式安全阀。目前,全启式安全阀得到广泛应用,而微启式安全阀主要用于低压及小容量的设备上。

(2) 安全阀使用注意事项。

①杠杆重锤式安全阀结构庞大占地面积大,必须水平装置,要求安装准确。弹簧式安全阀结构小巧占用空间小,可装在任意位置上,安装要求低。

②杠杆重锤式安全阀在阀盘升起时压力是不变的。弹簧式安全阀的弹簧随着阀盘的升起产生变形,作用在阀杆上的力也随着逐步增加,但弹簧作用力一般不超过2000kg。

③杠杆重锤式安全阀在高温下压力是不会改变的。弹簧式安全阀的弹簧在长期高温负荷的影响下,弹簧弹性会逐渐减小,所以要注意弹簧的隔热和散热问题。

④安全阀主要设置在内压设备和管道上,为安全起见,一般重要的地方应设置两个安全阀,为防止阀盘胶结在阀座上,应定期将阀盘稍稍抬起,用介质吹扫安全阀的阀盘与阀座。

7. 减压阀

减压阀是用以降低管路介质的高压力,使之成为生产所需要的稳定的低压力的一种阀门。减压阀的动作是由于阀后介质压力变化使关闭件(阀盘)失去平衡,关闭件移动到新的位置上从而使介质压力得到自动的调整,不论阀前压力在一定范围内如何变化都能自动使阀后的压力降低为一恒定值。

减压阀根据敏感元件及结构不同,可分为活塞式减压阀、波纹管式减压阀、薄膜式减压阀、弹簧式减压阀以及弹簧薄膜式减压阀等。根据阀座不同,有单阀座和双阀座等类型。波纹管式减压阀只适用于空气、蒸汽等介质,不适用于液体减压,由于阀体内减压作用的通道较小,易堵塞,不宜用于含有固体颗粒的介质,用于不洁净的气体介质时减压阀前应加过滤器。安装减压阀前一定要确定进口和出口压力的具体数值,因为不同进出口压力所配的敏感元件也不同,如未注明则制造厂一般按公称压力供货。

8. 防爆型电磁阀

防爆型电磁阀是采用电力操纵的一种直通阀门。它主要用于原油和其他无腐蚀性液体发放作业的出口管道上,与计算机、数控仪表等电器控制设备相配合能够对出口管道的介质完成自动控制,具有两段关闭和限制流速的功能。

(1) 结构。

防爆型电磁阀的结构主要由主阀、电磁控制器和阀位器组成。主阀是利用介质的压力和弹簧的弹力来启闭阀门。电磁控制器包括两个电磁阀(常开和常闭)和两个调节阀,用来控制主阀活塞腔内的压力大小和主阀的启闭速度。阀位器由凸轮、摆杆及微型开关组成,用来控制主阀的开启速度。

由于电磁阀的电气部分与阀腔内介质严格隔离,从而保证了电磁阀在爆炸场所的安全使用。

(2) 工作原理。

电磁阀里有密闭的腔,在不同位置开有通孔,每个孔都通向不同的油管,腔中间是阀,两面是两块电磁铁,哪面的磁铁线圈通电阀体就会被吸引到哪边,通过控制阀体的移动来挡住或漏出不同的排油的孔,而进油孔是常开的,液压油就会进入不同的排油管,然后通过油的压力来推动油缸的活塞,活塞又带动活塞杆,活塞杆带动机械装置动。这样通过控制电磁铁的电流就控制了机械运动。

电磁阀从原理上分为以下三大类:

①直动式电磁阀:其原理是通电时,电磁线圈产生电磁力把关闭件从阀座上提起,阀门

打开；断电时，电磁力消失，弹簧把关闭件压在阀座上，阀门关闭。

特点：在真空、负压、零压时能正常工作，但通径一般不超过25mm。

②分布直动式电磁阀：它是一种直动和先导式相结合的原理，当入口与出口没有压差时，通电后，电磁力直接把先导小阀和主阀关闭件依次向上提起，阀门打开。当入口与出口达到启动压差时，通电后，电磁力先导小阀，主阀下腔压力上升，上腔压力下降，从而利用压差把主阀向上推开；断电时，先导阀利用弹簧力或介质压力推动关闭件，向下移动，使阀门关闭。

特点：在零压差或真空、高压时也能可靠动作，但功率较大，要求必须水平安装。

③先导式电磁阀：其原理是通电时，电磁力把先导孔打开，上腔室压力迅速下降，在关闭件周围形成上低下高的压差，流体压力推动关闭件向上移动，阀门打开；断电时，弹簧力把先导孔关闭，入口压力通过旁通孔迅速腔室在关阀件周围形成下低上高的压差，流体压力推动关闭件向下移动，关闭阀门。

特点：流体压力范围上限较高，可任意安装（需定制）但必须满足流体压差条件。

（六）阀的操作

1. 电动阀的操作

（1）启动前的准备。

①将离合器手柄由手动位置扳到电动位置。

②电机盘车数圈应无卡紧现象。

③对停用三个月以上的电动头，启动前应按《输油管道电器规程》的要求检查电源及电气线路，并检查核对电机的旋转方向（检查电机的旋转方向时，按下正转按钮4~6s，在按停止按钮，然后，按下反转按钮4~6s，最后再按下停止按钮）。

④拧阀杆螺母的油杯1/2~1圈。

（2）开阀。

①将离合器手柄切换到电动位置，确定开启度。

②按开阀按钮，阀门启动。此时，白灯亮数秒钟后随即熄灭，表示动作正常，接着黄灯亮，表示运转。此时，手可离开按钮。若白灯亮后经4~6s后仍不熄灭，即表示发生故障，需检查排除后再重新启动。

③启动时，操作人员的手指不能离开开阀按钮，即按开阀按钮的时间应在4~6s以上。

④根据工艺要求确定阀的开度大小，按停止按钮。

⑤各色指示灯的作用。红灯亮，表示全开；绿灯亮，表示全关；黄灯亮，表示运行；白灯亮4~6s后熄灭，表示正常；超过6s仍不熄灭，表示发生故障。

⑥电动头如无指示灯时，应观察阀门开度指示灯的位置。

⑦在开阀过程中如有异常响声或剧烈震动时，应立即停机。

⑧开阀完毕，应将离合器手柄置于手动位置（非自动控制系统、泵站）。

（3）关阀。

①将离合器手柄置于电动位置。

②按关阀按钮，此时，白灯亮数秒钟后随即熄灭，表示动作正常。接着黄灯亮后即可松手，直至绿灯亮表示全关，应立即按停止按钮。

③电动头如无指示灯时，应观察阀门开度指示器的位置，并作出判断。

④如行程控制器和扭矩控制器已做调整，可运行至关状态；如未做调整，应根据阀门开

度指示器的指示，在阀门未关闭前停机，然后手摇至关闭状态。

⑤阀门关闭后将离合器手柄置于手动位置（非自动控制系统、泵站）。

（4）紧急停运。

①在开、关中，若发现白灯亮数秒后不能熄灭表示有故障，应立即停机检查处理。

②发现各指示灯不能按规定指示，应请有关人员检查处理。

③按停机按钮后，电机停不下来时，应立即拉闸断电源，将离合器手柄迅速推至手动位置，以免造成事故。

2. 手动阀的操作

（1）确定开、关方向；

（2）手握手轮或手柄；

（3）旋转手轮或手柄；

（4）确定开关阀程度（应根据工艺要求或阀的类型确定开阀程度）。

操作注意事项：

（1）不能用长杠杆或长扳手来扳动手轮、手柄；

（2）开阀时，用力应该平稳，不可冲击；

（3）当阀门全开后，应将手轮回转 1~2 圈；

（4）操作时，如发现操作过于费劲，应分析原因，做相应处理；

（5）蒸汽阀门开启时应尽量平缓，以免发生水击现象。

3. 液压球阀的操作

（1）启动前的准备。

①全面检查和紧固各部分连接螺栓，检查油泵手柄和分配阀杆是否动作灵活。

②检查指示表指示的位置与球阀实际位置是否相符（指示表指示的位置与球阀实际位置应相符时才能开阀）。

③将经过滤清的合格机械油加入油泵油箱至油位标线以上。

④打开分配阀密封进油及回油开关，关闭截止阀及其他阀门，操作手压泵使打出的油经回流管流回油箱，从回油窗观察油流是否充足，如没有回流，应检查手压泵（要求油泵手柄和分配阀杆必须动作灵活）。

⑤介质自封的液动球阀应将油泵缸中的空气排净。

（2）开阀。

①关紧截止阀（Ⅱ）及密封位置进油开关，打开阀及密封位置回油开关，使球两端密封圈压力油返回油箱。

②打开进油开关、回油开关，关闭回流开关及进油开关。

③扳动手压泵，压力油经分配阀进入开启油缸，使球转到开启位置，此时指示位置的指针指向"通"。

④球两端密封圈压力放空处于无压状态，以减少球和密封的摩擦力。

⑤介质自封的球阀要扳动开阀手柄，直到回流管路看到回流为止。

⑥球阀工作状态为全开，若发现不能全开应查清原因，恢复正常。

（3）关阀。

①打开回流开关及进油开关。

②关闭回油开关。

③扳动手压泵，压力油经分配阀进入关阀油缸，使球转到关闭位置，此时，指示位置的指针应指向"断"。

④关闭回油开关、进油开关、打开进油开关、截止阀（Ⅱ）及油泵阀，扳动手压泵，往球阀两密封圈和稳压缸内打压。当稳压缸内压力高于管道介质压力 2.0MPa 时，关闭截止阀（Ⅰ），以保证缸内压力稳定。

⑤打开回流开关，使管路内的压力油流回油箱。

⑥介质自封的液动球阀要扳动关阀手柄，直至回流管路看到回油为止。

⑦球阀工作状态为全关，若发现不能全关应查清原因，恢复正常。

（4）操作注意事项。

①只能作为全开或全关用，不能作为节流用。

②操作前，应检查球阀开关位置、执行机构是否完好灵敏，密封性能是否良好，流程切换是否正确。

③开关操作时，一定要平衡前后两端压力和泄去密封圈压力后才能进行；开关完后应及时向密封圈充压；严禁在阀前后存在压差下强行操作。

④需紧急关闭时，动作要快，以免在球阀前后形成较大压差前还未关闭。

⑤用管道气压作密封动力源的球阀可在密封管路上加装一个单流阀，以防止密封气的漏失。

（七）阀门的维护

1. 阀门使用注意事项

阀门密封的好坏、寿命的长短不仅与其制造质量有关，也与操作者的使用方法是否正确有很大的关系。正确使用阀门应注意以下几点：

（1）启闭阀门时，用力要均匀，不可冲击。同时，阀门的启闭速度不能太快，以免产生较大的水击压力而损坏管件。

（2）利用螺杆启闭的阀门，在关闭或开启到头（上死点或下死点）时，要回转半扣或1/4 扣，使螺纹更好密合，以免拧得过紧损坏阀件或在温度变化时把闸板楔紧影响开关。

（3）暗杆阀门全开、全闭时，阀杆位置应标明。这样既可以避免全开时撞击死点，又便于检查阀门是否关严了。

（4）如果手轮转不动时，不得借助其他器械强行开启，以免损坏手轮和阀杆。另外，应该分析原因，排除故障后再开启，必要时可用特制的阀门扳手；

（5）管道在检修后，再次投入使用时，可先将阀门稍微开启一点，利用介质的高速流动冲走阀内的残余杂质。然后反复开关几次，待冲尽杂物后再投入正常使用。

（6）闸阀、截止阀、球阀只能全开或全闭，不作为节流阀使用；

（7）蒸汽阀门开启前应预热，并排除阀内和管道中的冷凝水。开启时，应尽量缓慢，以免产生很大的水击压力。

（8）阀门丝杆要经常润滑，保持清洁，有油杯的阀门要经常检查和加油。

（9）打开有旁通阀的大口径闸阀时，要先开旁通阀，以减少阀瓣两端的压力差。

2. 阀门日常维护

（1）清洁要求。经常保持阀门外部和活动部位的清洁，阀门上的灰尘可用压缩空气吹扫，阀门上残留的油和介质可用蒸汽吹扫干净。疏水阀应定期拆卸冲洗，防止堵塞。

（2）定期润滑。阀门梯形螺纹、螺母及啮合部位和配合活动部位，应经常保持良好的润滑，防止锈蚀及卡死。露在外部的润滑部位，如螺纹等应注入黄油润滑；对于旋塞阀等，应定期加注润滑油，防止磨损及泄漏。

（3）定期维护。阀体要完好，阀件应齐全、完好，螺栓、螺母应拧紧防止松动，填料压件应及时拧紧，缺失零件应及时更换、补齐。此外，阀门不允许敲打、放置重物或站人，以免损坏阀门。

（4）驱动装置灵活。驱动装置应外面清洁，密封良好，密封部位应严密无泄漏；传动部位应定期润滑，防止锈蚀或卡死；确保驱动装置工作正常自如，执行操作准确无误。

（八）更换阀门密封填料

1. 阀门填料类型

阀门填料的种类较多，按密封原理的不同，可分为填隙型填料、自封型填料和带凸缘的成形填料；按材质不同，填料可分为如下几种：

（1）植物纤维填料。植物纤维填料是用麻、棉类植物浸渍、蜡等防渗材料制成。它的来源丰富，价格便宜，适用于水、氨、乙酸等介质，可作为常温、低压阀门的填料。

（2）石棉纤维填料。石棉纤维填料是在石棉中加入石墨、橡胶等材料制成。它具有较好的耐热性和吸附性，但它的导热性、弹性差，摩擦系数大，易老化。

（3）橡胶填料。橡胶填料是在橡胶中加入适量的添加剂而制成的。通常是做成O形密封圈，V形或L形密封圈填料。它具有优异的弹性和良好的耐腐蚀性，但它的耐热性、导热性差，摩擦系数大，易老化。

（4）塑料填料。塑料填料是由尼龙或聚四氟乙烯制成的U形、V形或O形填料。它具有较好的弹性和优异的耐腐蚀性、耐磨性，而且摩擦系数小，是一种较理想的阀门填料，适用于水、蒸汽、原油和各种腐蚀性介质。

（5）膨胀石墨（柔性石墨）填料。膨胀石墨填料是在石墨中加入添加剂后压制而成的，具有耐高温、耐腐蚀的特点，还具有优异的自润滑性、可压缩性、回弹性和导热性，是一种理想阀门填料。

（6）碳素纤维填料。碳素纤维填料由人造丝或丙烯腈纤维经高温碳化而成。它具有优异的自润滑性能，并具有良好的弹性、耐热性、导热性和耐腐蚀性，是一种理想的新型填料。

2. 操作步骤

（1）携带准备好的工用具及材料到现场。检查流程，确认管路内的介质流向。

（2）倒流程：侧身打开旁通阀门后侧身关闭上、下流闸门，切断管路介质（在确定闸门能关严的情况下），将需更换填料的闸门开大，开放空阀门，泄压。

（3）开启活动扳手开口适当，缓慢卸掉密封填料压盖上锁紧螺帽，退出压盖，用挂钩挂住撬起的压盖，把两个压盖螺栓放平。

（4）用螺丝刀或自制的小钩取净旧密封填料，并清理干净填料函。在清理时要特别注意，以免损伤阀杆和填料函内壁。

（5）检查阀杆，应平直光洁，不得有腐蚀、机械损伤、沟槽、弯曲等。

（6）选择与阀门填料函规格相符的填料，将其绕在阀杆上，量取合适长度，用割刀将其斜切45°。切口要求平直整齐不得有线头，如图1-18（a）所示。如果用石棉绳，应用多股拧成绳，并抹上黄油备用。

（7）加入新填料：切口要吻合，每圈填料的45°接口应上下搭接，如图1-18（b）所示。每层之间切口要错开120°~180°；如加石棉绳，要顺时针盘转，每加一圈应压实，加满为止。

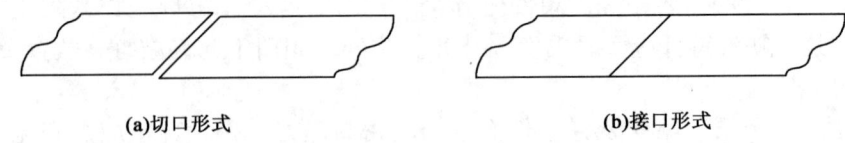

图1-18 填料切割、搭接示意图

（8）放下压盖，将两条压盖螺栓上好，均匀对称紧固压盖锁紧螺母，保证填料松紧合适，压盖不能有倾斜，压盖压入填料函的深度不得少于5mm，并留有压紧的余地。

（9）关闭放空阀门，缓慢侧身稍开下流控制闸门试压，检查有无渗漏现象，缓慢侧身开上流控制闸门，观察无问题后，开下、上流闸门至最大后回半圈，侧身关闭旁通阀门。

（10）收拾工用具，清理操作现场，将有关数据填入报表。

3. 注意事项

（1）不准憋压操作，以防其他设备出现故障。
（2）操作前一定要先将管线内压力放净，严禁带压操作。
（3）密封压盖一定要对称上好，不能上偏。
（4）开、关闸门时一定要缓慢侧身。
（5）填料不宜压得过紧，在每加1~2圈填料后，应转动手轮，使阀杆升降或旋转。压盖的压紧程度应满足填料不泄漏、阀杆上下运动灵活。

（九）更换法兰垫片

操作步骤如下：

（1）准备工作。
①把更换法兰垫片所需的用具、材料、工具拿到操作现场。
②准备好与更换法兰相同规格的单片法兰。
（2）制作垫片。
①用直尺在单片法兰上量出法兰的内外直径。
②用划规在石棉垫片上划出法兰垫片内外圆。
③用剪子剪出法兰垫片并留有操作手柄。
④在剪出的法兰垫片两侧涂上黄油，放在干净的地方。
（3）检查流程，确认管路内的介质流向。
（4）倒流程（有旁通阀门的侧身打开旁通阀门后），侧身关闭上、下流闸门切断管路介质（在确定闸门能关严的情况下），开放空阀门，泄压。
（5）卸法兰螺栓，先卸松下部的螺栓，让存在管线内的水从下部流尽，再卸松其他螺栓，对称留两条螺栓不必取出，原因是有可能管线的拉力太大，全部卸掉后有可能螺栓不够长；或是管线偏，再穿螺栓时对不准螺孔中心，不全部卸掉就能起到拉力和校正的作用。
（6）用撬杠撬开法兰，取出旧垫片，用专用工具将两侧法兰端面、水纹线清理干净。
（7）将两侧均匀涂抹上黄油的新垫片，放入法兰片内，对正中心不得偏斜。
（8）对角、均匀对称紧固法兰螺栓，先紧固上、下两个螺栓，以便于调整，法兰四周缝隙宽度要一致。
（9）关闭放空阀门，缓慢侧身稍开下流控制闸门试压，检查有无渗漏现象，缓慢侧身开上流控制闸门,观察无问题后,开下、上流闸门至最大后回半圈,侧身关闭旁通阀门。

(10)收拾工用具,清理操作现场,将有关数据填入报表。

注意事项如下：

(1)不准憋压操作,以防其他设备出现故障。

(2)操作前一定要先将管线内压力放净,严禁带压操作。

(3)开、关阀门时一定要侧身缓慢。

(4)选用的新垫片材质要合适,尺寸与接合面的形状相符,垫片的内外边缘要整齐圆滑。

(5)两法兰不对中的处理：两法兰不对中是因为两法兰端管线中心不在同一直线上。处理方法是卸法兰螺栓时,对角卸松两条不要卸掉,并用撬杠校正后再上紧。

(6)法兰密封面一定要清理干净。

(十)更换小型法兰阀门

(1)准备工作。

①把更换小型法兰阀门所需的用具、材料、工具拿到操作现场。

②准备好与更换法兰阀门相同规格的单片法兰。

③准备好经强度试验和严密性试验合格的规格相符的阀门。

(2)制作垫片。

①用直尺在单片法兰上量出法兰的内外直径。

②用划规在石棉垫片上划出法兰垫片内外圆。

③用弯剪子剪出法兰垫片并留有操作手柄。

④在剪出的法兰垫片两侧涂上黄油,放在干净的地方。

(3)检查流程,确认管路内的介质流向。

(4)倒流程：侧身打开旁通阀门后侧身关闭上、下流闸门切断管路介质(在确定闸门能关严的情况下),开放空阀门,泄压。

(5)卸法兰螺栓：先卸松下部的螺栓,让存在管线内的水从下部流尽,再卸松其他螺栓;另一侧用同样的方法拆卸,拆下旧阀门,清除干净管路两侧法兰上的旧垫片和脏物。

(6)安装新阀门：将阀门法兰与管线法兰对正,对角穿上两条螺栓,将两面均匀涂抹黄油的新垫片放入两法兰中间,再对角穿上其他螺栓;另一侧用同样方法安装,紧固螺栓时,应对角均匀地进行。

(7)关闭放空阀门,缓慢侧身稍开下流控制闸门试压,检查有无渗漏现象,缓慢侧身开上流控制闸门,观察无问题后,开下、上流闸门至最大后回半圈,侧身关闭旁通阀门。

(8)收拾工用具,清理操作现场,将有关数据填入报表。

(9)注意事项。

①安装前应检查阀杆和阀盘灵活无卡阻和歪斜现象。

②安装阀门时一般应保持关闭状态。

③法兰石棉垫片不要放偏,两法兰端面应保证互相平行且同心。

(十一)常用阀门故障处理

1. 闸阀常见故障

(1)闸板脱落。

①故障原因。

a. 结构缺陷。目前，在石油站、库使用的闸阀中，有一些是下顶楔式双闸板阀。它在关闭时是利用顶楔把闸板撑开，使闸板紧压在阀座上而实现密封。开启时，在重力的作用下顶楔下落（仍夹在两闸板之间），使闸板与阀座松开。如果顶楔与闸板挤得太紧或顶楔磨损、锈蚀很严重，在开启闸门时顶楔不能自动下落，闸板仍紧压在阀座上，使阀门开启困难。若强行开启阀门，由于顶楔仍撑开着闸板，使两闸板底部有较大空隙，当顶楔受到振动或介质冲击时，会突然下坠，并通过两闸板之间的间隙落到阀底。由于失去了顶楔的作用，闸板也会与阀杆脱离，这就形成了"掉闸板"的事故。此外，在关闭阀门时如果用力过大，可能会把顶楔压碎，也会造成闸板脱落。

b. 使用不当。下顶楔式双闸板阀只允许按阀杆垂直向上的方向安装在水平管上，但若双闸板阀是水平安装时，致使顶楔不是落向阀底而是落向阀体一侧，不仅使顶楔不能正常发挥作用，还会导致阀门关闭不严和启闭困难。有时，因阀门泄漏严重而盲目加大关闭力矩，很容易把顶楔压断或把阀底顶裂，也会造成闸板脱落。

②预防措施。

选用双闸板阀时应特别慎重，尽可能选用密封良好、启闭轻便、使用寿命长的平行式双闸板阀（平板阀）。

（2）外泄漏。

闸阀的外泄漏现象较普遍，只是渗漏的程度不同。大多数只有轻微的渗漏，漏出的原油很快挥发了；有的稍严重一些，在阀体上可以见到油渍；有的很严重，形成了滴漏。泄漏主要发生在填料函处，也有少数闸阀是在法兰处或阀体上。

①故障原因。

a. 质量低劣。其包括填料函不标准、深度不够；阀杆表面粗糙、精度低；法兰面不平或有缺陷；阀体铸造质量差。

b. 使用不当。其包括阀杆被磨损，锈蚀或弯曲，使填料与阀体之间有较大的间隙；填料选用不当；装填不合要求；没有被压紧或填料老化；垫片老化或断裂，法兰螺栓没有拧紧；阀体被腐蚀穿孔。

②解决措施。

阀门的外泄漏不仅造成原油损耗、污染环境、危害操作人员的身体健康，而且极易在局部形成爆炸性气体混合物，危及石油站库的安全。因此，必须引起高度重视。减少外泄漏的措施如下：

a. 改进阀门结构，消除外泄漏通道。阀门开启时，阀体内介质压力较大，此时最容易向外泄漏。若阀杆上加工一个倒锥体密封面（称为倒密封），当阀门全开时，阀杆与阀盖之间实现密封，既避免介质外漏，又可以延长填料的使用寿命，而且能很方便地更换填料。

b. 正确使用阀门，加强对阀门的维修保养。经常对阀门进行检查，及时修复或更换被磨损、腐蚀或弯曲的阀杆，选用合适的填料，并定期更换。

（3）内泄漏。

闸阀的内泄漏是个普遍存在但不易发现的问题。由于内泄漏经常不会造成原油数量上的损失，所以还没有引起人们足够的重视，但它造成的后果是严重的。由于阀门的内泄漏，可能造成混油事故，从而降低了原油的质量；还可能使已排空的管道重新充满原油，当温度升高、原油膨胀时，会损坏阀门和管件。若卸油管上的阀门内泄漏严重，则会使大量空气进入油管，使油泵产生气蚀甚至导致气阻断流，影响正常作业。

①故障原因。

结构方面的原因包括：

a. 闸阀的阀座通常是暴露在介质中，易受介质的冲蚀并损伤密封面。

b. 阀门启闭时，密封面因相对滑动而被磨损，还可能会被杂质擦伤。

c. 闸板密封面的平面度、粗糙度和楔角的密度要求很高，若加工精度低，将导致闸板与阀座配合不紧密。

使用方面的原因包括：

a. 由于管道上没有安装过滤器或过滤器损坏，使油罐或油罐车中的杂质（铁锈、泥沙、甚至还有木屑、碎砖、棉纱、手套等）进入管道，使阀门密封面被冲刷、擦伤。如果杂质沉积在阀底，特别是沉积在闸板卡槽内，闸板关闭不严。

b. 闸阀是不允许用来调节流量的，但在使用过程中常用闸阀节流，致使闸板密封面被冲蚀损伤。

c. 下顶楔式双闸板阀只允许垂直安装（阀杆垂直向上），若没有按要求安装，会导致阀门关闭不严。

②预防及解决措施。

a. 选用性能和质量较好、密封面不易被介质冲蚀和擦伤的阀门，如平板阀。

b. 改进工艺设计，尽量减少阀门用量。有些不常用的阀门可以拆除或用眼镜盲板替代，如泵与泵之间的隔离阀则可用眼镜盲板（眼眶盲板）替代。

c. 正确使用阀门，加强对阀门的维护管理。管道工艺各进出口处尽可能设置过滤器，并定期清除过滤器的杂物。

d. 及时修复或更换泄漏的阀门。

e. 切断总油源（或气源、风源等），排除管道内的剩余压力。

f. 填料压盖脱落应重新压在填料压盖，对填料不足或填料损坏的情况应补充或更换填料（压盖松紧要合适，新补充或更换的填料，其材质、规格应根据介质的性质、温度、压力来选用，已损坏的填料要清除干净）。

（4）开启困难。

在出现闸阀开启困难时，人们经常把铁棍插到手轮辐条之间强行扭开阀门。这样很容易扭坏手轮，扭弯阀杆，甚至会造成闸板脱落。

①故障原因。

楔式闸阀是靠闸板与阀座相互挤压实现密封的，因此，在关闭时需要施加较大的力，开启时比较费劲，但通常不是很困难。造成阀门开启困难的原因主要有下述几种：

a. 阀杆与阀体的散热条件不一样，它们材质也不相同，因此，当温度变化时，阀杆的线膨胀量可能比阀座的线膨胀量大。由于阀杆上端受到阀盖的限制，阀杆只能向下膨胀。若阀门处于关闭状态，则会使闸板脱落。

b. 阀腔内的水冻结，造成阀门开启困难。

c. 阀杆螺纹锈蚀造成阀门开启困难。

d. 阀腔内介质受热膨胀，阀腔内压力增大使双闸板阀或弹性闸阀的闸板紧压在阀座上，使阀门开启困难。

②解决措施。

当阀门难以开启时不应借助其他器械（如加力杆）强行开启，以免损坏阀门。同时，应分析其原因，采用相应的方法解决。

a. 若是因温度变化导致闸板楔住，应先拧松阀盖螺母，然后用锤轻轻敲击阀底，并试探地转动手轮。如仍不能转动，则用蒸汽、热水加热阀体底部，使阀体膨胀，即可开启。

b. 若是因阀门冻结而造成开启困难，则可用热水浇淋阀体，使冰融化，即可开启。

c. 若是因为螺纹被锈蚀，则可用汽油浸润阀杆螺纹和螺母，然后用棉纱擦除铁锈，再涂上润滑油，即可开启。

d. 若因阀杆严重弯曲造成开启困难，则应停止使用。首先卸下阀盖取出阀杆，然后矫正或更换阀杆。

e. 若因阀腔内压力太大造成开启困难，则可松开填料压盖，使阀腔内介质泄漏出来，待阀腔内压力降低后，即可开启阀门。

（5）阀门阀杆转动不灵活。

①适当减少或放松密封填料（密封填料不应压得太紧，应松紧适宜）。

②检修阀杆或阀盖的螺栓（阀盖上螺栓应完整无缺）。

③如阀杆弯曲严重应更换阀杆（阀杆不应产生弯曲或生锈）。

④阀杆螺纹加润滑油或消除污垢（阀杆螺纹润滑必须良好，应无污垢）。

2. 球阀常见故障

（1）密封性能欠佳。

由于球阀通常用在发油管道上，因此原油被直接泄漏到大气中，既造成原油损耗、污染环境，还会危及石油站库的安全。

①故障原因。

球阀是靠球体与软质密封圈吻合而实现密封的，因此，其密封性能应该是很好的。导致球阀密封性能不好的原因主要有以下几点：

a. 密封圈被磨损、擦伤或老化、断裂。

b. 介质不清洁。球体与密封圈接触面上夹有固体杂质，导致密封面吻合不紧密。

c. 浮动式球阀的阀体和球体因温度升高而膨胀，因两者的膨胀量不同就可能导致球体内阀座之间的间隙增大。

d. 固定式球阀的阀弹簧疲劳或断裂，造成密封副之间的间隙增大。

②预防及解决措施。

a. 严禁用球阀调节流量。因为在节流时密封圈和球体容易被介质冲刷、磨损，导致密封副不能紧密吻合，而且还会出现"咬圈"现象，并损坏密封圈。

b. 滤除介质中的杂质。

c. 及时更换被磨损的密封圈。

d. 及时调整两半阀体之间的间隙，使球体与密封圈之间能紧密吻合。

e. 及时更换失效的阀座弹簧。

（2）启闭力矩大。

在使用过程中，浮动式球阀经常出现启闭费力的现象，给操作带来不便。

①故障原因。

球体和阀体随温度升高而膨胀，导致球体与密封圈接触面的比压增大，摩擦力的增大使启闭力矩随之增大。

②解决措施。

经常调整两半阀体之间的间隙，使密封副之间始终保持适当的比压并保持启闭轻便，密封良好。

3. 止回阀常见故障

止回阀大多安装在离心泵的出口处，以防止介质倒流。在使用过程中，主要存在下述问题。

（1）密封性能差。

止回阀主要用来防止介质倒流，因此，对密封性能的要求不高，在石油站库采用了较为先进的液下喷射氟蛋白泡沫液的消防技术；由于泡沫管上的止回阀密封性能不好，内泄漏严重，使原油从一个油罐顺泡沫管流到另一个油罐或消防泵房内。

①故障原因。

a. 止回阀的阀瓣和阀座通常都是采用金属作为密封材料，金属与金属的密封副允许有一定的泄漏量。

b. 止回阀是依靠阀瓣的重量、介质压力或弹簧弹力来保证密封的。当介质压力不大时，密封面接触不严密，导致泄漏。

c. 当介质倒流时，阀瓣撞击阀座可能损坏密封面，降低密封性能。

②解决措施。

a. 把阀瓣或阀座的密封材料改为橡胶，以构成软密封，提高其密封性能。

b. 在止回阀中增加弹簧，借助弹簧弹力来提高密封比压，以达到良好的密封效果。

（2）动作失灵。

石油站库中的止回阀动作失灵、不能关闭，致使介质倒流，冲击叶轮、烧毁电动机。

①故障原因。

a. 升降式止回阀的导向筒和导向套筒被锈蚀或因导向套筒上的泄压孔被堵塞导致阀瓣不能自由地升降，造成止回阀动作失灵。

b. 旋启式止回阀的摇杆机构装配不正，摇杆机与阀瓣和芯轴连接处松动或磨损，摇杆变形或断裂。

c. 安装不符合要求造成阀瓣动作失灵。

②预防措施。

a. 定期检查，保证各部位完好。

b. 按设计要求安装止回阀。

4. 安全阀常见故障

（1）密封不严。

①故障原因。

a. 弹簧松弛或断裂，使密封比压降低，造成密封面接触不良。

b. 阀瓣和阀底座密封面被磨损，密封面上夹有杂质，使密封面不能密合。

c. 安全阀开启压力和设备工作压力太接近，使密封比压太低，造成密封面接触不良。

d. 阀门制造质量差，装配不当。

②预防及解决措施。

a. 更换弹簧。

b. 修复或更换阀瓣和阀座密封面。

c. 调整安全阀的开启压力，使其大于设备工作压力。
d. 选择质量较好的阀门。

（2）提前开启。

有时，在介质压力还没有达到规定值时，安全阀就开启了，影响了设备的正常工作。

①故障原因。

a. 开启压力没有调整准确，低于规定压力。
b. 弹簧松弛或被腐蚀，导致开启压力下降。
c. 随着温度的升高，弹簧的弹力将降低，而导致阀门提前开启。

②预防措施。

a. 重新调整开启压力，使其等于规定压力。
b. 更换弹簧。
c. 若介质温度较高，应换成带散热片的安全阀。

（3）阀门不动作。

当介质压力超过了规定值，而阀门仍不动作，导致管件被损坏。

①故障原因：

a. 开启压力没有调整，其高于规定压力。
b. 阀瓣被脏物粘住或阀门通道被堵塞。
c. 阀门运动部件被卡死。
d. 因气温太低，安全阀被冻结。
e. 背压增大，使介质压力达到规定值时阀门不能起跳。

②预防及解决措施。

a. 重新调整开启压力。
b. 清除阀瓣和阀座上的脏物。
c. 对阀门采取保温和伴热措施。
d. 检查阀门，排除卡阻现象。
e. 防止背压增大。

5. 蝶阀常见故障

（1）密封圈膨胀。

部分蝶阀在使用一段时间后橡胶密封圈膨胀，阀门关闭不严。

①故障原因。

因为橡胶耐油性不佳的缘故。现有耐油橡胶的耐油性能都不很理想，有待改进。

②预防措施。

经常检查阀门的气密性，定期更换蝶阀的橡胶密封件。

（2）蝶板汽蚀。

当介质流速很快、蝶阀开度较小时，蝶板容易汽蚀，从而缩短了阀门的使用寿命。

①故障原因。

当介质流过蝶板时，在蝶板下游将产生涡流。若阀门开度较小，则介质流速大，蝶板后流通面积增大，介质压力回升，介质中的气泡迅速破灭而导致蝶板汽蚀。

②预防措施。

当蝶阀开度小于30°时，蝶板最容易被汽蚀，故应避免阀在开度小于30°情况下工作。

6. 电动阀常见故障

（1）电动机过载、阀门不动作。

①故障原因。

a. 阀门填料压得过紧或压偏（填料压盖必须水平并松紧合适）。

b. 阀杆螺母锈蚀或夹有杂物。

c. 阀门两侧压差大（阀门两侧压差必须在规定范围之内）。

d. 楔式闸板受热膨胀关闭过紧。

②处理措施。

a. 调整或稍松填料压盖。

b. 清除阀杆螺母锈蚀及杂物等。

c. 打开旁通阀或采用其他泄压措施调整阀门两侧压差。

d. 如是楔式闸阀受热膨胀闸板关闭过紧，应等闸阀冷却后再开阀门。

（2）电动阀运行中的故障。

①在开关阀门中，若发现白灯亮数秒后不能熄灭，表示出现故障，应立即停机检查处理。

②发现各色指示灯不能按规定指示，应由有关人员检查处理（操作人员必须熟练掌握各色指示灯的显示规定要求，并能根据显示情况迅速作出判断）。

③发现按停机按钮电机停不下来，应将离合器手柄迅速推至手动位置，并立即通知电工检修。

第四节　油气集输管道投产与维护

一、管道投产

（一）管道的清扫

油气集输管道在建成投入使用前，首先要对管道进行吹扫或清管，其目的是把施工时在管内遗留下来的焊渣、铁锈、泥沙和水及其他杂物清除干净，防止在生产过程中阻塞阀门、损坏设备和污染产品。

油气田的管道常采用气体进行吹扫和清管器（清管球）清管。

1. 管道气体吹扫

气体吹扫一般适用于直径较小的管道，并要充分利用已有的管道进行清扫，在适当的地点设置扫线口、放空口。油气田常用的气体吹扫介质是压缩空气、天然气、蒸汽。

一般弯曲较多或长距离管道应分段吹扫，直线或较短的管道可以一次吹扫，吹扫可在全部管道安装好以后进行，也可以在某一段管道安装好以后进行。分段吹扫时，要在分段处的法兰或对口缝上加临时盲板，盲板上应标上明显的标志，吹扫完后及时拆除。盲板厚度应能承受试验压力。

管道吹扫前，要拆除管道上已安装好的节流装置、调节阀、止回阀等或采取其他保护措施，防止在吹扫时受到损坏。

吹扫压力应符合设计规定，如无明确规定时，可按下列标准执行内部和外部管道吹扫压力一般不大于工作压力的 3/4，且不低于工作压力的 1/4，大直径管道应不低于 6MPa。为了便于排出杂物,排出管的截面不得小于吹扫管道截面的 3/4,放出端的阀门要求时开、时闭,以保持吹扫管道中的压力。

2. 管道吹扫的安全规定

(1) 管道吹扫区应设警戒线,非工作人员禁止入内。
(2) 管道吹扫的排气口应接至室外安全地点。
(3) 用氧气、煤气吹扫时,排气口必须远离火源,并妥善处理排出气体。
(4) 为了安全和避免污染空气,用天然气吹扫时,吹扫口喷出来的天然气应点火燃烧掉。
(5) 管道吹扫前,应制订相应的方案,吹扫时,严格按方案进行。
(6) 每一吹扫口必须设专人监护,防止有人误入受伤。

3. 清管器清管

当管径大于 200mm 时,用气体吹扫的方法来清管不能十分有效地把管内的杂物清除干净,同时耗气量也太大。为了达到清除管内的污杂物的良好效果,常用一种特制的清管器来清扫管线内杂物。清管器对清除管内的液体污杂物的效果比较好,能把石块、泥土及遗留在管内施工用的工具等推出来,它还易于通过小曲率半径的弯头,制造和使用比较简单。通球可以在全部管线安装完毕后整体进行,也可以在某一段管线安装完毕后分段进行。

通球的主要装置为发送筒和接收筒,其外形为一个钢制圆筒,直径比管道的主管直径大 50~100mm,发送筒的长度一般为直径的 3~4 倍,接收筒的长度一般为直径的 4~6 倍。均顺气流方向与水平线由高向低呈 8°~10°倾斜安装,发送筒和接收筒的组成部件基本相同。通球操作程序如下:

(1) 发球。

①检查发球筒、盲板及球阀,确认各部件完好正常后,拆卸防松楔块,打开球筒快速开关盲板把球送入发球筒底部大小头处。

②关闭快速开关盲板和发球筒上的放空阀门。

③打开球阀,并且是全开位置,此时打开发球进气阀,把球发出去。

④球发出去后,立即打开管道进气阀,再把发球筒的进气阀关闭。

⑤关闭球阀,再打开发球筒上的放空阀门,发球筒内的压力降至零时,再把快速开关盲板打开,检查球是否已经发走。(如有清管指示器,看其是否动作。)

(2) 通球。

推球时,进气要稳、球速不宜过快,要控制在 5m/s 内。特别是用天然气为介质通球时,应与置换空气一起进行,这就更应该控制球速。通球时可能有大量的污水、泥土及施工时遗留的撬杠和带入的石块存积在管内,造成卡球故障,所以要在管线沿途指派专人在主要位置(高低差转大的地方,低洼地段、公路、铁路穿越,河流跨越的位置)设监听点,随时监听球的运行情况及位置,并且随时和理论计算出球的位置进行核对,以便及时发现故障加以排除。为了监听清管器运行状况,国内外都研制出各种类型的跟踪清管器,它能迅速找到清管器被卡阻的确切位置。跟踪清管器涉及在管道建设、投产、运行的全过程。

(3) 收球。

①检查收球筒上的各部件是否完好,仪表是否正常。

②利用接收站内的管道放空及排污阀来调节推球压差,控制球的运行速度。

③在球到站前 30min,应打开接收筒的连通阀门,以平衡接收筒的压力,然后打开球

阀，并关闭连通阀，再打开接收筒的排污阀门进行排污。也可以先打开接收筒的放空阀门，待放出污水后，立即打开接收筒的排污阀门进行排污收球。

（二）管道的试压

管道安装完毕应对管道系统进行压力试验，通常称为试压。按试压的目的可分为：检查管道系统机械性能的强度试压和检查管道系统连接情况的严密性试压。强度试压时使用的介质在油气田常采用空气和水，也可采用天然气，严密性试压多采用空气为试压介质。管道的试压可以分段或分区进行，一般先进行强度压力试验，再进行严密性压力试验。

1. 强度压力试验

一般在施工图上对管道的强度试压中的试验压力、介质、要求、稳压时间等都有所规定。

试压使用的介质要根据管道所输送的介质和工作压力的高低来确定，一般来说，工作压力较高的各种石油化工管道用水做试压介质；压力较低的管道常用惰性气体做试压介质。一般水管、热力管、压缩空气管、输油管道可采用水或压缩空气做试压介质。煤气和天然气管道不宜用水做试压介质，因为一旦管内积水不能排尽，当输送气体时将使管内气体受潮产生水合物，会加重管道腐蚀或水合物堵塞管道，所以天然气管道多采用空气或天然气做试压介质。

2. 严密性压力试验

工艺管道的严密性压力试验常采用空气为试压介质。其试验压力按工作压力进行，且不小于1.0MPa。输气管道的严密性试验压力必须是其最大的工作压力。

严密性试压时，先用空气压缩机将管道系统充满气体，继续升压到所规定的压力，稳压10~15min，压力没有下降，此时就可以用肥皂水对环形焊缝逐个进行检查。检查时必须认真仔细地观察，如果发现有密集冒泡现象，就说明该处焊口有渗漏，应做好记号，待把压力降到零后，将有渗漏的部位铲掉，重新焊接好，按规定压力再进行一次试压检查，直到完全无渗漏后才为合格。长距离管道严密性压力试验则要求稳压24h。

3. 管道试压注意事项

（1）管道试压前，应检查支、吊架的紧固性，必要时可增加临时支架。承插口管道在转弯、三通支管的背部及管道尽端的管堵处应设挡墩。只有经检查、确认无问题后才能进行试压。

（2）试验压力必须按设计或施工验收规范进行，不得随意增减。

（3）对位差较大的管道必须考虑试压介质静压影响，液压管道以最高、最低压力为准，但最低点不得超过管件及阀门的承受能力。

（4）试压过程中，液压试验应缓慢进行，气压试压应逐级升压，如有泄漏不得带压修理。

（5）试压用的压力表量程应为被测压力的1.5~2.0倍。

（6）压力较高的管道试压时，应划定危险区，并安排专人负责警戒，禁止无关人员进入。

（7）系统试压合格后，排放点应适当，并注意安全。

（三）管道的预热

热油管道建成后的启动投产以及大修后或长期停输的管道重新启动，要比等温油管道的启动复杂得多。因为热油管道启动时的热力、水力工况均属不稳定工况。油是热的,管路周围的土壤是冷的,油把热量传给土壤以建立一个稳定的温度场需要很长时间,这种热力状况的不稳定性给热油管的启动带来很大麻烦。如处理不好,会由于摩阻损失的急剧增高而被迫停输或使输油管发生"冷凝"。所以,热油管道在投产前,需要预热。

1. 热油管道的预热

热油管道预热通常采用热水预热的方式来提高管道周围土壤的温度,使其满足管道输油时的温度条件。管道的预热方法分为以下三种:正向预热,即从管线的起点往管线中输入热水预热;反向预热,即从管线的终点往管线中输入热水预热;正反向同时预热,即从管线的起点和终点同时往管线中输入热水预热,中间设放空口。

(1)预热前的准备工作。

①首末站准备足够容量的油罐,用来储存和接收热水,储罐的总容量,一般相当于1.5~2个站间管道的总容量。

②输油管道的回填加固工作全部完成,以免预热时产生管道热变形事故。

③充分做好排水准备工作,避免高温水损坏农田和污染环境。

④切实做好燃料供应工作。

⑤确定预热方式,短距离管道可采用单向预热,长距离管道采用正、反交替输送热水预热。

⑥全线所有测温仪表检验准备工作完毕,岗位操作人员就位。

⑦确定热水出站温度,应视原油性质和管道防腐保温材料耐热程度而定,一般要低于防腐保温耐热程度的5~10℃。

⑧确定热水输量,应根据供水和加热炉允许负荷确定,有条件的情况下,应尽量增大管道的供热负荷,缩短预热时间。

(2)预热操作。

全线管道预热也是全线联合试运工作的开始,所以预热工作要统一指挥,各站协同工作;要求上下站间、上下级调度之间要加强联系,沟通情况,发生问题及时报告,确保预热工作及联合试运工作安全、平稳完成。

①首站储油罐内装能够充满1.5~2个站间距管道的水量,并倒站内循环流程,启泵、点炉进行站内循环,提高热水温度。

②各中间站结合站内联合试运导通站内循环流程,并启泵、点炉循环热水,提高热水温度。末站导通进罐流程,准备接收热水。

③首站加热炉出炉热水温度达到预定值后,在下游站导通进站流程后,倒为正输流程,向干线输送热水,进行干线预热。

④中间站在下游站导通进罐流程后,视储油罐水位上涨情况导通正输流程,向下一站间管段预热。末站接收热水并严密监视储蓄罐液位。

⑤当首站储水罐液位下降到安全罐位下限后停输,各中间站视本站油罐液位情况,等降到安全罐位下线后也依次停炉、停泵、停输。

⑥全线停输后首站倒为接收热水进罐流程,各中间站均倒为反输流程。

⑦末站在全线停输后倒为反输流程,并启泵、点炉,反输预热开始。

⑧各中间站反输流程中能够启泵、点炉的启泵、点炉,不能启泵、点炉的倒为反输全越站流程。

⑨首站严密监视热水储罐的液位上涨情况。
⑩各站间管道温度场建立并达到预定值，管道预热达到预热效果后，可以考虑投油运行。

（3）管道预热的注意事项。

①各站出站水温不宜过高，过高的水温易引起管道预热变形事故和管道防腐沥青层流淌。

②严防加热炉偏流和汽化，尤其采用压力越站的中间站，管道内空气进入炉管，可造成气阻偏流和汽化。为此要严密注意加热炉的运行情况，对于中间站在水头进入加热炉之前，先导通热力越站，待水头越过本站后，再进行加热。

③防止热油管道产生过大的热变形。热水预热时，管道受热膨胀，产生热变形，有时会拱出地面，有时甚至会造成管道、设备的强度破坏。为了防止管道的热变形过大，除了保证管顶覆土厚度和覆土密实度增加管顶土壤正压力和摩擦外力还要严格控制出站温度，特别要防止加热炉汽化造成的加热炉出炉温度过高。另外，对于小曲率半径的弯头，应采用固定墩和局部增加壁厚，防止因管道弯头变形过大造成强度破坏。

④为了在热状态下考验管道，鉴于热水不能静止稳压，停输稳压又浪费热量，一般采取热水憋压输送办法，控制各站出站压力为管道最高工作压力并且管道最低点压力不超过强度试验压力；进行稳压输送24h，以检验管道是否会热变形后强度达不到使用要求而发生破裂或严重漏油现象，为安全投油打下坚实基础。

⑤距离较短的管道采用单向预热时，采用较小排量预热比较合适，长距离的管道采用正反输交替预热；初期可采用较小的排量加速对管周围冷土壤的传热，缩短预热时间，之后由于进站温度升高，应逐渐加大预热排量，使管道较均衡升温。

2. 管线投油作业

（1）热油管道投油前的准备工作。

①油源准备：投油时，除了正常输送的油量外，还应有管道本身的存油和全线总油量的一半左右库存量，这些油量由油田及早做好准备，以免投油过程中油源中断。

②末站转运衔接工作：投油前末站要与有关铁路、炼厂或油运部门密切配合，切实做好转运衔接工作，以免油路堵塞。

③管道清扫、试压和预热工作全部完成，并达到投油所需的热力条件。

④全线各站油罐进行排水和清扫，以备进油，末站要有足够的空罐准备接储混油和合格原油。

⑤确保安全供电、输送设备完好、通信畅通。

（2）热油管道投油的条件。

①前两三个站的进站水头温度必须高于原油凝点 $3\sim5℃$。

②末站进站水头温度必须达到原油凝点以上。

③前两三个站间管段的总传热系数应降至 $3kW/(m^2 \cdot K)$ 以下。

④管道预热后期应发送一个清管球，检查管道变形状态，并能畅通无阻。

（3）热油管道的投油操作。

①首站在投油时，先发送一个油水隔离球，记准投油时间和投油量，掌握油头到达下站时间，并通知下站。

②各中间站停炉停泵，导通全越站流程，并排空站内管网中的热水和清扫储油罐。

③末站导通收油排水流程并做好油质化验准备工作。

④第一个中间站密切注意油头到达时间，当油头通过本站后，通知下站并开进、出站阀，导通压力越站，同时缓慢开启进罐阀，向储油罐充装适量高度（安全高度以内）的原油后启泵、点炉，进行正常外输流程。以下各站均按此操作程序进行。

⑤末站在上一站启泵投油后，严密监视排水变化情况。当发现排水口有油质后，立即导通进罐收油流程，将混油接收进混油罐并加强油质化验，确定混油尾全部进混油罐后，导通空罐接收合格油品。

⑥在整个投油过程中，各站要严密监视油头温度变化。一旦发现油温下降到接近原油凝点时，应迅速采取升温和增大投油量等措施，防止管道凝管事故发生。

（4）热油管道的投油技术要求。

①投油后中途无特殊情况，在稳定温度场未建立之前，不允许停输。

②为减少混油损失，一般在油头发送油水隔离球。

③中间站尽量采用全越站流程，必须启泵时要在混油段（含油水隔离球）过站后再启泵。

④投油时从管路中置换出的热水，必须妥善处理避免污染环境。

⑤如果储油罐容量足够，可以考虑暂存部分热水，以备投产初期发送事故之用。

⑥热油管道投油最好在夏秋季节，一旦发生事故便于处理，同时也给投油工作带来很多有利条件。

⑦投油时要增大投油量，一般应大于热水量的1倍。因为排量越大，在出站温度相同的情况下，管内油温越高，越有利于安全投油，并且排量越大，管道产生的混油也越少。

（四）输油管道的故障及处理

1. 出站压力波动

（1）故障原因。

①输油泵过滤器堵塞，泵叶轮损坏或电动机发生故障。

②罐位较低，抽空。

③管线内有气体或者凝管。

（2）处理措施。

①根据泵机组运行声音判断为机泵原因时，启动备用泵机组，停故障机组，并通知维修人员抢修。

②如果是因为罐位较低而抽空时，先关小出口阀或切换运行罐，若来油量过小以至输油泵难以运行时，可倒为压力越站流程。

③倒罐或切换流程，管线内有空气或有凝油时应该重新切换流程，或者停泵放空并对已凝管线处理。

（3）注意事项。

①流程切换操作时必须严格执行工艺安全操作规程。

②在处理故障期间，严密监视站内外工艺管线和站内设备的压力和温度的变化。

2. 出站压力陡然下降

（1）故障原因。

除突然停机或泵机组抽空引起出站压力陡然下降的原因外，由于出站管线爆管泄漏所引起的出站压力陡然下降，其现象为排量增加，泵机组电流上升，下站收油减少。

(2) 处理措施。
①汇报上级调度，查明原因。
②紧急停炉、停泵。
③将外输流程改为进罐流程，库存高时要求上站停输。
④通知有关人员巡线查找漏点，并组织抢修。
⑤配合抢修工作和做好恢复输送的各项准备工作。
(3) 注意事项。
①流程操作严格执行工艺安全操作规程。
②故障处理期间，严密注意站内工艺管线和设备中的原油压力和温度的变化。
③设备操作严格执行设备操作规程。

3. 出站压力突然上升
(1) 故障原因。
①下站流程操作失误，造成憋压。
②下站干线流程上的阀门阀板脱落。
③在密闭输送的管道上，下站泵机组意外停泵。
(2) 处理措施。
①将外输流程改为站内循环流程或者进罐流程。
②机泵超压保护装置没有动作时，应手动停泵。
③紧急停加热炉。
④将故障情况和处理结果向上级调度汇报，进一步查明故障原因。
⑤已造成事故的应通知维修人员抢修。
(3) 注意事项。
①加强上、下站与本站各岗位的联系。
②事故处理期间应严密监视站内各工艺参数的变化。

4. 站内原油管线破裂
(1) 事故原因。
站内原油管线破裂是由超压运行、憋压、死油管段受热膨胀、低凹段积水冻裂等原因造成的。
(2) 处理方法。
根据破裂点位置而定，如在低压系统，在先炉后泵流程下，倒压力越站流程后抢修；如在高压系统，在先泵后炉情况下先停加热炉，再倒全越站流程。破裂点靠近加热炉时，要停炉；靠近油罐区时，抢修动火应停止油罐收发作业，要严格执行有关用火规定，采取相应的安全措施。
(3) 注意事项。
在处理事故过程中，运行人员应做好本岗设备的监护和保养，并使之随时处于启动状态，以使事故处理后尽快恢复输油。

5. 站内原油管线凝管
(1) 事故原因。
站内原油管线凝管的原因，一般是由于输油温度低，冬季保温伴热效果差等，多发生在备用炉入口，长期不作业的油罐出入口和长期不走油的管段。

（2）处理方法。

发现站内管线一旦凝管，要采取措施迅速处理，如提高伴热温度、采用高压热油顶挤等。严重时可去掉保温层，用蒸汽等热源在管外壁直接加热。

（3）预防措施。

为防止管道凝管，对长期不走油的管段应定期活动管线；炉入口段应有良好的伴热，损伤的伴热线要及时恢复；要防止原油窜入扫线后的空管线。

（4）注意事项。

①发现站内管线凝管事故时，立即报告有关部门和人员进行处理。

②在处理凝管过程中，运行人员要严密监视输油温度、压力和流量的变化。

二、管道防腐

金属的腐蚀是指金属表面由于受到周围介质的化学、电化学或物理溶解作用而引起的一种破坏现象。金属腐蚀现象遍及国民经济和国防建设各个领域，危害十分严重。腐蚀极易造成设备的跑、冒、滴、漏，污染环境而引起公害，甚至发生中毒、火灾、爆炸等恶性事故。腐蚀使金属变成了无用的、无法回收的散碎氧化物。在油气集输中做好管道的防腐、防垢工作，对于安全生产具有重要意义：

（1）节约材料：设备和零件被腐蚀后造成材料损失和维修人力的浪费。

（2）避免事故发生：由于腐蚀使容器壁变薄，管线穿孔，引起集输系统停产。油、气、水的跑漏，影响生产和污染环境，严重时发生严重事故。

（3）避免火灾发生：腐蚀穿孔时特别是天然气管线穿孔时能引起爆炸着火，造成财产损失和人身事故。

（4）保护仪表的使用，提高工艺的自动化水平。由于腐蚀造成某些自动化仪表不能正常使用，影响集输工艺的自动化水平。

（5）保护水质：由于腐蚀，使水中铁离子增加，水质变坏，地层堵塞。

（一）金属腐蚀的分类

金属腐蚀的分类方法很多，根据文献报道，至少有 80 种腐蚀类型，而且由于金属材料的增加，腐蚀介质的更新，腐蚀类型还在增加。下面只简单介绍一下几种腐蚀的分类方法。

1. 根据腐蚀机理分类

（1）化学腐蚀指金属与腐蚀介质直接发生反应，在反应过程中没有电流产生。腐蚀产物直接生成于发生化学反应的表面区域。化学腐蚀又可分为以下两种：

①在干燥气体中的腐蚀：指金属在干燥气体中腐蚀。在高温时，气体腐蚀速度更快，如用氧气、乙炔切割金属或焊接管道时，在金属表面产生氧化皮。

②在非电解质溶液中的腐蚀：金属在某些有机液体（如酒精、汽油）中的腐蚀。

（2）电化学腐蚀是最常见的腐蚀形式。它是指金属与电解质溶液（大多数为水溶液）发生了电化学反应而产生的腐蚀。其特点是在腐蚀过程中同时存在两个相对独立的反应过程——阳极反应和阴极反应，并与流过金属内部的电子流和介质中定向迁移的离子联系在一起，即在反应中有电流产生。如手电筒中电池的锌皮，在使用前较硬，但当化学电池快用完时，就变软腐烂，就是电化学腐蚀造成的。电化学腐蚀又可分为以下两种：

①原电池腐蚀：指金属在电解质溶液中形成电池而发生的腐蚀。

②电解腐蚀：指外界的杂散电流使处在电解质溶液中的金属发生电解而形成的腐蚀。

(3) 物理腐蚀是指金属由于单纯的物理溶解作用引起的破坏。这种腐蚀是由于物理溶解作用形成合金或液态金属渗入晶界造成的。

(4) 生物腐蚀是指金属表面在某些微生物生命活动或其产物的影响下所发生的腐蚀。这类腐蚀很难单独进行,但它能为化学腐蚀、电化学腐蚀创造必要的条件,促进金属的腐蚀。

2. 根据金属腐蚀的破坏形式(腐蚀形态)分类

(1) 全面腐蚀是腐蚀分布在整个金属表面上,可能是均匀的也可能是不均匀的,它使金属含量减少,金属变薄,强度降低。全面腐蚀的阴阳极是微观变化的。

(2) 局部腐蚀是发生在金属表面局部某一区域,其他部位几乎未破坏。局部腐蚀的破坏形态较多,对金属结构的危害性也比全面腐蚀大得多。局部腐蚀主要有以下几种类型:

①电偶腐蚀:在一定条件下(如电解质溶液或大气)产生的电化学腐蚀,即一种金属或合金由于同电极电势较高的另一种金属接触而引起腐蚀速度增大的现象,称为电偶腐蚀或双金属腐蚀,也称为接触腐蚀。

②点蚀:点蚀又称为孔蚀,金属表面上极为个别的区域被腐蚀成一些小而深的圆孔,而且蚀孔的深度一般大于孔的直径,严重的点蚀可以将设备蚀穿。

③缝隙腐蚀:金属构件一般采用铆接、焊接或螺钉连接等方式进行装配,在连接部位就可能出现缝隙。缝隙内金属在腐蚀介质中发生强烈的选择性破坏,使金属结构过早地损坏。

④晶间腐蚀:腐蚀破坏沿着金属晶粒的边界发生,使晶粒之间失去结合力,金属外形在变化不大时即可严重丧失其机械性能。

⑤剥蚀:剥蚀又称为剥层腐蚀。这类腐蚀在表面的个别点上产生,随后在表面下进一步扩展,并沿着与表面平行的晶界进行。

(3) 应力作用下的腐蚀:应力作用下的腐蚀是指材料在应力和腐蚀环境协同作用下发生的开裂及断裂失效现象。

(二) 金属在土壤中的腐蚀

随着石油工业的迅速发展,埋在地下的油、气、水管道等日益增多。在油罐底部和土壤接触部分产生的腐蚀和埋地、油气、水管线产生的腐蚀称为土壤腐蚀。

1. 金属在土壤中腐蚀的原因

(1) 因土壤是由固、液、气三态物质组成的复杂混合物。土壤颗粒组成的固体骨架内充满着空气、水和各种盐类,使土壤具有电解质溶液的特征,因而发生电化学腐蚀。

(2) 由于外界漏电的影响,土壤中有杂散电流通过地下金属管道,因而发生电解,称为杂散电流腐蚀。电解电池的阴极是遭受腐蚀的部位。

(3) 土壤中生活有大量细菌,有些细菌也会使管道产生腐蚀称为生物腐蚀,一般来说,土壤的含盐量、含水量越大,土壤电阻率越小,土壤腐蚀性越强。

2. 金属在土壤中的腐蚀类型

(1) 由于充气不均匀引起的腐蚀——氧浓差电池腐蚀。

(2) 由杂散电流引起的腐蚀。

(3) 由微生物引起的腐蚀。

(4) 其他类型的腐蚀。

(三) 管道的防腐方法

1. 地下管道的沥青防腐

埋于地下的管道应根据土层质量、电阻率等参数采取普通级、加强级或特加强级 3 种不同的防腐方法：

（1）普通级防腐由沥青底漆—沥青—聚氯乙烯工业膜组成。

（2）加强级防腐由沥青底漆—沥青—玻璃布—沥青—玻璃布—沥青—聚氯乙烯工业膜组成，涂层总厚度大于 6mm。

（3）特加强级防腐共 9 层，涂层总厚度大于 9mm。

另外，埋地管道的防腐方法还有煤焦油沥青防腐绝缘层、环氧煤沥青防腐绝缘层、塑料胶带防腐绝缘层、环氧粉末防腐绝缘层等方法。石油沥青来自原油，石油沥青防腐层具有原料来源广、成本低、施工工艺简单等优点。我国石油管道主要采用石油沥青作为防腐材料，对于地下管道的沥青防腐绝缘有以下两方面要求：

（1）防腐绝缘性，在土壤或地下水中以及输送介质影响下达到不流淌、不变形、不损坏，能长期起到防腐绝缘作用。

（2）具有足够的强度，能够经受施工过程中拉运、装卸、回填等作业的机械外力的影响，能够承受曝晒、冬季冷冻以及使用过程中的土层压力和土壤压力作用。

2. 管道的阴极保护

目前广泛采用阴极保护方法来保护地下和水中的金属管道。金属结构与电解质溶液相接触，就会形成腐蚀电池。阴极保护就是要消除金属结构的阴极区，主要通过以下两种方法实现：

（1）牺牲阳极的保护。在待保护的金属管道上联接一种电位更负的金属或合金，如铅合金，镁合金，使之形成一个新的腐蚀电池。由于管道上原来的腐蚀电池阳极的电极电位比外加阳极的电位要高，整个管道就成为阴极。

（2）外加电流的保护。将被保护金属与外加直流电源的负极相连，把另一辅助阳极接到电源的正极，使被保护金属成为阴极。

(四) 管道防腐常用涂料

1. 内防腐常用涂料

（1）环氧树脂涂料：使用温度 65~80℃。

（2）乙烯基涂料：使用最高温度 65℃。

（3）水泥砂浆涂料：由 425 号以上的硅酸盐水泥或火山灰水泥、石英砂（1.5mm）和水混合而成。使用风送法工艺时，水泥、沙子、水的质量比为 1:1:0.4。

2. 外防腐常用涂料

（1）沥青加玻璃布。

（2）硬质聚氨酯泡沫塑料。

三、管道防垢

在油气集输系统中，集油管、污水管、排污管、加热炉管、水套炉加热炉壳内及油管、换热器壳内等处时常沉积着致密坚实的、具有晶体结构的物质，主要有 $CaCO_3$（碳酸钙）、$MgCO_3$（碳酸镁）、$CaSO_4$（硫酸钙）等组成，并混杂有沙子、石灰石的微粒、石蜡等，称它为"水垢"。

（一）结垢的原因

（1）由于在集输系统中往往掺水输送，如掺入的碱性水和氯化钙型水混合时，所含的离子就能相互作用而生成水垢沉淀。

（2）一般高含水原油比低含水原油结垢要严重，原油及地下水在集输过程中，由于温度、压力、粘度不断变化，造成重碳酸氢钙分解而产生碳酸钙沉淀，形成垢，化学反应式如下：

$$Ca(HCO_3)_2 == CaCO_3\downarrow + CO_2\uparrow + H_2O$$

原油温度升高时，碳酸钙溶解度大幅度降低，因而碳酸钙沉淀加快，结垢更加严重。因此在原油加热炉、干线炉、掺水流程的管线及输油泵，脱水泵叶轮流道，泵的进、出口等流态发生变化的管段处，特别容易结垢。

（3）集输油管线设备结垢速度的快慢和原油中含泥、砂、机械杂质、水以及含蜡质的多少有关。一般原油中含泥、砂、机械杂质、水越高则越容易结垢。

（二）结垢的危害

（1）垢是热的不良导体，如果它沉积在加热炉火管表面，常造成加热炉效降低，严重时还使炉管过热氧化造成穿孔，危害加热炉的安全运行。

（2）垢的沉积会引起管道的局部腐蚀，在短期内穿孔而引发事故。

（3）垢的沉积降低了液体流动的截面积，增大了液流阻力和输送能量，增加清洗费用和停产检修时间。

（4）如果它沉积在原油脱水器的排水和排污管线中，常造成脱水器内污水不能及时排放而影响生产甚至停产。

（5）如注水泵结垢，致使泵排量、压力降低，并影响泵的效率，同时还可能会损坏泵的配件。

（三）设备管线结垢的判断

（1）管线的始末端在没有任何截止阀门情况下，压力差值大，管线内介质流动慢，敲击管线底部声音发实。

（2）管线中介质流量变小达不到设计要求。

（3）加热设备的导热能力降低，导热速度变慢，增加燃料负荷后效率降低，温度达不到工艺要求，有局部过热变形现象。

（四）化学防垢、除垢

1. 化学防垢

（1）无机磷酸盐防垢。

无机磷酸盐主要有磷酸三钠、焦磷酸四钠、三聚磷酸钠、十聚磷酸钠和六偏磷酸钠。这类盐易水解产生正磷酸，可与钙离子反应生成不溶解的磷酸钙，随温度升高，水解速度加快，使用温度最高达80℃。

（2）有机磷酸及其盐类防垢。

有机磷酸及其盐类主要有氨基三甲叉磷酸、乙二胺四甲叉磷酸、烃基乙叉磷酸钠等，这类酸或盐不易水解，使用温度达100℃以上，投放量较低，效果好。

（3）聚合物防垢。

聚合物主要有聚丙烯酸钠、聚丙烯酰胺、聚马来酸酐等，其中聚马来酸酐防止$CaSO_4$及

BaSO$_4$ 垢更有效。

(4) 复配型复合物防垢。

几种作用不同的单剂按一定比例混合在一起，只要它们之间不发生反应，无抵消作用且各自发挥自己的特点都可以配制成复合物使用，防垢效果显著。

2. 化学除垢

(1) 碳酸钙垢的清除。

使用 5%、10% 或 15% 浓度的盐酸溶液浸泡或循环来清除碳酸钙是最有效的，使用时，酸中应加 1%~2% 的阻蚀剂，以防止盐酸腐蚀金属，它的化学反应方程式为：

$$CaCO_3 + 2HCl = H_2O + CO_2\uparrow + CaCl_2$$

处理后把酸溶液外排并妥善处理，用碱溶液中和余酸，再用清水冲洗。

(2) 硫酸钙垢的清除。

因为硫酸钙与盐酸不直接发生反应，所以在用盐酸处理前需加入一种转化剂（如碳酸铵等）把硫酸钙转化成可溶于酸的碳酸钙或氢氧化钙，转化后再用盐酸处理，使碳酸钙和氢氧化钙溶解，它们的化学反应式为：

$$CaSO_4 + (NH_4)_2CO_3 = (NH_4)_2SO_4 + CaCO_3\downarrow$$

对于密实的硫酸钙垢，采用有机转化剂与硫酸钙垢反应，使垢膨胀变得松软，容易被水冲掉。

(3) 铁化合物的清除。

铁化合物的清除常用盐酸溶解铁化合物，但要加阻蚀剂，以防金属腐蚀。盐酸溶解硫化亚铁的化学反应式为：

$$FeS + 2HCl = FeCl_2 + H_2S\uparrow$$

3. 现场进行水垢的鉴别

(1) 用磁铁检查水垢样品的磁性，若磁性强，说明含有大量 Fe_3O_4；若磁性弱，就表明垢中 Fe_3O_4 很少。

(2) 在样品中放入 15% 的盐酸溶液中，如反应剧烈并有大量呈气泡产生，就证明是碳酸钙水垢。若样品不反应，也不产生气泡，则证明是硫酸盐水垢。如反应强烈，并有硫化氢恶臭味就证明有硫化铁存在。

(3) 把样品放入淡水中，如果溶解，说明有 $CaCl_2$。

(4) 把样品放入溶剂中，如果溶剂颜色变深，就说明垢中有烃类物质存在。

(5) 硫酸盐、硅酸盐虽与盐酸不发生反应，但用放大镜可帮助辨认硫酸盐晶体和硅酸盐颗粒。

(6) 根据水的颜色辨别，如果水的颜色变黑即有硫化铁存在，如果水的颜色变红即有氧化铁存在。

第五节 油气集输工艺安装

管路工艺安装是油气集输工艺改造和技术革新过程中经常性的施工内容。所谓管路工艺安装图就是在进行管路工艺安装时，把工艺流程图和平面布置图结合起来的施工图，重点是弄清每一设备的安装位置，逐条搞清楚管线的空间位置及走向。

一、管道的单、双线图

工艺安装图从图形上可分为单线图和双线图。在图中仅用两根线条表示管子和管件形状，不再用线条表示管子壁厚的方法通常称为双线表示法，由它画的图样称为双线图。在图中用单根粗实线来表示管子和管件的图样，通常称为单线表示法，由它画的图样称为单线图。常见管子和管件的单线、双线图见表1-1所示。

表1-1　常见管子和管道的单、双线图

名　称	双　线　图	单　线　图
短管	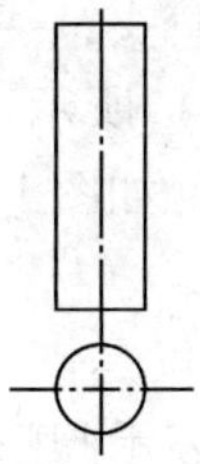	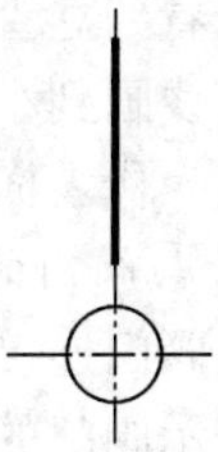
90°弯头	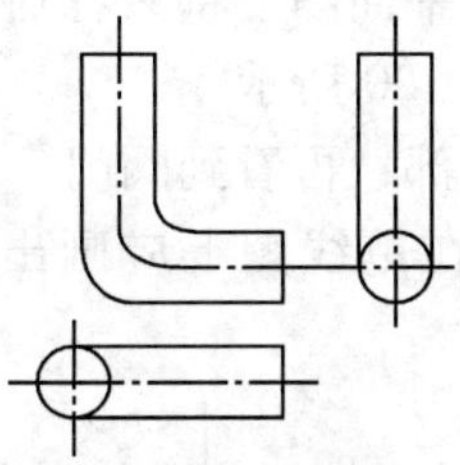	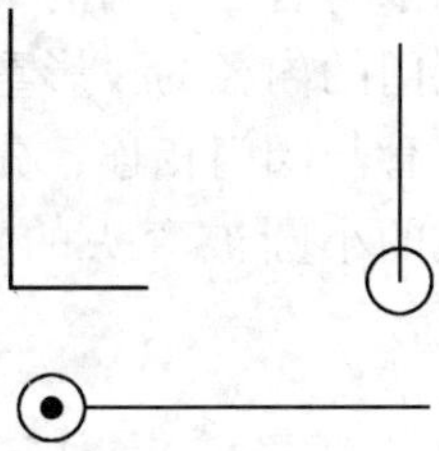
同径三通	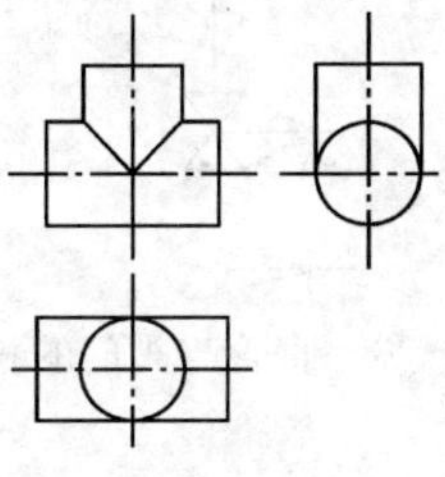	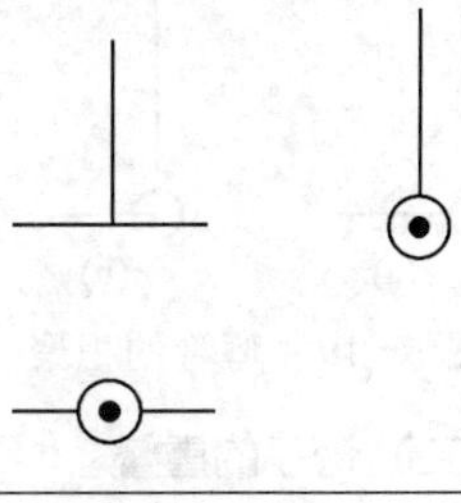
四通	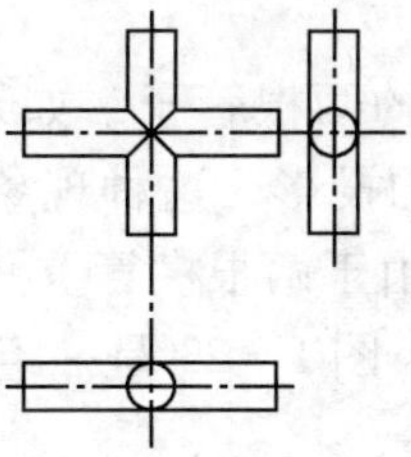	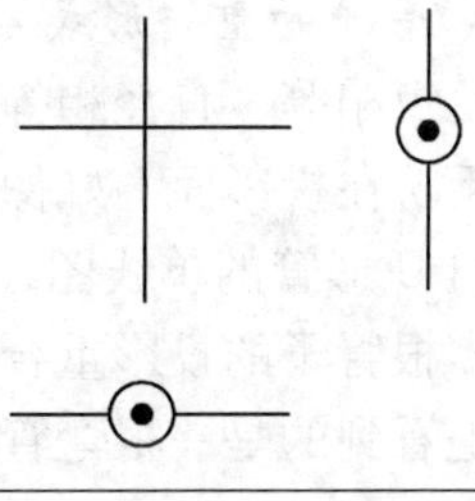
同心、偏心大小头	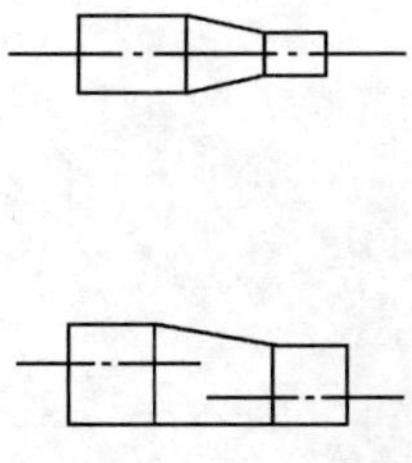	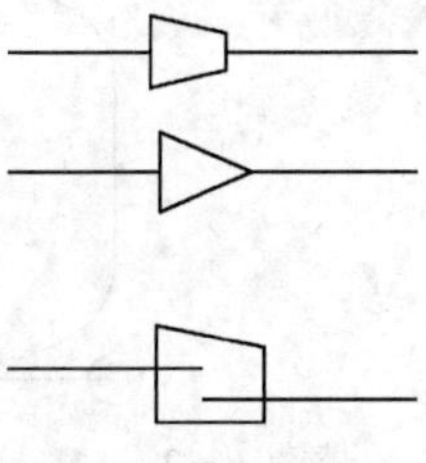

二、管子的积聚、重叠与交叉

(一) 管子的积聚

1. 直管的积聚

一根直管积聚后的投影用双线图形式表示就是一个小圆；用单线图形式表示则为一个小点，但是为了便于识别，我们规定把它画成一个圆心带点的小圆。

2. 弯管的积聚

直管弯曲后就成了弯管，通过对弯管的分析可知弯管是由直管和弯头两部分组成。

如果先看到立管断口，后看到横管的弯头，一定要把立管画成一个圆心带点的小圆，代表横管的直线画到小圆边，如图1-19 (a) 所示。如果先看到横管弯头的背部，则要把立管画成小圆，代表横管的直线则画到圆心，如图1-19 (b) 所示。

3. 管子与阀门的积聚

直管与阀门连接，在单线图中如果仅仅是一只阀门的平面图，小圆圆心处应该没有圆点，如果表示阀门的小圆中心有一点，即表示阀门同直管相连接，而且直管在阀门之上先看到。如果直管在阀门的下侧，那么在平面图上将只看到阀门的投影，直管的投影积聚后，完全同阀门的内径的投影重合，如图1-20所示。

弯管与阀门相连，先看到弯头背部，再看到阀门。立管部分在平面图上反映不出，它所积聚成的小圆被弯头的投影所遮盖在单线图上应画出单线弯头，再画出阀门手柄，如图1-21所示。

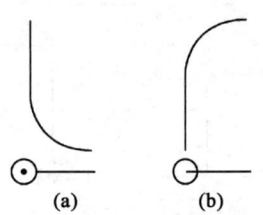
图1-19 弯管的积聚

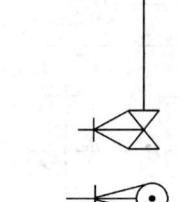
图1-20 直管与阀门的积聚

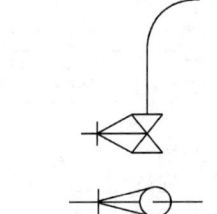
图1-21 弯管与阀门的积聚

(二) 管子的重叠

1. 管子的重叠形式

长短相等、直径相等（或相近）的两根管子，如果叠合在一起，它们的投影就完全重合，反映在投影面上好像是一根管子的投影，这种现象称为管子的重叠。如图1-22所示，是一组U形管的单线图，在平面图上由于两根横管重叠，看上去好像是一根弯管的投影。

多根管子的投影重合后也是如此。图1-23是一组由四根成排支管组成的单线图，在平面图上看到的是一根弯管的投影。

图1-22 U形管的重叠　　　　　　　图1-23 成排支管的重叠

2. 两路管线的重叠表示方法

为了识读方便，对重叠管线的表示方法做了规定：当投影中出现两路管子重叠时，假想前（上）面一根管子已经截去一段（用折断符号表示），这样便显露出后（下）面一根管子，用这样的方法就能把两路或多路重叠管线表示清楚。工程图中，这种表示管线的方法称为折断显露法。

图1-24是两根重叠管线的平面图，表示断开的管线高于中间显露的管线；如果此图是立面图，那么断开的管线表示在前，中间显露的管线表示在后。

图1-25是弯管和直管两根重叠管线的平面图。当弯管高于直管时，它的平面图如图1-25（a）所示，画出来一般是让弯管和直管稍微断开3~4mm（断开处可加折断符号，也可不加折断符号），以示区别弯管和直管不在同一标高上。如果是立面图，则表示弯头在前面，直管在后面。当直管高于弯管时，一般是用折断符号将直管折断，并显露出弯管，它的平面图如图1-25（b）所示。如果此图是立面图，那么表示直管在前面，弯管在后面。

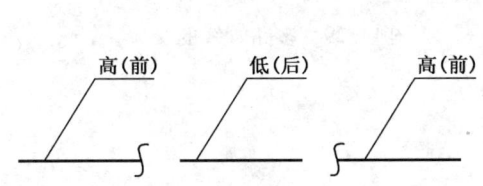

图1-24 两根重叠直管的表示方法

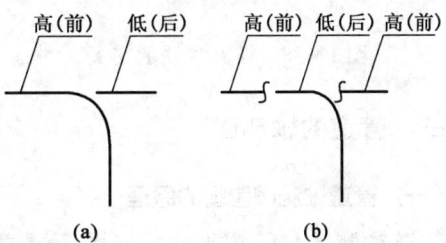

图1-25 直管和弯管重叠的表示方法

3. 多路管线的重叠表示方法

通过对图1-26中平面图、立面图的分析可知，这是四路管径相同、长短相等、由高向低、平行排列的管线。如果仅看平面图，不看管线编号的标注，很容易误认为是一根管线，但对照立面图就能知道是四路管线了。编号自上而下分别为1、2、3、4，如果用折断显露法来表示四路重叠管线，就可以清楚地看到，1号为最高管，2号为次高管，3号为次低管，4号为最低管，如图1-27所示。

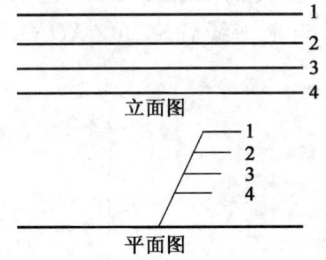

图1-26 四路成排管线的平面图、立面图

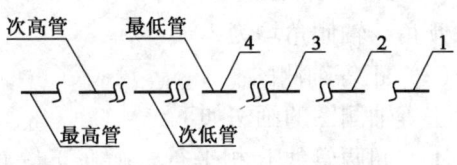

图1-27 用折断显露法表示的平面图

运用折断显露法画管线时，折断符号的画法也有明确规定：只有折断符号为对应表示时，才能理解为原来的管线是相通的。例如，一般折断符号如用呈S形状的一"曲"表示，那么管线的另一端相对应的也必定是一"曲"，如用二"曲"表示时，相对应的也是二"曲"，依此类推，不能混淆。

（三）管子的交叉

1. 两路管线的交叉

在图纸中经常出现交叉管线，这是管线投影相交所致。如果两路管线投影交叉，高的管线显示完整；低的管线却要断开表示，如图 1-28 所示。如果此图是立面图，那么原来在平面图中是高管的成为前管，原来是低管的则成为后管。图中，两根管线投影交叉取交叉角为 90°，当两根线以任意其他角度交叉时，该画法同样适用。

2. 多路管线的交叉

图 1-29 是由 a、b、c 三路管线投影相交所组成的平面图。从图中可以看出，a 管高于 c 管，b 管低于 c 管；也就是说，a 管为最高管，c 管为次高管，b 管为最低管。如果此图是立面图，那么 a 管是最前面的管子，c 管为次前管，b 管为最后面的管子。

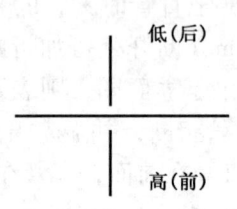

图 1-28　两路管线的交叉

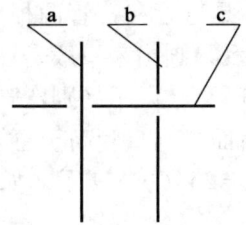

图 1-29　多路管线的交叉

三、管道的轴测图

（一）管道轴测图制图的原理

管道轴测图与管道平面投影图不同之处，它能在同一轴测图上同时反映管道的空间位置和管道本身的长、宽、高尺寸。管道轴测图利用三条相交的轴 OX、OY、OZ 并根据轴测投影原理制作而成；轴测图分正等轴测轴和斜等轴测轴，在正等轴测轴上的投影图称为正等轴测图，在斜等轴测轴上的投影图称为斜等轴测图。

（二）管道轴测图制图方法

1. 正等轴测轴和正等轴测图

（1）正等轴测轴。

正等轴测轴如图 1-30 所示。由 OX、OY、OZ 三组成轴测投影面，它们的轴间角 $\angle XOY$、$\angle YOZ$、$\angle ZOX$ 均等于 120°，轴测轴 OX 和 OY 与水平线的夹角 $\angle XON$、$\angle YOM$ 称为轴倾角，轴倾角均为 30°。

（2）正等轴测图。

正等轴测图的画法如下：

①空间两管线互相平行，画在正等轴测图上也应平行。

②管道等被投影物上的直线，画在正等轴测图上仍为直线；若平行于某一轴时，画其正等轴测图时，也应平行与它对应的轴测轴。

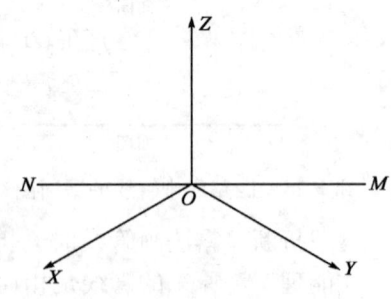

图 1-30　正等轴测轴表示

③轴测轴 OZ 应画成垂直位置，OX 轴与 OY 轴可以换位，三根轴之间的交角均应画成 120°，轴测图的方向可以取相反的方向，画时轴测轴可向相反的方向任意延长。

④凡不平行于轴测轴方向的直线可以添加平行于轴辅助线的方法，找出它与轴的关系，然后再把需要连接的端点连成线段。

⑤凡不平行于轴测投影面的圆，其轴测投影画成椭圆。

⑥正确选择轴测轴，可以按管道的前后走向取 OX 轴方向，左右走向取 OY 轴方向，高度走向取 OZ 轴方向。按所取比例沿轴按实长量取各轴向上的管线尺寸。

⑦管道轴测图多用单线法表示。

（3）正等轴测图画法举例。

①单根管道正等轴测图画法。

某一管道视图如图 1-31（a），上为立面图，下为平面图。画正等轴测图时，选定轴测轴，该管线为前后走向，故其投影在 OX 轴上，取管线前端点的投影在轴上的 O 点处，在 OX 轴上量取视图上的管道上，即为该管道的正等轴测图，如图 1-31（b）所示。

某一管道视图如图 1-32（a），立面图为左右走向，平面图为左右走向，侧立面图为一圆且圆心为点，显然它的走向在 OY 轴上，而且其长度也在 OY 轴上示出，如图 1-32（b）所示。

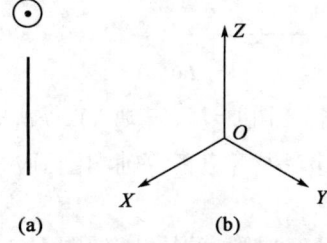

图 1-31 单根前后走向的管道正等轴测图画法

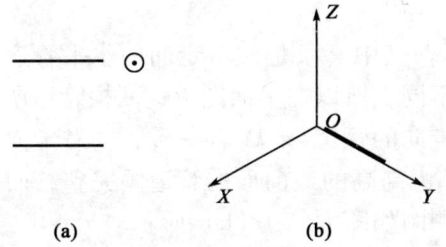

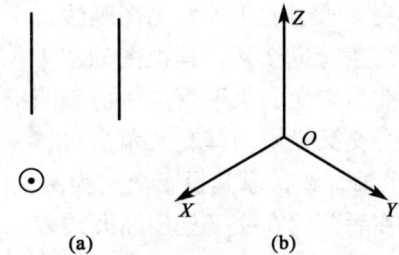

图 1-32 单根左右走向的管道正等轴测图画法　　图 1-33 单根上下走向的管道正等轴测图画法

某一管道视图如图 1-33（a）所示，管道呈垂直走向，平面为一圆且圆心为一点，立面图为上下垂直走向，则该管道正等轴测图上呈 OZ 轴走向且在 OZ 轴上表示它的长度，如图 1-33（b）所示。

通过单根管道正等轴测图的画法举例，可以归纳如下：

正等轴测轴有 OX、OY、OZ 三轴组成，互相相交 120°，OZ 轴垂直向上。前后管道走向在 OX 轴上，左右管道走向在 OY 轴上，垂直管道走向在 OZ 轴上。如果单根管道前后、左右、上下走向的视图如图 1-34（a）所示，其正等轴测图按上述画法，如图 1-34（b）所示。

②用单线正等轴测图表示 90°弯管，90°弯管视图如图 1-35（a）所示，呈上下左右走向，则正等轴测图如图 1-35（b）所示。

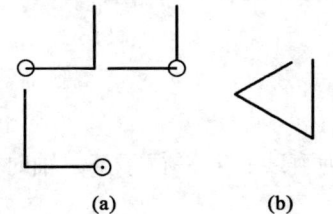

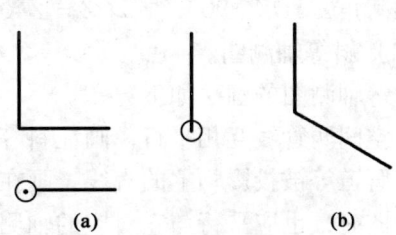

图 1-34 单根前后、左右、上下走向的管道正等轴测图画法　　图 1-35 90°弯管正等轴测图

③用单线正等轴测图表示三通管。三通管视图如图 1-36（a）所示，呈上下左右走向，则正等轴测图如图 1-36（b）所示。

④用单线正等轴测图表示四通管。四通管视图如图 1-37（a）所示，呈上下左右走向，则正等轴测图如图 1-37（b）所示。

图 1-36　三通管正等轴测图　　　　　　图 1-37　四通管正等轴测图

⑤多根管道正等轴测图画法。多根管道正等轴测图画法与单根管正等轴测图画法完全相同。

某三根管道视图，如图 1-38（a）所示。在平面图上呈左右走向，则它们均表示在与 OY 轴的平行方向上，其各管间的间距为前后方向，应在 OY 轴上量取，其正等轴测图如图 1-38（b）所示。

⑥交叉管道的正等轴测图画法。

若两条管道交叉，其视图如图 1-39（a）所示。其中一条是左右走向的水平管道，另一条是前后走向的水平管道，由于两根管道的标高不同，所以在平面图上这两根管道所呈现的投影是交叉投影，其交叉角为 90°，故取其前后走向的管道与 OX 轴一致，左右走向的管道与 OY 轴一致，取其投影交点为两轴测轴交点 O，标高高的或前面的管道画完整，而标高低的或在后面的在交叉处用断开线表示。其正等轴测图如图 1-39（b）所示。

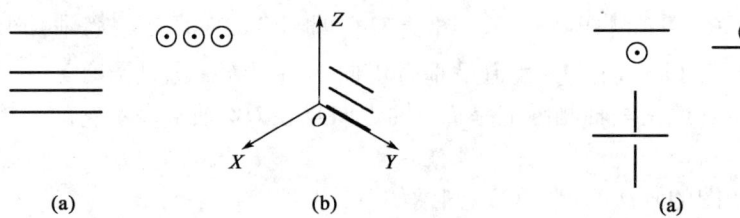

图 1-38　三根左右走向的管道的正等轴测图画法　　　　图 1-39　两根交叉管道正等轴测图画法

2. 斜等轴测轴和斜等轴测图

（1）斜等轴测轴。

斜等轴测轴如图 1-40 所示。由 OX、OY、OZ 三轴组成轴测投影面，OZ 为垂直方向的轴，轴间角 $\angle XOZ = 90°$，$\angle YOZ = \angle XOY = 135°$。

（2）斜等轴测图。

斜等轴测图的画法如下：

①空间两管线互相平行，画在斜等轴测图上也应平行。

②管道等被投影物上的直线，画在斜等轴测图上仍为直线；若平行于某一轴时，画其斜等轴测图时，也应平行与它对应的轴测轴。

③轴测轴 OZ 应画成垂直位置，OX 轴与 OY 轴可以换位。如图 1-40 所示的 OX 轴与 OY 轴成 135°且 OY 轴放在 OZ 轴的另一侧位置。

④轴测轴的方向可以取相反的方向，画图时可以向相反的方向任意延长。

⑤凡不平行于轴测轴方向的直线，可以添加平行于坐标轴辅助线的方法，找出它与轴测轴的有关点，然后再把需要连接的端点连成线段。

⑥画平行于轴测轴 XOZ 圆的斜等轴测图时，只要找出圆心的轴测上点后，按实形画圆即可。而当画平行于坐标面 XOY、YOZ 的圆的斜等轴测图时，其轴测投影图应为椭圆。

⑦正确选择轴测轴，可以按管道的前后走向取 OY 轴方向，左右走向取 OX 轴方向，高度走向取 OZ 轴方向。按所取比例沿轴按实长量取各轴向上的管线尺寸。特别牢记"左右 OX 轴方向，前后 OY 轴方向，高度 OZ 轴方向"，如图 1-41 所示。

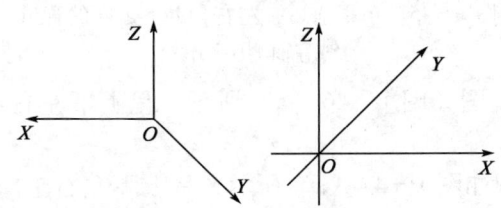
图 1-40　斜等轴测轴表示

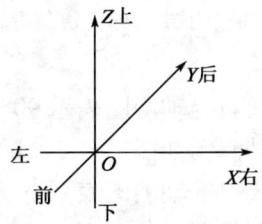
图 1-41　管线走向在轴测轴上的表示

⑧管道斜等轴测图常用单线法表示。

（3）斜等轴测图画法举例。

①单根管道斜等轴测图画法。

某一管道如图 1-42（a）所示，上为立面图，下为平面图。画斜等轴测图时，选定轴测轴，该管线为前后走向，故其投影在 OY 轴上，取管线前端点的投影在轴上的 O 点处，在 OY 轴上量取视图上的管道上，即为该管道的斜等轴测图，如图 1-42（b）所示。

某一管道如图 1-43（a）所示，立面图为左右走向，平面图为左右走向，侧立面图为一圆且圆心为点，显然它的走向在 OX 轴上，而且其长度也在 OX 轴上示出，如图 1-43（b）所示。

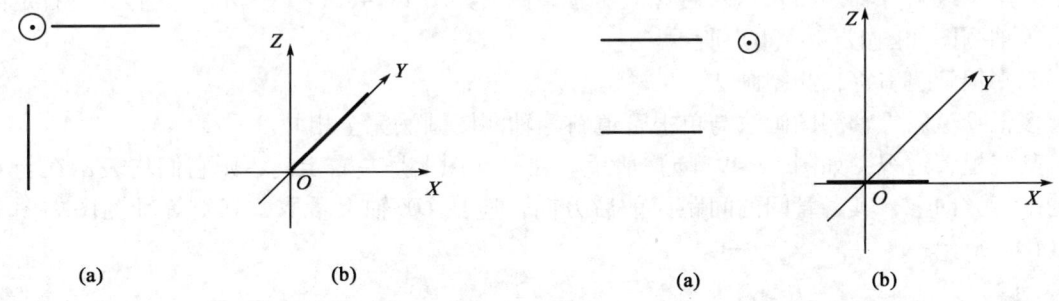

图 1-42　单根前后走向的管道斜等轴测图画法　　图 1-43　单根前后走向的管道斜等轴测图画法

某一管道如图 1-44（a）所示，管道呈垂直走向，平面为一圆且圆心为一点，立面图为上下垂直走向，则该管道斜等轴测图上呈 OZ 轴走向且在 OZ 轴上表示它的长度，如图 1-44（b）所示。

通过单根管道斜等轴测图的画法举例，可以归纳如下：

斜等轴测轴有 OX、OY、OZ 三轴组成，OZ 轴垂直 OX 轴，OY 轴与 OZ 轴、OX 轴均相交 135°。前后管道走向在 OY 轴上，左右管道走向在 OX 轴上，垂直管道走向在 OZ 轴上。如果单根管道前后、左右、上下走向的视图如图 1-45（a）所示，其斜等轴测图按上述画法如图1-45（b）所示。

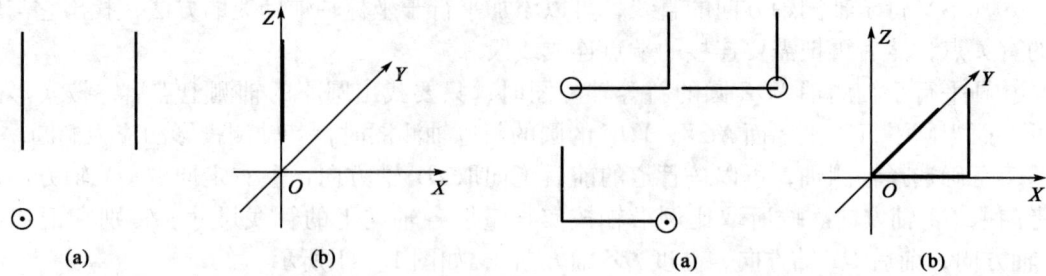

图1-44 单根上下走向的管道斜等轴测图画法　　图1-45 单根前后、左右、上下走向的管道斜等轴测图画法

②用单线斜等轴测图表示90°弯管，90°弯管视图如图1-46（a）所示，呈上下左右走向，则斜等轴测图如图1-46（b）所示。

③用单线斜等轴测图表示三通管，三通管视图如图1-47（a）所示，呈上下左右走向，则斜等轴测图如图1-47（b）所示。

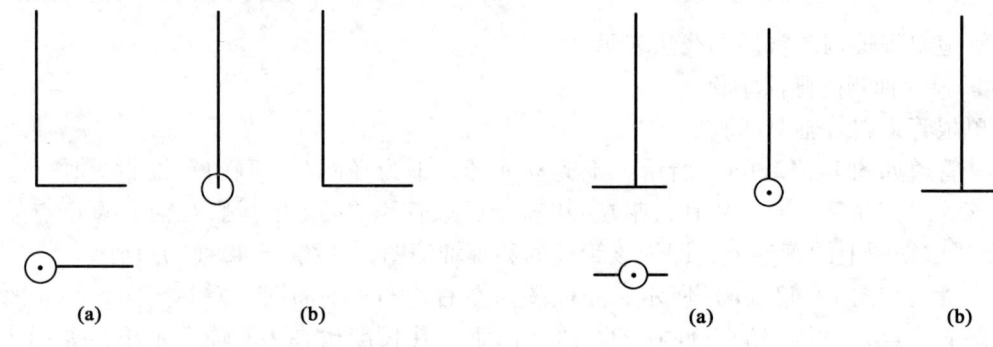

图1-46 90°弯管斜等轴测图　　图1-47 三通管斜等轴测图

④用单线斜等轴测图表示四通管，四通管视图如图1-48（a）所示，呈上下左右走向，则斜等轴测图如图1-48（b）所示。

⑤多根管道斜等轴测图画法。

多根管道斜等轴测图画法与单根管道斜等轴测图画法完全相同。

某三根管道视图如图1-49（a）所示。在平面图上呈左右走向，则它们均表示在与OX轴的平行方向上，其各管间的间距为前后方向，应在OY轴上量取，其斜等轴测图如图1-49（b）所示。

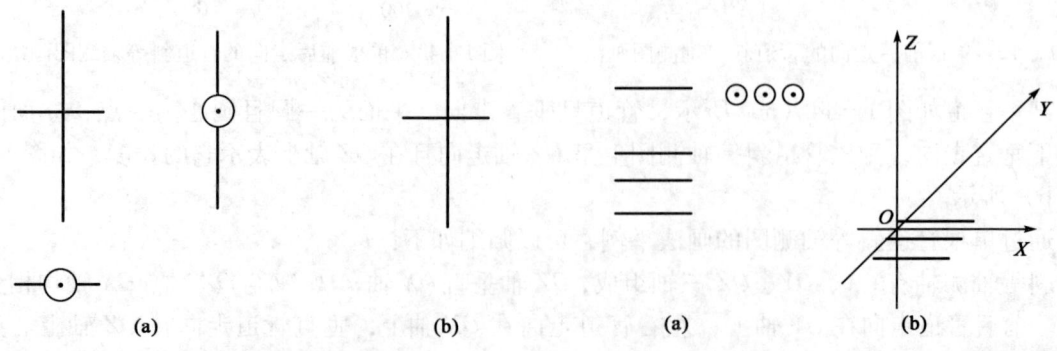

图1-48 四通管斜等轴测图　　图1-49 三根左右走向的管道斜等轴测图画法

⑥交叉管道的斜等轴测图画法。

若两条管道交叉，其视图如图1-50（a）所示，其中一条是左右走向的水平管道，另一条是前后走向的水平管道，由于两根管道的标高不同，所以在平面图上这两根管道所呈现的投影是交叉投影，其交叉角为90°，故取其前后走向的管道与OY轴一致，左右走向的管道与OX轴一致，取其投影交点为两轴测轴交点O，标高高的或前面的管道画完整，而标高低的或在后面的在交叉处用断开线表示。其斜等轴测图如图1-50（b）所示。

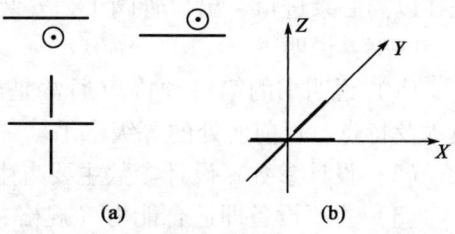

图1-50 两根交叉管道斜等轴测图画法

四、管道的标注

工艺复杂或管道种类很多的设计可编管号，表示不同介质和管道种类，工艺简单或管道种类较少的设计可直接注写汉字。需要编管号时，全部管道应按流程顺序进行编号，同一管号中允许包括不同直径的管道。

（一）标注方法

管道标注包括单元编号、管道编号、管子规格和标高四项内容。无单元划分时，可不编单元号。管道标注方法如图1-51所示。

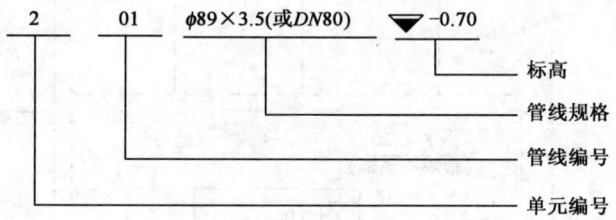

图1-51 管道标注方法

（二）标高

管道的高度用标高来表示的，管道的相对标高一般以建筑物底层室内地坪为正负零，用±0.000表示，高于地坪用正号表示，但可以略去，低于地坪用负号表示负数标高数字前必须加注"-"号。标高以m（米）为单位，标高数字注至小数点后第二位，必要时可注至第三位，标高符号为45°的等腰三角形，管道中常用标高符号如图1-52（a）所示。立面图中标高符号，一般标注在尺寸界线上，标高数字应标注在标高符号的右侧，如图1-52（b）所示。

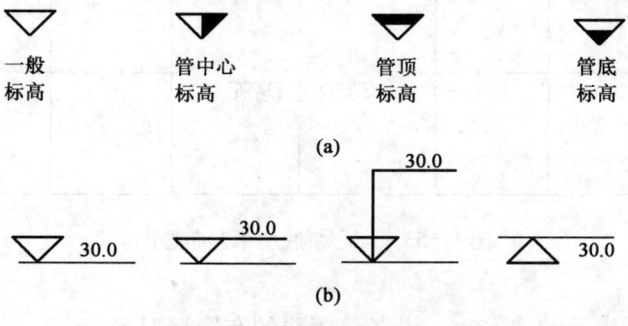

图1-52 标高符号标注方法

五、"一书二表三图"

在油气集输技术革新、工艺改造和设备安装施工中，要求正确识读"一书二表三图"。现在以离心泵进口、出口管阀工艺安装为例，介绍与管阀安装相配套的"一书二表三图"。

一书：说明书。

（1）说明书的第一项内容通常是施工计划的概述，阐述该设计的用途，采用的工艺、技术及特点，目前所处的等级水平。

（2）设计参数：设计参数主要有生产能力、适用条件等。

（3）主要设备即适合能力（规格、数量相应能力）。

（4）工艺流程说明：主要是用文字对工艺流程进行直接说明。

（5）施工要求等。

二表：设备明细表和材料表。

三图：工艺流程图、工艺布置图和工艺安装图。

（一）集输工艺布置图

所谓工艺布置图，就是工艺流程设计确定的全部建（构）筑物的平面布置图。离心泵底座的工艺布置图如图 1-53 所示。

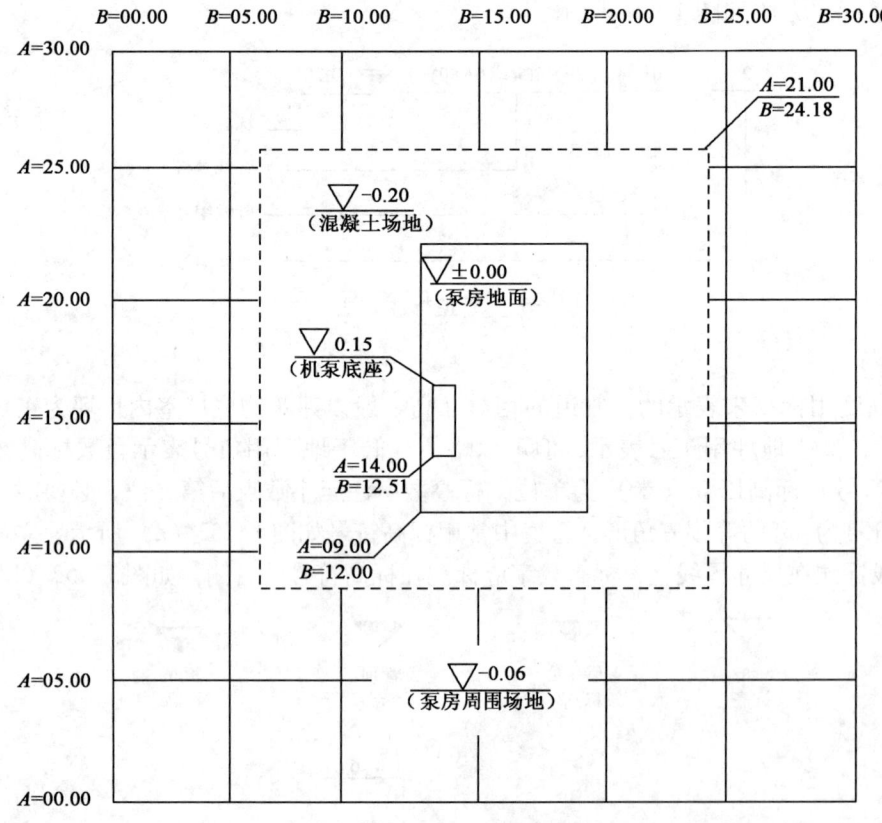

图 1-53 离心泵底座工艺布置图

阅读工艺布置图：

（1）由图形看所表示的建筑物、设备、管线的布置情况等。

(2) 尺寸标注：布置尺寸、管线位置号、名称、管线标高等，如标高的位置。

(3) 读出图中表示方向的方位图标。

(4) 了解建筑物、工艺设备的名称、数量以及各方向局部剖面图。

（二）集输管阀工艺安装图

1. 集输管阀工艺安装常用图例

集输管阀工艺安装常用图例见表1-2。

表1-2 集输管阀工艺安装常用图例

图例	说明	图例	说明	图例	说明	图例	说明	图例	说明
	钢制法兰闸板阀（主视图手轮向上）		钢制法兰闸板阀（主视图手轮向右）		钢制法兰闸板阀（主视图手轮向后）		钢制法兰闸板阀（主视图手轮向前）		钢制法兰闸板阀（主视图手轮向前）
	钢制法兰截止阀（主视图手轮向上）		钢制法兰截止阀（主视图手轮向右）		钢制法兰截止阀（主视图手轮向后）		螺纹或焊接闸板阀（主视图手轮向上）		螺纹或焊接截止阀（主视图手轮向后）
	主视图弯头向下弯曲		主视图弯头向上弯曲		主视图三通中间接口向上		主视图三通中间接口向下		
	压力表及引压闸阀（主视图手轮向前）		主视图管线重叠或遮挡		法兰		同心大小头或变径活节或活接头		
▽	一般标高		管中心标高	▼	管顶标高		管底标高		

注：(1) 油气集输工艺流程和管阀安装图例中的"立"指的是立面图，"平"指的是平面图。
(2) 油气集输工艺流程和管阀工艺安装图中主要管线用粗实线，次要管线用细实线，原有的或暂时不建的主要管线用粗虚线，次要的用细虚线。
(3) 标高的标注：零点标高标注为±0.00，例如，▽±0.00；正数标高前不加"+"，例如，▽32.45；负数标高前必须加注"-"号，例如，▽-12.52。

2. 管阀工艺安装图的识读方法

(1) 了解建筑物的构造与尺寸。

(2) 明确设备的名称、定位尺寸、标高、开口方向等。

(3) 分析管线的名称、编号、走向、规格、平面定位尺寸、标高尺寸等。

(4) 分析控制部件，如阀门、控制元件的位置、安装（连接）方法（方式）等。

(5) 了解辅助管线的位置、尺寸、安装等。

3. 管阀工艺安装的步骤

在油气集输生产现场进行管阀工艺安装时，按以下步骤进行：

（1）正确阅读管阀工艺安装图。阅读管阀工艺安装图时，一定要把主视图和俯视图（或主视图和左视图）结合起来阅读，从而想像出管阀工艺安装透视图。

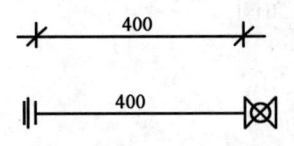

图 1-54　管线尺寸计算示意图

（2）按照管阀工艺安装图提供的尺寸，正确选择和制作相应的管线。管阀工艺安装图提供的管线尺寸是相邻两个管件或阀件之间的中心距离。以图 1-54 为例，管阀工艺安装图中，活接头和阀门之间的给定尺寸是 400mm，那么管线长度应为：

$L = 400 -$ 活接头长度 $\div 2 -$ 阀门长度 $\div 2 +$ 管线拧入活接头的量 $+$ 管线拧入阀门的量

（3）按管阀工艺安装图给定的流体流向，正确安装阀门方向和手轮方向。

（三）油气集输工艺流程图的识读与绘制

油气集输工艺流程图是表示流体在站内的流动过程的图样，它是由站内管线、管件、阀门所组成的，并与其他集输设备相连的管路系统。工艺流程图只是一种示意图，它只代表一个区域或一个系统所用的设备及管线的来龙去脉，不代表设备的实际位置和管线的实际长度。

1. 油气集输工艺流程图常用图例

油气集输工艺流程图常用图例见表 1-3。

表 1-3　油气集输工艺流程图常用图例

序　号	名　称	图　例	序　号	名　称	图　例
1	交叉管线		8	安全阀	
2	相交管线		9	旋塞阀	
3	闸阀		10	调节阀	
4	截止阀		11	过滤器	
5	止回阀		12	流量计	
6	球阀		13	离心泵	
7	蝶阀		14	油罐	立式油罐　卧式油罐

2. 油气集输工艺流程图的识读

（1）阅读设计说明书，清点图样。看图时要根据设计图样目录，清点图样是否齐全，认真阅读设计说明书，逐条领会设计意图、技术规范和施工技术要求、生产过程中的工艺参数和操作要求。

(2) 看懂绘制工艺流程图常用图例表。在图例表中认真阅读工艺流程的名称、绘制时间、绘制比例、绘制人、图样数量、图幅大小等。

(3) 看工艺流程中布置设备的数量、主要管线的走向。从设备说明中了解设备的型号及主要技术参数。从管线标注中看明白管线的规格用途和标高。

(4) 结合设计说明书看工艺流程图及管网系统图，了解设计依据，清楚生产过程中各项工艺参数、经济指标的调节和控制要求，掌握工艺管路走向、设备管路性能和技术规范以及安装标准和技术要求。

(5) 看图时要细心，先看总流程图，再看局部说明的工艺流程图。各种图样要相互参照，配合使用。

(6) 看管线时要从头到尾顺序看完，弄清来龙去脉后再看另一条管线。要分清主管线与支管线的关系，发现疑点要记录清楚，便于提出问题和整改。最后看次要、辅助管线，了解其用途和性能。

(7) 图样看完后要重新装好，妥善分类保管。

3. 油气集输工艺流程图的绘制方法

现以离心泵进口、出口管路工艺流程为例（图 1-55），介绍油气工艺流程图的绘制方法。绘制工艺流程图时，可按平面布置的大体位置将各种工艺设备布置好，然后按正常生产工艺流程、辅助工艺流程的要求用管道、管件和阀件将各种工艺设备连接起来，即为油气集输流程图。

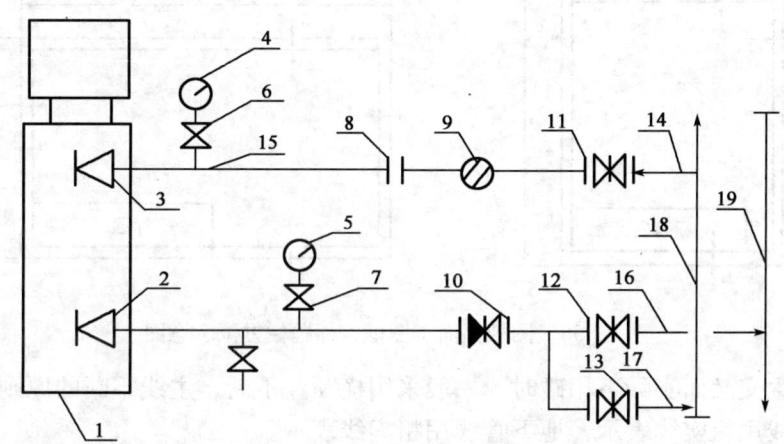

图 1-55 离心泵进口、出口工艺流程图
1—输油泵机组；2、3—大小头；4—真空表；5—压力表；6、7—内螺纹截止阀；8—钢制法兰；
9—过滤器；10—止回阀；11、12、13—闸阀；14、15—进油管；16—出油管；17—进出连通管；
18—输油泵进口汇管；19—输油泵出口汇管

绘制油气集输工艺流程图的方法如下：

(1) 根据工艺流程中设备的多少和复杂程度选择图纸幅面和标题栏。基本图纸幅面及尺寸见表 1-4，图框格式及标题栏方位如图 1-56 所示。

(2) 布局各种设备在图纸上的位置。

(3) 用实线画出管线走向，并与各设备连接成工艺流程图。

①主要管线用粗实线，次要或辅助管线用细实线。

表 1-4　基本图纸幅面及尺寸

幅面代号		A0	A1	A2	A3	A4	A5
幅面尺寸 mm×mm（$B \times L$）		841×1189	594×841	420×594	297×420	210×297	148×210
周边尺寸 mm	a	25					
	c	10				5	
	e	20			10		

注：字母含义见图 1-56。

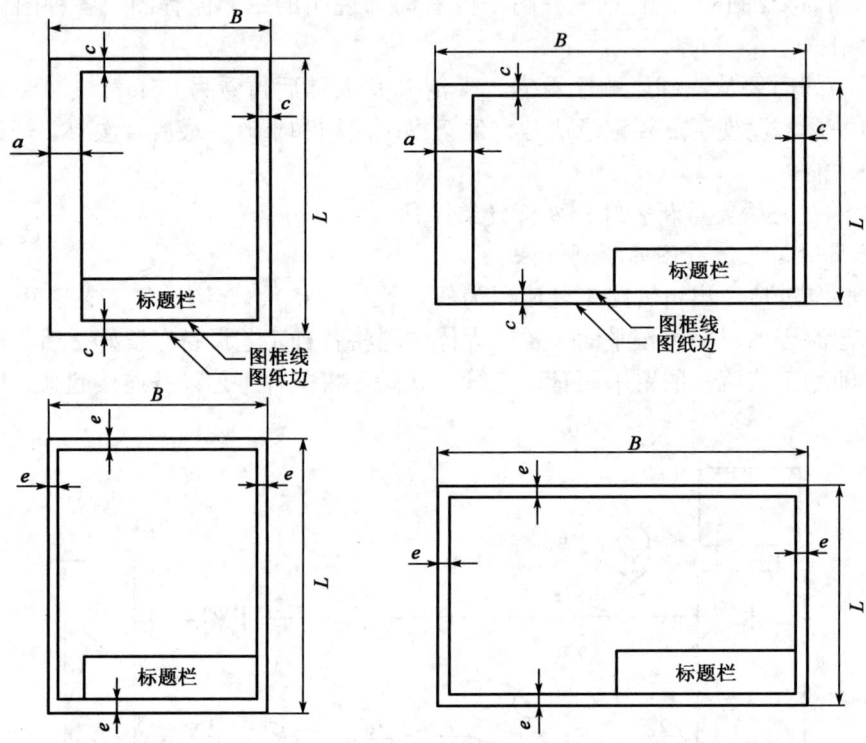

图 1-56　图纸幅面、图框、标题栏方位示意图

②管线发生交叉而实际不相碰时，一般采用横断竖不断、主线不断的原则。

③地上管线用粗实线表示，地下管线用粗虚线表示。

④每条管线都要标明编号、管径及流向。

⑤集输工艺流程图中管线图色标准：

油管线：灰色；

天然气：橘黄色；

清水管线：绿色；

污水管线：褐色；

注水管线：蓝色；

破乳剂、润滑油：橘黄色；

蒸汽、热水管线：银白色；

消防管线、排污管线：红色；

污油管线：黑色。

（4）在管线的适当位置上画出管件图，如阀门、过滤缸、计量仪表等。

（5）检查无误后用绘图笔进行描图。选择好绘图笔的粗细，要与设备管线的主次相符合。

（6）用细绘图笔在管线上规范的画出走向，在设备上填写名称、编号。

（7）填写标题栏内容。目前，标题栏没有统一格式。标题栏一般包括工艺流程的名称、绘制时间、绘制比例、绘制人、图样数量、图幅大小等。通常还附有设备一览表，列出设备的编号、名称、规格及数量等。若图中全部采用规定画法的图可不再有图例。

（8）清理图样。用橡皮擦去底图中的铅笔和图面上不清洁的地方，用毛刷刷净图面上的杂物。

第二章　容器及相关工艺技术

容器通常分为常压容器和压力容器两种，一般由壳体、端盖、法兰、接管、支座等零部件组成。油田上常用的常压容器有拱顶式油罐、浮顶式油罐、真空加热炉等。压力容器是指盛装气体或者液体，承受一定压力的密闭设备。压力容器在油田集输工艺中广泛应用，如加热炉、锅炉、合一设备、分离器、电脱水器、储气罐等。

第一节　容器的基本知识

一、压力容器的参数

压力容器的设计压力、设计温度、公称直径和容器壁厚等技术参数是压力容器设计、选材、制造和使用与检验修理等方面的重要依据。

（一）工作压力和设计压力

1. 压力

压力是物质垂直均匀地作用于物体表面单位面积上力的度量。在物理学中称压强，工程上习惯称为压力，单位用 MPa 表示。

2. 表压

用测量压力的仪表所测出的压力值为表压，是表上显示压力的简称。表压只是表明容器内压力高于周围大气压的差值。

3. 工作压力

工作压力也称最高工作压力，最高工作压力是指在正常工作情况下，容器顶部可能达到的最高压力，即标注在产品铭牌上的压力。

4. 设计压力

设计压力是指设定的容器顶部最高压力，与相应的设计温度一起作为设计载荷条件，其值不低于工作压力。对装有安全泄放装置的压力容器，其设计压力不得低于安全阀开启压力或爆破片的爆破压力。设计压力需标注在产品铭牌上。

（二）温度

1. 介质温度

介质温度是指容器内工作介质的温度，可以用温度仪表测得。

2. 金属温度

金属温度是指容器受压元件沿厚度截面的平均温度。在任何情况下元件金属的表面温度不得超过钢材的允许使用温度。

3. 设计温度

设计温度是指容器在正常工作情况下，设定元件的金属温度（沿元件金属截面的温度平均值）。设计温度和设计压力一起作为设计载荷条件。设计温度需标注在产品铭牌上。

（三）公称直径

压力容器的公称直径是按容器的零部件标准化系列而选定的壳体直径，用符号 DN 及数字表示，单位为 mm。应该注意的是，焊接的圆筒形容器，公称直径是指它的内径。而用无缝钢管制作的圆筒形容器，公称直径是指它的外径。因为无缝钢管的公称直径不是内径，而是接近而又小于外径的一个数值。为了方便，用无缝钢管作为容器的筒体时，选它的外径作为容器的公称直径。

压力容器的容积是指容器内壁面所包围的体积，单位为 m^3，并需标注在产品铭牌上。

二、压力容器的分类

压力容器主要为圆柱形，少数为球形或其他形状。圆柱形压力容器通常由筒体、封头、接管、法兰等零件和部件组成，压力容器工作压力越高，筒体的壁就应越厚。

（一）按压力等级分类

压力容器可分为内压容器与外压容器。内压容器又可按设计压力大小分为四个压力等级，具体划分如下：

(1) 低压容器（代号 L）：$0.1MPa \leq p < 1.6MPa$。
(2) 中压容器（代号 M）：$1.6MPa \leq p < 10.0MPa$。
(3) 高压容器（代号 H）：$10.0MPa \leq p < 100MPa$。
(4) 超高压容器（代号 U）：$p \geq 100MPa$。

（二）按容器在生产中的作用原理分类

(1) 反应压力容器（代号 R）：用于完成介质的物理、化学反应。
(2) 换热压力容器（代号 E）：用于完成介质的热量交换。
(3) 分离压力容器（代号 S）：用于完成介质的流体压力平衡缓冲和气体净化分离。
(4) 储存压力容器（代号 C，其中球罐代号 B）：用于储存、盛装气体、液体、液化气体介质。

在一种压力容器中，如同时具备两个以上的工艺作用原理时，应按工艺过程中的主要作用来划分品种。

（三）按安装方式分类

1. 固定式压力容器

固定式压力容器是指固定安装和使用地点，工艺条件和操作人员也较固定。

2. 移动式压力容器

移动式压力容器使用时不仅承受内压或外压载荷，搬运过程中还会受到由于内部介质晃动引起的冲击力，以及运输过程带来的外部撞击和振动载荷，因而在结构、使用和安全方面均有其特殊的要求。

上面所述的几种分类方法仅仅考虑了压力容器的某个设计参数或使用状况，还不能综合反映压力容器的危险程度。

压力容器的危险程度还与介质危险性及其设计压力 p 和全容积 V 的乘积有关，pV 值越大，则容器破裂时爆炸能量越大，危害性也越大，对容器的设计、制造、检验、使用和管理的要求越高。

(四）按安全技术管理分类

《压力容器安全技术监察规程》采用既考虑容器压力与容积乘积大小，又考虑介质危险性以及容器在生产过程中作用的综合分类方法，以有利于安全技术监督和管理。

该方法将压力容器分为三类：第三类压力容器、第二类压力容器、第一类压力容器。

1. 第三类压力容器

具有下列情况之一的，为第三类压力容器：

(1) 高压容器。

(2) 中压容器（仅限毒性程度为极度和高度危害介质）。

(3) 中压储存容器（仅限易燃或毒性程度为中度危害介质，且 pV 乘积不小于 $10MPa·m^3$）。

(4) 中压反应容器（仅限易燃或毒性程度为中度危害介质，且 pV 乘积不小于 $0.5MPa·m^3$）。

(5) 低压容器（仅限毒性程度为极度和高度危害介质，且 pV 乘积不小于 $0.2MPa·m^3$）。

(6) 高压、中压管壳式余热锅炉。

(7) 中压搪玻璃压力容器。

(8) 使用强度级别较高（指相应标准中抗拉强度规定值下限不小于 $540MPa$）的材料制造的压力容器。

(9) 移动式压力容器，包括铁路罐车（介质为液化气体、低温液体）、罐式汽车（液化气体运输（半挂）车、低温液体运输（半挂）车、永久气体运输（半挂）车）和罐式集装箱（介质为液化气体、低温液体）等。

(10) 球形储油罐（$≥50m^3$）；低温液体储存容器（$>5m^3$）。

2. 第二类压力容器

具有下列情况之一的，为第二类压力容器：

(1) 低压容器（仅限毒性程度为极度和高度危害介质）。

(2) 低压反应容器和低压储存容器（仅限易燃介质或毒性程度为中度危害介质）。

(3) 低压管壳式余热锅炉。

(4) 低压搪玻璃压力容器。

3. 第一类压力容器

除上述规定以外的低压容器为第一类压力容器。

三、压力容器的安全附件

(1) 安全阀：容器内压力高时可自动排出一定数量的介质以减压；当容器内的压力恢复正常后，阀门自行关闭。

(2) 爆破片：由进口静压使爆破片受压爆破而泄放出介质以减压，爆破后即不可再用，必须更换。

(3) 安全阀与爆破片装置的组合：可采用安全阀与爆破片装置并联组合，安全阀进口和容器之间串联安装爆破片装置，安全阀出口侧串联安装爆破片装置三种组合方式。

(4) 爆破帽：超压时其薄弱面发生断裂，泄放出介质以减压；爆破后不可再用，必须更换。

(5) 易熔塞：属于"熔化型"（"温度型"）安全泄放装置，容器壁温度超限而动作，主要用于中压、低压的小型压力容器（如液化气钢瓶）。

(6) 紧急切断阀、减压阀：紧急切断阀通常与截止阀串联安装在紧靠容器的介质出口管道上，以便在管道发生大量泄漏时进行紧急止漏；一般还具有过流闭止及超温闭止的性能。减压阀间隙小，介质通过时产生节流，压力下降，用于将高压流体输送到低压管道。

（7）压力表：压力表指示容器内介质压力，是压力容器的重要安全装置。

（8）液位计：液位计又称液面计，用来观察和测量容器内液位位置变化情况。特别是对于盛装液化气体的容器，液位计是一个必不可少的安全装置。

（9）温度计：温度计用来测量压力容器介质的温度，对于需要控制壁温的容器，还必须装设测试壁温的温度计。

四、油（气）田容器接地装置

（一）安装技术要求

（1）固定容器、设备、管道其防雷接地装置的刚性导体引下线，宜采用镀锌扁钢制成，扁钢厚度不小于4mm，宽度不小于40mm，当采用镀锌圆钢时，其直径大于10mm。

（2）固定容器、设备、管道的防静电接地引下线，宜选用厚度不小于4mm，宽度不小于25mm的镀锌扁钢或直径不小于10mm的圆钢制作。

（3）引下线应取最短途径，并避免死弯。

（4）一台设备多点接地时，应设过渡连接的断接卡子。

（5）断接卡子应设在引下线至接地体之间。

（6）断接卡子宜水平安装，距地坪高度以上拆装方便而定。

（7）断接卡子与上下两端采用搭接焊连接，焊接处不应有夹渣、气孔、咬边及未焊透现象，搭接长度应为扁钢宽度的两倍。

（8）断接卡子采用配锁紧螺母或弹簧垫圈的$M10 \times 30$（镀锌）螺栓紧固，连接金属面应除锈、除油污。

（9）测试点要标示明显。

（二）安全检查规定

（1）金属储油罐、非金属储油罐的防雷、防静电设计应符合设计规范。

（2）金属油（气）储油罐罐体应设有固定式防雷、防静电接地装置，其接地电阻值应小于10Ω。接地点沿罐底周边每30m不少于一个，但周长小于30m的单罐接地点不少于两个。

（3）油罐上的温度、液位等仪表测量装置，采用铠装电缆或钢管配线，电缆外皮或配线钢管与罐体为电气连接。铠装电缆的埋地长度大于50m。

（4）地上非金属油罐应设有独立避雷装置。油罐的金属附件与罐体外露金属件为电气连接并接地。未作电气连接时，整个罐顶应采用直径不小于8mm的圆钢做成不大于6m×6m的钢网加以铺盖并接地。罐内设置的防静电导体应引至罐外接地，并与油罐金属管线连接，其接地电阻值不大于10Ω。

（5）覆土油罐的罐体及罐室的金属构件，以及呼吸阀、量油孔等金属附件，为电气连接并接地，其接地电阻值不大于10Ω。

（6）浮顶罐的浮船与罐壁之间应有两根截面积不小于25mm²的软钢绞线作电气连接。

（7）球型储油罐体应设有防雷防静电接地装置，接地点沿球体外围均匀布置，其间距不大于30m，接地电阻值应小于10Ω。

（8）油、气集输生产装置中的立式和卧式金属容器（三相分离器、电脱水器、原油稳定塔、缓冲罐等）的本体至少设有两个防静电接地装置，接地点分别设在卧式容器前后封头底部及立式容器两侧地脚螺栓位置，接地电阻值应小于10Ω。

（9）各种储油罐顶部附件（机械呼吸阀、液压安全阀、阻火器等）的对接法兰必须用6mm²多股铜线跨接。

（10）油罐罐口检尺量油及定期取样的量油尺、取样器、温度计应采取措施接地，所用的绳索应采用电阻率小于$10^2 \Omega \cdot cm$的天然纤维材料。

（11）高架罐（原油罐、成品油罐、燃油罐）的罐体必须设置两处以上防雷防静电接地装置，接地电阻值小于10Ω。

（12）钢油罐的防雷接地装置可兼作防静电接地装置。

第二节 油气分离

油井产物是油、气、水、砂等多形态物质的混合物，为了得到合格的石油产品，油气集输的首要任务就是进行气液分离。由于水和砂等物质均不溶于油，属于液相及固相，所以气液分离主要是原油与天然气分离，通常称为油气分离。

原油和天然气的主要成分是烃类化合物。在一定的温度、压力等条件下，它们会混合在一起；在合适的温度、压力等条件下，它们又会分离开来。一方面，油井产物从油层到地面，以至在以后的集输过程各环节中，随着压力逐渐降低，溶于原油中的天然气将不断逸出。另一方面，由于原油与天然气的性质有较大的差别，不论是出站前的计量、处理和储存等，还是出站及出站后的加工、利用、输送等，都需要将原油和天然气分离开来。

一、油气分离的机理

根据油气分离机理的不同，目前常用的分离方法有重力分离、碰撞分离和离心分离等。

（一）重力分离

重力分离的原理是利用原油与天然气的密度不同，在相同条件下所受地球引力不同的原理进行分离的。这是目前所用的最基本的油气分离方法。实现重力分离的基本途径是使油气混合物所处的空间增大，压力降低，溶于原油中的天然气在重力差的作用下分离出来。其分离过程如图2-1所示。

（二）碰撞分离

碰撞分离是根据分子运动的机理，在油气分子运动的碰撞接触过程中进行的。这种分离方法，主要用于从天然气中除油，是一种辅助的油气分离方法。常用的如各种分离器中的除雾器，图2-2是一

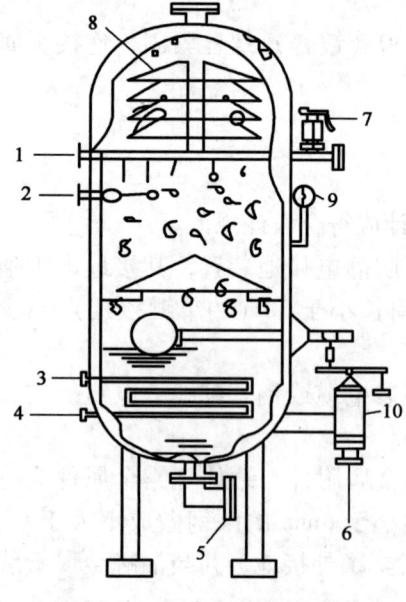

图2-1 油气重力分离原理
1—天然气出口；2—油气混合物入口；
3—加热器热源入口；4—加热器热源出口；
5—排污口；6—原油出口；7—安全阀；
8—除雾器；9—压力表；10—液面控制装置

种过滤式油气分离器。当含微量液体的天然气通过分离器的滤管时，发生碰撞作用，使雾状分散于气体中的原油聚结成较大的油滴从气体中分离出来。

（三）离心分离

离心分离是利用油气混合物作回转运动时产生的离心力进行油气分离的。其分离过程如图2-3所示。这种分离方式，常作为辅助手段，用在重力式油气分离器的入口作为分流器。

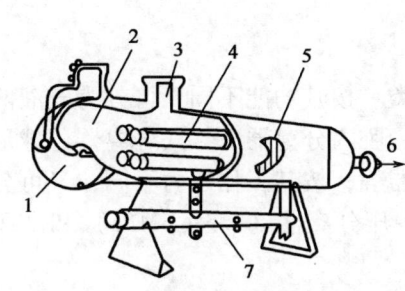
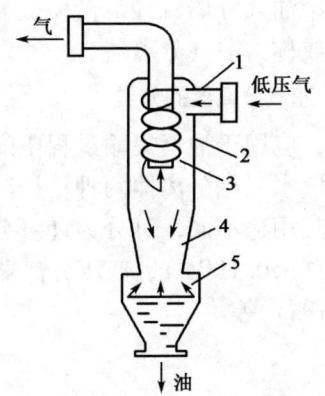

图2-2 过滤式油气分离器
1—封头；2—入口分离器；3—气体入口；
4—滤管；5—除雾器；6—气体出口；7—液体出口

图2-3 离心式油气分离原理
1—油气入口短管；2—圆筒部分；
3—气体出口管；4—锥筒部分；5—集流部分

二、油气分离的相关概念

（一）系统

系统是指为了研究问题的方便，从相互联系的周围环境中孤立出来的一个物体或一组相互联系的物体。系统有固定的空间边界，可以代表所研究事物的物质，如在油气集输中，常把油井产物（油、气、水等的混合物）作为一个系统来研究。

（二）相

相是指系统中的一部分。系统中的相与相之间由界面隔开，同相内物质的性质可以一致，也可以连续变化，但不发生突变；系统内不同相的物质，在相与相的界面上发生性质的突变。油井产物系统中油、气、水都是各自独立的相。

（三）组分

组分是指系统中可以单独分离出来的，在隔离状态下能长时间存在的化学均匀物质，如油井产物系统中的CH_4、CO_2、H_2O等都属于系统中的组分。

（四）相平衡

相平衡是指系统中的各相，如由原油和天然气组成的两相系统，在单位时间内由原油液面蒸发到天然气中的分子数，与从天然气中凝结到原油液面上的分子数相等的状态。达到相平衡时，气液两相的数量不再变化，温度、压力等状态参数也都不再变化。相平衡是一种动态的平衡，从宏观上看，状态是不变的；从微观上看，分子的蒸发和凝结仍在进行。

（五）泡点、露点和蒸气压

泡点是指在一定的压力下，多相系统中的液相开始汽化时的温度。

露点是指在一定的压力下，多相系统中的气相开始凝结时的温度。

在一定温度下，多相系统中的气液两相达到相平衡时的气相温度称为该液体在该温度下的饱和蒸气压，简称蒸气压。

三、油气分离设备

在油气集输的过程中，油气混合物的分离总是在一定的设备中进行的。这种根据相平衡原理，利用油气分离机理，借助机械方法，把油井混合物分离为气相和液相的设备称为气液分离器，或称为油气分离器。

（一）油气分离器的分类

目前，应用于油气集输过程中的分离器有很多种类。按其功能不同，可分为气液两相分离器和油气水三相分离器两种；按其形状不同，可分为卧式分离器、立式分离器、球形分离器等；按其用途不同，可分为计量分离器和生产分离器等；按其工作压力不同，又可分为真空分离器（<0.1MPa）、低压分离器（<1.5MPa）、中压分离器（1.5~6MPa）和高压分离器（>6MPa）等。

1. 两相分离器

两相分离器具有将油井产物分离为气、液两相的功能。

（1）两相卧式分离器。

两相卧式分离器的工作原理如图2-4所示。

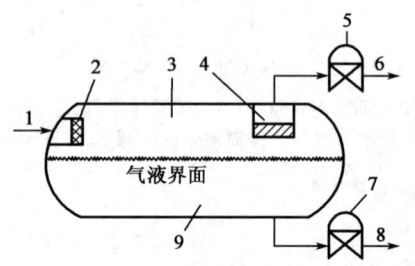

图2-4 两相卧式分离器工作原理示意图
1—油气混合物入口；2—分流器入口；3—重力沉降部分；4—除雾器；5—压力控制阀；6—气体出口；7—出液阀；8—液体出口；9—集液部分

气液混合物由分流器入口进入分离器，其流向、流速和压力都有突然的变化，在离心分离和重力分离的双重作用下，气液得以初步分离；经初步分离后的液相在重力作用下进入集液部分，气相进入重力沉降部分，其中，集液部分和重力沉降部分是分离器的主体，都有较大的体积，使得气液两相在分离器内都有一定的停留时间，以便被原油携带的气泡上升至液面，进入气相，被气流携带的油滴沉降至液面，进入液相；分离后的液相经液面控制器控制的出液阀流出分离器，气相经除雾器进一步除油后通过压力控制阀进入集气管线。同时，集液部分还具有缓冲容积、均衡进出分离器流量波动的作用。在应用中，为得到最大的气液界面面积，提高分离效果，通常使气液界面在分离器直径的一半处，或按气、液处理量确定气液界面。卧式分离器中的气液界面面积较大，且气体流动的方向与液滴沉降的方向相互垂直，使得集液部分原油中所含的气泡易于上升至气相空间，且气相中的液滴更易于从气流中分离出来。因而，卧式分离器适合于处理油气比较高、存在乳状液和泡沫的油井产物，而且分离效果较好。此外，卧式分离器还具有单位处理量成本较低，易于安装、检查、保养等优点；但其占地面积较大，排污困难，往往需要在分离器的底部沿长度方向设置多个排污孔。卧式分离器是目前生产分离器中应用最广泛的一种分离器。

（2）两相立式分离器。

立式分离器的工作原理与卧式分离器类似，所不同的是，在分离器的重力沉降部分，液滴的沉降方向与气体的流动方向相反。两相立式分离器的工作原理如图2-5所示。

立式分离器占地面积小、排污方便、易于实现液面控制，适用于油气比较低、含固体杂

第二章 容器及相关工艺技术

质较多的油井产物，或海上采油等建设面积受限的场合。

由于立式分离器的处理量较小，分离效果也不如卧式分离器，所以，目前立式分离器多用于井场或计量站作为计量分离器，或用在一些场地狭小的特殊场合。

(3) 其他形式的两相分离器。

①卧式双筒两相分离器。卧式双筒两相分离器结构如图2-6所示。这种分离器的气室和液室是分开的，避免了气体在液面上方流过时，扰动液面，使原油重新汽化，或带走原油表面泡沫，适用于处理密度较小或泡沫较多的原油。由于其造价较高，一般情况下并不常用。

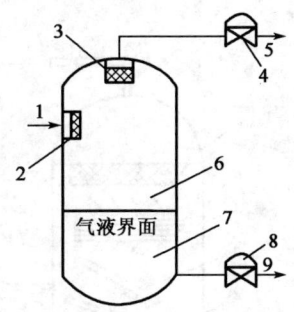

图2-5 两相立式分离器工作原理示意图
1—油气混合物入口；2—分流器入口；3—除雾器；
4—压力控制阀；5—气体出口；6—重力沉降部分；
7—集液部分；8—出液阀；9—液相出口

②球形两相分离器。球形两相分离器结构如图2-7所示。球形两相分离器结构紧凑、占地面积小、价格便宜、安装维修与排污都较方便，但液体的缓冲时间较短、液面控制比较困难，适用于处理量较小，且来液量比较稳定的场合。

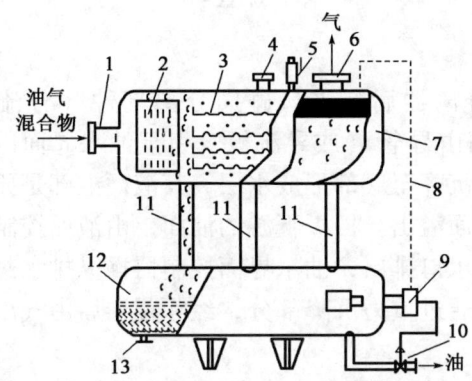

图2-6 卧式双筒两相分离器
1—油气混合物入口；2—入口碰撞分离部件；3—疏流板；
4—安全帽；5—安全阀；6—气体出口；7—除雾器；
8—滚位控制用气体管线；9—液位控制机构；
10—液位控制阀；11—液体下流管；12—盛液筒；
13—排污孔

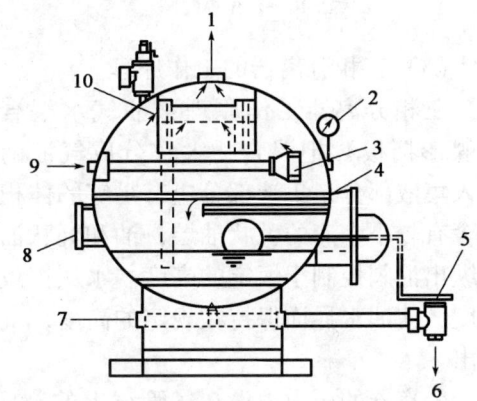

图2-7 球形两相分离器
1—气体出口；2—压力表；3—离心式反向入口；
4—反向挡板；5—液位控制机构；6—液体出口；
7—排污口；8—液位指示器；9—油气混合物入口；
10—除雾器

2. 三相分离器

(1) 三相分离器的概念。

油井产物中常含有水，特别在油井生产的中后期，含水量逐渐增多。含水的油井产物进入分离器后，在油气分离的同时，由于密度差，一部分水会从原油中沉降至分离器底部。因而处理这种含水原油的分离器必须有油、气、水三个出口，这种分离器称为三相分离器。

(2) 三相分离器的适用场所。

三相分离器具有将油井产物分离为油、气、水三相的功能，适用于含水量较高，特别是含有大量游离水的油井产物的处理。这种分离器在油田高含水生产期的集输中转站、联合站内得到广泛的应用。常用的立式三相分离器结构如图2-8所示，卧式三相分离器结构如图2-9所示。

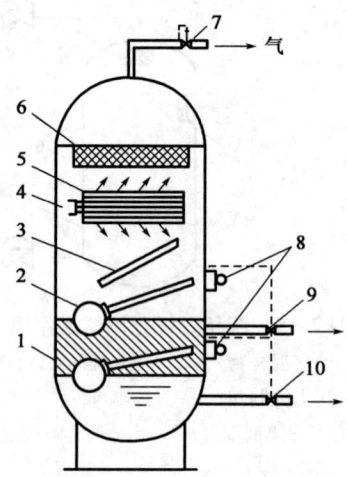
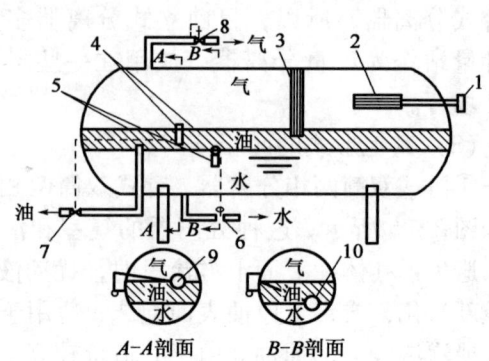

图 2-8 立式三相分离器

1—加重浮子；2—不加重浮子；3—折流板；
4—油气混合物入口；5—进口碰撞分离部件；6—除雾器；
7—压力调节阀；8—液面控制机构；9—油位控制阀；
10—水位控制阀

图 2-9 卧式三相分离器

1—油气混合物入口；2—进口碰撞分离部件；3—除雾器；
4—浮子；5—液面控制机构；6—水位控制阀；
7—油位控制阀；8—压力调节阀；9—不加重浮子；
10—加重浮子

（3）三相分离器的工作原理。

三相分离器工作原理：油气水混合物进入分离器后，进口碰撞分离部件（分流器或蝶形挡板）把混合物大致分成气液两相。液相由导管（或导流板）引至油水界面以下进入集液部分，集液部分应有足够的体积使游离水沉降至底部形成水层，其液面上部是原油和含有较小水滴的乳状油层，油和乳状油从挡板上面溢出。挡板下游的油面，由液面控制器操纵出油阀控制于恒定的高度。水从挡板上游的出水口排出，油水界面控制器操纵排水阀的开度，使油水界面保持在规定的高度，气体水平地通过重力沉降部分，经除雾器后由气出口流出。

分离器的压力由设在气管线上的阀门控制。油气界面的高度依据液气分离的需要可在 1/2~2/3 分离器直径间变化，一般采用分离器直径的 1/2。常用立式油气分离器技术规范见表 2-1，常用卧式分离器技术规范见表 2-2。

表 2-1 常用立式油气分离器技术规范

型号（直径×高度）mm×mm	φ600×2300	φ800×4130	φ800×5068	φ1200×4600	φ1200×5100	φ1400×4180
形式	伞式	伞式	箱伞式	伞式	箱伞式	箱式
工作压力，MPa	0.6	0.6	4.0	0.6	4.0	1.0
试验压力，MPa	0.9	0.9	6.0	0.9	6.0	1.5
混合物进口直径，mm	80	100	100	150	150	150
气体出口直径，mm	80	100	150	150	150	150
液体出口直径，mm	80	100	50	100	100	150

表 2-2　常用卧式分离器技术规范

型号（直径×筒体长度）mm×mm	φ800×3600	φ1200×4044	φ2000×6500	φ3000×9612
工作压力，MPa	0.6	0.6	0.4	0.4
试验压力，MPa	0.9	0.9	0.6	0.6
混合物进口直径，mm	108	159	159	273
气体出口直径，mm	108	159	159	219
液体出口直径，mm	108	159	159	159
排污口直径，mm	—	57	114	114

（二）分离器的基本结构

尽管分离器的类型多种多样，但其基本结构类似，都是由主体容器、分离部分、液面控制机构和压力控制机构等构成。

1. 主体容器

主体容器是分离器的最基本部件，它的承压能力决定了分离器的工作压力，它的尺寸决定了分离器的处理能力。主体容器通常是由具有蝶形头盖的圆筒制成。容器上连接有混合物入口、气体出口、液体出口、排污口、仪表、阀门等各种工艺需要的接口，以及安装、维修、检查等需要的人孔、手孔等。

2. 分离部分

油井产物在分离器中的分离，一般都经过初次分离、主分离和除雾分离三个环节。

（1）初次分离部分。

初次分离发生在混合物的入口处，其目的是把从混输管道来的混合物快速分离成以气体为主和以液体为主的两相。为了达到这个目的，常采用动能吸收型和旋流式两种入口装置。

①动能吸收型入口装置。

常用的动能吸收型入口装置结构如图 2-10 所示。

这种装置适用于处理量较大的大型三相分离器中。因为在这种情况下，混合物以很高的入口速度与入口装置碰撞，能有效地破坏油水乳状液的外膜，取得较好的分离效果。

如图 2-10（a）所示的是一种蝶形冲击头和隔板构成的入口装置，在中低油气比的大容积卧式原油分离器中应用，效果较好。

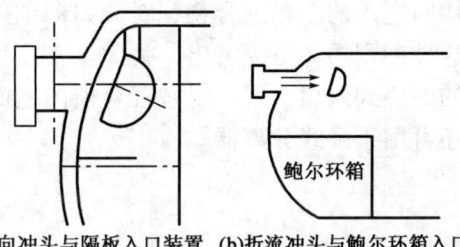
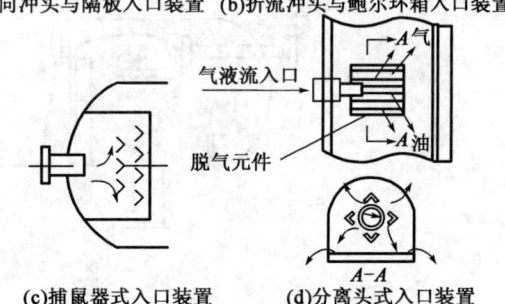

图 2-10　动能吸收型入口装置

如图 2-10（b）所示的是一种带有折流板的蝶形冲击头入口装置，避免了流体直接冲击包尔环箱，并且增大了接触表面积，初次分离效果较好。但造价较高，通常应用于分离器的尺寸特别大，或工艺有特别要求的卧式分离器中。

如图 2-10（c）所示的是一种捕鼠器式入口装置，它增大了入口处气液相的接触表面积，能使气液流产生良好的碰撞，初次分离效果较好，造价较比包尔环箱式低一些，常作为卧式分离器的入口装置。

如图2-10（d）所示的是一种分离头式入口装置，它能使进入分离器的气液流扩展并分布成$A-A$剖视图的形状，有利于气体从液体中逸出；同时，消除了高速流体对分离器内壁的冲击，减小了扰动。这种入口装置可用于中小型卧式分离器，也可用于立式分离器。

②旋流式入口装置。

图2-11是旋流式入口装置在立式分离器上应用的示意图。

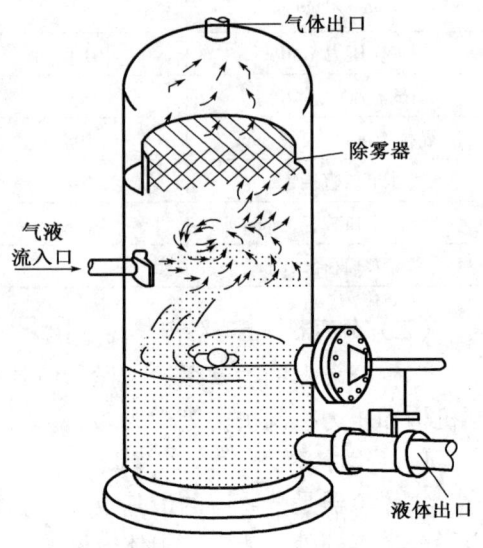

这种入口装置的进口管与分离器的主体容器内壁成切线方向。混合物沿切向进入，沿分离器内壁旋转，产生离心力，密度较大的液相组分受离心力较大，被甩到筒壁上，沿筒壁沉降至盛液段；密度较小的气相组分受离心力较小，向容器中心聚积，并逐渐上升至分离段，从而实现离心式初次分离。这种入口装置多用于立式分离器。

图2-11 旋流式入口装置示意图

为了保证气体有一定的上升距离，液体有一定的停留时间，立式分离器的入口管一般装在分离器高度的2/3处，也就是稍高于最高液面处。

切向进入的多相混合物，对分离器主体容器内壁的冲刷较严重，在混合物中携带有砂粒时，这种冲刷损坏更为突出。为此，常在切向入口处的容器壁上加一层旋流挡板。图2-12所示的内旋式入口装置，对减轻容器内壁的冲刷损坏，也有一定的效果。另外，内旋式入口装置还可用于卧式分离器。

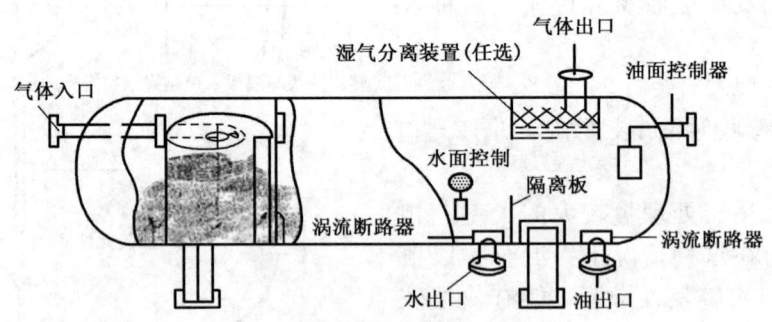

图2-12 内旋式入口装置

（2）主分离部分。

主分离部分是指主体容器本身。经初次分离后的气相中，仍携带许多直径大小不等的液珠。主分离部分的作用是在气体流速大大降低后，利用重力分离和碰撞分离原理，把直径在$100\mu m$以上的液滴最大限度地从气体中分离出来。

由于立式分离器处理量小，气体空间相对较大，所以在主分离部分加设其他构件。对于卧式分离器，一般处理量都比较大，气体空间相对比较小，为了改变气体的紊流状态，提高分离效果，通常要在主分离部分加设聚结或整流元件。

图 2-13 为分隔薄板式气相整流元件,其作用是使紊流状态的气流通过隔板时接触面积增大,雷诺数减小,气体的扰动减弱,液滴的沉降速度加快。

图 2-14 为蜂窝折流板聚结元件。气流通过折流板时,接触面积增大,在折流板表面湿润作用下,吸引细小的液滴并在其表面聚结成较大的液滴,使分离效果加强。

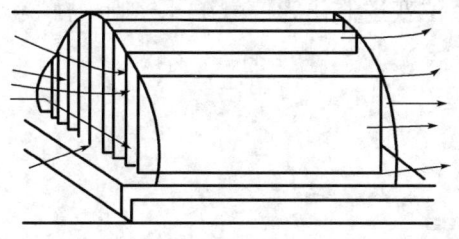
图 2-13 分隔薄板式气相整流元件

图 2-14 蜂窝折流板聚结元件

(3) 除雾分离部分。

除雾分离部分的作用是利用碰撞、离心、聚结等原理,除去经主分离后气体中仍然携带的直径在 10~100μm 之间的液滴。分离器中常用的除雾器有叶片式和丝网式等不同型式。

图 2-15 为蛇形叶片式除雾器。它由若干固定间距的蛇形波纹板叠置而成,相邻两波纹板间形成曲折、变截面的流道。携带着小液滴的气体从流道中通过时,一方面,接触表面积增大,细小的液滴碰到经常润湿的结构表面上,聚结为较大的液滴;另一方面,在截面积减小的通道中,液滴随气流速度的增大,离心力增大,向叶片碰撞的能量增大。这样,气流在不断的改变方向和速度的过程中,使液滴与叶片表面连续的碰撞、凝聚,逐渐积累并沿叶片表面流至分离器的集液部分。

图 2-16 为丝网除雾器,是一种碰撞型分离装置。细小的液滴通过丝网时,在碰撞的作用下不断聚结,当液滴增大到一定程度时,在重力的作用下滴入集液部分。

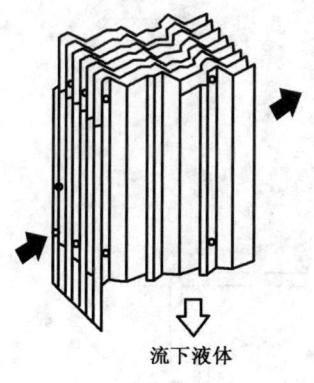
图 2-15 蛇形叶片式除雾器

图 2-16 丝网除雾器

丝网除雾器适合于高油气比的气体净化,其除液效率可达 98% 以上;其缺点是易聚集石蜡、水化物、砂和其他固体颗粒等,从而引起堵塞,故一般不用于井口分离器。丝网除雾器的丝网厚度一般为 100~150mm。

3. 液面控制机构

分离器工作时,气液界面的稳定与否,对分离效果有很大的影响。气液界面过高时,会使液体窜到气体空间,甚至进入排气管道,从而堵塞管路;液面过低时,会引起出液管窜气,严重时会造成输油泵抽空。

图2-17为浮子连杆机构带动液位控制阀装置,是目前常用的一种机械式液面控制机构。这种浮子连杆机构带动液位控制阀装置是利用分离器的液位来调节输油泵的出口,达到调节液面的目的。另外,也可以利用气动或电动液位变送器作为信号源,控制气薄膜调节阀进行液面控制。

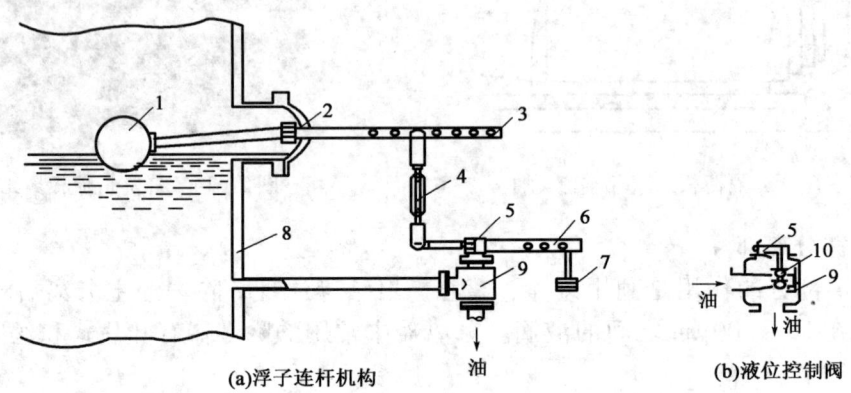

图2-17 浮子连杆机构和液位控制阀结构示意图
1—浮子;2、5—转轴;3、6—杠杆;4—拉杆;7—平衡锤;8—分离器;9—液位控制器;10—出油阀

图2-18是我国最常见的一种机械式浮子液面控制机构。浮子在分离器内的位置随液面位置而改变。浮子位置的改变通过图示连杆机构驱使出油阀轴作相应的转动,从而使出油阀杆上下移动改变阀门开度,调节出油量,保持容器内液面的恒定。花篮螺栓与上杠杆连接位置的变化,可使容器内液面保持在不同的高度上。

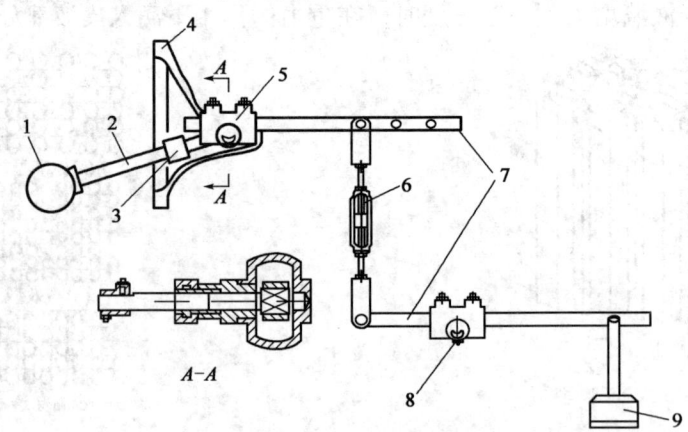

图2-18 浮子液面控制器
1—浮子;2—连杆;3—扭柄;4—分离器人孔盖;5—杠杆套;6—花篮螺栓;7—杠杆;8—出油阀杆;9—重锤

图2-19是我国油田上常用的两种出油阀结构图。这两种阀均按等百分比流量特性设计,其规格及主要性能见表2-3。

表2-3中公称流通能力指出油阀全开、阀前后压差为0.1MPa,流体密度1000kg/m³时的阀流量。

第二章 容器及相关工艺技术

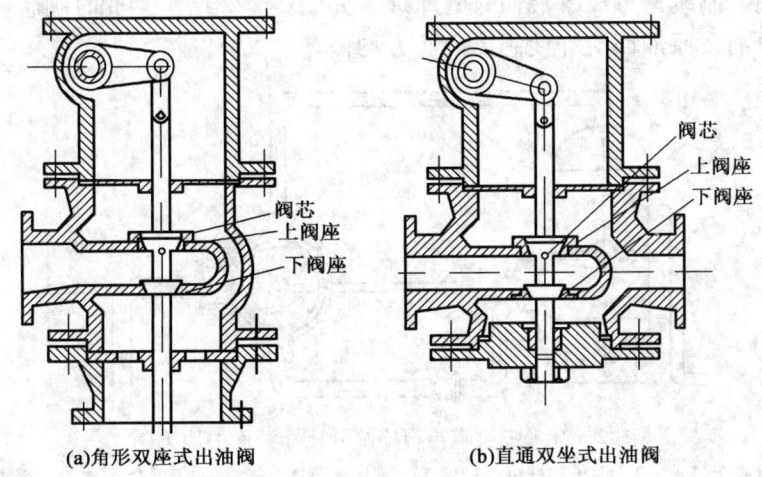

(a)角形双座式出油阀　　(b)直通双坐式出油阀

图 2-19　出油阀的结构图

表 2-3　出油阀的规格与性能

公称压力 MPa	公称直径 DN mm	结构形式	阀瓣最大行程 mm	公称流通能力 C m³/h
1.6	25	直通双坐	16	10
1.6	32	直通双坐	16	16
1.6	50	直通双坐	25	40
1.6	80	角式双坐	40	100
1.6	100	角式双坐	40	160
1.6	150	角式双坐	60	400

近年来我国一些油田上广泛使用由浮子连杆控制的三通旋转出油阀，其结构如图2-20所示。旋转出油阀由三通阀体、带槽阀芯与法兰盖等部件组成。阀芯为两端带同心支承轴的圆柱体，圆柱表面的轴向开有三个槽。图2-21表示用三通旋转阀控制计量分离器液面的原理图。当进入分离器的液量减小时，液面下降，浮子连杆机构驱使三通阀芯顺时针旋转，使出油通道减小，出气通道增大，液面回升。相反，来液量增大时，液面上升，阀芯逆时针旋转，使出油通道增大，出气通道减小，液面下降，从而使分离器的液面保持在一定高度。

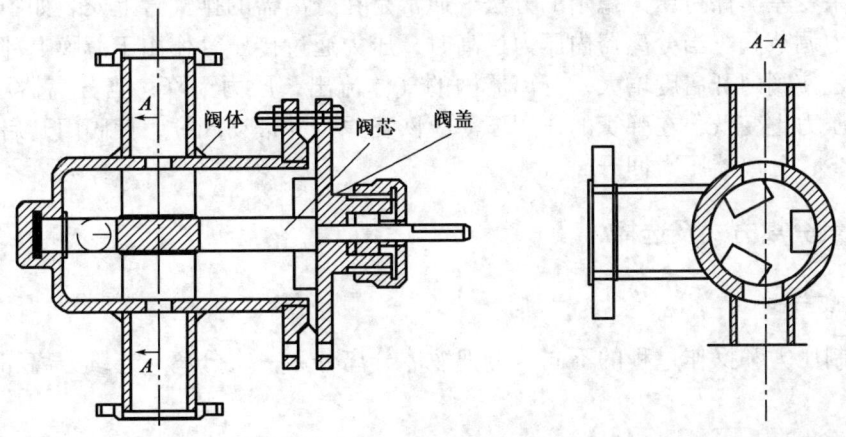

图 2-20　三通旋转出油阀结构图

三通旋转阀控制缓冲分离罐液面时的原理,如图2-22所示。此时阀芯三个轴向槽的作用分别为输出原油、原油回流和使阀体内压力均衡。

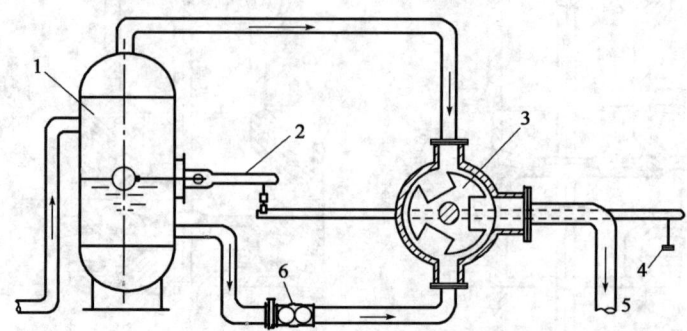

图2-21 三通旋转阀控制分离器液面的原理图
1—计量分离器;2—浮子连杆机构;3—旋转阀;4—重砣;5—油气混合外输;6—流量计

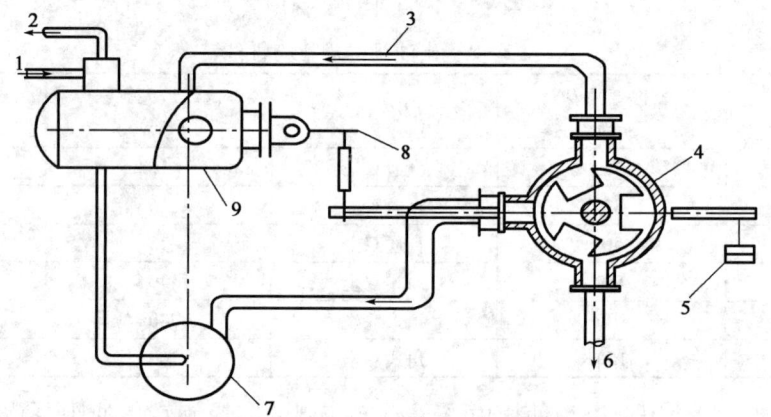

图2-22 旋转阀控制缓冲分离罐液面原理图
1—油气混合物入口;2—天然气出口;3—回流管;4—旋转阀;5—重砣;6—原油出口;7—输油泵;
8—浮子连杆机构;9—缓冲分离器

4. 压力控制机构。

分离器的工作压力,也是影响分离效果的重要因素。若压力控制不稳,则液面波动严重,分离效果变差。保持压力稳定的方法,通常是在分离器的排气管上安装如图2-23所示的自力式压力调节阀。当分离器内压力过高时,压力通过传压管作用于薄膜上部,薄膜下移并带动阀杆,使阀门开启度增大,分离器内的气体流出,压力下降;当分离器压力降低时,薄膜上部的压力也变低,在弹簧的作用下薄膜恢复原位并带动阀杆,使阀门开启度关小,气体流出量减少,分离器压力回升。

四、油气分离方式及选择

(一)分离方式

根据控制压力和操作过程的不同,可把液体分离分为一次分离、连续分离和多级分离三种方式。

1. 一次分离

一次分离是指油井混合物的气液两相一直在保持接触的条件下,逐渐降低压力;随着压力的降低，气体不断从液体中逸出，不论压力变化的快慢，两相系统总保持平衡；最后在常压容器中一次性将气液两相系统分离开来。由于这种分离方式有大量的气体从储液罐中排出，同时混合物进入储液罐时的冲击力也很大，故在实际生产中很少直接采用。

2. 连续分离

连续分离是指随着油井混合物在集输过程中压力的逐渐降低，连续不断地将逸出的平衡气体从系统中排出；直至压力降为常压，平衡气也排除干净，剩下的液相进入储液罐。连续分离也称微分分离或微分汽化，它在实际生产中是很难实现的。

3. 多级分离

多级分离也称级次分离。它是指油井混合物在保持接触的条件下，随着压力的逐渐降低，气体不断逸出，在压力每降到某一数值时，就把两相混合系统中的气体排出一

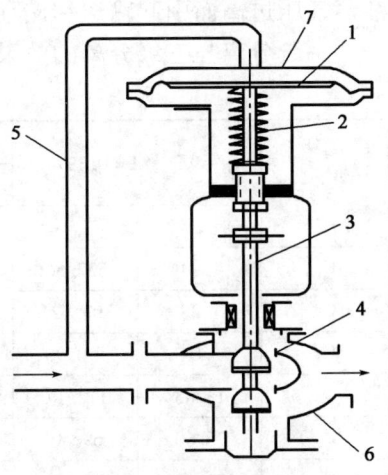

图2-23 自力式压力调节阀
1—薄膜；2—弹簧；3—阀杆；4—阀芯；
5—传压管；6—阀体；7—薄膜盒

次；如此反复，直至系统的压力降为常压，平衡气排除干净，剩下的液相进入储液罐。在这个过程中，每排一次气，就作为一级分离，有几次排气，就称为几级分离。由于储液罐内的压力总要低于其进液管线内的压力，所以在储液罐中总还有平衡气排出，因而通常把储液罐作为多级分离的最后一级，其他各级则通过分离器来完成。所以，一个分离器和一座储液罐串联，构成一个二级分离系统；两个分离器和一座储液罐串联构成一个三级分离系统。图2-24为三级油气分离流程。

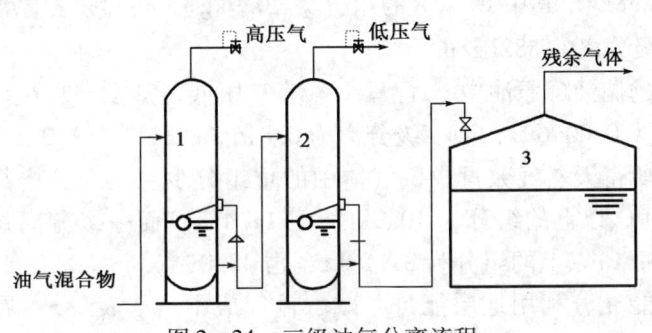

图2-24 三级油气分离流程
1—高压分离器；2—低压分离器；3—储液罐

从上述三种分离方式的特点来看，在油气集输的生产实际中，多级分离是最常用的分离方式。

（二）多级分离的效果

评价油气集输过程中油气分离的效果，要综合考虑所产原油和天然气的数量与质量；分离级数、操作压力、温度等参数对分离设备要求和能耗的影响等诸多因素。

密度是衡量原油质量优劣的一个重要指标。高质量的原油密度小、含轻组分多，炼制时汽油收率高；但若原油中含轻组分，特别是C_1较多时，会使原油的蒸气压增大，在输送和常压储存时蒸发损耗较多。从这个角度考虑，在分离操作中，通常把C_5及以上的组分纳入液相，把C_5以下的组分纳入气相。这样既能保证原油的质量和汽油收率，又可避免由于原

油蒸气压过高而引起输送和储存过程中大量的蒸发损耗。

一级分离与三级分离的效果比较见表 2-4。

表 2-4　一级分离与三级分离的效果比较

组分	一级分离 $L=0.3974$		三级分离					
			$L=0.5832$		$L=0.8459$		$L=0.9471$	
	W_{li}, kg	W_{gi}, kg	W_{li}, kg	W_{gi}, kg	W_{li}, kg	W_{gi}, kg	W_{li}, kg	W_{gi}, kg
C_1	1.34	537.66	79.14	459.85	6.59	72.55	0.42	6.17
C_2	1.38	97.62	45.34	53.66	15.40	29.94	4.28	11.12
C_3	6.04	130.96	96.26	40.74	61.07	35.19	33.96	27.11
C_4	13.83	112.17	108.15	17.85	87.97	20.18	67.74	20.23
C_5	26.60	69.40	90.30	5.70	83.91	6.39	76.56	7.35
C_6	92.65	98.35	185.80	5.20	180.18	5.62	173.41	6.77
C_7 以上	8167.88	644.12	8793.08	18.92	8772.16	20.92	8746.78	25.38
合计	83609.71	1690.29	9398.06	601.94	9207.28	190.79	9103.5	104.13
密度 kg/m³	$\rho_g=1.2603$ $\rho_l=890$		$\rho_g=0.8246$ $\rho_l=870$		$\rho_g=1.1513$ $\rho_l=880$		$\rho_g=1.9923$ $\rho_l=882$	

表 2-4 中分离器的原油处理量都是 10^4 kg/d，分离温度都是 49℃；一级分离压力是 0.1MPa，三级分离中的第一、第二、第三级压力分别为 3.4MPa、0.44MPa 和 0.1MPa。从表数据可以看出，一级分离与三级分离有如下差别：

（1）三级分离的储油罐原油收率高、密度小。三级分离与一级分离相比，每吨来液可多得储油罐原油 79.38kg，其中 C_5 以上的组分为 70.9kg 占 89.4%。原油密度由一级分离的 890kg/m³，降为三级分离的 882kg/m³。

（2）三级分离的储油罐原油中 C_1 含量少，蒸气压低，蒸发损耗少。三级分离所得储油罐原油中 C_1 的含量为 0.0046%，而一级分离为 0.016%，两者相差 3.5 倍。

（3）三级分离所得天然气数量少，气体中的重组分少。三级分离每吨原油中分离出天然气 89.69kg，其中 C_5 以上的组分为 10.2kg，占 11.4%；而一级分离每吨原油中分离出天然气 169.03kg，其中 C_5 以上的组分为 81.19kg，占 48.0%。

（4）多级分离能充分利用地层能量、减少输气成本。从表 2-4 看出，采用三级分离时，从第一级中分离出的气体占所分离出气体总量的 67.0%，且这时的分离压力为 3.4MPa，可直接利用此压力输送，不建或少建压气站，从而降低输气成本。另外，在相同温度下高压气体的饱和含水量比低压气体少得多，资料说明，三级分离第一级分离出的气体中含水量仅为 3g/m³，而一级分离所得气体中的含水量较高，所以，多级分离还能减少气体的净化费用。

多级分离的一些特点，可以由分子运动学说做如下解释：

在一定的温度和压力下，本来应处于液态的组分，在多元体系中所以能进入气相，是因为在多元体系中，运动速度较高的轻组分分子，在分子运动过程中，与速度低的重组分分子相撞击，前者的一部分能量传递给后者，使其进入气相。这种现象称为携带效应。

平衡体系压力较高时，分子的间距小、分子间的吸引力大，分子需具备较大的能量才能进入气相。能量低的重组分分子进入气相困难，所以平衡体系内气相数量较少，重组分在气相中的浓度较低。如果在较高压力下把已经分离出的气体排出，减少了体系中具有较高能量的轻组分分子，则在压力进一步降低时就减少了重组分分子被轻组分分子撞击、携带的几率。所以，气体排出越及时，以后携带蒸发的机会就越少。由此可见，连续分离所得的液体量最多，一次平衡分离所得的液量最少，多级分离居中。

在多级分离中，级数越多，液体的收率就越大，液体的密度也越小。

另外，分离压力对分离效果也有较大的影响，表 2-5 列出了在 49℃ 下对某种原油进行二级分离，其中第二级分离的压力都是 0.10MPa，第一级分离的压力分别为 0.44MPa、1.10MPa 和 3.40MPa 时的分离效果比较。

表 2-5 分离压力对分离效果的影响

一级分离压力，MPa	0.44	1.10	3.40
储油罐原油占总质量分数	0.8934	0.9031	0.8972
储油罐原油密度，kg/m^3	0.893	0.892	0.894

（三）分离级数和分离压力的选择

分离级数越多，储油罐中原油收率越高，但过多地增加分离级数，将会大幅度地增加投资和经营费用，而对原油收率的影响又不十分明显。一般情况下，采用三级或四级分离，经济效益最好；对于油气比较低的低压油田，采用二级分离，经济效益较高。

在选择分离压力时，要考虑石油组成和油井井口压力。各油田的油井压力和石油组成差别较大，难以提出适合各种具体情况的各级压力计算公式，通常是拟定多种分离方案，经相平衡计算比较后，选其优者。一般来说，采用三级分离时，第一级分离的压力为 0.7~3.5MPa，第二级分离的压力为 0.07~0.55MPa。若井口压力高于 3.5MPa 时，就应考虑采用四级分离。

五、油气分离器的操作与管理

（一）油气分离器的投运

油气分离器属压力容器，在投运前要进行认真的检查，并进行试压。

1. 投运前的检查

检查各个部分安装正确，分离器筒体及各附件完好，各固定部位紧固，内部各结构是否正常，检查后将内部清扫干净。然后封闭人孔、排污孔，调好压力调节装置与调压阀、安全阀，进行试压。

2. 试压

试压通常分强度试压和严密性试压两个阶段进行：强度试压的压力通常为设计工作压力的 1.5 倍，达到试压压力后，稳压 1h，压降不超过 0.1MPa 为合格；试压介质一般用清水。试压过程中，要注意观察罐体及各部件情况，特别是法兰、阀门、仪表等连接处，发现异常，立即停止试压，处理后再行试压。

3. 投运

试压合格后，打开分离器采暖盘管的进出口阀门，待采暖管线送热正常后，先打开天然气出口阀门，再打开分离器出油阀门，检查活动出油阀门灵活好用。这一切都正常后，缓慢打开进油阀门向分离器内进油。在分离器的整个投运过程中，要认真观察分离器进油、出油、出气等各种情况，发现问题及时处理。

（二）油气分离器的运行

分离器运行的正常与否，不仅直接影响到油气分离的效果，而且影响着原油和天然气的质量以及集输过程的经济效益。在分离器的运行管理过程中，应注意以下几个问题：

（1）经常检查分离器的液位控制与调节机构，确保其灵敏可靠，以保证分离器的液面平稳、适当。分离器的液面高度一般控制在液面计的 1/2~2/3 之间，太高了容易造成天然气管线跑油，堵塞管线；太低了容易引起原油中带气，影响输油泵的正常工作。

（2）注意分离器的来油温度，特别是冬季，防止温度过低，造成管线凝油。一般情况下，分离器的来油温度要比原油的凝点高 5℃ 左右，冬季还要更高一些。

（3）控制适当的分离压力，不能太高，也不能太低，太高不但影响来油管线的回压，而且使分离后的原油带气；太低又容易使天然气管线进油，分离器液面过高。

（4）冬季生产过程中，要注意分离器的采暖、保温等情况。特别是安全阀、压力表、液位计及管线细、流动性差、容易冻结的部位，更要加强其保温防冻。

（三）油气分离器常见故障

1. 油气分离器天然气管线进油

（1）造成油气分离器天然气管线进油的常见原因如下：

①油气分离器液位调节机构失灵；

②油气分离器出油阀卡死；

③油气分离器压力过低。

前两种原因都会引起液体排放不及时，造成油气分离器内液面上升，解决的方法是及时维修或更换液位调节机构或出油阀。

（2）造成油气分离器压力过低的原因如下：

①天然气出口阀或放空阀开得过大，这时需要关小阀门开度；

②管线或容器泄漏，这时要认真检查，找出原因，及时处理，以防事故扩大；

③出油阀关闭不严，这时需要把从储液罐到分离器的截断阀关闭，将分离器停运后维修或更换出油阀。

2. 油气分离器出油管线窜气

（1）引起油气分离器出油管线窜气的原因如下：

①油气分离器内液面过低；

②油气分离器工作压力过高。

（2）造成油气分离器内液面过低的原因如下：

①油气分离器出液阀开度过大；

②来液量不足；

③油气分离器液面调节机构关闭不严。

处理方法：可调节出液阀门开度，增大来液量，维修或更换液面调节机构。

（3）造成油气分离器工作压力过高的原因如下：

①出气阀门开度过小；

②天然气管线堵塞；

③出液阀卡死；

④来液量太大。

处理方法：可调节出气阀门开度，检查并疏通天然气管线，维修或更换出液阀，控制来液量。当来液量增加较快时，可打开旁通或启动备用分离器。

3. 油气分离器油位过高的原因

（1）引起操作油位过高的原因有出油管线阻塞、油位控制系统失灵、油位设定值偏低和报警系统失灵。

（2）解决的方法是通过液位计来检查分离器的油位。

①如果油位高于设定值，则是由于出油管线阻塞引起的，检查油出口管线上的截止阀；

②若是由于油位控制系统失灵引起的，则打开旁通阀并关闭上下游截止阀，由旁通阀手动调节油位，并对油位控制系统进行检修；

③若是油位设定值偏低，应重新调整油位设定值。如果油位正常，则是油位设定值偏低，应检修报警系统。

六、三相分离器的操作与管理

（一）三相分离器投运前准备

（1）新建或检修后的三相分离器应具有相应资质部门出具的压力容器检测合格证、施工单位现场试漏、试压原始资料方可使用。

（2）检查压力表、温度计、液位计、水位看窗应达到使用条件，安全阀校验合格、定压0.4MPa。（或符合现场工艺要求）

（3）打开安全阀下部切断阀，使其处于全开状态。

（4）检查系统工艺流程，满足投运要求。

（二）三相分离器投运

（1）先打开三相分离器顶部放气阀，再打开进液阀。

（2）三相分离器液位达到1/2后，同时打开油、水出口阀，根据油水界面调整放水量，根据液位调整出油量。

（3）投运初期液面以上的空气和伴生气的混合气应放空，待混合气排净后方可倒入正常的伴生气回收流程。

（4）关闭顶部放气阀，打开三相分离器的气出口阀，三相分离器的压力控制在0.15~0.25MPa。

（5）记录投产时间、保留档案。

（三）三相分离器运行

（1）每2h进行一次检查，并录取三相分离器的压力、温度、液位、水位。

（2）正常运行时，三相分离器的压力应控制在0.15~0.25MPa。

（3）正常运行时，温度应控制在规定温度（高于原油凝点5℃）。

（4）正常运行时，液位应控制在1/2~2/3之间。

（5）正常运行时，三相分离器水位应控制在中水位。

（四）三相分离器停运

（1）缓慢关闭三相分离器的水出口阀提高油水界面，打开三相分离器放水看窗，待高水位见水时关闭进液阀，开大油出口阀将液位降到底部，关闭油出口阀和气出口阀。

（2）打开水出口阀，用活动压风机将分离段内的水扫入"二合一"或污水罐，关闭水出口阀，打开排污阀。

（3）打开顶部放气阀，排出三相分离器内的可燃气体，关闭排污阀。

（4）关闭三相分离器的放气阀，检查并确认三相分离器的进液阀、油出口阀、水出口阀、气出口阀和排污阀全部处于关闭状态。

（5）停运三相分离器的阀门应挂警示标志，以防误操作。

（6）做好停运记录。

（五）三相分离器紧急停运

1. 三相分离器紧急停运条件

有下列情形之一的应采取紧急停运措施：

（1）三相分离器筒体发生穿孔造成跑油或气体泄漏。

（2）安全阀失灵造成气体泄漏。

（3）三相分离器的阀门损坏造成跑油或气体泄漏。

（4）其他危及安全的情况。

2. 三相分离器紧急停运操作

单台运行的三相分离器应先打开连通阀，然后完成以下操作：

（1）先关闭三相分离器的进液阀，再关闭油出口阀、水出口阀和气出口阀。

（2）打开三相分离器的排污阀进行排污。

（3）做好三相分离器紧急情形描述并填写紧急停运记录。

（4）紧急停运三相分离器的阀门应挂警示标志，以防误操作。

（六）三相分离器检查维护

1. 三相分离器正常检查

正常情况下运行的三相分离器每年检查维护并清淤一次。

2. 三相分离器维护前准备

（1）三相分离器检查维护前应制定安保措施、事故预案，检查维护过程中要做好人身防护。

（2）按照三相分离器停运操作规程停运待检查维护的三相分离器。

（3）打开三相分离器人孔和通风孔进行通风，必要时进行强制通风。

（4）由专业人员检测三相分离器内的可燃气体浓度，达到规定要求后方可进入罐内进行清淤及检查维护作业，进入前应办理进入有限空间作业票。

3. 三相分离器检查维护内容

（1）检查三相分离器内部防腐层完好情况并对腐蚀部位做防腐处理。

（2）检查填料完好情况并更换损坏的填料。

（3）检查清洗捕雾器并更换损坏的捕雾器。

（4）检查并调整浮球液位调整机构。

（5）检修后的三相分离器应及时封闭人孔和通风孔，并根据生产情况投运或备用。

（七）三相分离器故障处理

1. 三相分离器气管线跑油

三相分离器气管线跑油应立即关闭三相分离器气出口阀，开大油出口阀（或开大输油泵排量），三相分离器液位降到1/2后，打开气出口阀控制气压并对进油的气管线扫线放空。

2. 三相分离器出油管线窜气

三相分离器出油管线窜气应立即关闭三相分离器油出口阀，三相分离器液位上升到1/2后，缓慢打开油出口阀控制液位。

3. 三相分离器出水管线见油

三相分离器出水管线见油应立即关闭水出口阀，三相分离器水位上升到中水位后，缓慢打开水出口阀控制水位，并组织收油工作。

4. 三相分离器水位过低

（1）原因：引起操作水位过低的原因是容器或管线渗漏、水出口管线阻塞、水位控制系统失灵、报警系统失灵、排放阀打开和水位设定值偏高。

（2）解决方法：通过液位计检查分离器水位。

①若水位低于设定值，则是由于容器或管线渗漏引起的，可通过关闭系统进行检修；

②若是水位控制系统失灵，则通过打开旁通阀并关闭上下游截止阀，由旁通阀调节水位，对水位控制系统进行检修；

③若是由于打开排放阀引起的，则关闭排放阀；

④若是由于水位设定值偏高，则调整设定值；

⑤如果分离器水位正常，则是由于报警系统失灵，则应检修报警系统。

七、天然气除油器

在油田转油站油井混合物经过气、液初步分离，天然气中含有少量的油、水，影响天然气的输送，一般转油站天然气外输前要经过天然气除油器，脱除天然气中的油和水。

（一）天然气除油器结构及工作过程

1. 天然气除油器的结构

天然气除油器的结构如图 2-25 所示。

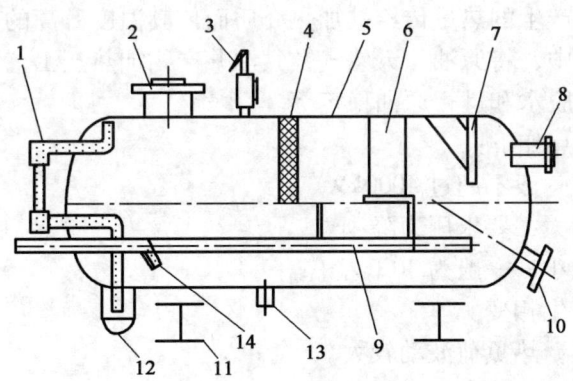

图 2-25　天然气除油器结构示图

1—玻璃管液位计；2—出气管口；3—安全阀；4—捕雾丝网；5—筒体；6—校直板；7—挡板；8—进气管口；9—加热盘管；10—人孔；11—鞍式支座；12—盐水包；13—排污管；14—出液管

2. 天然气除油器的工作过程

天然气由进气管进入罐内，喷在挡板上，天然气返回光滑弓形封头上，再返回经校直板杂乱无章气体变为层流状态，又经捕雾丝网及出气管排入气管线中，挡板、校直板表面具有一定吸附液滴作用,从校直板到捕雾丝网之间有一定长度为沉降段,可沉降100μm以上直径的液滴,捕雾丝网可捕捉10μm以上直径的液滴,沉降到罐底部由出液管排入油管线中,罐内液量少可定期排放。

(二)天然气除油器投运

1. 天然气除油器投运前的检验内容

(1) 安全阀安装部位,喷嘴方向,安全阀定压值,校验日期等。
(2) 捕雾丝网松紧度,要求在长度100mm距离内有50层丝网。
(3) 盐水包是否盛满饱和盐溶液或检查液位表是否好用。
(4) 检查各密封部位紧固。

2. 天然气除油器投运操作

(1) 天然气除油器投运前检查。

投运前认真检查天然气除油器的进口阀、出口阀、安全阀、放空阀、排污阀、采暖进出口阀,压力表、计量仪表、液位计等各部件是否完好。

(2) 天然气除油器投运。

打开天然气除油器打开放空阀、进口阀,把除油器内的空气置换掉,打开除油器出口阀,关闭放空阀,投用液位计,如果是冬季应先投运除油器工艺伴热。

(3) 天然气除油器运行中的检查。

①检查除油器的液位是否高于1/2以上,如高出1/2液位,应立即回收污油。
②检查外输气是否带油,如带油应立即查明原因,进行处理。
③检查放空管线及阀门是否畅通、好用,如不畅通,应立即处理。
④冬季要检查伴热管线是否畅通,阀门有无冻结。

第三节 集输加热设备

加热炉是将燃料燃烧产生的热量传给被加热介质而使其温度升高的一种加热设备。它被广泛应用于油气集输系统中,将原油、天然气及其油井产物加热至工艺所要求的温度,以便进行输送、沉降、分离、脱水和进行原油稳定等。

油气集输加热炉的特点如下:

(1) 单台热负荷小,一般不超过4000kW。
(2) 被加热介质流量大,要求压力降小。
(3) 被加热介质温升小,一般为30℃左右。
(4) 介质在炉内不产生相变。
(5) 操作条件不稳定,热负荷波动较大。
(6) 连续运行、操作及检修条件差。
(7) 同一型号加热炉使用数量多。
(8) 燃料为原油或天然气。

一、传热方式

凡是有温差的地方,就有热量转移现象的发生,热永远自发地从温度高的物体向温度低的物体传递。在油气集输生产中可以遇到各种类型的热量传递现象,原油通过加热炉吸收热量，温度升高。锅炉产生的蒸汽输送储油罐将热量传递给原油，而使原油保持一定的温度。

根据传热的不同物理过程，热传递从宏观上可以分成热传导、对流换热和辐射换热三种方式。

（一）热传导

在同一物体内部或两个互相接触的物体间，热量从高温部分传给低温部分，这种传热方式称为热传导。各种物体具有不同的热传导能力。

传热的实质是物体高温部分分子剧烈振动，并通过与相临分子的碰撞，将能量传递给后者的过程，其相对位置并不变动。

导热可分为两类，即稳定导热和不稳定导热。温度随时间而变化的导热，是不稳定导热；温度不随时间而变化的导热，是稳定导热。

（二）对流换热

由于流体（液体及气体）质点的移动，将热量由空间的一部分带到另一部分的传热方式，称为对流换热。

在工程上所处理的传热问题往往涉及流体与固体壁之间的对流换热，它既包括流体的对流作用，也包括流体的导热作用，因此它是一个受许多因素影响的复杂过程。

（三）辐射换热

物件（固体、液体或某些气体）的热量不借助任何介质，而以辐射能的形式传递的过程，称为辐射换热。

物体会因各种不同原因发出辐射能，这些辐射能在空间以电磁波的方式传播。所谓辐射可以理解成为物体以电磁波的方式向外传播能量的过程。我们把由于热的原因所发生的辐射称为"热辐射"或"温度辐射"。物体的温度高于热力学温度零度（-273.15℃）时，物体就向外辐射能量。

把热传递过程划分为三种基本方式，主要是从研究方法上考虑的，实际上这三者常常同时发生。

二、加热炉分类

（一）按结构形式分类

(1) 管式加热炉：分为立式圆筒形管式加热炉、卧式圆筒形管式加热炉。

(2) 火筒式加热炉：分为火筒式直接加热炉、火筒式间接加热炉。

（二）按加热介质分类

(1) 原油加热炉。

(2) 天然气加热炉。

(3) 含水原油加热炉。

(4) 掺热水加热炉。

（三）按使用燃料分类

(1) 燃油加热炉。

(2) 燃气加热炉。

(3) 油气两用加热炉。

（四）按燃烧方式分类

(1) 负压燃烧加热炉。
(2) 微正压燃烧加热炉。

（五）按加热炉的作用分类

(1) 单井计量用加热炉。
(2) 热化学沉降用加热炉。
(3) 电脱水用加热炉。
(4) 原油外输加热炉。

三、加热炉的主要技术参数

（一）热负荷

单位时间炉内介质吸收有效热量的能力称为热负荷，单位为 kW。加热炉设计图样或铭牌上标注的热负荷称为额定热负荷。根据实际运行参数用热平衡公式计算求得的热负荷称为运行热负荷。运行热负荷一般不大于额定热负荷。油田油气集输中使用的加热炉其单台热负荷小，一般不超过 4000kW，但由于操作条件不稳定，热负荷波动较大。

加热炉总热负荷公式为：

$$Q = Q_R + Q_c + Q_e \tag{2-1}$$

式中　Q——加热炉总热负荷，kW；
　　　Q_R——辐射室热负荷，kW；
　　　Q_c——对流室热负荷，kW；
　　　Q_e——其他热负荷，kW。

（二）热效率

加热炉输出有效热量与供给热量之比的百分数叫热效率。它是热量被利用的有效程度的一个重要参数。在额定热负荷时按设计参数计算求得的热效率称为设计热效率。而在加热炉运行条件下测试求得的热效率称为运行热效率。热效率计算公式为：

$$\eta = \frac{Q_e}{Q_0} = \frac{Q_0 - Q_n}{Q_0} = 1 - \frac{Q_n}{Q_0} \tag{2-2}$$

式中　η——加热炉热效率，%；
　　　Q_e——每小时加热炉有效利用的热量，kW；
　　　Q_0——每小时供给加热炉的热量，kW；
　　　Q_n——每小时加热炉损失的热量，kW。

（三）流量

单位时间内通过加热炉内被加热介质的量称为流量，其单位一般为 t/h 或 m³/h。

（四）压力

管式加热炉只有炉管承受设计内压力，故管式加热炉的压力一般指管程压力；火筒式直接加热炉仅火筒承受外压力，壳程承受内压力；而火筒式间接加热炉的壳程、管程均承受工艺设计所需压力。

（五）压力降

压力降是指被加热介质通过加热炉所造成的压力损失。

（六）温度

加热炉的温度指标主要有被加热介质进出口温度、炉膛温度和排烟温度。加热原油及油井产物时一般由 40℃ 加热到 70℃ 左右。加热炉炉膛温度值一般为 750~850℃；而排烟温度则为 160~250℃ 左右。

（七）过剩空气系数

单位燃料完全燃烧所需要的空气量称为理论空气量。燃料在燃烧过程中，由于燃料和空气常常不能均匀混合，燃料完全燃烧实际需要的空气量要大于理论空气量。实际空气量与理论空气量之比称为过剩空气系数。其计算公式为：

$$\alpha = \frac{L}{L_0} \quad (2-3)$$

式中　α——过剩空气系数；

　　　L——实际空气量；

　　　L_0——理论空气量。

过剩空气系数过小，则导致燃料燃烧不完全；过剩空气系数过大，则燃料燃烧产生的热量用来加热多余空气，炉效下降。油田生产中，一般过剩空气系数控制在 1.1~1.3 之间。

（八）加热炉热平衡方程

加热炉热平衡方程为：

$$Q = Q_1 + Q_2 + Q_3 + Q_4 + Q_5 \quad (2-4)$$

式中　Q——燃料完全燃烧产生的热量，m^3/h；

　　　Q_1——被加热介质吸收的热量，m^3/h；

　　　Q_2——排烟损失的热量，m^3/h；

　　　Q_3——燃料未完全燃烧损失的热量，m^3/h；

　　　Q_4——飞灰和灰渣中带有的可燃物造成的热损失，m^3/h；

　　　Q_5——加热炉炉体散失的热损失，m^3/h。

四、管式加热炉

（一）结构及工作原理

1. 结构

管式加热炉是在炉内设置一定数量的炉管，被加热介质在炉管内连续流过，通过炉管管壁将在燃烧室内燃烧的燃料产生的热量传给被加热介质而使其温度升高的一种炉型。管式加热炉种类较多，目前在油田广泛应用的一种型式是卧式圆筒形管式加热炉。以 GW1000—Y/6.4—Y 加热炉为例对管式加热炉的结构作简要介绍（图 2-26）。

（1）辐射室。

辐射室是炉内火焰与高温烟气以辐射传热为主进行热交换的空间。它一般兼作燃烧室。辐射室由钢制卧式圆筒内衬以轻质耐火保温材料制成，沿内壁圆周方向敷设着炉管。辐射室是整个管式加热炉主要的热交换区域，也是炉内温度最高的地方。

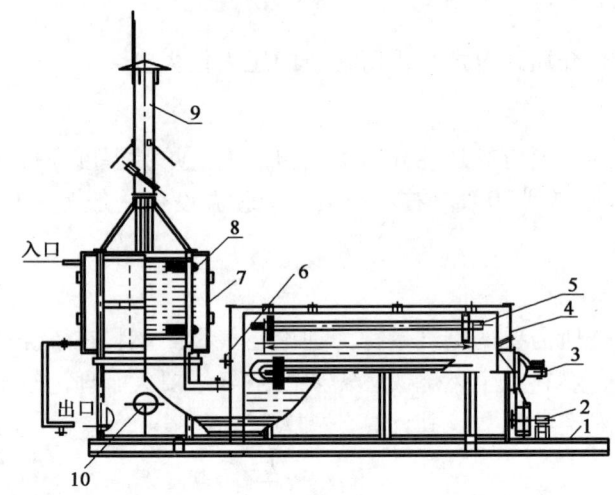

图2-26 GW1000—Y/6.4—Y加热炉结构图
1—底座；2—风机；3—燃烧器；4—辐射室；5—辐射炉管；6—防爆门；
7—对流室；8—对流炉管；9—烟囱；10—人孔门

（2）对流室。

对流室是以对流传热为主的部分，一般为矩形钢结构内衬以轻质耐火保温材料。

（3）辐射室烟道。

辐射室烟道是将烟气由辐射室导入对流室而设置的通道，一般为半圆形。

（4）弯头箱。

弯头箱是指将炉管弯头与烟气隔开的封闭箱体，一般分辐射室弯头箱和对流室弯头箱；有的管式加热炉不设置弯头箱。

（5）炉管。

炉管是管式加热炉的受热面。它要求能承受一定的内压力和温度，一般由裂化钢管焊制。其直径、壁厚及材质由工艺计算和机械强度计算确定。布置在辐射室内以吸收辐射热为主的炉管叫辐射炉管，布置在对流室内以对流传热为主的管束则称对流炉管。辐射炉管一般为1~2管程，直径较大，常用的辐射炉管外直径为$\phi 114mm$、$\phi 127mm$、$\phi 152mm$。对流炉管则一般直径较小，常用炉管外直径规格为$\phi 60mm$、$\phi 89mm$、$\phi 114mm$。为了加强对流传热系数，有时采用钉头管和翅片管作对流炉管。

（6）燃烧器。

燃烧器是将燃料和助燃空气混合并按所需流速集中喷入加热炉内进行燃烧的装置。油田加热炉应用较多的为油燃烧器和天然气燃烧器。

（7）烟囱。

烟囱的作用是将炉内废烟气排入大气并产生抽力以使助燃空气进入燃烧器。烟囱高度及直径由燃烧方式及炉内阻力确定，同时还应符合环保要求。

（8）吹灰器。

吹灰器是指利用压缩空气或过热蒸汽作为介质吹扫对流炉管上积灰的装置。若对流炉管采用翅片管或钉头管时必须采用吹灰器。若采用光管则一般不设置吹灰器。

（9）防爆门、看火门、人孔门。

防爆门的作用是在发生爆燃等意外事故炉膛内压力瞬时升高时，使炉内气体自动排出的装置。看火门的作用是观察炉内火焰、炉管、炉衬状况。人孔门是供检修人员进入炉内的孔门。

(10) 温度、压力测点。

温度、压力测点主要包括炉膛温度、排烟温度、介质进出口温度测点和炉膛压力、介质进出口压力测点。

2. 工作原理

燃烧器将燃料喷入燃烧室内燃烧，形成高温火焰和烟气。以辐射传热的形式将热量传给辐射炉管，再由炉管传热给管内介质，使炉管内介质温度升高，烟气温度下降。然后烟气经辐射室烟道进入对流室，以较高的速度掠过对流管束将热量传给炉管内介质，最后烟气经烟囱排入大气。

3. 管式加热炉的特点

管式加热炉是一种火焰直接加热的设备。它具有单台热负荷大、升温速度快、加热温度高、不需中间传热介质、耗钢少等优点。它被广泛地应用于联合站、油库及长输管道加热站。

(二) 管式加热炉的操作

1. 管式加热炉点炉前的检查

(1) 检查压力表、流量计、温度计等仪表是否完好。
(2) 检查防爆门、安全阀、液位计、各种报警装置是否完好。
(3) 检查合风装置、烟道挡板是否灵活好用，并清除炉膛内杂物。
(4) 检查电气线路。
(5) 检查供风燃料系统。
(6) 检查燃烧器。
(7) 卫生清洁。

2. 管式加热炉点炉前的准备

与相关岗位联系、导通流程，做好相关准备。

(1) 打开烟道挡板和调风装置，应开到最大，自然通风不少于15min，排净炉膛内的可燃气体，然后调整好烟道挡板，并检查炉膛是否负压。
(2) 打开燃料总阀，调整燃气（燃油）压力。
(3) 打开出液阀和进液阀，关闭连通阀，导通工艺流程后循环10min，看是否憋压。
(4) 准备好点炉用的火柴、点火钩、柴油及布条。

3. 管式加热炉点炉

(1) 将布条缠在点火钩上，蘸取柴油并点燃，侧身把点火钩从点火孔送入炉膛内的燃烧器（俗称火嘴）前面，同时缓慢打开燃料阀将火点燃。
(2) 待火点燃并在炉内燃烧稳定后，取出点火钩将引火熄灭并安装上点火孔盖。

4. 调节管式加热炉火焰和温度

(1) 小火烘炉4~5h后，调节燃料阀的开启度，保证炉出口温度达到工艺要求的温度。
(2) 待炉燃烧旺盛后，调节烟道挡板和燃烧器合风，使燃油或燃气能充分燃烧；调整到燃油呈橘黄色火焰，燃气呈淡蓝色火焰，烟囱夏季不冒烟（冬季冒白烟）的状态。

5. 管式加热炉运行中的检查

(1) 点火后对加热炉的进出口温度和压力、火焰状况、燃料压力等运行参数进行检查，保证满足生产工艺要求。

（2）记录加热炉的运行参数。

6. 管式加热炉的停炉

（1）停炉时，逐渐关小燃料阀，缓慢降温，同时调整燃烧器风门，使火焰由大变小，炉膛温度由高到低。

（2）当炉膛内温度降至200℃左右时，关闭燃料阀和燃料总阀，同时关闭合风和烟道挡板，使炉膛温度缓慢下降。

（3）当炉膛温度降到100℃左右时，打开合风及烟道挡板，加速炉子冷却。

（4）当炉膛温度降至50~80℃，加热炉的进出口介质温度基本一致时，打开加热炉的连通阀，关闭进液阀和出液阀。

（5）扫线排污，并做好记录。

五、火筒式加热炉

火筒式加热炉是指石油工业生产中，在金属圆筒壳体内设置火筒传递热量的一种专用设备。它分为火筒式直接加热炉和火筒式间接加热炉。

火筒式直接加热炉是被加热介质在壳体内由火筒直接加热的火筒式加热炉称为火筒式直接加热炉，简称火筒炉（包括具有加热和其他功能的合一装置）。

火筒式间接加热炉是被加热介质在壳体内的盘管（由钢管和管件组件焊制成的传热元件）中，由中间载热体加热，而中间载热体由火筒直接加热的火筒式加热炉称为火筒式间接式加热炉，以下简称火筒炉。

（一）火筒炉

1. 火筒炉的特点

火筒炉的特点是在炉内设置火管和烟管，被加热介质在炉内连续流过，通过火管和烟管将在炉膛（火管）内燃料燃烧产生的热量传递给被加热介质而使其温度升高的一种炉型。火筒炉是直接式加热炉，如图2-27所示。

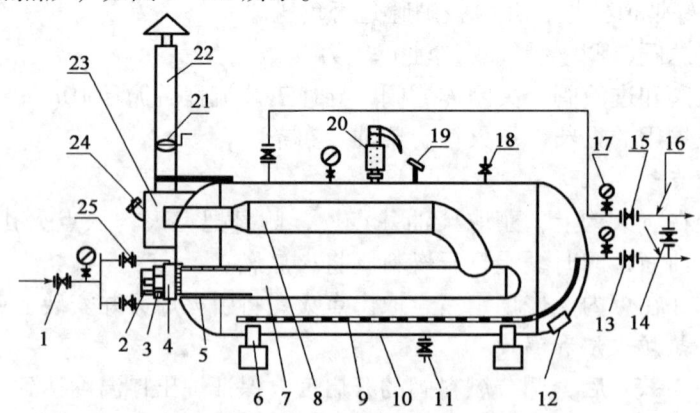

图2-27 火筒炉结构示意图

1—燃料总阀；2—二级合风；3——级合风；4—燃烧器；5—耐火燃烧道；6—鞍式支座；7—火管；8—烟管；9—进液分配管；10—壳体；11—排污阀；12—人孔；13—进液阀；14—连通阀；15—出液阀；16—温度计；17—压力表；18—放空阀；19—温度变送器；20—安全阀；21—烟道挡板；22—烟囱；23—烟箱；24—防爆门；25—燃料阀

2. 火筒炉的结构及原理

被加热液体从进液分配管的布液孔进入加热炉的底部，自下而上均匀淹没火管和烟管，吸收炉膛（火管）内燃料燃烧产生的热量，升温后的液体从加热炉的顶部出液口流出炉外。

火筒炉主要优点是压力降特别小，耗钢量少，结构简单。其缺点是适应性差。

火筒炉的结构简述如下：

（1）壳体：壳体用来盛装被加热介质的圆筒形压力容器。

（2）火管：火管即炉膛，也称辐射段，是燃料燃烧并释放出热量的地方。热量以辐射方式通过火管壁传给管外的液体，使之受热升温。

（3）烟管：烟管也称对流段，高温烟气进入烟管，以对流和辐射换热的方式将热量传给管外的液体。

（4）进液分配管：液体通过进液分配管上均匀布置的布液孔分配到火管底部，使液体由下而上绕流火管和烟管，吸热升温后从出液口流出。

（5）烟箱：烟箱即用钢板焊接的半圆形集烟箱，是烟气汇集排出的通道。

（6）烟囱：烟囱通常用钢板焊制，是通风和排烟的装置。

（7）人孔：人孔是由钢管和半球形封头组合的部件，是检修炉内构件的通道。

（8）防爆门：防爆门是用钢管和钢板制成，是加热炉一旦发生爆燃时，卸放炉内压力的安全装置。

（9）鞍式支座：鞍式支座是由钢板焊制，是炉子的全部重量的支承件。

3. 火筒炉点炉前的准备

与相关岗位联系，做好准备。

（1）新投产或检修后的火筒炉必须按设计要求进行强度试压和严密性试压，合格后方可投产。

（2）检查燃烧器、防爆门、烟囱绷绳和挡板、压力表、温度计等附件，应齐全完好、使用正常，并清除炉内杂物。

（3）火筒炉安全阀定压 0.4MPa。

（4）燃料气或燃油阀应关闭，无渗漏。

（5）打开烟道挡板，开大合风，自然通风不少于 15min，二次点炉必须强制通风，时间不少于 15min。燃料来源充足，管线畅通。

4. 火筒炉的点炉及运行

（1）打开炉的出口阀和进口阀进油，循环 10min，以防憋压，检修后的火筒炉，要注意进液排气。

（2）点火前，打开烧火间的门窗，必须充分通风，排净炉内易燃气体，将引燃物放在燃烧器前面，侧身缓慢打开燃料气或燃料油点火阀点火，点火后，缓慢打开燃料阀，关闭点火阀；新投产或检修后的火筒炉要小火烘炉 4~5h 后再升至所需温度。

（3）加热炉运行后应注意观察压力、温度及炉火燃烧情况，如不正常应及时调节和处理。

5. 火筒炉的停炉

（1）正常停炉。

关闭燃烧器，待进出口温度平衡后，依次关闭火筒炉进出口阀。当炉膛内温度低于进口温度后，关闭烟道挡板。

（2）紧急停炉。

火筒炉遇有下列情况之一的，应采取紧急停炉措施：

①工作压力、温度超过额定值，采取措施仍不能使之下降；

②受压元件发生裂缝、鼓包、变形、渗漏等危及安全的缺陷；

③安全附件失效，难以保证安全运行的；

④出现燃烧设备损坏、衬里烧塌威胁到加热炉的安全运行。

（3）紧急停炉操作。

①立即关闭燃料气阀门；若烧火间内燃料气（油）阀门不能关闭，应立即关闭燃料气（油）总阀门。如单台加热炉运行，应打开连通阀，防止憋压；

②依次关闭加热炉的进、出口阀门；

③采取紧急停炉时，应对相关工艺进行调整；

④检修停炉和正常停炉步骤相同外，关闭进出口阀门进行扫线，扫净炉内存油。

6. 火筒炉的维护保养

（1）每年进行一次炉内外部检查，检查炉子的表面有无裂纹、变形、腐蚀、结垢；炉膛内部和燃烧道耐火衬里有无裂缝、松动；火筒有无凹陷变形等；

（2）烟囱和炉体连接焊口每月检查一次，以防断裂；

（3）烟囱绷绳每月检查一次；

（4）每年春秋两季清理烟箱底部和防爆口内的烟尘各一次；

（5）定期对加热炉燃烧器进行检查和清堵。

（二）二合一加热炉

二合一加热炉广泛应用于油田转油站，属于火筒炉的一种，是加热、缓冲两项功能合二为一的加热设备，简称二合一加热炉。该装置以隔板为界划分为加热段和缓冲段两部分。加热段由火筒式加热炉组成，它通过火管和烟管将燃料燃烧产生的热量传给进入加热段的含油污水。缓冲段有足够的容积为外输泵平稳供液。

1. 二合一加热炉的结构及原理

二合一加热炉结构如图 2-28 所示。来液首先进入加热段，从进液分配管的布液孔流出，自下而上均匀淹没火管和烟管；燃料燃烧产生的热量传给液体使液体升温。液体溢过隔板进入缓冲段。在缓冲段，防冲板和挡板之间的区域液体相对宁静，油水发生重力分离，上部聚集油，定期用收油泵把油收走。水通过挡板的底部进入集水区，通过出水管排出炉外。

（1）隔板。

隔板把加热段和缓冲段分成两部分。隔板的上部使加热段和缓冲段连通，其余部分与壳体焊接。隔板上部水平高度要高出烟管最上面，使火管和烟管始终在液面以下，以保证加热炉安全运行。

（2）防冲板。

加热段的热水溢过隔板进入缓冲段时，由于水体动荡，油水不易分离。有了防冲板后，防冲板与挡板之间形成相对宁静的沉降环境，油水发生重力分离，油聚集在防冲板与挡板之间。

（3）挡板。

挡板的两侧与壳体焊接，上下开口。油水分离后的水从挡板的下部开口进入由挡板和壳体所组成的集水区。

第二章 容器及相关工艺技术

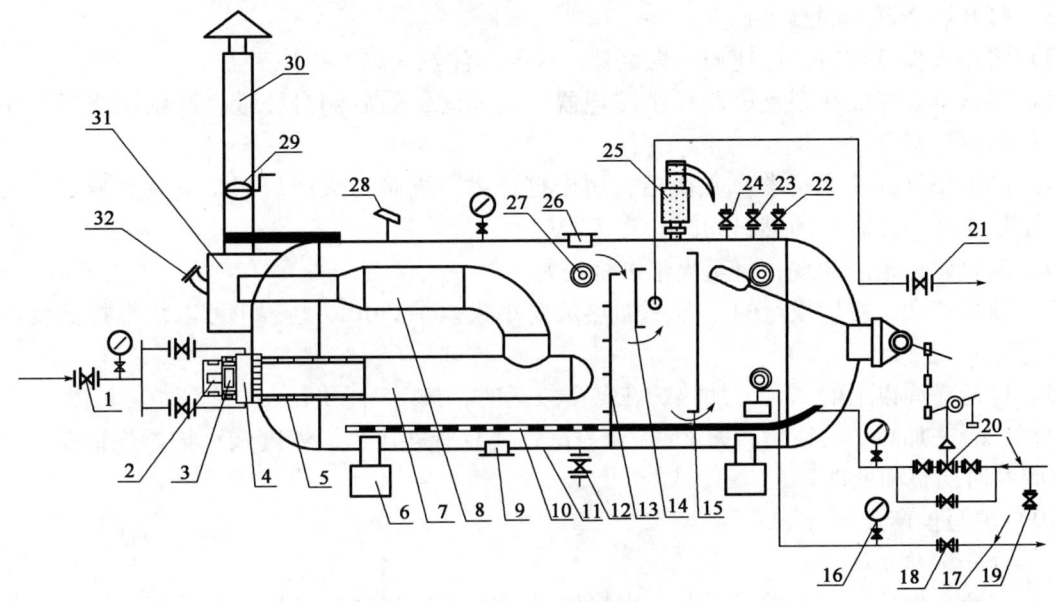

图 2-28 二合一加热炉示意图

1—燃料总阀；2—二级合风；3——级合风；4—燃烧器；5—耐火燃烧道；6—鞍式支座；7—火管；8—烟管；
9—手孔；10—进液分配管；11—壳体；12—排污阀；13—隔板；14—防冲板；15—挡板；16—压力表；17—温度计；
18—出液阀；19—连通阀；20—进液浮球液面调节阀；21—收油阀；22—放空阀；23—加水阀；24—平衡管阀；
25—安全阀；26—人孔；27—液位继电器；28—温度变送器；29—烟道挡板；30—烟囱；31—烟箱；32—防爆门

（4）液位继电器。

用浮球带动液位继电器，用于液面的高报和低报。当几台二合一加热炉并联运行时，用平衡管把几台二合一加热炉的液面上部空间连通起来，使液面上部空间的气体压力相同，保证几台二合一加热炉缓冲段的液面高度相同。

2. 二合一加热炉点火前的检查及准备

（1）新建和大修后的二合一加热炉必须按设计要求进行强度试压和严密性试验，确认合格后方可投产。

（2）检查燃烧器、防爆门、烟道挡板、定压排气阀、排污阀，应齐全好用。

（3）检查仪表，包括压力表（压力变送器）、温度计（温度变送器）、液位计，应达到使用条件。

（4）清除炉内杂物及烧火间内杂物，按要求配备消防器具。

（5）检查安全阀，应校验合格，在校验有效期内，若安全阀下部有控制阀门，应确认其在全开状态。

（6）打开烟道挡板，将燃烧器调风板调至最大，打开烧火间的门窗，自然通风 15min 以上。

（7）打开燃料气总阀，管线应畅通，烧火间内燃料气阀门应关闭，无泄漏。

（8）检查燃料气的压力，应在燃烧器允许的压力范围内。

（9）检查系统工艺流程，应满足点炉要求。

3. 二合一加热炉点炉

（1）打开二合一加热炉的进口阀进液，当缓冲段的液位在炉体高度的 1/2~2/3（浮子液位器的连杆达到水平及以上位置）时，准备点火。新投运的炉子应进行进液排气。

(2) 打开燃烧器上的点火孔盖。

(3) 将点火棒点燃后,迅速插入燃烧器点火孔,注意火焰不得熄灭。

(4) 确认点火棒插在副燃烧器(小燃烧器)前面时,然后侧身缓慢打开副燃烧器(小燃烧器)的燃料阀门。

(5) 副燃烧器(小燃烧器)点燃后,缓慢打开主燃烧器(大燃烧器)的燃料阀门,关闭副燃烧器(小燃烧器)的燃料阀门。

(6) 调整调风板的开度,直至火焰燃烧正常。

(7) 新投产和大修后投运的二合一加热炉要小火烘炉24h以上,才可以缓慢提高负荷即提升温度。

(8) 停运一周以上的二合一加热炉在冬季投运时,按(7)执行。

(9) 二合一加热炉运行后,每2h检查一次,注意观察压力、温度及火焰燃烧情况,如不正常应及时调整和处理。

(10) 填写投产及运行记录。

4. 二合一加热炉的运行

(1) 二合一加热炉在正常运行时,出口温度最高不应超过加热炉的设计温度,不应频繁突然升温、降温。

(2) 二合一加热炉在作为热洗炉时,应合理控制升温速度,出口温度由60℃提升到75~80℃时,一般应在2h以上。

(3) 二合一加热炉在冬季运行时,应对定压排气阀进行保温,保证其畅通,并每4h检查一次有无冻堵情况,如果发现冻堵应及时处理,防止其压力升高造成进液困难。

(4) 二合一加热炉在运行过程中,应根据生产实际情况定期收油,如果出现特殊情况,可增加收油次数。

(5) 启动收油泵收油,并定时进行放空检查,直至收油泵放空处见水后停止收油泵。

(6) 收油时,二合一加热炉浮子液位器的连杆必须保持在水平及以上位置。

5. 二合一加热炉停炉

(1) 正常停炉时,应先收净炉内污油,然后再停炉。

(2) 关闭燃烧器的燃料阀门,确认火焰熄灭。

(3) 待二合一加热炉的进、出口温度平衡后,依次关闭二合一加热炉的进口阀门和出口阀门。

(4) 在保证安全的情况下,打开二合一加热炉的底部排污阀门进行排污。

6. 二合一加热炉紧急停炉

(1) 二合一加热炉紧急停炉条件。

有下列三种情况之一,应采取紧急停炉操作:

①烟管、火管发生穿孔;

②炉体发生裂纹、渗漏;

③其他危及安全的情况。

(2) 二合一加热炉紧急停炉。

①立即关闭燃料气阀门;若烧火间内燃料气阀门不能关闭,应立即关闭燃料气总阀门;

②如果单台运行,先打开进出口连通阀,然后依次关闭二合一加热炉的进、出口

阀门；

③采取紧急停炉时，应对相关工艺进行调整。

7. 停炉检查及维护

（1）每年对二合一加热炉进行一次停炉检查。

（2）按正常停炉步骤停炉。

（3）打开人孔盖进行充分通风。

（4）用可燃气体检测器检测容器内可燃气体的浓度不超过规定值后，才能进行清罐作业。

（5）在二合一加热炉清罐作业完成后，进行如下检查维护：

①检查二合一加热炉的保温层有无破损、脱落，发现问题应进行处理、修补；

②清除二合一加热炉内的污泥和烟管、火管上的积垢；

③检查二合一加热炉的内表面及烟管、火管有无裂纹、变形、腐蚀；

④检查调节机构是否灵活，浮球的腐蚀程度；

⑤检查液位计、温度变送器、压力变送器；

⑥检查火筒，将燃烧器卸下，察看火筒内有无凹陷、鼓包等变形情况；检查燃烧道衬里（耐火砖）有无错位、脱落、倒塌。

（6）烟囱基座和炉体连接焊口处每月检查一次，发现问题应进行处理，本站处理不了时应汇报到有关部门。

（7）烟囱绷绳每月检查、调整一次。

（8）每年对烟箱底部和防爆门内的烟尘清理两次。

（三）水套式加热炉

水套式加热炉是指中间传热介质为水的火筒式间接加热炉，简称水套炉（图2-29）。

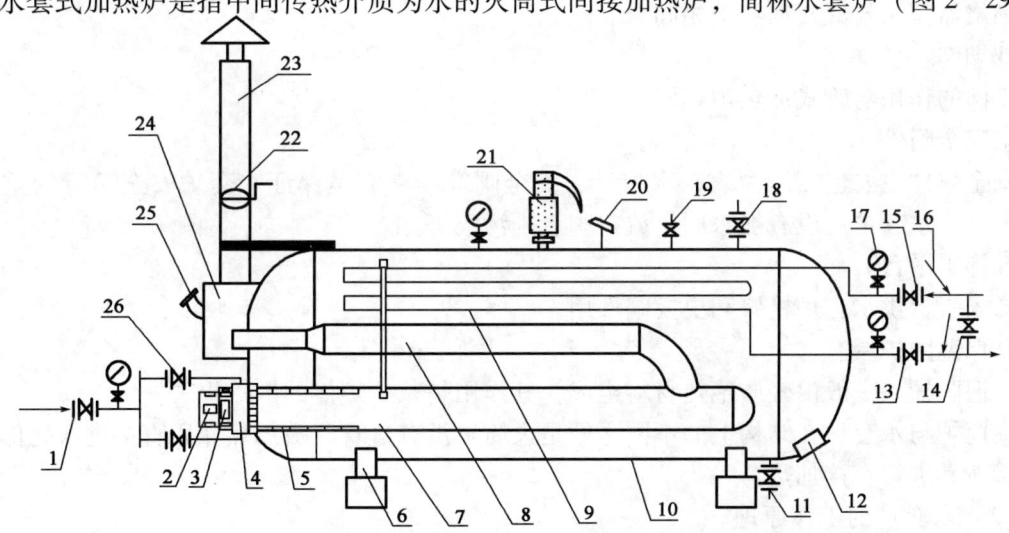

图2-29 水套式加热炉示意图

1—燃料总阀；2—二级合风；3—一级合风；4—燃烧器；5—耐火燃烧道；6—鞍式支座；7—火管；8—火筒烟管；9—加热盘管；10—壳体；11—排污阀；12—人孔；13—出液阀；14—连通阀；15—进液阀；16—温度计；17—压力表；18—加水阀；19—放空阀；20—温度变送器；21—安全阀；22—烟道挡板；23—烟囱；24—烟箱；25—防爆门；26—燃料阀

水套炉按壳程承压的高低，将水套炉分为以下几种：

（1）承压水套炉——壳程最高工作压力不小于 0.1MPa（表压，不含液体静压力）。

（2）常压水套炉——壳程最高工作压力小于 0.1MPa。

水套炉具有效率高、便于操作管理、安全可靠等特点。水套式加热炉主要是在水套炉内加入水，为水套炉容积的 1/2～2/3。燃料燃烧产生的热量通过火管和烟管传给传热介质——水，热水再把热量传给加热盘管内的被加热介质。如图 2－29 所示。

1. 水套炉的结构及工作原理

（1）水套炉的结构。

①壳体。

壳体是组成水套炉的主体部分，由碳钢钢板焊制而成。它能承受一定的内压力和温度，并具有可容纳内部构件和一定水量的容积。

②支座。

支座用于支承水套炉壳体，一般采用鞍式支座。

③火筒烟管。

火筒烟管是火筒式加热炉的传热面，一般为 U 形结构，个别是由一个主火筒和几个副火筒或细烟管组成。火筒部分以辐射传热为主，烟管部分以对流传热为主。火筒烟管由锅炉钢焊制而成，要求能承受设计外压力和高温。

④盘管。

盘管是水套炉的受热面，由无缝钢管和弯头焊成。根据工艺要求，可以是一组，也可以是多组。盘管的直径和壁厚由工艺计算和强度计算求得。常用的水套炉盘管直径规格为 $\phi 48mm$、$\phi 60mm$、$\phi 89mm$、$\phi 114mm$ 和 $\phi 159mm$。

⑤燃烧器。

燃烧器作用与管式加热炉相同。

⑥烟囱。

烟囱的作用与管式加热炉相同。

⑦安全附件。

安全附件主要包括压力表，水位计，安全阀等。它们是保证水套炉安全运行的重要部件。另外，水套炉还设有加水阀、放空阀、排污阀等。

⑧梯子平台。

梯子平台供水套炉检修和更换阀件用。

⑨保温防护层。

保温防护层一般由轻质绝热材料组成，其作用是减少炉体的散热损失。

火筒炉与水套炉在结构上的不同之处是火筒炉没有盘管，被加热介质直接进入壳体由火筒烟管对其进行直接加热。

（2）水套炉的工作原理。

燃料在炉体内下部的火筒管内燃烧，热量通过火筒烟管壁面传给中间传热介质水。水再加热在盘管内流动的被加热介质。

水套炉的单台热负荷小，主要用于井口、计量站、接转站的油气加热。它的主要优点是使用安全，不结焦。火筒炉主要适用于油品性质较好，操作压力不大于 0.6MPa 的场所。它也可与其他设备组合成带有加热部分的合一设备。

第二章 容器及相关工艺技术

2. 水套炉点炉前的检查
(1) 检查压力表、流量计、温度计等仪表是否完好。
(2) 检查防爆门、安全阀、液位计、各种报警装置是否完好。
(3) 检查合风装置、烟道挡板是否灵活好用。
(4) 检查并调整水套式加热炉水位至 2/3 的位置。要控制好水套式加热炉的水位,水位太高得不到循环,原油得不到良好的加热,热效率也会降低;水位太低则运行不安全。水温控制应合理,一般以 80~85℃ 为宜。

3. 水套炉点炉前的准备
(1) 打开烟道挡板和合风,自然通风不少于 15min,排净炉膛内的可燃气体,然后调整好烟道挡板,并检查炉膛是否负压。
(2) 打开燃料总阀,调整燃气压力。
(3) 打开出液阀和进液阀,关闭连通阀,导通工艺流程后循环 10min,防止憋压。
(4) 准备好点炉用的火柴、点火钩、柴油及布条。

4. 水套炉点炉
(1) 将布条缠在点火钩上,蘸取柴油并点燃,侧身把点火钩从点火孔送入炉膛内的燃烧器前面,同时缓慢打开燃料阀将火点燃。
(2) 待火点燃并燃烧稳定后,取出点火钩将引火熄灭并装上点火孔盖。

5. 调节水套炉火焰和温度
(1) 小火烘炉 4~5h 后,调节燃料阀的开启度,保证炉出口温度满足工艺要求。
(2) 待炉燃烧旺盛后,调节烟道挡板,燃烧器合风,使油或气能充分燃烧,调整到燃油呈橘黄色火焰,燃气呈淡蓝色火焰,烟囱不冒烟的状态。

6. 水套炉运行中的检查
(1) 点火后对加热炉的进口、出口温度、水位、火焰状况、燃料压力等运行参数进行检查,以保证满足生产工艺要求。
(2) 对加热炉的运行参数进行记录。

7. 水套炉的停炉
(1) 停炉时,逐渐关小燃料阀,缓慢降温,同时调整燃烧器合风使火焰由大变小,炉膛温度由高到低。
(2) 当炉膛内温度降至 200℃ 左右时,关闭燃料阀和燃料总阀,同时关闭合风和烟道挡板,使炉膛温度缓慢下降。
(3) 当炉膛温度降到 100℃ 左右时,打开合风及烟道挡板,加速炉膛冷却。
(4) 当炉膛温度降至 50~80℃,加热炉的进出口介质温度基本一致时,打开加热炉连通阀,关闭进液阀和出液阀。
(5) 扫线、排污。

六、加热炉工况的调节

(一) 加热炉工况良好的标志
(1) 加热炉出口温度在工艺规定范围的 ±5℃ 以内,燃料供给压力平稳。
(2) 火焰明亮、火苗齐且火焰均匀地充满炉膛内,燃油时火焰呈橘黄色,燃气时火焰呈淡蓝色。

(3) 一般情况下，眼睛看不见加热炉烟囱冒烟，如出现黑烟则属不正常，应以冒淡青烟为最好，若看不见冒烟可能是风太大。

(4) 燃料燃烧时产生的响声一直均匀不变。

(5) 加热炉的热负荷、热效率等各项指标达到工艺要求；严禁超负荷运行。

（二）加热炉温度调节

1. 加热炉出口温度偏高的调节

加热炉炉出口温度偏高，一般是入炉液体流量减少、入炉液体温度升高或燃料供给量增加的原因。调节方法：减少燃料供给量，降低炉膛温度，增加加热炉液体流量，查明入炉液体温度升高原因，使出炉温度下降。

2. 加热炉出口温度偏低的调节

加热炉出口温度偏低，一般是入炉液体流量增加、入炉液体温度低或燃料供给量减少的原因。调节方法：增加燃料供给量，提高炉膛温度，减少加热炉入炉液体流量，查明入炉液体温度下降原因，使出炉温度上升。

3. 加热炉出口温度上下波动的调节

在入炉液体流量、温度、燃料用量平稳的情况下，出现加热炉出口温度上下波动，一般是燃烧方面的问题。在这种情况下，应对燃烧系统进行检查，根据检查中出现的问题进行调节，达到燃烧正常，使加热炉出口温度平稳。

4. 并联运行加热炉出口温差过大的调节

（1）调节温度低的加热炉火焰燃烧状况，使之不偏烧，雾化良好。如果热负荷不够，可适当增加燃油或燃气量，逐渐调节合风、燃烧器，使之达到烧油时火焰呈橘黄色，烧气火焰呈淡蓝色的最佳状态。

（2）对多燃烧器加热炉，应适当调节上下或左右燃烧器的燃烧，使炉膛温度一致。

（3）关小低温炉出口阀门，减小供液量；开大高温炉出口阀，加大供液量，通过循环液量的大小来调节温度。

（4）若出口温度高的炉温降不下来，则要减小燃油或燃气量，同时调整火焰使其达到最佳燃烧状态。

（5）如上述调节均无效，应检查出口、入口压差；如果高温炉出口、入口压差明显大于低温炉的出口、入口压差，说明炉结焦、堵塞、气阻或出口、入口阀门闸板有问题，应停炉检修。对于水套炉可能是炉出口管线发生气阻，液流不畅通，应进行冷却调整。

5. 加热炉炉膛温度的调节

（1）升温调节。

增加燃烧器的给油或给气量，同时调节燃烧器的雾化风及烟道挡板的开度，使炉膛内形成负压。多个燃烧器的可增加火嘴运行个数，同时调节烟道挡板的开度，控制炉膛负压在规定的范围内（30~50Pa）；若是全封闭高效节能炉，应调整炉膛为微正压。

（2）降温调节。

减少燃烧器的给油或给气量，同时调节燃烧器的雾化风及烟道挡板的开度，控制炉膛负压在30~50Pa；多个燃烧器的可减少燃烧器运行个数，并调节烟道挡板的开度，控制炉膛负压在30~50Pa内。升温时不准超负荷运行，降温时排烟温度在规定范围内。

（三）空气过剩系数的调节

加热炉在运行中，经常调节燃料用量和过剩空气量，使燃料完全燃烧。空气过剩系数是影响加热炉性能、热效率的一项重要指标。空气过剩系数太小，空气量供应不足，燃料不能完全燃烧，加热炉效率降低。空气过剩系数太大，入炉空气量过多，相对降低了炉膛温度和烟气的辐射传热能力，影响传热效果，同时也增加烟气排放量，使烟气从烟囱带出去的热损失增加，炉子的热效率降低。因此，加热炉在运行中要根据不同种类的燃料，合理控制入炉空气量，保持空气过剩系数在一个合理的范围内。气体燃料较容易与空气混合，过剩空气系数较小（1.1~1.2）；液体燃料不易与空气混合，过剩空气系数较高（1.2~1.3）。

（四）加热炉火焰及排烟的调节

1. 加热炉火焰的调节

燃料完全燃烧时，火焰应短、齐火苗、明亮、均匀地充满炉膛内，起燃点应在距油嘴头不远的地方。燃油时火焰呈橘黄色，燃气时火焰呈淡蓝色。

（1）燃气炉。

①火焰四散，颜色呈暗红色并冒烟或火焰狭长无力，呈黄色；原因是空气量过少，应调大合风。

②火焰短，颜色发紫，火嘴和炉膛明亮；原因是空气量过多，应调小合风。

③火焰偏斜，火舌喷到炉膛某一侧，另一侧火焰很少，造成炉膛火焰分布不均；原因是燃烧器某些喷孔（燃烧器）堵塞，喷气不均所致，应进行燃烧器清堵。

（2）燃油炉。

①火焰紊乱，火焰根部呈深黑色，炉膛回火或冒烟；原因是燃油量和空气量配比不当，空气量过小，雾化不良，应调大合风，调整雾化。

②火焰发白，焰面不稳，有跳动偏离现象。原因是空气量过多，应调小合风。

③火焰乱飘，燃烧无力，颜色为黑红色，甚至冒烟。原因是空气量过少造成的未完全燃烧，应调大合风。

④火焰不成形，原因是燃烧器喷口结焦，应进行燃烧器清堵。

2. 加热炉排烟的调节

一般情况下，应以眼睛看不见加热炉烟囱上冒烟为正常。

（1）烟囱冒黑烟。

原因是燃料和空气配比不当，燃料过多，燃烧不完全，应调整燃料供给量。

（2）烟囱间断冒小股黑烟。

原因是空气量不足，燃料雾化不好，燃烧不完全，应调大合风，调整燃料雾化。

（3）烟囱冒黄烟。

原因是操作乱，调节不好，熄火后再点火所致，应平稳进行点炉操作。

（4）烟囱冒大股黑烟。

原因是风机入口堵塞，空气量严重不足，燃烧不完全，燃烧器喷口结焦，雾化不好或燃料突增所致。此时应调整合风和燃料供给量，并进行燃烧器和风机的清堵。

（五）加热炉故障处理

1. 加热炉爆炸回火的调节

加热炉在点火时或运行过程中，有时火焰或高温烟气从炉膛内向外喷出并伴有轰隆隆的爆炸声，这种现象称为加热炉的爆炸回火。

（1）炉膛内存有一定量的燃料气，点火前未吹扫干净，点火时发生爆炸回火。点火前应认真检查燃料阀是否渗漏，吹扫炉膛内的燃料气。

（2）燃油炉燃烧器雾化不好或操作不当，使过量的燃料油喷入炉膛，燃烧后产生过量的可燃气体，不能正常燃烧，也排不出去，发生爆炸回火。此时应定期清理燃烧器，处理喷孔堵塞或结焦，防止过量的燃料气或燃料油喷入炉膛。

（3）加热炉超负荷运行，进入炉膛里的燃料过多，产生过量的烟气排不出去，变为正压操作，发生爆炸回火。此时应减小燃料用量，避免加热炉超负荷运行。

2. 加热炉发生二次燃烧的处理

（1）一般较小的二次燃烧可适当降低加热炉的负荷，开大烟道挡板，加大风量，直到二次燃烧消失再恢复正常运行。

（2）严重的二次燃烧应紧急停炉，关闭燃油（或燃气）阀门；关闭烟道挡板，停止送风，使炉内火焰熄灭或采用其他方法灭火；火灭后，及时清除可燃物。

（3）在炉膛着火情况下要判断准确，不可以因为炉管烧穿而采取错误的措施，使事故扩大。

3. 加热炉凝管事故的处理

（1）如果是初凝，可用压力顶挤。

（2）顶挤方法是全开出口阀门，逐步开大进口阀门。

（3）点燃燃烧器，小火烘炉。

（4）烘炉方法是全开出口阀门，进口阀适当关小，用小火点火烘炉。同时，必须密切注意进出口温度和压力的变化。如果进出口温度和压力急剧上升，说明炉外管线严重凝管，应停炉，对炉外管线采取暖管措施。

（5）在小火烘炉的同时用压力顶挤，顶挤时其顶挤压力不得超过炉管的最大工作压力。

4. 加热炉"打呛"故障的排除

（1）打呛现象一旦发生，应立即关闭燃料油（气）阀门。

（2）开大烟道挡板。

（3）加大送风量吹扫炉膛，炉膛吹扫时间需在 10min 以上。

（4）吹扫完毕，将烟道挡板调到原位置。

（5）按点炉程序重新点炉。

5. 加热炉燃烧器清堵

（1）按操作规程停运加热炉。

①关闭加热炉燃烧器供气阀。

②打开加热炉的烟道挡板，开大燃烧器合风，通风降温。

（2）切断电源，拆下相关的仪表控制线，并做好标记。

（3）拆卸加热炉燃烧器及各部位连接螺栓。

（4）抽出燃烧器清堵。

（5）用专用工具对加热炉燃烧器进行除焦解堵。

（6）清理法兰端面，垫片两侧涂黄油。

（7）安装燃烧器，正确安装法兰垫片，对称紧固各部连接螺栓，正确连接仪表线。

（8）按操作规程点加热炉。

①加热炉通风不少于 15min。

②调整烟道挡板及合风的开度。

③将点火棒点燃放在燃烧器前方，侧身缓慢打开燃烧器供气阀门点火。
④根据生产需要调整加热炉的火焰，调控温度在工艺要求范围内。

七、燃烧器及换热器

（一）燃烧器

燃烧器是加热炉最重要的部件之一。它的作用是将燃料和空气按比例混合后喷入加热炉炉膛内进行燃烧。加热炉运行状况如何，主要取决于燃烧器的性能及其与加热炉的匹配状况。

1. 燃烧器分类

把燃料油或燃气和空气按一定比例混合，以一定的速度和方向喷射而得到稳定和高效的燃烧火炬的设备称为燃烧器。其分类方法如下：

（1）按燃料分类燃烧器可分为燃油燃烧器、燃气燃烧器。
（2）按通风方式分类燃烧器可分为自然供风燃烧器、鼓风式燃烧器。
（3）按燃烧方式分类燃烧器可分为扩散式燃烧器、大气式燃烧器、无焰式燃烧器。

由于油田加热炉主要采用原油和天然气作燃料，故燃烧器主要采用天然气燃烧器、油燃烧器和油气联合燃烧器。

2. 天然气燃烧器

油田应用较广的天然气燃烧器有扩散式燃烧器和大气式燃烧器。

（1）扩散式燃烧器一般适用于热负荷较大的燃气加热炉。它的优点是燃烧稳定，不回火，调节比大，对燃料气质量及压力要求不苛刻。其缺点是过剩空气系数较大。

（2）大气式燃烧器多用于中小型燃气加热炉。它的优点是火焰温度高、过剩空气系数小、具有燃料与空气自动调节性能。其缺点是对燃料气质量要求高，燃料气压力必须稳定。否则会灭火或回火。

（3）在选用天然气燃烧器时，应注意以下几个问题：
①天然气燃烧器的调风器、喷嘴及燃烧室应配套。
②燃料气压力应符合所配天然气燃烧器的设计要求。
③燃料气系统中应有分水装置，以避免轻质油和水合物进入喷嘴而造成燃烧器断火。
④炉膛应保持合理的负压值，以供给燃烧器足够的助燃空气。
⑤天然气燃烧器性能的优劣除本身的因素外，还取决于它与加热炉的匹配状况。它与加热炉的结构形式、炉膛容积、供风方式有密切关系。某种燃烧器在这台加热炉上使用性能良好，而在另一台加热炉上使用时效果就不一定理想。因此在选用时应特别注意。

3. 油燃烧器

（1）电动旋杯式燃烧器如图 2-30 所示。该燃烧器是浙江温岭燃烧设备厂为油田燃油加热炉配套生产的油燃烧器，主要技术参数见表 2-6。

表 2-6　ZK-GPSa 型旋杯燃烧器技术参数表

型号规格	最大喷油量 kg/h	转杯转速 r/s	一次风量 M^3/h	一次风压 Pa	雾化角度 (°)	负荷调节比	电机型号	皮带型号规格
ZK-50GPSa	50	5000	180	2000	50	2:1	$A_2$7122	O 型/464
ZK-100GPSa	100	4700	330	3000	50	3:1	$JO_2$12-2	A 型/610

续表

型号规格	最大喷油量 kg/h	转杯转速 r/s	一次风量 M³/h	一次风压 Pa	雾化角度 (°)	负荷调节比	电机型号	皮带型号规格
ZK-150GPSa	150	4700	500	4100	50~60	4:1	Y90S-2	A型/635
ZK-200GPSa	200	4700	660	4100	50~60	4:1	Y90L-2	A型/635-660
ZK-250GPSa	250	5100	700	4200	50~60	4:1	Y90L-2	A型/635-660
ZK-300GPSa	300	5200	760	4200	50~60	5:1	Y100L-2	A型/710-800

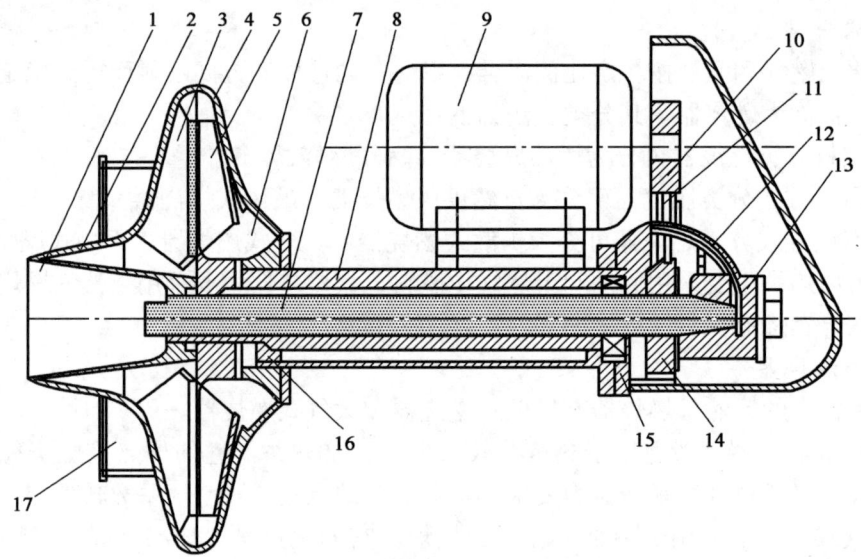

图 2-30 电动旋杯式燃烧器结构示意图

1—旋杯；2—一次风嘴；3—导风室；4—风机；5—风机叶轮；6—进风室；7—空心轴；8—外壳；9—电动机；10—电动机皮带轮；11—皮带；12—进油体；13—中心给油管；14—旋杯皮带轮；15、16—密封垫；17—连杆

(2) 电动旋杯式燃烧器具有以下特点：

①雾化质量好，燃烧完全，可以实现低氧燃烧。

②燃烧器本身耗电少，一般电动机功率为 1.1~2.2kW。

③对燃料油压力、温度要求不苛刻，可以燃用含砂和低含水原油。

④调节比大，一般可达 1:4。

⑤燃烧器系列与加热炉热负荷系列匹配。

⑥可用于负压燃烧，也可用于微正压燃烧。

(3) 电动旋杯式燃烧器缺点是转动部件大、噪声大、皮带易损失。

(4) 颜氏燃烧器。

该燃烧器是由湖南长沙颜氏节能技术研究所研制的节能系列燃烧器。它的种类及型号较多，油田常用的主要是 ZH 型重油燃烧器。使用颜氏燃烧器时应注意要保证油压、油温及风压、风量，否则会使燃烧恶化。

(5) 油燃烧器对燃料系统的要求。

①电动旋杯燃烧器油压一般为 0.05~0.2MPa。因此，可采用泵送供油，也可采用高架油箱供油。如果压力稳定还可燃用干线油，机械雾化燃烧器（包括颜氏燃烧器）油压为

1.0~2.0MPa。蒸汽雾化燃烧器油压为0.8MPa左右；

②电动旋杯燃油器要求燃料油粘度为30~50mPa·s；机械雾化燃烧器为10~25mPa·s；

③在保证粘度值不大于上述要求的前提下，油温一般不应小于50℃；

④燃油管线应装有回油系统；

⑤燃油管线应有蒸汽伴热、蒸汽吹扫装置；

⑥燃油管线上应装有温度、压力指示仪表；

⑦燃油系统应装有对每台加热炉和总加热炉台数的燃油量进行计量的流量计；

⑧燃料油系统中若无油水乳化装置，则燃料油含水率应小于5%；

⑨燃烧器前的油过滤器滤网规格应根据不同燃烧器要求予以选择；

⑩与燃烧器配套的鼓风机风压、风量值应符合燃烧器要求。

（二）换热器

换热器是把一种流体的热量传给另一种流体的换热设备。在油气集输生产中，间接式加热媒先在加热炉里加热，然后热的热媒和冷的原油一起流经换热器，热媒将热量传给原油，原油进行加热。更多的泵站利用锅炉里的蒸汽通过换热器给原油换热或用热媒给水加热用来取暖。

在实际生产中的换热器是多种多样的。但尽管其种类繁多，按其作用原理大致可以分成间壁式换热器、回热式换热器和混合式换热器三类。下面对几种不同类型的换热器分别进行叙述。

1. 间壁式换热器

（1）分类。

间壁式换热器这种类型的换热器在实际中应用最为普遍，其主要特点为冷热两种流体被壁面隔开，在换热过程中两流体互不接触，热量由热流体通过壁面传递给冷流体。热传递过程包括热流体与壁面间的对流换热，壁中的导热和壁面与冷流体间的对流换热，有时还包括辐射换热。间壁式换热器种类很多，按其结构特点不同，可分成管壳式、筋片管式、板翅式、螺旋式等。因为，只要间壁式换热器不漏，冷热两种流体就不能混合，因此这是输油管线使用最多的一种。

在输油生产中，以管壳式和筋片式及板翅式应用较为广泛。

（2）管壳式换热器。

管壳式换热器是间壁式换热器中较为普遍的一种结构，它由一个大的外壳和许多管子组成，所以也称为列管间壁式换热器，它可做成单流程、双流程或多流程等。图2-31（a）

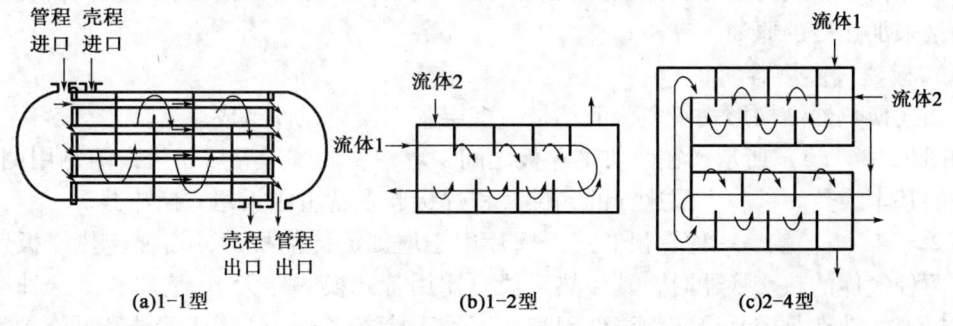

图2-31 管壳式换热器结构示意图

为1-1型管壳式顺流换热器。管内和管外的流体均为单流程，当然也可以设计为逆流。图2-31（b）为1-2型壳管式换热器的示意图，管外流体为单流程，管内流体为双流程，所以这类换热器必然是部分为逆流，部分为顺流。管外流体因具有垂直挡板而被迫反复穿越于管束之间。加挡板除了减少滞流的死区外，还能把纵向冲刷管壁改为横向冲刷管壁，从而改进换热器的性能。图2-31（c）为管外、管内均为多流程的2-4型管壳式换热器的结构。

管壳式换热器中，哪一种流体布置在管内，哪一种在管外，必须根据具体情况作出选择。如从便于清洗管壁出发，则应将容易玷污壁面的流体布置在管内，因为管子内壁比管子外壁和壳体内壁容易清洗。如考虑尽可能节约昂贵的耐腐蚀金属，则应把具有腐蚀性的流体安排在管内，以确保较大的外壳免被腐蚀，为防止管子堵塞，较粘的流体以布置在管外为宜。管子的承压强度较大，显然应让高压流体置于管内。

如设计机油冷却器时，按照上述理由，就应把较粘的机油布置在管外，而把容易结垢的冷却水排在管内，如注水站的冷油器。管壳式换热器的结构坚固，易于制造，能适合大温差的换热，换热表面清洗比较方便。因此在工业生产中应用较为广泛。

（3）筋片管式换热器。

图2-32为筋片管式换热器，在管子外壁加上筋片，从而强化了传热。这一类换热器的结构较紧凑，适合于换热面两侧的放热系数相差较大的地方，如汽车上的散热器等。

针状换热器也是一种筋片管式换热器，如图2-33所示。它的主要部件为针状换热器管，管上有流线型的内针片和外针片，针片起着增强传热的作用。有的针片管式换热器不加设外针片。

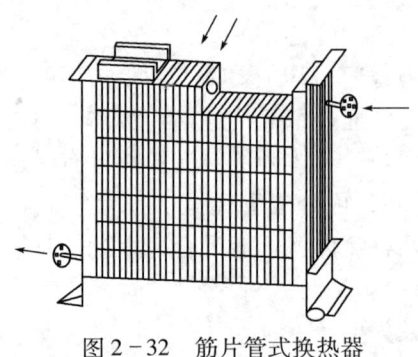

图2-32　筋片管式换热器

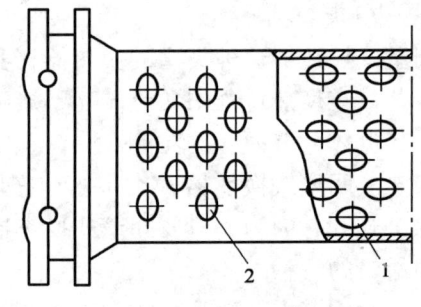

图2-33　针状换热器管
1—内针片；2—外针片

针状换热器可以根据传热要求由一定数量的针状换热器管组成。在有的加热炉对流段采用针状换热器管。此时，冷流体在针状换热器内流动，而热的烟气在管外横向流动，利用烟气的热量来加热冷的原油。

（4）板翅式换热器。

板翅式换热器结构形式很多，但都是由多层基本换热元件组成。

如图2-34（a）所示，在两块平隔板之间夹着一块波纹形导热翅片，两侧用侧条密封，形成一层基本换热元件，多层这样的元件叠积焊接起来就组成板翅式换热器。

图2-34（b）就是一种叠积形式，翅片用于增加流体的扰动，增强传热。板翅式换热器作为两种气体的热交换器时，其传热系数要比用管式换热器大10倍左右。这种换热器结构非常紧凑，缺点是容易堵塞，清洗困难，不易于检查修理，适用于清洁和低腐蚀性流体的换热。

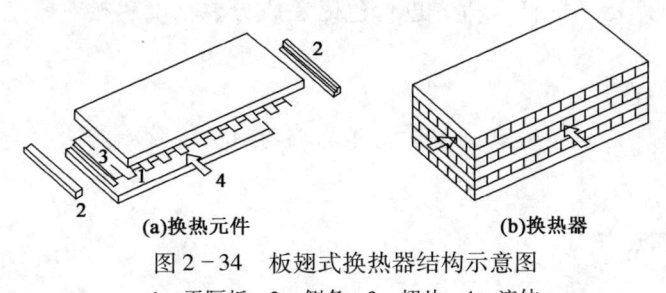

图 2-34 板翅式换热器结构示意图
1—平隔板；2—侧条；3—翅片；4—流体

2. 回热式换热器

在回热式换热器中，流过同一换热面（壁面）的流体一会儿是热流体，一会儿是冷流体。当热流体流过时是加热期，热量被壁面吸收，而且就储蓄在壁面内；在冷流体流过时为冷却期，壁面把所储蓄的热量又传给冷流体。因此，在回热式换热器中的热量传递是通过壁面周期的加热和冷却来实现的。这类换热器一般是以金属或砖类做成流道，热流体和冷流体交替地流过同一个流道，并尽量避免相互混合。其特点是，流道壁周期地对热流体和冷流体吸热和放热。在连续运行中，虽然吸、放的热量相等，但热传递过程却是非稳态的。由于液体介质会粘附在器壁上，因此这类设备一般用于气体介质之间的换热，如锅炉中的回转式空气预热器等。

3. 混合式换热器

混合式（或称开式）换热器中，进入的冷、热两种流体完全混合。理论上，整个混合流体均匀地处于同温同压下离开换热器。在热量传递的同时，伴随有质量的交换或混合。所以它具有传热速度快，效率高，设备简单等特点。但只能用于冷热流体可以混合的场合。输油生产中的冷热油掺和类似于这种换热器。锅炉中的蒸汽除氧是典型的混合式换热器。

4. 换热器故障诊断及处理

常见换热器故障分两种：一是内部结垢、堵塞；二是泄漏。

（1）换热器内部结垢、堵塞。

判断换热器内部结垢、堵塞的标准如下：

①当两种介质中任何一种介质的进口、出口温度与正常运行时的进口、出口温度变化很大时，即 $\Delta t \geq 30℃$，则可判断换热管内或管外严重结垢甚至堵塞。

②在额定流量下，当两种介质的出口压力与正常运行时的进口、出口压力变化很大，超过额定压差规定值的1.5倍时，则可判断换热管内或管外严重结垢甚至堵塞。

处理方法：清除换热器堵塞的最常用方法是加热除油垢法、压缩空气或蒸汽吹扫法、化学除垢法和机械除垢法。

（2）换热器内泄漏。

判断换热器内泄漏的标准如下：

①用水作为低温介质。

一是，当 $p_{低温水} < p_{高温介质}$ 高温介质时，在低温水出口管道上安装一细接管，定期从此接管取低温水样，检查该低温水中有无高温介质混入。

二是，高温介质为气体时，低温水出口管道上安装一集气装置，以便取样分析。

②不用水作为低温介质。

在低压介质出口处定期取样分析，进行色谱、成分、粘度、相对密度等项检查，以判断有无泄漏。

换热器内泄漏处理方法如下：

一般要对换热器进行解体检查，包括壳体两端与封头或管箱的法兰连接处；查出泄漏点进行相应处理。

八、真空相变加热炉

真空相变加热炉属于新一代加热炉（以 ZWN-800-01 型真空加热炉为例），它不同于油田常用的火筒炉、水套炉、管式炉和加热缓冲二合一装置。真空相变加热炉是一种间接加热的设备，炉内传热介质由液相—汽相—液相这样不停的转换过程就是给介质加热的过程。

相变加热炉分为微正压相变加热炉和真空相变加热炉，微正压相变加热炉是指加热炉锅筒内压力不超过 0.1MPa。真空相变加热炉是指锅筒内压力在 -0.03~0MPa 之间。

（一）简介

真空相变加热炉为油田传统加热炉的换代设备。它具有炉壳在微负压下运行，安全高效等诸多优点，可广泛适用于油气集输领域和油气井测试过程中，对原油、天然气、井产物、污水等多种介质的加热，也可用于民用采暖及为生产生活提供热水的场合。

真空相变加热炉是根据相变传热理论，将锅炉技术与热管技术相结合而创立发展起来的新一代高效能、低压力加热装置。

该装置是由带燃烧（加热）室的蒸发器、载热体和换热器组成，其整体上为一自带热源的大热管，汽化段为蒸发器，凝结段为换热器，而传热过程中采用了清水介质进行快速、高效的热能传递和置换。

1. 工作原理

系统内的中间介质在加热炉火管及烟管的加热下迅速蒸发形成高热蒸汽，由于系统内为真空状态，热阻力很小，使得高热蒸汽可以快速向上流动与安装在炉体内的换热器进行热置换。高热蒸汽向换热器内被加热的介质放热冷凝还原成液体再流回到蒸发器内，重新吸热蒸发再与换热器进行热置换。这种流程上的不断汽化、冷凝保证了介质持续不断地在蒸发器内吸热，向换热器内放热，依此构成了一个高效率的加热系统。

2. 特点

（1）高效节能。真空相变高效加热炉的长期热效率达到 88% 以上，而传统加热炉的热效率一般在 70% 以上，具有显著的节能效果。

（2）环保。燃料燃烧充分（达 99.9% 以上），烟气产物符合环保要求。

（3）安全可靠。由于真空相变高效加热炉是在负压状态下运行，避免了由压力带来的安全隐患。安全附件完备，具有液位、压力独立的双重保护措施。

（4）无结垢。真空相变高效加热炉是在真空状态下工作，中间介质（水）仅在炉体内反复循环，因此避免了炉内的氧化结垢。

（5）自动化程度高，操作简单方便。自动控制系统采用触摸屏，实时显示运行参数。设置系统动画方式控制参数，直观、易操作。

（6）体积小。体积只有传统加热炉的 1/2 左右，安装运输极为方便。

图 2-35 为真空相变加热炉工作原理示意图，图 2-36 为真空相变加热炉结构示意图。

第二章　容器及相关工艺技术

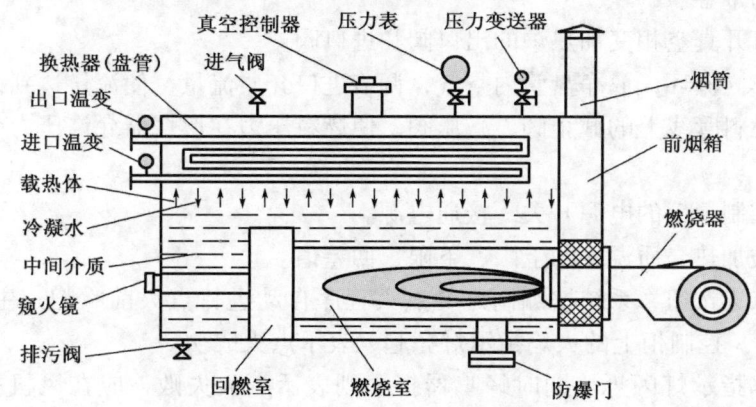

图 2-35　真空相变加热炉工作原理示意图

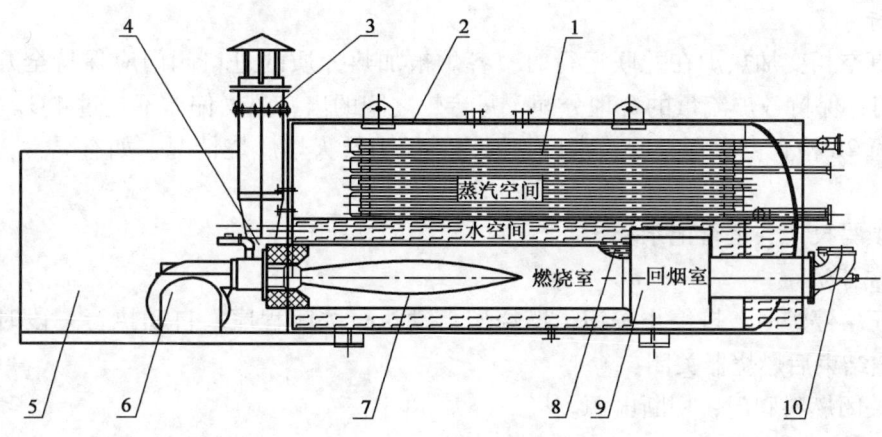

图 2-36　真空相变加热炉结构示意图

1—盘管；2—本体；3—烟囱；4—烟箱；5—操作间；6—燃烧器；7—火筒；8—烟管；9—回烟室；10—防爆门

（二）真空相变加热炉操作

1. 投运前的准备

（1）新投产的真空相变加热炉，按设计要求进行强度试验和严密性试验，确认合格。

（2）检查全自动燃烧器、控制柜的接线及二次仪表，应齐全好用。

（3）检查压力表、温度计、液位计及燃料过滤器、燃料调压阀，应满足设计要求。

（4）检查安全阀和负压爆破片，应校验合格，在校验有效期内，安全阀开启压力和爆破片爆破压力达到安全标准要求。

（5）打开烧火间的门窗，自然通风30min以上。

（6）打开燃料气或燃料油总阀，管线应畅通，烧火间内燃料阀门应关闭，无渗漏。

（7）检查燃料油（燃气）的压力，应控制在燃烧器允许的油压（燃气压力）范围内。

（8）从真空相变加热炉顶部的加水口加入硬度符合标准的软化水或导热液体，当液位计指示在1/2刻度位置或溢流口有液体溢出时停止加水（或导热液体），关闭加水口及溢流口阀门。

（9）检查系统工艺流程，满足投产要求。

2. 点炉前的准备

（1）依次打开真空相变加热炉的出口阀和进口阀。

（2）启泵建立循环，放净盘管内空气，调节进口介质流量，使流量达到设计要求。

（3）打开燃料管线上的截止阀、减压阀，使燃料压力在燃烧器允许压力范围内。

3. 点炉

（1）合上控制柜上的电源开关，接通电源。

（2）设定被加热介质温度的上限、下限、回差值。

（3）启动点火按钮，系统按编制好的点火程序自动进行点火前吹扫、主电磁阀漏气检测、点火等过程。控制柜上的火焰指示灯亮起，表示点火成功。

（4）若火焰指示灯闪烁，同时蜂鸣器报警则表示点火失败，应在风机指示灯熄灭后，再次启动点火按钮。

（5）在第二次点火仍不能建立火焰时，要分析原因，待故障排除后方可再次点火。

4. 运行

（1）真空相变加热炉在并联运行时，各炉被加热介质的进口阀门应保持全开状态，调整出口阀门，保持各炉流量的合理分配，每台炉之间的出口温度偏差不超过4℃。

（2）每2h检查一次真空度、水位、温度、压力及火焰燃烧情况，如有异常，应及时调整和处理。

（3）填写投产、运行记录。

5. 正常停炉

（1）正常停炉时，按停止按钮，燃烧器自动执行关闭程序，自动执行一段时间的吹扫过程，吹扫结束后燃烧器关闭。

（2）关闭燃料阀门，切断电源。

（3）当被加热介质进、出口温度达到平衡后，可根据生产需要，保持盘管内的介质继续流动或扫线。

（4）打开排污阀，将壳体内的水排到污油池内。

（5）壳体内的水排净后，关闭排污阀。

（6）填写停运记录。

6. 紧急停炉

以下9种情况之一采取紧急停炉措施，紧急停炉时，应立即停止使用燃烧器，关闭所有燃料手动截止阀。

（1）中间介质液位低于极限最低液位时。

（2）壳体压力超过0.05MPa，而真空控制装置仍不排气时。

（3）真空控制装置排气后，壳体压力超过0.1MPa时。

（4）介质压力超过盘管设计压力或工艺额定压力，采取措施仍不能使之下降时。

（5）介质温度超过盘管设计温度或工艺额定温度，采取措施仍不能使之下降时。

（6）壳体或盘管发生裂纹、鼓包、变形、渗漏等危及安全的缺陷时。

（7）真空控制装置、压力表及真空压力表、液位计等泄漏或失效，危及安全运行时。

（8）燃烧器或燃烧控制装置损坏或失效时。

（9）发生其他危及加热炉安全运行的情况时。

7. 检查及维护

（1）每 2h 检查燃烧器与火管的连接法兰一次，有过热现象，及时处理。

（2）每月检查一次加热炉的外表面保温层有无裂缝、损坏，烟囱根部有无过烧腐蚀。

（3）每季度拆下燃烧器一次，检查火管有无裂纹、变形、腐蚀；检查燃烧道（耐火砖）有无错位、脱落、倒塌。

（4）按仪表检定的周期对真空相变加热炉的配套仪表进行检验，保证仪表准确无误。

（5）每年春秋两季，各清理烟箱内的烟尘一次。

8. 建立真空度的方法及要求

（1）根据被加热介质出口温度要求，将真空度控制在 -0.01 ~ -0.03MPa 之间。

（2）当相变介质（壳体内的水或导热液体）加热至沸腾状态，手动打开加热炉顶部的排气阀、对炉内进行卸压 5 ~ 15min 后再关闭阀门，根据真空压力表指示的真空度，来调节关闭排气阀的时间。

（3）当相变介质（壳体内的水或导热液体）加热至沸腾状态，真空阀自动开启，排气 10min 后，真空阀自动关闭，若真空阀继续排气，将温控装置上所设定的真空阀开启的温度调低，调节所设定的温度参数，直至真空阀完全关闭。

（三）真空相变加热炉的参数设置

出口温度参数设置（以单台加热炉控制系统为例，如是两台以上先点"功能菜单"，以下步骤相同）。

（1）屏幕左下角的"菜单"（图 2-37）。

（2）点击"参数设定"（图 2-38）。

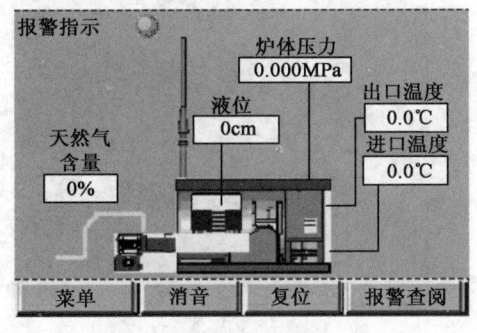

图 2-37 加热炉控制系统

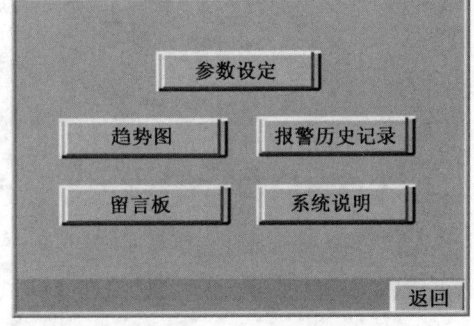

图 2-38 工作菜单

（3）点击"＊＊＊＊"处；点击输入键盘，输入"1111"再按键盘上的"ENT"再点击"确认"（图 2-39）。

（4）点击"0.0℃"（图 2-40）。

（5）用显示的键盘输入要设定的温度值。例如，输入"80"后，再点击"ENT"，再按右下角的"返回"，就完成了出口温度的设定（图 2-41）。

（四）真空相变加热炉控制柜故障报警的查阅及故障排除

控制柜出现报警（以单台加热炉控制系统为例），首先点击图 2-42 中右下角的报警查阅，其次查看图 2-43 中发生故障的报警器。

在可以查看五个报警中，哪个发生报警，报警时该按钮变红。所有的报警都使燃烧器停止工作。解除报警,条件满足后,燃烧器重新工作。

出口温度发生报警,会提示出口温度超高。原因是实际的出口温度高于出口温度设定值15℃以上。在PLC程序内部已设定此条件。可以重新设定出口温度,设定值大于显示的温度值减15即可。

其他原因:

①出口温度变送器出现故障。

②PLC内部程序出现故障,分析错误温度变送器来的信号电流。

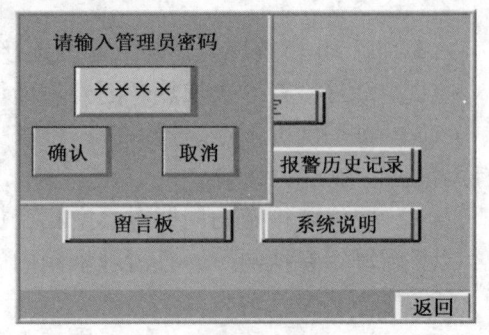

图2-39 密码设置

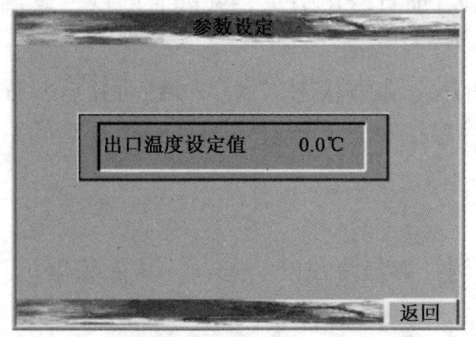

图2-40 温度设置界面一

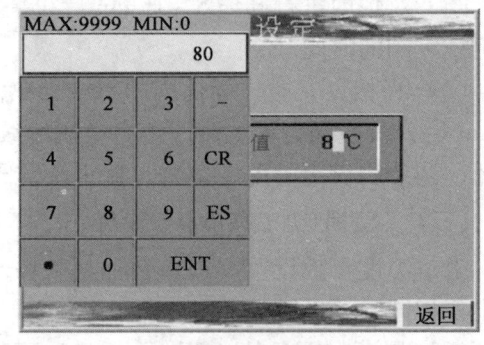

图2-41 温度设置界面二

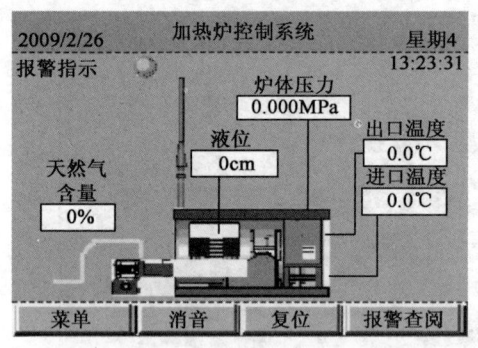

图2-42 报警查询

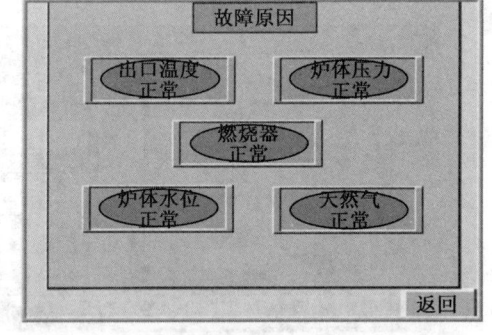

图2-43 故障查询

(注:正常情况下,设定出口温度,设定的值小于显示的温度值减15即发生报警。可用此方式来检测系统报警功能正常否。如显示80℃,设定65℃以下,则立即出现报警,即证明温度报警功能正常。)

(2)炉体压力出现报警。

炉体压力出现报警会提示炉体压力超高。原因是实际的炉体压力高于0.06MPa以上。

(3)燃烧器故障。

燃烧器故障多为自身的监测系统报警所致。燃烧器的具体故障专业人员可以在燃烧器左侧的黑色的程序控制器透明窗中读出。出现此故障时,可以看到透明窗内的灯会亮,只需轻轻按一下程序控制器上透明的玻璃,此时窗内的灯会熄灭。该按钮为燃烧器的复位按钮。当按下以后,燃烧器会重新自检,重新走一遍程序,即检漏→吹扫→点小火→转大火等步骤。

燃烧器故障原因及排除方法见表2-7。

表2-7 燃烧器故障原因及排除方法

故障现象	原因分析	排除方法
燃烧器利用程控盒LFL透明窗口闭锁指示符号来判断：通电没有启动	(1) 游离电极搭铁或火焰监测故障； (2) 风压开关控制端子没有闭合； (3) 控制端子8无输入； (4) 安全阀、燃气阀组插头未插上； (5) 查漏器自检未通过； (6) 程控盒锁定或熔断管损坏； (7) 燃气压力低于压力开关设定下限或上限值； (8) 热继电器脱扣	(1) 用表测量，重新安装燃烧器或更换火焰监测器； (2) 检查风压开关； (3) 用万用表检查回路； (4) 检查连线； (5) 插上插头； (6) 清理安全阀、燃气阀； (7) 查原因，更换熔断管，程控盒、按复位； (8) 调整压力或短接连线； (9) 按电机功率重新设定电流值，复位
"▲"启动程序中断	(1) 百得燃烧器：因为打开讯号没有由限制开关A供给端子； (2) 新远燃烧器：因为程控盒端子不闭合	(1) 查找线路； (2) 测量、修理SJ1-2常开触点
"P"闭锁	空气压力开关导通道堵塞、触点不正常	拆下空气压力开关，修理检查
"■"程序闭锁	由火焰监测回路故障引起	(1) 检查游离探针系统绝缘、游离电流，给予修理； (2) 检测火焰监测器（QRA2）是否损坏，如有损坏及时更换
启动程序中断	由于低火焰位置的位置讯号没有由辅助开关"M"提供给端子8	查找线路
"1"闭锁	第一安全时间完成时无火焰信号	(1) 检查游离探针系统，或调整更换； (2) 检测火焰监测器（QRA2）是否损坏，如有损坏及时更换
"2"闭锁	第二安全时间完成时无火焰信号	(1) 检查游离探针系统，或调整更换； (2) 检测火焰监测器（QRA2）是否损坏，如有损坏及时更换
程序闭锁	在燃烧器运行或发生空气压力故障时火焰讯号丢失	调整或更换
燃气燃烧器不好点火	(1) 各参数值设定不当； (2) 天然气内有空气或流量不够； (3) 操作间内温度低； (4) 加热炉燃烧室内温度低，负压大	(1) 按参数给定内容，重新设定各值； (2) 天然气放空，将管道内空气排除干净，将手动燃气阀门全开； (3) 对操作间实行保温，提高伴热温度； (4) 将防爆门撬开一个缝（垫一个砖头）减小阻力，待着火后，再将防爆门关闭
燃烧器只能小火工作不能大火工作	(1) 小火、大火开关未扳至Ⅱ处或插头脱落，接触不实； (2) 大火信号未输入	(1) 将开关扳至Ⅱ处，将插头插牢； (2) 检查线路

续表

故障现象	原因分析	排除方法
燃烧器只能大火工作不能小火工作	（1）小火、大火信号并在一起； （2）在小火与大火信号之间并入其他设备	（1）按图纸恢复正常； （2）按图查找线路，排除
点火电极不打火	（1）高压线未接； （2）点火电极间距不正确或接地； （3）点火变压器无电流输入或损坏	（1）插紧电压线； （2）修理调整； （3）检查或更换
火焰紊乱不规则或脱火	（1）燃气火焰盘阻塞； （2）燃气/空气配比不当； （3）炉口不合适	（1）清理火焰盘； （2）调好配比； （3）重新修炉口
燃烧器在运行中发生喘振	（1）燃气、空气量调节过大而与机械发生共振； （2）燃气/空气配比不当； （3）调压器上没有用的导压管内的垫片丢失	（1）调小燃气、空气量； （2）调好配比； （3）重做垫片，堵好

（4）炉体水位低限报警。

炉体水位低限报警说明加热炉炉内的水位可能低于 －80mm，此时需对炉体补加软化水。只要补加到 －80mm 以上，报警就会解除。当磁翻柱翻红至 60mm 时关闭补水阀门。

（5）天然气浓度超高报警。

说明操作间内的天然气浓度已达到爆炸极限的 40%，需要到操作间检查漏点，重新拧紧或重新安装后，再用肥皂水进行试漏。

（五）真空相变加热炉的维护保养

1. 真空相变加热炉的保养

（1）放空阀、排污阀手动放汽、放水试验每三个月一次。

（2）真空阀自动放汽试验每三个月一次。

（3）液位计及其接管每个月清洗一次。

（4）高、低水位报警连锁、超压、超温报警连锁每六个月作一次报警连锁试验。

（5）注意观察燃烧器进风口是否有异物堵塞，如有请及时清理。

（6）使用湿气时需经常检查供气管路上的各排污口，及时排出管路内的残液，及时清理过滤器和调压阀内的污垢。

（7）注意检查防爆门是否有卡死现象，如有应及时排除。

（8）注意观察加热炉烟筒排烟状况，如发生排放黑烟现象请及时停炉并与专业人员联系。改变燃料压力或种类等，特别是干气改湿气、湿气改干气时必须与专业人员联系。

（9）冬季注意检查炉体压力表和压力变送器的连接管路和仪表阀是否结冻，如发生结冻请用开水浇灌解冻。

（10）冬季补水时注意检查液位计是否冻结。

（11）炉体补水后注意检查补水阀门是否关闭严密。

（12）运行中发生异常现象时请及时与专业人员联系。

（13）在加热炉运行中遇到特殊情况时，应立即手动（强制）停炉。

2. 真空相变加热炉燃烧器的保养

燃烧器作为真空相变高效加热炉的核心部件，它长期处在高温的工作状态，当停炉时，必须对燃烧器进行一次检修。主要针对燃烧头、稳焰盘、探针、点火管、高压接头、点火电极和点火变压器、电动机、电磁阀、风气配比装置等进行检修。

（1）检查燃烧头在长期的高温工作下是否有烧损。

（2）检查稳焰盘在长期的高温工作下是否有烧损。

（3）检查探针在长期的高温工作下是否有烧损。

（4）检查点火管是否有被湿气腐蚀现象。

（5）检查高压接头是否有漏电现象。

（6）点火电极和点火变压器是否可以产生电弧。

（7）检查电机是否有异常响动、轴承磨损情况。

（8）检查电磁阀是否有污垢堵塞的情况。

（9）检查风气配比装置是否运转自如。

（10）燃油燃烧器还要检查喷油部分：油泵、油泵调节阀、滤网、油预热器、电磁阀、喷油嘴、回油调节阀等部件是否有堵塞和损坏情况。

注意事项：燃烧器的检修必须由专业人员或经过专门培训的人员进行。每年停运待重新启动时，必须进行一次检修。

真空相变加热炉炉体故障分析与处理方法见表2-8。

表2-8 真空相变加热炉炉体故障分析与排除方法

故障现象	原因分析	排除方法	备注
换热效果差	（1）炉内有空气； （2）负荷太大； （3）加热盘管内结垢； （4）燃烧器配风量小，燃料流量小，出力不足； （5）烟管内有大量烟灰	（1）检查各密封点，重新启动、排气、投产； （2）查对加热介质流量与标牌流量，应降至不大于标牌流量； （3）清洗或更换新盘管； （4）更换电动机、扇叶，加大燃料流量，更换燃烧器； （5）停炉清理，畅通烟管	
排烟温度高	（1）烟管内有大量灰（如燃烧不充分）； （2）燃烧器运行时最大燃油或燃气已超出额定指标； （3）燃料/空气配比不当	（1）停炉、清理烟管； （2）查燃料流量，使其不大于标牌流量； （3）调好配比	
液位计失灵	（1）加热炉内水太脏； （2）液位计内部太脏	（1）停炉，排净加热炉内的水，重新加入水及化学药剂煮炉，燃后排净，重新往加热炉内加水； （2）拆开液位计内部，用水冲洗干净，定期维护保养	需定期清理
炉体烟箱门或前面板过热	（1）烟箱门或前面板的耐火层可能脱落； （2）烟管内积炭过多，造成换热不充分	（1）打开烟箱门或前面板重新做耐火层； （2）打开烟箱门检查烟管内部是否有积炭现象	

续表

故障现象	原因分析	排除方法	备注
液位计在没加水的情况下升高	盘管有漏点，使炉体内液体增加	将盘管抽出，重新做水压试验，找出漏点	
负压保持不住，经常在正压下工作	(1) 炉体本身或连接处有漏点； (2) 盘管内介质流量达不到设计要求； (3) 设计压力为微正压； (4) 真空阀不密封	(1) 查找漏点； (2) 提高介质的流量，重新观察； (3) 与厂家核实一下加热炉的设计工作压力； (4) 维修或更换真空阀	
触摸屏与实际温度有偏差	(1) 表模块损坏； (2) 仪表没有校准； (3) 模拟量输入模块通道损坏	(1) 更换模拟量输入模块； (2) 重新对仪表进行校准； (3) 如有多余通道，更换一组通道，程序内部更改通道地址	

3. 天然气管路的维护

天然气燃气管路示意图如图 2-44 所示。

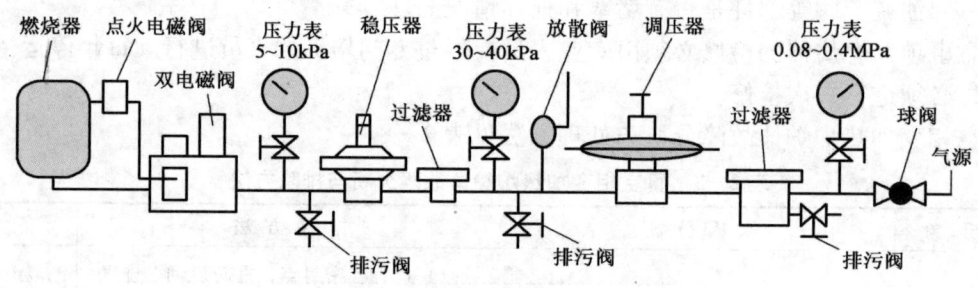

图 2-44 天然气燃气管路示意图

（1）管路上压力表和阀门要每半年核验一次。

（2）天然气管路要每个月用肥皂水进行试漏试验。

（3）每个月对操作间内部的天然气管路进行清理。

（4）冬季运行时，应将天然气走预热盘管管路进行加热。否则，燃料气温度过低水蒸气凝结成水滴，燃烧过程中会产生异响，严重时会引起爆膛事故。

（5）注意检查燃气供气压力，燃气供气压力值（表压）应保持在 0.08MPa 以上。

第四节 原 油 脱 水

原油含水，不但直接影响原油的质量，而且增加了后续处理工艺和输送过程中的动力、能源消耗，引起金属管路和设备的腐蚀，水中携带泥沙、碳酸盐等，还会对输送管道和设备造成磨损，形成结垢等。另外，原油含水，还会影响炼制加工过程的正常进行。因此，含水率是出矿原油的重要技术指标。经过气液分离得到的油水混合物，在进入下一级处理工艺和外输之前，必须进行脱水、脱盐、脱机械杂质的净化处理。由于原油中所含的盐类和机械杂质大部分溶解或悬浮于水中，所以原油的脱水过程实际上也是脱盐、脱机械杂质的过程。

一、油水混合物的性质

根据水在原油中存在的形式不同，原油中的含水可分为游离水和乳化水两种。乳化水与油形成了一定结构的乳状液，很难用简单的沉降法直接从油中分离出来，通常需要通过一定的方式破乳后，再进行沉降脱水。

（一）乳化液的形成

乳化液是两种或两种以上互不相溶的液体在乳化剂作用下，通过搅拌而形成的混合液，其中一种液体以极小的液滴形式分散在另一种液体中。乳化液都有一定的稳定性。

原油和水构成的乳化液主要有以下两种类型：

一种是水以极微小的颗粒分散于原油中，称为"油包水"型乳化液，用符号 W/O 表示。"油包水"型乳化液中，水是内相或称分散相，油是外相或称连续相。

另一种是油以极微小颗粒分散于水中，称为"水包油"型，用符号 O/W 表示。"水包油"型乳化液中，油是内相，水是外相。

此外，还有多重乳化液，即油包水包油型（O/W/O）、水包油包水型（W/O/W）等。

1. 形成稳定乳化液具备的条件

（1）系统中必须存在两种以上互不相溶的液体。

（2）要有一定量的乳化剂存在。

（3）要有强烈的搅拌，使其中一相以微小的液滴分散到另一相中。

2. 油田形成乳化液的要素

（1）油田采出物是油和水，两者互不相溶。

（2）原油中有足够的胶质、沥青质、石蜡等，它们都是天然的高性能乳化剂。

（3）油田开发和油气输送过程中，油、水、乳化剂三者共聚一体，在井筒、油嘴、管道、阀件、机泵中充分搅拌接触混合，使油水乳化液的乳化程度逐渐加深。

（二）油水乳化液的性质

1. 分散度

分散相在连续相中的分散程度称为分散度。分散度通常用内相颗粒平均直径的倒数表示，有时也用内相颗粒总表面积与总体积的比值表示。

分散度的大小直接影响着乳状液的性质，分散率越大，乳状液越稳定。

2. 粘度

影响乳状液粘度的因素主要有外相粘度、内相粘度、原油含水率、温度、分散度、乳化剂性质、内相颗粒表面带电强弱等。

原油的粘度越大，生成的 W/O 型乳状液粘度也越大。乳状液粘度与温度的关系同原油类似，随温度的升高而降低。

原油含水率对乳状液粘度影响的一般规律是：含水率较低时，乳状液的粘度随含水率的增加而缓慢上升；含水率较高时，粘度随含水率的增加迅速上升；当含水率超过某一数值时，粘度又随水率的增加而迅速下降。此时，W/O 型乳状液变为 O/W 型或 W/O/W 型乳状液。此后，随含水率的进一步增加，乳状液的粘度变化不大。

乳状液的分散度越高，其粘度就越大。这是因为内相颗粒表面有一定厚度的乳化剂薄膜，该薄膜可看作内相颗粒体积的一部分，分散度越高，内相颗粒越小，总体积就越大，乳状液粘度就越大。一般情况下，分散度高的乳状液具有较大的粘度。

3. 密度

乳状液的密度 ρ，与其含水、含盐的多少有关。若已知乳状液体积含水率为 ϕ、原油和含盐水的密度分别为 ρ_o 和 ρ_w，则乳状液的密度为：

$$\rho = \rho_o(1-\phi) + \rho_w\phi \tag{2-5}$$

4. 电学性质

（1）介电常数。

介电常数是乳状液的重要性质，其影响因素较多，应用中可通过实测确定。

（2）电导率。

电导率表示了乳状液的导电性能。以水为外相的乳状液导电率高，以油为外相的乳状液则是电的不良导体。原油的电导率约为 $(1\sim2)\times10^{-6}/(\Omega\cdot cm)$，含水率越高，乳状液的电导率就越大，当含水在50%以上时，乳状液的电导率比原油的电导率高2~3倍。另外，乳状液的电导率，还随温度的升高而增大，当温度从25℃升高到90℃时，乳状液的电导率可增加10~20倍。

（3）电泳。

把乳状液放在电场中，带电的分散液滴将在电场作用下运动，带正电荷的液滴向负极运动，带负电荷的液滴向正极运动，这种现象称为电泳。

（4）绝缘强度。

绝缘强度是指单位厚度的乳状液抗电场击穿的能力。如大庆油田原油在含水30%以下时构成的乳状液的击穿电场强度是20~22kV/cm。绝缘强度随乳状液含水率的增高而降低。

5. 稳定性

影响乳状液稳定性的因素主要有乳状液的分散度和原油粘度、乳化剂的类型和保护膜的性质、内相颗粒表面带电、乳状液温度和水的pH值等。其中，分散度越高，分散相液滴越小，布朗运动越强烈，乳状液越稳定；原油粘度越大，水滴越不易下沉，乳状液也就越稳定。

随着温度的增高，沥青质、胶质、石蜡等乳化剂的溶解度增加；乳状液的内相颗粒体积膨胀，界面膜变薄，机械强度减弱；内相颗粒的布朗运动加剧，分子互相碰撞机会增多；油水的密度差增大，原油粘度减小，水滴易于沉降，乳状液的稳定性降低。

二、原油脱水方法

根据原油含水的形式和油水混合物的性质，目前常用的原油脱水方法有重力沉降脱水、化学破乳脱水、离心力脱水、粗粒化脱水和电脱水等。

（一）重力沉降脱水

在油水混合物中，重力沉降脱水是靠油和水所受重力的不同实现的。在混合物系中，油的密度小，所受重力小；水的密度大，所受重力大，在重力差的作用下，水滴逐渐从油层中沉降出来。重力沉降脱水多用于原油中游离水脱除。

提高油水混合物的温度，有利于减弱油水界面膜的强度，增大油水密度差，降低原油粘度，使破乳剂更好的分散到油水界面上，提高破乳和沉降效果。故在油气集输的原油脱水过程中，常采取加热的方式提高沉降脱水的效果。

（二）化学破乳脱水

在原油含水很多的情况下，原油是以乳化状态存在的，并且乳状液态具有一定的稳定性，靠一般的沉降方法难以脱除。所以，破乳往往是脱除乳化水的前提。化学破乳脱水，就是在乳状液中加入少量的表面活性物质，破坏乳状液的稳定性，使乳状液破乳，进而使乳化水从乳状液中分离出来，变为游离水，再通过重力沉降将其脱除。

1. 破乳剂

破乳剂是在原油乳化液里加入的一种高分子有机化合物，能够吸附在油、水界面上，降低界面薄膜的机械强度，改变乳化液的类型，破坏乳化液的稳定性的一类物质。目前，常用的破乳剂主要有两种类型，即离子型破乳剂和非离子型破乳剂。

破乳剂是一种表面活性物质，具有很强的活性，能使油水乳化液界面膜强度减弱或破裂使水珠相撞，接触合并，从原油中沉降下来。

2. 破乳剂的破乳机理

破乳剂的破乳机理有以下四种：

（1）正相吸附作用。

破乳剂是高效能的表面活性剂，其活性一般随相对分子质量的增加而增加，它可以聚集在乳化液的油水界面上，最大限度地降低界面的机械强度，因而使水滴很容易从"油包水"型的界面膜中解脱出来实现破乳。当破乳剂加入含水原油中时，能降低油水界面张力，使表面自由能减少，油膜内小水珠很容易从油包水界面膜中解脱出来，合并成大水珠而沉降。

（2）反相乳化作用。

"油包水"型的乳化液是由原油中憎水的乳化剂形成的，如环烷酸、沥青质等。采用亲水的破乳剂可以将"油包水"型的乳化液改变成"水包油"型的乳化液，借乳化液的转化过程及"水包油"型的乳化液的不稳定性可以实现破乳。有些破乳剂可以促使油包水转相形成水包油，水在外面则碰撞很容易聚集合并成大水滴而沉降。

（3）反离子作用。

在石油乳化液中呈分散相的微小水滴几乎总是带负电荷，并在自己表面上吸附正离子。因为所带电荷相同，分散相的粒子互相排斥，这使它们不能汇合成更大的聚合体，因而能保持乳化液的稳定性。向乳化液中加入电解质后，使离子发生根本改变，乳化液的离子开始吸附符号相反的电解质离子。因此，带电荷的分散相吸附电解质阴离子，阴离子自然会把这种颗粒上的正电荷中和，结果消除电荷，同时也消除了稳定性。乳化液的颗粒开始合并成大液滴，油水分层达到破乳的目的。

（4）"润湿"和"渗透"作用。

表面活性剂有一种很强的"润湿"和"渗透"作用，能穿过"油包水"型乳化液的界面而与水亲和，达到破乳的作用。由于破乳剂具有上述的作用，所以在脱水过程中，加入适量的破乳剂，就能降低乳化液的稳定性，使油水容易分离。

3. 实现化学破乳脱水的条件

（1）要有合适的破乳剂。

由于原油本身是由多种碳氢化合物组成的复杂混合物，原油乳化液中起乳化作用的物质种类和特性也复杂，在通常情况下又是未知数，所以必须通过筛选试验，找出适合原油性质的化学破乳剂品种。

（2）要让化学破乳剂与原油乳状液充分接触混合。

原油乳化液中水珠的粒径大小不一、数量繁多，分布杂乱。要让数量有限的化学破乳剂都能接触到原油乳化液的油水界面，必须让化学破乳剂与原油乳化液进行剧烈的搅拌混合，使之充分接触。剧烈搅拌还有利于破乳后的水珠接触合并，使其粒径变大并迅速从原油中脱出。

（3）破乳后应有足够沉降分离的空间和时间。

经过充分接触、混合，实现了化学破乳以后，在一定容积的沉降设备中进行沉降分离，使油水依靠密度差分离成层。由于油水的密度差较小，分离速度较慢，因此需要有足够的沉降分离空间和时间来保证较理想的分离效果。目前，大多数油田都采用较大的沉降罐作为沉降分离设备。

4. 筛选破乳剂

（1）对新进的每桶破乳剂都要进行编号，根据编号顺序依次取样少许，进行脱水率试样化验。

（2）取足够量的没有加任何药剂的含水原油，用蒸馏法测定含水率。

（3）用已知含水的原油和所取破乳剂样，做脱水率试验。

（4）在室内恒温水浴中做脱水效果，此时的加药量为 $100\mu g/g$。

（5）根据合适时间，对破乳剂拐点、脱出的水量和已知原油的含水量分别计算出脱水率。

（6）45min 的脱水率在 80% 以上的破乳剂为合格。

（7）把合格的破乳剂桶取出放在一侧，不合格的破乳剂桶放在另一侧。

5. 配制破乳剂水溶液

（1）把经过筛选合格的破乳剂桶运到室内，用加药泵打到高位的储药罐中。

（2）在两个混合药罐中分别加入 $1m^3$ 清水。

（3）用手动加药法或电磁阀控制的自动加药法，把储药罐内的破乳剂 20kg 加入混合药罐中。

（4）利用搅拌装置，使破乳剂在清水中充分混合均匀，此时破乳剂水溶液中药液的浓度为：

$$20kg/2000kg \times 100\% = 1\%$$

6. 计算加药比和加药量

（1）启动隔膜计量泵，抽取混合罐中的药液向脱水系统加药。

（2）把隔膜计量泵的排量调节到 $0.42m^3/h$，则每小时加入的破乳剂量为：

$$0.42m^3 \times 1000kg/m^3 \times 1\% = 4.2kg$$

全天的加药量为：

$$4.2kg \times 24 = 100.8kg$$

（3）若全天的来液量为 $5000m^3$，来液的密度为 $0.93t/m^3$，则加药比为：

$$4.2 \times 24 \div (5000 \times 0.93 \times 1000) = 0.0002167 = 21.67\mu g/g$$

（4）加药量随来液量的不断变化，而发生变化，要想保持加药比相对稳定，则需根据每小时来液量变化，调整加药量，以保证加药比的稳定。

（5）油品脱水的难易程度不同，所选择的加药比是不同的，从 $9.8 \sim 80\mu g/g$ 不等。

7. 加药方式的选择

加药方式有两种，即手动加药和自动加药。

（1）手动加药。

①根据加药比和全天的来液量计算出全天的加药量；

②根据全天的加药量折算出每小时的加药量；

③把每小时的加药量在储药罐的液位计上，折算出高度值；

④所需差值固定，保持混药罐的液位在很小的范围内波动。当班工人每小时向混合罐内

加入相应的液位高度。这样就实现了系统的手动加药。

（2）自动加药。

自动加药是指用电磁阀和时间继电器自动控制加药。

①根据加药比和全天的来液量计算出全天的加药量；

②根据全天的加药量折算出每小时的加药量；

③把每小时的加药量在储药罐的液位计上换算成高度值；

④把电磁阀的吸合时间调整到规定的秒数，启动电磁阀，用量筒称量出电磁阀的吸合时间内系统的加药量；

⑤根据每小时的加药量和每次电磁阀吸合所加药量的比值，就可以计算出电磁阀在1h之内跳动的次数，和间隔跳动时间；

⑥适当调节自动加药时间和加药间隔时间，就可以把1h的加药量准确地加入系统中；

⑦把隔膜计量泵排量固定，保持混合药罐的液位不变，启动时间继电器就可以自动向系统加药了。

（3）自动加药和手动加药相比有以下优点：

①自动加药每小时可以多次加药，保证药液浓度和加药比相对稳定；

②采用自动加药只要定时对加药量与手动对比就可以了，减轻了工人的劳动强度。

8. 破乳剂脱水效果分析

（1）在一次沉降罐处看脱水效果。

破乳剂加入系统后，经过在管线内流动液体的搅拌后，进入一次沉降罐中，在这里进行一定时间的物理沉降脱水和化学破乳脱水。通过沉降罐的看窗和油水界面及放水量的变化就可分析出脱水效果。在系统来液量及含水平稳的情况下，油水界面能保持相对稳定，并且在看窗处能够连续放出清水，而且放水量适当，说明破乳剂的脱水效果好，在测定排出水中含油量应小于80mg/L。反之就要加大破乳剂的用量，继续分析脱水效果，如仍不见好转，就要检查其他方面的原因。

（2）在二次沉降罐处看脱水效果。

由于二次沉降设备一般容积较大，油水可以在这里有较长时间的重力分离和破乳分离，容易在沉降罐内形成一个稳定的油水界面，油水界面不随液面的波动而大幅度变化。因此，根据来液含水量和罐放水量及油水界面的变化，就可以判断出脱水效果的好坏。当来液量多于放水量，而油水界面降低，说明脱水效果不好，油水过渡带增宽。当放水量大于来液量，油水界面稳定，说明脱水效果好。当然，影响原油脱水的因素很多，如温度、粘度、采用的措施等，在单一考虑破乳剂脱水时，还应考虑其他因素。

9. 破乳剂的使用注意事项

（1）每进一批破乳剂必须进行同批次抽检取样化验脱水效果，达不到要求应退货，严禁投加、存放。

（2）每次加药时都要目测检查破乳剂的颜色、粘稠、悬浮物多少、桶底沉积量多少，把情况做好记录及时反馈给有关领导。

（3）破乳剂的储药罐每月必须清洗一次，防止罐底有杂物，而堵塞加药管线，影响手动和自动加药。

（4）混合罐在投运后，上水要均匀平稳，要稳定在固定液位，以保证加药浓度均匀一致。

（5）计量泵排量调整到一定数值后，要保持稳定，以便在配制药液浓度时，有一个固定的量值。

（6）用自动加药增大加药比时，只要调小间隔加药时间即可，要微调，不要大范围变动。

（7）在分析破乳剂脱水效果时，应先调查有无其他客观因素影响脱水沉降效果，若有应综合考虑进去。

（8）一次、二次沉降罐的放水量根据来液量的大小，适当进行调整，并尽量保证油水界面稳定在一固定值左右。

（9）对一次沉降罐要调整好出口压力，及时放净罐内气体，防止气阻影响沉降效果。

（10）一次沉降脱水后，原油含水应降为20%～30%，二次沉降后原油含水应降为20%以下。

（三）电脱水

1. 电脱水的机理

电脱水又称为电场力脱水。电场力脱水是指将原油乳状液置于高压电场中，在电场力的作用下，削弱水滴界面膜的强度，促进水滴之间的碰撞，使其聚结沉降，从原油中分离出来的脱水方法。水滴在电场中聚结的方式主要有电泳聚结、偶极聚结和振荡聚结。

（1）电泳聚结。

把原油乳状液置于通电的两个平行电极中，带正电荷的水滴将向负电极运动，带负电荷的水滴将向正电极运动，这种现象称为电泳。由于原油乳状液中的水滴都带有同性电荷，所以将直流电流通入乳状液中的平行电极时，乳状液中的水滴将向相同的方向运动。一方面，水滴在运动中，由于受到原油的阻力而产生拉长变形，并使界面膜机械强度削弱；另一方面，由于水滴大小不等、所带电量不同、运动时受到的阻力不同、在电场中的运动速度不同，使得水滴在运动中发生碰撞、聚结、增大；同时，由于水滴向极性相反的电极区运动，在该电极区附近密集，使水滴在电极附近碰撞聚结的机会增加。这种在电泳过程中发生水滴的碰撞、合并，称为电泳聚结。

（2）偶极聚结。

在高压电场中，原油乳状液中的水滴受电场的极化和静电感应作用，使水滴两端带上不同极性的电荷。这时，水滴两端同时受正负电极的吸引，产生拉长变形，削弱了界面膜的机械强度；特别是在水滴两端，界面膜的强度最弱。原油乳状液中许多两端带电的水滴，在电场中顺电力线的方向排列成"水链"。相邻水滴的正负偶极相互吸引，使水滴相互碰撞合并。这种聚结方式称为偶极聚结。

（3）振荡聚结。

若将工频交流电通入乳状液中的平行电极，电场方向每秒改变50次，水滴两端的电荷极性也随之发生相应的变化，水滴内的各种离子将不断地做周期性的往复运动。离子的往复运动，使水滴界面膜不断地受到冲击，机械强度降低，并使其聚结沉降。这种现象称为振荡聚结。

交流电场内水滴以偶极聚结和振荡聚结为主，直流电场内水滴以电泳聚结为主，偶极聚结为辅。

从电场力脱水的机理可知，这种脱水方法只适用于油包水型乳状液。因为原油的导电率很小，油包水型乳状液通过电极间的空间时，电极间的电流很小，可以建立起脱水所需的电场强度。带有酸、碱、盐等电解质的水是良导体，当水包油型乳状液通过电极间的空间时，电极间的电压下降，电流猛增，产生电击穿现象，难以在电极间建立起必要的电场强度。同样，用电法脱水处理含水率较高的油包水型乳状液时，也易产生电击穿。因此，在处理高含水率原油乳状液时，一般先经沉降、化学破乳等脱水方法，将含水率降低到一定程度后，再进行电场力脱水，通常把这种脱水工艺称为二段脱水。进入电脱水器的含水率一般在15%~30%之间为宜。

2. 电脱水器的类型

用于电脱水的装置——电脱水器的分类：按电脱水器的供电方式分为交流电场脱水、直流电场脱水、交直流双电场复合电脱水三种。按电极悬挂方式分平挂电极、竖挂电极两种。

（1）交流电场脱水。

在交流电场中，原油乳状液的脱水以偶极聚结和振荡聚结为主。这两种聚结的脱水效果和原油含水率有关，含水率较高时水滴的平均直径也大，会有较好的脱水效果。在交流电场中，水滴界面膜受到的振荡力较大，脱出的水清澈，水中含油率较少。另外，交流电场脱水无需整流设备，电路简单。但经交流电场脱水后的原油含水率较高，大约为直流电场脱水的3~5倍。另外，施加于电极上的交流电压呈正弦曲线变化，每一周期内只有两个瞬间使电场强度达到最大值，单位原油乳状液的耗电量约为直流电场脱水的140%，其效率较低，并且交流电场中的水滴容易排列成水链，使电场发生短路。

（2）直流电场脱水。

直流电场脱水避免了交流电场脱水的缺点，其脱水效果较好，电能的利用率较高。但这种方法，需要整流设备，电路比较复杂。

（3）交直流双电场脱水。

交直流双电场脱水就是在原油含水率较高的电脱水器中下部建立交流电场，在原油含水率较低的电脱水器中上部建立直流电场，充分发挥交流电场脱水和直流电场脱水各自的优势，取长补短，是使原油脱水效果更好的一种电脱水类型。实践证明，这种电脱水方法能降低净化原油的含水率，并能较大幅度降低电脱水的耗电量。

3. 其他脱水方法

（1）电磁法脱水。

电磁法脱水是先将原油乳状液通过带电元件，使水滴带电，再使该乳状液通过与其流向垂直的单向磁场。在磁力线的作用下，水滴运动方向将发生偏移，偏向的带电水滴与电性不同的带电体相接触而中和，使水滴聚合在易被水润湿而不易被油润湿的聚合床上，从而达到油水分离的目的。

（2）超声波脱水。

超声波具有破坏原油乳状液稳定的作用，用频率为 $15 \sim 17 kHz$、强度为 $0.1 \sim 0.2 W/cm^2$ 的超声波，与化学法和机械法联合使用，可取得很好的脱水效果。

（3）陶粒法脱水。

当固体与液体接触时，固体表层分子能吸引液体分子，使液固界面能最低，这种现象称为润湿。液体对固体润湿的程度与亲合状况可用接触角 θ 表示，$\theta < 90°$ 为能润湿或亲合良好，$\theta > 90°$ 为不润湿或亲合状况不好。陶粒法脱水，就是利用陶粒的亲水性，使油水混合物中水滴聚结、分离的方法。

（4）离心力脱水。

离心力脱水是根据油和水的密度不同,在以相同的速度旋转时,所受的离心力不同,而实现油水分离的脱水方法。

(四) 电动脱盐技术

原油脱盐常采用电动脱盐技术,就是电脱水和脱盐合二为一技术。该技术以双电场技术为基础。

1. 电动脱水和脱盐的基本原理

电动脱水和脱盐的基本原理是在电动脱水和脱盐操作时,使淡化水与原油成逆向流动状态进入电脱水和脱盐装置,在高强电场作用下,淡化水被碎裂成许多细小颗粒,与逆向而来的原油混合(淡化水"冲洗"作用),使淡化水与盐水多层次接触,在电场减弱时细小颗粒又会较易结合在一起,并且不断增大最后发生沉降,达到脱水和脱盐的目的,脱水和脱盐在同一装置内完成。

2. 电动脱盐技术

电动脱盐技术主要包括电场强度控制技术、强静电混合技术和淡化水与原油的逆向流动技术三个方面。

(1) 电场强度控制技术就是随时间改变电力分配以控制电场的变化,避免小颗粒长时间处于高电场强度区而发生电弧现象。

(2) 强静电混合技术就是依靠合成电极技术和电载响应控制技术,合成电极板和电载响应控制器是电动脱盐系统的重要设备,静电混合周期由颗粒扩散、混合、结合和集结沉降四个处理阶段组成,四个阶段的电场强度变化是由电载响应器来控制。

(3) 淡化水与原油的逆向流动技术就是通过增压设备往电脱水和脱盐装置中注入淡化水,由淡化水分配管(安装在电极板的上方,较靠近原油出口管,使淡化水与原油成逆向流动)的孔眼注入淡化水,使淡水流出孔眼时成粗颗粒状,这种粗颗粒可以防止其被油流携带走,这种逆向流动的设计提高淡水与盐水接触效率,增加了接触层次,提高了脱盐效果,所以淡化水的用量要比传统脱盐系统少。

电动脱盐技术是以双电场技术为基础进行的技术改进,有很多优点,但也有不足之处。

(1) 优点:双电场脱盐和脱水;先进的耐水性合成电极;依靠电载响应控制器控制,使流程受到较小的干扰;多层次的静电混合;淡化水的用量小;逆向流动提高了淡化水与原油接触效率;高强度电场以及电极板分布设计提高了流程抗运动干扰能力;淡水与原油的逆向流动最大限度除去油中固态悬浮物;适合于深度脱盐。

(2) 缺点:难以除去结晶盐;需要较大的变压器提供能量;电载响应控制器控制箱与变压器之间的安装距离不能超过500m。

3. 电动脱水脱盐装置中电极的特性

电动脱水脱盐装置中电极的特性是电极结构类似于钢板电极,但材料主要由纤维增强塑料制成,该电极板中心面为石墨纤维,沿板长度方向具有导电性,电极板表面由一些填塞材料制成,能吸附水,在板表面形成薄水层,成为沿板高度方向的导电媒介。它的这一特点增加了电极板的耐水性,克服了钢电板由于过于频繁电弧作用,具有承受高电压及高温等特性。

(1) 绝缘衬套是一个技术上要求很高的设备,除了起绝缘作用外,它还具备高压密封、耐高温和防腐蚀等特点。绝缘衬套的中心部分为导电体,由黄铜与不锈钢组成。导体外层为聚酰亚胺和特氟隆,耐高温、耐腐蚀,能抗超过60kV高压电。

(2) 电极悬挂器的特点。

电极悬挂器是由玻璃纤维、铸造纯特氟隆等材料组成,具有良好的绝缘性、耐高温性和抗拉性等特点。

(3) 静电混合周期。

静电混合周期由颗粒扩散、颗粒混合、颗粒结合和颗粒集结沉降四个处理阶段组成,每一次的电脱水和脱盐过程就是一个静电混合周期。

①颗粒扩散阶段:电压急剧上升,直到混合阶段,大量的大颗粒水由于电场作用迅速减少;同时,小颗粒水结合量也在减少。

②颗粒混合阶段:电场强度最大,水颗粒被最大限度细分并扩散,此时被细分的淡化水最易渗透到原油中。

③颗粒结合阶段:电场强度转弱阶段,使小颗粒水相互结合成较大的颗粒,大部分的淡水与油中的盐水结合发生在这个阶段。

④颗粒集结沉降阶段:电场强度达到最低,最有利于已结合在一起的大颗粒水发生沉降。大颗粒水由于质量的原因很快沉到水层区,部分小颗粒水沉降速度慢,有可能仍处在电场区,进入下一个周期循环过程。

4. 增强原油脱水脱盐效果可采取的措施

(1) 在电动脱盐器前增加一个脱气罐,加强对气体的分离。

(2) 提高操作温度,降低操作压力,降低原油粘度,便于脱水沉降和便于脱 H_2S。

(3) 提高电场电压到60kV,用以加强原油与淡水混合效果。

(4) 加入破乳剂,用以加强脱水效果。

三、沉降分离设备

沉降分离设备是一种物理脱水方式,可分为立式沉降罐和卧式沉降罐。一般情况下立式沉降罐为常压容器,卧式沉降罐为压力容器。

(一) 立式沉降罐

图2-45是目前常用的一种立式原油脱水沉降罐。这种沉降罐,适合于含气量很少、工作压力接近常压的情况下。工作时,油水混合物经配液管中心汇管通过辐射状配液管进入罐底部的水层内,其中的游离水、破乳后粒径较大的水滴、盐类和亲水固体杂质等在水洗的作用下并入水层;原油及其携带的粒径较小的水滴在密度差的作用下,不断向上运动,且水不断从油中沉降出来;当原油上升到沉降罐上部液面时,其含水率大为减少,经中心集油槽通过排出管排出。沉降罐底部的污水,经由液力柱塞阀控制高度的上行虹吸管吸至一定高度后,通过下行虹吸管与排水管排出。

辐射状配液管离罐底高度一般为0.5~0.6m,在管底沿长度方向开有若干小孔,为了在罐截面上进料均匀,开孔的直径从罐中心向罐壁方向逐渐增大。

为了充分发挥破乳剂的作用,通常将沉降罐内排出的部分污水回掺到入口管线内,并要求从回掺点流至沉降罐的时间不小于15min。

根据原油性质的不同,有的需要增加底水层的高度,以增强水洗作用;有的需要减小底水层的高度,以增强重力沉降作用。这就需要调节和控制油水界面的位置。底水层的高度由装在上行虹吸管顶端的液力柱塞阀调节控制。当液力柱塞阀的柱塞向上运动时,污水流经柱塞和上行虹吸管间隙处的阻力减小,水层高度减小,油层高度增加;当液力柱

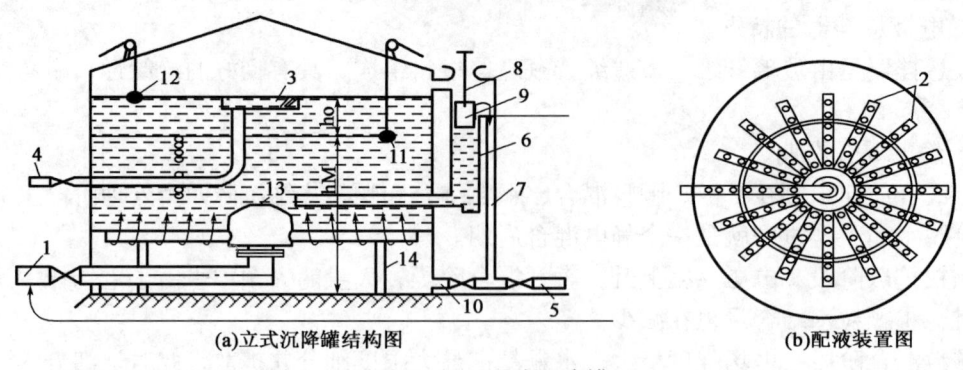

图2-45 立式沉降罐

1—油水混合物入口管；2—辐射状配液管；3—中心集油槽；4—原油排出管；5—排水管；6—虹吸上行管；7—虹吸下行管；8—液力阀杆；9—液力阀柱塞；10—排空管；11—油水界面浮子；12—油面浮子；13—配液管中心汇管；14—配液管支架

塞阀的柱塞向下运动时，污水流经柱塞和上行虹吸管间隙处的阻力增大，水层高度增大，油层高度减小。这样，调节液力柱塞阀的柱塞位置，就可在较大范围内调节沉降罐内油水界面的位置。

当混合物中含有一定量的天然气时，可在沉降罐旁设置由大直径立管构成的简式油气分离器，使混合物沿切线方向进入立管中上部，天然气从立管上部分出，油水混合物从立管底部进入沉降罐。这样，既避免了天然气对罐内油水混合物的搅拌，又避免了油气水不均匀液流对沉降罐的冲击，使沉降效果增强。

（二）卧式沉降罐和游离水脱除器

1. 卧式沉降罐

常用的卧式沉降罐的结构如图2-46所示。这种沉降罐，常用于含有一定量的气体，具有一定工作压力的情况下，其工作原理和过程与立式沉降罐类似。目前，更常用的是兼有气液分离作用，以脱水为主要目的的多功能综合分离设备，其结构如图2-47所示。

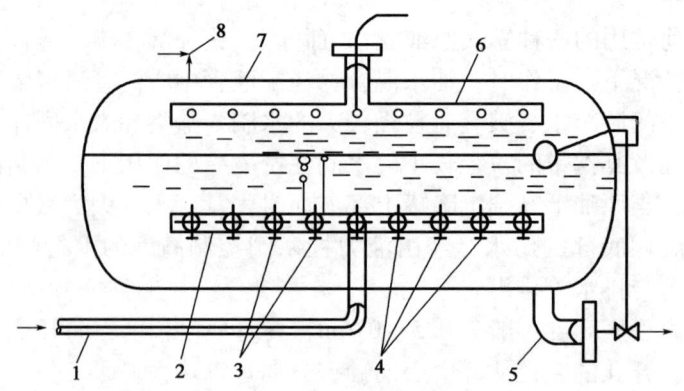

图2-46 卧式沉降罐

1—油水混合物入口管；2—配液汇管；3—配液管；4—槽形板；5—排水管；6—集油汇管；7—壳体；8—安全阀

2. 游离水脱除器

游离水脱除器是原油一段脱水的主要设备，在油田上被广泛应用。

（1）游离水脱除器的结构。

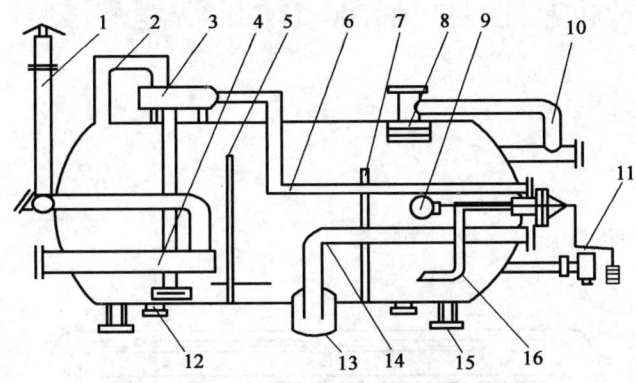

图2-47 多功能综合分离设备

1—烟囱；2—平衡管；3—入口分离包；4—火管；5、7—隔板；6—进口管；8—捕雾器；9—浮球；
10—气体出口；11—调节阀；12—排污口；13—沉降包；14—沉降水管；15—鞍座；16—出油管

游离水脱除器主要由壳体、分液板、金属波纹板聚结器、集油槽和集水槽组成，如图2-48所示。

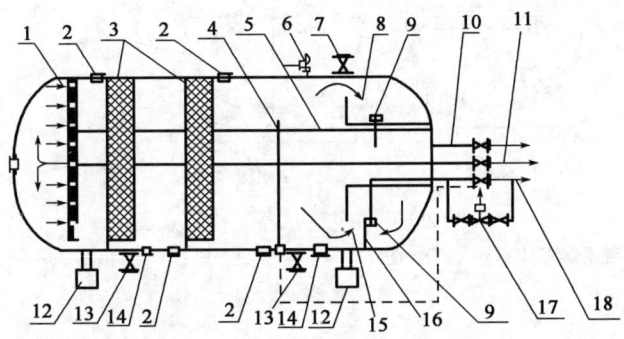

图2-48 游离水脱除器结构示意图

1—分液板；2—人孔；3—金属波纹板聚结器；4—油水界面测量仪；5—油水界面；6—安全阀；7—放空阀；
8—集油槽；9—破涡板；10—出油管；11—进油管；12—鞍式支座；13—排污阀；14—手孔；15—集水槽；
16—隔板；17—自动调节放水阀；18—出水管

（2）游离水脱除器的工作原理。

高含水原油从进油管进入游离水脱除器内。分液板起防冲和稳流作用，高含水原油通过分液板上的圆孔进入沉降环境相对比较宁静的区域，并依次通过两道金属波纹板聚结器，油水沉降分离。在油水界面处油水进行交换，油中的游离水从油中逐渐下沉到油水界面以下；粒径较大的乳化水通过金属波纹板聚结器时，金属波纹板的亲水憎油特性使水滴不断地在金属波纹板的表面湿润聚结成更大的水滴下沉到油水界面以下；水中的浮油向上浮升到油水界面以上。脱水后的原油进入集油槽中，从出油管排出；分离出的含油污水进入集水槽，从出水管排出。油水界面测量仪可随时检测油水界面的位置，并自动调节放水阀的开启度，控制油水界面的位置。

（3）游离水脱除器的技术参数。

①工作温度为35~40℃，比原油凝点高出5~10℃为宜。

②工作压力为0.3~0.4MPa，压力波动范围在±0.05MPa之间。

③进料原油必须经过油气分离。

④油水界面的控制高度根据进料原油的油水体积比来确定。

四、电脱水设备

（一）电脱水器

1. 基本结构

电脱水器的基本结构如图2-49所示。

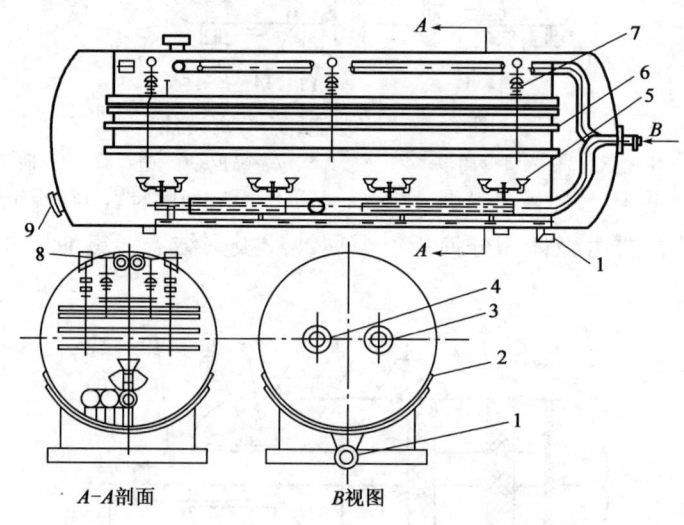

图2-49 电脱水器结构示意图

1—放水口；2—电脱水器壳体；3—净化油出口；4—含水油进口；5—进液管；6—电极；7—悬垂绝缘子；8—绝缘棒安装孔；9—人孔

2. 工作原理

工作时，含水原油通过进液分配管先进入电脱水器内油水界面以下的水层中，经水洗作用除去游离水；再自下而上沿水平截面均匀地经过电场空间，在高压电场作用下，水滴不断聚结，分离，并沉降至电脱水器底部，经放水排空口排出；原油中的含水率不断降低，最后经顶部管线排出。在油层和水层之间，通常有50~100mm厚的油水共存层。电脱水器内水位的高低，可通过液位表进行观察。

3. 电脱水器电极

电脱水器内的电极由悬垂绝缘子吊在壳体上，通常按偶数层水平放置。根据对脱水效果的要求不同，可以有两层、四层、六层等。使用多层电极时，相间电极以导线相连。两组电极的导线由与壳体绝缘的聚四氟乙烯绝缘棒引出，并连接在脱水变压器的输出端。为了满足原油含水率逐渐减小对电场强度的要求，相邻电极的间距，自下而上逐渐减小，电场强度自下而上逐渐增大。电极的矩形框架由圆钢或钢管制成，框架上铺有用16~18号镀锌铁丝制成的丝网（或由φ10mm的钢筋焊接而成），网格间距一般为60~80mm。为了安装和检修的方便，每层电极又分为若干段，段与段之间由连接板和螺栓相连。

（二）交直流复合电脱水器

由于交直流复合电脱水器脱水质量高，节能效果好，在油田上应用较为广泛。

1. 结构

交直流复合电脱水器主要由进油管、预沉降室、进油槽、布油孔、电极、悬挂绝缘子、出油管、排水室、出水管和油水界面测量仪等组成，如图2-50所示。

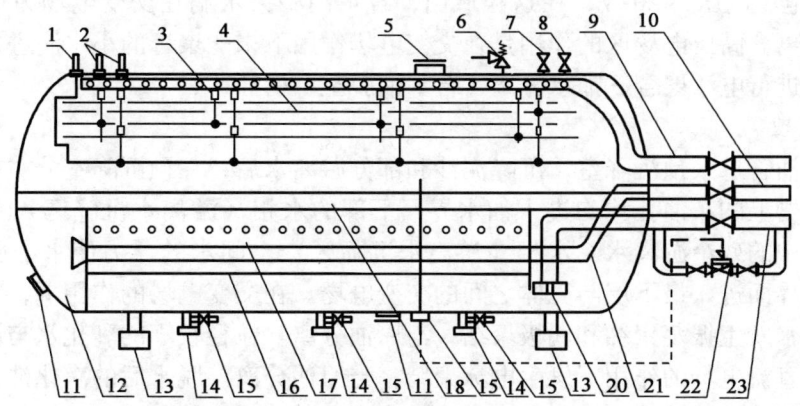

图2-50　交直流复合电脱水器结构简图

1—交流电极接线绝缘棒；2—直流电极接线绝缘棒；3—悬挂绝缘子；4—电极；5—透光孔；6—安全阀；7—小放气阀；
8—大放气阀；9—出油管；10—进油管；11—人孔；12—预沉降室；13—鞍式支座；14—排砂口；15—放水口；
16—进油槽；17—布油孔；18—油水界面；19—油水界面测量仪；20—破涡板；21—排水室；
22—油水界面调节阀；23—出水管

2. 电极

交直流复合电脱水器中，最下层电极提供交流电，最下层电极与壳体之间形成交变电场。上层3个电极提供直流电，形成直流电场。交变电场对乳化原油含水量的变化有较大的适应性，乳化原油中粒径较大的乳化水在交变电场的作用下聚结沉降。粒径较小的乳化水进入直流电场后，在直流电场的作用下聚结沉降，如图2-51所示。

3. 区间划分

交直流复合电脱水器的内部区间分布如图2-52所示，交直复合电脱水器的内部结构有游离水沉降（脱除）区、预处理电场区、高压电场区、安装检修区。

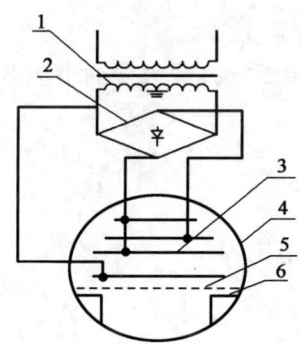

图2-51　电脱水器电极板电路示意图

1—升压变压器；2—高压硅堆；3—电极；
4—电脱水器壳体；5—油水界面；6—进油槽

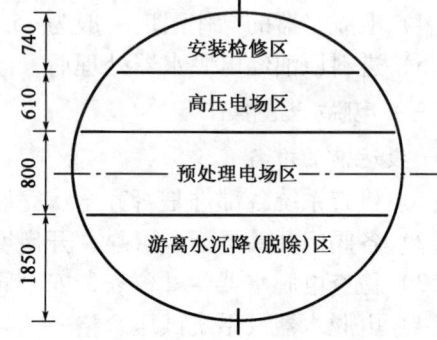

图2-52　交直流复合电脱水器内部区间分布

（1）游离水沉降区的作用。

游离水沉降区的作用是高含水原油经过20min沉降，油水就能分层，高含水原油在这个区内进行重力沉降，脱出部分游离水。

（2）预处理电场区和高压电场区的作用。

预处理电场区和高压电场区的作用是在底层电极和水洗层间施以交变电场，电场强度为0.25kV/cm，电场电压为20kV，在这区域内，含水油中大水滴在交变电场力作用下；偶极聚合，油水分离。高压电场区的作用是在交变电场作用下未能聚合的小水滴进入电脱水器层间的直流电场进行电泳聚合，油水分离，含水油脱至合格油。

4. 工作原理

原油从进油管进入预沉降室，沉降泥沙和部分游离水后，在预沉降室分左右两路进入进油槽，从进油槽上的布油孔均匀进入油水界面下部的水相（游离水沉降区）空间，进行水洗，脱除原油中的残余游离水。水相（游离水沉降区）空间水的浮力使水洗后的原油自下而上经过油水界面进入最下层与壳体之间的交变电场。在交变电场的作用下，乳化原油中粒径较大的乳化水发生振荡聚结和偶极聚结，与原油分离。粒径较小的乳化水与原油一起进入直流电场，在直流电场的作用下发生电泳聚结，与原油分离。脱水后的净化油汇集电脱水器顶部，经出油管排出电脱水器。分离出的水沉降到电脱水器底部，从前端板的底部进入排水室，通过出水管排出电脱水器。

5. 技术要求

（1）对电脱水器进料原油的要求。

①进料原油必须脱除天然气；

②进料原油经预沉降脱除游离水和泥沙；

③进料原油要求原油含水30%左右，原油含水最高不大于40%。

（2）对电脱水器操作压力的规定。

①电脱水器控制压力在0.15~0.25MPa，最高工作压力不大于0.3MPa；

②压力波动应小于0.01MPa；

③压力小于0.1MPa时不得送电；

④安全阀定压0.4MPa，压力在0.35MPa时要报警。

（3）根据原油乳状液脱水的难易程度，确定原油乳状液在电脱水器中的停留时间，一般为40~60min。

（4）电脱水器的操作温度一般为45~65℃，平均操作温度55℃。

（5）进料原油经电脱水器处理后，净化油含水率小于0.5%，污水含油小于100mg/L。

（三）电脱水器的操作

1. 投运前的准备

（1）检查系统各部件是否齐全、完好。

（2）各阀门开关灵活、可靠，开启度处在生产规定的范围内。

（3）检查电脱水器各种仪表，安全阀应灵活、好用。

（4）电脱水器及系统试压合格，达到规定的范围。

（5）检查各种电器设备、变压器、整流硅堆、可控硅调压装置，安全阀认真检查并有记录，达到投产要求。

（6）可控硅调压装置上的主回路熔断器，符合要求；检查变压器接线是否正确，变压器油位应在1/2以上。

（7）检查绝缘棒和接地电阻，接地电阻不大于10Ω。

（8）电脱水器内要清扫干净，特别是铁丝、电焊渣及器壁上的尖角、毛刺要清除干净。

（9）检查测量电极间距离、电极与器壁间的距离、高压引线和电极间距。

(10) 检查放空阀完好，电脱水器顶部确认无人后，关闭安全门。

2. 电脱水器空载投运

(1) 已运行过的电脱水器空载送电试验时，必须用蒸汽吹洗干净，用可燃气体报警器检测合格后方可送电。

(2) 打开电脱水器人孔，在人孔适当位置设观察点。

(3) 检查电路和电器设备确认无问题时，装上熔断器，然后合闸。

(4) 按启动按钮空载送电，从人孔处观察电路和电脱水器内有无异常声音及局部尖端放电现象；发现尖端放电或局部放电，应停电后进行调整。

(5) 当空气潮湿时，空载应调为低压。

(6) 空载送电时，电压指示应为正常值，电流指示应为零或接近于零。

(7) 电脱水器空载送电最好在夜间进行，以便观察放电位置。

3. 电脱水器投运

(1) 空载送电确认无问题后封闭人孔，检查流程和附件。

(2) 打开电脱水器顶部的大放气阀，向电脱水器内进净化油或含水油，进油时要慢且稳。

(3) 当油进到电脱水器容积的 3/4 时，关闭顶部的大放气阀，打开小放气阀，放净全部气体。电脱水器进油放气时，电脱水器顶部必须有专人看管，防止跑油事故的发生。

(4) 油进满后，关闭顶部的小放气阀进行试压，检查人孔、绝缘棒、法兰、阀门等处应无渗漏。

(5) 控制电脱水器压力为 $0.15 \sim 0.25$ MPa。

(6) 关闭安全门，装上熔断器，然后合闸送电。

(7) 按启动按钮送电试运，送电后注意观察电流和电压变化。

(8) 电脱水器正常工作后，电流小于 50A，电压为 380V 左右。

(9) 电脱水器运行中操作应做到"三勤，五平稳"，即勤检查，勤调整，勤分析；排量、压力、加药量、温度、水位平稳。

(10) 控制好电脱水器水位，当油水界面稳定后，逐步打开放水阀和看窗，及时放水，水位保持中水位，放水看窗清澈透明。净化油含水率应低于 0.5%，发现问题及时分析处理。

4. 电脱水器的停运

(1) 停电脱水器前，提前半小时控制加热炉的火，防止脱水炉发生汽化。

(2) 按停止按钮，停止送电，断空气开关，并打开电脱水器顶部安全门；拔掉电脱水器主要电路上的大、小熔断器，并挂上"勿送电"的警示牌。

(3) 打开电脱水器旁通阀门，关闭电脱水器进、出油阀门。

(4) 若长时间停运，用压缩空气进行扫线、排空。

(四) 电脱水器检修

1. 电脱水器检修内容

(1) 检修时重点检查电器部位的电极、悬挂绝缘棒及供电系统是否正常。

(2) 清洗极板，清除电脱水器内的沉积物。

(3) 检修时应挂"检修禁止送电"警示牌，并设监护人。

(4) 检修后要在安全部门协助下进行探伤，符合质量要求，方可投产。

2. 电脱水器维护保养

（1）电脱水器二级保养内容及要求。

电脱水器二级保养时间为7200h。

①电脱水器控制柜重新进行调试。

调整截止电流值准确无误，检验移相环节、稳流环节、截止环节性能是否可靠，插件板完好无损。

②检修供电设备。

清洗变压器、硅整流器，其变压器油放出过滤后进行耐压值实验，达到耐压要求。整流器内硅管进行性能测试达到可靠。

③清洗电脱水器。

检查电脱水器内部接线端子是否可靠，拆下绝缘套管、悬挂绝缘子和绝缘棒，进行12×10^4V耐压实验，达到可靠。

④清洗电极板。

检查电极板损坏情况及时修补，检查极板平整，极板不平度小于10mm，极板不水平度小于10mm，极板间距误差小于3mm。

⑤检查仪表及安全装置。

重新调安全阀，达到灵敏，重新检验标定油水界面指示调节仪，达到灵活好用，线性好。

⑥检查供电设备的接地及绝缘性能。

利用万用表或摇表检查电脱水器接地性能及硅整流器、变压器绝缘性能，满足原设计要求。

（2）电脱水设备三级保养的内容及要求。

电脱水设备三级保养时间为14400h。

①进行二级保养的全部内容。

②更换电脱水器控制柜内的两块插件板。

③更换电脱水变压器、硅整流器内变压器油。

④更换电脱水器内绝缘套管，悬挂绝缘子及绝缘棒。

⑤根据情况更换硅整流器内硅管，保证使用性能。

⑥电脱水器进、出油管线、排污管线进行吹扫，达到流程畅通。

⑦电脱水器内极板进行维修平整达到二级保养要求，严格防止局部尖端放电。

⑧安全阀、调节阀、油水界面探头重新进行调试，工作平稳可靠。

⑨控制柜上电流、电压表进行校正，更换调整电位器。

（3）电脱水器检查时间及内容。

①每年停产检修、清淤一次，原油含砂严重的半年清淤一次，并认真进行检修。

②变压器每季度擦洗高压引线瓷瓶一次，每半年对变压器油进行一次耐压试验。

③硅整流器每季度擦洗高压引线瓷瓶一次，每半年测反向绝缘电阻、硅管耐压和变压器油耐压试验一次。

④每半年对可控硅电压自动调节器的稳流、截止进行一次调试。

⑤电脱水绝缘棒每季度清洗一次，并规定两年更换，防止事故发生，影响正常生产。

⑥每季度对脱水压力调节、油水界面调节系统调校一次。

(五) 电脱水器的故障及处理

1. 电脱水器电场波动

（1）现象：电脱水器电压、电流表指针突然上下摆动，从电脱水器内连续发出"啪啪"的放电声。

（2）原因：正常运行时，电脱水器极间从上到下已经建立了一个比较稳定的电场梯度，在电场空间的原油含水率从下至上逐渐降低，维持了各层电极之间电压平衡。当高含水原油或严重乳化的原油突然进入电脱水器电场时，已经建立的电场秩序被打乱，由于高含水原油和乳化原油的导电性强，在电场中形成水链，引起极间放电，脱水电流突然上升，电压下降。另外，操作不稳，电脱水器水位过高、放水不及时，电脱水油温过低等，也会产生同样的现象。

（3）判断：检查电脱水器水位控制是否过高，油温是否过低，化验进电脱水器的原油含水是否有异常变化，是否有老化油或回收落地油进站等。

（4）处理：若是电脱水器水位过高，应立即加强放水降低水位；若是原油含水突然升高，应控制电脱水器处理量，查找含水变化原因，并处理；若是进电脱水器油温过低，要立即升温或降低处理量提高温度；若是严重乳化的原油进入电脱水器，要加大破乳剂浓度或用量。

（5）预防：操作要做到勤检查、勤分析、勤调整，严格控制电脱水器水位；对沉降罐要定时进行巡回检查，严防把沉降罐底水打入电脱水器内；处理长期存放的乳化或落地油时，要各岗位密切配合，加大破乳剂用量，并提高加热炉温度，根据电场的工作情况适当控制电脱水器处理量；经常检查加热炉燃烧器的燃烧情况，如不正常要及时拆卸检查，防止喷嘴出现堵塞。

2. 电脱水器电场破坏

（1）现象：电脱水器电流急剧上升，电压大幅度下降，关闭电脱水器出口阀门，静止通电时，电压也迟迟不能恢复。

（2）原因：在电脱水器内悬挂的水平电极，极间距离从下到上逐渐减少；在施加固定的高压电以后，上层电极间的电场强度高，下层电极间的电场强度低，含水原油从底层进入电场，在高压电作用下水滴相继沉降脱出，从下到上含水逐渐减少，导电率逐渐降低，正好维持各电极间电压平衡。如果电场空间某局部区域原油性质突然发生变化，例如含水升高，原油乳化严重等，这时电场的平衡状态就会遇到破坏，电流不断上升，电压大幅度下降，电脱水器失去正常的脱水电场。

（3）判断：检查操作过程的脱水温度、流量是否变化太快，水位控制是否过高，进入电脱水器内的原油含水是否较高，了解是否有老化油或落地油打入电脱水器内。

（4）处理：提高脱水温度，加大破乳剂浓度和用量，帮助恢复电场；减小或关闭电脱水器出油阀门，保持正常工作压力，进行静止通电恢复电场；或从电脱水器出油管线压入净化油，替换电脱水器电场空间中的含水油，使电流下降，电压上升，电场恢复。若上述方法都不能使电场恢复，则需将电脱水器内的油水混合物全部排出，用净化油按投产方法重新进行投产。

（5）预防：保证平稳操作，控制脱水流量、压力、温度变化要缓慢，水位不能过高，一般保持中水位；沉降罐（或游离水脱除器）要注意放水，使水位尽可能保持稳定，防止进电脱水器的原油含水突然增加；处理存放时间长的乳化油或落地油时，要事先做好准备，加大破乳剂使用量；在操作中发现电场波动时，要及时进行处理。

3. 电脱水器绝缘棒击穿

（1）现象：电流突然上升，电压下降到接近零，严重时电脱水器根本送不上电。

（2）原因：绝缘棒击穿有两种可能：一是安装时在绝缘棒台阶处产生裂痕，被高压电击穿；二是当绝缘棒外表面附着水分或其他绝缘性能差的泥沙时，高压电通过绝缘棒表面与壳体接地导通，形成高压短路将绝缘棒表面击穿烧坏，出现树枝状裂纹，严重时可将绝缘棒全部烧透剥开。

（3）判断：可先用摇表检查导电杆是否接地，需要时再拆出绝缘棒检查。

（4）处理：更换绝缘棒，其操作步骤是：关闭电脱水器进出口阀门，拉下送电闸刀，拔下电脱水器主电路的熔断器和控制线路上的熔断管，并挂上"禁止送电"安全牌；从放水阀泄压，使出口压力表指示为零；待电脱水器顶部变压器接地放电后，打开绝缘棒法兰处的放空阀，检查电脱水器内是否带压，油面是否降到法兰短节以下；拆卸绝缘棒外部高压引线，卸下绝缘法兰盘，取出绝缘棒；将绝缘棒与电极引线连接的螺丝卸下，并将引线固定在法兰上，防止脱落掉进电脱水器内；更换绝缘棒后，按上述相反次序进行安装。

（5）预防：平稳操作，防止水位过高等可能引起绝缘棒击穿的原因发生；选用机械强度高、表面光滑、憎水的绝缘材料做绝缘棒；改进绝缘棒的外部形状，减少水滴或其他导电物的附着等。

4. 电脱水器电极损坏

（1）现象：电脱水器电流突然升高，电压降至零；送不上电，检查绝缘棒与外界电路均无损坏。

（2）原因：在电脱水器内，由于高压电场作用，乳化原油中的水滴不断碰撞、合并、沉降，当水滴在电极间形成水链时，局部高压短路，引起电极放电，在电脱水器外可以听到"叭、叭"的放电声，电脱水器放电的一瞬间不仅电流突然升高，而且对电极有一定的锤击作用。当电极丝已经发生局部腐蚀的时候，由于放电作用，电极很容易被打断，打断的极丝脱落到下层电极上，形成高压短路，电流很高，电脱水器送不上电。

采用高压直流电脱水时，因为电流在电极间定向移动，阳极的电极丝更容易腐蚀损坏，电极丝由于材质不均匀，表面不光滑，在原油中所含硫化物、盐类的作用下，往往在较短时间里就会发生局部腐蚀。

（3）判断：电脱水器送不上电，首先检查绝缘棒与外部电路，如无损坏可拆掉绝缘棒高压引线，用摇表测量两相电极是否短路；如果电脱水器在送不上电以前放电声很大，突然送不上电，可能是电极烧坏；电脱水器抽空扫线后，打开入口进行空载送电，在送电时如果发现电极间有弧光放电，证明电极丝已经脱落在另一相电极上；在空气潮湿的季节里，有时电极无损坏，空载送电时也会产生极间放电现象，这时的放电并不是电极短路，而是由于电脱水器内空气击穿造成的，只要降低电压则无此现象。

（4）处理：电脱水器停产扫线，按操作要求进行电脱水器内补焊检修电极，如果电极丝普遍腐蚀，应全部更换。

（5）预防：平稳操作，避免因流量过大，水位过高，温度过低等引起严重放电现象发生；电极安装要保证水平，电极间距误差一般不超过10mm；选择耐腐蚀、强度高、导电好的金属材料做电极极丝；将电极绕成网状结构，这样即使电极丝腐蚀烧断，也不会脱落造成高压短路。

5. 电脱水器沉砂与放水管线结垢

（1）现象：电脱水器水位经常升高，将放水阀全部打开仍不能降低水位，必须降低处理量才能维持正常生产。

（2）原因：在高粘度原油的采集过程中，一部分油层含砂往往同油气一起被携带到地面。在低温下因为原油粘度较大，它们不易从原油中沉降出来。当加热进入脱水器以后，粘度小，流速减缓，泥沙同水一道沉降，泥沙易于和盐一起形成垢物，堵塞放水管线，使污水无法正常排出。

（3）判断：敲打放水管线，如无污垢则发出清脆的回音；如声音发闷，证明管线已经严重结垢；一般稍有结垢时，放水阀门关闭不严，由此可以判断已有结垢产生。电脱水器沉砂，一般是周期性的，沉砂严重时水位经常波动，污水带油较多。

（4）处理：电脱水器沉砂严重时，需要停产扫线，进行清砂；清砂后，可用50%的稀盐酸清洗电脱水器和管线；若管线结垢严重，应更换管线。

（5）预防：掌握电脱水器沉砂周期，定期进行清理；采用大罐沉降放水的方法，把沉砂处理在沉降油罐内；适当加大放水管线直径，延长结垢处理周期；在原油含水不高时，可用降低破乳剂溶液浓度，增大加入量的方法，冲淡含盐浓度。

6. 电脱水器爆炸

电脱水器抽空扫线后，内部存在着大量的油气，它们和空气混合到一定比例，就成为危险的可爆气体。为了避免空载送电时，电极间产生的火花引起爆炸，电脱水器人孔应该打开，而且操作人员要离开人孔位置，确信不会发生爆炸以后方可靠近人孔观察。

电脱水器每次投产时，都要把容器内的气体放净，直到电脱水器顶部最高位置放空阀见油后才允许送电。电脱水器在正常运行时，压力要控制在 0.15～0.25MPa，压力低于 0.1MPa 不得送电。

7. 电脱水器跑油

电脱水器跑油主要是由于操作疏忽造成的。电脱水器进油时，顶部放气阀不应离人，特别是在油面上升接近到电脱水器顶部时，要随时掌握油的上升速度和位置，并对放气阀进行控制，避免从放气阀溢油。

在正常运行时，操作人员要经常检查水位的变化，防止因放水过多，水位过低引起污油从排水管放出。

五、常用原油脱水流程

在实际应用中，因为绝大部分的油井产物都有乳化水的存在，所以很少单独利用重力沉降脱水的情况，通常是根据需要，将化学破乳、电场力破乳、重力沉降等多种形式进行不同的组合，构成复合脱水的工艺流程。

（一）化学沉降脱水流程

1. 一次破乳—两级沉降脱水流程

图 2－53 为一次破乳—两级沉降脱水流程的示意图。经气液分离后的油水混合物，先进一次沉降罐，在重力沉降的作用下脱去游离水；再在脱水泵的抽吸、搅拌作用下加入破乳剂，并经加热炉升温后进二次沉降罐，乳状液得以破乳沉降。该流程适用于油水混合物乳化较轻，破乳容易，沉降设备较多或要求的原油含水率较高情况。

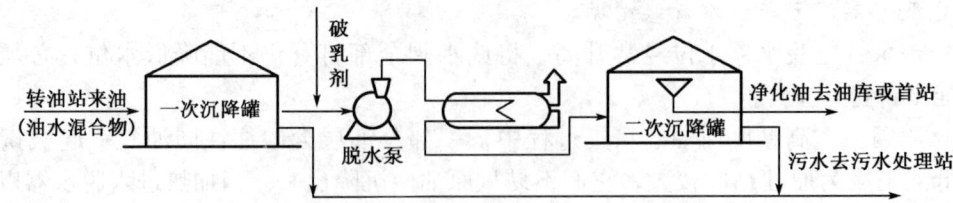

图 2-53　一次破乳—两级沉降脱水流程

2. 二次破乳—两级沉降脱水流程

图 2-54 为二次破乳—两级沉降脱水流程的示意图。经气液分离后的油水混合物，先加入一次破乳剂后，进一次沉降罐，破乳沉降，脱去原油中大约 80%～90% 的含水；再加入二次破乳剂，并经加热炉升温后进二次沉降罐，破乳沉降。该流程在一次破乳沉降中脱除了大部分的含水，使二次破乳剂的加入量、加热炉的热负荷、二次沉降罐的容积等都大为减小，提高了脱水的运行效率和脱水效果，适用于油水混合物的含水率较高，乳化较重的情况下。

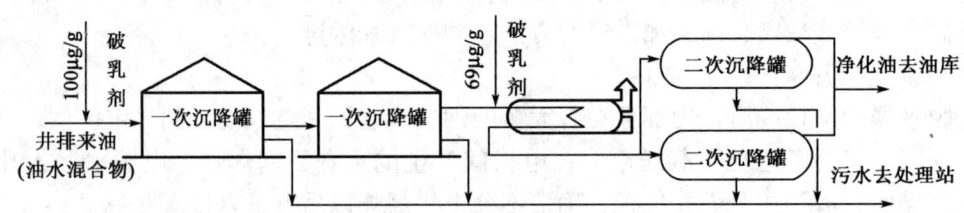

图 2-54　二次破乳—两级沉降脱水流程示意图

值得注意的是，在化学破乳沉降脱水工艺流程中，破乳剂的加入时间，对脱水效果和效率有较大的影响。加入过晚，由于我国目前使用的破乳剂大部分是水溶性的，随着沉降罐中油水的分离，分离出的水会溶解没作用的破乳剂，使破乳剂的利用率降低；加入过早，破乳后游离出来的水不能及时分出，随着在管道中流动、搅拌等作用，会重新乳化。这种二次乳化状态，往往比一次乳化状态更稳定，造成脱水的更大困难。因此，要根据乳状液的性质、流程特点等，确定合适的破乳剂加入点。

（二）电化学沉降脱水工艺流程

电化学沉降脱水是利用化学破乳、电场力破乳、重力沉降等多种方法的综合脱水工艺根据乳状液的含水、粘度等性质的不同，其工艺过程也有差异。

1. 一段电化学沉降脱水工艺流程

一段电化学沉降脱水工艺流程如图 2-55 所示。在该流程中，以电场力脱水为主，化学破乳为辅。这种流程适用于含水量小于 20% 的乳状液破乳脱水，其脱水效果较好，成本较低。

2. 二段电化学沉降脱水工艺流程

二段电化学沉降脱水工艺流程如图 2-56 所示。这种流程用于含水率较高的乳状液脱水处理，在一段热化学破乳沉降过程中，脱除大部分水，将乳状液的含水率降低到适应电脱水器工作要求的 30% 以下；再进行电脱水，使原油含水率达到外输要求。

3. 高粘度原油脱水工艺流程

高粘原油的脱水工艺流程如图 2-57 所示。高粘度原油的脱水，需要较高的温度，脱水

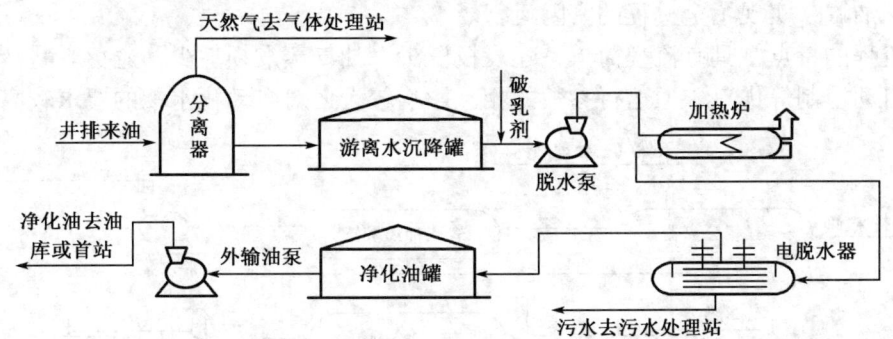

图 2-55 一段电化学沉降脱水流程示意

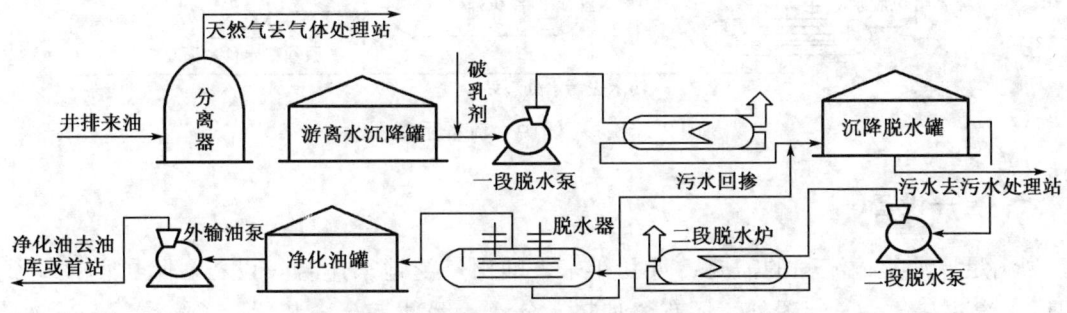

图 2-56 二段电化学沉降脱水流程示意图

后的原油,若直接外输,不仅浪费能量,而且增加油品的蒸发损耗。为此,在这种流程中设置了换热器,将电脱水后的原油引回换热器,与加热前的原油乳状液换热后再外输,提高了热能的利用率,降低了脱水成本。

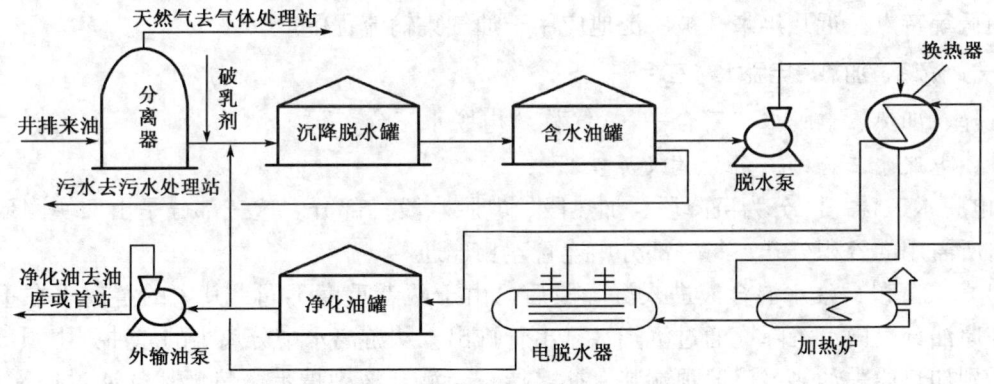

图 2-57 高粘原油脱水流程示意图

(三) 密闭脱水工艺流程

在以上介绍的几种脱水工艺流程中,都设有常压的沉降、净化油储油罐。这种工艺流程统称为开式流程(也称为非密闭流程)。开式流程的特点是运行比较可靠,自动化水平要求不高,但油品蒸发损耗多,特别是在温度较高时,这一点更为突出。另外,压能不能叠加利用,系统运行效率较低。

如图 2-58 为密闭脱水工艺流程。在该流程中,以三相分离器代替了开式流程中的气液分离器和一次沉降罐,以可承受一定压力的卧式缓冲罐、压力沉降罐等代替了开式流程中的立式常压储油罐，实现了全过程的密闭运行。

密闭流程的特点：具有流程简单，建设投资少，油气蒸发损耗少，避免乳状液老化，有利于实现自动控制等优点。但运行参数的相互影响较大，对自动化水平的要求较高。

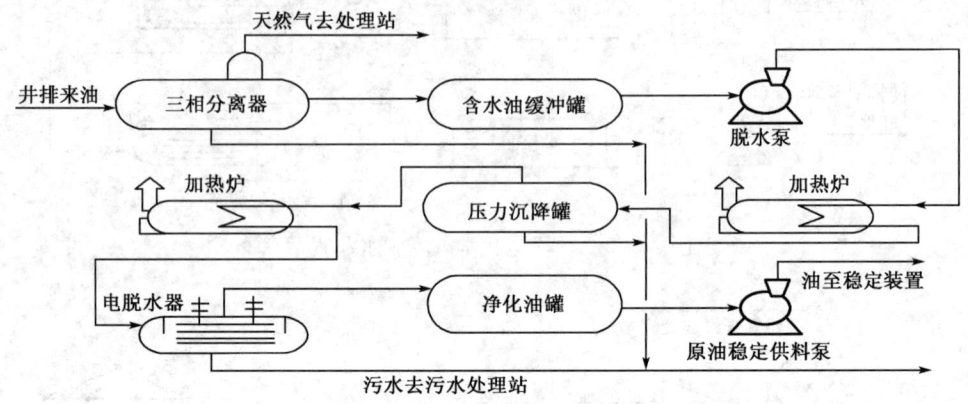

图 2-58　密闭脱水流程示意图

六、合一设备

为满足原油集输流程的需要，近几年来，油田广泛地采用合一设备。除了前面讲到的"加热、缓冲二合一"装置外，还有"加热、分离、缓冲三合一装置"（简称"三合一"）、"沉降、加热、分离、缓冲四合一装置"、"沉降、加热、分离、缓冲、电脱水联合装置"（简称"五合一"）等多种形式的合一设备。

合一设备的特点：合一设备是把几台设备有机地组合在一起，每一部分分别起着各自作用的联合装置。合一设备具有简化流程、减少工序、施工简单、节省材料、占地面积少、投资费用低等特点。近几年来，被广泛地应用于油气集输流程中。

（一）沉降、加热、电脱水"三合一"

沉降、加热、电脱水"三合一"（简称"电脱水三合一"）。

1. "电脱水三合一"的结构及原理

"电脱水三合一"分为沉降段、加热段、电脱水段三部分。这三部分是由两块圆形隔板按各自所需用的容积分开，每一部分用连管互相连通。

（1）沉降段：油水混合液进入沉降段后，由于两者重度不同，其中的游离水在重力作用下与原油分离向下沉降，通过沉降水排出管排出。从游离水中分离出的原油则由顶部的连通管送到加热段去加热。该段顶端装有捕雾器，当混合液中携带微量天然气通过捕雾器时，使油气分离。被分离出的天然气从捕雾器顶部的排气管进入天然气管线。

（2）加热段：原油在该段加热升温至脱水所需的温度后，送入电脱水段。

（3）电脱水段：该段相当于一个电脱水器。进入该段的热液（约为55℃）为油水乳化液。这种油水乳化液很难用自然沉降的方法将油水分开。目前常用化学脱水方法或电脱水方法使其破乳，实现油水分离。这里采用的就是电脱水方法。电脱水段装有六层平挂电极。电极按高压交流电源（也有采用直流电源）。油水乳化液在电场作用下被破乳。被分离出来的水，在重力作用下下降到底部，由排水管排出。已脱水的净化油由顶部输油管输至原油管线。

2. 沉降、加热、电脱水"三合一"的结构

"三合一"结构如图 2-59 所示。

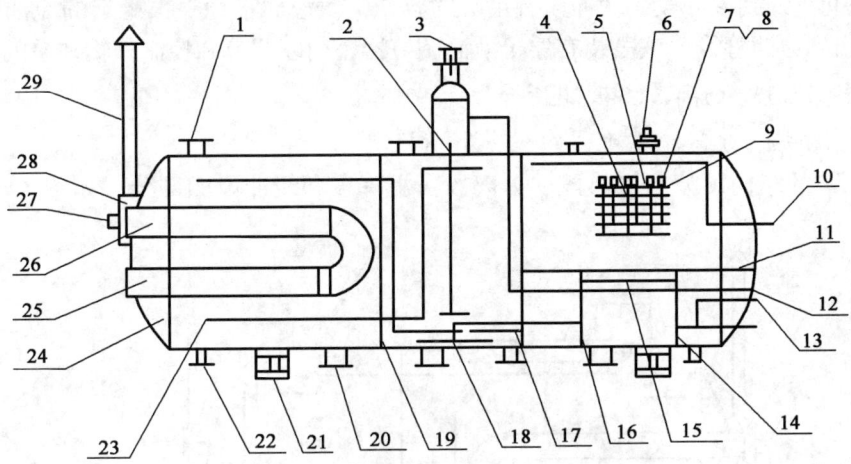

图 2-59 沉降加热电脱水三合一装置简图

1—安全阀接口管；2—沉降段油分配管；3—捕雾器；4—调正悬挂器；5—电极接线；6—绝缘棒；7—绝缘吊板；8—碗头接板；9—平挂电极；10—净化油出口管；11—周围平挡板；12—混合液进口管；13—脱出水排出管；14—水室竖挡板；15—电脱水段油分配管；16—油室竖挡板；17—热液进电脱水段连接管；18—沉降水排出管；19—隔板；20—人孔；21—鞍式支座；22—排污接管；23—沉降段原油进加热段连通管；24—筒体；25—火管；26—烟管；27—防爆门；28—烟箱；29—烟囱

（二）加热、分离、缓冲"三合一"

1. 加热、分离、缓冲"三合一"结构

"三合一"的结构可分为加热段、分离段、缓冲段三部分，如图 2-60 所示。

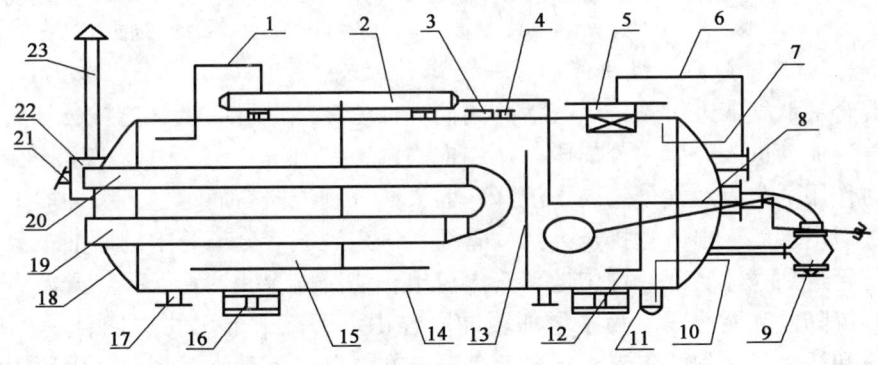

图 2-60 加热、分离、缓冲三合一装置简图

1—天然气连通管；2—气液分离筒；3—人孔；4—安全阀接口管；5—捕雾器；6—天然气出口管；7—液面计上引管；8—气液进口管；9—浮子液面调节器；10—液面计下引管；11—盐水包；12—原油出口管；13—隔板；14—壳体；15—进油分配管；16—鞍式支座；17—排污管；18—封头；19—火管；20—烟管；21—防爆门；22—烟箱；23—烟囱

2. 加热、分离、缓冲"三合一"工作原理

油气混合液从气液进口管（8）进入气液分离筒（2），油气进行一级分离。被分离出的天然气通过天然气连通管（1）进入壳体内的气相空间（即分离段），从左向右流动，在此过程中，气液进行二级分离。液滴和天然气分离后向下沉降，而天然气流向后面进入缓冲段，通过捕雾器（5）再分离一次后由天然气出口管（6）排至天然气管线。进入到气液分离

筒（2）中的原油和天然气经过一级分离后，被分离出来的原油通过进油分配管（15）进到壳体（14）底部，均匀地从管内流出，绕流火管（19）和烟管（20），吸热升温后通过隔板（13）上部空间进入到缓冲段。缓冲段有足够的容积，使液面平稳。被稳定的原油从原油出口管（12）排出到原油管线。该段装有浮子液面调节器，用以调节和控制外输油泵的流量。

（三）沉降、加热、分离、缓冲"四合一"

1. 沉降、加热、分离、缓冲"四合一"结构

"四合一"的结构可分为加热段、分离段、沉降段和缓冲段四部分，如图2-61所示。

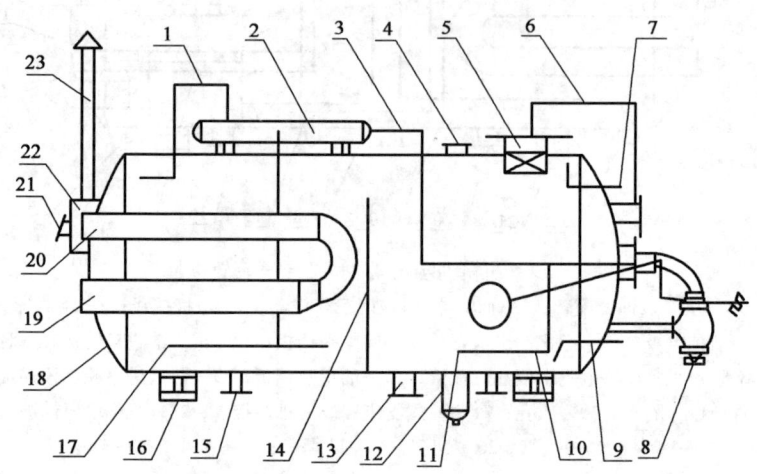

图2-61 沉降、加热、分离、缓冲四合一装置简图
1—天然气连通管；2—气液分离筒；3—气液进口管；4—安全阀接口；5—捕雾器；
6—天然气出口管；7—液面计上引管；8—浮子液面调节器；9—液面计下引管；10—原油出口管；
11—出水管；12—储水包；13—人孔；14—隔板；15—排污管；16—鞍式支座；17—进油分配管；
18—筒体；19—火管；20—烟管；21—防爆门；22—烟箱；23—烟囱

2. 沉降、加热、分离、缓冲"四合一"工作原理

油气混合液从气液进口管进入气液分离筒，油气在此进行一级分离。被分离出的天然气通过天然气连通管进入壳体内分离段，从左向右流动。在这个过程中，气液进行二级分离。液滴在重力作用下与天然气分离向下沉降，而天然气则流向右面，进入缓冲段，流经捕雾器再分离一次后由天然气出口管排至天然气管线。进入到气液分离筒中的原油被分离出来，通过进油分配管进到壳体底部，均匀地从管内流出，绕流火管和烟管，吸热升温后通过隔板上部空间进到沉降段和缓冲段。为了增加缓冲段容积，近年来采用的"四合一"取消了原来设在沉降段和缓冲段之间的隔液，把这两部分合在一起，下部为沉降段，中部为缓冲段，而顶部气相空间仍为分离段。从加热段进到沉降段的油水混合液由于其重度不同，经过一定的停留时间后，其中大部分游离水在重力作用下与原油分离沉降到壳体底部。为增加沉降段容积，在其底部安装了一个储水包。沉降下来的游离水通过出水管排出。被加热脱水后的原油在缓冲段稳定后，由原油出口管输出。

（四）加热、分离、沉降、电脱水、缓冲"五合一"

目前，油田上各种设备有合一和撬装的趋势。设备撬装化便于工厂制作，减少工地安装工作量，并具有较大的机动性以适应油田生产情况的变化。各种多功能联合设备合一，使站内流程简化，方便操作管理。我国已能自行设计具有油气分离、加热、沉降、电脱水、净化

油缓冲等功能的联合电脱水器。

由于加热、分离、沉降、电脱水、缓冲原油处理组合装置（以下简称"五合一"），在油田"合一"设备里具有代表性。

"五合一"的结构如图2-62所示。

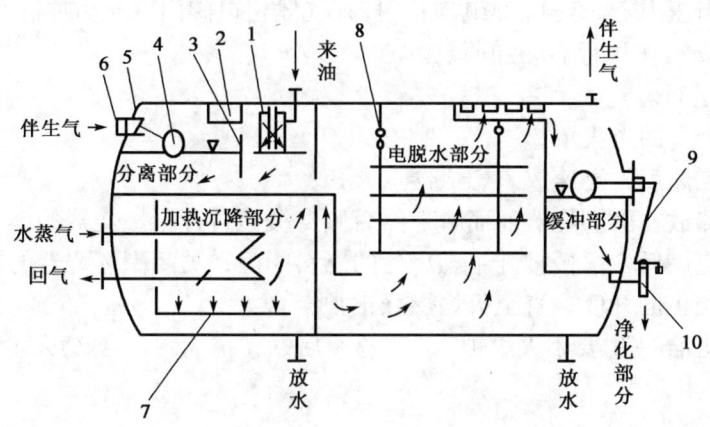

图2-62　"五合一"结构示意图
1—旋风分离头；2—导流板；3—阻尼板；4—浮子；5—蝶阀；6—丝网捕雾器；7—配液管；
8—悬挂绝缘子；9—浮子连杆机构；10—出油阀

1. 投产前的准备工作

（1）新建或大修后的"五合一"，按设计要求进行强度试验和严密性试验，确认合格。

（2）检查燃烧器、燃烧道、防爆门、烟囱绷绳和挡板、定压排气阀、进出口阀门、排污阀等应齐全好用，清除设备和烧火间内杂物。

（3）检查容器内各段隔板应封闭严密，可调堰管转动灵活。

（4）检查压力表、液位报警器、油水界面指示仪、温度指示仪、液位指示仪等应齐全并校验合格。

（5）检查供电系统、脱水变压器、整流装置、可控硅装置、高压绝缘棒，各连接处插头接地可靠，各熔断器接触良好。

（6）检查安全阀，应校验合格，在校验有效期内，安全阀开启压力达到安全标准要求。

（7）新建的"五合一"按设计要求调整好电极间距，进行空载送电合格后，封闭脱水段人孔。

（8）打开燃料总阀，确认管道畅通；检查燃料气压力或燃料油的液位，应在燃烧器的允许范围内；烧火间内燃料阀门应关闭，无渗漏。

（9）打开烧火间的门窗、烟道挡板，应充分通风，排净炉内可燃气体，自然通风15min以上。

（10）按脱水加药操作规程做好加药前的准备工作，检查系统工艺流程和工艺伴热流程，满足投产要求。

2. 投产及运行

（1）依次缓慢打开进液阀和容器顶部的2个排气阀，观察压力和液位变化情况。

（2）当水室液位达到容器中心线时，一次表液位指示在1/2刻度位置，二次表指示为2m（以罐底为基准），打开水室出口阀门，污水进污水沉降罐，将水室液位控制在容器中心线。

(3) 当油室液位达到容器中心线下 0.2m 时，一次表液位指示在 1/2 刻度位置，二次表指示为 1.8m（以罐底为基准），打开油室出口阀门，将含水油导入事故流程，将油室液位控制在容器中心线下 0.2m。

(4) 当油、水室液位稳定在容器中心 30min 后，依次关闭单台容器顶部的排气阀，逐渐增加处理量。当压力上升到 0.2MPa 时，打开气体出口阀门，压力控制在 0.15~0.2MPa。

(5) 按加药泵操作规程启动加药泵。

(6) 点炉及运行。

①打开燃烧器上的点火罩；

②将点火棒点燃后，迅速放入燃烧器点火孔；

③确认点火棒放在副燃烧器前面时，然后侧身缓慢打开副燃烧器的燃料阀门；

④副燃烧器点燃后，缓慢打开主燃烧器的燃料阀门，关闭副燃烧器的燃料阀门；

⑤调整烟道挡板的开度，直至火焰燃烧正常；

⑥新投产"五合一"要小火烘炉 48h，检修后的"五合一"要小火烘炉 24h，再缓慢升至所需的温度。

(7) 送电及运行。

①当脱水段液位高于脱水段中液位，油水界面稳定在设计要求高度时，合上电源供电刀闸、合上电脱水器控制柜上的空气开关；

②打开控制柜面板上电源开关，电源指示正常时，调整电压调节旋钮缓慢增加输出电压；

③当电脱水器控制柜输出电压表指示 160~180V 或 360~380V，稳定 30min 后，取样化验油中含水达到 0.3% 以下时，将事故流程切换为正常生产流程。

(8) "五合一"正常运行时，每 2h 检查一次，注意观察压力、温度、油水界面、油室和水室液位及火焰燃烧情况，如异常，及时调整和处理。

(9) 填写投产、运行记录。

3. "五合一"停运

(1) 正常停运。

①先关闭燃烧器的燃料阀门将火焰熄灭。

②由电工停止脱水控制柜供电，取下熔断器并挂上禁止送电标志。

③确认硅堆和变压器无电。

④当进出口温度平衡后，先关闭容器的进口阀，再关闭油室和水室的出口阀、关闭气出口阀门。

⑤当炉膛温度低于来液进口温度后，关闭烟道挡板。

⑥在正常情况下，打开加热段、脱水段、油室和水室的排污阀门，用扫线风把容器内液体压到收油池内。

⑦短期停运且季节适宜时，可不进行扫线。

⑧容器内气体排净后，关闭排污阀。

⑨冬季停运时，伴热系统应正常运转。

⑩填写停运记录。

(2) 紧急停运。

先停止使用燃烧器，若烧火间内燃料阀门不能关闭，应立即关闭燃料总阀门。以下七种情况应采取紧急停炉措施：

①烟管、火管发生裂纹、鼓包、变形、渗漏等危及安全的缺陷。

②壳体发生裂纹、渗漏。

③安全附件失效。

④燃烧设备损坏、耐火砖脱落。

⑤燃料泄漏。

⑥紧急停电。

⑦其他危及安全的情况。

（3）紧急停电操作。

①拉下电源开关。

②关闭加热炉火。

③导通事故流程，打开进出口连通阀。

④向上级领导汇报，查明原因，填写记录。

（4）检查及维护。

①每年应对"五合一"进行一次停运检查，按停运操作规程执行。

②启动压风机，打开容器扫线阀，打开加热段、脱水段、油室和水室的排污阀，控制压力在0.3MPa以下，当排污口见气时，扫线完毕，关闭排污阀，停压风机，打开放气阀排净容器内气体。

③打开人孔，进行强制通风，用可燃气体报警器测可燃气体浓度，合格后方可进行操作。

④检查容器的内表面和外保温层有无裂缝、损坏，烟囱根部有无过烧腐蚀。

⑤检查变压器内部，变压器油应清澈、无积炭和异味，高压箱油位应淹没三个高压绝缘子40mm。

⑥检查硅整流装置应达到完好状态。

⑦检查变压器高压输出端与极板相连的主导线，连接是否完好。

⑧检查极板应完好无变形，间距符合设计要求，上面不应有淤泥、铁丝等连电的导体。

⑨检查绝缘棒和挂板，表面应光滑无损伤。

⑩检修完毕后，"五合一"如需要送电试验，应经安全部门检测合格后方可进行。在正常情况下，按投产步骤进行投产。

⑪每2h检查燃烧器与火管的连接法兰一次，有过热现象，及时处理。

⑫每月检查烟囱和炉体连接螺栓、烟囱绷绳一次。

⑬每季度拆下燃烧器一次，检查烟火管有无裂纹、变形、腐蚀；检查燃烧道（耐火砖）有无错位、脱落、倒塌。

⑭按仪表检定的周期对"五合一"的配套仪表进行检，保证仪表准确无误。

⑮每年春秋两季，各清理烟箱内的烟尘一次。

第五节　储　油　罐

储存原油及其产品的容器称为储油罐（简称油罐）。目前，国内外使用的油罐种类越来越多，容量越来越大。

一、油罐的分类

(一) 按材质分类

1. 金属油罐

一般为钢质油罐,常用的有立式圆柱形和卧式圆柱形金属油罐,这种油罐大都建在地面上。金属油罐具有安全可靠、不易渗漏、施工方便、施工期短、投资少、适宜于储存各类油品等优点。但耗用钢材量大,一般不宜建造在地下洞穴等潮湿条件下。

2. 非金属油罐

用非金属材料作为主要材料建造的罐称为非金属油罐。常见的有砖砌油罐、钢筋混凝土油罐等。这类油罐大多是建造在地下或半地下。

(二) 按油罐结构形式分类

1. 立式圆柱形油罐

立式圆柱形金属罐按其形式可分以下四种类型:

(1) 锥顶油罐。油罐顶盖呈锥体形,一般锥度为 1/20~1/40,这类油罐一般承受压力为 +2.0~-0.25kPa。

(2) 悬链式无力矩顶油罐。油罐的顶盖是用 2.5mm 厚的薄板制成,由中心立柱和罐壁支撑成悬链曲线状。中心柱立焊在罐底中心的导向套管中,这种悬链曲线状的顶板只受拉力,不出现弯曲力矩,故称为悬链式无力矩顶油罐。油罐储油时,由于温度变化或收发油而引起油罐内气体空间压力变化时,能使罐顶随着升降一定距离,以自行调节气体空间体积,降低油品的蒸发损失。

(3) 拱顶油罐。罐顶盖呈圆拱形。顶盖本身就是承重结构,罐内无桁架和支柱,结构简单,应用广泛;承压能力较高,正压为 2.0kPa,负压为 0.5kPa。拱顶油罐也称为球顶罐。

(4) 浮顶油罐。浮顶油罐顶盖浮于油面,并随着油面的变化而上下浮动,故称浮顶油罐。它具有减少大、小呼吸损耗,降低火灾危险,减少油罐内腐蚀的优点。

2. 卧式油罐

卧式油罐是水平放置的圆筒形金属油罐,筒体两端的顶是对称的,以弧形顶为多见。其优点是承受较高正压和负压,有利于减少油品的蒸发损耗,搬运拆迁都比较方便,多用于小型油库、加油站和油田联合转油站。在大型油库中常用它储存和计量一些周转数量较少的油料,容量在 20~200m^3 左右。

3. 球形油罐

球形油罐是石油化工工业发展和综合利用而出现的一种新型计量罐。它的容量一般是 50~8000m^3,具有占地少、耐压高、密封性能好等优点,通常用于储存液化石油气等高压气体,球形油罐一般是按照正球形的形状设计和制造的,内部无附件,被若干个支柱支撑,位于地面之上。罐体是由若干块一定规格的预制弧形钢板以对焊形式构成。

(三) 按建造方式分类

油罐按建造方式分地下油罐、半地下油罐、地上油罐三种。

1. 地下油罐

地下油罐,顾名思义,它是建造在地下的油罐。

2. 半地下油罐

油罐的最高液面比邻近自然地面低 0.2m 以上的油罐。油罐埋地下的深度(从罐底算起），一般相当于油罐高度的 2/3 左右。

3. 地上油罐

油罐罐底设于地面或高于地面都称为地上油罐。

（四）按储油罐设计压力分类

油罐按设计压力分为常压储油罐、低压储油罐、压力储油罐三种。

1. 常压储油罐

常压储油罐是指设计压力为 6kPa（表压）的油罐。

2. 低压储油罐

低压储油罐是指罐内设计压力为 103.4kPa（表压）的油罐。

3. 压力储油罐

罐内设计压力大于 103.4kPa（表压）的储油罐为压力储油罐。

大多数油料，如原油、汽油、柴油、润滑油、燃料油等均采用常压储油罐储存。液化石油气、丙烷、丙烯、丁烯等高蒸气压产品一般采用压力储油罐储存（低温液化石油气除外）。只有常温下饱和蒸气压较高的轻石脑油或某些化工物料采用低压储油罐储存。

二、拱顶油罐及锥顶油罐

（一）拱顶油罐

拱顶油罐是立式圆筒形罐最常用的品种之一，其结构示意图如图 2-63 所示。

罐底板由厚度为 5~12mm 的钢板焊接而成，直接铺在基础上。罐壁是由若干层圈板焊接而成。在现行储油罐设计的行业标准中，规定上下相邻两层圈板的排列采用直线对接式。这种对接方式对施工的要求高，整个储油罐的罐壁内径都相同。

罐壁钢板的厚度主要取决于储存油料的静压力。靠近顶部的圈板的厚度由于其受力很小主要由其刚度来确定，规范中规定，其最小厚度为 5mm。最下层圈板的厚度，考虑到钢板焊后热处理的困难，一般要求其厚度不得超过 34mm。

拱顶罐的罐顶常用的是球形顶，是一种自支承式罐顶。它与罐壁的连接处通过包边角钢连接，并由包边角钢承受拱脚处的水平推力。球形拱顶的顶板厚度，考虑到防雷要求，规定不得小于 4.5mm，同罐壁顶圈壁板厚度基本相同。拱顶的曲率半径一般为储油罐直径的 0.8~1.2 倍。拱顶的顶板由中心盖板和若干扇形板组成。为了增强拱顶的稳定性，当储油罐直径大于 15m 时，在顶板内侧焊有径向和环向的加强筋板。当储油罐直径大于 32m 时，就需采用网壳结构拱顶。

拱顶罐钢材的选用主要取决于储油罐的受力状态和建罐地区的气候条件，对于容积小于 $1 \times 10^4 m^3$ 的罐，建罐地区的最低日平均温度低于 -13℃时，一般采用 Q235-A 普通碳素钢，其余地区可采用 Q235-A.F 普通碳素钢。当储油罐容量大于 $1 \times 10^4 m^3$ 时，为降低罐壁厚度、便于施工，下部几圈壁板或全部钢板可选用高强度低合金钢板，如 Q345 钢板或 Q390 钢板。

一般认为，拱顶油罐的最大合理容量为 $1 \times 10^4 m^3$ 左右。拱顶罐系列一般包括容积由 100~10000m^3，共 12 种规格。

（二）锥顶油罐

输油管道上使用的锥顶油罐，采用大容积平锥顶梁柱式钢油罐。图 2-64 是公称容积为 10000m^3 的梁柱式锥顶油罐结构示意图，实际储油容积为 9840m^3，罐顶承压能力为正压

1962Pa，负压 245.25Pa。油罐顶盖和一般木结构屋相似，是由顶板橡模和立柱等构件组成，顶盖锥度由中心柱，内、外立柱和壁板支撑角钢之间相互交差形成，目的在于排除雨水，一般取 1/20～1/40 的锥度。

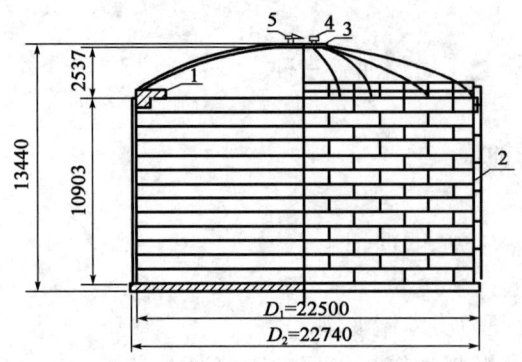 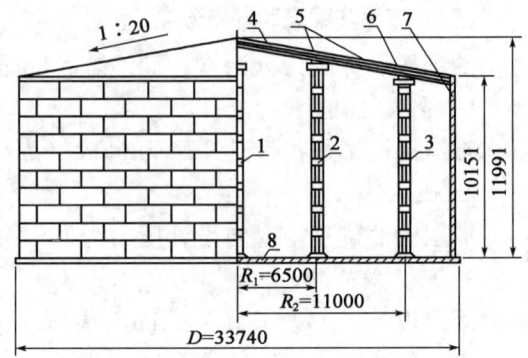

图 2-63　5000m³ 立式圆柱形拱顶罐结构示意图
1—包边角钢；2—盘梯；3—中心顶板；
4—液压式安全阀；5—机械呼吸阀

图 2-64　梁柱式锥顶油罐结构示意图
1—中心立柱；2—内立柱；3—外立柱；4—椽；
5—内檩、外檩；6—顶板；7—罐壁；8—底板

三、浮顶油罐

输油管道的首末站由于储存量大，收发油作业频繁，为了减少油品蒸发损失，降低火灾危险，现广泛使用钢浮顶油罐。顶盖与罐壁间的缝隙设有密封装置。

浮顶结构有单盘和双盘两种形式。

容积为 10000～100000m³ 的采用单盘式浮顶。单盘式浮顶的外圈是双层，浮盘中心部分则是单层钢板。

双盘式浮顶是由上下两层做成圆形浮舱。所有浮舱，不论是单盘或双盘都要用径向隔板分成若干个互不连通的隔舱，以防个别隔舱渗漏造成浮顶下沉。

图 2-65 为单盘式外浮顶油罐结构示意图。浮顶下面有许多支柱，当液面下降到距罐底一定高度时，支柱将浮盘支撑住，不使浮盘落到罐底上，以利于对浮盘和罐底进行检修。一般支柱高度为 1800mm。浮盘中心稍呈凹形，向中心坡度一般不小于 15°。下雨时浮顶上积聚的雨水便于汇集到浮顶中间，通过浮顶下面的可随浮顶升降和伸缩的排水折管排至罐外。

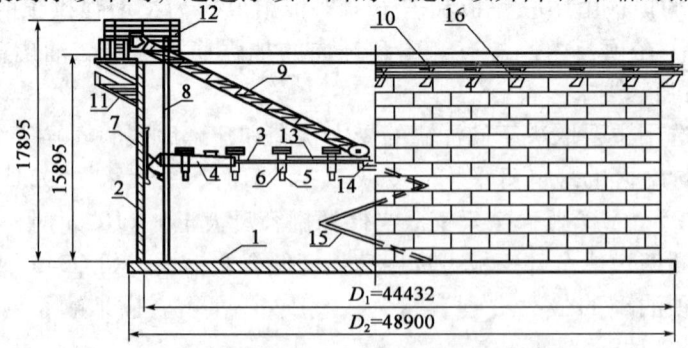

图 2-65　单盘式外浮顶油罐结构示意图
1—底板；2—罐壁；3—浮船单盘；4—浮船船舱；5—浮顶支柱；6—浮顶支柱套管；7—密封装置；
8—量油导向管；9—浮梯；10—抗风圈；11—盘梯；12—罐顶平台；13—浮梯轨道；14—集水坑；
15—折叠中央排水管；16—加强圈

底板的坡度则是为了使油面上的油气汇集于单盘边沿，以利从透气阀排出。另外，油罐顶部装有防风圈和加强圈，以增强罐壁强度。油罐上壁的顶端还有供操作人员走向罐顶的活动扶梯。浮顶升降时，扶梯能沿罐顶上专设的扶梯导轨滑动。

为保证浮顶能随液面升降而上下移动，在浮顶与周围罐壁间应留出 200～300mm 间隙。在浮顶间隙处，浮顶外缘装有密封装置以防油品蒸气从这个间隙中逸出。浮顶罐在结构上一般差别不是很大，主要区别在密封装置上。浮顶油罐使用效果的好坏，很大程度上取决于密封装置的可靠性及其严密性。

（一）浮顶油罐的优点

1. 油品蒸发损失少

由于浮船浮在油面上，气体空间不大，减小了油品的蒸发。当温度升高，油气集于单盘下面的空间，温度降低时又可凝结到油品中。同时这部分油气又起绝缘冷却作用，防止油气继续蒸发，大大降低了油品蒸发损耗。

2. 油罐容积的利用率高

在油品充到接近油罐包边角钢时，罐的浮顶密封装置有一部分可伸出罐壁外面去。浮顶随液面降到最低位置时，由于自动通气阀的开启，液面还可以继续降到出油口的位置。因此，油罐容积的有效利用率比一般油罐高。

3. 火灾危险性小

浮顶直接接触油面，顶下无空气空间存在，基本消除了大小呼吸损耗。由于油罐顶上聚积油气较少，且浮顶又是一个密封的整体，因而发生火灾的危险性较小。

（二）浮顶油罐的缺点

浮顶油罐的缺点是消耗钢材比较多，结构比较复杂，造价高，施工周期长。

四、油罐容量及数量的确定

（一）储油罐容量的确定

储油罐的容量应按站内液量的平均日处理量，和本企业的一些特殊的规定，并考虑到进站来液量的含水率，含水上升速度，以及由于生产需要或季节变化，增加掺水量等因素的影响，确定储油罐容量要留有余地，以适应油气生产的需要，站内储油罐总的容量可按式（2-6）计算：

$$V = \frac{KGT_1}{\rho e_t} \tag{2-6}$$

式中　V——油站所需的油罐总容量，m^3；

　　　K——油罐的综合系数；

　　　G——油站进液量，t/d；

　　　T_1——油品的储备天数（大型站 $T_1=2d$，中小型 $T_1=0.5d$）；

　　　ρ——油品的密度，kg/m^3；

　　　e_t——油罐利用系数（金属罐 $e_t=0.85$，非金属罐 $e_t=0.75$）。

（二）储油罐数量的确定

储油罐数量的确定根据所在站生产规模，处理量变化的影响，按照实际工作中，一般中小型以上的站应不少于 2 座，小型可选 1 座，依此来确定罐的公称容量。并按油罐规格系列选取。

油罐的数量可按式（2-7）计算：

$$n = \frac{V}{V_{罐}} \tag{2-7}$$

式中　n——油罐的数量，座；
　　　V——所需油罐总的容量，m^3；
　　　$V_{罐}$——油罐的公称容量，m^3。

【例2-1】　某油库来油量为$350 \times 10^4 t/d$，罐的利用系数0.85，油品密度$0.87t/m^3$，该站最多储存天数为3d：（1）求该站的储存能力；（2）如建容量为$10000m^3$的罐需几座？（该油库为净化油，$K = 1$）

已知：$G = 350 \times 10^4 t/d$，$e_t = 0.85$，$\rho = 0.87t/m^3$，$T_1 = 3$，$V_{罐} = 10000m^3$，$K = 1$

求：（1）$V = ?$　（2）$n = ?$

解：

$$V = \frac{KGT_1}{\rho \cdot e_t} = \frac{1 \times 3500000 \times 3}{365 \times 0.87 \times 0.85} = 389000.8(m^3/d)$$

$$n = \frac{V}{V_{罐}} = \frac{38900.8}{10000} \approx 4(座)$$

答：该站的储存能力是$38900.8m^3/d$，如建容量为$10000m^3$的罐需4座。

五、油罐附件

（一）油罐的一般附件

1. 扶梯与护栏

扶梯是专供操作人员上罐检尺计量、测量、取样巡检、维护而设置的。栏杆则作为扶梯和罐顶的护栏，以便工人安全操作。浮顶罐设有转动扶梯，它的一端吊挂在罐顶平台上，另一端可随着浮顶升降而沿着浮顶上的轨道移动。

2. 人孔

人孔是为清洗检修油罐时，供操作人员进出油罐而设置的。检修时人孔也可用于通风。容积为$5000m^3$以上油罐则设有2个人孔，直径一般为600mm。对于浮顶罐，浮船人孔共18个，单盘人孔1个，工作人员可通过浮船人孔进入船舱或通过单盘人孔进入罐内。

3. 透光孔

透光孔设在罐顶，在检修时用做采光通风。容积为$5000m^3$以上油罐则设2个，直径一般为500mm。非检修时一律上紧螺栓，保持密封，防止油品蒸发损耗。

4. 量油管

量油管是为检尺、测温、取样所设，安装在罐顶平台附近。每个油罐只装一个量油管。量油管平时应关闭，计量和取样时轻轻打开。为防止量油管盖关闭时因碰撞而产生火花，盖下密封槽嵌有耐油橡胶、塑料及铅铝等软金属。对于浮顶罐，量油管不仅用于量油，同时也对浮顶起导向作用。

5. 排水管

排水管是专门为排除罐内积水和清除罐底污油残渣而设的。常见排水管有固定式和集污式两种。前一种多安装在轻质油罐上，后一种多装在原油、渣油和燃料油罐上。根据油罐容积大小确定排水管的直径，一般在 50~100mm。带集污坑的放水管，装在油罐底部。平时用来脱水，清罐时，罐底污泥经集污坑排出罐外。排水管在罐外一侧装有阀门，为了防止阀门关闭不严或损坏，通常安装两道阀门。冬天还要做好阀门与排水管的伴热保温，以防冻凝或冻裂。

除浮顶罐正常的排水管外，还设有中央排水管和紧急排水管。中央排水管是为了排除落在浮顶上的雨雪而设置的。中央排水管由几段浸于油料中的钢管组成，管段间用旋转接头连接，可随浮顶的浮动而伸直或折曲。近来，中央排水管也有用金属软管代替钢管的。当浮顶上部积存雨水过多，排水管来不及排出，积存雨水超过一定高度时，即可从紧急排水管排入罐内，以免浮船沉没。

6. 消防泡沫室

消防泡沫室又称泡沫发生器，是固定在油罐上的灭火装置。其一端与泡沫管线相连，另一端用法兰焊在罐壁最上一圈的板上。油罐着火时，灭火药液从消防管线高速送入泡沫发生器，在流经空气入口处吸入空气形成泡沫，并冲破隔离玻璃进入罐内，从而达到灭火目的。

7. 避雷针及接地线

根据设计规范确定和设置避雷针等避雷设施。油罐应有良好接地，接地点不少于 2 处，间距不大于 30m，其接地电阻不大于 10Ω。

8. 浮顶支柱

浮顶支柱的作用是限制浮顶降落高度，并将其支承在罐底板上。人工可以调节支柱的高度，正常作业时高度为 1.2m；油罐检修或清罐时，其高度可调至 1.8m。

9. 浮顶自动通气阀

该阀是一种保护浮顶的安全装置，由阀体、阀座、阀盘、长阀杆和阀杆导向装置组成。当浮顶下降到浮顶支柱支承高度前，阀杆首先触及罐底，使阀盘脱离阀座，阀开启，防止油面与浮顶间出现真空状态。同理，进料时，可以排出油气混合气体，避免在浮顶下出现空气层。

（二）油罐的专用附件

油罐上必须安装一些专用安全附件，以便于做好油品的收发和储存，保证油罐的安全运行。油罐上的安全附件主要有机械呼吸阀、液压安全阀、阻火器等。

1. 机械呼吸阀

（1）机械呼吸阀的作用是保持油罐气体空间正负压力在一定范围内，以减少蒸发损耗，同时保证油罐的安全运行。

（2）机械呼吸阀是由压力阀和真空阀两部分组成，如图 2-66 所示。当油罐大量进油，罐内气体空间的压力超过油罐设计压力时，压力阀被罐内气体顶开，气体从罐内排出罐外，使罐内压力不再上升。当油罐大量发油，罐内气体空间的压力低于设计的允许真空压力时，大气压力顶开真空阀盘，向罐内补入空气，使压力不再下降，以免油罐抽瘪。

为了保证安全，防止阀盘运动中碰撞而产生火花，机械呼吸阀和阀盘体一般用有色金属（铝）或塑料制造。机械呼吸阀在金属罐及非金属罐上都可使用。其缺点是冬季阀盘易冻结在阀座上而失去作用。

机械呼吸阀是按油罐顶盖所承受的最大压力和最大真空度来设计的。机械呼吸阀多安装在油罐顶部中央，安装数量及口径应根据油罐最大收发油量来选择（表 2-9）。

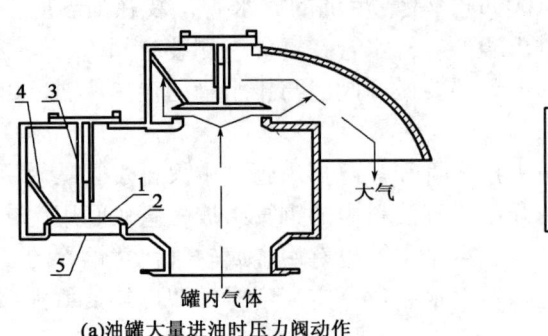
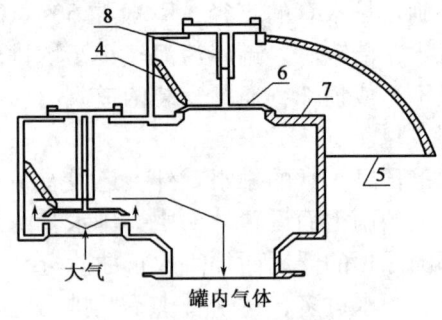

(a)油罐大量进油时压力阀动作　　　　(b)油罐大量发油时真空阀动作

图2-66　机械呼吸阀结构示意图

1—真空阀阀盘；2—真空阀阀座；3—真空阀导向管；4—静电引线；
5—铁丝网；6—压力阀阀盘；7—压力阀阀座；8—压力阀导向管

表2-9　机械呼吸阀选择表

油罐收发油量，m³/h	呼吸阀个数	呼吸阀口径，mm
<25	1	50
26~100	1	100
101~150	1	150
151~250	1	200
251~300	1	250
>300	2	300

2. 液压安全阀

当机械呼吸阀因锈蚀或冻结而不能动作时，通过液压安全阀的作用，保证油罐的安全。液压安全阀的压力和真空值一般比机械呼吸阀高出10%。

在正常情况下，液压安全阀是不动作的，只是在机械呼吸阀不起作用时，它才工作。为了保证液压安全阀在各种温度下都能工作，阀内装有沸点高、不易挥发、凝固点低的液体作为封液，如变压器油、轻柴油等。图2-67为液压安全阀的工作原理示意图。

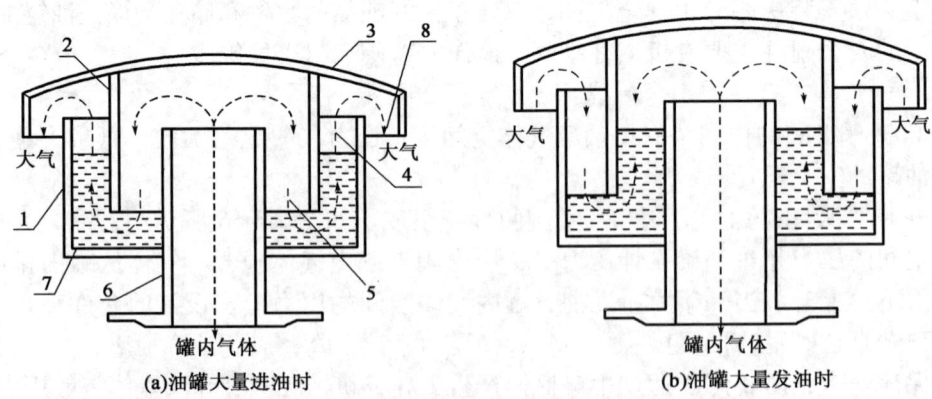

(a)油罐大量进油时　　　　(b)油罐大量发油时

图2-67　液压安全阀的工作原理示意图

1—盛液槽；2—悬式隔板；3—防护罩；4—外环空间；5—内环空间；6—连接管；7—封液；8—铁丝网

当罐内压力增高时，罐内的气体通过中心管的内环空间，把油封挤入外环空间；若压力继续升高，内环油面和中间悬式隔板下缘相平时，罐内气体通过隔板下缘逸入大气，使罐内气体压力不再上升,如图2-67(a)所示。反之,当罐内出现负压时,外环空间的油封将被大气压挤入内环空间,外环油面和中间悬式隔板的下缘相平时,空气进入罐内,使罐内压力不再下降,如图2-67(b)所示。中间悬式隔板下部做成锯齿形,可使油封流动时均匀稳定。

3. 阻火器

阻火器装在呼吸阀和液压安全阀的下面。阻火器是一个装有铜、铝或其他高热容、导热良好的金属皱纹网箱体,如图2-68所示。当火焰通过阻火器时,金属皱纹网吸收燃烧气体的热量,温度降到油品燃点以下,使火焰熄灭,从而阻止外界的火焰经呼吸阀进入罐内。目前,广泛采用的阻火元件是波纹形阻火元件,是由不锈钢平带和波纹带卷制而成。这种阻火元件的强度高、耐烧、阻火性能好。

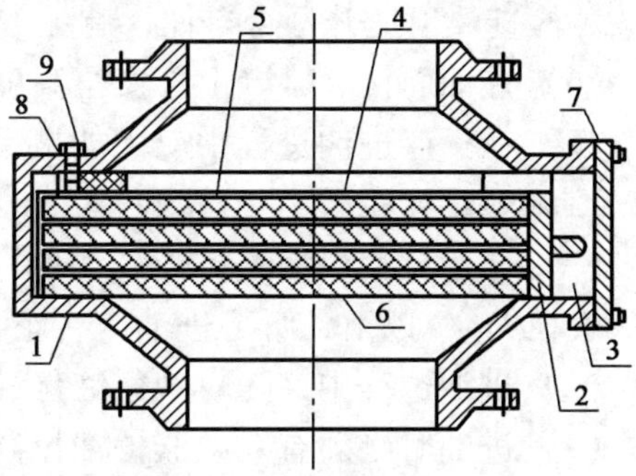

图2-68 阻火器结构示意图
1—壳体;2—铸铝防火匣;3—手柄;4—铸铝夹板;
5—铜丝网;6—软垫;7—盖板;8—密封螺帽;
9—紧固螺帽

六、储油罐的操作与维护

(一)油罐操作前的检查

(1)检查罐护坡是否完好:护坡的宽度、坡度应符合要求,与罐接触处无裂缝,新罐必须经计量标定合格后才准使用。

(2)检查罐体保温层是否完好:镀锌铁皮牢固、可靠,无腐蚀损坏。

(3)检查罐进、出口阀门,伴热阀门和排污、放水阀开关应灵活,动密封、静密封部位无渗漏,压力应符合要求。

(4)检查伴热管高度和排列是否符合换热要求。

(5)检查管线的进口、出口高度是否和实际相符,不相符的做好实际高度记录。

(6)检查扶梯、护栏是否牢固、完好。

(7)检查排污孔、清扫孔是否密封完好,高度应符合技术要求。

(8)检查液位计应灵活、好用,导向轮固定,钢丝绳槽深度合适,标尺指示在零位上。差压液位计要打开一次表阀门,差压传感器投入使用。

(9)检查罐顶各呼吸阀、液压安全阀、阻火器及检尺孔应完好、无损,灵活好用;检查液压呼吸阀的油位高度是否保持在1/3处。

(10)检查泡沫发生器护罩及发生器内玻璃片是否完好。

(11)检查量油孔。

(12)检查阀门静电跨接线。

(二)油罐的进油操作

1. 在进油之前和进油过程中应注意的问题

(1)检查油罐附件是否齐全,工作状况是否良好。

(2)检查输油管、加热器管、冷凝水管等管路连接是否正确。

(3)检查排污孔,放水阀、人孔、采光孔等是否关闭,并且必须确认不会漏油,在确认以上工作已完成,所有可能的故障均已排除之后,方可向罐内进油。

(4)开始进油时,应控制进油管内油品流速,一般以不超过1m/s为好。当储油罐液位上升到进油管管顶上部0.3m后方可提高进油速度。对于浮顶油罐,在浮顶不漂浮起来之前也应将进油流速控制在1m/s之内。当浮顶漂起，浮顶上自动透气阀已落下关闭后方可提高进油速度。

（5）在进油过程中，应派专人巡回检查。尤其是可能出现渗漏的部位，要加密检查的次数。检查浮顶上升是否自如，有无卡阻现象。

（6）在油面接近罐壁上部安全高度时，应降低进油速度。

（7）在投产进油过程中应增加检尺次数，一般1h检尺一次。

2. 油罐进油操作

（1）导通流程，缓慢打开进油阀门，注意控制进油初速，避免静电事故发生；进油初速一般在1m/s以下，听见进油声音正常后开大进油阀门，油罐转入正常进油。

（2）进油过程中，随时观察液位计，其进油高度不得超过油罐的安全高度。

（3）进油时必须有专人监护油位高度，不得超过泡沫发生器的安装位置。

（4）进油过程中要随时检查与油罐连接的所有法兰、人孔、阀门等有无渗漏。

（5）根据进油量大小，及时检查、计量，做好记录。

（6）上罐量油时，不准穿钉鞋及化纤衣服，不准在罐顶使用不防爆手电，超过五级风禁止上罐量油。

（7）遇紧急情况时，一次同时上罐不得超过5人。

（8）控制好输油量，油罐尽可能在恒定液面下工作。

（9）进油完毕后，及时关闭有关管线上的阀门，并上锁。

（三）油罐的发油操作

（1）大批量发油一般通过手工计量实现，在发放前后严格计量。中、小批量原油发油一般通过流量计计量，每次应做必要记录。

（2）发油前，应着重检查机械呼吸阀是否灵活，油罐应及时打开油气管阀门和单向进气阀，防止油罐吸瘪。

（3）选择最佳工艺，正确操作。发油时应按流程要求操作，核对罐号、阀门号，确认无误后开启发油罐及流程上的有关阀门，然后启泵。

（4）及时巡检，随时观测液位变化，以掌握发油情况和设备运转情况。

（5）发油接近结束时，罐区各岗位之间要密切配合，防止泵抽空。油罐应保留一定余量，一般距罐底1m左右的高度。

（6）发油完毕后，关闭发油罐和流程上的有关阀门。做好计量工作，填写记录。

（四）油罐的停运操作

（1）关闭油罐的进油阀门。

（2）用泵将罐内油抽到最低位置，检尺计量余油，关闭出口阀门。

（3）如短期停运，应保持伴热系统循环水畅通。

（4）如长期停运，应清理罐内余油，并将所有油进、出口阀门关严。

（五）油罐的倒罐操作

（1）按进油前的检查工作检查各油罐。

（2）按进油操作投运备用油罐。

（3）按停运油罐操作停运预停罐。

（4）倒罐中要以"先开后关"为原则。

(5) 倒罐正常后，注意来油管线压力变化和大罐液面变化情况。

（六）油罐的放水操作

(1) 当油罐内的油水界面过高时，可打开放水阀门放水。

(2) 放水调整油水界面时，放水量要相对稳定，保证油水界面缓慢下降，防止波动大，破坏界面。

(3) 油罐放水必须有专人在现场观察水中含油情况，污水含油不许超0.2%。污水回收，不得外排。

（七）油罐的清罐操作

因罐内沉积物过多，罐体或伴热管漏失及必须动火检修的油罐，应停用进行清罐处理。

(1) 清罐前应利用抽空阀尽量排净罐内油品。

(2) 向罐内充入热水和蒸汽洗涤罐剩余油品。

(3) 打开人孔、透光孔、呼吸阀进行自然通风。必要时用强制通风的办法来降低和排除罐内的油品蒸气。

(4) 检查确认油品蒸气浓度已低于最大允许浓度 0.3mg/L 时方可进入罐内清罐。

(5) 清罐时用防爆金属工具，严禁用铁锹清理油泥。

(6) 清罐时，动作要轻，不要撞击碰坏磁漆防腐层。

(7) 需要补焊的油罐，一定要将罐内污油清理干净，在没有油品蒸气的情况下，经检查测定后方可动火。

(8) 清理罐内剩余油品时，应注意不要用蒸汽喷嘴射蒸汽来刷洗油罐，或采用从上到下喷淋的办法清除罐内油品，因这些办法有可能由于高速喷射和两相混合搅拌而生产静电，引起油品蒸汽爆炸。

（八）油罐的取样操作

1. 取样前的准备工作

(1) 检查取样器是否清洁，密封部位是否完好，取样器内无存液。

(2) 检查取样器上的标尺应刻度清晰、连续，长度满足取样要求。

(3) 检查取样器下端的重锤与标尺连接应牢固。

(4) 准备一个清洁、干净的样桶及一块干净的棉布。

(5) 检查油罐取样孔盖是否灵活，密封部分胶皮是否完好。

(6) 根据取样点的深度，计算取样孔的相应高度。

2. 取样操作

(1) 取样器必须符合安全使用要求，连接可靠，密封良好。

(2) 取样的层次深度根据油罐液面和罐高度来确定。

(3) 层次取样方法按以下规定执行。按以下三层位置取出试样，再按上层、中层、下层 1:3:1 制成该罐的平均试样。

①上层：取样点在油层高度的 1/6 处。

②中层：取样点在油层高度的 1/2 处。

③下层：取样点在油层高度的 5/6 处。

(4) 取样器的盖子不宜盖得太紧，以防下罐后打不开；也不宜太松，以防未到所需深度就脱盖。

(5) 到达取样点时,提绳抖动要迅速,不要抖动时间过长,使样品偏离取样点。
(6) 抖动提绳后注意液面要有气泡易出,否则就要重新取样。
(7) 取出的样品必须倒入清洁干燥的样桶中。
(8) 五级以上大风雪天、雨天禁止上罐取样。

(九) 油罐人工检尺

(1) 检查量油尺是否符合要求。
(2) 上罐前应手摸静电导出装置。
(3) 上罐后,操作人员应站在上风口,打开量油孔盖板。
(4) 油尺沿量油孔检尺槽垂直下尺,量油尺沾油,垂直收尺。
(5) 记录下尺高度与沾油高度。
(6) 盖好量油孔盖板,擦净量油尺及量油孔上的原油。
(7) 计算油罐液位。

(十) 油罐操作的技术要求

1. 油罐安全高度确定的原则

原油受热体积膨胀时,不应从消防泡沫管道溢出、跑油,油罐一旦发生火灾,油面上的空间应保证能容纳一定高度的滞留泡沫层,以利于灭火。

(1) 拱顶油罐的安全高度为泡沫发生器进罐口最低位置以下300mm。
(2) 浮顶油罐的安全高度为浮船导向装置轨道上限以下300mm。
(3) 安全高度也可按式(2-8)和式(2-9)确定:

油罐的安全上限:

$$H_S = h - (h_1 + h_2 + C) \tag{2-8}$$

油罐的安全下限:

$$H_S = h - h_3 + C \tag{2-9}$$

式中 h——量油孔顶面距罐底高度,mm。
h_1——量油孔顶面距罐壁顶面高度,mm。
h_2——泡沫箱进罐孔最低位置距罐顶高度,mm。
h_3——量油孔距出油管的顶面高度,mm。
C——考虑进出油速影响的常数,一般C为200~300mm。

2. 罐内原油温度的控制

油罐进油前,应提前30min投运采暖管线预热。一般原油罐温度为50℃,金属罐温度一般不高于75℃,最低温度不低于原油凝点3℃。若罐底部用蒸汽管加热,送汽一定要缓慢。先打开蒸汽出口阀,然后逐渐打开进口阀,防止盘管产生水击破裂和原油局部迅速受热。对长期停用有凝油的罐应采取从上向下进行加热的措施,待原油融化后,再使用蒸汽盘管加热。防止因局部加热膨胀而鼓罐。

3. 保证浮顶正常浮动

对罐顶的积雪、积水和油污要及时清理,定期检查每个浮舱,防止因腐蚀、破裂漏油。

4. 油罐的防火

在油罐周围50m以内严禁使用明火、焊接和吸烟等。运行人员及其他人员上罐不得穿带钉的鞋，不能用铁器撞击，以免产生火花引起油气爆燃。在罐上禁止开关不防爆的手电。进入罐区的机动车辆或进入罐区进行动火作业要严格履行动火审批手续，并做好防火的安全措施。

5. 油罐排水

为保证原油的质量应及时进行罐底排水；对裸露外部或保温不良的罐底排水阀要妥善保温，以防因冻裂跑油。

6. 油罐防雷电

罐体每30m有一个合格的接地点，接地线的接地电阻不大于10Ω。

7. 防冻保温

气温低于0℃时，每班均应检查油罐排污口、排水口，以防冻结；每天应检查机械呼吸阀、液压安全阀，使其处于良好状态。

8. 防止溢罐和抽空

收发油时，要准确地测定罐内油位并将液位控制在规定范围内。

9. 油罐的保养知识

（1）对油罐的腐蚀情况要定期检查，及时维护。

（2）根据油罐的沉砂和积结杂物情况，每年对油罐进行定期清洗。

（3）对油罐的梯子和罐顶的腐蚀情况经常进行检查，防止梯子腐蚀坏伤人或罐顶腐蚀严重，强度减弱，使人掉进罐里。

（4）对油罐的放水阀、量油口、进出口阀门要定期检查保养。

（5）每年春秋两季要测试大罐接地电阻是否合格。

（6）对油罐的安全附件必须按周期检查，并保证质量，测量孔每月1次；机械呼吸阀每月至少2次；液压呼吸阀每季1次，阻火器每季1次，泡沫室每月1次。

10. 油罐机械呼吸阀的维护保养

（1）检查并调整机械呼吸阀的法兰应水平。

（2）检查阀盘是否能在导杆上灵活移动。

（3）检查阀瓣重量是否符合设计要求。

（4）清除防护网的锈蚀和杂物等。

（5）检查阀盘与阀座接合面是否光洁、严密。

（6）检查密封垫片是否完整、不渗漏、不硬化。

（7）清洗阻火器。

（8）机械呼吸阀静电引出装置必须良好。

11. 油罐液压安全阀的维护保养

（1）检查法兰是否水平，否则进行调整。

（2）检查各组件是否完整，表面是否清洁无锈蚀。

（3）检查阀门安装尺寸是否符合设计要求。

（4）检查液封油高度是否符合规定，不足时应加油。

（5）液封油变质时应更换新油（重新更换的液封油质量应符合要求）。

（6）清洗阻火器。

（7）液压呼吸阀各部件如有严重锈蚀应更换新件。

（8）液压呼吸阀的定压值应比机械呼吸阀定压值高10%。

(9) 阀门静电导出装置应完好无损。

（十一）油罐的检查

1. 油罐运行时的检查

(1) 检查和控制油罐在安全液位范围内。
(2) 人工检尺并校验液位的准确性，每 2h 检查 1 次液位。
(3) 检查罐前所有阀门应不渗不漏。
(4) 检查机械呼吸阀，液压安全阀，阻火器应处于良好工作状态。
(5) 检查伴热管线是否有漏失。
(6) 检查清洗阻火器，以防堵塞。
(7) 罐壁罐底要定期检查并测试厚度，发现超过腐蚀厚度则应进行修理。
(8) 检查取样孔，正常情况下应密封完好不渗、不漏。
(9) 检查油罐接地电阻应在 10Ω 以下。

2. 浮顶油罐的检查

(1) 使用前应细致检查浮梯是否在轨道上，导向架有无卡阻，密封装置是否完好，顶部人孔是否封闭，透气阀有无堵塞等。
(2) 在使用过程中应将浮顶支柱调到最低位置。
(3) 对罐顶的积水、积雪和油污要及时清理，保证浮顶正常浮动。
(4) 对浮顶中央集水坑要经常检查，防止因折叠排水管转动部分失灵，顶破集水坑漏油。
(5) 对每个浮舱要定期检查，防止腐蚀破裂漏油。

七、油罐的故障处理

（一）油罐紧急着火的扑救

引起油罐火灾的原因一般可归纳为明火、雷击、静电、自燃四类。

油罐着火后，由于油品性质、油罐结构、材质及罐内液位高低不同，以及其可能会出现爆炸或沸溢等情况，故扑救的工作程序也不同。

1. 扑救拱顶油罐火灾区的工作程序

(1) 火炬燃烧的扑救。

火炬燃烧一般是指在罐顶呼吸阀、透光孔或裂缝处燃烧。

应根据火焰燃烧的特点判断在短期内油罐是否会发生爆炸。若火焰呈橘黄色，发亮且冒黑烟时，油罐则不会爆炸。这时罐内油气混合气体的浓度超过爆炸极限，处于富气状态，且混合气体中缺氧，为不完全燃烧。这种情况下，可靠近着火处，采取关闭盖子或用覆盖物（如浸湿的棉被、麻袋、石棉、毡等）窒息灭火，也可以用手提式化学干粉、二氧化碳灭火器灭火。若火焰呈蓝色不亮、无黑烟时，说明罐内空气混合物的浓度处在爆炸极限范围内，在短期内有可能发生爆炸。

这种情况下，人员千万不要靠近油罐，应采取以下工作程序：

① 当班人应立即报告站库领导和上一级值班调度，并拨打火警电话 119，说明着火地点及部位。

② 启动站库内的报警器报警。

第二章 容器及相关工艺技术

③消防岗当班人员立即启动消防泵，站库消防人员启运消防栓喷射水流或采用泡沫进行切割，封闭的方法灭火并冷却着火罐和临近油罐。

④听从站库领导指挥。待相关岗位切换流程后，切断着火罐和临近罐的进出口油阀门。

⑤待消防车到场后，协助消防人员扑灭火灾。

（2）油罐罐盖全部掀掉时的扑救。

对这类油罐火灾，如果固定消防设施未遭到破坏，应首先启动清水系统，对着火罐和邻近罐进行冷却；接着启动泡沫系统，对着火罐油面火焰进行泡沫灭火。

当固定消防设施遭到破坏时，应采取用移动式灭火设备及时控制火势，等待消防车扑灭火灾。

对具有可能产生沸溢现象的原油或重油罐着火爆炸后顶盖全部掀掉，在处理这类油罐火灾时，可采取如下措施：

①在热波中注入冷却水，即着火后和施放泡沫前，用软管喷头将水注入到油品表面形成的热波中，水流速度控制在 0.08~0.20L/min 的范围内。这时油品表面起泡，导致缓和的溢出起到冷却热波层和减少热波传递速度的作用。此操作继续到安全施放泡沫为止。

②当罐内油位较高时，可用空气搅拌法破坏热波层。因为当热波深度超过罐中油品的 1/4 时，若罐底有水，则可能发生沸溢；若罐底无水，而油温超过水的沸点，则施放泡沫时，也会发生缓和的沸溢。

③当液位较低时，可用泵输入部分冷油来降低热波温度。

④用泡沫扑灭沸溢性油品的火灾，施放泡沫一般应在着火后的 30min 内，也就是有效热波厚度约在 30~50cm 以下时将火扑灭。

（3）罐盖部分破坏或塌落在罐内的扑救。

当罐顶呈凹凸不平的状态时，火焰将液面的罐盖烧得很热，对泡沫有破坏作用；另外由于罐顶凹凸不平，泡沫不易覆盖遮挡部分的火焰，不能发挥灭火作用。在这种情况下，当油位较低时，可以提高液位，使液面高出罐盖，然后再注入泡沫，扑灭火灾。

如果是原油罐或重油罐，在使用泡沫灭火不能发挥作用时，应根据估算可能发生的沸溢时间，将油品外输一部分以减少油品损失，而且为油品沸溢在罐内准备了更多的空间，不至于油品外泄过多，扩大火势。

（4）罐壁或罐底破坏时的处理。

油罐着火后，无论罐壁或罐底遭到破坏，都会使油品流散，在防火堤内形成大面积燃烧，油罐周围全是火，灭火人员根本无法接近着火罐，即使固定泡沫灭火设备未被破坏，也无法使用。在这种情况下，应组织足够的灭火力量，采用截堵包围的灭火方法。首先可用化学干粉灭火器，由远及近逐渐向着火罐推进式扑灭或控制防火堤内的流散火焰，然后再处理罐内的火灾。

2. 扑救浮顶油罐火灾的工作程序

浮顶油罐的火灾，几乎全是发生在罐顶边缘密封处。储存在浮顶罐中的原油，由于不完全具备发生沸溢的条件，尽管在密封圈处发生火灾，油罐也不会发生沸溢现象；对于这类火灾，可用便携式泡沫水龙带，或手提式化学干粉灭火器即可扑灭。如果周围都有火焰，应由两三人合作进行同时灭火。

当浮顶罐钢板被烧得温度很高时，应先用水冷却油罐，然后再使用泡沫。

如果浮顶发生了沉没，油品液面卷入火灾。在这种情况下，应将油品转移到罐外安全地方。转移油品的数量，应使降低的液位到浮顶沉降到的深度为止，其灭火方法和步骤与拱顶罐爆炸着火相同。

3. 扑救非金属罐火灾的工作程序

当非金属罐紧急着火后，首先按照拱顶油罐爆炸灭火工作程序进行。但不能使用清水系统进行冷却，应立即采用泡沫灭火。在罐的对面两点或三角方向上的三个点向罐内喷射泡沫方法灭火。

若罐内油火已经四处流淌，这时可根据具体情况组织人力采取筑堤堵流，把流散的油品堵截在一定范围内，控制火势的发展，或把油品引导到一个安全的地方。

4. 扑救油罐火灾的注意事项

（1）当金属拱顶油罐发生火炬燃烧时，决不要将罐内油品外输，这样会使罐内形成负压，将燃烧火焰吸入罐内引起爆炸。

（2）扑救浮顶罐火灾时，要特别注意的是泡沫和水雾不能以大流量直冲密封处，防止油品从此溅到浮顶上，引起大面积燃烧。同时，要防止泡沫和冷却水大量注入到浮顶上，易致使浮顶负荷太重而沉没。在灭火过程中，要打开浮顶上的排泄阀。

（3）及时停止着火油罐进油，打开旁通使油进其他外输油罐。

（4）应组织力量，迅速投运站内各种消防设施，采用先控制，后灭火的原则。

（5）要用水冷却着火罐和临近罐，特别是下风口的临近罐，受着火罐的辐射热最强，罐壁温度高达 80~90℃，不冷却易被引燃扩大火灾趋势。

（6）因泡沫隔热时间一般为 6min，应将泡沫集中使用，进行交叉或平行位移喷射，增大面积覆盖，隔绝火源。

（7）对周围可能受到威胁的设备、建筑物进行疏散、拆迁，对原油可能流散的方向、部位迅速筑防火堤，堵塞通道，控制火灾范围，以防扩大。

（8）在确定灭火方案时，应根据油罐着火现场具体情况而定。当油罐内原油不多，扑救火灾的可能性又小，火灾也不能蔓延，周围设备建筑物均能受到保护或油罐处于偏僻得不到外援的地区，而本单位又无足够的力量达到灭火的目的时，可采取放弃灭火，让其在限制范围内燃烧，把重点放在控制和防止火灾的蔓延上，以防止造成更大的损失。

（二）油罐常见故障原因及处理

1. 机械呼吸阀、液压安全阀不动作的原因及处理

（1）原因。

①机械呼吸阀和液压安全阀卡阻。

②锈蚀或冻结。

（2）处理方法。

①检修和校验机械呼吸阀的阀盘。

②清除锈蚀。

③检查液压安全阀内有无结冰。

④检查液压安全阀的油位是否正常。

2. 油罐量油孔盖打不开的原因及处理

（1）原因。

①凝油或石蜡粘连。

②水蒸气冻凝。

（2）处理方法：热水进行加热处理。

3. 油罐量油孔量油尺下不去的原因及处理

（1）原因：油品粘度过大或油温过低使原油凝固。

（2）处理方法：降低油品粘度，提高油温。

4. 油罐轻微振动并有声响的原因及处理

（1）原因。

①原油中伴有气体。

②流量过大。

③加热盘管发生水击或加热盘管损坏。

（2）处理方法。

①原油脱气、控制流量。

②检修加热盘管。

5. 油罐接地电阻不合要求（$R_{地} > 10\Omega$）的原因及处理

（1）原因。

①土壤干燥或连接线腐蚀。

②土壤电阻太大。

（2）处理方法。

①加深埋地电阻的深度。

②更换合格的连接线。

6. 油罐放水（排污）阀放不出水的原因及处理

（1）原因：放水（排污）阀堵塞或冻结所致。

（2）处理方法。

①修理这些阀门。

②清除放水（排污）阀堵塞物或处理冻结。

7. 油罐连接部位渗漏的原因及处理

（1）原因。

①连接部位螺钉或螺栓松动。

②密封垫料、垫片等老化。

（2）处理方法。

①根据实际情况紧固螺钉或螺栓。

②更换密封垫料、垫片等。

8. 油罐加热盘管不能加热的原因及处理

（1）原因。

①油罐加热盘管冻结或蒸气压过低。

②流程未导通。

③阀门损坏。

（2）处理方法。

①调整蒸汽压力。

②检查流程并导通。

③检修阀门。

9. 油罐跑油的原因及处理

（1）原因。

①阀门或管线冻裂。

②密封垫损坏。

③排污阀开得过大，无人看守。

（2）处理方法。

①立即倒罐。

②提高输量。

③迅速关闭排污阀，平时排污阀开得不宜过大，并有人看守。

10. 油罐抽瘪的原因及处理

（1）原因。

①机械呼吸阀和液压安全阀冻凝或锈死。

②阻火器堵死。

（2）处理方法。

①停止抽油。

②检修机械呼吸阀和液压安全阀。

11. 油罐鼓包的原因及处理

（1）原因。

①呼吸阀和安全阀冻凝或锈死。

②阻火器堵死。

③罐内上部存油冻凝下部加热。

（2）处理办法。

①停止进油。

②从上向下加热凝油。

③检修机械呼吸阀和液压安全阀。

第六节　含油污水处理

在油气田生产过程中必然要产生一些废液（含油污水、污油）、废渣（含油污泥、水垢）和废气（加热炉烟囱排放气、甘醇再生塔顶气、立式固定顶储油罐蒸发的油气、应急放空天然气等）。这些"三废"如不加以治理，随意排放，必然对环境造成严重污染，破坏生态平衡。其中，采用水驱开采的油田含油污水数量多、处理工艺复杂，在油田地面工程中占有很大份额，在石油废水处理中又有一定代表性。

一、油田污水的特点及组成

多数油田都采用注水开发，在油田开采后期综合含水率可达90%以上，油井产物内的水量远大于油量。这些水在气液分离、原油净化过程中与原油分离成为含油污水，随开采时间的延续这类污水还会持续增加，是油田污水的主要来源。

（一）含油污水的特点

（1）污水中含有一定数量的油。

(2) 水温较高，一般在 35~60℃ 之间。

(3) 含有各种盐类，含盐度差别很大，少的可低于 5000mg/L，多的可高于 22×10^4mg/L（海水的平均含盐度为 3.5×10^4mg/L）。污水中还含有非溶性固体悬浮物，俗称机械杂质或悬浮物。

(4) 含有细菌，主要是硫酸盐还原菌、铁细菌和粘液菌等，这些细菌可促进金属腐蚀。

(5) 在密闭集输系统中，污水内基本不含溶解氧，含铁量也很低，但一般含有 H_2S 和 CO_2。在开式污水系统中，污水内含有与大气相平衡的溶解氧含量，这些溶解气体也促进金属腐蚀。

(二) 含油污水中的污染物

水是极性溶剂，对大多数无机物和许多有机物都有一定的溶解度，因而在自然界中不存在"纯"水，实际上都是水溶液。石油污水长期和高压、高温地层接触，溶有大量矿物质，由于油气藏的地质条件各不相同，水中污染物的类型和数量不同，各油气田的污水性质也有很大差异。通常，钠、钙、镁、氯化物、硫酸盐、碳酸氢盐为污水内最常见、浓度较大的组分，其他为不常见或浓度较小的组分。

二、含油污水中油的存在方式

(一) 浮油

浮油的粒径 $d>100\mu m$，在污水中上浮时间仅为 2.1min；含油污水中，浮油约占 25%~50%，它很容易被去除。

(二) 分散油

分散油的粒径：$10\mu m<d\leqslant100\mu m$，污水中分散油尚未形成水化膜，相互碰撞可以聚结成大的油滴，在污水中上浮时间较长，一般为 4h 以上。为加快分散油在污水中的上浮速度，污水处理时要加入混凝剂。

(三) 乳化油

乳化油的粒径：$1\times10^{-3}\mu m<d\leqslant10\mu m$，具有一定的稳定性，不能单纯用静止法去除，必须投加破乳剂、混凝剂。

(四) 溶解油

溶解油的粒径 $d\leqslant1\times10^{-3}\mu m$，含油污水中，溶解油仅占 1% 以下。在含油污水处理过程中，也除去一定比例的溶解油，但不作为污水处理的主要对象，在处理后水中主要含溶解油。

三、含油污水处理方法及流程

(一) 水质要求

进入水处理厂的污水称为原水。经系统处理后的污水称为净化水。净化水的水质要求取决于水的用途，即向油层回注、锅炉用水或向地面排放所要求的净化水水质是不同的。油层回注着眼于能顺利地通过注水井注入地层驱油，为地层增加能量，因而清除水中残余油、悬浮固体杂质是污水处理的重点；外排侧重于不危害环境、人类健康、生物成长等。不同的水质要求又决定了所采用的处理方法，由于油田污水基本上全部用于回注地层，回注地层所需的水质处理方法是本节讨论的重点。

（二）处理方法

污水处理方法的选择和原水所含杂质类型、数量、悬浮物粒径分布，与净化水水质要求以及与油田所处地域的自然和人文环境等都有密切联系。

1. 杂质分析

污水所含的悬浮杂质按颗粒粒径大小，可分为以下四类：

（1）悬浮固体。悬浮固体粒径大于 $100\mu m$ 的固体颗粒很容易在水中沉降，处于悬浮状态的固体粒径常为 $1\sim100\mu m$，主要包括泥沙、各种腐蚀产物和垢、细菌（硫酸盐还原菌）及有机物，胶质、沥青质类和石蜡等重质油类。

（2）胶体。其组成与悬浮固体类似，但悬浮物粒径小于 $1\mu m$。

（3）分散油、浮油、乳化油和溶解油。进入污水处理单元的原水，含油量一般在 1000mg/L 以下，其中 90% 左右为粒径等于 $10\sim100\mu m$ 的分散油和大于 $100\mu m$ 的浮油，其余为 $0.001\sim10\mu m$ 的乳化油。水中还存在微量溶解油，有文献认为溶解油含量为 $5\sim15$mg/L。

（4）溶解物质。原水中的溶解物质包括以离子形式存在的各种无机盐类。

2. 处理方法简述

（1）物理处理方法。物理处理方法包括重力分离、离心分离、过滤、气浮、蒸发和活性炭吸附等。其中，重力分离和离心分离、气浮、过滤等为油田常用的处理方法。

（2）化学处理方法。化学处理方法向水中添加某种化学药剂，与水内的某种杂质发生化学反应，达到某种净化目的。例如：加中和剂调整污水 pH 值；加絮凝剂，使小粒径悬浮物变成大粒径悬浮物，便于使用重力或离心沉降除固、除油；加脱氧剂，使与水内溶解氧发生化学反应，降低水内氧含量等。

（3）物理化学处理法。利用物理和化学法的各自优点综合处理污水，如加絮凝剂的气浮法。

（4）生物处理法。利用微生物的生物化学作用，将复杂的有机物分解为简单物质，将有毒物质转化为无毒物质，使污水得以净化。

生物处理法分为好氧生物处理法和厌氧生物处理法两种。

①好氧生物处理法是水中充分存在溶解氧情况下，利用好氧微生物将污水和污泥中的有机物分解为二氧化碳、水、氨和硝酸。

②厌氧生物治理法是在无氧情况下，利用厌氧微生物将有机物分解为甲烷、二氧化碳、硫化氢、氮和水。

生物处理法具有效率高、操作费用低、污泥可作为肥料等优点。在土地宽阔、人口稀少地区可采用活性污泥法、氧化塘法。

（三）污水处理流程

原水处理流程的设计是根据原水水质分析和净化水水质要求而定的。减少原水中油类和 TSS（悬浮物）含量，满足净化水回注水质要求是污水处理流程的共性，因而污水处理常采用三段常规处理流程。根据各油田原水和注水目的层的特性，在三段常规处理流程基础上作出某些变化以达到净化水水质要求。

1. 污水处理三段常规流程

三段常规流程如图 2-69 所示。

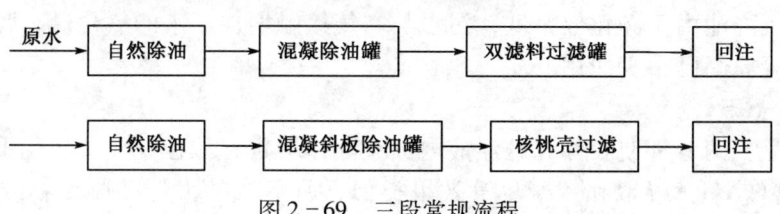

图 2-69 三段常规流程

第一段为自然（重力）除油段。从水中分出大于 $100\mu m$ 的浮油和大粒径悬浮物，同时还具有缓冲功能，均衡原水流量的波动，为下游提供流量稳定的污水。

第二段为沉降分离段。进入该段污水的悬浮杂质内约有 25%～50% 的浮油，可依靠自然沉降法除去。其他杂质，如分散油、乳化油和粉沙、泥质等固体悬浮物约占 50%～75%，这类杂质有较好的稳定性，在自然沉降的基础上铺以化学处理方法才能分离。根据原水性质，可选用混凝、粗粒化、气浮、旋流等工艺分离水和杂质。油田常用絮凝剂使微粒杂质凝聚成大絮团，提高沉降分离的效率，故第二段常称混凝除油段。

第三段为分离微粒固体和乳化油为主的压力过滤段。过滤介质可用石英砂、核桃壳、双滤料、改性纤维球（束）等。

上述三段式流程概括为除油—混凝—过滤。若常规三段处理流程不能满足净化水水质要求，考虑采用精细过滤流程。

2. 污水处理精细过滤流程

油气田渗透率低于 $0.1\mu m^2$ 为低渗透率地层。某些油气田的渗透率仅有 $10^{-5}\mu m^2$，显然这类油田对回注水质的要求更高。为此，在常规三段流程基础上，加一级精细过滤段以满足注水水质的要求。精细过滤段可用双滤料过滤、改性纤维球（束）过滤、陶瓷膜过滤、烧结管过滤等。当来水含油浓度低于 15mg/L，悬浮物浓度低于 10mg/L 时，该类设备出水含油浓度低于 5mg/L，悬浮物浓度低于 3mg/L，粒径不大于 $2\mu m$。

3. 污水处理开式和密闭流程

污水处理流程有密闭和开式（非密闭）之分，在处理流程各环节中污水不与空气接触的称密闭流程，反之为开式流程。由于闭式流程不增加水内氧含量，又减少对环境的污染，应尽可能提高污水处理系统的密闭程度。经验表明：水中氧含量超过 0.3mg/L 可用开式流程，因为这种水一般都需要进行脱氧，无须防止氧含量的进一步增加。在集中处理站上，一般既有开式，又有密闭两套集水系统。带压容器（三相分离器、电脱水器等）排出的污水进密闭式集水系统并送至污水处理厂；常压容器（常压储油罐）底水、泵密封泄漏液、化验室、地面冲洗污水等靠重力流入高程较低的污水池，经泵提升、增压后送至污水处理厂。

（四）重力沉降、凝聚和絮凝

无论是哪种原水，处理流程总以自然除油（重力沉降）和混凝为初级或次级油水、水和悬浮杂质的分离方法。这种分离方法既省钱又节能，为此先对重力沉降（分离）和混凝进行讨论。

1. 重力沉降

在以重力沉降为原理的污水处理设备中，杂质的沉降或上浮速度很小，常处于层流区。采用重力沉降能分出较大粒径的杂质，用于污水的初段处理可在一定程度上改善水质。在油田，目前仍有一些早期建造的混凝土沉降池用于污水处理，含油污水以很慢的速度水平通过矩形沉降池时，油浮于水面，用撇油器收集；密度大于水的悬浮固体沉积在倾斜的池底，定期清除。这种沉降池由于净化效率低，污水与空气接触增加了水的氧含量和腐蚀性，对环境产生严重污染等原因已很少使用。

2. 凝聚和絮凝

凝聚和絮凝，两者都使胶体和悬浮液内细粒固体聚集、粒径变大、强化重力沉降、提高过滤的油水分离效率。凝聚和絮凝尽管效果类似，所形成的大粒径凝聚物或絮凝物称为矾花，但它们的作用机理则完全不同。

胶体颗粒表面一般带有负电荷，静电排斥是微粒不能结合成大颗粒的重要原因；凝聚是靠电解质的离子中和或削弱悬浮颗粒表面的电荷，降低或消除悬浮颗粒间的排斥力，使颗粒聚集。所产生的凝聚体粒径较小、密实、易碎，但碎后可重新凝聚，属可逆过程。

在污水内加絮凝剂或凝聚剂，使水内呈胶体状态的有机或无机物微粒凝聚或絮凝，并吸引其他杂质颗粒形成大粒径混凝物或矾花，可加速水与微粒杂质的分离过程，这种工艺称混凝。混凝可使重力沉降更有效，分离出原本不能分离的胶体颗粒和乳化油。混凝物内包含悬浮固体、藻类、油、细菌等，从水中分出混凝物后，水的浊度降低、色泽变得清澈。若在混凝沉降单元下游设置压力滤罐，将减少滤罐的负荷。

从投放混凝剂开始到形成矾花所需的时间称混凝周期。混凝周期和水的 pH 值有关，不同的混凝剂要求的最佳 pH 值不同。混凝周期和药剂的扩散速度（包括药剂浓度和搅拌强度等）有关，混凝剂用剂量大、温度高，混凝周期通常相对较短。

传统的凝聚剂常为呈酸性的硫酸铁或硫酸铝，剂量约为 2~50mg/L。近年来常使用高分子絮凝剂。污水内也含有某些天然絮凝剂，但它们的分子量较小，絮凝的效果不如合成的高分子絮凝剂。为强化凝聚剂和絮凝剂的作用，有时还采用助凝剂。

（1）凝聚剂。

铁和铝的化合物是常用的凝聚剂，铁化物能较快地形成密度较大的矾花并上浮或沉淀；铝化物更适合用于含有机物的污水。

①硫酸铝。分子式为 $Al_2(SO_4)_3 \cdot 18H_2O$，即明矾，各种硫酸铝商品凝聚的组成略有不同。

②硫酸铁。分子式为 $Fe_2(SO_4)_3$，各种商品凝聚剂内硫酸铁的含量为 70%~90%，常为颗粒状、能溶于水，但水溶液有腐蚀性，要求处理设备具有抗腐性。

③硫酸亚铁。分子式为 $FeSO_4 \cdot 7H_2O$，也称绿矾。

④聚合无机盐。聚合无机盐属高效凝聚剂，主要有聚合氯化铝（碱式氯化铝）、碱式硫酸铝、碱式氯化铁和碱式硫酸铁。

（2）高分子絮凝剂。

高分子絮凝剂按来源分为天然和人工合成两大类；按官能团分类分为阴离子型（如聚甲基丙烯酸钠）、阳离子型（如丁基溴丙烯酸吡啶）和非离子型（如聚丙烯酸胺等）三类。天然絮凝剂有淀粉、丹宁、纤维素、白明胶、动物胶等，由于相对分子质量低、用量大、絮凝效果不稳定，有时用做助凝剂。阳离子型絮凝剂也有中和颗粒表面电荷作用，起凝聚作用。

（3）助凝剂。

有些污水仅用凝聚或絮凝剂得不到良好的混凝作用，此时应添加助凝剂。助凝剂本身不起凝聚作用，仅起强化凝聚剂和絮凝剂的混凝作用。助凝剂用量常在 1~15mg/L 范围，较絮凝剂和凝聚剂的用量少。

由于污水的成分十分复杂，絮凝剂及助凝剂的选择及剂量常依靠经验和室内试验确定。

四、含油污水处理设备

（一）立式除油罐

立式除油罐也称自然除油罐，是油田使用最广的含油污水处理初级设备，以分离原水中的原油为主，降低污水含油量。若进罐的原水内添加絮凝剂，则该罐称立式混凝除油罐。

1. 立式除油罐的结构原理及优缺点

（1）立式除油罐的结构原理。

立式除油罐的结构如图2-70所示。原水经进水管流入配水室，加絮凝剂除油时原水流入中心反应筒使絮凝剂与原水充分进行反应。之后，原水经配水管和向上喇叭口流入罐内水层。原水中粒径较大的油粒上浮至油层，粒径较小的油粒随水向下流动，与在污水中向上浮升的油滴不断碰撞、聚结成大油粒而加速上浮，并入油层。除油罐分出的原油溢流进入罐周边的集油槽内，经出油管流出除油罐，进原油净化装置处理。夹带微粒残余油的污水由设在罐底部的向下喇叭口收集，经中心柱管流出除油罐。当原水流量大于罐的出水和出油流量之和时，罐内液面上升。液面淹没倒U形溢流管顶部并继续上升时，经沉降除油的超量污水由溢流管流出罐体，确保不发生溢罐事故。溢流管、中心柱管都有开孔与罐内气体空间相连通。

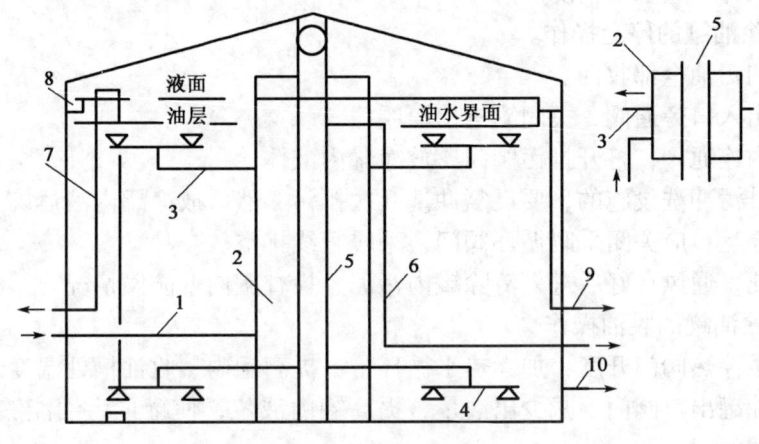

图2-70　立式除油罐

1—进水管；2—中心反应筒或配水室；3—配水管；4—集水管；5—中心柱管；
6—出水管；7—溢流管；8—集油槽；9—出油管；10—排污管

有些除油罐在上罐壁设有出水箱（图中未画出），出水箱内有水堰板，控制罐内油水界面高度，还设有溢流堰板替代倒U形溢流管；有的除油罐则把出水堰板和溢流堰板设在罐中央。根据原油的性质，有的除油罐在油层和集油槽内还设有加热盘管，以保持原油有良好的流动性。

原水内的固体悬浮物由于形状、粒径、密度等各异，以各种不同的速度在水内沉降。在沉降过程中，不同沉降速度的悬浮物相互碰撞、聚结成较大粒径的颗粒并改变其密度。若和粉尘、粘土等聚结，则密度和沉降速度增加；若和上浮的有机物聚结，则密度和沉降速度减小，悬浮物的相对密度可在1.03~2.6之间。因而，经沉降罐处理后原水内的部分悬浮物沉降于罐底，部分并入油层，其余随澄清后的污水流出沉降罐。

立式除油罐的污水顶部有原油层，有的油田在油层上方用天然气覆盖，隔绝污水与空气的接触，避免污水内增加溶解氧含量。罐内压力较高时，通过呼吸阀溢出的气体进入气柜；罐压较低时，由气柜向除油罐补气。

（2）立式除油罐的优缺点。

优点：立式除油罐的优点是罐容较大，污水在罐内有足够的滞留时间，有利于油滴、悬浮物和水的重力分离；利用油、悬浮物和水的密度差进行重力分离，无需外加能量。

缺点：储油罐不耐压，需用气柜保持储油罐密闭，增加了系统的复杂性；油的运动方向和水相反，使油水分离效率降低；机械杂质虽和水的流动方向相同，但由于油水流速很慢，流经罐底附近出水喇叭口时易被水带出储油罐，故油、悬浮物和水的分离效率较低。

2. 立式除油罐的操作

（1）立式除油罐的投运操作。

①打开罐底及收油槽内的采暖伴热管线阀门。

②关闭罐出口阀，排污阀和出、入口连通阀。

③打开罐入口阀门，缓慢向罐内进液。

④进液量达到除油罐容积的1/2时，停止进液，观察罐体及基础下沉情况。

⑤继续进液，待液位升到设计高度时，打开出口阀门，并检查阀件、罐体、基础等部位是否正常。

⑥从出口取样检查水质情况。

（2）立式除油罐的停运操作。

①将罐顶的污油全部收回。

②打开罐出入口旁通阀，关闭罐进出口阀门。

③打开罐内连通阀，打开排污阀门，放净罐内液体。

④有罐底排污冲洗设施的，要反复冲洗几次排污，然后放净罐内液体。

⑤如长期停运，应关闭采暖循环阀门，采暖管线排空。

⑥打开人孔，通风良好后进人清除罐内污泥，检查罐内壁防腐情况。

（3）立式除油罐的收油操作。

①开大采暖伴热阀门开度，加大热水循环量，提高罐内、收油槽处温度。

②控制除油罐出口阀门，减少出液量，提高罐内液位，使罐顶污油能够进入集油槽内，打开除油罐收油阀门。

③用热水置换收油管线，使管内凝油熔化，不堵塞管线。

④打开收油罐的入口阀门进行收油。

⑤当收油罐液位到2/3时，启动收油泵，向油处理系统内打油。

⑥检查污油收净后，停收油泵，关收油罐入口阀。关闭除油罐收油阀，调整除油罐出口阀，使罐内液位至正常液位，投入正常运行。

⑦检查所有工艺流程是否正确。

（二）隔油池

隔油池也是目前油田最常用一种重力除油设施，适用于含泥沙较多的含油污水处理，按其结构不同，隔油池可分为平流式和斜板（管）式两种。

1. 平流式隔油池

平流式隔油池的结构如图2-71所示。

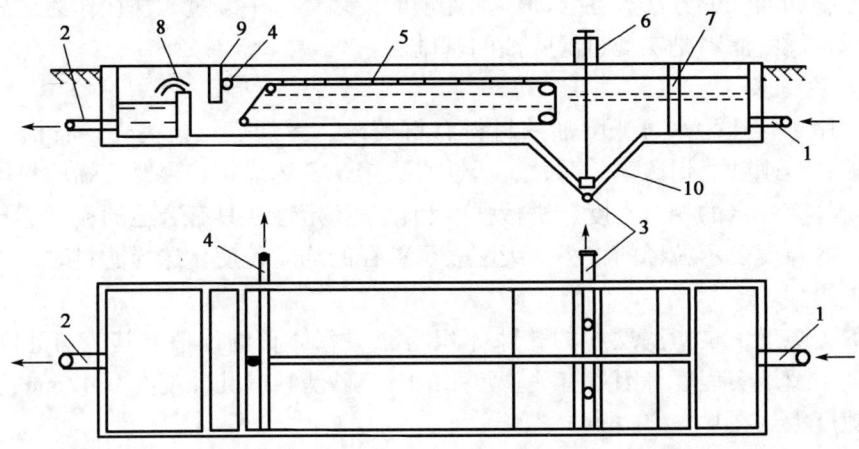

图 2-71 平流式隔油池结构
1—进水管；2—出水管；3—排泥管；4—集油管；5—刮油刮泥机；
6—排泥阀；7—整流板；8—溢流墙；9—阻油板；10—排泥斗

油、水、砂混合物从进水管进入隔油池，经整流板后，分布均匀，流速减慢，大部分泥砂沉降于排泥斗。油水混合物在向前平流的过程中，逐渐分离，到达出水口附近时，底部的污水从溢流墙和阻油板之间进入出水管排出，表面的原油在刮油机的作用下进入集油管。这种隔油池的除油效率不高，通常只能除去粒径大于 150μm 的油滴，适用于处理含油量较少和含泥砂较多的污水。

2. 斜板（管）式隔油池

斜板（管）式隔油池的结构如图 2-72 所示。

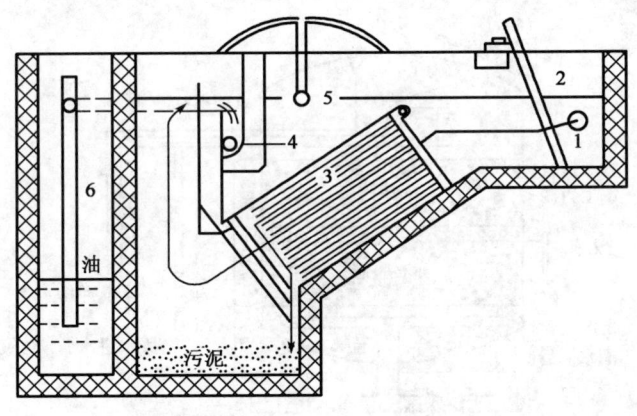

图 2-72 斜板（管）式隔油池结构
1—进水管；2—整流板；3—斜板组；4—出水管；5—集油管；6—回收油池

斜板（管）式隔油池的除油原理是"浅层沉淀"理论，油、水、砂混合物从进水管进入隔油池，经整流板后进入斜板组，在此将其分隔为若干层，使分离表面积增大，深度减少，从而提高了油水分离的效率。因此，在处理量相同的条件下，斜板（管）式隔油池的结构尺寸小，占地面积少，投资小，除油效果好。

（三）过滤除油

过滤除油是指将含油污水经过一定厚度且多孔的粒状物质，通过物理、化学作用除去其中的微小悬浮物和油珠的方法。在含油污水处理的诸多环节中，过滤往往作为最后一道把关的环节。选择合适的滤料是实现过滤除油的基础。

1. 滤料与滤料层

目前，常用于含油污水过滤除油的材料有石英砂、无烟煤、核桃壳、石榴石、钛铁矿砂、磁铁矿砂、金刚砂、铝矾土、陶粒、活性炭、聚苯乙烯球粒、聚氯乙烯球粒等。作为滤料的材料，要具有一定的相对密度、机械强度和化学稳定性；具有合适的粒度、孔隙度和级配要求。滤料的粒度表示粒径的大小，级配表示粒径的均匀程度。选择滤料时，既要考虑粒度，又要考虑级配。

滤料层的孔隙度，是指滤层中的孔隙体积与滤层总体积的比值。其值与滤料颗粒的形状、均匀程度以及压实程度等因素有关。常用的石英砂滤料的孔隙度在0.42mm左右，无烟煤滤料的孔隙度大约在0.5~0.6mm之间。

为了防止滤料从配水系统中流失，并保证反冲洗过程中的均匀布水，滤料层底部往往需加一层承托层。承托层一般采用天然卵石，其粒径和厚度取决于反冲洗的强度，反冲洗强度越大，要求卵石的粒径和厚度越大。

2. 滤罐

滤罐的种类很多，根据作用能量的不同，可分为压力式和重力式两大类；根据其滤料的不同，可分为单滤料、双滤料和多滤料三种；根据过滤速度快慢不同，可分为慢滤、快滤、高速过滤和超速过滤等。

（1）压力式滤罐。

①压力式滤罐的基本结构。

压力式滤罐是密闭式的圆柱形钢制容器，在一定压力下工作，适用于大阻力配水系统的污水过滤。目前，常用的立式压力滤罐的结构如图2-73所示。

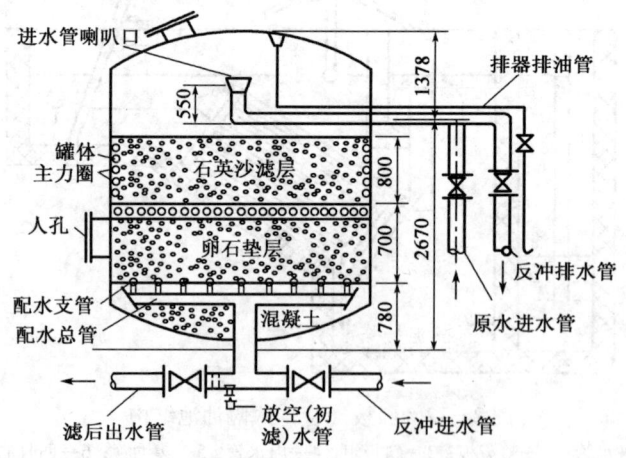

图2-73 立式压力滤罐

经初步除油后的污水从进水喇叭口进入滤罐内，自上而下通过滤料层，浮化油和悬浮物被吸附在滤料的表面，或被截留在滤料的孔隙中，从而达到污水净化的目的。过滤后的净化水通过配水支管和总管流出罐。

②压力式滤罐反冲洗。

滤罐工作一定时间后，滤层吸附和截留的悬浮杂质的乳化油逐渐达到饱和，滤料将失去过滤能力，造成过滤后的水质达不到质量要求，滤罐的压力损失增加。为使滤层恢复工作能力，必须定期对滤料进行反冲洗。反冲洗过程与过滤过程相反，将滤后的水从滤罐底部引入，自下而上依次通过配水系统、承托层、滤料层，最后通过反冲排水管送回立式除油罐。为保证反冲洗的效果，要根据不同滤料的最佳膨胀率来确定反冲洗的强度和时间等参数。

反冲洗强度是指单位面积滤料所需的冲洗水流量，通常为 $15\sim20\mathrm{L}/(\mathrm{s}\cdot\mathrm{m}^2)$；反冲洗时间随滤层污染程度的增加而增加，通常直接用于滤层冲洗的时间需要 $5\sim10\mathrm{min}$，包括启闭阀门的操作时间在内，完成一次反冲洗大约需要 $15\sim30\mathrm{min}$。

（2）核桃壳过滤罐。

核桃壳过滤罐是压力过滤罐的一种。核桃壳是20世纪80年代末由国外引进的一种新型滤料，由野生厚皮山核桃壳经脱脂、研磨、去皮、烘干、筛分等工序制成。粒径有 $0.5\sim0.8\mathrm{mm}$、$0.8\sim1.2\mathrm{mm}$、$1.2\sim1.6\mathrm{mm}$ 和 $1.6\sim2.0\mathrm{mm}$ 四种规格。核桃壳的相对密度为 $1.3\sim1.4$，滤料的机械强度较高，核桃壳本身带有孔隙、比表面积大、吸附能力强、有较强的亲水性、反洗再生好。

滤层采用单一粒径级配，深床过滤方式，无承托层，滤床高度为 $1.0\sim1.5\mathrm{m}$，下流式工作。因滤料的优良性质、过滤能力很强，设计滤速可达 $20\sim30\mathrm{m/L}$。

滤料相对密度略大于水，可用机械搅拌进行滤料再生。搅拌桨由滤罐上方的电动机带动，利用桨叶与滤料以及滤料间的摩擦从滤料上脱去吸附物。还可用反洗泵从罐顶部抽取滤料和水的混合物，增压后送入搓洗管，用旋流法洗涤后由过滤罐底部返回滤罐。使再生反冲洗水量大为降低，仅为 $4\sim12\mathrm{L}/(\mathrm{m}^2\cdot\mathrm{s})$ 为过滤水量的 $1\%\sim2\%$。

（3）重力式滤罐。

重力式滤罐与大气相通，在大气压力下工作，污水靠自身重力通过过滤层。这种滤罐适用于小阻力配水系统的污水过滤。目前常用的有重力式无阀滤罐和重力式单阀滤罐。

①重力式无阀滤罐。

a. 重力式无阀滤罐的结构如图 2-74 所示。从图中可以看出，重力式无阀污水过滤系统，是靠水力控制实现污水过滤和自动反冲的。在正常工作时，含油污水由进水分配槽经进水管进入滤罐内，自上而下依次通过滤料层、承托层，到达底部空间；通过底部空间进入连通渠，上升至反冲洗水箱，最后经出水管排出罐外。

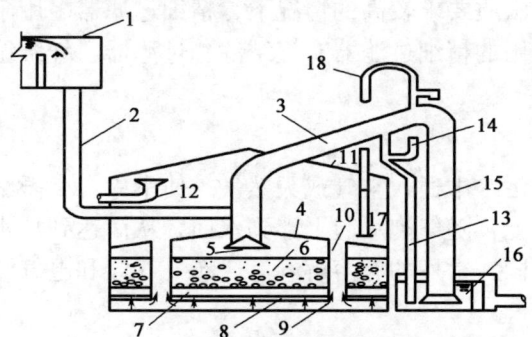

图 2-74 重力式无阀滤罐结构图

1—进水分配槽；2—进水管；3—虹吸上升管；4—顶盖；5—挡板；6—滤料；7—承托层；8—配水系统；
9—底部空间；10—连通渠；11—反冲洗水箱；12—出水管；13—虹吸辅助管；14—抽气管；
15—虹吸下行管；16—水封井；17—虹吸破坏斗；18—虹吸破坏管

b. 重力式无阀滤罐的反冲洗是依靠虹吸现象进行的。在滤罐运行过程中，随着滤料层吸附浮化油和悬浮杂质的增加，其通过能力减弱，阻力增大，虹吸上升管的水位升高；当水位到达虹吸辅助管的顶端时，水从该管流出，并通过抽气管将虹吸上升管的空气抽走，形成虹吸；反冲洗水箱中的水在水位差的作用下，通过连通渠自下而上，依次通过配水系统、承托层、滤料层，实现对滤料的反冲洗；当反冲洗水箱中的液位下降到虹吸破坏斗的位置时，空气由此进入，虹吸被破坏，反冲洗结束，恢复正常工作至下次反冲洗开始，依次循环。

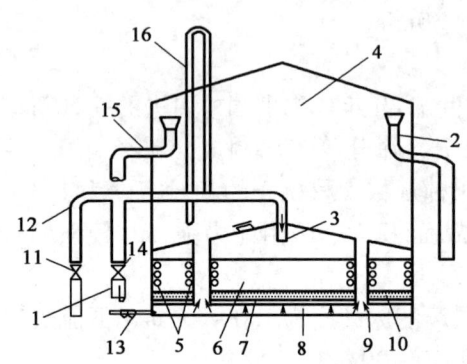

图2-75 重力式单阀滤罐结构图
1—进水管；2—出水管；3—进水挡板；4—反冲洗水箱；5—阻力圈；6—滤料层；7—配水系统；8—集水室；9—连通管；10—承托层；11—电动排水阀；12—反冲洗排水管；13—放空管；14—进水阀；15—溢流管；16—虹吸破坏管

②重力式单阀滤罐。

a. 重力式单阀滤罐的结构如图2-75所示。从图中可知，整个单阀滤罐分成上、下两部分。上部是反冲洗水箱，下部是过滤部分。这种滤罐的进水管上装有控制阀，出水管上没有阀，故称为单阀滤罐。

b. 重力式单阀滤罐工作过程：正常工作时，含油污水由进水管经进水挡板均匀地进入滤罐内，自上而下通过滤料层、承托层，配水系统，到达集水室；通过集水室、进入连通渠，上升至反冲洗水箱，最后经出水管排出罐外。

c. 重力式单阀滤罐的反冲洗：对滤罐进行反冲洗时，打开反冲洗排水管上的电动排水阀，反冲洗水箱中的水通过连通管自下而上依次通过集水室、配水系统、承托层、滤料层，实现对滤料的反冲洗。工程上，通过将反冲洗系统的压力损失设计为小于进水的压力损失，反冲洗排水阀打开，便实现反冲洗。在反冲洗时，一般不关闭进水管上的进水阀。这样，只要配置快速作用的反冲洗排水阀，如蝶阀、电动阀等，就可以快速实现反冲洗与正常工作的切换。

3. 精细过滤

精细过滤采用成型材料作为过滤器的滤芯，可去除污水中直径为 $1\sim5\mu m$ 的乳化油和其他细小悬浮物。通常在对水质要求较高的情况下，精细过滤器多用于其他处理措施之后，对净化水质起把关作用。常用的精细过滤器有烧结滤芯过滤器、纤维缠绕滤芯过滤器和微过滤器等。

（四）气浮除油

气浮除油就是在含油污水中通入空气或天然气，使水中产生微细气泡，污水中的细小油滴或悬浮颗粒粘附在气泡上，随气泡一起上浮到水面，从而达到从水中除油的目的。

按产生气泡的方式不同，常用的有溶解气浮、布气气浮和电气浮三种类型。

1. 溶解气浮除油

（1）溶解气浮除油装置示意图如图2-76所示。

（2）溶解气浮除油的原理：工作时，先在加压、加药的条件下，在溶气罐中将气体溶于含油污水中；再将溶于气体的含油污水引入浮选装置的底部，随着体积增大，压力降低，溶入水中的气体便释放出来；随着气泡在水中的上浮，将油珠和悬浮物吸附并携带至浮选装

第二章 容器及相关工艺技术

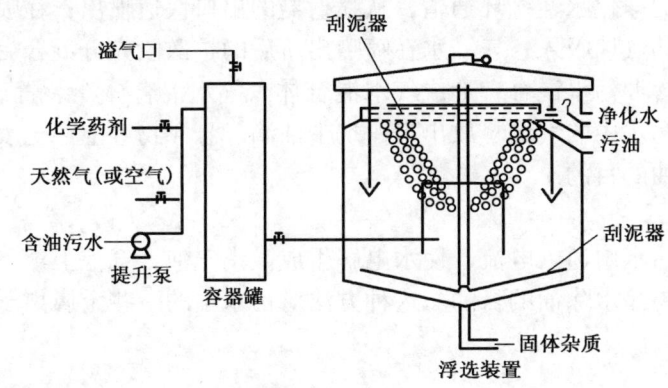

图 2-76 溶解气浮除油装置示意图

置表面，通过排油口排出；除油后的污水从浮选装置底部经隔板，从位于浮选装置顶部的净化水出口排出。

2. 布气气浮除油

布气气浮除油的原理与溶解气浮除油的相同，所不同的是含油污水中产生气泡的方法不同。它是利用机械剪切力将混合于水中的空气粉碎成小气泡，常用的布气装置有旋转型和喷射型两种形式。

（1）旋转型布气装置。

旋转型布气装置的结构如图 2-77 所示。

工作时，机械转子在电动机带动下旋转，气液界面处产生液体漩涡；随着转速的升高，旋流加剧，气液界面向分离室底部扩展；在漩涡中心的气腔中，压力低于大气压，分离室上部的气体下移，通过转子与水混合形成气水混合体；气水混合体在转子的旋转推动下，向周边扩散。在装置的四周，溶于污水中的气泡释放出来，携带油滴、悬浮物等上浮至表面，通过浮渣堰口排出，实现污水除油的目的。为了提高除油效果，可将多个旋转布气装置串联使用，使含油污水依次流经各个单元室。

目前常用的是四个单元室串联使用。

（2）喷射型布气装置。

喷射型布气装置的结构如图 2-78 所示。

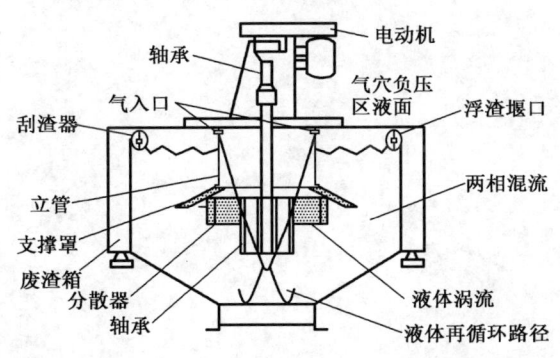

图 2-77 旋转型布气装置结构示意图

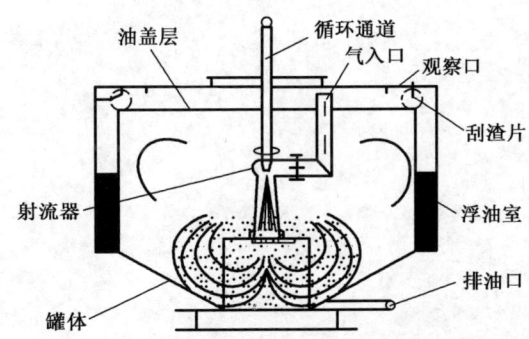

图 2-78 喷射型布气装置结构示意

工作时，加压后的净化水经循环通道，从喷射器的出口快速喷出；在喷射器出口处形成低压区，将进气管内的气体吸入；气、水在喷嘴出口后的扩散段充分混合后，进入布气装置中下部，与待处理的含油污水混合，形成气水混合体。气水混合体在装置底部向周边扩散。在装置的四周，溶于污水中的气泡释放出来，携带油滴、悬浮物等上浮至表面，通过浮渣堰口排出，实现污水除油的目的。

3. 电气浮除油

电气浮除油是向污水中通入电流，使水电解生成微小气泡，气泡上浮，携带油滴、悬浮物等上浮至表面，实现污水除油的目的。这种方法对污水中的一些金属离子也有一定的净化作用。

第三章 集输用泵

泵是一种水力机械，是把原动机的机械能或其他形式的能量转换为输送液体所需能量的机器，使液体具有一定的压能和动能，原动机通过泵轴带动叶轮旋转或改变工作腔的容积等方式，对液体做功使其能量增加，达到输送液体的目的。

第一节 泵的概述

一、泵的分类

在实际生产中，由于输送介质的种类、性质以及所需压力的大小，流量的高低和所处环境的不同，因而泵的类型多样，根据其结构和工作原理可将泵分为叶片式、容积式和其他类型三大类。

（一）叶片式泵

叶片式泵是利用叶轮在泵内做高速旋转运动把能量连续传递给液体，达到输送液体的目的，如离心泵、混流泵、轴流泵、旋涡泵等。

（二）容积式泵

容积式泵是利用泵内工作室的容积做周期性的变化来输送液体，如活塞泵、柱塞泵、隔膜泵、齿轮泵、螺杆泵等。

（三）其他类型的泵

其他类型的泵是指上述两种类型泵以外的其他泵，如螺旋泵、射流泵、气升泵、水锤泵等。

二、泵的用途

泵是国民经济中应用最广泛、最普遍的通用机械，除了水利、电力、农业和矿山等大量采用外，尤以石油化工生产用量最多。而且由于化工生产的原料、半成品和最终产品中很多是具有不同物性的液体，如腐蚀性、固液两相流、高温或低温等，要求有大量的具有一定特点的化工用泵来满足工艺上的要求。泵是机械工业中重要产品之一，是发展现代工业、农业、国防、科学技术必不可少的机器设备，掌握使用维护知识和技能具有重要的现实意义。

三、泵的性能

泵的性能主要有流量、扬程、使用温度、输送液体种类等。大型泵的流量每小时可达几十万立方米，微型泵每小时则只有几毫升；泵的压力可从常压到高压，高压可达100MPa以上；输送液体温度在 $-200 \sim 800$℃；泵输送液体的种类繁多，如输送清水、污水、油液、酸碱液、悬浮液、液态金属等。

四、泵的选型

（一）泵选型的依据

泵选型主要依据泵所在系统或装置的有关参数、特性及其所处的环境条件和要求。选型时应尽量掌握以下因素。

1. 输送介质的物理化学性能

输送介质的物理化学性能包括介质名称、介质特性（如腐蚀性、磨损性、毒性等）、温度、固体颗粒含量及颗粒大小、气体含量、密度、粘度、汽化压力等。

2. 工艺参数

了解泵的流量、进出口压力、泵进出口系统管路的布置；了解装置的运行方式（间歇运行或连续运行）。

3. 其他因素

选型时要考虑场地条件的限制、工程造价、安装高度、安全、环保等要求。

（二）泵选型的一般步骤

泵的结构形式、种类、规格很多，但一般可以按照以下步骤进行选择：

（1）确定泵的使用条件。
（2）选择泵的类型。
（3）确定泵的规格。
（4）确定泵主要零部件的材料。
（5）选择配套电动机（或其他原动机）的参数。
（6）确定泵的轴封形式。

第二节　离心泵结构原理

离心泵具有性能范围广泛、流量均匀、结构简单、运转可靠和维修方便等诸多优点，因此在工业生产中应用普遍，属于叶片式泵的一种。

一、离心泵分类及型号

（一）离心泵分类

1. 按叶轮级数分

（1）单级离心泵：泵轴上只装有一个叶轮，如图 3-1 所示。

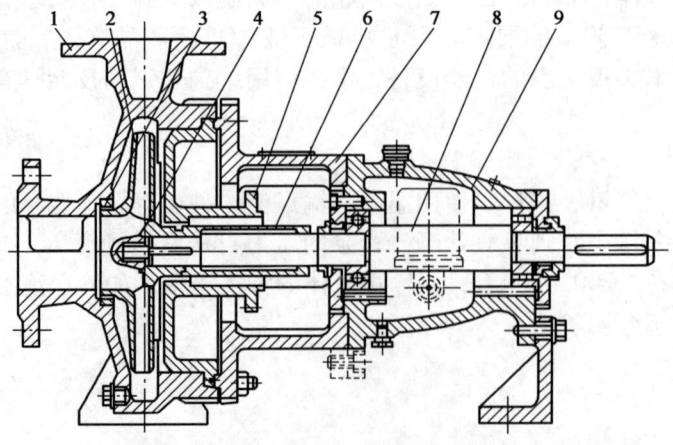

图 3-1　单级单吸悬臂式离心泵结构图

1—泵壳；2—叶轮；3—密封环；4—叶轮锁紧螺母；5—盘根压盖；6—轴套；7—中间支承；8—轴；9—轴承悬架

（2）多级离心泵：同一泵轴装有两个或两个以上叶轮，如图3-2所示。

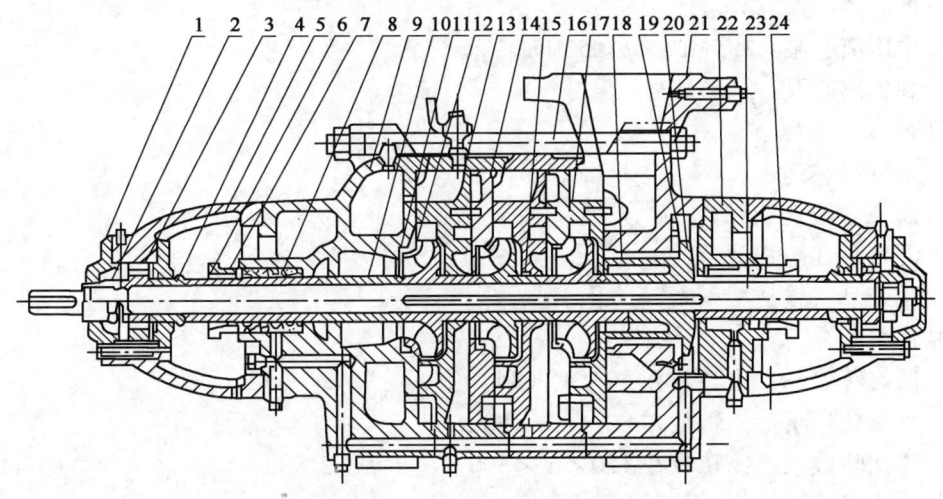

图3-2 D型多级离心泵结构图

1—轴承盖；2—锁紧螺母；3—轴承；4—挡水套；5—轴承架；6—轴套甲；7—填料压盖；
8—填料环；9—进水段；10—中间套；11—密封环；12—叶轮；13—中段；14—导翼挡板；
15—导翼套；16—拉紧螺栓；17—出水段导翼；18—平衡套；19—平衡环；20—平衡盘；
21—出水段；22—尾盖；23—轴；24—轴套乙

2. 按叶轮吸入方式分

（1）单吸式离心泵：叶轮只有一个吸入口，如图3-1所示。

（2）双吸式离心泵：从叶轮两侧吸入，它的流量较大，如图3-3所示。

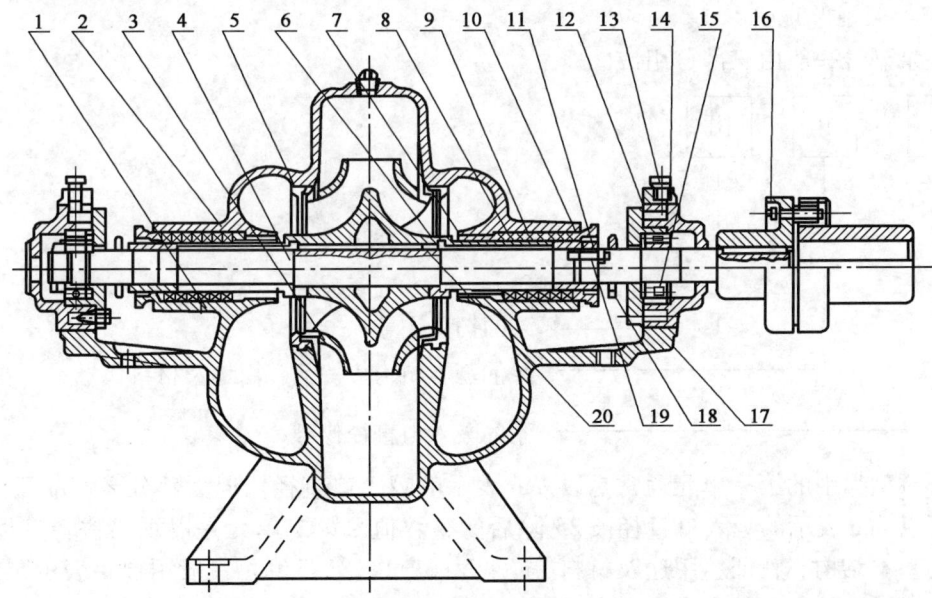

图3-3 S型双吸中开式泵结构图

1—泵体；2—泵盖；3—叶轮；4—轴；5—双吸密封环；6—轴套；7—填料套；8—填料；
9—填料环；10—填料压盖；11—轴套母；12—轴承体；13—固定螺钉；14—轴承体压盖；
15—单列向心球轴承；16—联轴器部件；17—轴承端盖；18—挡水圈；19—螺栓；20—键

3. 按压力大小分

(1) 低压离心泵：$p<1.5\mathrm{MPa}$。

(2) 中压离心泵：$1.5\mathrm{MPa}<p\leqslant 5\mathrm{MPa}$。

(3) 高压离心泵：$p>5\mathrm{MPa}$。

4. 按泵输送介质分

(1) 水泵（输送水）。

(2) 油泵（输送油品）。

(3) 泥浆泵（输送泥浆）。

(4) 化工泵（输送酸碱及其他化工原料）。

5. 按比转数分

(1) 低比转数泵：比转数在 $50<n_s<80$。

(2) 中比转数泵：比转数在 $80<n_s<150$。

(3) 高比转数泵：比转数在 $150<n_s<300$。

6. 按泵壳接缝形式分

(1) 垂直分段式（图 3-2）。

(2) 水平中开式（图 3-3）。

7. 按传动方式分

(1) 电动机直接传动的电动泵。

(2) 柴油机直接带动的柴油机泵。

(3) 蒸汽（燃气）轮机带动的汽（燃气）轮机泵。

（二）离心泵型号

1. 离心泵型号说明

离心泵型号一般由三部分组成。

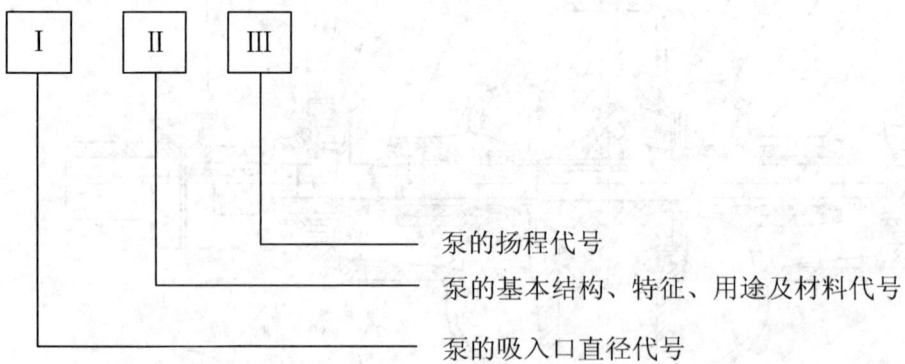

离心泵型号中的第一单元通常是以 mm 表示的吸入口直径。但大部分老产品用"英寸"表示，即以 mm 表示的吸入口直径被 25 除后的整数值。第二单元是以汉语拼音字母的字首表示泵的基本结构、特征、用途及材料等，见表 3-1。第三单元一般用数字表示泵的参数，这些数字对过去的大多数老产品是表示该泵比转速被 10 除的整数值，而目前表示以 m 水柱为单位的泵的扬程和级数。有时泵的型号尾部后还带有字母 A 或 B，这是泵的变型产品标志，表示在泵中装的是切割过的叶轮。

2. 离心泵型号表示方法

离心泵型号表示方法举例如下：

表3-1 离心泵形式和汉语拼音字母对照

汉语拼音字母	离心泵形式	汉语拼音字母	离心泵形式
B、BA	单级单吸悬臂水泵	R	热水循环泵
S、SH	单级双吸水泵	L	立式浸没式水泵
D、DA	多级分段水泵	CL	船用离心泵
DK	多级中开式水泵	Y	离心式油泵
DG	锅炉给水泵	F	耐腐蚀泵
N、NL	冷凝水泵	P	杂质泵

（1）"2B31A"表示吸入口直径为50mm（流量12.5m³/h），扬程为31m水柱，同型号叶轮外径经第一次切割的单级单吸悬臂式离心清水泵。

（2）"200D-43×9"表示吸入口直径为200mm，单级扬程为43m水柱，总扬程为43×9=387m水柱，9级分段式多级离心泵。

（3）近年来我国泵行业采用国际标准ISO 2858—1975（E）的有关标记，额定性能参数和系列尺寸，设计制造了新型号泵。其型号表示方法如下：

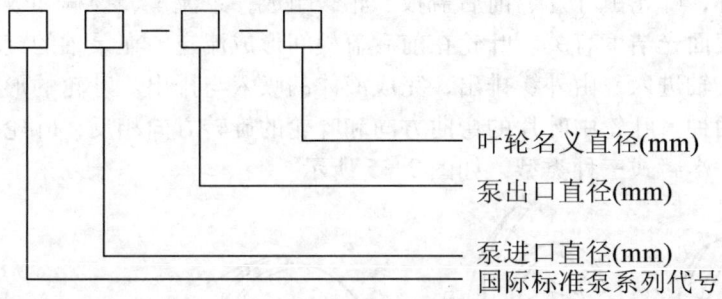

① "IS80-65-160"表示单级单吸悬臂式清水离心泵，泵吸入口直径为80mm，排出口直径为65mm，叶轮名义直径为160mm。

② "IH50-32-160"表示单级单吸悬臂式化工离心泵，泵吸入口直径为50mm，排出口直径为32mm，叶轮名义直径为160mm。

二、离心泵原理及结构

（一）离心泵原理

离心泵一般装置示意图如图3-4所示。

液体进入叶轮后，改变了液流方向。叶轮的吸入口与排出口成直角，液体经叶轮后的流动方向与轴线成90°，这种泵称为离心泵。

液体由吸入导管进入离心泵吸入室，然后流入叶轮，叶轮在泵壳内高速旋转，产生离心力。充满叶轮的液体受离心力作用，从叶轮的四周被高速甩出，高速流动的液体汇集在泵壳内，其速度降低，压力增大。根据液体总要从高压区向低压区流动的原理，泵壳内的高压液体进入压力低的出口管线（或下一级叶轮），在叶轮的吸入室中心处形成低压区，液体在外界大气压力的作用下，源源不断地进入叶轮，补充于叶轮的吸入口中心低压区，使泵连续工作。

（二）离心泵结构

离心泵由六大部分组成：转动部分、泵壳部分、密封部分、平衡部分、轴承部分、传动

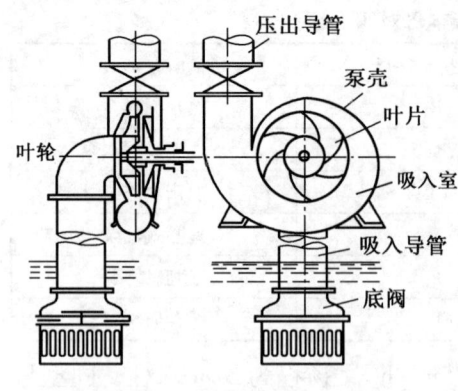

图3-4 离心泵一般装置示意图

部分等。

1. 转动部分

转动部分由泵轴、叶轮、轴套等组成，是产生离心力和能量的旋转主体，密封部分、平衡装置等也都套在轴上，是离心泵的关键部分。

（1）泵轴。

泵轴是将动力机械能量传给叶轮的主要零件，并把叶轮和联轴器连在一起，组成泵的转子。它的材料要求有足够的抗扭强度和刚度，常用碳素钢和不锈钢制成。泵轴挠度不超过允许值，运行转速不能接近产生共振的临界转速。泵轴一端用键、叶轮螺母和外舌止退垫圈固定叶轮，另一端装联轴器或皮带轮。为了防止填料与泵轴直接摩擦以及轴的锈蚀，多数泵轴在轴与水的接触部分装有钢制或铜制的轴套，轴套锈蚀后可以更换。

（2）叶轮。

叶轮是离心泵的主要零件，叶轮由叶片、前后盖板、轮毂组成，泵流量、扬程和效率都和叶轮的形状、尺寸大小及表面光洁度有关。叶轮在前后盖板间形成流道，在泵轴的旋转下产生离心力，液体由叶轮中心轴进入，由外缘排出，完成液体的吸入与排出。叶轮的形式按进液方式可分为单吸和双吸两种。叶轮中叶片的弯曲方向和叶轮的旋转方向相反，叶轮按其结构可分为封闭式、敞开式、半封式三种类型，如图3-5所示。

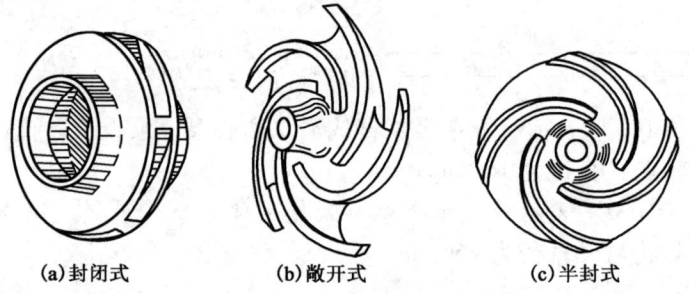

(a)封闭式　　　(b)敞开式　　　(c)半封式

图3-5 离心泵的叶轮结构图

（3）轴套。

轴套套装在泵轴上，一般是圆柱形。轴套有两种：一种是装在叶轮与叶轮之间，主要是保护泵轴和固定叶轮；另一种是装在轴头密封处，防止密封填料磨损轴，起保护轴的作用。

2. 泵壳部分

泵壳的作用是把液体均匀地引入叶轮，并把叶轮甩出的高压液体汇集起来导向排出侧或通入下一段叶轮，同时减慢叶轮甩出的液体速度，把液体动能转变为压力能。通过泵壳可把泵的各固定部分连为一体，组成泵的定子。

泵壳有蜗形泵壳和有导轮的分段泵壳两种。蜗形泵壳一般用于单级泵及水平中开式的多级泵。其结构简单，水头损失小，轴向推力利用叶轮对称装置平衡，径向推力的平衡需采用其他措施，如图3-6（a）所示。而具有导轮的分段泵壳则都用在多级泵。其结构复杂，水头损失大，径向推力自己平衡，轴向推力的平衡采用平衡盘、平衡鼓、平衡管等措施，如图3-6（b）所示。

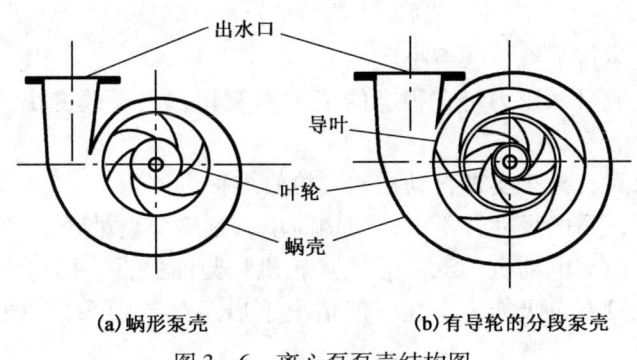

(a) 蜗形泵壳　　　　(b) 有导轮的分段泵壳

图 3-6　离心泵泵壳结构图

3. 密封部分

为保证泵正常运转，效率高，防止泵内液体外流或外界空气进入泵体内，在叶轮与泵壳之间、轴与泵壳之间都装有密封装置。常用的密封装置有密封环（口环）、填料盒（填料箱）和机械密封（端面密封）。

密封环用来防止液体从叶轮排出口通过叶轮和泵壳之间的间隙漏回吸入口，以减少容积损失；同时承受叶轮与泵壳接缝处可能产生的机械摩擦，磨损后只换密封环而不必更换叶轮和泵壳。密封环有的装在叶轮上，有的装在泵壳上，也有的两边都有。密封环的形式很多，基本上可分为4种：平接式、角接式、单曲迷宫式、双曲迷宫式。

填料盒位于泵壳与轴之间，在填料盒内放入填料，用来防止泵内液体沿轴漏出和防止外界空气进入泵内。

机械密封是依靠固定在轴上的动环和固定在泵壳上的定环，两环平衡端面间紧密接触而达到密封的装置。机械密封根据装置形式分为单端面机械密封和双端面机械密封。双端面机械密封具有两道端面密封，多用于高温高压条件下运转的泵。

4. 平衡部分

泵在运转时，在其转子上产生一个方向与泵的轴心线相平行的轴向力。多级泵的轴向力很大。泵在工作之前，叶轮四周的液体压力都一样，因而不产生轴向力。当泵开始工作后，因压出室内产生了压力，并且由于叶轮两侧在进口、出口存在压差，便产生了轴向力。

平衡轴向力的方法很多，一般来说，单级泵不同于多级泵。单级泵平衡轴向力有4种方法：平衡孔、平衡管、采用双吸叶轮、采用平衡叶片。多级泵平衡轴向力也有4种方法：叶轮对称布置、平衡盘法、平衡鼓法、平衡盘或平衡鼓组合法。平衡鼓是装在末级叶轮之后用来平衡转子轴向力，平衡盘主要是平衡轴向力并起到定位转子位置的作用。

5. 轴承部分

轴承部分是用来支撑泵轴并减少泵轴旋转时的摩擦阻力，在离心泵中通常采用滑动轴承和滚动轴承平衡径向和轴向负荷。

6. 传动部分

离心泵与电动机中间的连接机构称为联轴器。它起着传递电动机的能量，缓冲轴向、径向的振动以及自动调整泵与电动机中心的作用。常用的联轴器有三种：刚性联轴器、弹性联轴器、液力联轴器（耦合器）。

（三）离心泵特点

离心泵之所以在集输生产中得到广泛的应用，主要是由于与其他类型泵相比有以下特点：
（1）流量均匀，运行平稳，噪声小。
（2）调节方便，流量和压力可在很宽的范围内变化，只要改变出口阀或回流阀开度就可以调节流量和压力。
（3）操作方便可靠，易于实现自动控制，检修维护方便。
（4）在大流量下，泵的尺寸并不大，结构简单、紧凑，重量轻。
（5）转速高，可以与电动机、汽（燃气）轮机、柴油机直接相连。
（6）由于离心泵没有自吸能力，在一般情况下启泵前要灌泵，或安装真空泵在泵的入口处。
（7）压力取决于叶轮的级数、直径和转数，而且不会超过由这些参数所确定的值。
（8）当输送的液体粘度增加时，对泵的性能影响很大，这时泵的流量、压力、吸入能力和效率都会下降。

第三节　离心泵的性能参数

一、主要参数

（一）流量

流量也称为排量，指泵在单位时间内所输送液体的数量，可用体积流量（Q）或质量流量（G）两种单位表示。流量的质量单位和容量单位的换算如下：

$$G = Q\rho \qquad (3-1)$$

式中　G——质量流量，kg/s；
　　　Q——体积流量，m^3/s 或 m^3/h；
　　　ρ——液体密度，kg/m^3。

（二）扬程

扬程又称为压头，是指单位质量的液体通过泵后获得能量的大小，用 H 来表示，其单位为 m。离心泵工作时，往往用压力表来测扬程，单位是 Pa（帕），法定计量单位是 MPa（兆帕），压力与扬程的关系为：

$$p = \rho g H \qquad (3-2)$$

式中　p——压力，Pa；
　　　ρ——液体密度，kg/m^3；
　　　g——重力加速度，$9.8 m/s^2$；
　　　H——扬程，m。

泵的总扬程包括吸入扬程、出水扬程和泵进出口液体流速速度头之差，即：

总扬程 = 吸入扬程 + 出水扬程 + 速度头之差

（三）转数

转数是指泵轴每分钟旋转的次数，也称转速，用符号 n 表示，单位为 r/min（转/分）。一般泵产品样本上规定的转数是指泵的最高转数许可值。实际工作中最高不超过许可值的 4%。转数的变化将影响其他一系列参数的变化。

(四) 功率

泵在单位时间内对液体所做的功称为功率。用符号 N 表示，单位为 W 或 kW。泵的功率有轴功率、有效功率和原动机功率三种。轴功率是指离心泵的输入功率，用符号 $N_{轴}$ 表示，其单位为 kW；有效功率是指泵在单位时间内对液体所做的功，用符号 $N_{有效}$ 表示。三种功率之间的关系为：

$$N_{有效} = \rho g Q H \tag{3-3}$$

$$N_{轴} = N_{有效}/\eta_{效} \tag{3-4}$$

$$N_Y = (1.1 \sim 1.2) \times N_{轴} \tag{3-5}$$

式中　ρ——液体密度，kg/m^3；
　　　g——重力加速度，$9.8 m/s^2$；
　　　Q——体积流量，m^3/s；
　　　H——扬程，m；
　　　$\eta_{效}$——泵效，%；
　　　N_Y——原动机功率。

泵铭牌上标明的功率是原动机功率，也称为配用功率。有些铭牌上标明的轴功率，它是指泵需要的功率。

（五）效率

泵的功率大部分用于输送液体，使一定量的液体增加了压能，即所谓有效功率；而另一部分功率消耗在泵的轴与轴承及填料和叶轮与液体的摩擦上，以及液流阻力损失、漏失等方面，这部分功率称为损失功率。效率是衡量功率中有效程度的一个参数，用符号 $\eta_{效}$ 并以百分比表示，即：

$$\eta_{效} = \frac{N_{有效}}{N_{轴}} \times 100\% \tag{3-6}$$

它也等于泵的容积效率机械效率和水力效率的乘积，即：

$$\eta = \eta_{容} \eta_{机} \eta_{水} \tag{3-7}$$

$$\eta_{容} = \frac{Q-q}{Q} \tag{3-8}$$

$$\eta_{机} = \frac{N_{轴} - N_{损}}{N_{轴}} \times 100\% \tag{3-9}$$

$$\eta_{水} = \frac{H}{H_t} = \frac{H_t - h_t}{H_t} \tag{3-10}$$

式中　Q——泵的流量，m^3/h；
　　　q——泵的漏失量，m^3/h；
　　　$N_{损}$——损失功率，W；
　　　H——泵实际产生的扬程，m；
　　　H_t——理论扬程，m；
　　　h_t——总扬程损失，m。

（1）容积损失。由于泵的泄漏，泵的实际排出量总是小于吸入量，这种损失称为容积损失，主要包括密封环泄漏、平衡机构泄漏和级间泄漏损失。

（2）水力损失。叶轮传给液体的能量，其中有一部分没有变成压能，这部分能量损失称为水力损失。水力损失包括冲击损失、旋涡损失和沿程摩擦损失。

（3）机械损失。叶轮在旋转时，液体与叶轮表面，泵的其他零件之间所产生的摩擦损失，称为机械损失。

（六）允许吸入高度

泵允许吸入高度也称为允许吸上真空度，表示离心泵能吸上液体的允许高度。一般用 $H_允$ 或 H_s 表示，单位为 m。为了保证泵的正常工作，必须规定这一数值，以保证泵入口液体不汽化，不产生汽蚀现象。

（七）比转数

比转数是一个能说明离心泵结构与性能特点的参数，它是利用相似理论求得的，用符号 n_s 表示。任何一台泵，根据相似原理，可以利用比转数 n_s 按泵叶轮的几何相似与动力相似的原理对叶轮进行分类。比转数相同的泵即表示几何形状相似，液体在泵内运动的动力相似。

对于单级泵，n_s 计算公式为：

$$n_s = \frac{3.65n\sqrt{Q}}{H^{3/4}} \tag{3-11}$$

对于单级双吸泵，n_s 计算公式为：

$$n_s = \frac{3.65n\sqrt{Q/2}}{H^{3/4}} \tag{3-12}$$

对于多级单吸泵，n_s 计算公式为：

$$n_s = \frac{3.65n\sqrt{Q}}{(H/i)^{3/4}} \tag{3-13}$$

式中　n——转速，r/min；
　　　Q——泵的额定流量，m³/s；
　　　H——泵的额定扬程，m；
　　　n_s——泵的比转数；
　　　i——离心泵的级数。

二、主要参数测试方法

（一）流量的测定

流量是指泵在单位时间内所输送液体的数量。如果横截面上各点的流速相等，能求出其流速平均值，并且流体是均匀介质，不含有较多的异相流体，如油、水中不能含有太多的气体，不含有过多、过大的固体杂质，能够连续不间断地流动。在管道中流动时，流体必须全部充满管道，不能有自由表面存在，这时可以按简化的公式（3-14）计算。

$$Q = vF \tag{3-14}$$

式中　Q——流量，m³/s；
　　　v——平均流速，m/s；
　　　F——管道横截面积，m²。

流体流量如以体积计算，则称为体积流量；如以质量计算，则称为质量流量。流量的计算单位对体积流量有 m³/h，L/s，L/min 等，对质量流量单位有 t/h，kg/min 等。用流量计测量泵的排量时，其精度不能低于0.2级。

离心泵流量测定可使用现场工艺配用流量计观察法进行测量，其流量计的精度要求不低于0.2级，并经校验，也可采用容积式测量法，即经标定的标准容器来测量流量。还可以采用流量计、流量表、流量测速仪等进行。由于离心泵输送的介质是液体，其配合使用的容积式和速度式流量计较普遍。如果配合商品油交接流量的测定，还应配以标准体积管等液体流量标准装置进行。

流量的质量单位和体积单位的换算关系见本节公式（3-1）。

（二）扬程的测定

泵的扬程是指单位质量的液体通过泵后能量的增加值或指泵的扬水高度，通常用 H 表示，单位是m。离心泵扬程的大小与泵的转速、叶轮的结构与直径以及管路情况等因素有关。

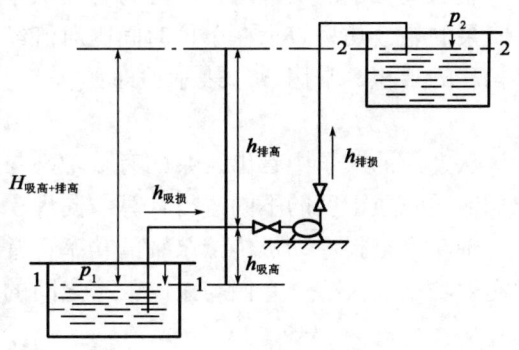

图3-7 泵扬程示意图

离心泵扬程是指全扬程，全扬程可分为吸上扬程和压出扬程，如图3-7所示。

把液体从容器中吸入到泵内的扬程称为吸上扬程，吸上扬程（$H_{吸}$）包括吸入高度（$h_{吸高}$）和吸入管路阻力损失（$h_{吸损}$）两部分。可用如下公式形式表示：

$$H_{吸} = h_{吸高} + h_{吸损}$$

把液体从泵内排到另一个容器的扬程称为压出扬程。压出扬程（$H_{排}$）包括排出高度（$h_{排高}$）和排出管路阻力损失（$h_{排损}$）两部分。可用如下公式形式表示：

$$H_{排} = h_{排高} + h_{排损}$$

而扬程的测定，可以采用弹簧式压力表、液体差压计或液体真空计测定出泵的进出口压力，然后换算出扬程。测试时要求压力表的精度不低于0.5级。吸入扬程可用真空表测量，压出扬程可用压力表测量，压力表或真空压力表分别安装在泵的出入口法兰处，其扬程按公式（3-15）进行计算：

$$H = \frac{p_2 - p_1}{\rho g} + \Delta h \tag{3-15}$$

式中 H——扬程，m；

p_1、p_2——分别为泵入口和出口处的压力，Pa；

ρ——被输送液体的密度，kg/m³；

g——重力加速度，9.8m/s²；

Δh——泵入口中心到出口处的垂直距离，m。

【例3-1】某多级泵输送40℃的原油，罐至泵所经过的管线、阀件及其他配件所产生的摩阻损失为3m，泵入口高度与罐的最低动液面高度差为0.2m，问该泵的实际吸入高度应为多少？

已知：$h_{吸高} = 0.2$m，$h_{吸损} = 3$m

求：$H_{吸} = ?$

解：根据公式：

$$H_{吸} = h_{吸高} + h_{吸损}$$

$$= 0.2 + 3 = 3.2(\text{m})$$

答：泵的实际吸入高度为 3.2m。

（三）转数的测定

转数的测定方法是使用转速表进行测量。

（四）功率的测定

通常说的功率是指单位时间内所做功的大小，通常用符号 N 表示，单位为 W。

表示离心泵的功率时，可分为有效功率 $N_{有效}$、轴功率 $N_{轴}$、配套功率 $N_{配}$。

泵的有效功率表示在单位时间内对流经该泵的液体所做功的大小，也就是泵的质量流量和扬程的乘积，常用 $N_{有效}$ 表示，即：

$$N_{有效} = \rho g Q H$$

从上面的式子中看出，泵的有效功率与所输送液体的密度有关，在测定有效功率时，应根据输送介质密度的不同进行计算。同理，轴功率、配套功率也要相应地增减。

轴功率是指原动机传给泵轴的功率，常用 $N_{轴}$ 表示，由于泵内有各种损失，所以轴功率比有效功率要大些，它们与泵的效率之间的关系如下：

$$N_{轴} = \frac{N_{有}}{\eta_{效}}$$

（五）效率的测定

泵的效率是表示泵性能好坏及动力的有效利用程度，效率越高，说明泵的使用越经济，它是泵的一项重要的经济技术指标。

泵在工作时，从原动机输入的轴功率不可能全部转化为有效功率，有一部分功率在泵内损失掉，把有效功率与轴功率之比称为泵的效率，用符号 η 表示。

$$\eta_{效} = \frac{N_{有效}}{N_{轴}} \times 100\%$$

（六）比转数

每一台泵都有一个比转数，比转数又称为比速，是设计泵时的重要参数。在设计泵时，假想出一台泵的转数，并且这台泵的全部零件与所研究泵零件几何相似，这台泵的流量是 $0.075\text{m}^3/\text{s}$，扬程为 1m（H_2O），消耗功率为 0.735kW，这时的转数就称为所研究的那台泵的比转数，比转数常用符号 n_s 来表示。

比转数和离心泵性能的关系：同一型号的泵，比转数越大，则泵的扬程越低，而流量越大。反之，比转数越小，泵的流量小而扬程高。所以，对于同一尺寸的泵，如果它们的流量相差不大，比转数越小，扬程就越高，轴功率就越大；比转数越大，扬程越小，轴功率也就越小。

离心泵的主要性能参数还有允许吸上真空高度和允许汽蚀余量，详见本章第四节。

三、离心泵参数测试步骤

（一）根据管路流量测算管内介质流速

（1）流速的计算公式如下：

$$v = \frac{Q}{F} \tag{3-16}$$

式中　v——管内介质的流速，m/s；
　　　Q——管内介质的流量，m³/s；
　　　F——管内横截面积，m²。

由式（3-16）可知，管内介质的流速、流量和输送介质管内横截面积是成比例关系的。在这三个因素中，流量Q和管内横截面积不变，其流速一定不变，这个前提条件是管子直径没有变化，另外管道上没有支管进水，也没有支管出水。如果管子直径不变，流速随流量的变化而变化，同样的流量下管道直径大的管段流速就低，反之，流速就高。根据这三者的比例关系即可以计算出管内的流速。

【例3-2】有一条$\phi 219 \times 6$的输油管线长为20km，用一台泵以每小时181.98m³的输量输油，求管内介质流速。

已知：$D = \phi 219 \times 6$，$L = 20km$，$Q = 181.98 m^3/h$。

求：$v = ?$

解：
$$d = D - \delta = 0.219 - (0.006 \times 2) = 0.207(m)$$
$$Q = 181.98 \div (60 \times 60) = 0.051(m^3/s)$$

根据：$$v = Q/F = \frac{4Q}{\pi d^2} = (4 \times 0.051) \div (3.14 \times 0.207^2) = 1.52(m/s)$$

答：管内介质流速为1.52m/s。

（2）流速的仪器测量。

随着科学技术的发展，自动化水平的提高，利用测量介质流速的仪器仪表来直接读取数值更为方便、直观。

（二）使用常规法测离心泵效率

常规法测离心泵效率是通过0.5级以上的压力表、流量计、功率表、电流表及$\cos\varphi$表测出泵的主要参数，利用下式计算泵的效率。

$$N_{\text{有效}} = \frac{\rho Q H}{102} \tag{3-17}$$

$$N_{\text{轴}} = \frac{\sqrt{3} \times IU\cos\varphi \eta_{\text{机}}}{1000} \tag{3-18}$$

$$\eta_{\text{效}} = \frac{N_{\text{有效}}}{N_{\text{轴}}} \times 100\%$$

式中　$N_{\text{有效}}$——泵的有效功率，kW；
　　　$N_{\text{轴}}$——泵的轴功率，kW；
　　　ρ——泵输送液体的密度，kg/m³；
　　　Q——泵的流量，m³/h或m³/s（用流量计测量）；
　　　H——泵的扬程，m；
　　　I——电流，A（用标准电流表测量）；
　　　U——电压，V（用标准电压表测量）；
　　　$\cos\varphi$——功率因数，取0.85（也可用功率因数表测量）；
　　　$\eta_{\text{机}}$——电动机效率，一般查出厂说明书，通常取0.94。

【例3-3】某输油泵经测定该泵的排量为200m³/h，出口压力1.2MPa，进口压力为

0.05MPa，所输原油密度890kg/m³，电机的效率为0.9，$\cos\varphi$ 为0.95，电压为380V，电流为140A，求该泵效率。

已知：$Q = 200\text{m}^3/\text{h}$，$1.2\text{MPa} \approx 120\text{m}$，$0.05\text{MPa} \approx 5\text{m}$，$\rho = 890\text{kg/m}^3$，$\eta_{机} = 0.9$，$\cos\varphi = 0.95$，$U = 380\text{V}$，$I = 140\text{A}$。

求：$\eta_{效} = ?$

解：$H = 120 - 5 = 115$（m） $Q = 200 \div 3600 = 0.0556$（m³/s）

根据公式：

$$N_{有效} = \frac{\rho QH}{102} = \frac{890 \times 0.0556 \times 115}{102} = 55.79(\text{kW})$$

$$N_{轴} = \frac{\sqrt{3} \times IU\cos\varphi\eta}{1000} = \frac{1.732 \times 140 \times 380 \times 0.95 \times 0.90}{1000} = 78.78(\text{kW})$$

$$\eta_{效} = \frac{N_{有效}}{N_{轴}} \times 100\% = \frac{55.79}{78.78} \times 100\% = 70\%$$

答：该泵的效率为70%。

(三) 使用温差法（功率求解法）测试离心泵效率

温差法又称为热平衡法。它根据能量转换的原理，即液体在泵内的各种损失都转化为热能。这些热能又以液体温度升高的形式表现出来，可以用温度计测量泵出口与进口温度差来反映泵内的损失大小，既反映泵效的高低。

1. 测试前的准备工作

（1）在测试地点准备220V的电源插座。
（2）待测泵安装校对好的标准压力表，进口、出口各一块。
（3）温差测试仪经校验并检查完好。
（4）准备好测试过程中所用工具、用具。

2. 测试步骤

以升压法测试为例，升压法测泵效要求按离心泵压力分为3~5个点，每点间压力升幅差值应较小。

（1）先将待测泵压力降至某一低点值。稳定15min，以达到热平衡。
（2）将A、B铂热电阻紧贴在一起，接通电源预热15min。
（3）调整开关使数码显示到"零"点。
（4）逐渐开大灵敏度开关，用调节开关使表针调到"零"（或最小）。
（5）关闭电源，将A、B电阻分开，A电阻紧贴进口管线，B电阻紧贴出口管线。
（6）接通电源，在保持最大灵敏度情况下，调拨零、个、十位直到表头指示为零，这时数码显示器显示的数字即为温差值。稳定15min，同时录取入口压力、出口压力、泵压、电流、电压五个参数。
（7）按测试所需划分的点数，将测试泵扬程提高，即控制出口阀门，每测一点稳定15min，并录取参数。
（8）根据所测数据整理出各点泵效率。

3. 测试计算方法

计算泵效可利用公式（3-19）计算：

$$\eta = \frac{\Delta p}{\Delta p + 4.1868 \times (\Delta T - \Delta T_s)} \times 100\% \qquad (3-19)$$

式中 η——离心泵效率,%；
Δp——泵进出口压差，MPa；
ΔT——泵进出口温差,℃；
ΔT_s——等熵温升修正值℃（查表）。

【**例3-4**】某站测离心泵效率时，测得某点压力14MPa，泵进口压力0.05MPa，介质进口温度为35℃，出口温度为37℃，求该点压力下泵的效率。（$\Delta T_s = 0.36$）。

已知：$p=14\text{MPa}$，$p_{进}=0.05\text{MPa}$，$T_{进}=35℃$，$T_{出}=37℃$，$\Delta T_s=0.36$。

求：泵的效率 $\eta_{效} = ?$

解：$\Delta p = 14 - 0.05 = 13.95$（MPa） $\Delta T = 37 - 35 = 2$（℃）

$$\eta_{效} = \frac{\Delta p}{\Delta p + 4.1868 \times (\Delta T - \Delta T_s)} \times 100\%$$

$$= \frac{13.95}{13.95 + 4.1868 \times (2 - 0.36)} \times 100\%$$

$$= 67\%$$

答：该点压力下泵效率为67%。

四、离心泵性能

性能参数表示离心泵性能的好坏，其中最重要的性能参数是扬程。离心泵的扬程是指泵对单位重量流体提供的机械能。首先从理论上分析其影响因素。

（一）离心泵理论扬程

离心泵的理论扬程与以下两个假定条件相对应：

(1) 叶轮内叶片数目无限多，液体完全沿着叶片的弯曲表面流动，无任何环流现象；

(2) 液体为粘度等于零的理想流体，液体在流动中没有阻力。

在上述两个假定条件下，离心泵的理论扬程可以表示为：

$$H = \frac{1}{g}(r\omega)^2 - \frac{Q\omega}{2\pi b_2 g}\cot\beta \tag{3-20}$$

式中 r——叶轮半径，m；
ω——叶轮旋转角速度；
Q——泵的体积流量，m³/h；
b_2——叶片宽度，m；
β——叶片装置角，(°)；
H——离心泵的理论扬程，m；
g——重力加速度（取9.8m/s²）。

下面分析叶片装置角 β（β_1、β_2）（图3-8）。

(1) 装置角 β（β_1、β_2）是叶片的一个重要设计参数。当其值小于90°时称为后弯叶片；等于90°时称为径向叶片；大于90°时称为前弯叶片。叶片后弯时液体流动能量损失小，所以一般都采用后弯叶片。

(2) 当采用后弯片时，$\cot\beta$ 为正，可知理论扬程随叶轮直径、转速及叶轮周边宽度的增加而增加，随流量的增加呈线性规律下降。

(3) 理论扬程与流体的性质无关。

（4）公式（3-20）给出的是理论扬程的表达式。实际操作中，由于以下三方面的原因，使得单位重量液体实际获得的能量，即实际扬程与离心泵的理论扬程有一定的差距，主要存在叶片间环流损失、阻力损失、冲击损失。考虑上述三方面原因之后，扬程与流量之间的线性关系也将发生变化。

（二）离心泵性能曲线

从前面的分析可以看出，对一台特定的离心泵，在转速固定的情况下，其扬程、轴功率和效率都与其流量有相对应的关系，其中以扬程与流量之间的关系最为重要。这些关系的图形表示称为离心泵的性能曲线。由于扬程受水力损失影响的复杂性，这些关系一般都通过实验来测定。包括 $H—Q$ 曲线、$N—Q$ 曲线和 $\eta—Q$ 曲线。

离心泵的特性曲线一般由离心泵的生产厂家提供，标绘于泵产品说明书中，其测定条件一般是20℃清水，转速也是固定的。离心泵性能曲线如图3-9所示。

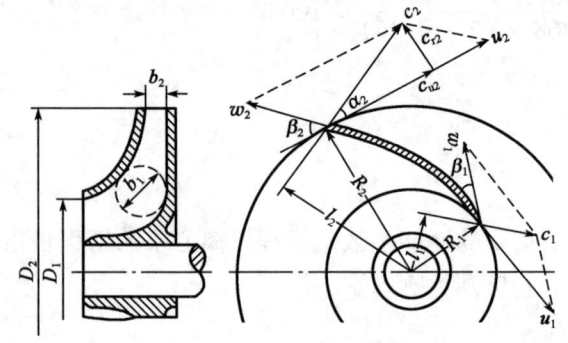 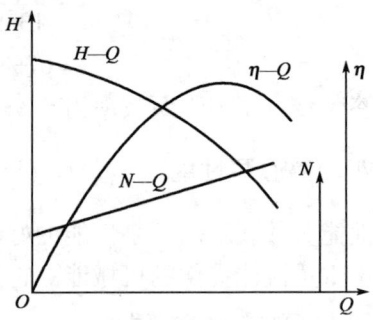

图3-8　液体在叶轮中流动分析示意图　　　图3-9　离心泵性能曲线示意图

（1）从 $H—Q$ 特性曲线中可以看出，离心泵的扬程在较大流量范围内是随流量增大而减小的。不同型号的离心泵，$H—Q$ 曲线的形状有所不同。较平坦的曲线，适用于扬程变化不大而流量变化较大的场合；较陡峭的曲线，适用于扬程变化范围大而不允许流量变化太大的场合。

（2）从 $N—Q$ 特性曲线中可以看出，N 随 Q 的增大而增大。显然，当 $Q=0$ 时，泵轴消耗的功率最小。因此在 $Q=0$ 时的状态下启动，以减小电动机的启动功率。

（3）从 $\eta—Q$ 特性曲线中可以看出，开始 η 随 Q 的增大而增大，达到最大值后，又随 Q 的增大而下降。$\eta—Q$ 曲线最大值相当于效率最高点。泵在该点所对应的扬程和流量下操作，其效率最高，故该点为离心泵的设计点。

离心泵的铭牌上标有一组性能参数，它们都是与最高效率点对应的性能参数，即额定流量、额定扬程、额定效率。通常规定对于最高效率以下7%的工况范围为高效工作区。有的泵样本上只给出高效区段的性能曲线。

（三）离心泵特性的影响因素

1. 流体的性质

（1）液体的密度：离心泵的扬程和流量均与液体的密度无关，有效功率和轴功率随密度的增加而增加，这是因为离心力及其所做的功与密度成正比，但效率又与密度无关。

（2）液体的粘度：粘度增加，泵的流量、扬程、效率都下降，但轴功率上升。所以，当被输送液体的粘度有较大变化时，泵的特性曲线也要发生变化。

（3）溶质的影响：如果输送的液体是水溶液，浓度的改变必然影响液体的粘度和密度。浓度越高，与清水差别越大。浓度对离心泵特性曲线的影响，同样反映在粘度和密度上。

2. 转速

离心泵的转速发生变化时,其流量、扬程和轴功率都要发生变化,其变化关系称为比例定律,即:

$$\frac{Q_2}{Q_1} = \frac{n_2}{n_1}; \quad \frac{H_2}{H_1} = \left(\frac{n_2}{n_1}\right)^2; \quad \frac{N_2}{N_1} = \left(\frac{n_2}{n_1}\right)^3 \qquad (3-21)$$

式中　Q_1、n_1、H_1、N_1——泵原来的流量、转速、扬程、功率;
　　　Q_2、n_2、H_2、N_2——泵改变转速后的流量、转速、扬程、功率。

3. 叶轮直径

前已述及,叶轮尺寸对离心泵的性能也有影响。当切割量小于20%时,泵的流量、扬程和功率发生变化,其变化关系称为切割定律:

$$\frac{Q_2}{Q_1} = \frac{D_2}{D_1}; \quad \frac{H_2}{H_1} = \left(\frac{D_2}{D_1}\right)^2; \quad \frac{N_2}{N_1} = \left(\frac{D_2}{D_1}\right)^3 \qquad (3-22)$$

式中　Q_1、H_1、D_1、N_1——泵原来的流量、扬程、叶轮外径和功率;
　　　Q_2、H_2、D_2、N_2——泵叶轮切削后的流量、扬程、叶轮外径和功率。

(四) 离心泵汽蚀

1. 离心泵汽蚀产生过程

在一定温度和压力下,液体开始沸腾汽化。于是液体中产生大量气泡,从而使液体转变为蒸气。离心泵工作时,泵内液体被叶轮甩向泵壳周边,使得叶轮入口处的压力降低。当压力等于或低于该温度下液体的饱和蒸气压时,就会有蒸气和溶解在液体中的气体大量逸出形成小气泡,随着液体进入叶轮中高压区,由于气泡周围液体压力大于气泡内的饱和蒸气压,气泡被击破而重新凝聚,周围液体快速向空穴集中,产生水力冲击且液体质点相互碰撞,冲击叶轮,使金属表面冲蚀,如气泡中含有活泼气体,还会对金属产生化学腐蚀,加速金属腐蚀,造成泵振动和性能下降。

2. 离心泵汽蚀的危害

(1) 汽蚀可产生很大的冲击力,使金属零件的表面产生凹陷或对零件产生疲劳性破坏以及冲蚀。

(2) 由于低压的形成,从液体中析出的氧气或其他气体,在受冲击的地方产生化学腐蚀。在机械损失和化学腐蚀的作用下,加速了液体流通部分的破坏。

(3) 汽蚀的开始阶段,由于发生的区域小,气泡不多,不至影响泵的运行,泵的性能不会受大的改变。当汽蚀到一定程度时,会使泵流量、压力、效率下降,严重时断流,吸不上液体,破坏泵的正常工作。

(4) 在很大压力冲击下,可听到泵内有很大噪声,同时使机组产生振动。

3. 离心泵汽蚀的故障处理

(1) 现象。

①泵体振动;

②噪声强烈;

③压力表波动;

④电流波动。

(2) 原因。

①吸入压力降低;

②吸入高度过高；
③吸入管阻力增大；
④输送液体粘度增大；
⑤抽吸液体温度过高，液体饱和蒸气压增加。
（3）处理。
①提高罐液位，增加吸入口压力；
②降低泵吸入高度；
③检查流程，清理过滤网，增大进口阀门的开启度，减小吸入管的阻力；
④输送粘度高的液体要提前加温降低粘度，或采取伴热水掺输的办法；
⑤对锅炉减火降温，减小液体的饱和蒸汽压。

4. 预防离心泵汽蚀的主要措施
（1）过流部分断面变化率力求小，壁面力求光滑。
（2）吸入管阻力要小，且短而直。
（3）正确选择吸入高度。
（4）汽蚀区域贴补环氧树脂涂料。

5. 提高离心泵抗汽蚀的措施
（1）采用双吸叶轮。
（2）增大叶轮入口面积。
（3）增大叶轮进口流道宽度。
（4）增大叶轮前后盖板转弯处曲率半径。
（5）叶片进口流道向吸入侧延伸。
（6）叶轮首级采用抗汽蚀材料。
（7）设前置诱导轮。

（五）离心泵工作点及参数调节

在泵的叶轮转速一定时，一台泵在具体操作条件下所提供的液体流量和扬程可用 H—Q 特性曲线上的一点来表示。至于这一点的具体位置，应视泵前后的管路情况而定。分析泵的工作情况，不应脱离管路的具体情况，泵的工作特性由泵本身的特性和管路的特性共同决定。

1. 管路的特性曲线

泵的性能曲线，只能说明泵本身的性能。但泵在管路中工作时，不仅取决于其本身的性能，还取决于管路系统的性能，即管路特性曲线。由这两条曲线的交点来决定泵在管路系统中的运行工况。

所谓管路特性曲线，是指在管路情况一定，即管路进口、出口液体压力、输液高度、管路长度及管径、管件数目及尺寸，以及阀门开启度都一定的情况下，单位重量液体流过该管路时所必需的外加扬程 H_e 与单位时间流经该管路的液体量 Q_e 之间的关系曲线。它可根据具体的管路装置情况，按流体力学方法算出。注意管路特性曲线的形状与管路布置及操作条件有关，而与泵的性能无关。管路特性曲线是一条二次抛物线。

2. 离心泵的工作点

离心泵的特性曲线 H—Q 与其所在管路的特性曲线 H_e—Q_e 的交点称为泵在该管路的工作点。如图3-10所示，工作点 M 所对应的流量 Q 与扬程 H 既是管路系统所要求的，又是离心泵所能提供的；若工作点所对应效率是在高效区，则该工作点对应的各性能参数（Q，H，η，N）反映了一台泵的实际工作状态。

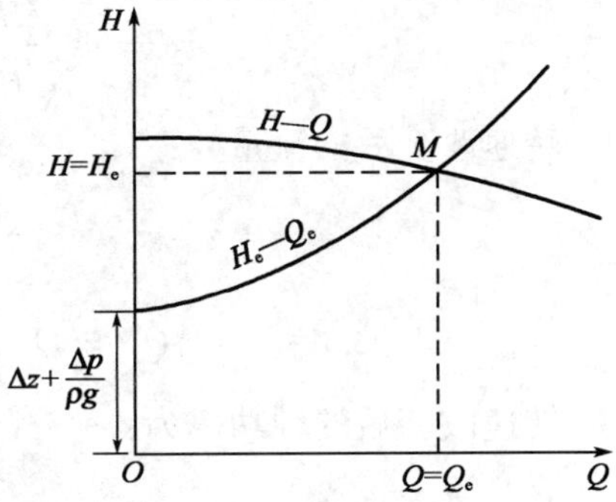

3. 离心泵参数调节

由于生产任务的变化，管路运行参数有时是需要改变的，这实际上就是要改变泵的工作点。由于泵的工作点由管路特性和泵的特性共同决定，因此改变泵的特性和管路特性均能改变工作点，从而达到调节运行参数的目的。

（1）改变出口阀的开度——改变管路特性。

图 3-10 管路特性曲线和离心泵工作点示意图

在生产过程中，流量的控制是通过调节离心泵出口阀门的开度实现的。如图 3-11 所示，离心泵在额定工作点 M 工作时，相应的流量为 Q_M。若关小阀门，管路的局部阻力增大，管路特性曲线变陡，工作点有 M 点移向 M_1 点，流量被调节为 Q_{M1}。若开大阀门，管路局部阻力减小。管路特性曲线变得平坦，工作点由 M 点移向 M_2 点，流量被调节增大到 Q_{M2}。阀门调节是快速简便，流量可连续性地变化，这种方法使用较为广泛。缺点是能量损失较大，且增加了阀门的节流损失，容易损坏阀门。

（2）改变泵转速——改变泵的特性。

通常采用改变泵的转速来调节流量如图 3-12 所示。当转速为 n 时的工作点为 M，相应的流量为 Q_M。若提高转速为 n_1，则泵的特性曲线上移，工作点由 M 移向 M_1，流量由 Q_M 增大到 Q_{M1}。若把离心泵转速降低转速为 n_2 时，则泵的特性曲线下移，工作点由 M 移到 M_2 点，流量由 Q_M 减小到 Q_{M2}。这种调节方法可保持管路特性曲线不改变。工作点流量随转速下降而减小，动力消耗也相应降低，既能降低生产成本，又能提高经济效益。

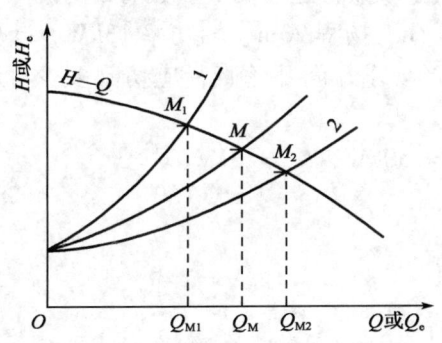

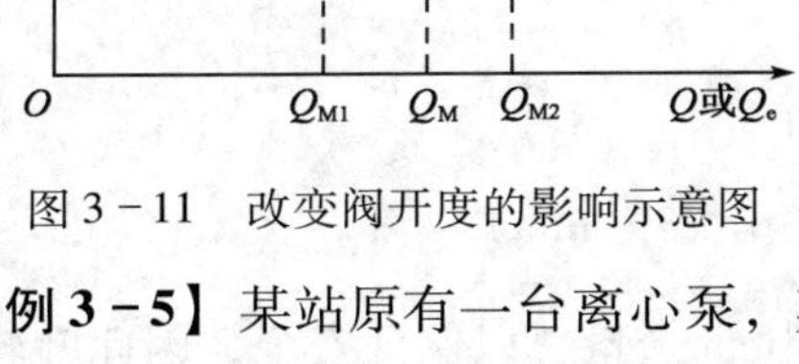

图 3-11 改变阀开度的影响示意图

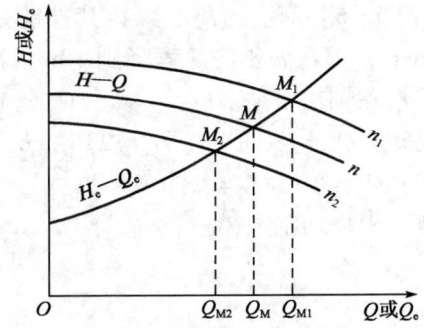

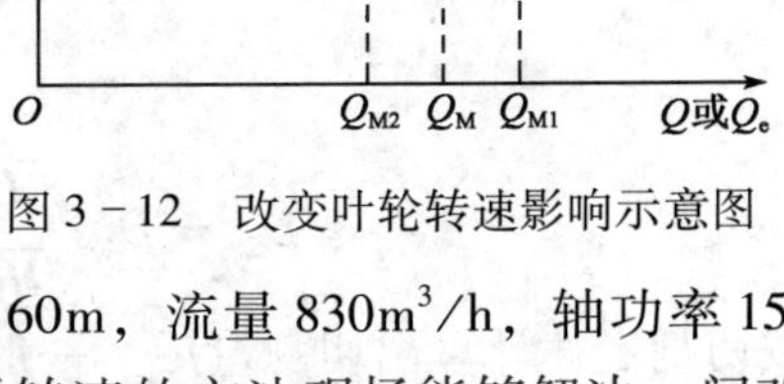

图 3-12 改变叶轮转速影响示意图

【例 3-5】某站原有一台离心泵，其性能是扬程 60m，流量 830m³/h，轴功率 150kW，转速为 1450r/min，现在需要扬程降到 30m，采用降低转速的方法现场能够解决，问改变后的转速应为多少？流量、轴功率在转速变化后将是多少？

已知：$H_1=60m$，$H_2=30m$，$Q_1=830m^3/h$，$N_1=150kW$，$n_1=1450r/min$。

求：$n_2=?$ $Q_2=?$ $N_2=?$

解：根据比例定律：

$$\frac{H_2}{H_1}=\left(\frac{n_2}{n_1}\right)^2$$

$$n_2 = n_1 \frac{\sqrt{H_2}}{\sqrt{H_1}} = 1450 \times \frac{\sqrt{30}}{\sqrt{60}} = 1025 (\text{r/min})$$

转速改变后的流量为：

$$\frac{Q_2}{Q_1} = \frac{n_2}{n_1}$$

$$Q_1 = Q_2 \frac{n_1}{n_2} = 830 \times \frac{1025}{1450} = 586 (\text{m}^3/\text{h})$$

转速改变后的轴功率为：

$$\frac{N_2}{N_1} = \left(\frac{n_2}{n_1}\right)^3$$

$$N_1 = N_2 \left(\frac{n_1}{n_2}\right)^3 = 150 \times \left(\frac{1025}{1450}\right)^3 = 53 (\text{kW})$$

答：该泵应降低到1025r/min，这时的流量为586m³/h，轴功率为53kW。

由于转速的改变，其他各参数也随之改变，但是改变转速是有限度的，一般提高转速时，不能超过额定转速的10%，这是因为受到泵材质和精度的约束。降低转速时，不能超过50%，否则会使泵的效率下降，或者抽吸不上液体。改变泵的转速可以从改变原动机的转速来实现，目前应用最广泛的是用变频器来调节电动机的转速，达到调节参数的目的。

（3）车削叶轮直径及改变叶轮数量。

切割叶轮直径就是将离心泵中的叶轮直径车削减少，从而改变离心泵的性能和特性曲线，来达到调节的目的。

改变叶轮数量的调节方法多用在多级泵上，如果工艺需要降低排量与扬程，可将多级离心泵中的叶轮去掉一个或几个，离心泵转子部分长度的缺少空间，用加工的轴套来填补，泵壳不需做大的改变，这样相应地减少了叶轮，也减少了级数，达到调节参数的目的。

【例3-6】 有一台离心泵，其性能是流量180m³/h，扬程23m，轴功率13kW，叶轮直径270mm，现在需要将扬程降到18m，即可满足生产要求，问叶轮直径应切割多少？切割后的流量和轴功率是多少？

已知：$Q_1 = 180\text{m}^3/\text{h}$，$H_1 = 23\text{m}$，$H_2 = 18\text{m}$，$D_1 = 150\text{kW}$，$N_1 = 13\text{kW}$。

求：$D_2 = ?$ $Q_2 = ?$ $N_2 = ?$

解：根据切割定律：

$$\frac{H_2}{H_1} = \left(\frac{D_2}{D_1}\right)^2$$

$$D_2 = D_1 \frac{\sqrt{H_2}}{\sqrt{H_1}} = 270 \times \frac{\sqrt{18}}{\sqrt{23}} = 239 (\text{mm})$$

按切割定律计算出切割量后，一般还需加上2~3mm余量，以保证安全，因此叶轮加工成239 + 3 = 242 （mm），应切去28mm。

切割叶轮后的流量为：

$$\frac{Q_2}{Q_1} = \frac{D_2}{D_1}$$

$$Q_2 = Q_1 \frac{D_2}{D_1} = 180 \times \frac{242}{270} = 161 (\text{m}^3/\text{h})$$

切割后的轴功率：

$$\frac{N_2}{N_1} = \left(\frac{D_2}{D_1}\right)^3$$

$$N_2 = N_1\left(\frac{D_2}{D_1}\right)^3 = 13 \times \left(\frac{242}{270}\right)^3 = 9.36(\text{kW})$$

答：扬程降到 18mm 时，叶轮应切去 28mm，切割后的流量为 161m³/h，轴功率为 9.36kW。

泵叶轮切割后效率不变或有所下降，但下降不多，若切割过多时，效率会下降很多。因此泵叶轮外径最大允许切割量有一定的范围，见表 3-2。

表 3-2 泵叶轮外径最大允许切割量

比转数，n_s	60	120	200	300	350	>350
最大允许切割量，%	20	15	11	9	7	0
效率下降值，%	每车削 10，下降 1			每车削 4，下降 1		

对于切割过的叶轮，若流量、扬程不够时，可利用切割定律放大，但放大的叶轮直径，以能装入泵内为限，对于多级泵的叶轮切割时，只切叶片，不要把两侧盖板切掉。

(4) 回流调节。

回流调节是将泵所排出液体的一部分经旁通管路回到泵的入口，从而改变泵输向外输管路中的实际排量。回流阀开度大，回流量大，外输管路流量减少。回流阀开度小，回流量少，外输管路流量增大。回流调节一般在以下情况使用：

①来液量少，储罐液位低，运行泵有抽空现象。

②下站或下游流程不需现有排量或泵排量大，而外输量需低排量时。

③气温较低，活动管线时，回流调节较为方便，但损失能量较多，因为液体经泵出口又回到泵入口，所以回流调节只是在小范围内使用，如果调节量较大，或频繁开启回流阀，就要选择其他方法。

五、离心泵串并联工作及能量损失

在实际生产中，有时单台泵无法满足生产要求，需要几台泵组合运行。组合方式可以有串联和并联两种方式。下面讲的内容限于多台性能相同的泵的组合操作。多台泵无论怎样组合，都可以看作是一台泵，因而需要找出组合泵的特性曲线。

(一) 串联泵组合特性曲线

两台相同型号的泵串联工作时，每台泵的扬程和流量也是相同的。在同样的流量下，串联泵的扬程为单台泵的两倍。

串联泵特性曲线：将单台泵的特性曲线 1 的纵坐标加倍，横坐标保持不变，可求得两台泵串联后的联合特性曲线 2，即 $H_串 < 2H$。单台泵及组合泵的特性曲线如图 3-13 所示，3 为管路特性曲线。

(二) 并联泵组合特性曲线

两台完全相同的泵并联，每台泵的流量和扬程相同，则并联组合泵的流量为单台的 2 倍，扬程与单台泵相同。

并联泵特性曲线：在每一个扬程条件下，使一台泵操作时

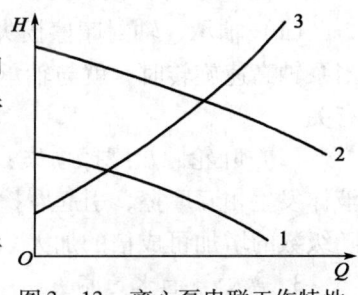

图 3-13 离心泵串联工作特性曲线示意图

的特性曲线上的流量增大一倍而得出。曲线 1 表示一台泵的特性曲线，曲线 2 表示两台相同的泵并联操作时的联合特性曲线，即 $Q_{并} < 2Q$，3 为管路特性曲线。注意对于同一管路，其并联操作时泵的流量不会增大一倍，如图 3–14 所示。因为两台泵并联后，流量增大，管路阻力亦增大。

（三）联合方式选择

单台泵不能完成输送任务可以分为以下两种情况：

（1）扬程不够，$H < \Delta z + \dfrac{\Delta p}{\rho g}$。

（2）扬程合格，但流量不够。

对于情况（1），必须采用串联操作；对于情况（2），应根据管路的特性来决定采用何种组合方式。如图 3–15 所示，对于阻力高管路，串联比并联组合获得的 Q 增值大；但对于阻力低的管路，则是并联比串联获得的 Q 增量多。

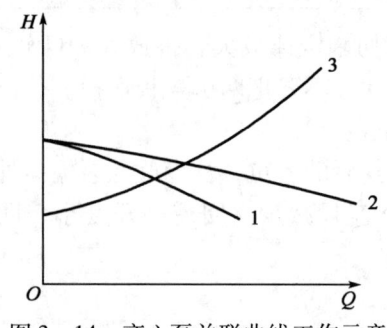
图 3–14 离心泵并联曲线工作示意图

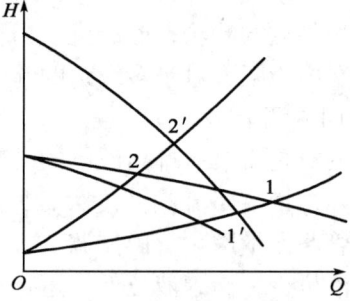
图 3–15 改变连接方式调节法

（四）离心泵能量损失

离心泵在运行过程中发生能量损失，主要有容积损失、机械损失和水力损失三个方面。

1. 离心泵的容积损失

（1）密封环泄漏损失：在叶轮入口处设有密封环（口环）。在泵工作时，由于密封环两侧存在着压力差，所以始终会有一部分液体从叶轮出口向叶轮入口泄漏，形成环流损失。这部分液体消耗的能量全部用到克服密封环阻力上了。

（2）平衡装置的泄漏损失：在离心泵工作时，平衡装置在平衡轴向力时将使高压区的液体通过平衡孔、平衡盘及平衡管等回到低压区而产生的损失。

（3）级间泄漏损失：在多级泵运行中，级间隔板两侧压力不等，因而也存在着泄漏损失。

2. 离心泵的机械损失

（1）轴承、轴封摩擦损失：泵轴支撑在轴承上，为了防止液体向外泄漏，设置了轴封，当泵轴高速旋转时，就与轴承和轴封发生摩擦，损失的大小与密封装置的形式和润滑的情况有关。

（2）叶轮圆盘摩擦损失：离心泵叶轮在充满液体的泵壳内旋转，这时叶轮盖板表面与液体发生相互摩擦，引起摩擦损失。它的大小与叶轮的直径、转数及输送液体的性质有关。随级数的增加可成倍的加大，加工精度对它的影响也很大。

3. 离心泵的水力损失

（1）冲击损失：泵在设计流量工况下工作时，液体不发生与叶片及泵壳的冲击，这时泵效率较高。但当流量偏离设计工况时，其液流方向就要与叶片方向及泵壳流道方向发生偏离，产生冲击。

（2）漩涡损失：在泵中过流截面积是很复杂的空间截面，液体在这里通过时，流速大小和方向都要不断地发生变化，因而不可避免地会产生漩涡损失。另外过流表面存在着尖角、毛刺、死角区时会增大漩涡损失。

（3）流动摩擦阻力损失：由于泵内过流表面的几何形状、表面粗糙度和液体具有的粘性，所以液体在流动时产生摩擦阻力损失。

在各部位的水力损失中，叶轮内的水力损失最大，占全部水力损失的1/2左右；其次是导翼转弯处的水力损失大约占剩余的1/2左右，剩下的水力损失在其余各部位上。

第四节　离心泵安装使用

一、离心泵选择及安装

（一）选泵原则

转油站、联合站使用泵的类型是多种多样的，泵输送的介质也是不同的。为了满足工艺和生产的需要，选泵时要遵守下列原则：

（1）必须满足工艺要求（如流量、扬程和输送介质）。

（2）工作可靠（吸入能力足够，采用先进密封技术及零件精度较高），操作易于控制和维修。

（3）成本低（尺寸小，重量轻）和工作经济（泵的工作点在高效区内）。

（4）工作范围广和工况可以改变。

（5）能充分利用现有的动力来源。

（6）要满足特殊需要，如防爆抗腐蚀、操作条件下压力和温度的变化等。

（二）选择泵机组

1. 选择离心泵的方法和步骤

（1）根据工艺条件，详细列出基础数据。例如，输送介质的物理性质，包括密度、粘度、饱和蒸汽压、腐蚀性；操作条件数据，包括操作温度、输出罐和输入罐内压力、容量、管线直径、长度及输送量；泵的安装位置数据，包括季节温度变化、海拔高度、相连装置工艺状况及参数。

（2）根据管路系统对流量和扬程提出的要求，从泵的样本产品目录或者系列特性曲线选出合适的型号。在选定型号时，要留有余地，即所选型号提供的扬程、流量、效率等参数要适当大一些。当有几种型号都能满足要求时应选择效率最大的离心泵。

（3）选好型号后，要列出泵的有关性能参数和转速。

（4）若被输送液体的密度大于水的密度，则要核算泵的轴功率是否符合要求。

2. 计算离心泵的流量和扬程

根据已知的基础数据，确定流量及扬程，基础数据的获得，可以是现场实测或生产需要，但是要考虑到现场测试的误差，运行时设备的变化等。在选泵时，应进行理论计算来确定，并留有一定余量。也就是说，确定后的流量Q，扬程H，比Q_{max}、H_{max}大些，即：

$$Q = (1.05 \sim 1.10)Q_{max} \tag{3-23}$$
$$H = (1.10 \sim 1.15)H_{max} \tag{3-24}$$

式中 Q——确定的流量，m^3/s；

H——确定的扬程，m；

Q_{max}——已知测试数据或生产需求最大流量，m^3/s；

H_{max}——已知测试数据或生产需求最大扬程，m。

应当注意，参考泵样本上给出的数据，是在大气压力 0.101325MPa 下，用 20℃ 的水作为介质进行实验得到的，输送油品时应进行核算。

3. 选择离心泵的类型与型号

泵的类型选择应根据输送介质的不同而确定。在联合站内，脱水系统多采用 Y 型泵，污水处理系统多选用 BA 型或 IS 型泵，供掺水用泵多采用 GC 型、SH 型，外输油泵多采用 Dy 型、Dk 型等。

根据确定的流量 Q 与扬程 H，可从离心泵性能规格表中选择泵的型号，常用的方法是将流量 Q 和扬程 H 的值标绘到该类型泵的系列性能曲线型谱图上，看其交点处在哪个切割高效区四边形中，该四边形框内即标注有待选的泵型号。

在泵型谱图中每个切割高效工作区四边形中都标注有离心泵的型号。大部分型号已按汉语拼音字母编制出来，通常分成首、中、尾三部分，首部是数字，表示泵的主要尺寸及规格，中部则用汉语拼音字母表示泵的型式或特征，尾部一般用数字表示该泵的参数。

泵的类型和型号确定之后，要考虑到使用的台数。目前国内各油田的输油泵房、污水泵房、掺水、脱水泵房、机泵装置设置均按并联工艺流程设计，与整个系统分单元与管路按串联方式组成。这是考虑到并联流程的生产能力适应性强，并且能有一台机组备用。较适宜的并联工作机组数为 2~3 台，因此就实际应用中，为了方便轮换检修，而又保证泵站的正常生产，泵机组数常为 3~4 台。同一生产单元的泵并联使用时，应选用型号相同的泵，便于操作和维修。

4. 计算离心泵的功率

计算离心泵的功率时，应根据所输送介质的密度及确定的流量 Q、扬程 H 和效率 η 等因素进行。泵在单位时间内对液体所做的功，称为功率，用符号 N 表示，单位 W 或 kW，泵的功率有轴功率、有效功率和原动机功率三种。

(1) 泵的轴功率和泵的有效功率按式 (3-3) 和式 (3-4) 计算，单位为 kW。

(2) 原动机功率是指与泵配合的电动机功率，也称配用功率用 $N_{配}$ 表示，单位为 kW，即：

$$N_{配} = (1.1 \sim 1.25)N_{轴} \tag{3-25}$$

配用功率选用要比轴功率大，这是因为泵在工作时运行参数的调节范围较大，有时还会出现超负荷运行，为了便于机泵的运行安全，确定原动机功率时，应考虑到备用系数。一般认为，初选的轴功率大于 50kW 时，备用系数取 1.1，小于 50kW 时备用系数取 1.25，在泵样本上给出的配用功率时，应以样本的技术条件为准。

(3) 泵的功率：泵的功率大部分用于输送液体，使液体获得了能量。而另一部分功率，因运行时存在的容积、水力和机械三种损失要消耗掉。

5. 核算所选离心泵的吸入性能

核算泵的吸入性能，主要目的是要使所选泵机组能够正常运转。核算时可根据泵样本或铭牌上给出的允许吸上真空度或允许汽蚀余量，计算出允许的几何安装高度并与工艺状况进行比较核算。同时应考虑到泵样本上或铭牌上给出的数值是制造厂家在标准大气压下，输送常温（20℃）清水时试验得到的。这与泵的使用、安装条件存在着差异。就离心泵所输送的介质而言，其液相在温度与压力出现一定的变化时，可以转化为气相，这是流体所固有的特性。了解和掌握这一特性，对于核算泵的吸入性能很有必要，不同的海拔高度与大气压力不同，大气压力与海拔高度成反比，各种温度下水的饱和蒸气压，不同温度下油品的饱和蒸气压也不一样，见表3-3。在核算时，要掌握所选泵使用地点的海拔高度，输送液体的蒸气压与温度关系，以保证吸入系统液体的气化压力 p_V 大于叶轮入口处的液流最低压力，而不发生汽蚀，即满足泵的入口处吸入真空度 H_s 小于泵允许的吸入真空度或泵入口处的装置有效汽蚀余量 Δh 大于泵允许的汽蚀余量。核算泵的吸入性能可以利用泵样本给出的允许吸上真空高度 H_s 或允许汽蚀余量 Δh 两种表示方法，利用相关公式进行核算。

表3-3　不同海拔高度的大气压力对照和不同水温时的饱和蒸气压力对照表

不同海拔高度的大气压力		不同水温时的饱和蒸气压力	
海拔高度，m	大气压力 H_a，mH₂O	水温，℃	饱和蒸气压力 H_v，mH₂O
-600	11.3	0	0.062
0	10.3	5	0.089
100	10.2	10	0.125
200	10.1	15	0.174
300	10.0	20	0.238
400	9.8	25	0.323
500	9.7	30	0.434
600	9.6	35	0.573
700	9.5	40	0.758
800	9.4	50	1.273
900	9.3	60	2.065
1000	9.2	70	3.25
1500	8.6	80	4.969
2000	8.1	90	7.4
3000	7.2	100	10.74
4000	6.3	110	15.36
5000	5.5	120	21.46
		130	29.46
		140	39.79
		150	52.93

如果泵的使用条件与常态状况不同时，则应把样本上给出的 H_s 参数，换算成为使用条件下的 H_s' 值，换算公式为：

$$H_s' = H_s - 10.33 + H_a + 0.24 - H_v \tag{3-26}$$

式中　H_s'——泵使用地点的允许吸上真空高度，m；
　　　H_s——泵样本或说明书给出允许的吸上真空高度，m；
　　　H_a——泵使用地点的大气压，mH₂O；

H_v——泵输送液体温度下的饱和蒸气压，mH_2O。

10.33 和 0.24——在标准大气压下，20℃和常温水的饱和蒸气压，mH_2O。

【例 3-7】 某台离心泵样本上查得允许吸上真空高度 $H_s=7m$，现需将该泵安装在地形为海拔高度 700m 的地点，输送水温为 40℃，问换算后的 H'_s 应为多少？

已知：$H_s=7m$，经查表海拔 700m 地区的大气压为 $9.5mH_2O$，水温 40℃时的饱和蒸气压 H_v 为 $0.758mH_2O$。

求：$H'_s=?$

解：根据公式：

$$H'_s = H_s - 10.33 + H_a + 0.24 - H_v$$
$$= 7 - 10.33 + 9.5 + 0.24 - 0.75$$
$$= 5.652(m)$$

答：经核算泵样本允许吸上真空高度为 7m 大于泵使用地点的允许吸上真空高度 5.652m。

从此项技术指标上看来可以选用。实际上 H_s 必须大于 H'_s。如果相等，泵就开始汽蚀。计算结果如为负值，则应考虑重新选择。

(1) 利用 Δh 计算泵的几何安装高度。

允许汽蚀余量 Δh 是指液流自吸入罐经吸入管路进入泵吸入口后，还具有推动和加速液体进入流道而且高出液体气化压力以上的有效压力。目前，很多资料和泵的样本中不是使用允许吸上高度 H_s，而是使用允许汽蚀余量 Δh 来表示其汽蚀性能参数。在选择和使用离心泵时，利用 Δh 来计算泵的几何安装高度 H_g，即核算吸入性能比利用 H_s 显得简便。

泵的几何安装高度计算公式：

$$H_g = \frac{p_e}{\gamma} - \frac{p_v}{\gamma} - \Delta h - h_w \tag{3-27}$$

式中 H_g——泵的几何安装高度，m；

$\frac{p_e}{\gamma}$——吸入罐液面压力，m；

$\frac{p_v}{\gamma}$——吸入介质的饱和蒸气压，m；

γ——液体的重度，N/m^3；

Δh——泵样本给出的允许汽蚀余量，m；

h_w——吸入管路的液体流动损失，m。

【例 3-8】 选择离心泵时，其样本上资料查得允许吸上真空高度 H_g 为 7m，Δh 为 3.29m，现需要将泵安装在地形高度为海拔 700m 的地方，输送水的水温为 40℃，吸入管路的流动损失为 1m，吸入管路的介质流速压头为 0.2m，问泵的几何安装高度 H_g 应为多少？

已知：$H_g=7m$，$\Delta h=3.29m$，$h_w=1m$，经查表 3-3 可知，海拔 700m 的地区大气压力为 9.5m，水温 40℃时的饱和蒸气压为 0.758m。

求：$H_g=?$

解：根据公式：

$$H_g = \frac{p_e}{\gamma} - \frac{p_v}{\gamma} - \Delta h - h_w$$

$$= 9.5 - 0.758 - 3.29 - 1 = 4.452(\text{m})$$

答：泵的几何安装高度为 4.452m。

（2）利用 H'_s 计算该泵的几何安装高度。

计算公式：

$$H_g = H'_s - \frac{V_s^2}{2g} - h_w \tag{3-28}$$

式中　H'_s——泵作用地点的允许吸上真空高度，m；

$\dfrac{V_s^2}{2g}$——泵吸入口的平均速度压头，m；

h_w——吸入管路的液体流动损失，m。

由于式中 H'_s 是泵使用地点的允许吸上真空高度，与泵样本给出的参数 H_s 还需进行换算，因此在使用上就需多进行一次换算，这里只引用前例中的数值，进行比较：

$$\begin{aligned}H'_s &= H_s - 10.33 + H_a + 0.24 - H_v \\ &= 7 - 10.33 + 9.5 + 0.24 - 0.758 \\ &= 5.652(\text{m})\end{aligned}$$

又由于式中有 $V_s^2/2g$ 这一项，要根据泵使用条件不同，吸入管路的布置情况，进行计算，在例题中的条件已经给出了，计算时可以直接代入，即：

$$H_g = H'_s - \frac{V_s^2}{2g} - H_w = 5.652 - 0.2 - 1 = 4.452(\text{m})$$

两个计算公式结果是一样的，通过例题的计算可以看出使用允许汽蚀余量 Δh 计算泵的几何安装高度比使用允许吸上真空高度 H'_s 方便，即减少了计算的环节。同时考虑到在集输系统工艺中泵的使用与安装条件与制造厂家的样本试验数据方法也存在不同，大多数使用条件是工艺中吸入罐液面高出泵的轴线，或采用密闭输送缓冲罐进泵，这样就在实际使用中存在着倒灌泵的情况，即 H_g 形成了倒灌高度，这时，公式可以变为：

$$H'_s = 10.09 + \frac{V_1^2}{2g} - \Delta h \tag{3-29}$$

在有些泵的性能表中，只给出了 Δh 或 H'_s 时，它们之间的关系可用式（3-30）进行换算：

$$\Delta h = \frac{p_a}{\gamma} - \frac{p_v}{\gamma} + H_g - h_w \tag{3-30}$$

式中　H'_s——允许吸上真空高度，m；

$V_1^2/2g$——吸入管路液体的速度压头，m；

Δh——允许汽蚀余量，m。

单就某种离心泵而言，当泵的转数、流量一定时，样本上或性能表中所列出的允许吸上真空高度越高，说明泵的吸入扬程越高，也就是汽蚀性能越好，泵的允许汽蚀余量越小，其汽蚀性能越好。

泵的吸入高度是保证泵正常工作的重要因素，一定要满足校核条件。如不满足，在条件许可的情况下，可以通过增大吸入管径，使泵靠近吸入罐体或增大泵与罐之间的标高差来实现泵的运行正常。

在原油集输系统采用密闭输送的情况下，由于缓冲罐内压力、温度变化，油中析出一定的饱和溶解气，原油流经管线、闸门、过滤器进入泵时，由于流动阻力的产生，也要损失一定的压力，油中的溶解气也会分离出来，使泵产生汽蚀现象，所以必须保证原油进泵的压力及温度变化不致过大，避免产生汽蚀。缓冲罐的轴心线与泵轴心线的高度差要大于或等于油流从缓冲罐至泵所产生的摩阻损失。

6. 改善泵系统吸入性能的措施

为了改善离心泵输送系统的吸入性能，防止或减弱汽蚀，可采取以下措施：

(1) 减少泵的几何安装高度，若是吸上操作，应使吸入高度小一些；若是灌注操作，应使灌注高度大一些。这是改善离心泵输送系统吸入性能的有效措施。

(2) 适当加大吸入管管径，以减少吸入管路的液体流动阻力损失。

(3) 选用双吸式泵或选用转速低的泵，可以减少泵的必须汽蚀余量。

(4) 叶轮采用抗汽蚀性能好的材料，以减弱汽蚀对叶轮的影响。

(三) 安装泵机组

1. 安装前的准备工作

(1) 检查工具及吊装机械是否齐备。

(2) 准备测量、校验使用的各种测量用具和仪器。

(3) 准备好安装用的零配件和润滑油。

(4) 安装前准备一系列厚度不一的平垫片和楔垫片，以备调整时使用。

(5) 安装前确保所有与泵相连的管道应清洁，不得有任何对泵有可能造成损伤的固体异物。

(6) 检查泵机组是否完好，转动是否灵活。

(7) 检查机泵基础是否清洁完好。

2. 泵机组安装

(1) 根据工艺要求和泵的汽蚀条件进行安装高度校核及地基土建工程。

(2) 根据泵输送介质的属性，确定连接处垫片的材质并加工垫片。

(3) 对泵的吸入口、排出口应用盲法兰或其他东西进行封堵，以保证安装过程中无杂物进入泵腔。

(4) 检查泵随机资料是否完备齐全，泵外表有无明显损伤；只有资料齐全，泵无明显损伤方可继续安装。

(5) 手动盘车，缓慢转动联轴器或皮带轮，观察泵转动是否平稳、灵活，转子部件有无卡阻，泵内有无杂物碰撞声，轴承运转是否正常，皮带松紧是否合适等。

(6) 检查地基的水平度是否合适及地基尺寸是否与泵安装的尺寸相对应。

(7) 找正泵与电动机、泵机组与地脚螺栓和进出口法兰的位置关系，确保泵的法兰扭矩符合标准规定。找正前应检查进出口管路的重量不对泵产生作用力或力矩。找正时还应消除泵转子窜动，以免端面间隙产生误差。如果在泵运行后检查，应在冷态下进行。对成套出厂的泵机组，用户使用时必需再进行精确的找正。

(8) 用垫片调整泵的位置，用地脚螺栓将泵与地基连接；拆掉进出口法兰盲板，用螺栓将泵与管路连接；如若无规定时，应符合 GB 50231—2009《机械设备安装工程施工及验收通用规范》的规定。

(9) 盘车。缓慢转动联轴器或皮带轮，再次观察泵转动是否平稳、灵活，转子部件有无卡阻、泵内有无杂物碰撞声，轴承运转是否正常，皮带松紧是否合适。

（10）检查各连接处的密封性。

二、检查验收离心泵

（一）检查相关文件

检查出厂合格证书和设备技术文件；大修或三保后的泵，要检查检修记录及更换零部件记录。

（二）检查地脚螺栓安装质量

（1）使用长度量尺测量泵机组地脚螺栓安装技术要求的尺寸，其螺栓间的长度间距、角度位移不应超过技术文件规定的值。

（2）用水平仪贴紧螺栓，检查螺栓应垂直不歪斜，螺栓光杆部分应无油污和锈蚀及氧化皮、螺纹部分应涂少量油脂防腐。

（3）螺母拧紧后，螺栓外露2~5个螺距，机组各地脚螺栓受力、紧力均匀。螺母与弹簧垫圈、垫片与机组底座接触要紧密。

（三）检查垫铁安装的质量

（1）用观察的方法：检查垫铁放置位置要靠近地脚螺栓，垫铁组间距离一般为500mm左右。

（2）单组垫铁的检查：平垫铁与斜垫铁配对使用，上下两层为平垫铁，中间两层为斜垫铁，单组垫铁总的高度为30~70mm，层数不得超过4层，垫铁高度的调整要靠两斜铁间位移进行调整。

（3）垫铁与基础、底座接触应均匀，垫铁间的接触面应紧密，一般接触面积为60%以上。且受力均匀，不得偏斜。用0.05mm塞尺检查，插入15mm各点均匀。

（4）经找平水平后的各垫铁组要点焊牢固，防止因振动等原因而产生位移，影响支撑强度，为便于检修垫铁组应露出底座10~30mm。

（四）检查泵机组安装质量

（1）泵体水平度的检验方法：机组底座安装在基础上时，应使用水平仪和长度尺检查安装基准质量。

（2）泵体水平度的检验标准：与建筑轴线距离允许偏差±20mm；与设备平面位置±5mm；与设备标高±5mm；泵体水平度：纵向小于0.05/1000，横向小于0.10/1000；原动机水平度纵向不大于0.05/1000，横向不大于0.10/1000。水平仪放置位置应为泵出入口法兰处。

（五）检查联轴器安装质量

（1）联轴器的形式及规格不同，安装质量允许偏差也不相同，其检验方法分为千分表（百分表）找正法，或与水平仪配合找正方法；常见联轴器安装允许偏差的质量标准见表3-4，两个半联轴器端面间的间隙应符合表3-5的规定。

表3-4 联轴器对质量要求

联轴器外形最大直径 mm	两轴的同轴度允许偏差		
	径向位移，mm	轴向位移，mm	倾斜
105~260	0.05	0.05	0.5/1000
290~500	0.10	0.10	0.10/1000

表3-5 联轴器端面间的间隙

联轴器外形最大直径，mm	间隙，mm
105~140	2~4
170~220	4~6
260~330	4~8
410~500	8~10

（2）联轴器找正时，根据电动机或泵轴承类型，轴径的不同及输送介质温度的因素，应考虑温度变化轴发生涨缩时对轴同心度的影响因素。

（3）联轴器端面间隙范围不包括电动机轴和泵轴窜量在内，以免在运行中出现顶轴现象。

（4）泵找正后对垫铁、地脚螺栓进行一次复查，合格后进行抹面，抹面应符合设备技术文件或设计图样等有关规定。

（5）泵的工艺管线安装应以泵的出、入口轴线为基准，不得强力结口。自控保护系统的安装调试，应符合设备技术文件的有关规定。

（六）离心泵机组试运转

（1）开启冷却水上水阀门，并检查冷却水的压力及回水情况。

（2）启动循环油泵，将油压调至设备技术文件规定值，无循环油泵的检查轴承室润滑油位、油量、油质。

（3）小型离心泵机组试运各部位应达到无杂音、摆动、剧烈震动或泄漏等现象。

（4）电动机空运转时间不得少于2h。

（5）盘车检查转子应转动灵活。

（6）复查机泵联轴器的安装，应符合表3-4、表3-5的有关规定。

（7）检查电动机旋转方向，应与泵旋转方向一致，然后安装联轴器弹性柱销。

（8）打开泵入口阀门灌泵，排出泵及工艺管路内的气体，活动出口阀门，待泵启动后，开启出口阀门，将泵压调整到设计规定值。

（9）泵运行中应无杂音。轴承温升：滑动轴承其温度不得超过75℃；滚动轴承其温度不得超过70℃。

（10）泵两端轴封应随时检查，调整密封填料压盖松紧程度，保证正常泄漏量，一般以10~30滴/min为宜。机械密封不得渗漏。

（11）泵和电动机带负荷试运时间及振动振幅应符合设备技术文件规定，若无规定时，试运时间为48h，振幅应小于或等于0.06mm，运转正常，各项参数达到设计工艺规定值为合格。

三、离心泵操作及故障处理

（一）离心泵操作

1. 启泵前的准备工作

（1）检查机泵周围有无杂物，各部位螺栓是否松动。

（2）检查各种仪表是否齐全准确，灵活好用。

（3）检查并调整密封填料松紧程度，污油盒无堵塞。

（4）检查机泵伴热冷却循环系统良好。

（5）检查联轴器是否同心，端面间隙是否合适。
（6）检查机泵润滑油油质合格，油位应在规定范围内。
（7）打开泵入口阀门，向泵及过滤缸内充满液体，同时放净过滤缸及泵内气体，活动出口阀门。
（8）检查电器设备和接地线是否完好。
（9）盘车灵活无卡阻。
（10）启泵前与相关岗位进行联系，做好准备工作。

2. 离心泵的启动操作

（1）按启动按钮，当电流从最高值下降，二次起跳，泵压上升稳定，缓慢打开泵的出口阀门，根据生产需要，调节好泵压及流量。
（2）检查各种仪表指示是否正常，电动机的实际工作电流不允许超过额定电流。
（3）检查各密封点不渗不漏。
（4）检查密封填料漏失量是否超标，并适当调整。
（5）检查泵机组无振动，无异常声音，无异味。
（6）检查机泵轴承不超温。
（7）泵运行正常后和相关岗位联系，随时注意罐液位变化，防止泵抽空或罐溢流，并挂上运行牌。
（8）每两小时对机泵进行检查，并做好记录。

3. 离心泵停泵操作

（1）接到通知后做好停泵前的准备工作。
（2）关小泵出口阀门，当电流下降接近最低值时，按停止按钮，然后迅速关闭出口阀门。
（3）泵停稳后盘车转动灵活，关闭进口阀门。
（4）拉下刀闸，切断电源，挂上停运牌。
（5）做好停泵记录，通知相关岗位。

4. 离心泵倒泵操作

（1）接到倒泵通知后，按启动前准备步骤检查备用泵。
（2）关小欲停泵的出口阀门，控制好排量。
（3）按启泵操作步骤启运备用泵，调节好排量和压力。
（4）按停泵操作步骤停运预停泵，调节运行泵的排量和压力达到工作需要值。

5. 注意事项

（1）启泵前放净过滤缸及泵内气体，防止泵抽空不起压。
（2）启泵前调整好密封填料的漏失量。
（3）启泵时缓慢开出口阀门，合理调节泵压和排量。
（4）运行时机油油位在看窗的 $1/2 \sim 2/3$。
（5）运行的泵密封填料漏失量应控制在 10～30 滴/min。
（6）电动机温度不超 80℃，轴承温度不超 75℃。
（7）运行中压力表指示值在量程的 $1/3 \sim 2/3$ 之间。
（8）运行中机泵振幅不超过规定值。
（9）启泵后出口阀门关闭时间不超过 2～3min，防止泵发热汽蚀。
（10）泵压与管压要达到经济合理，不能憋压，也不能超负荷工作。

（11）停泵或倒泵时，要保持管线压力相对稳定，不要忽高忽低。

（12）启运备用泵，先调小运行泵排量，待备用泵运行正常时，再停运行泵。

（13）离心泵出口要安装单流阀，防止突然停电泵反转。

（14）正常运行时，机组工作电流不能超过额定电流。

（二）离心泵故障原因及处理

1. 离心泵抽空的原因及处理

（1）现象。

①泵体振动；

②泵和电动机声音异常；

③压力表无指示；

④电流表归零。

（2）原因。

①泵进口管线堵塞；

②流程未导通，泵入口阀门没开；

③泵叶轮堵塞；

④泵进口密封填料漏气严重；

⑤油温过低，吸阻过大；

⑥泵入口过滤缸堵塞；

⑦泵内有气未放净。

（3）处理。

①清理或用高压泵车顶通泵进口管线；

②启泵前全面检查流程；

③清除泵叶轮入口处堵塞物；

④调整密封填料压盖，使密封填料漏失量在规定范围内，填料磨损严重需更换；

⑤提高来油温度；

⑥检查清理泵入口过滤缸；

⑦在泵出口处放净泵内气体，在过滤缸处放净泵入口处的气体。

2. 泵压力打不足的原因及处理

（1）现象。

压力表压力达不到规定值，伴有间歇抽空现象。

（2）原因。

①电动机转速不够，进液量不足，过滤缸堵塞；

②泵体内各间隙过大；

③压力表指示不准确；

④平衡机构磨损严重；

⑤液体温度过高产生汽化；

⑥叶轮流道堵塞。

（3）处理。

①检查电动机是否单相运行；

②调节储罐的液面高度，清理过滤缸，检查调节泵各部配合间隙；

③重新检测，校验压力表；
④调节平衡盘的间隙；
⑤降低输送介质的来液温度；
⑥检查清理叶轮流道入口，或更换叶轮。

3. 泵轴承温度过高的原因及处理

（1）现象。

泵的轴承温度过高，声音异常。

（2）原因。

①润滑油少或过多；
②润滑油回油槽堵塞；
③轴承跑内圆或外圆；
④轴承间隙过小，严重磨损；
⑤泵轴弯曲，轴承倾斜；
⑥润滑油内有机械杂质。

（3）处理。

①补充加油或利用下排污口把油位调节到 1/3~1/2 处，拆开轴承端盖清理回油槽；
②泵检查，跑外圆要更换轴承体或轴承，跑内圆要更换泵轴或轴承；
③选择合适间隙的轴承；
④校正或更换泵轴；
⑤更换清洁的润滑油。

4. 离心泵密封填料冒烟、漏失原因及处理

（1）现象。

密封填料冒烟，密封填料处漏失量大。

（2）原因。

①冒烟。

a. 填料压盖压偏磨轴套；
b. 泵轴或轴套表面不光滑；
c. 填料加得过多，压得过紧。

②漏失。

a. 密封填料压盖松动没压紧；
b. 密封填料磨损严重；
c. 密封填料切口在同一方向；
d. 轴套胶圈与轴密封不严或轴套磨损严重。

（3）处理。

①冒烟。

a. 调整密封填料压盖平行度，使之对称不磨轴套；
b. 用砂纸磨光轴套或更换球磨铸铁镀铬轴套；
c. 密封填料加入以压盖压入量不小于5mm，调整密封填料压盖松紧度。

②漏失。

a. 适当对称调紧密封填料压盖；

b. 更换密封填料；
c. 密封填料切口要错开 90°~180°，更换轴套的 O 形密封胶圈或更换轴套。

5. 泵体振动原因及处理

（1）现象。

泵体振动，伴有异常声音。

（2）原因。

①对轮胶垫或胶圈损坏；
②电动机与泵轴不同心；
③泵吸液不好抽空；
④基础不牢，地脚螺栓松动；
⑤泵轴弯曲；
⑥轴承间隙大或保持架坏；
⑦泵转动部分静平衡不好；
⑧泵体内各部间隙不合适。

（3）处理。

①检查更换对轮胶垫或胶圈，紧固销钉；
②对电动机和泵对轮进行找正；
③放净泵内气体，提高储罐液位；
④加固基础，紧固地脚螺栓；
⑤校正泵轴；
⑥更换符合要求的轴承；
⑦拆泵重新校正转动部分（叶轮，对轮）的静平衡；
⑧调整泵内各部件的间隙，使之符合技术要求。

6. 离心泵不上液的原因及处理

（1）原因。

①吸入管路或泵内有空气；
②进口或出口侧管道阀门关闭；
③泵的吸入管漏气；
④叶轮旋转方向错误；
⑤泵的扬程低；
⑥泵的吸上高度太高；
⑦吸入管路直径过小或有杂物堵塞；
⑧转速与实际要求转速不符。

（2）处理。

①灌泵，排除空气；
②打开泵的进出口阀门；
③杜绝进口侧的泄漏；
④调整电动机的转向；
⑤更换扬程高的泵；
⑥降低泵的安装高度，增加进口处的压力；

⑦加大吸入管管径，消除堵塞物；
⑧使电动机转速符合要求。

7. 离心泵密封填料寿命过短的原因及处理

（1）原因。
①轴或轴套表面有损坏或划伤；
②润滑不足或缺乏润滑；
③密封填料安装不当；
④选择的密封填料与泵输送介质不匹配；
⑤外部冷却液有脉冲压力。

（2）处理。
①修复泵轴或更换轴套；
②找正水封环位置，保证冷却水畅通；
③按标准安装密封填料；
④选择符合输送介质性能要求的密封填料；
⑤消除冷却液脉冲现象，保证压力平稳。

8. 离心泵轴承寿命过短的原因及处理

（1）原因。
①泵轴弯曲造成轴承偏磨；
②润滑不良，选用的润滑脂或润滑剂与要求不符；
③润滑方式选择不当；
④更换的轴承不符合安装技术要求；
⑤电动机与泵不同心产生振动造成轴承磨损加剧。

（2）处理。
①检查修理泵轴；
②选用符合传动要求的润滑脂或润滑剂，保证润滑良好；
③根据机泵结构和性能选择合理的润滑方式；
④严格执行轴承安装技术要求，保证更换质量；
⑤调整机泵同心度在规定范围内。

9. 离心泵叶轮与泵壳寿命过短的原因及处理

（1）原因。
①输送的液体与过流零件材料发生化学反应造成腐蚀；
②过流零件所采用的材料不同，产生电化学势差，引起电化学腐蚀；
③输送液体含有固体杂质引起腐蚀；
④因泵偏离设计工况点运转而引起腐蚀；
⑤热冲击、振动引起过流零件的疲劳；
⑥汽蚀引起过流零件冲蚀；
⑦泵的运转温度过高；
⑧管路载荷对泵壳造成的应力过大。

（2）处理。
①根据输送介质的性质选择适合的离心泵或采取系统加药处理输送介质；

②对过流零件采用镀膜防腐处理新技术进行处理；
③合理调控介质处理工艺参数，减少介质中固体杂质的含量；
④合理调控离心泵的工况点；
⑤控制输送介质温度在规定范围，减少泵机组的振动；
⑥加强工艺设备的维护管理，防止汽蚀现象的发生；
⑦合理控制管路系统的流量和压力。

10. 启泵后不出水的原因及处理

（1）原因。
①进口和出口侧管路上的阀门未打开或阀门闸板脱落；
②进口管路进气或出口管路堵塞；
③出口管路侧的单流阀卡死；
④泵叶轮旋转方向错误；
⑤泵的吸入高度过高或吸入管径小；
⑥干线压力高于泵的出口压力。

（2）处理。
①开启阀门，检修进口、出口阀门；
②进口管路排气，出口管路清堵；
③检修出口单流阀；
④调整叶轮转动方向；
⑤降低泵安装高度，加大吸入管径；
⑥调整管路特性。

11. 离心泵转子不动的原因及处理

（1）原因。
①控制电源刀闸未合上或熔断器熔断；
②轴承过热磨损严重；
③异物堵塞叶轮流道，造成叶轮卡死；
④电源电压过低；
⑤平衡盘严重磨损或破裂；
⑥泵轴钢性太差，造成泵轴折断。

（2）处理。
①更换熔断器，合上控制电源刀闸；
②更换轴承；
③清除叶轮内的堵塞物；
④检查线路电压进行倒闸操作，通知电工处理；
⑤检修平衡盘；
⑥更换泵轴。

12. 离心泵泵耗功率大的原因及处理

（1）原因。
①密封填料压盖太紧，密封填料发热；
②泵轴串量过大，叶轮与入口密封环发生摩擦；

③泵轴与原动机轴线不一致，轴弯曲；
④零件卡住；
⑤干线压力高于泵的出口压力；
⑥轴承损坏或润滑油多或油质不合格。
（2）处理。
①调节密封填料压盖的松紧度；
②调整轴向串量；
③校正机泵同轴度；
④检查处理卡住的零件；
⑤调整管路系统压力；
⑥更换轴承和润滑油脂。

13. 启泵后达不到额定排量的原因及处理
（1）原因。
①叶轮反转；
②叶轮或进口阀被堵塞；
③叶轮腐蚀、磨损严重；
④入口密封环磨损过大；
⑤储罐液位低，造成吸入口压力低；
⑥泵体或吸入管路漏气。
（2）处理。
①调整电动机旋转方向；
②清除堵塞物；
③更换或修理叶轮；
④更换入口密封环；
⑤提高储罐液位；
⑥排净泵和吸入管路内气体。

14. 启泵后不上水，压力表无读数，吸入真空压力表有较高的负压的原因及处理
（1）原因。
①进口处阀门未开或闸板脱落；
②过滤器被脏物堵死；
③进口管路堵塞。
（2）处理。
①打开或检修进口阀门；
②清洗过滤器；
③检查来液管路，疏通堵塞管段。

15. 启泵后泵体发热的原因及处理
（1）原因。
①进口阀门未打开，泵内无水；
②泵出口排量控制过小；
③几台泵并联运行来水不足或储罐液位过低；

④干线压力高于泵的出口压力，泵不排液；
⑤泵轴与原动机轴线不一致，轴弯曲；
⑥轴承或密封环损坏，造成转子偏心；
⑦转子不平衡引起振动，造成内部摩擦；
⑧平衡机构磨损，造成叶轮前盖板和泵段摩擦。
（2）处理。
①盘泵确认泵转动灵活，打开进口阀门灌泵；
②加大排量或安装旁通管线；
③调整开泵台数或增大来水管线直径；
④调整管路系统压力；
⑤校正泵机组同轴度或更换泵轴；
⑥更换轴承；
⑦检修转子，消除摩擦；
⑧检修平衡机构。

16. 泵轴串量过大的原因及处理
（1）原因。
①泵的流量控制不合理；
②定子或转子累积误差过大；
③安装平衡盘后没进行间隙调整就投入运行。
（2）处理。
①调整出口阀门，控制流量在允许范围内；
②测量轴串量，根据测得的数值制作垫子，垫入轴承内圈和轴承盖之间；
③多级泵拆检平衡盘，在平衡环后背垫铜皮或铁皮。

17. 多级离心泵平衡装置故障原因及处理
（1）原因。
①相邻两级叶轮间的级差增大，造成级间泄漏量增加；
②与吸入室连接的平衡管堵塞，造成平衡鼓或平衡盘磨损严重；
③平衡盘与平衡环轴向间隙大或磨损严重；
④平衡盘与平衡环轴向间隙过小，造成平衡盘卡死。
（2）处理。
①调整相邻两级叶轮的级差，减小级间压差，从而减少级间泄漏量；
②清除平衡管内堵塞物；
③调整平衡盘间隙或更换平衡盘。

第五节　离心泵保养与维护

一、离心泵保养

为了保证离心泵能长时间的安全运行，不但要合理使用离心泵，正确保养离心泵，而且必须做好离心泵经常性保养和三级保养工作。

（一）离心泵经常性保养

离心泵经常性保养的时间为 8h，由当班工人来完成，主要进行以下工作：

（1）做好泵机组的清洁卫生工作。
（2）经常检查、紧固泵机组各部的固定螺栓，确保无松动滑扣等现象。
（3）检查加注润滑脂和润滑油，确保机组不缺油干磨。
（4）及时调节密封填料的松紧程度。
（5）及时处理渗漏，调节泵在规定的技术参数下运行。

单级离心泵更换轴承时即认为是大修，其更换轴承的次数一般较多，因此把单级离心泵的最高保养级别定为二级保养。三级保养大多数是对多级离心泵而言的，虽然三级保养各地规定时间不一致，但检修内容大致相同。

（二）离心泵三级保养

离心泵的三级保养工作主要是为了保证泵的安全、长效运行，做好离心泵的三级保养工作是维护油田生产稳定的基础。

1. 离心泵一级保养内容

离心泵运转 1000h±8h 进行后，除完成经常性保养外，还要进行以下工作内容：

（1）检查调整前后密封填料松紧度，达到不发热，漏失不超量，轴套与压盖不偏磨。
（2）检查端盖螺栓，泵壳拉紧螺栓，底座及轴承支架螺栓，不松动滑扣。
（3）检查联轴器，螺丝受力均匀，松紧一致。
（4）检查压力表，灵活准确，不松动漏失。
（5）清洗过滤器，保证过滤网清洁、畅通。

2. 离心泵二级保养内容

离心泵运转 3000h±24h 进行后，除完成一级保养工作外，还要进行以下工作内容：

（1）清洗前后轴承盒，检查或更换润滑油、润滑脂。
（2）检查密封填料磨损情况，必要时进行更换。
（3）检查联轴器的外观及机泵同心度。
（4）检查清洗更换泵轴承，并加注合格润滑油或润滑脂。
（5）检查轴套密封圈磨损情况，必要时进行更换。
（6）检查平衡盘，平衡环磨损情况，磨损超过要求标准要进行更换。
（7）检查泵轴串动量在规定范围内。

3. 离心泵三级保养内容

离心泵运转 10000h±48h 进行后，除完成一级、二级保养内容外，还应完成以下工作内容：

（1）检查前后轴承，并测量轴承间隙。
（2）检查清洗叶轮、导翼、导翼固定螺钉及泵壳。
（3）测量叶轮与密封环间隙，密封环和导翼配合情况。
（4）检查并测量挡套与轴承套间隙。
（5）检查校正泵轴及联轴器和泵轴的配合。
（6）检查平衡盘与平衡环的串量。
（7）检查调整联轴器的同心度。

（8）对叶轮、平衡盘做静平衡试验。

（9）测量电动机和泵的振动。

二、离心泵零部件质量要求

（一）泵壳质量要求

（1）检查泵盖和泵体有无残存铸造砂眼、气孔、结瘤以及流道光滑度。

（2）检查接合面的加工精度、光洁度及介质导向孔道是否畅通。

（二）泵轴质量要求

（1）检查轴表面，不允许有裂纹、磨损、擦伤和锈蚀等缺陷。

（2）泵轴允许弯曲程度，轴尾部（3000r/min）弯曲不大于0.08mm；轴中部（1500r/min）弯曲不大于0.10mm；轴颈处弯曲不大于0.02mm。如发现泵轴不合格，及时进行校正或换轴。

（3）检查轴颈圆度允许为0.02mm，椭圆度小于0.02mm。

（4）检查键槽中心线对轴中心线的不同轴度为0.03/100。

（5）检查轴瓦表面，不应有裂纹、脱层、乌金内夹砂和金属屑等缺陷。

（6）轴瓦安装时，用压铅丝方法测轴瓦与轴颈间的间隙，对于转数1500r/min的顶间隙，取轴径的1.5/1000，对于转数为3000r/min的顶间隙，取轴径的1.5/1000~2/1000，两侧间隙为顶间隙的1/2。

（7）采用油环润滑的轴承，油杯槽两侧要光滑，以保证油环自由转动。

（8）轴承安装时，要测轴承间隙。

（三）叶轮质量要求

（1）检查叶轮铸造有无气孔、砂眼、裂纹、残存铸造砂等缺陷，检查流道光滑程度，外形是否对称。

（2）更换叶轮时，要做静平衡试验。

（3）检查叶轮轮毂两端对轴线的不垂直度，应<0.01mm。

（四）转子质量要求

（1）转子串量应为0.01~0.15mm。

（2）检查轴套、叶轮与轴不同心度小于0.07mm。

（3）检查转子晃动度。

（4）轴、叶轮与轴承架，轴套两端面对轴中心线的不垂直度应小于0.5mm。

（五）密封装置

（1）密封填料压盖与轴套外径间隙一般为0.75~1.00mm。

（2）密封填料压盖端面与轴中心线允许不垂直度为填料压盖外径的1/100。

（3）密封填料压盖外径与填料函内径间隙为0.10~0.15mm。

（4）填料环与轴套外径间隙一般为1.0~1.5mm。

（5）填料环的端面与轴中心线的不垂直度允许为填料环外径的1/1000。

（6）填料环外径与填料函内径间隙为0.15~0.2mm。

(六) 机泵同心度

(1) 联轴器与轴的啮合，联轴器与轴采用 D/gc 配合见表3-6。

表3-6　D/gc 配合松紧程度表

轴径（mm）	D/gc	
	间隙（mm）	过盈（mm）
18~30	0.021	0.017
30~50	0.024	0.020
50~80	0.024	0.023
80~120	0.032	0.026
120~180	0.036	0.030

(2) 联轴器找同心，每个联轴器装在轴上，其端面跳动允差不得超过表3-7的规定。

表3-7　联轴器对轴跳动和两轴不同心允差

联轴器外型最大直径，mm	联轴器对轴向跳动允差，mm	联轴器对轴面跳动允差，mm	两轴不同心度不应超过	
			径向位移，mm	倾斜
105~170	0.07	0.16	0.05	0.2/1000
190~260	0.08	0.18	0.05	0.2/1000
290~350	0.09	0.20	0.10	0.2/1000
410~500	0.10	0.25	0.10	0.2/1000

(3) 两联轴器端面间隙应略大于轴向串量见表3-8。

(4) 联轴器连接检查同心度方法与检查机组同心方法相同。

表3-8　两联轴器端面间隙表

轴孔直径 mm	标准型			轻型		
	型号	外径最大直径 mm	间隙 mm	型号	外径最大直径 mm	间隙 mm
25~28	B_1	120	1~5	Q_1	105	1~4
30~38	B_2	140	1~5	Q_2	120	1~4
35~45	B_3	170	2~6	Q_3	145	1~4
40~55	B_4	190	2~6	Q_4	170	1~5
45~65	B_5	220	2~6	Q_5	200	1~5
50~75	B_6	260	2~8	Q_6	240	2~6
70~95	B_7	330	2~10	Q_7	290	2~8
80~120	B_8	410	2~15	Q_8	350	2~8
100~150	B_9	500	2~15	Q_9	400	2~10

（七）离心泵密封

1. 叶轮与泵壳之间的密封

转动着的叶轮和泵壳之间有间隙存在，如果这个间隙过大，那么从叶轮出口出来的液体就会通过这个间隙而返回叶轮的吸入室，这个漏失量最大可达总液量5%，必须控制这个间隙。同时，由于泵在运转过程中，泵壳和叶轮可能因为磨损过大而报废。因此，在泵壳和叶轮之间装上密封环（口环），它可以减少高压液体漏回叶轮吸入口，还起到承受磨损的作用，以延长叶轮和泵壳的使用寿命，减少修理费用。密封环的形式如图3-16所示。

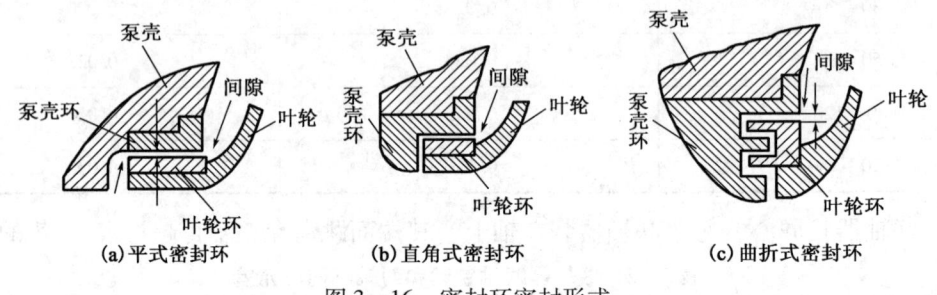

图3-16 密封环密封形式

（1）平式密封环。这种密封环结构简单，容易制造，但漏失量最少。同时液体从径向间隙漏出时，速度较高，但其流动方向和流进叶轮吸入口的液体方向相反，容易在叶轮进口处造成涡流，故这种密封只在低扬程的泵上采用。

（2）直角式密封环。这种密封环的漏失量也较高，但其轴向间隙比径向间隙大得多，所以液体通过径向间隙转90°，通过轴向间隙漏出后其速度就大大降低，因而造成的涡流比平式要小。

（3）曲折式密封环。这种密封环又可分为单曲折式密封环和双曲折式密封环两种。单曲折式密封环其漏失量较小，液体漏出的速度较低，因而造成的涡流较小。双曲折式密封环密封性能最好，但其制造复杂，安装麻烦，所以它只用在低比转数和高扬程的地方。该密封环一般由铸铁，塑料及铜合金等材料制成。

2. 泵轴与泵壳之间的密封

转动着的泵轴和泵壳之间存在有间隙，低压时，可能使空气进入泵内，影响泵的工作，甚至使泵不上液；高压时，有液体漏出，所以要有密封装置，在离心泵上常用的是填料密封和金属端面密封。

密封盒是由填料座、液封环、密封填料压盖组成。填料座和填料压盖在密封填料的两头，是压紧填料用的。密封填料的松紧程度是由调节螺钉进行调节的，液封环在密封填料的正中间，正好对准水封口，在一定压力下把水或其他密封液引入密封环空间，使密封液沿着轴向两侧流动，既能防止空气进入泵内，也能阻止抽送液体的外漏。

离心泵上采用的密封填料都是方形的，其每边长（b）可由式（3-31）算出：

$$b = 0.15d + 0.13 \tag{3-31}$$

式中 d——轴的直径，mm。

近年来，泵密封部位多采用机械密封，也称为端面密封。机械密封的效果较好，承磨能力强，可以达到不漏，但造价高，制造复杂。详细内容见本章第八节。

三、离心泵维护及技术要求

（一）拆装单级离心泵

1. 拆卸

（1）切断要拆泵的流程并进行泄压，对输送油介质的泵事先要进行热水置换。

（2）拉下电动机电源刀闸，拆下电动机接线盒内的电源线，并做好相序标记。

（3）用梅花扳手拆下电动机的地脚螺栓，把电动机移开到能顺利拆泵为止。

（4）拆下泵托架的地脚螺栓及与泵体连接螺钉，取下托架。

（5）用扳手拆卸泵盖螺钉。用撬杠均匀撬动泵壳与泵盖连接间隙，把泵的轴承体连带叶轮部分取出来。

（6）把卸下的轴承体及连带叶轮部分移开放在平台上检修、保养。

（7）用拉力器拉下泵对轮，卸下备帽螺钉，拉下叶轮。

（8）拆下轴承压盖螺钉及轴承体与泵端盖连接螺钉。

（9）拆下密封填料压盖螺钉，使密封填料压盖与填料函分开。

（10）拆下轴承压盖及泵端盖，用铜棒及专用工具把泵轴（带轴承）与轴承体分开。

（11）取下泵轴上的轴套，用专用工具将泵轴上的前后轴承拆下。

2. 检查

（1）检查各紧固螺钉，检查螺钉和螺栓的螺纹是否完好，螺母是否变形。

（2）检查对轮外圆是否有变形破损，对轮爪是否有破损痕迹。

（3）检查轴承压盖垫片是否完好，填料压盖内孔是否磨损，压盖轴封槽密封毡是否完好，压盖回油槽是否畅通。

（4）检查叶轮背帽是否松动，弹簧垫圈是否起作用。

（5）检查叶轮流道是否畅通，入口与口环接触处是否有磨损，叶轮与轴通过定位键配合是否松动，叶轮键口处有无裂痕，叶轮的平衡孔是否畅通。

（6）检查轴套有无严重磨损，在键的销口处是否有裂痕，轴向密封槽是否完好。

（7）检查填料函是否变形，上下、左右间隙是否一致，水封环是否完好。

（8）检查轴承体内是否有铁屑，润滑油是否变质，轴承是否跑外圆。

（9）检查轴承压盖是否对称，有无磨损，压入倒角是否合适，压盖调整螺栓是否松动，长短是否合适。

（10）检查泵轴是否弯曲变形，与轴承接触处是否有过热、磨内圆痕迹，备帽处的螺纹是否脱扣。

（11）检查各定位键是否方正合适，键槽内无杂物。

（12）检查轴承是否跑内圆或外圆，保持架是否松旷，是否有缺油过热变色现象。

（13）检查轴承间隙是否合格，轴承球粒是否有破损。

（14）检查入口口环处是否有汽蚀现象。

（15）检查填料是否按要求加入，与轴套接触面磨损是否严重。

3. 安装

（1）按检查项目准备好合格的泵件，按拆卸相反顺序安装泵（先拆的后装、后拆的前装）。

（2）用铜棒和专用工具把两端轴承安装在泵轴上。

（3）用清洗油清洗好轴承体内的机油润滑室及视窗。
（4）把带轴承的泵轴安装在轴承体上。
（5）用卡钳、直尺、圆规、青稞纸制做好轴承端盖密封垫，并涂上黄油。
（6）用刮刀刮净轴承密封端盖密封面的杂物，放好密封垫。
（7）按方向要求上好轴承端盖，对称紧好固定螺栓。
（8）在泵轴叶轮的一端安上填料压盖，水封环，上好轴套密封，装上轴套。
（9）把轴承体与泵盖连接好，对称均匀紧固好螺栓。
（10）用键把联轴器固定在泵轴上，并用键与轴套连接好。
（11）安上弹簧垫片，用备帽把叶轮固定好。
（12）用铜棒和键把泵对轮固定在泵轴上。
（13）按更换填料的技术要求，向填料函内添加填料，上好填料压盖。
（14）用卡钳、直尺、划规、布剪子、青稞纸制做好泵壳与泵盖端面密封垫，并涂上黄油。
（15）将在平台上组装好的泵运到安装现场。
（16）装好密封垫后，将泵壳与检修后的泵体用固定螺栓，均匀对称地紧固好。
（17）安上泵体托架，紧固好托架地脚螺栓及与泵体的连接螺栓。
（18）在泵联轴器上放好缓冲胶圈，移动电动机并调整泵与电动机同心度，并紧固好电动机地脚螺栓。
（19）按标记接好电动机接线盒的电源线，合上刀闸。
（20）向泵体润滑油室内加入 1/3～1/2 的润滑油。

4．试运
（1）按启泵前的检查工作检查泵。
（2）按启泵操作规程启运检修泵。
（3）按泵的运行检查要求，检查泵运行情况。

（二）多级离心泵二级保养

1．拆卸
拆卸检查多级泵的二级保养在工作现场进行，前侧到前轴套，后侧到平衡环，主要进行以下操作项目：
（1）拉下电动机在配电柜的刀闸，挂停运牌，拆开接线盒，卸下电源线，标记好。
（2）用扳手卸下电动机的地脚固定螺栓。
（3）把准备好的保养维修工具拿到现场，切换流程，对泵放液泄压。
（4）用扳手卸下后轴承的前后端盖，查看润滑油及轴承保持架情况。
（5）卸下轴承架在泵体上的四个固定螺栓，用铜棒轻敲取下轴承架，检查与轴承接触处是否有划痕、跑外圆的迹象。
（6）将铅丝放入轴承滚环跑道内，转动轴承外轨，将铅丝压扁。用千分尺测量压扁铅丝的最薄部分，检查轴承间隙是否合格。
（7）用铜棒和夹柄一字螺丝刀或钩形扳手卸下轴承双锁紧螺母。
（8）用拉力器取下轴承。检查轴承是否跑内圆，轴承套内外是否有磨损。
（9）卸下密封填料压盖，检查压盖内外侧无垢片，对称均匀，压入导角符合要求，压盖固定螺栓螺纹完好，与泵接触牢固不松动。

（10）用专用工具取出填料函内的填料，检查密封填料加入量和磨损情况。

（11）均匀对称地拆下泵端盖的紧固螺钉，用撬杠轻轻撬动端缝，取下泵端盖。

（12）检查轴套是否磨损有沟痕，轴套密封圈是否完好，是否失去弹性。

（13）轻轻转动泵轴取下挡套和轴承套，不要损坏轴套，特别是键槽部位。

（14）用特制的拉力工具取下平衡盘，检查平衡盘磨损是否严重，是否偏磨，盘面上是否有沟痕、熔化物，键销处是否有裂痕。

（15）检查平衡环磨损是否超标准（0.15~0.2mm），偏斜度不超过0.2mm。若磨损严重应更换，用一字螺丝刀卸下六个内置固定螺栓，取下平衡环。

（16）用梅花扳手卸下联轴器销钉，取出弹簧胶圈，检查联轴器有无变形或破损，联轴器是否松动，弹簧胶圈是否偏磨或成椭圆状，两联轴器端面是否平行，间隙合格。

（17）用拉力器卸下泵联轴器。检查拆卸前轴承与后轴承操作相同。

2. 安装

把经过检查符合技术要求的泵件准备好，拿到检修现场。

（1）把平衡环用内置螺钉均匀固定好，要保证与轴垂直不偏。

（2）在泵轴上涂上一层润滑油把平衡盘沿轴向推入，键槽要对准。

（3）用卡钳、直尺、布剪子、青稞纸制作好泵端盖与泵体的密封垫片，再涂上润滑油。

（4）安上密封垫片，把泵端盖按正确方向对准，均匀紧固好固定螺钉。

（5）把轴套按轴向推入，轻轻转动泵轴，使轴套平衡盘固定在同一个键销上。

（6）按正确的操作方法对填料函内加上密封填料，并轻轻地带上密封填料压盖。

（7）在轴套的密封环处放好弹性密封胶圈，上好挡套及轴承内侧压盖。

（8）在轴上安好轴承套，把轴承用铜棒轻轻敲到轴承套上，上好轴承双锁紧螺母。

（9）把轴承架套着轴承，轻轻地敲入，固定在泵端盖上，要均匀紧固好螺钉，保证轴承架与轴同心。

（10）在轴承的两侧加入清洁润滑油，转动泵轴使之润滑均匀。

（11）在轴承两侧的端盖上加入少量润滑油后，将前后轴承端盖均匀紧固好。

（12）前轴承架、轴承、密封填料、压盖、轴承端盖安装操作步骤与后侧的相同。

（13）安装好泵的联轴器，端面要与轴垂直。

（14）移动电动机，找正泵与电动机同心度，并保证两对轮端面间隙在规定范围内。

（15）均匀对称紧固好电动机地脚螺栓，按相序接上电源线。

（16）在联轴器的销钉孔内安上带胶圈的销钉，紧固好后安上联轴器护罩。

3. 技术要求

（1）二保周期为3000h，同时要完成一级保养所有内容。

（2）二级保养过程中要正确使用工具及仪器。

（3）拆下的泵件要用清洗油洗干净，按先后顺序规范摆放。

（4）拆卸轴承端盖和泵体时，不准用夹柄螺丝刀、撬杆等铁器撬剔，要用铜棒轻轻敲击或用顶丝顶出。

（5）轴套、轴承、平衡盘等要用拉力器或专用工具取出，严禁用锤子敲击，破坏性取出。

（6）轴承间隙应符合表3-9和表3-10的要求，超标应进行更换。

表 3-9　滚动轴承间隙要求表

轴承直径 mm	径向间隙，mm		
	新滚球轴承	新滚柱轴承	最大许可磨损量
20~30	0.01~0.02	0.03~0.05	0.1
35~50	0.01~0.02	0.05~0.07	0.2
55~80	0.01~0.02	0.06~0.08	0.2
85~120	0.02~0.03	0.08~0.10	0.3
130~150	0.03~0.04	0.10~0.12	0.3

表 3-10　滑动轴承（轴瓦）允许间隙表

轴径 mm	间隙，mm	
	1500r/min	3000r/min
30~50	0.075~0.16	0.17~0.34
50~80	0.095~0.195	0.20~0.40
80~120	0.23~0.46	0.23~0.46
120~180	0.15~0.285	0.26~0.53
180~200	0.18~0.33	0.30~0.60

（7）泵轴与轴承套、轴套、叶轮之间的配合应为过盈配合，轴承与轴承体也为过盈配合，发现有间隙，要分析原因进行处理。

（8）平衡盘与平衡环磨损不超标，串量测定值为 2~6mm，损坏超标的应进行配研、研磨或更换。

（9）按安装泵的技术要求顺序将清洁干净的各配件装好。

（10）密封填料规格要合适，切口应倾斜 30°~45°，与轴套摩擦面要涂上黄油，密封填料切口要错开 90°~180°。

（11）密封填料压盖对称、均匀，压入量不少于 5mm。

（12）加润滑油时，机油应加到看窗的 1/3~1/2 之间，黄油应加入油室 2/3 量。

（13）安装轴承时要用套管保护击打轴承内轨，严禁击打轴承外轨。

（14）装好的机组要进行同心度测定。

（15）泵和电动机联轴器间隙应符合表 3~8 的要求，超标应进行调整。

（16）泵内各间隙应在设备性能要求范围内，超过标准的应进行调整或更换。

（17）泵轴的轴颈处弯曲度大于 0.2mm、中部弯曲度大于 0.05mm 时要进行校直或更换。

（三）多级离心泵三级保养

1. 检修前的准备工作

（1）完成一级、二级保养的工作内容。

（2）准备解体离心泵使用的各种测量用具和仪器。

（3）准备测量校验使用的各种测量用具和仪器。

（4）准备好装配、更换的磨损部件和润滑油（黄油）。

第三章　集输用泵

2. 拆卸（D型泵）

（1）关闭泵出、入口阀门，在过滤缸和泵出口处放净泵中液体，若泵体内输送的介质是油，则需事先用热水置换干净。

（2）拆掉联轴器销钉和弹性胶圈，断开联轴器，挪开电动机。

（3）拆下泵的地脚螺丝和冷却水连接管线，把泵转移到检修平台上。

（4）拆卸轴承体：先拆前、后侧的轴承体连接螺栓和轴承压盖，用拉力器取下轴承。

（5）拆卸密封压盖：拆下压盖与泵体的连接螺母，并沿轴向抽出压盖，然后取出填料。

（6）拆卸尾盖：拆下尾盖和尾段之间的连接螺母，卸下尾盖，然后把轴套、平衡盘及平衡环取出。

（7）拆卸穿杠：拆下穿杠两端的螺母，抽出泵各端的连接穿杠。

（8）拆平衡管：拆下平衡管两端法兰固定螺钉，取下平衡管。

（9）拆卸尾段：用铜棒和锤子轻敲后端的凸缘使之松脱后即可卸下。

（10）拆卸叶轮：用两把夹柄螺丝刀对称放置，同时撬动卸下叶轮，并按顺序摆放好。

（11）拆卸中段：用撬杠沿中段两边撬动，即可取下，再从中段上取下密封环，拆下挡套和导翼，并按顺序摆放好，而后即可拆卸其他零件，直至吸入口。

（12）拆卸泵轴：拆到前段时，可将泵轴抽出，然后取下联轴器和前轴承。

（13）拆下各部件用清洗油清洗干净，按拆卸顺序摆放，以便进行检查测量。

3. 清洗泵件

（1）用细砂布清除叶轮上的铁锈，用汽油清洗干净，并清除叶轮流道内的杂物。

（2）用粗钢丝或锯条片清除导翼流道中的杂物及污垢，用砂纸去除铁锈，再用清洗油清洗导翼，按原顺序摆放好。

（3）用砂纸清除尾段、中段、前段及轴承支架上的杂物和铁锈，用汽油清洗导翼，按原顺序摆放好。

（4）用细纱布、汽油清洗干净泵轴上的铁锈和杂物，再按顺序摆放好。

4. 检查泵件

（1）联轴器弹性胶圈：弹性良好，不硬化，内孔不变形，胶圈没有裂痕。

（2）联轴器：外圆平整无变形，边缘不缺损，端面平整，胶圈孔无撞痕。

（3）联轴器销钉：销钉螺纹不凸，与螺母配合间隙良好，弹簧垫正常。

（4）轴承：不跑内、外圆，保持架不松旷，轴承径向间隙合格。

（5）压盖：压入均匀，无裂痕，螺栓孔对称。

（6）轴套：磨损不严重，表面无深沟、划痕，与键、轴配合良好。

（7）平衡盘：均匀磨损不超标，与键、轴配合良好。

（8）平衡环：磨损较轻，固定螺钉完好。

（9）平衡管：畅通，不堵塞。

（10）叶轮：叶轮静平衡合格，出、入口无磨损，流道通畅，键销口处无裂纹。

（11）泵轴：弯曲度合格，无磨损和裂纹。

5. 装配

（1）首先对多级泵转子部分（包括叶轮、叶轮挡套或者叶轮轮毂及平衡盘等），应预先进行组装，也称为转子部件的小组装或试装，以检查转子的同心度、偏斜度和叶轮出口之间的距离。

（2）装配离心泵时，按泵的装配顺序要求进行，按先拆后装或后拆先装的步骤进行操作。

（3）将装好吸入端轴套和键的轴穿过吸入壳。

（4）装上第一级叶轮挡套，并使叶轮紧靠前轴套。

（5）在中段上垫上一层青稞纸垫后，装上中段和第二级叶轮。然后，依次装上叶轮挡套、中段、第三级叶轮以至排出段壳体，装上泵体穿杠螺栓和螺帽，将螺帽对称拧紧。

（6）装上平衡盘、轴套，用轴套锁紧螺母将平衡盘锁紧，保证平衡盘与平衡环间的轴向间隙为0.10~0.25mm，垂直度偏差小于0.03mm。

（7）装上平衡室盖。

（8）安装前、后端填料、填料环和填料压盖。

（9）安装前、后挡水圈，装上轴承座、轴承，填加润滑脂或润滑油，安装轴封。采用油环润滑方式的，将润滑油环上限位铁片用螺丝拧紧，对强制循环的泵则不存在油环的问题。

（10）装上冷却水管、回流管、联轴器等。调整泵与电动机的同心度，拧紧机座地脚螺栓，盘泵达到灵活、轻松，不能出现碰、磨等现象。

6. 装配要求

（1）泵的装配应在各零部件的尺寸、间隙、振摆等项经检查合格后进行。

（2）各泵段零部件装配后拧紧螺栓，测量转子的总串动量，其数值应符合设备技术文件的规定要求。

（3）测量平衡环端面的平行度，其允许偏差为0.06mm。

（4）装好平衡盘后，测量平衡盘与平衡环的工作串量，其间隙应符合设备技术文件规定，无规定时，可按照总串量的1/2再减去0.5mm的量计算。

（5）密封填料函内的水封环与冷却水管应对中，密封装置各部装配间隙应符合设备技术文件的规定。

（6）组装主轴轴承时应保证转子与泵体的同心度，其允许偏差为0.05mm。

7. 用百分表测量离心泵转子总串量

（1）拆卸联轴器的连接螺栓，离心泵的后轴承端盖，将拆卸的泵零部件按顺序清洗检查并摆放在青稞纸上。

（2）装上平衡盘工艺轴套、密封填料轴套、轴承挡套、轴承工艺轴套和锁紧螺母。

（3）用撬杠把泵联轴器撬动到后止点。

（4）架设百分表：检查百分表，保证百分表动作灵活，无卡滞现象；擦拭泵轴端面，把百分表架设到轴端面，使测量头与测量面垂直接触并下压1/2量程，转动表盘使百分表的大针指到"0"位。

（5）用撬杠把泵联轴器轻轻撬动到前止点。

（6）记录百分表所显示的数值，即离心泵转子总串量。

（7）把泵轴按泵旋转方向转动180°，按上述步骤再次测量离心泵转子总串量。

（8）将两次测量结果进行对比，数值小的为离心泵转子总串量。泵的总串量一般为4~6mm。

（9）组装所有部件。按照拆卸相反的顺序安装好所有的部件。

第三章 集输用泵

8. 用百分表测量离心泵平衡盘串量（工作串量）

（1）用撬杠把泵联轴器撬动到后止点。

（2）平衡盘的端面上架设百分表：检查百分表，保证百分表动作灵活，无卡滞现象。擦拭平衡盘端面，把百分表架设到平衡盘端面上，使测量头与测量面垂直接触并下压1/2量程，转动表盘使百分表的大针指到"0"位。

（3）用撬杠把泵联轴器轻轻撬动到前止点。

（4）记录百分表所显示的平衡盘串量（工作串量）。

（5）把泵轴按泵旋转方向转动180°，按上述步骤再次测量平衡盘串量。泵的平衡盘串量应为总串量的1/2再减去0.5mm。

（6）组装所有部件。按照拆卸相反的顺序安装好所有的部件。

9. 离心泵零部件检修

（1）泵轴的检修。

①检修时，应将泵轴放在车床上或架在两块V形铁上，用千分表测量弯曲度不得超过0.06mm。

②若轴弯曲度大于标准值要进行校直，校直时采用压力机或手动螺纹矫正器进行直轴。

③当泵轴有裂纹或磨损时，可采用喷金属或补焊等方法修复，然后进行热处理经车削研磨后，才能使用。

（2）平衡装置检修。

①平衡盘与平衡环凸凹不平时，必须修刮研磨直至在泵体上整个盘面全接触为止。

②平衡盘磨损严重，不能修刮时，需要经过堆焊、车削、磨研合格后才能装入泵体。

③当平衡盘有严重裂纹和缺损时，必须换新平衡盘。

④平衡盘的间隙范围为2～6mm。

（3）密封装置的检修。

①检修泵时，填料盒内的每一根填料都要更换新的，泵各段密封要严密。

②轴套磨损严重必须更换。

③泵体口环和叶轮的配合间隙应符合表3-11规定。

表3-11 泵体口环与叶轮的配合间隙

口环直径 mm	水泵间隙，mm		冷油泵间隙，mm		热油泵间隙，mm	
	安装	报废	安装	报废	安装	报废
80～120	0.25～0.44	0.96	0.30～0.50	0.10	0.50～0.60	1.0
120～150	0.30～0.50	1.2	0.40～0.60	1.1	0.60～0.70	1.1
150～180	0.30～0.56	1.2	0.40～0.60	1.1	0.60～0.80	1.2
180～220	0.40～0.63	1.3	0.45～0.70	1.2	0.70～0.80	1.2
220～250	0.40～0.68	1.3	0.45～0.70	1.2	0.70～0.90	1.4
250～290	0.45～0.70	1.4	0.50～0.80	1.3	0.70～0.90	1.4
290～300	0.45～0.75	1.5	0.50～0.80	1.4	0.70～0.90	1.4

④轴套、挡套的偏心度不得超过0.1mm，平衡盘的偏心度不得超过0.06mm，叶轮密封环处的偏心度不得超过0.08～0.14mm，叶轮与密封环间隙不超过0.25mm。

⑤整个机泵要找同心度，用百分表或千分表测量联轴器轴向、径向间隙，机泵不同心度

值应符合表 3-4 要求。

(4) 轴承检修。

①轴承拆、装工序要求。

a. 拆卸前须用塞尺检查轴与轴瓦的顶、侧间隙，并做好记录。

b. 检查轴瓦接触是否占总面积的 70% 以上。

c. 轴与轴瓦的间隙应符合设计技术文件的规定。

d. 拆卸滚动轴承时要用扒轮器，严禁用锤子敲打以防止打坏泵轴。

e. 安装滚动轴承时要用套管击打轴承内轨，严禁用锤子敲打轴承外轨，防止打坏轴承。

②检查前后轴承，测量轴承间隙应符合表 3-9 和表 3-10 的要求。

a. 轴承内外圈面应无划痕，球粒应完整无损。

b. 轴承内外圈与泵件的接合处应为过渡配合。

c. 轴与轴瓦每侧间隙应相等，以保证轴处在中心位置，而且侧间隙应等于顶间隙的一半，轴瓦允许间隙也可按式 (3-32) 计算：

$$h = 0.001d \tag{3-32}$$

式中　h——轴瓦允许间隙，mm；
　　　d——轴的直径，mm。

轴瓦间隙测定：轴瓦两侧间隙测量一般用塞尺插入轴瓦的四角测得，塞尺插入深度约 10~15mm。

③轴瓦顶部间隙的测量。

a. 将粗 0.1mm，长 50~70mm 的铅丝放入轴颈的两处，在下轴瓦接合处相对应放正铅丝。

b. 为了压得均匀，常在轴瓦接合面上的四角放上厚约 0.5mm，长 12mm，宽 8mm 的四片铜片，将上瓦扣上，均匀紧固螺钉。

c. 然后旋开轴瓦端盖螺钉，上下瓦用千分尺测量铅丝厚度，可算出轴瓦前后两端顶部间隙大小。

④计算：

$$M_1 = \frac{A_1 - (B_1 + B_3)}{2} \tag{3-33}$$

$$M_2 = \frac{A_2 - (B_2 + B_4)}{2} \tag{3-34}$$

式中　M_1——轴瓦顶部间隙（前侧），mm；
　　　M_2——轴瓦顶部间隙（后侧），mm；
　　　A_1、A_2——铅丝的厚度，mm；
　　　B_1、B_2、B_3、B_4——四片铜片的厚度，mm。

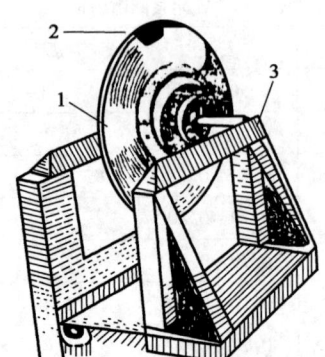

图 3-17　叶轮静平衡试验示意图
1—叶轮；2—用夹子夹的薄片；
3—平衡架的刀口

(5) 叶轮检修。

新叶轮或修复的叶轮由于铸造或加工时可能产生偏重，影响泵的正常运转，甚至造成轴的损坏，因此必须进行平衡试验，以消除或减少偏重现象。叶轮静平衡方法是采用去重法。其试验装置如图 3-17 所示。叶轮配重所用铁片的厚度选择比轮壁薄 3mm，外形加工与缘同心的圆弧环状、长度不等的铁片（数量根据需要确定），铁片的材料应与叶轮相同或密度相等。然后在叶轮较重的一面按铁片形状划好，再将叶轮放到铣床上，按照划线形状铣削掉与较轻那面所夹物体等重的铁屑。但在叶轮板上铣去的厚度不得超过叶轮盖板厚度的1/3，允许在前后两板上切去，切削部分痕迹应与盖板圆盘平滑过渡。

对多级泵的每个新叶轮或修复的叶轮均应单独作静平衡试验，修整叶轮的进口及出口处，铲除毛刺及清扫流道。并要求叶轮表面无严重裂纹和磨损，叶轮内无杂物堵塞，入口处无磨损。一般离心泵叶轮静平衡的允许差值见表3-12。

表3-12 叶轮静平衡的允差极限值

叶轮外径 D，mm	叶轮最大直径上的静平衡允差极限，g
≤200	3
201~300	5
301~400	8
401~500	10
501~700	15
701~900	20

（四）离心泵解体检查及调整技术要求

1. 离心泵解体检查原因

当离心泵有下列情况之一时，可进行解体检查：

（1）安装时超过出厂保修期限。

（2）徒手盘车出现偏磨，有异常声音。

（3）泵进、出口法兰处密封端盖不严，有异物落入泵体内。

（4）试运转时有异常情况。

2. 离心泵解体检查技术要求

（1）滑动轴承应清洗、检查，其轴瓦表面不得有裂纹、孔洞、夹渣、重皮、斑痕等缺陷；轴瓦与轴颈的接触及顶、侧间隙应符合设计技术文件规定。

（2）滚动轴承应检查轴承内、外表面接触是否良好，转动应平滑无杂音。

（3）拆平衡盘后再装上补充轴套，测试泵的总串动量尺寸。

（4）泵体的拆卸，组装应按照先拆后装，后拆先装的原则。

3. 离心泵转子件检测要求

（1）叶轮与密封环间隙测量值应符合设计要求和技术规定（表3-13）。

表3-13 叶轮与密封环间隙　　　　　　　　　　　　　mm

密封环内径	间　隙	磨损极限	密封环内径	间　隙	磨损极限
80~120	0.30~0.40	0.48	180~260	0.40~0.55	0.70
120~180	0.35~0.50	0.60	260~360	0.50~0.65	0.80

（2）叶轮、轴套、平衡盘等零件两端面应与孔轴线垂直，其偏差应小于0.02mm。

（3）轴的直线度测量可分为前部（前轴承段）、中部、后部（后轴承段），其允许偏差为：前部不大于0.02mm；中部不大于0.05mm；后部不大于0.02mm。

4. 离心泵转子径向圆跳动检测要求

（1）转子校装检测：单级离心泵转子跳动见表3-14和表3-15。

表 3-14 单级离心泵转子跳动　　　　　　　　　　　　　　　mm

测量部位直径	径向圆跳动		叶轮端面跳动
	叶轮密封环	轴套	
≤50	0.05	0.04	0.20
>50~120	0.06	0.04	
>120~260	0.07	0.07	
>260	0.08	0.08	

表 3-15 多级离心泵转子跳动　　　　　　　　　　　　　　　mm

测量部位直径	径向圆跳动		端面圆跳动	
	叶轮密封环	轴套	叶轮端面	平衡盘
≤50	0.06	0.03	0.20	0.04
>50~120	0.08	0.04		
>120~260	0.10	0.05		
>260	0.12	0.06		

（2）轴套与轴的配合为 H7/h6 表面粗糙度 $R_a 1.6\mu m$。

（3）平衡盘与轴的配合为 H7/js6。

（4）根据运行情况，必要时转子应进行动平衡校验，其要求应符合相关技术要求。一般情况下动平衡精度要达到 6.3 级。

（5）对于多级泵，转子组装时其轴套、叶轮、平衡盘端面跳动须达到表 3-15 的技术要求，必要时研磨修刮配合端面。组装后各部件之间的相对位置须做好标记，然后进行动平衡校验，校验合格后转子解体。各部件按标记进行回装。

第六节　往　复　泵

往复泵是容积泵的一种，由于它是依靠活塞的往复运动，改变工作缸容积来输送液体的，故称为往复泵。往复泵包括柱塞泵和活塞泵，适用于输送流量较小、压力较高的各种介质。当流量小于 $100m^3/h$、排出压力大于 10MPa 时，有较高的效率和良好的运行性能。

一、往复泵分类及型号

（一）往复泵分类

1. 根据液力端特点分类

（1）按工作机构可分为活塞泵、柱塞泵和隔膜泵。

（2）按作用特点可分为单作用泵、双作用泵和差动泵。

（3）按缸数可分为单缸泵、双缸泵和多缸泵。

2. 根据动力端的特点分类

（1）曲柄连杆机构。

（2）直轴偏心轮机构。

3. 根据驱动特点分类

（1）电动往复泵。

第三章 集输用泵

(2) 蒸汽往复泵。

(3) 手动泵。

4. 根据排出压力 p_d 分类

(1) 低压泵（$p_d \leq 2.5\text{MPa}$）。

(2) 中压泵（$2.5\text{MPa} < p_d \leq 10\text{MPa}$）。

(3) 高压泵（$10\text{MPa} < p_d \leq 100\text{MPa}$）。

(4) 超高压泵（$p_d > 100\text{MPa}$）。

5. 根据活塞（或柱塞）每分钟往返次数 n 分类

(1) 低速泵（$n \leq 100\text{min}^{-1}$）。

(2) 中速泵（$100\text{min}^{-1} < n \leq 550\text{min}^{-1}$）。

(3) 高速泵（$n > 550\text{min}^{-1}$）。

（二）往复泵型号

往复泵的型号一般由大写汉语拼音字母和阿拉伯数字组成，表示方法参考如下：

其中"第一特征"是指由泵的驱动方式、输送介质、结构特点、功能及主要配套五类中选出的最能代表泵的一个特征见表3-16；"特殊性能"见表3-17。

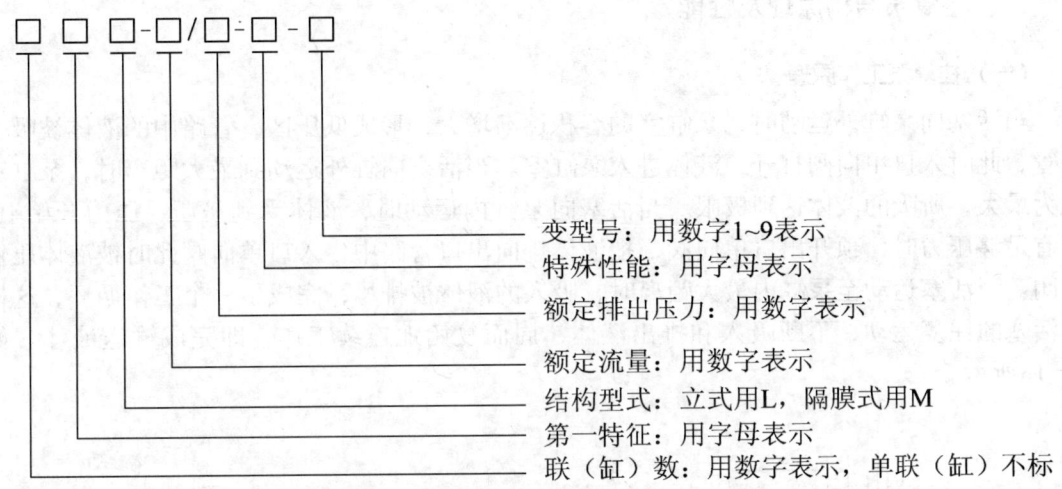

变型号：用数字1~9表示
特殊性能：用字母表示
额定排出压力：用数字表示
额定流量：用数字表示
结构型式：立式用L，隔膜式用M
第一特征：用字母表示
联（缸）数：用数字表示，单联（缸）不标

表3-16 往复泵的第一特征代号

泵类别	字母	第一特征	泵类别	字母	第一特征
汽（气）动泵	Q	汽（气）动	水冲洗杂质泵	KC	颗粒、冲洗
输水（油）汽（气）动泵	QS（Y）	输水（油）	柱塞杂质泵	KZ	颗粒、柱塞
液动泵	YD	液动	活塞杂质泵	KH	颗粒、活塞
电动试压泵	DY	电动试压	液氨泵	A	氨
手动试压泵	SY	手动试压	氨水泵	AS	氨水
计量泵	J	计量	催化剂泵	CJ	催化剂
手动泵	SD	手动	氟里昂泵	F	氟里昂
隔膜杂质泵	KM	颗粒、隔膜	氨基甲酸铵泵	JA	甲胺
油隔离杂质泵	KY	颗粒、油	硅酸铝胶液泵	LY	铝液

续表

泵 类 别	字 母	第 一 特 征	泵 类 别	字 母	第 一 特 征
去离子水泵	QZ	去离子	船用往复泵	C	船用
醋酸铜氨液泵	TY	铜液	上充泵	SC	上充
硝酸泵	X	硝酸	注水泵	ZS	注水
油泵	Y	油	增压泵	ZY	增压
蒸汽冷凝液泵	ZN	蒸汽冷凝			

表 3-17 往复泵的特殊性能代号

特殊性能	字 母	特殊性能	字 母
防爆	B	调节流量	T
防腐	F	保温夹套	W

额定流量 22m³/h，额定排出压力 3.5MPa 的双缸卧式汽动往复式油泵可表示为：2QY-22/3.5。又如：额定流量 60m³/h、额定排出压力 1.5MPa 的防爆三缸卧式电动往复式甲胺泵可表示为：3JA-60/1.5-B。

二、往复泵结构原理及性能

（一）往复泵工作原理

当活塞向泵缸外运动时，泵缸室的容积逐渐增大，形成低压区，管路中的液体被吸进吸入管，此时入口单向阀打开，液体进入泵缸室。当活塞向缸外运动到最大距离时，泵缸室容积为最大，所吸的液体达到极限。当活塞向泵缸内运动时，液体受到挤压，压力开始上升。当有足够压力时，顶开出口单向阀，把液体排向出口管路中，入口单向阀此时被液体压住而关闭。当活塞运动至泵缸内最大距离时，吸入的液体被排尽，完成了一个工作循环，这样通过活塞的往复运动，不断吸入和排出液体，周而复始地连续工作，即完成输送液体。如图 3-18 所示。

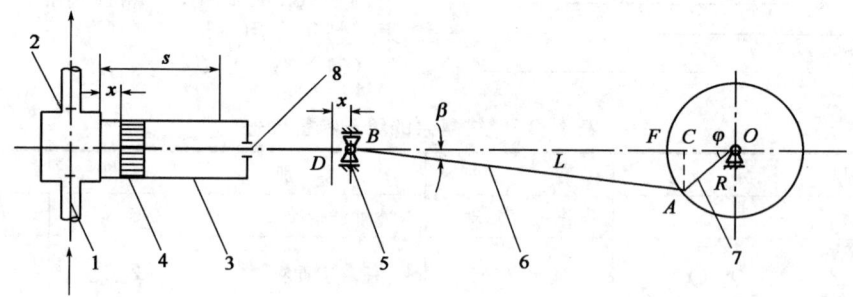

图 3-18 单作用往复泵示意图
1—吸入阀；2—排出阀；3—泵缸；4—活塞；5—十字头；6—连杆；7—曲柄；8—填料函

（二）往复泵结构

往复泵通常由两个基本部分组成：一端是实现机械能转换成压力能，并直接输送液体的部分，称液缸部分或液力端；另一端是动力和传动部分，称传动端，如图 3-19 所示。往复泵的液力端由活塞（或柱塞）、缸体（泵缸）、吸入阀、排出阀、填料函和缸盖等组成。传动端主要由曲轴、连杆、十字头、轴承和机架组成。

第三章 集输用泵

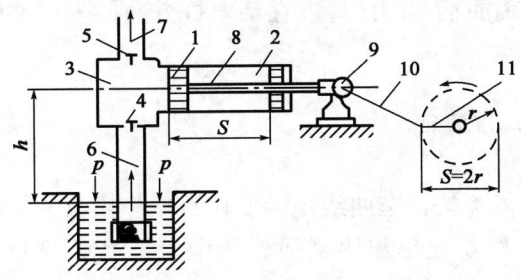

图3-19 活塞泵结构示意图
1—活塞；2—活塞缸；3—工作室；4—进口单向阀；5—出口单向阀；
6—进口管；7—出口管；8—活塞杆；9—十字接头；10—连杆；11—皮带轮

(三) 往复泵性能特点

1. 往复泵理论流量

往复泵的理论流量与活塞直径、行程和往复次数等有关，与排出压力无关。它不像离心泵那样流量随排出压力的变化而变化。

单作用往复泵的理论流量按式（3-35）计算：

$$Q_t = \frac{FSni}{60 \times 1000} \tag{3-35}$$

双作用往复泵的理论流量按式（3-36）计算：

$$Q_t = \frac{(2F-f)Sni}{60 \times 1000} \tag{3-36}$$

式中 Q_t——泵的理论流量，L/s；
F——活塞作用面积，cm^2；
S——活塞行程，cm；
f——活塞杆截面积，cm^2；
n——往复次数，次/min；
i——泵缸数目。

2. 往复泵实际流量

往复泵的实际流量Q总小于理论流量Q_t，即：

$$Q = Q_t \cdot \eta_v \tag{3-37}$$

式中 η_v——泵的容积效率。

由式（3-37）可知：
(1) 压力降低时溶解在液体中的气体会逸出，液体本身汽化；空气从填料箱等处漏入；
(2) 活塞换向时，由于泵阀关闭迟滞造成液体流失；
(3) 活塞环、活塞杆填料等处的间隙以及泵阀关闭不严等产生的泄漏。一般输送常温清水的往复泵，$\eta_v = 0.80 \sim 0.98$。

3. 往复泵瞬时流量

式（3-38）表达的是泵的平均流量。当工作面积为F（cm^2）的活塞以速度v（m/s）排送液体时的瞬时流量表达为：

$$Q = A_e v \tag{3-38}$$

曲柄连杆机构将回转运动转换为往复运动，故v和泵Q将周期性变化。一般曲柄连杆长

度比 $\lambda = r/L \leq 0.25$，v 可用曲柄销的线速度在活塞杆方向的分速度代替，即：

$$v = r\omega\sin\beta \quad (3-39)$$

式中　ω——曲柄角速度，常数；
　　　β——曲柄转角。

单作用泵的流量也近似地按正弦曲线规律变化，单作用泵的流量是很不均匀的。多作用往复泵流量的均匀程度显然要比单作用泵强。三作用泵120°流量的均匀程度不但优于单、双作用泵，而且比四作用泵90°也强。往复泵的流量是不均匀的，其流量曲线变化如图3-20所示。由图可知，单动泵的流量是间歇性的，双动泵的流量连续但不均匀，只有采用多缸体往复泵才可改善往复泵的不均匀性如三缸泵的流量就比较均匀。

往复泵的扬程与泵的几何尺寸无关，只要泵的力学强度和原动机的功率允许，理论上泵的压头不受限制，即可以满足输送系统对扬程的各种要求，实际上由于活塞环、轴封及阀门等处的泄漏，降低了往复泵可能达到的压头。可见往复泵的扬程是与流量无关的。

往复泵的排液能力与活塞位移有关，与管路状况无关；而压头则受管路的承压能力所限制。这种性质称为正位移特性，具有这种特性的泵统称为正位移泵。正位移泵的流量不能用出口阀门来调节。

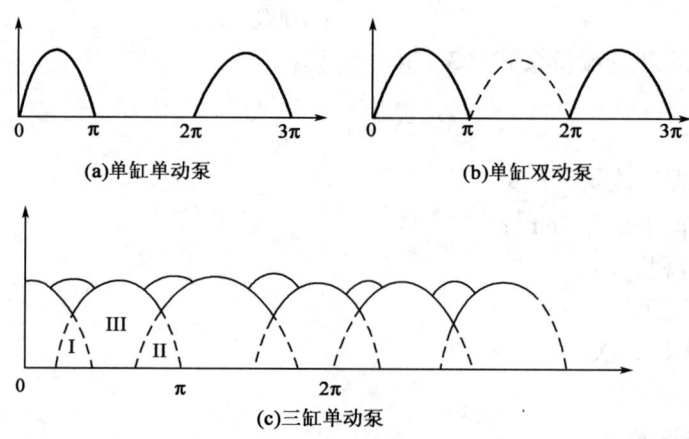

图3-20　往复泵流量变化曲线

4. 往复泵操作注意事项及流量调节

（1）往复泵操作注意事项。

往复泵的效率一般都在70%以上，最高可达90%，它适用于所需压头较高的液体输送。往复泵可用以输送粘度很大的液体，但不宜直接用以输送腐蚀性的液体和有固体颗粒的悬浮液，因泵内阀门、活塞受输送液体腐蚀或被颗粒磨损、卡住，都会导致严重的泄漏。

①由于往复泵是靠贮液池液面上的大气压来吸入液体，因而安装高度有一定的限制。

②往复泵有自吸能力，启动前无需要灌泵。

③不允许关闭进、出口阀启动，启动前应先打开进、出口连通阀。

（2）往复泵的流量调节。

①旁路调节。旁路调节是往复泵流量调节常用的方法之一。顾名思义，就是利用旁通管路将多余的流量引走，一般通过旁路调节阀的开度调节。这种方法并没有改变泵的总流量，只改变流量在旁路之间的分配。经济上并不合理，但对于流量变化幅度较小的经常性调节非

常方便，生产上常采用。

②行程调节。行程调节主要应用在计量泵的流量调节上。通过一个专门装置调节柱塞的行程长度，实现对泵流量的调节。可以是手动调节也可以是电动调节，或者手动调节加电动调节。

③变频调节。变频调节是往复泵流量调节目前最常用的方法，是近年来发展并逐渐成熟的一项技术，其主要特点是可以实现远程自动控制，利用远端平台的传输数据。可以实现无级调速。

5. 往复泵的特点

（1）有较强的自吸能力。具有抽出泵及吸入管中的空气，将液体从低处吸入泵内的能力。自吸能力可由自吸高度和吸上时间来衡量。泵吸入口造成的真空度越大，则自吸高度越大；造成足够真空度的速度越快，则吸上时间越短。

自吸能力与泵的型式和密封性能有直接关系。当泵阀、泵缸等密封变差，或余隙容积较大时，其自吸能力就会降低。故启动前灌满液体，可改善泵的自吸能力。

（2）理论流量与排出压力无关，只取决于电动机转速、泵缸尺寸和泵的冲程数。不能用节流调节法，只能用变频调节或回流调节法。往复泵可通过调节柱塞的有效行程来改变流量。

（3）额定排出压力与泵的尺寸和转速无关。p 取决于泵原动机的转速、轴承的承载能力、泵的强度和密封性能等。为防过载，泵启动前必须打开排出阀，且装设安全阀。

（4）流量不均匀，排出压力波动，为减轻波动频率，常采用多作用往复泵或设置空气室。

（5）转速不宜太快。电动往复泵转速多在 200~300r/min 以下，若转速 n 过高，泵阀迟滞造成的容积损失就会相对增加；泵阀撞击更为严重，引起噪声和磨损；液流和运动部件的惯性力也将随之增加，产生有害的影响。由于转速 n 受限，往复泵流量不大。

（6）对运送液体污染度不是很敏感，但液体含固体杂质时，泵阀容易磨损和泄漏，应装进口过滤器。

（7）结构比较复杂，易损件（活塞环、泵阀、填料等）较多。

综上所述，往复泵笨重，造价高，管理维护麻烦，在许多场合它已被离心泵所取代。但舱底水泵和油轮扫舱泵等在工作中容易吸入气体，需要具有较好的自吸能力，故常采用往复泵；在要求小排量、排出压力高时，也可采用往复泵。

三、往复泵零件质量要求

以卧式三柱塞泵为例，下面简述其零件质量标准。

1. 曲轴质量要求

（1）曲轴表面无裂纹，必要时进行无损探伤检查。

（2）两端主轴颈的径向跳动允许偏差 0.03mm，同轴度误差应在 0.03mm，直线度偏差小于 0.03mm。

（3）曲拐轴中心线与主轴中心线平行度允许偏差 0.15~0.20mm/m。

（4）轴颈的直径减少量达到原直径的 3% 时，应更换新曲轴。

2. 连杆质量要求

（1）连杆不得有裂纹等缺陷，必要时进行无损探伤检查。

（2）连杆大头与小头两孔中心线的平行度偏差应在 0.03mm/m 以内。

（3）连杆螺栓孔损坏，用铰刀修理后更换新的连杆螺栓。

3. 连杆螺栓质量要求

（1）连杆螺栓不得有裂纹等缺陷，必要时进行无损探伤检查。

（2）根据历次检验记录，连杆螺栓长度伸长量超过规定值时不能继续使用。

4. 十字头组件质量要求

（1）十字头体、十字头销不得有裂纹等缺陷，必要时进行无损探伤检查，并测量其圆柱度和圆度的偏差。

（2）用涂色法检查十字头销与连杆孔的接触情况，如孔磨损变形可用铰刀修理，再配以新的销套。

（3）球面垫的球面不允许有凹痕等缺陷。

（4）检查十字头与滑板接触磨损情况，检查滑板螺栓。

5. 柱塞质量要求

（1）柱塞端部的球面不允许有凹痕等缺陷。

（2）柱塞表面硬度要求为 45～55HRC，表面粗糙度不高于 $R_a 0.8 \mu m$。

（3）柱塞不应弯曲变形，表面不应有凹痕、裂纹等缺陷。

（4）柱塞圆柱度偏差不超过 0.15～0.20mm，圆度偏差不超过 0.08～0.10mm。

6. 轴封质量要求

泵大修时，填料应用事先制成的填料环进行全部更换，采用密封液的保证密封液管道畅通，导向套内孔巴氏合金出现拉毛、磨损等严重缺陷，更换新的导向套，调节螺母进行探伤检查，不允许有裂纹等缺陷。

7. 缸体质量要求

（1）对缸体进行着色探伤检查，若出现裂纹，原则更换新配件。

（2）大修时对缸体进行水压试验，试验压力为操作压力的 1.25 倍，缸体的圆度、圆柱度偏差不超过 0.50mm。

8. 进出口单向阀质量要求

检查进出口单向阀的上下阀套外圆及端面不允许有拉毛、凹痕等缺陷，其他阀件有裂纹的必须更换新配件。

9. 轴承的质量要求

（1）用涂色法检查轴承外圈与上盖、机座接触情况，接触面积不少于表面积的 70%～75%，且斑点应分布均匀。

（2）用涂色法检查连杆轴瓦与轴承盖、机座接触情况，接触面积不少于表面积的 70%～75%，且斑点应分布均匀，轴瓦的刮研应符合质量要求。

四、往复泵使用维护

（一）往复泵操作

1. 启动前的准备工作

（1）检查泵的传动机构有无卡阻或不灵活的现象。

（2）检查润滑油是否符合要求，填料是否密封，各部件连接是否牢固。

（3）检查进出口阀、阀弹簧、底座是否完好。

（4）检查阀门的密封性和灵活性，开关活动几次。
（5）检查储罐液位在规定范围内。
（6）检查供电设备、接地线是否完好。
（7）检查安全阀是否完好，是否在有效期内。
（8）启泵前打开泵出入口阀门，打开回流阀门。

2. 启动操作

（1）启泵前盘泵3~5圈。
（2）按启动按钮启泵，待泵运转正常后，缓慢关闭回流阀，如泵压猛增，立即停泵。
（3）检查泵的运行状况，调整泵运行参数。

3. 运行

（1）检查上液、排液情况是否良好，泵压是否正常。
（2）缸盖、上液室、活塞、阀门及管线连接处有无渗漏。
（3）检查润滑油油位在规定范围内，泵体温度是否正常。
（4）曲轴端面、十字头、活塞等摩擦部位的温度是否过高，有无冒油烟现象。
（5）动力端的连杆瓦、铜套、十字头及液力端有无不正常响声。
（6）泵运转期间禁止关闭出口阀，防止设备事故发生。
（7）不能用出口阀来调节流量，可采取旁路调节、改变转速的方法控制流量。

4. 停泵操作

（1）应先打开回流阀，再按停泵按钮，停泵。
（2）关闭泵进出口阀门。
（3）通知相关岗位，做好停泵记录，冬季要注意防冻，停泵后放净泵及管线内的液体。

5. 注意事项

（1）变速箱的油位应在看窗的1/2~1/3，通风孔畅通。
（2）启泵前检查各阀门、仪表，要灵活好用。
（3）泵进出口的阀门要工作正常，不能出现卡阻或关不严现象。
（4）拆下电机风扇罩，转动风扇使柱塞往复两次以上，转动应灵活，无卡阻现象。
（5）根据排量调节泵的运行参数。
（6）必须将泵进出口阀打开方可启动泵。
（7）变速箱内的润滑油，应每季更换一次，保证清洁无杂质。
（8）填料漏失不超过8~15滴/min，若漏失过量，适当调整密封填料压盖。

（二）往复泵维护

1. 往复泵日常维护

（1）每日检查机体内及油杯内润滑油液面，如需加油即应补油。
（2）经常检查进出口阀及冷却水阀，如有泄漏应立即更换。
（3）轴承、十字头等部位应经常检查，如有过热现象应及时检修。
（4）检查活塞杆填料，如遇太松或损坏应及时更换新填料。
（5）运转1000~1500h后应予更换润滑油，并对泵的各个摩擦部位进行全面检查，遇有磨损不平应予修整，并对缸体进行一次全面清洗。

2. 往复泵拆卸

以卧式三柱塞泵为例拆卸，步骤如下：

(1) 拆下皮带轮护罩，取下传送带，断开泵和电动机。
(2) 拆除齿轮油泵、所有油管线及泵进出口管道。
(3) 拆除罩壳。
(4) 拆除十字头法兰，使十字头与柱塞分开，取出球面垫。
(5) 拆除十字头压板，冲出十字头销，要仔细拆卸，切莫将机件碰坏。
(6) 盘动曲轴，使连杆和十字头分开，取出十字头；将连杆大头盘到上方，测量连杆螺栓长度，并做记录；松掉连杆螺栓的螺母，取出连杆螺栓，再测量连杆螺栓的长度，记录两次测量结果，比较螺母上紧后螺栓长度的绝对值，从而使螺栓紧力有度；取出连杆，将连杆大头轴瓦及小头衬套取下；吊出曲轴，拆除曲轴两端的轴承。
(7) 松开调节螺母，抽出柱塞；取出填料、填料套、导向套。
(8) 拆除缸盖螺栓，拆下缸盖；取出上垫圈、上缸套、中垫圈、出口单向阀；取出下缸套、下垫圈、进口单向阀。

在拆卸过程中，对拆下的零件要不磕不碰不落地，做好标记，摆放有序。拆卸完毕后，应及时清洗，并按零件质量标准仔细检查，以便决定修复或更换新的配件。

3. 往复泵组装及调整

各部零件经检查、修复或更换，并且达到质量要求后，可进行组装，组装过程中应注意以下事项：

(1) 组装的顺序与拆卸的顺序基本相反，即最后拆卸的要最先安装，最先拆卸的要最后安装。
(2) 检查、复紧机座的地脚螺栓后，用水平尺分别放在主轴孔及十字头滑道处，检查机座横向及纵向水平度偏差，横向允许偏差 0.05/1000，纵向允许偏差 0.10/1000，超出此范围，需进行调整。
(3) 检查调整各部间隙，应符合表 3-18 要求。

表 3-18　卧式三柱塞泵各部配合间隙

连杆轴承与曲轴两侧面的轴向间隙，mm	0.20~0.40	滑道侧面量轨道间隙，mm	0.20~0.25
曲轴颈与曲轴瓦	$d/1000$	十字头滑板与导轨	$(1~2)d/1000$
十字头瓦间，mm	0.05~0.10	滚动轴承与轴	H7/k6
十字头压板与十字头，mm	0.15~0.25	滚动轴承与轴承座	JS7/h6

(4) 测量紧固后的连接螺栓长度，并做记录。
(5) 按拆卸时所做的标记将零件各就各位，不能互换。
(6) 组装时，十字头球面垫的球面要稍有间隙，不能压死，其目的在于运转时，柱塞与十字头中心在安装时若有微小的偏差能得到一定的补偿。

(三) 往复泵故障处理

1. 柱塞泵柱塞过热的原因及处理
(1) 原因。
①柱塞密封压得过紧；
②传动机构油箱的油量过多或过少，润滑油变质；
③各运动付润滑不良。

（2）处理。
①调整密封填料压盖的松紧度；
②更换润滑油，调整油位在合适位置；
③检查清洗各油孔。

2. 往复泵流量不足的原因及处理
（1）原因。
①单向阀密封不严；
②吸入侧管路部分堵塞或阀门关闭，旁路阀未关严或过滤器堵塞；
③吸入管或柱塞填料处漏气；
④活塞与泵缸间隙过大，活塞环卡住磨损；
⑤单向阀内弹簧疲劳或损坏；
⑥安全溢流阀动作；
⑦行程不够；
⑧泵速降低；
（2）处理。
①研磨单向阀密封面；
②打开吸入侧管路阀门清理堵塞物，关闭旁路阀门清洗过滤器；
③适当压紧填料；
④更换活塞；
⑤修理单向阀；
⑥调整安全阀起跳压力；
⑦重新选择泵型；
⑧调整电源和动力设备。

3. 往复泵液力端声音异常的原因及处理
（1）原因。
①输送介质中有空气；
②排出阀座松动；
③阀箱内有硬物相碰；
④泵内吸入固体物质；
⑤空气室内无空气。
（2）处理。
①排除空气；
②更换排出阀门；
③清除阀箱内硬物；
④检查泵缸，清除固体物质；
⑤检查并充填空气室内空气。

4. 往复泵动力端声音异常的原因及处理
（1）原因。
①连杆瓦或铜套严重磨损或损坏；
②活塞螺帽松动或活塞环损坏；

③减速齿轮严重磨损或损坏；
④十字头中心架连接处松动；
⑤十字头与导板磨损严重或损坏。
（2）处理。
①更换连杆瓦或铜套；
②紧活塞螺帽或更换活塞环；
③拆换减速齿轮；
④修理或更换十字头；
⑤拆换导板。

5. 往复泵压力不稳的原因及处理
（1）原因。
①阀关不严或弹簧弹力不均匀；
②活塞环在槽内不灵活。
（2）处理。
①研磨阀或更换弹簧；
②调整活塞环与槽的配合。

6. 往复泵密封装置泄漏的原因及处理
（1）原因。
①密封填料过松或磨损严重；
②密封填料老化或选用的密封填料质量不合格；
③柱塞磨损严重。
（2）处理。
①适当压紧密封填料或更换密封填料；
②选用质量合格的密封填料；
③更换柱塞。

7. 往复泵负载过大的原因及处理
（1）原因。
①排出管有堵塞现象；
②密封填料压得过紧；
③活塞与泵缸间隙太小；
④输送介质粘度过大；
⑤润滑不良；
⑥泵与电动机不同心。
（2）处理。
①清理排出管线堵塞物；
②调整密封填料压盖的松紧度；
③检查调整活塞与泵缸的间隙；
④将介质预热加温；
⑤检查各润滑部位，添加润滑油或润滑脂；
⑥校正机泵同心度。

8. 往复泵动力端冒油烟的原因及处理

（1）原因。

①连杆瓦烧；

②连杆铜套顶丝松动或油路堵塞；

③十字头与导板无润滑油。

（2）处理。

①修理或更换连杆瓦；

②紧顶丝，清除堵塞物；

③添加润滑油。

9. 往复泵不排液的原因及处理

（1）原因。

①吸入管堵塞或吸入管路阀门未打开；

②吸入液面太低；

③旁路阀门未关闭；

④阀箱内有空气；

⑤活塞密封圈严重损坏；

⑥吸入管线连接不严或填料筒漏气；

⑦吸入阀、排液阀遇卡。

（2）处理。

①检查吸入管、过滤器，打开阀门；

②调整吸入液面高度；

③关闭旁路阀门；

④加液排气；

⑤更换密封圈；

⑥紧管线或检修填料筒；

⑦清除卡塞物。

10. 提高柱塞泵抗汽蚀的措施

（1）降低泵的安装高度；

（2）缩短吸入管线的长度；

（3）安装吸入空气包。

五、其他类型容积泵

（一）隔膜泵

1. 隔膜泵的工作原理及结构

隔膜泵是容积式往复泵的一种，它是依靠一个隔膜片的来回鼓动而改变工作室容积完成吸入和排出液体的。

隔膜泵主要由传动部分和隔膜缸头两大部分组成。传动部分是带动隔膜片来回鼓动的驱动机构，它的传动形式有机械传动、液压传动和气压传动等。液压传动应用的较为广泛。如图 3-21 所示，隔膜泵缸头部分主要由一隔膜片将被输送的液体和工作液体分开，当隔膜片向传动机构一边运动，泵缸内工作室为负压而吸入液体；当隔膜片向另一边运动时，则排出

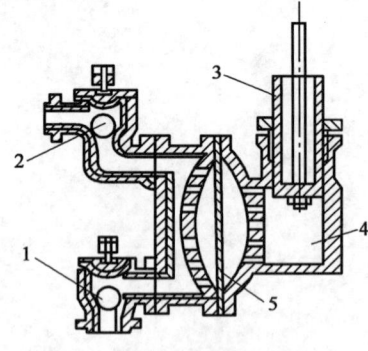

图 3–21 液压传动隔膜泵
1—吸入阀；2—排出阀；
3—柱塞；4—液缸；5—隔膜

液体。输送液体不与柱塞和密封装置接触，这就使柱塞等重要零部件处于良好的工作状态。

隔膜泵工作时，曲柄连杆机构在电动机的驱动下，带动柱塞作往复运动，柱塞的运动通过液缸内的工作液体（一般为油）而传到隔膜，使隔膜来回鼓动。

2. 隔膜泵（液压式）的特点

(1) 无动密封、无泄漏，有安全泄放装置，维护简单。

(2) 压力可达 35MPa；流量在 10∶1 范围内，计量精度可达 ±1%；压力每升高 6.9MPa，流量下降 5%~10%。

(3) 价格较高。

(4) 用于中等粘度的介质。

（二）计量泵

1. 计量泵的结构及分类

计量泵是指能够通过流量（或行程长度）调节机构（或设备），按流量（或相对行程长度）指示机构（或设备）上的指示，精确地进行调节和输送介质的泵。其结构形式如图 3–22 所示。根据计量泵液力端的结构型式，常将计量泵分为柱塞式、液压隔膜式、机械隔膜式和波纹管式计量泵四种。其中柱塞式、液压隔膜式应用较广泛。工作腔内做直线往复位移的元件是柱塞（或活塞）的计量泵称为柱塞计量泵；工作腔内作周期性挠曲变形的元件是薄膜状弹性元件的计量泵称为液压隔膜计量泵（一般不特殊指明时，隔膜计量泵即指液压隔膜计量泵）。机械隔膜式计量泵的隔膜与柱塞机构连接，无液压油系统，柱塞的前后移动直接带动隔膜前后挠曲变形。波纹管式计量泵结构与机械隔膜计量泵相似，只是以波纹管取代隔膜，柱塞端部与波纹管固定在一起，当柱塞往复运动时，使波纹管被拉伸和压缩，从而改变液缸的容积，达到输液与计量的目的。

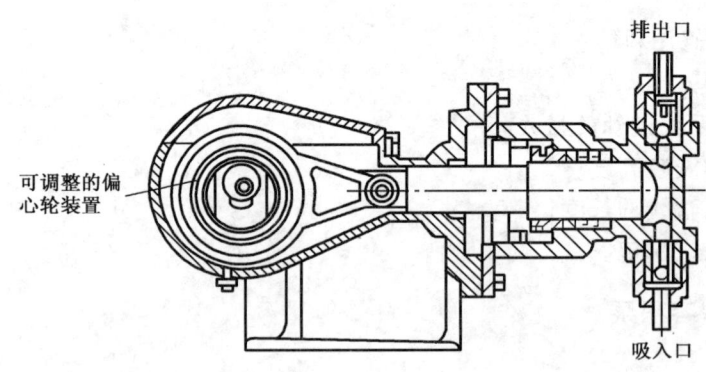

图 3–22 计量泵结构示意

2. 计量泵的特点

除了具有一般往复泵的特性外，还有以下特点：

(1) 泵在运转过程中，流量可以根据使用需要从接近 0% 到 100% 的范围内进行无级调节。

(2) 对所输送的液体能够计量，且能满足一定的计量精度要求。一般精度为 ±1%，设计制造质量高的，精度可达 ±0.3%。

计量泵由于具有上述突出的特点，因此在化工、石油、造纸、食品、塑料、制药和日用化工等方面得到广泛的应用。

第七节 齿轮泵

由两个齿轮相互啮合在一起形成的泵称为齿轮泵。齿轮泵属于容积式转子泵。它一般用来输送具有较高粘度的液体，如燃料油、污油等。在集输系统中常用于加热炉燃料输送泵，它的特点是扬程高、排量低。

一、齿轮泵分类及型号

（一）齿轮泵分类

齿轮泵的种类较多，按啮合方式可以分为外啮合齿轮泵（图3-23），内啮合齿轮泵（图3-24）。按齿轮的齿形可分为正齿轮泵、斜齿轮泵和人字齿轮泵等。

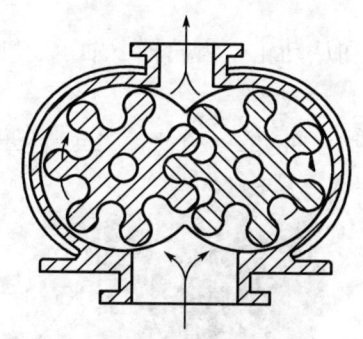

图3-23 外啮合齿轮泵结构示意图

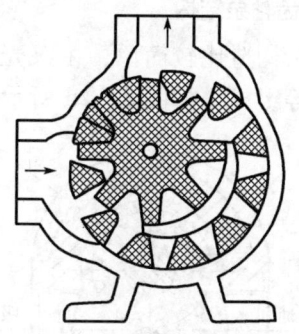

图3-24 内啮合齿轮泵结构示意图

（二）齿轮泵型号

齿轮泵的型号一般由大写汉语拼音字母和阿拉伯数字组成，常用的表示方法如下：

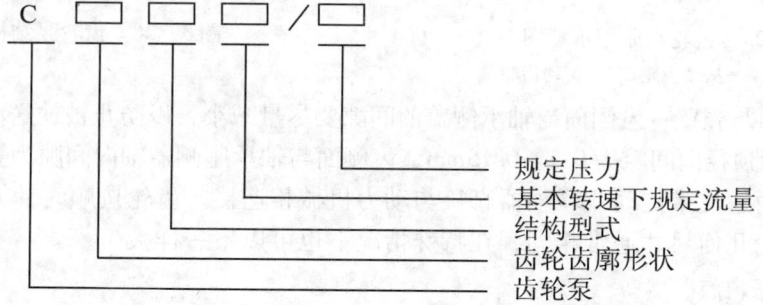

其中，结构型式分卧式（不标）和立式（L）；齿轮齿廓形状分渐开线形（J）和双圆弧形（Y）。例如，规定压力2.5MPa、流量3.2m³/h、卧式渐开线齿轮泵可表示为CJ3.2/2.5。

二、齿轮泵原理结构及特点

（一）齿轮泵原理

齿轮泵工作前，向泵内灌满液体，然后启动电动机带动齿轮泵旋转，壳体内齿轮的齿之间所形成的容积缩小。因此，充填在该腔体中的部分液体被挤入压出腔，进入排出管道。与此相反，在吸入侧，由于齿轮旋转，啮合齿的脱开使吸入腔容积增大，吸入侧压力低，从而造成吸入口与吸入腔存在压差，使吸入侧的液体不断充满齿穴。这样，主动齿轮与从动齿轮不断旋转，泵就能连续不断的吸入和排出液体，如图3-25所示。

齿轮泵与往复泵不同，它不是做往复运动，而是做旋转运动；齿轮泵与离心泵也不同，它不是依靠离心力的作用，而是依靠容积的变化而工作的，它是容积式泵的一种。因为齿轮泵是靠工作室容积间隙的变化而输液的，因此对一确定的齿轮泵，流量也确定，是一个不变定值。它的特性曲线是一条垂直线，即不管外界压力如何变化，它的流量都是固定不变的。

因齿轮泵的出口和入口是隔绝的，在外界需用油量减少时，会引起出口管道的压力急剧升高，以致使出口管道和泵壳发生爆破或使电动机超载。因此，齿轮泵出口（或出口管道上）设有安全阀，它在压力升高到一定程度时动作，使出口管内的一部分液体泄掉。

（二）齿轮泵结构

齿轮泵构造比较简单，由泵壳、互相咬合的主动轮和从动轮、齿轮轴、轴承、轴承座盖及安全阀等组成，如图3-26所示。

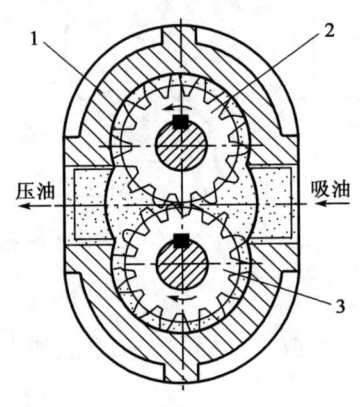

图3-25 齿轮泵原理示意图
1—泵体；2—从动齿轮；3—主动齿轮

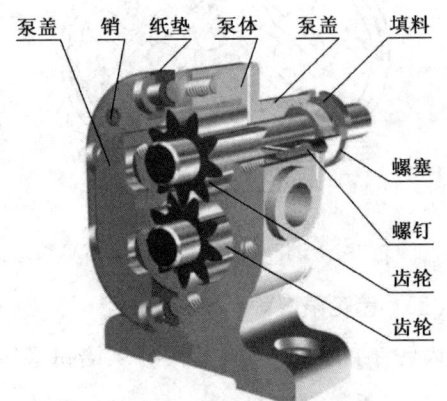

图3-26 齿轮泵结构图

齿轮的齿顶与壳壁、齿侧面与轴承侧盖的间隙要尽量减小，以防止被输送液体的倒流。一般规定壳壁与齿顶径向间隙为0.1~0.15mm，齿侧面与轴承座侧盖轴向间隙为0.04~0.01mm。

齿轮泵可通过皮带传动或联轴器直接与动力机械相连接。齿轮按顺时针方向旋转。从动齿轮与主动齿轮几何尺寸通常相同，在特殊情况下也可以不一样大。

（三）齿轮泵特点

（1）齿轮泵是容积泵，但脉动现象比往复泵好，比离心泵大。

（2）齿轮泵有一定的自吸能力，但首次启泵要充满液体再启动，以免磨损齿轮。

（3）结构简单，操作可靠，转数高，可与电动机直接连接。

（4）齿轮泵适用于流量小，压力高的地方使用。

（5）适合输送具有一定粘度，一定润滑性能的液体。

（6）齿轮泵特别适合输送具有润滑性能的液体，但不适合输送含有固体颗粒的液体和清水，否则就可能使转子磨坏，或使转子咬住不转动。同时，由于磨损增加会影响泵的压头和流量。

（7）当压力增大时产生噪声和振动，同时会使流量和效率降低。

(8) 排出管线上如果装有阀门，启泵和运转时出口阀门都必须打开，否则，会引起电动机超载或零件损坏。

三、齿轮泵性能及技术要求

（一）齿轮泵的主要参数

齿轮泵的主要性能参数如下：

(1) 流量 $0.3 \sim 200 \text{m}^3/\text{h}$（国外为 $0.04 \sim 340 \text{m}^3/\text{h}$）。

(2) 出口压力不大于 4MPa；转速 $150 \sim 1450 \text{r/min}$。

(3) 容积效率 $90\% \sim 95\%$；总效率 $60\% \sim 70\%$；温度不大于 350℃。

(4) 介质粘度 $1 \sim 1 \times 10^5 \text{mm}^2/\text{s}$（国外不大于 $4.4 \times 10^5 \text{mm}^2/\text{s}$）。

（二）齿轮泵的性能

齿轮泵的特性曲线常用横坐标表示压差 p，纵坐标表示流量 q_v、效率 η、轴功率 P 等。图 3-27 是齿轮泵特性曲线示意图。其主要工作性能如下所述。

(1) 齿轮泵的扬程大小取决于输送高度和管路损失。理论上，齿轮泵的扬程可以无限大，但实际上泵的扬程要受到电动机功率、泵体、管道机械强度的限制，因此只能限制在某一数值范围内。

(2) 齿轮泵流量基本上与排出压力无关，与泵转速成正比例关系。由于齿轮啮合时齿间容积变化均匀，流量不均匀，导致流量和排出压力的脉动。另外，由于结构上的原因使得部分液体从排出室被压回吸入室，造成容积损失，这部分流量称为泄漏流量。泄漏流量与转速、扬程、及泵的结构有关。一般来说，转速越高，扬程越大，齿轮和泵壳之间的间隙越大，则泄漏量越大，齿轮泵的实际流量应等于理论流量减去泄漏流量。

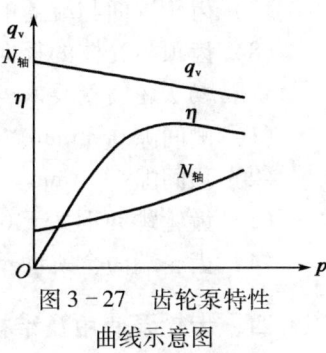

图 3-27　齿轮泵特性曲线示意图

（三）齿轮泵零部件质量要求

1. 壳体质量要求

(1) 壳体两端面粗糙度为 $R_a 3.2 \mu\text{m}$。

(2) 两轴孔中心线平行度和对两端垂直度公差不低于 IT6 级。

(3) 壳体内孔圆柱度公差值为 $0.2/1000 \sim 0.3/1000$。

(4) 孔径尺寸公差和两中心距偏差不低于 IT7 级。

2. 端盖质量要求

(1) 端盖加工表面粗糙度为 $R_a 3.2 \mu\text{m}$，两轴孔表面粗糙度为 $R_a 1.6 \mu\text{m}$。

(2) 端盖两轴孔中心线平行度公差为 $0.1/1000$，两轴孔中心偏差为 $\pm 0.04 \text{mm}$。

(3) 端盖两轴孔中心线与加工端面垂直度公差值为 $0.3/1000$。

3. 轴向密封质量要求

(1) 填料压盖与填料箱的直径间隙一般为 $0.1 \sim 0.3 \text{mm}$。

(2) 填料压盖与轴套的直径间隙为 $0.75 \sim 1.0 \text{mm}$，轴向间隙均匀相差不大于 0.1mm。

(3) 填料尺寸正确，切口平行、整齐、无松动，接口与中心线成 45°夹角。

（4）压装填料时，填料的接头必须错开，一般接口交错90°，填料不易压装过紧。

（5）安装机械密封应符合技术要求。

4. 油泵齿轮质量要求

（1）齿轮啮合顶间隙为 $(0.2 \sim 0.3) m$（m 为模数）。

（2）齿轮啮合的侧间隙应符合表3-19的规定。

表3-19 齿轮啮合侧向间隙标准

中心距，mm	≤50	51~80	81~120	121~200
啮合侧间隙，mm	0.085	0.105	0.13	0.17

（3）齿轮两端面与轴孔中心线或齿轮轴齿轮两端面与中心线垂直度公差值为0.2/1000。

（4）两齿轮宽度一致，单个齿轮宽度误差不得超过0.5/1000，两齿轮轴线平行度值0.2/1000。

（5）齿轮啮合接触斑点均匀，其接触面积沿齿长不小于70%，沿齿高不小于50%。

（6）轮与轴的配合为H7/m6。

（7）齿轮端面与端盖的轴向总间隙一般为0.10~0.15mm。

（8）齿顶与壳体的径向间隙为0.15~0.25mm，但必须大于轴颈在轴瓦的径向间隙。

5. 传动齿轮质量要求

（1）侧间隙0.35mm。

（2）顶间隙1.35mm。

（3）齿轮跳动不大于0.02mm。

（4）齿轮端面全跳动不大于0.05mm。

四、齿轮泵使用及维护

（一）齿轮泵使用

1. 启动前的准备工作

（1）检查机泵各紧固螺栓是否松动。

（2）检查泵体及出入管线是否连接好。

（3）检查轴承室润滑油是否合格。

（4）盘车检查有无卡磨现象。

（5）检查供电设备是否完好，接地线是否完好。

（6）检查压力表应完好，打开截断阀门。

（7）打开泵出入口阀门和回流阀。

2. 启泵操作

（1）按启动按钮，泵启动运行。

（2）调节回流管线阀门的开度，调到所需压力。

（3）检查泵和电机的运行状况。

3. 停泵操作

（1）按停泵按钮，把泵停下来。

（2）关闭泵进出口阀门。

（3）通知相关岗位做好停泵记录。

4. 注意事项

（1）盘车时转动应轻便灵活，无卡磨现象。

（2）润滑油的质量及数量应符合规定要求。

（3）打开进、出口阀门后方能启运泵，否则容易损坏部件。

（4）启动后应观察泵压、管压、电流、电压等工作参数。

（5）通过泵回流阀调节泵的工作参数。

（6）油泵较长时间不使用时，应在无压状态下运转10min，才能进入工作状态。

（7）泵正常运行后，泵及电机轴承振动不超标，填料漏失量10~30滴/min，电流不应超过额定电流。

（8）对于长期停用的泵，应尽量放净泵内液体。

（二）齿轮泵维护

1. 齿轮泵的日常维护

（1）定时检查泵出口压力，不允许超压运行。

（2）定时检查泵紧固螺栓有无松动，泵内无杂音。

（3）定时检查填料箱、轴承、壳体温度。

（4）定时检查轴密封泄漏情况。

（5）定时检查电流。

（6）定时清理入口过滤器。

2. 齿轮泵的拆卸（以 KCB-300 型齿轮泵为例）

（1）卸下联轴器和键。

（2）卸下压盖，取出密封组件，并卸下前盖螺栓。

（3）松开后盖与泵体的连接螺帽，在主动轴前端面垫上铜棒敲打，并使用专用工具顶出从动轴，将主动轴和从动轴连同后盖一起从前轴承座中取出。

（4）卸下前盖。若继续分解，可用专用工具将主动轴和从动轴从后盖上顶出。通常情况下齿轮和轴不应进一步分解。

3. 齿轮泵的装配（以 KCB-300 型齿轮泵为例）

（1）将主、从动齿轮连同后止推板、后盖装在泵体上，拧紧泵体与后盖之间连接螺帽。

（2）装上前止推板、前盖板，并拧紧连接螺帽。

（3）调整齿轮两边端面间隙基本一致，用专业工具调整齿轮组件在泵内的左右位置，边调整边转动主动轴。当转动灵活，无摩擦声即认为两边端面间隙基本一致。

（4）装上密封组件。

（三）齿轮泵故障处理

1. 齿轮泵流量不足的原因及处理

（1）原因。

①吸入管线、过滤器堵塞；

②泵体或吸入管线漏气；

③齿轮轴向间隙过大；

④齿轮径向间隙或齿侧间隙过大；

⑤回流阀未关紧；

⑥电动机转速不够；
⑦安全阀弹簧太松或阀瓣与阀座接触不严。
(2) 处理。
①清理吸入管线或过滤器；
②更换垫片，紧固螺栓，修复管路；
③调整齿轮轴向间隙；
④更换泵壳或齿轮；
⑤检修回流阀；
⑥修理或更换电动机；
⑦调整弹簧压缩量，研磨阀瓣与阀座。

2. 齿轮泵运转中有异常响声的原因及处理
(1) 原因。
①油中有空气；
②泵转速太高；
③泵内间隙太小；
④轴承磨损、间隙太大；
⑤主动齿轮轴与电动机轴同心度超标。
(2) 处理。
①排除气体；
②调整电动机转速；
③检修调整泵内间隙；
④更换轴承；
⑤校正机泵同心度。

3. 齿轮泵泵体过热的原因及处理
(1) 原因。
①吸入介质温度过高；
②轴承间隙过大或过小；
③齿轮径向、轴向、齿侧间隙过小；
④出口阀开度小，造成压力超高；
⑤润滑不良。
(2) 处理。
①冷却介质；
②调整间隙或更换轴承；
③调整间隙或更换齿轮；
④开大出口阀门，降低压力；
⑤更换润滑脂。

4. 齿轮泵不排液的原因及处理
(1) 原因。
①吸入管堵塞或漏气，轴封机构漏气；
②泵反转；

③安全阀卡住；
④间隙过大；
⑤介质温度过低；
⑥启动前未灌泵。
（2）处理。
①清除吸入管内杂物，检修漏气部位；
②调换电动机的电源接头；
③检修安全阀；
④调整间隙；
⑤加热输送介质；
⑥启泵前灌泵。

5. 齿轮泵密封机构渗漏的原因及处理
（1）原因。
①密封填料材质不合格；
②填料压盖松动；
③填料安装不当；
④填料或密封圈失效；
⑤机械密封件损坏；
⑥轴承间隙过大或过小，泵振动超标；
⑦轴弯曲；
⑧泵轴与电动机轴中心线超标。
（2）处理。
①重新选择密封填料；
②调整压盖的松紧度；
③重新安装填料；
④更换填料和密封圈；
⑤更换机械密封件；
⑥更换轴承；
⑦校正或更换泵轴；
⑧校正机泵同心度。

6. 齿轮泵压力表指针波动大的原因及处理
（1）原因。
①吸入管路漏气；
②安全阀没有调整好或工作压力过大，使安全阀时开时闭。
（2）处理。
①检查吸入管路；
②调整安全阀，降低工作压力。

7. 齿轮泵振动或发出噪声的原因及处理
（1）原因。
①吸入高度太大，介质吸不上来；

②主动与从动齿轮平等度超标；
③主动齿轮轴和电动机轴同心度超标；
④齿轮磨损严重；
⑤键槽损坏或配合松动；
⑥泵机组地脚螺栓松动；
⑦泵内进杂物；
⑧泵轴弯曲；
⑨吸入介质中有空气；
⑩轴承磨损，间隙过大。
（2）处理。
①降低安装高度或增高液位；
②检修校正；
③校正中心线；
④修理或更换齿轮；
⑤修复键或键槽，调整配合间隙；
⑥紧固地脚螺栓；
⑦清理杂物，检查过滤器；
⑧校直或更换泵轴；
⑨排除空气；
⑩更换轴承。

8. 齿轮泵轴功率过大的原因及处理
（1）原因。
①排出管堵塞或排出阀未开启；
②密封填料压得过紧；
③泵轴与电动机轴同心度超标；
④输送介质粘度过大；
⑤泵内间隙过小。
（2）处理。
①清理排出管路，打开排出阀门；
②调整填料的松紧度；
③校正机泵同心度；
④将输送的介质加温；
⑤调整间隙。

第八节　螺　杆　泵

一、螺杆泵分类及型号

（一）螺杆泵分类

螺杆泵属于转子容积泵，它是依靠螺杆相互啮合空间容积变化来输送液体的。按螺杆根数，通常可分为单螺杆泵、双螺杆泵、三螺杆泵、五螺杆泵等几种，它们的工作原理基本相似，只是螺杆齿形的几何形状有所差异，使用规范有所不同。

(二) 螺杆泵型号

螺杆泵的型号一般由大写汉语拼音字母和阿拉伯数字组成，常用的表示方法如下：

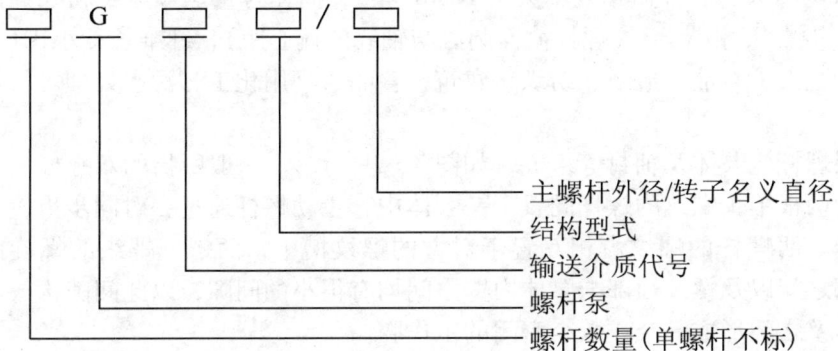

二、螺杆泵原理和结构

(一) 螺杆泵原理

螺杆泵内有一个或一个以上的螺杆。在单螺杆泵中，螺杆在有内螺旋的壳内运动，使液体沿轴向推进，挤压到排出口。在双螺杆泵中，螺杆泵是依靠螺杆相互啮合空间容积变化来输送液体的。当螺杆转动时，吸入腔一端的密封线连续地向排出腔一端做轴向移动，使吸入腔的容积增大，压力降低，液体在压差的作用下沿吸入管进入吸入腔。随着螺杆的转动，密封腔内的液体连续而均匀地沿轴向移动到排出腔，由于排出腔一端的容积逐渐缩小，从而使液体排出。

(二) 螺杆泵结构

1. 单螺杆泵

单螺杆泵由螺杆（转子）、泵套（定子）、万向联轴器、泵壳及轴封组成，如图3-28所示。单螺杆泵工作时，转子（螺杆）在泵套的螺旋孔内作自转和公转的行星运动。螺杆的外表面与泵套的螺旋孔内表面相贴合构成密封线，在螺杆和泵套的螺旋槽之间形成数个互不相通的工作腔，当螺杆在定子螺旋孔内转动时，工作腔随螺杆的转动（自转和公转），以螺旋运动从泵的吸液端移向泵的排液端，同时其容积由小变大、再由大变小，完成输液过程。

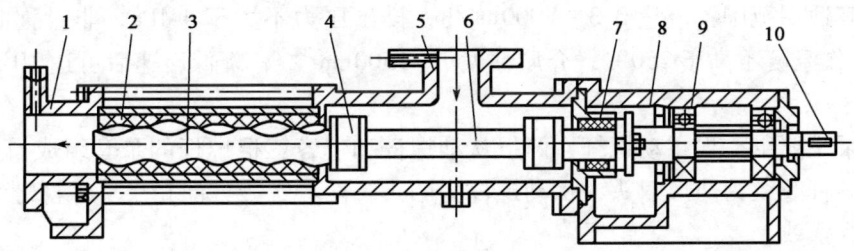

图3-28 单螺杆泵结构示意图

1—压出管；2—衬套；3—螺杆；4—万向联轴器；5—吸入管；6—传动轴；7—轴封；8—托架；9—轴承；10—泵轴

单螺杆泵的优点是流量均匀，没有湍流、搅动和脉动；密封性能较好，排出压力较高，具有良好的自吸能力，可气液固多相输送；不破坏输送液体所含的固体颗粒。适用于输送清水或类似清水的液体，含有固体颗粒、浆状（糊状）的液体，含有纤维和其他悬浮物的液体，高粘度液体以及腐蚀性液体等。其适用范围为：流量 $0.03 \sim 450 m^3/h$，排出压力小于20MPa，操作温度 $-20 \sim 150℃$，介质粘度不大于1000Pa·s，固体含量从颗粒到粉末的体积含量比40%~70%，颗粒尺寸小于 e（螺杆截面圆心与轴线的偏心距），纤维长度小于 $0.4e$。单螺杆泵广泛应用于化工、石油、造纸、纺织、建筑、食品、日用化工、污水处理等行业。

2. 双螺杆泵

双螺杆泵由两根螺杆、泵体及轴封等组成，如图3-29所示。一般所指的双螺杆泵是由分别为左旋和右旋的两根单头螺纹的螺杆同置于一泵体中，主动螺杆通过一对同步齿轮，驱动从动螺杆共同旋转。两螺杆的螺纹齿相互置于对方的螺纹槽中，两螺杆螺纹的螺旋面之间、螺纹顶部与根部之间以及螺纹顶部与泵体内壁之间均有很小的间隙，以此间隙构成的密封，在螺杆和泵体内壁之间形成一个或数个密闭的工作腔。

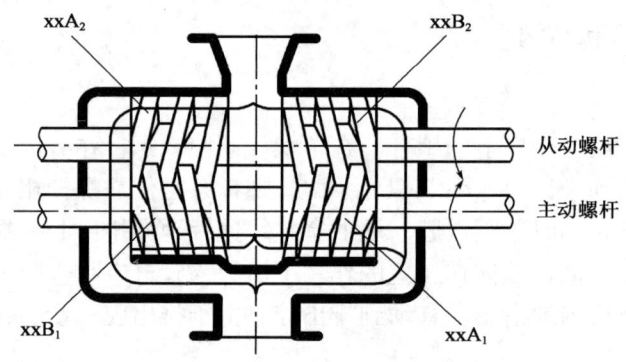

图3-29 双螺杆泵结构原理图

在泵工作时，随着螺杆的转动，在吸入端，工作腔的容积逐渐变大吸入液体，并将其密闭于工作腔内送向泵排出端；在排出端，工作腔容积逐渐缩小，将被送液体挤出工作腔，排至泵的输出管路中完成输液过程。

双螺杆泵的优点是泵能连续地吸入和排出液体，流量和压力波动很小；两螺杆之间存在一定间隙（一般为0.05~0.15mm），互相不接触；可以输送含有微小颗粒物的液体和腐蚀性介质，且噪声小、寿命长；泵排出压力决定于输出管路系统压力和密封线条数，即螺杆螺纹的螺距数；具有自吸能力，启动前无需灌泵；适用于输送具有一定粘度的液体，并可气液两相输送。其适用范围：流量 $0.3 \sim 2000 m^3/h$，排出压力不大于4MPa，非对称曲线齿形可达8MPa；工作温度不高于250℃，介质粘度 $1 \sim 1500 mm^2/s$，降低转速后可达 $10^5 mm^2/s$。

3. 三螺杆泵

三螺杆泵主要由一根主动螺杆、两根从动螺杆和包容三根螺杆的泵套组成。如图3-30所示。主动螺杆螺纹为凸形双头，从动螺杆为凹头，两者螺旋方向相反。螺杆螺纹的法向截面齿廓线型为摆线。

泵在工作时，主动螺杆和从动螺杆的螺纹相互啮合形成数条密封线。这些密封线同螺杆与泵套孔壁之间的间隙密封构成数个密封的工作腔，并将泵的吸入室和排出室隔开。使得泵吸入端的工作腔能在螺杆转动中，容积逐渐增大，吸入液体，随螺杆继续转动，将液体密闭

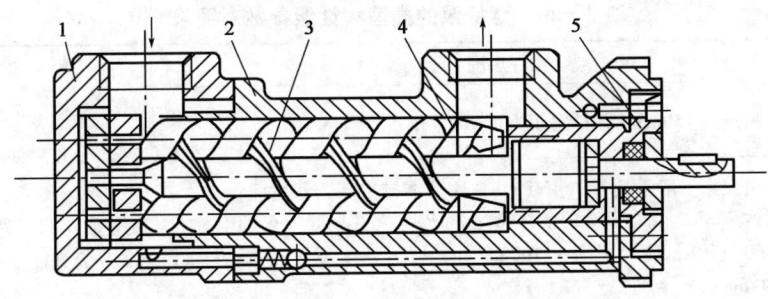

图 3-30　低压平衡式三螺杆泵结构示意图
1—泵盖；2—泵体；3—主动螺杆；4—从动螺杆；5—平衡孔

于工作腔内，并送向泵的排出端；在排出端工作腔随螺杆的转动，容积逐渐缩小，将被送液体挤出工作腔，排至泵的输出管路中去，完成输送液体。

三螺杆泵中，主动螺杆直径和截面面积都较大，在泵工作时承受主要负荷。从动螺杆的主要作用是阻止液体从排出室漏回吸入室，同时主动螺杆和从动螺杆的啮合也阻止了被送液体随螺杆转动。当螺杆每转一圈，被送液体沿螺杆的轴向由泵吸入端向出口端移动一个导程。螺杆连续地旋转，泵连续地输送液体。

三螺杆泵的优点是流量和排出压力平稳无脉动；对被送液体的搅动很小，泵运转平稳、振动小、寿命长；有自吸能力，并能气液混输；泵的转速较高，体积小，重量轻，结构简单紧凑，操作维护方便。但三螺杆泵的螺杆之间存在啮合关系，螺杆与孔壁的间隙较小，对液体的粘度和含有的颗粒物较为敏感，故适合输送润滑性较好、无颗粒的清洁液体。其适用范围为：流量 $0.25 \sim 1000 \mathrm{m}^3/\mathrm{h}$，最大可达 $2000 \mathrm{m}^3/\mathrm{h}$；排出压力一般为不大于 25MPa，最大可达 70MPa；操作温度不高于 280℃，液体粘度一般为 $5 \sim 500 \mathrm{mm}^2/\mathrm{s}$，允许最大颗粒 $600 \mu \mathrm{m}$ 以下。三螺杆泵主要用于输送润滑油、液压油、重油、燃料、柴油、汽油、液体蜡以及粘度较小的合成树脂等。在化工装置中主要用于离心压缩机、大型泵等机组的润滑油泵、密封油泵等。

（三）螺杆泵特点

（1）结构简单紧凑，可与电动机直接连接，操作管理方便，具备离心泵的特点。

（2）流量小。

（3）扬程高。排出压力可达 40MPa，具备往复泵的优点。

（4）螺杆泵内的泄漏损失比较小，效率高，一般为 80%～90%。

（5）流体在螺杆密封腔内无搅拌地、连续地做轴向移动，没有脉动和漩涡，因此螺杆泵工作平稳，流量均匀。

（6）振动小，无噪声。主动螺杆对从动螺杆以液压传动，螺杆之间保持油膜，无扭矩。

（7）转速高，一般转速为 1450r/min，为其他容积泵所不及。

（8）有一定的自吸能力，略低于往复泵，高于离心泵。

（9）流量随压力变化很小，在输送高度有变化时能保持一定的流量。

（10）能输送粘油和柴油，具备离心泵和容积泵的用途。

三、螺杆泵性能参数

（一）螺杆泵主要参数

螺杆泵的类型和性能参数对照表见表 3-20。

表3-20 螺杆泵的类型和性能参数对照表

泵 型	参 数 范 围	用 途
单螺杆泵	流量可达150m³/h，排出压力可达20MPa	用于输送糖蜜、果肉、淀粉糊、巧克力浆、油漆、石蜡陶土等
双螺杆泵	排出压力一般不超过1.4MPa，粘性液体排出压力最大可达7MPa，粘性不高的液体可达3MPa，流量一般为6～600m³/h，最大不超过1600m³/h，液体粘度不超过1500mm²/s	用于输送润滑油、润滑脂、原油、柏油、燃料油及其他高黏性油
三螺杆泵	排出压力可达70MPa，流量可达2000m³/h，液体粘度范围在5～250mm²/s	用于输送润滑油、重油、轻油及原油等。也可用于甘油及黏胶等高粘度的液体输送

（二）螺杆泵零部件

1. 螺杆的质量要求

螺杆表面若拉毛，应该用油石打磨光滑，表面粗糙度低于 $R_a1.6\mu m$，螺杆与外端盖接触的端面应光滑，端面上始终保持有畅通的布油槽。轴颈的圆度和圆柱度偏差应小于直径的 1/2000，轴的直线度偏差不大于0.05mm。

2. 泵体的质量要求

泵体内表面粗糙度应低于 $R_a3.2\mu m$，泵体两端与端盖相配合的止口两内孔同泵体内孔同轴度允差0.02mm，两端面与内孔垂直度允差0.2/1000。

3. 其他零部件的质量要求

每次拆修，轴封中的橡胶骨架油封均需要更换。检查轴承，若有质量问题更换新轴承。

四、螺杆泵使用及维护

（一）螺杆泵试车及验收

1. 试车前的准备工作

（1）检查检修记录，确认符合质量标准。

（2）轴承箱内润滑油油质及油量符合要求。

（3）封油、冷却水管不堵、不漏。

（4）检查电动机的旋转方向。

（5）盘车无卡阻现象，无异常响声。

（6）启泵前必须灌泵。

（7）出入口阀门打开，至少应有30%开度。

2. 试车

（1）螺杆泵不允许空负荷试车。

（2）运行良好，应符合下列机械性能及工艺指标要求：

①运转平稳，无杂音；

②振动强度应符合 SHS 01003—2004《石油化工旋转机械振动标准》相关规定；

③冷却水和油系统工作正常，无泄漏；

④流量、压力平稳；

⑤轴承温升符合有关要求；

⑥电流不超过额定值；

⑦密封泄漏不超过下列要求：机械密封重质油不超过 5 滴/min；轻质油不超过 10 滴/min。填料密封重质油不超过 10 滴/min；轻质油不超过 20 滴/min。

（3）安全阀回流不超过 3min。

（4）试车 24h 合格后，按规定办理验收手续，移交生产。

（5）试车期间维修人员和检修人员加强巡检次数。

（6）停车时不准先关闭出口阀。

3. 验收

（1）检修质量符合《石油化工旋转机械振动标准》项目内容的要求和规定，检修记录齐全、准确，并符合本规程要求。

（2）设备技术指标达到设计要求或能满足生产需要。

（3）设备状况达到完好标准。

（二）螺杆泵的维护

1. 螺杆泵日常维护

（1）定时检查泵出口压力。

（2）定时检查泵轴承温度及振动情况。

（3）检查密封泄漏及螺栓紧固情况。

（4）油封压力应比密封腔压力高 0.05~0.1MPa。

（5）泵有异常响声或过热时，应停泵检查。

2. 螺杆泵的拆卸

拆卸螺杆泵时应按以下步骤进行：

（1）检查电动机电源；电源应断开，并将电源开关上锁。检查出口、入口阀门关闭情况。

（2）松开电动机与泵轴之间的联轴器的连接螺栓，卸下联轴器。

（3）拆卸轴封、轴承盖锁紧螺母。

（4）拆卸轴承盖与泵体的连接螺栓，拆除端盖。

（5）抽出螺杆，应注意将三只（或两只）螺杆同时抽出，然后拆除外端盖。

3. 螺杆泵的组装及调整

（1）螺杆端面与端盖相接触部分、螺杆与轴套间，组装时要加一点润滑油，防止组装过程中，手动盘车时，这些部位干磨。

（2）紧固外端盖、轴承盒与泵体的连接螺栓，要对称操作，用力均匀，边紧边盘动螺杆。当紧固后盘车费劲时，要松掉螺栓重新紧固。

（3）泵的各部件配合间隙按表 3-21 执行。

表 3-21 螺杆泵各部配合间隙　　　　　　　　　　　　　　　　　　　mm

配合部位	配合间隙	配合部位	配合间隙
螺杆齿顶与壳体间	0.14~0.33	齿轮箱端的轴承外圈与轴承压盖间	0.02~0.06
螺杆啮合时径向间隙	0.14~0.33	滚动轴承与轴	H7/k6
法向截面齿侧间隙	0.12~0.25	滚动轴承与轴承箱	H7/k6

(三) 螺杆泵故障处理

螺杆泵常见故障与处理见表 3-22。

表 3-22 螺杆泵常见故障与处理

序号	故障现象	故障原因	处理方法
1	泵不吸油	(1) 吸入管路堵塞或漏气； (2) 吸入高度超过允许吸入真空高度； (3) 电动机反转； (4) 介质粘度过大	(1) 检修吸入管路； (2) 降低吸入高度； (3) 调整电动机电源相序； (4) 将介质加温
2	流量下降	(1) 吸入管路堵塞或漏气； (2) 螺杆与衬套内严重磨损； (3) 电动机转速不够； (4) 安全阀弹簧太松或阀瓣与阀座接触不严	(1) 检查吸入管路； (2) 磨损严重时应更换零件； (3) 修理或更换电动机； (4) 调整弹簧，研磨阀瓣与阀座
3	压力表指针波动大	(1) 吸入管路漏气； (2) 安全阀没有调好或工作压力过大，使安全阀时开时闭	(1) 检查吸入管路； (2) 调整安全阀或降低工作压力
4	轴功率急剧增大	(1) 排出管路堵塞； (2) 螺杆与衬套内严重磨损； (3) 介质粘度太大	(1) 停泵清洗管路； (2) 检修或更换有关零件； (3) 将介质升温
5	泵振动大	(1) 泵与电动机不同心； (2) 螺杆与衬套不同心或间隙大、偏磨； (3) 泵内有气； (4) 安装高度过大，泵内产生汽蚀	(1) 调整同轴度； (2) 检修调整； (3) 检修吸入管路，排除漏气部位； (4) 降低安装高度或降低转速
6	泵发热	(1) 泵内严重磨损； (2) 机械密封回油孔堵塞； (3) 油温过高	(1) 检查调整螺杆和衬套间隙； (2) 疏通回油孔； (3) 适当降低油温
7	机械密封大量漏油	(1) 装配位置不对； (2) 密封压盖未压平； (3) 动环和静环密封面碰伤； (4) 动环和静环密封圈损坏	(1) 重新按要求安装； (2) 调整密封压盖； (3) 研磨密封面或更换新件； (4) 更换密封圈

第九节 轴承、密封装置及联轴器

一、轴承

轴承是各种类型泵的主要部件之一，主要用来支撑泵轴并减少泵轴旋转时的摩擦阻力，是容易磨损的配件。它的技术状态对泵的安全运行具有决定性的作用。轴承分为滚动轴承和滑动轴承两大类。

(一) 滚动轴承

1. 滚动轴承的组成

滚动轴承一般由内圈、外圈、滚动体和保持架组成，上述四个元件不一定完全同时存在，有时只有滚动体，没有内外圈，或有时只有滚动体和内圈或外圈，如图 3-31 所示。

（1）内圈。内圈通常装在轴上，与轴形成一体随轴旋转，内圈外侧与滚动体接触的表面称为滚道（也称为内圈外滚道）。

（2）外圈。外圈是指滚动轴承外面的大圈，通常装配在轴承座或机械设备的零部件上，起支撑作用。外圈旋转的轴承，内圈固定。在个别情况下，也有内圈、外圈都旋转的。外圈内侧和滚动体接触的表面称为滚道（通常称为外圈内滚道）。

（3）滚动体。滚动体是指装在内圈和外圈中间的圆球或滚子，起传递动力的作用。它的大小和数量决定于滚动轴承的承载能力。滚动体的形状主要有圆球和滚子两种类型，共分五种，如图3-32所示。由它们构成不同类型的滚动轴承，可以适应不同的工作条件。

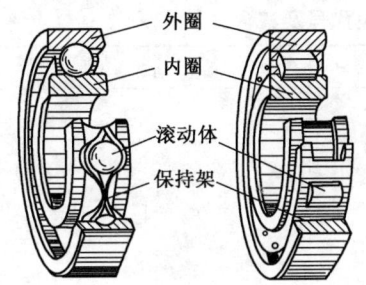

图3-31 滚动轴承结构示意图

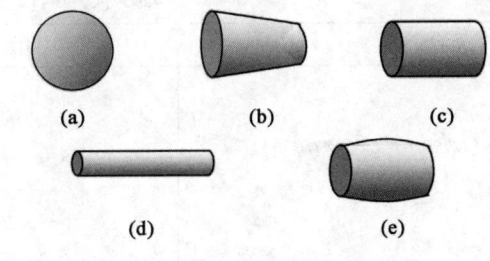

图3-32 滚动体形状示意图

（4）保持架。保持架又称保持器、分离盘或隔离架，其作用是把各滚动体均匀地隔开，防止滚动体相互摩擦或偏向一边。

2. 滚动轴承分类

（1）按其所能承受的负荷和作用方向分。

①向心轴承：只承受径向负荷。

②推力轴承：只承受轴向负荷。

③向心推力轴承：既能承受径向负荷又能承受轴向负荷。

（2）按其滚动体的形状分。

①球轴承：滚动体的形状为球形。

②滚子轴承：滚动体的形状为滚子，其滚子形状包括圆柱形、圆锥形、球面、针形等。

（3）按一个轴承内滚动体的列数分。

①单列轴承。

②双列轴承。

③三列轴承。

④四列轴承。

⑤多列轴承。

（4）按其在工作中能否调心分。

①非调心轴承：滚道表面不呈球面，安装后，轴承内圈和外圈要保持平行，不能歪斜。

②可调心轴承：滚道呈球面，能自动调整转轴中心。

（5）按轴承直径大小分。

①微型轴承：外套圈直径在26mm以下。

②小型轴承：外套圈直径在28~55mm之间。

③小型、中型轴承：外套圈直径在60~115mm之间。

④中型、大型轴承：外套圈直径在120~190mm之间。

⑤大型轴承：外套圈直径在 200~430mm 之间。
⑥特大型轴承：外套圈直径在 440mm 以上。

3. 滚动轴承代号

滚动轴承的类型很多，由于轴承的结构、尺寸、精度和技术要求不同，为便于选用和符合生产实际的要求，在 GB 272—1993 中《滚动轴承 代号方法》规定了轴承代号的表示方法，表示形式：⑧⑦⑥⑤④③②①。

轴承代号是由前段、中段、后段组成的（表 3-23），前段是指⑧，中段是指⑦~①，后段为补充代号，具体可查有关手册。

表 3-23 轴承代号前段、中段、后三段代号及其含义

前 段	中 段	后 段
数字——×，游隙级 字母——□，精度等级	用数字表示 ×——宽度系列代号 ××——结构特点代号 ×——类型代号 ×——直径系列代号 ××——内径代号	数字——×，补充代号 字母——□，补充代号

（1）前段代号。

游隙，左起第一位表示轴承径向游隙组别，用数字表示。通常情况下取基本游隙组，用代号"0"表示，可不写出。

精度等级，用字母表示，国标中规定精度等级分五级，见表 3-24，其中 G 级精度最低，称为标准级，从 G 级依次递增，C 级最高。F 级仅在旧设备更新时使用，新设计中不得采用，可用 E 级或 C 级代替。精度为 G 级的轴承，其精度代号可不写出。

表 3-24 轴承精度等级代号

代 号	C	D	E	(F)	G
精度等级	超精级	精密级	高级	较高级	标准级

（2）代号中段。

代号中段的七位数字分别表示轴承的内径、直径系列、类型、结构特点、宽度系列等。内径代号，是指右起的②①，表示内径尺寸，表示方法见表 3-25。

表 3-25 轴承内径尺寸代号

内 径 代 号	00	01	02	03	04~99
轴承内径尺寸，mm	10	12	15	17	数字×5

直径系列代号，是指右起的③，为了满足各种工作条件的需要，同一内径尺寸的轴承，可以有不同的外径尺寸。但在个别场合，也包含了宽度大小的意义。它分为超轻、特轻、轻、中、重、不定、内径非标准七种，用数字 2~9 表示。③⑦合在一起，称为轴承尺寸系列。

类型代号，是指右起的④，表示方法见表 3-26。

结构特点代号，是指右起的⑤⑥，表示轴承的结构特点。例如要求某一接触角的向心推力轴承，或要求带防尘毡圈，内孔有锥度等，具体表示方法可参见国家标准 GB 30—64 的附图第 1、2 页。

表 3-26 轴承类型代号

名称	向心球轴承	向心球面球轴承	向心短圆柱滚子轴承	向心球面滚子轴承	长圆柱滚子或滚针轴承	螺旋轴承	向心推力球轴承	圆锥滚子轴承	推力球或推力向心球轴承	推力滚子或推力向心滚子轴承
代号	0	1	2	3	4	5	6	7	8	9

宽度系列代号，是指右起的⑦，表示轴承的宽度系列代号，它有特窄、窄、正常、宽、特宽五种。也就是说同一内径或外径尺寸的轴承，可以有不同的宽度。若对宽度无特殊要求时，代号可不写。⑦与③合在一起，称为轴承尺寸系列，表示方法见表 3-27。

表 3-27 轴承尺寸系列代号

直径系列（第三位数字）		宽度系列（第七位数字）		举例
名称	代号	名称	代号	
超轻	8	窄	7	7000800
		正常	1	1000800
		宽	2	—
		特窄	3、4、5、6	3007800
	9	窄	7	7000900
		正常	1	1000900
		宽	2	2007900
		特窄	3、4、5、6	4074900
特轻	1	窄	7	7000100
		正常	1	100
		宽	2	2007100
		特窄	3、4、5、6	4074100
	7	窄	7	7002700
		正常	1	1007700
		宽	2	2097700
		特窄	3、4	3003700
轻	2（5）①	特窄	8	—
		窄	0	200
		正常	1	—
		宽	(0)①	3500
		特宽	3、4	3056200
中	3（6）①	特窄	8	—
		窄	0	300
		正常	1	—
		宽	(0)①	3600
		特宽	3	3056300

续表

直径系列（第三位数字）		宽度系列（第七位数字）		举例
名称	代号	名称	代号	
重	4	窄	0	400
		宽	2	2086400
不定	7	不定	0	700
	8		0	800
内径非标准	9	—	0	900

注：本表不适用于推力轴承及推力向心轴承，也不适用内径小于10mm的轴承。
①第三位的数字用5或6，第七位数字用0，分别表示轻宽或中宽系列。

由于通常所采用的轴承，多为正常轴承，且对宽度无特殊要求，因此代号中段的第五、第六、第七位数字均可省略，所以常见的代号就只有后面三位、四位数字。

（3）代号后段。

后段为补充代号，用来表示对轴承材料、热处理、技术条件等方面提出的特殊要求。其代号表示方法可查有关手册。

（4）轴承代号举例说明。

如代号为308的轴承含义，因为只有三位数字，看不出轴承类型，所以其左面的第一位数"0"是省略了，"0"表示的是向心球轴承，"3"为轴承尺寸系列代号，查表知道为中系列，"08"表示轴承内径，根据内径代号04～09必须乘以5，故内径为8×5=40mm，总称内径为40mm中系列向心球轴承。

如代号为C203的轴承的含义，"C"表示的是轴承精度等级，剩下只有三位数字，看不出轴承类型，所以其左面的第一位数"0"是省略了，"0"表示的是向心球轴承，"2"为轴承尺寸系列代号，查表知道为轻窄系列，"03"表示轴承内径，不需乘以5，查表得17mm，总称内径为17mm轻窄系列向心球轴承。

4. 滚动轴承的优缺点

优点：

（1）摩擦阻力小，因而功率损耗小，易于启动，机械效率高。

（2）结构紧凑，构造简单，互换性好。

（3）润滑油消耗量少，不易烧坏轴径，整个润滑系统的结构和维护也简单。

缺点：

（1）承受冲击载荷的能力差，且高速运转时噪声大。

（2）安装时要求精度高。

（3）使用寿命不如滑动轴承长。

5. 滚动轴承的拆装

（1）拆装前的准备工作。

①准备好拆装所需的量具和工具。

②检查与轴承相配合的零件质量，如轴、外壳、端盖、衬套、密封圈等。

③用清洗油或煤油清洗与轴承配合的零件。

④检查更换的轴承型号与要求是否一致，并清洗轴承。

(2) 滚动轴承的拆卸。

①拆下与轴承接触的相关零部件，如轴承压盖、支架、挡套、卡簧、轴承背帽等。

②清洗轴承部位，检查与轴承接触表面有无高点，并进行修复。

③使用拉力器拉轴承，轴承的内圈与拉力器接触，产生的拉力全部加载到内圈上。若轴承配合较紧拉不动时，可采用气焊加热配合拉力器的拆卸，气焊加热要均匀，加热温度不能超过100℃，加热时间不易过长。

④清洗检查轴承及配件，用细砂布、清洗油清洗轴承及轴配合表面，检查轴承间隙、轴承与轴颈的配合间隙，检查滚动体与滚动道表面是否平滑接触。

⑤做好安装轴承的准备工作。

(3) 滚动轴承的安装。

①滚动轴承装配在泵轴上时，它的内环与轴颈之间以少量的过盈相配合，通常过盈值为 0.01~0.05mm。

②使用轴承加热装置加热轴承至100℃以内，然后趁热在一次操作中将轴承推到顶住轴肩的位置，略微旋动轴承，以防安装倾斜或卡死。注意在冷却过程中应始终推紧。

③或用铜棒的一端置于滚动轴承的内环上，用手锤敲打铜棒的另一端，使轴承四周对称均匀地受力，促使轴承平稳地沿轴颈推进。

④安装完成后检查轴承转动是否灵活，有无杂音。

⑤装上轴承支架、轴承压盖，并加注润滑脂，靠近联轴器一端的轴承更换后，应调整机组同心度。

⑥启动机组试运，检查轴承运转情况是否正常；清理现场，回收工具、用具。

(二) 滑动轴承

滑动轴承主要是由轴瓦和轴承座组成。按其承受载荷方向的不同，可分为承受径向载荷的向心滑动轴承和承受轴向载荷的推力滑动轴承两种。常用的向心滑动轴承有整体式、剖分（对开）式和调心式等类型。

1. 整体式滑动轴承

整体式滑动轴承如图3-33所示。它是靠螺栓固定在机架上的，轴承座顶部设有安装润滑装置用的螺纹孔，轴承孔内压入用耐磨料制成的轴瓦，用紧定螺钉固定轴瓦。在轴瓦上开有油孔，轴瓦内表面上开有油槽，用以输送润滑油。这样可以减少摩擦，而且在轴承磨损后只需要更换轴瓦。

整体式滑动轴承的特点：结构简单，造价低。但磨损后无法调整轴颈与轴承之间的间隙。在安装和拆卸时，只能沿轴向移动轴或轴承才能装拆，很不方便。所以一般应用于低速、载荷不大及间歇工作的设备上。

2. 剖分（对开）式滑动轴承

(1) 它是一种常用的剖分式轴承，由轴承盖、轴承座、剖分轴瓦、双头螺栓、螺纹孔、油孔、油槽等组成（图3-34）。轴瓦起支撑轴颈的作用，轴承盖适度压紧轴瓦，防止轴瓦转动，轴承盖上的螺纹孔安装油杯或油管。

(2) 为了便于润滑油进入，使轴瓦和轴颈之间形成楔形油膜，在轴承上部都留一定的间隙，一般为轴直径的0.002倍，间隙过小易使轴承发热。高速机械采用较大的间隙。两侧间隙应为顶部间隙的1/2。

(3) 在向心滑动轴承中，轴瓦的内孔为圆柱形。当载荷方向向下时，则下轴瓦为承载区，上轴瓦为非承载区。润滑油应由非承载区引入。为了把润滑油分配给轴瓦的各处工作面，并且起到储油和稳定供油的目的。而在进油的一方开有油槽或油孔，如图3-35所示。油槽按泵轴转动方向应具有一个适当的坡度。油槽长度取0.8倍的轴承长度，在油槽两端留有15~20mm不开通。在特殊情况下，可以将油槽开通，即油槽为直达轴承的两端，这样会使大量的热油从端面流走（应加强润滑油的循环量），可以降低轴承温度。

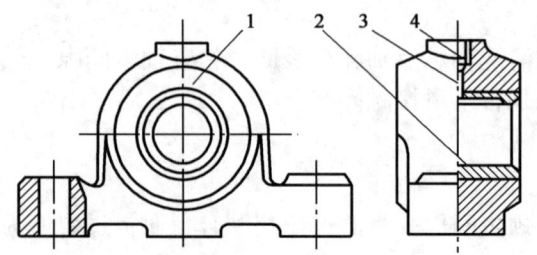 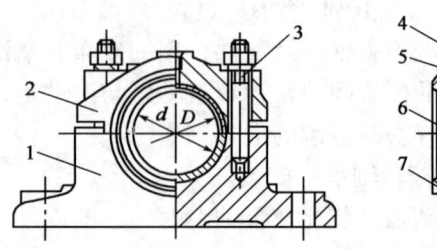

图3-33 整体式滑动轴承结构示意图
1—轴承座；2—整体轴瓦；3—油孔；4—螺纹孔

图3-34 剖分（对开）式滑动轴承结构示意图
1—轴承座；2—轴承盖；3—双头螺柱；4—螺纹孔；5—油孔；6—油槽；7—剖分式轴瓦

3. 自动调心式轴承

当轴颈的长度较大（轴承长径比 $\phi = 1/d > 1.5 \sim 1.75$），轴的刚性较小时，轴的倾斜较大，轴瓦边缘会产生较大磨损，这时可采用自动调心式滑动轴承，如图3-36所示。它具有可动的轴瓦，即在轴瓦的外部中间做成凸出的球面，安装在轴承盖和轴承座间的凹形球面上，轴在支撑处的倾角变化时，轴瓦也具有相应的倾角，从而使轴颈与轴瓦保持良好的接触，避免轴承边缘产生严重的磨损。

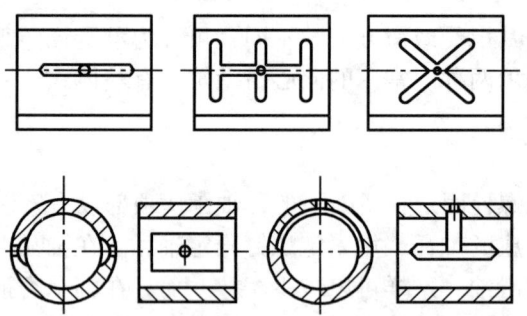 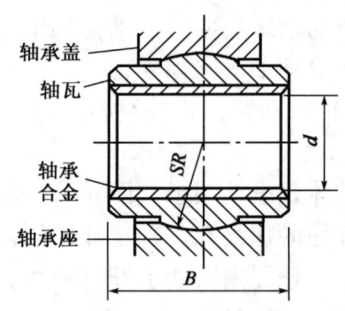

图3-35 滑动轴承油孔、油槽形式示意图

图3-36 自动调心式滑动轴承结构示意图

4. 滑动轴承的研刮要求

（1）基本要求 既要使轴径与轴承均匀细密接触，又有一定的配合间隙。

（2）接触点。轴颈与轴承表面单位面积上实际接触的点数。接触点越多、越细、越均匀表明刮研的质量好，反之，则质量差。一般应根据生产实际中轴承的性能和工作条件来确定接触点。Ⅰ级、Ⅱ级精度的机械可根据表3-28来确定单位面积上的接触点数，Ⅲ级精度的机械可以以表3-28中所列数据的一半确定单位面积上的接触点数。

（3）接触角。接触角是指轴径与轴承的接触面所对的圆心角，用 α 表示。接触角不可过大或过小。过小，轴承压强增大产生变形，轴承磨损严重，使用寿命缩短；过大，影响油膜的形成，轴承润滑状态变差。试验研究表明，轴承接触角的极限是120°，当接近这个值时，轴承润滑状态恶化。因此，在不影响轴承受压的前提下，接触角越小越好。

表 3-28 轴承上的接触点数

轴承转速，r/min	接触点（每 25mm × 25mm 面积上的接触点数）
100 以下	3~5
100~500	10~15
500~1000	15~20
1000~2000	20~25
2000 以上	25 以上

5. 滑动轴承的特点

优点：（1）工作可靠，平稳无噪声。

（2）能承受较大的冲击载荷。

（3）使用周期长，制造简单，造价低，便于检修。

缺点：（1）结构复杂，体积较大。

（2）润滑油耗量大。

（3）工作中摩擦阻力大，在启动时更大。

6. 滑动轴承的装配

以整体式轴承（轴套）装配为例。整体式轴承与机体一般采用过盈配合，其过盈量一般为 0.05~0.10mm。

（1）装配的准备工作。

①装配前应彻底清洗，并检查轴和轴承的外表，不允许有锐边和毛刺，否则应进行刮削或打磨。

②用内径千分尺和外径千分尺测量轴套内径和轴的外径，复核过盈量是否合适，如果不符合规定，应进行修整加工。

③轴套和轴承座孔装入端应有倒角，防止配合时表面刮伤。

（2）滑动轴承的装配。

①装配时，最好在轴套表面涂一层薄薄的润滑油，以减少摩擦阻力。

②轴套的装配最好在压力机上进行，压入速度不易过快，防止压偏。

③采用大锤敲打安装时，必须使用导向心轴，在轴套端部垫一块有色金属垫板，防止打坏轴套。

④对于有些轴套薄而长，承受不了装配压力，必须采用加热轴承座体或冷却轴套的办法。由于轴承座体较大加热困难，可以采用冷却轴套的办法。

⑤轴套压入后，为了防止轴套发生滑转，用止动螺钉固定，用冲子在螺钉旁边铆两下。

⑥轴套压入后，对轴套内径和与之相配的轴的外径进行测量，以验证轴承的圆度、圆柱度及配合间隙是否符合技术要求。

⑦轴套压入后，孔径往往会缩小。如果孔径比要求的尺寸小 0.1~0.2mm 以上，须进行机械加工。如果比要求的尺寸仅小 0.05mm 以下，可用刮研法修整。

⑧最后进行刮研，使轴套与轴颈的配合间隙和接触点达到技术要求。

二、泵轴密封装置

由于泵内液体与泵外大气存在压力差，当泵内压力低于大气压力时，外界空气进入泵内,当泵内压力高于大气压力时,泵内液体泄漏泵外。因此设置泵轴密封装置,简称轴封。它的主要作用是防止泵轴与泵壳间隙处的泄漏发生,属于动密封。

泵轴密封装置的种类很多,一般分为填料密封、机械密封、动力密封、其他密封(磁流体密封和封闭式密封)等。

(一)填料密封

1. 填料密封结构及密封原理

(1)填料密封结构。

它主要由填料压盖、填料、水封环、填料函等组成,如图3-37所示。还有一种密封结构在填料中间增加一个液封环,将填料分成两段,目的是使填料沿轴向的径向力分布均匀。在液封环入口处注入润滑性液体,保证填料有足够的润滑和冷却。

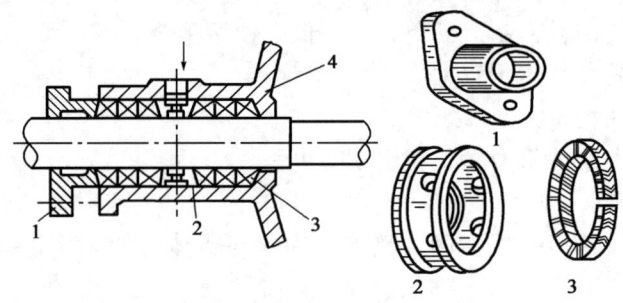

图3-37 填料密封结构示意图
1—填料压盖;2—水封环;3—填料;4—填料函

(2)填料密封的原理。

将填料按标准添加到填料函内,对称均匀拧紧压盖螺栓,填料受压盖预紧力的作用沿轴向产生压缩变形,同时沿径向产生膨胀趋势,与泵轴表面和填料函紧密接触,从而使间隙填塞达到密封的目的。与此同时,填料中的润滑剂被挤出,减弱了泵轴表面与填料的摩擦损耗。

2. 常用密封填料及选用要求

(1)常用密封填料。

泵用密封填料种类很多,常用的有以下几种:

①石墨或黄油浸透的棉织填料,一般用在低压水泵上,输送介质温度在40℃以下。

②浸油石墨石棉填料,一般允许在输送温度250℃,工作压力小于10MPa,最大不超过18MPa的条件下使用,缺点是对轴套磨损严重。

③金属箔包石棉芯子填料,适用输送石油产品及含有酸、碱的液体,允许在工作压力为2MPa,最高温度在420℃的条件下使用。

④柔性石墨是一种新型的密封材料,它具有独特的柔韧性、回弹性、耐高低温、耐腐蚀性,并具有良好的自润滑性、摩擦系数小等优点。

(2)密封填料的选用要求。

填料选取的好坏是决定密封效果最主要的因素之一,因此在选用时必须具备以下特点:

①具有一定的弹性和塑性。当填料受到轴向预紧力作用时能产生较大的径向压紧力,达到良好的密封效果;当机泵不同心时、振动或填料磨损后,有一定的补偿能力。

②化学稳定性好。不污染介质,不被介质泡涨,其中润滑剂与介质不存在互溶性。

③导热性能好,散热迅速,摩擦生热后能承受一定的高温。

④自润滑性好,耐磨损,摩擦系数小。

⑤填料制造工艺简单,价格低廉,经济耐用,拆装方便。

3. 密封填料的安装、使用及其注意事项

(1) 密封填料的安装。

①卸下填料压盖紧固调整螺丝,把压盖与填料盒分离。

②用填料钩沿旧填料的接缝处把旧填料彻底取净。

③选择适合规格的填料。

④在新换的轴套上,把填料圈好,量取单圈长度。

⑤切割填料,各填料切口应按顺时针方向斜度为 30~45°;切口应齐整,无松散的线头,切好后的填料长短应正好,如图 3-38 所示。

⑥填料加入时,切口应垂直于轴向,并在与轴套接触面上涂上黄油。

⑦加填料时,每相邻两填料切口应错开 90~180°。

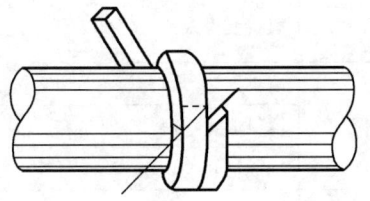

图 3-38 填料切割示意图

⑧填料压盖应对称、均匀压入,压入深度不小于 5mm。

⑨填料松紧要适宜,试运时调整压盖,保证填料漏失量小于 30 滴/min。

(2) 密封填料的合理使用。

①根据相应的工况条件,合理正确地设计填料函的尺寸,选用的填料及形式。

②经常检查泄漏情况,如泄漏量超过允许值,及时予以调整。

③对于高压密封使用的填料,必须经过预压成型之后再装入填料函内。

④特殊工况的密封,尽可能选用组合式填料。密封要求高的,采用新型密封结构形式的组合式填料。

⑤软硬填料混合安装时,硬填料放在填料函的底部,软填料应靠近压盖处,且软硬交替放置为宜。

⑥轴的磨损、弯曲或是偏心严重是造成泄漏的主要原因,因此应定期检查轴承是否损坏。轴的允许径向跳动量在 0.03~0.08mm 范围内。

⑦转动机械,转子的不平衡量应在允许范围内,以免振动过大。

⑧液封环的两侧(包括外加注油孔的两侧)应装同硬度的填料。当介质不洁净时,应注意液封环处不得被堵塞。

⑨当从外部注入润滑油和对填料函进行冷却时,应保证油路、水路畅通。注入压力只需略大于填料函内的压力即可,通常取其压差为 0.05~0.10MPa。

(3) 装配密封填料的注意事项。

①填料规格要合适,性能与工作条件相适应,尺寸大小要符合要求。

②填料的接头要相互错开,每一圈填料装入填料函之后必须是一个整圆,不能短缺。

③填加填料时填料环要对准小口。有些大型泵的填料环不易拿出来,这时可以把整体式填料环改成组合式填料环。

④填料被压上之后,压盖四周的缝隙要相等,以免压盖与轴互相摩擦。

⑤填料圈数以 4~6 圈为宜,圈数太少,密封效果不好,太多则增加了填料函尺寸,并

且密封效果也不一定好。

⑥压盖的松紧程度要适当，过紧会增加磨损，过松漏失液体过多。一般在压紧盘根后，液体一滴一滴往下滴，最好是 10～30 滴/min。

4. 离心泵填料失效的故障分析与处理

离心泵填料密封失效常见故障、原因与处理见表 3-29。

表 3-29 离心泵填料密封常见故障、原因与处理

故　　障	原　　因	处　　理
泵排不出液体	泵不能启动（填料松动或损坏使空气漏入吸入口）	上紧填料或更换填料并启动泵
泵功率消耗大	填料上得太紧	放松压盖，重新上紧，保持一定的泄漏量，如果没有，应检查填料、轴或轴套
泵填料处泄漏严重	填料损坏	更换磨损填料，更换由于缺乏润滑剂而损坏的填料
	填料形式不对	更换不正确安装的填料或与输送液体不合适的填料
	轴或轴套被划伤	进行车床加工修理或更换
填料函过热	填料上得太紧	调整压盖松紧程度
	填料填装不当	重新正确安装填料
	填料种类不合适	检查泵或填料制造厂的填料种类是否正确
	夹套中冷却水不足	检查供液线上的阀门是否打开或管线是否堵塞
填料磨损过快	轴或轴套损坏或划伤	重新加工或更换
	润滑不足或缺乏润滑	重新装填并涂抹润滑脂
	填料填装不当	重新正确安装填料
	填料种类不合适	检查泵或填料制造厂的填料种类是否正确
	外部封液线有脉冲压力	消除脉冲造成的原因

（二）机械密封

1. 机械密封的结构和原理

机械密封又称端面密封，是一种流体旋转机械的轴封装置，主要应用在离心泵、离心机、反应釜和压缩机等轴封装置上。在国家有关标准中是这样定义的：由至少一对垂直于旋转轴线的端面，在流体压力和补偿机构弹力（或磁力）的作用，以及辅助密封的配合下保持贴合，并相对滑动而构成的防止流体泄漏的装置。

（1）机械密封的结构。

机械密封的结构一般由以下四大部分组成：

①由动环和静环组成的一对密封端面，又称为摩擦副，是机械密封的主要元件；

②以弹性元件（或磁性元件）为主的补偿缓冲机构，其作用是使密封端面紧密贴合，如弹簧、波纹管等；

③辅助密封机构，其中有动环和静环密封圈，属于没有相对运动的静密封；

④使动环和轴一起旋转的传动机构，如紧定螺钉。

机械密封的结构多种多样，最常见的结构如图 3-39 所示。

（2）机械密封的基本元件。

①动环和静环，是机械密封的主要元件。动环随着泵轴旋转，也称旋转环；静环相对于

泵体固定不动，也称静止环。动环和静环一般选用不同材料制成。动环一般用硬材料制成，端面较宽，静环一般用软材料制成，端面较窄。硬环端面比软环端面大 1~3mm。特殊情况下，动环和静环均用硬材料制成，两者端面可取相等。同时具有耐磨、耐腐蚀的特点。

②动环、静环的密封圈，属于静密封元件。动环密封圈装在动环与轴（或轴套）之间；静环圈装在静环与压盖之间。密封圈多数用具有弹性的材料（如橡胶、塑料等）制成，其横截面有 O 形、V 形、方形、楔形、包覆形等不同形状。由于密封圈具有弹性，因此具有缓冲泵轴振动、吸振作用。

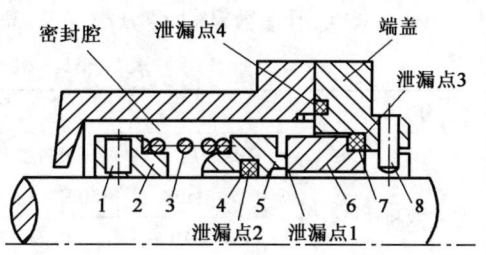

图 3-39 机械密封的基本结构图
1—紧定螺钉；2—弹簧座；3—弹簧；
4—动环辅助密封圈；5—动环；6—静环；
7—静环辅助密封圈；8—防转销

③弹性元件包括弹簧、传动座、止推环等。传动座用螺钉固定在轴上支撑弹簧，弹簧给止推环一定的压力，止推环压紧密封圈并把弹簧力传给动环，使动环和静环的摩擦面紧密接触，从而达到密封的目的。

（3）机械密封的原理。

机械密封工作时，由于密封流体的压力和弹性元件的弹力等引起的轴向力，使动环和静环相互贴合并相对运动，由于两个密封面的紧密配合，使密封面之间的密封界面形成一微小的间隙，当带有一定压力的介质通过此间隙时，形成极薄的液膜，产生阻力，阻止介质泄漏，同时液膜又使得端面得以润滑，获得长期密封效果。

2. 机械密封的分类

根据 JB/T 4127.2—1999《机械密封　分类方法》规定，旋转轴用机械密封可按以下方法进行分类。

（1）按应用的主机分类：泵用机械密封；釜用机械密封；透平压缩机用机械密封；风机用机械密封；潜水电机用机械密封；冷冻机用机械密封；其他主机用机械密封。

（2）按使用工况和参数分类见表 3-30。

表 3-30　机械密封按使用工况和参数分类

分类依据	工况参数	类别	分类依据	工况参数	类别
按密封腔不同温度范围分	$t>150℃$	高温机械密封	按密封端面平均线速度分	$v>100m/s$	超高速机械密封
	$80℃<t≤150℃$	中温机械密封		$25m/s≤v≤100m/s$	高速机械密封
	$-20℃≤t≤80℃$	普通机械密封		$v<25m/s$	一般速度机械密封
	$t<-20℃$	低温机械密封		含固体磨粒介质	耐磨粒介质机械密封
按密封压力不同程度分	$p>15MPa$	超高压机械密封	按被密封介质分	强酸、强碱及其他腐蚀介质	耐强腐蚀介质机械密封
	$3MPa<p≤15MPa$	高压机械密封		耐油、水有机溶剂及其他弱腐蚀介质	耐油、水及其他弱腐蚀介质机械密封
	$1MPa<p≤3MPa$	中压机械密封	按轴径大小分	$d>120mm$	大轴径机械密封
	常压$≤p≤1MPa$	低压机械密封		$25mm≤d≤120mm$	一般轴径机械密封
	负压	真空机械密封		$d<25mm$	小轴径机械密封

(3) 按使用参数和轴径分类见表3-31。

表3-31 机械密封按使用参数和轴径分类

分类	参数				类别
	密封腔压力	密封腔温度	密封端面平均线速度	密封轴径	
按参数和轴径分	$p>15MPa$	$150℃<t<-20℃$	$v\geq25m/s$	$d<120mm$	重型机械密封
	$p<0.5MPa$	$0℃<t<80℃$	$v<10m/s$	$d\leq40mm$	轻型机械密封
	不满足重型和轻型的其他机械密封				中型机械密封

(4) 按密封端面的对数分类：单端面机械密封如图3-39所示，是指有一对摩擦副的密封；双端面机械密封是指由有两对摩擦副的密封分为轴向双端面密封，如图3-40（a）、(b) 所示，径向双端面密封，如图3-40（c）所示，和带中间环的双端面密封，如图3-40（d）；多端面机械密封，是指由两对以上摩擦副组成的密封。单端面密封结构简单，制造和安装容易，应用广泛。双端面密封工作时需引入一种有压液体至密封腔内作封液，用以改善端面间的润滑及冷却条件，使被密封介质与外界隔绝，基本达到"零泄漏"。

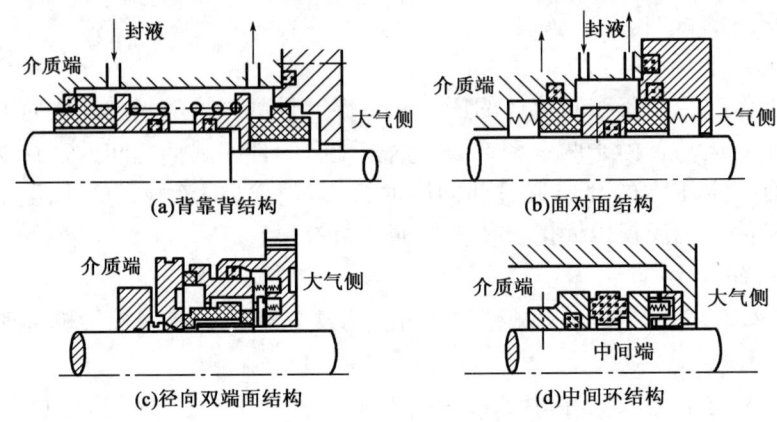

图3-40 双端面机械密封结构示意图

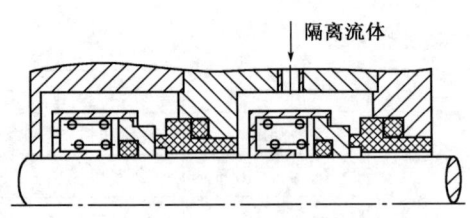

图3-41 双级机械密封结构示意图

(5) 按密封流体所处的压力状态分类：单级机械密封，使密封流体处于一种压力状态；双级机械密封（图3-41），使密封流体处于两种压力状态；多级机械密封，使密封流体处于两种压力状态以上。

(6) 按密封流体作用在密封端面的压力是卸荷或不卸荷分类：平衡式机械密封，如图3-42(a) 所示，平衡系数 $\beta<1.0$ 的密封，也就是由介质压力变化引起的端面比压的增量小于介质压力的增量。按卸荷程度又可分为部分平衡式机械密封，如图3-42（b）所示，平衡系数 $0<\beta<1.0$ 的密封和过平衡式机械密封，如图3-42（c）所示，平衡系数 $\beta\leq0$ 的密封；非平衡式机械密封，平衡系数 $\beta\geq1.0$ 的密封，也就是由介质压力变化引起的端面比压的增量大于或等于介质压力的增量。

(7) 按静环与密封端盖（或相对于端盖的零件）的相对位置分类：静环装于密封端盖（或相当于端盖的零件）内侧（面向主机工作腔侧）的机械密封称为内装式机械密封，如图

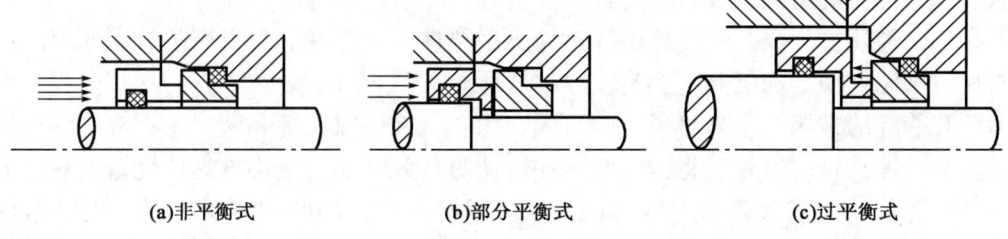

图 3-42 平衡型与非平衡型机械密封

3-43（a）所示。适用于温度和压力较高，以及介质对动环及弹性元件的腐蚀性不高的工况；反之，在密封端盖的外侧安装静环时称为外装式机械密封，如图 3-43（b）所示，适用于低压（或负压）和介质具有腐蚀性的工况。

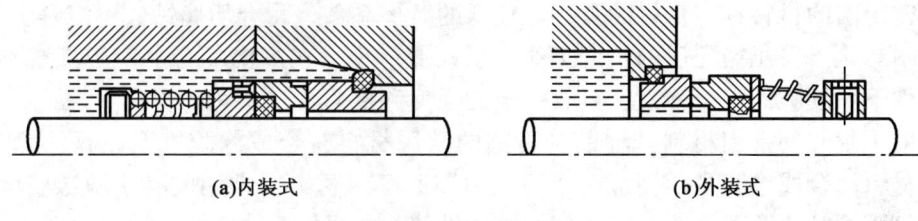

图 3-43 内装式和外装式机械密封结构示意图

（8）按密封流体在密封面间的泄漏方向是否与离心力方向一致分类：内流式机械密封，密封流体在密封端面间的泄漏方向与离心力方向相反的机械密封；外流式机械密封，密封流体在密封端面间的泄漏方向与离心力方向相同的机械密封。一般情况下，内流式机械密封多出现在内装式机械密封中，外装式机械密封多属于外流式械密封。

（9）按密封端面是否直接接触分类：接触式机械密封是指靠弹性元件的弹力和密封流体的压力使密封端面紧密贴合，即密封面微凸体接触的机械密封；非接触式机械密封，指靠流体静压或动压作用，在密封端面间充满一层完整的流体膜，迫使密封端面彼此分离不存在硬性固相接触的机械密封。

（10）按补偿环是否随轴旋转分类：旋转式机械密封，补偿环随轴旋转的机械密封；静止式机械密封如图3-44所示，补偿环不随轴旋转的机械密封。补偿机构旋转时易产生质量不平衡，同时消耗搅拌功率。因此，旋转式机械密封不能用于高速，而静止式机械密封可用于高速。但是旋转式密封安装方便，所以，普通的机械密封大多采用旋转式结构。

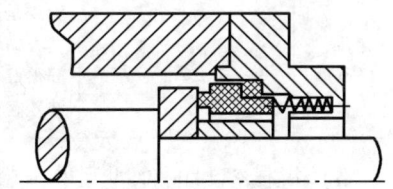

图 3-44 静止式机械密封结构示意图

3. 机械密封零部件的材料选用

（1）机械密封的动环和静环材料选用。动环和静环是做相对运动的，在高速旋转的同时，一要克服介质的腐蚀，二要承受一定的压力，还存在热交换。因此对动环和静环的材料提出了一些要求。

①在腐蚀性能方面要具有良好的化学稳定性，能防止因介质的腐蚀、溶解和溶胀等导致的损坏。

②在物理机械性能方面要具有较高的弹性模量、强度及许用 pv 值，较低的摩擦系数和

线膨胀系数，优良的耐磨性和自润滑性以及良好的不渗透性等。

③在热力性能方面要具有良好的导热性、耐热性、耐寒性和耐温度的急变性等。

④材料来源方便，加工制造容易，成本低廉。

动环和静环的常用非金属材料有碳石墨、陶瓷、聚四氟乙烯和塑料等；常用的金属材料有硬质合金、镍铬钢、铬钢、青铜、碳钢和铸铁等。此外还可采用堆焊、烧结、喷涂等表面处理及复合工艺改变或改善材料的表面性能。因此，在选用摩擦副材料时，应根据具体条件，同时考虑动环和静环的配对性能。常见的配对材料有：SiC—碳石墨、SiC—SiC、WC—碳石墨、WC—WC、WC—填充聚四氟乙烯、WC—青铜、Al_2O_3—碳石墨、Cr_2O_3—碳石墨、司太利合金—碳石墨。

（2）机械密封的辅助密封圈材料选用。

①辅助密封圈的材料要求。机械密封的辅助密封圈主要包括动环密封圈和静环密封圈。要求辅助密封圈的材料具有良好的弹性、较低的摩擦系数、耐介质腐蚀、不溶解于介质和耐溶胀，且耐老化。在压缩之后的长期工作中永久变形小，在高温场合下使用具有不黏着性，在低温条件下不硬脆而失去弹性，具有一定的强度和抗压性。

②辅助密封圈的常用材料。辅助密封圈的常用材料有合成橡胶、聚四氟乙烯、柔性石墨、金属材料。合成橡胶是使用最广泛的一种辅助密封材料，常用的有丁腈橡胶、氟橡胶、硅橡胶、氯丁橡胶、乙丙橡胶等。常用橡胶的性能特点见表3-32。

表3-32 常用橡胶的性能特点

材料	化学组成	特点	适用温度，℃	适用介质
丁腈橡胶（NBR）	丁二烯和丙烯的共聚体	优点是耐腐蚀、耐油性、耐磨性、耐水性、耐热性及气密性均较好；缺点是强度和弹力较低，耐寒和耐臭氧性能差电绝缘性不好	-20~130	烃类（不含苯）、油、水、乙醇、盐水
硅橡胶（Si）	主链含有硅、氟原子的特种橡胶	优点是高度耐热性、耐寒性、绝缘性优良；缺点是强度低，耐油、溶剂、酸碱性能差，价格较贵	-120~280	高苯胺点油类、氯化苯、浓磷酸、浓醋酸、乙醇、氨水
氟橡胶（FPM）	由含氟共聚体得到的	优点是高耐腐蚀性，抗辐射及高真空性能优良，力学性能、电绝缘、耐大气老化等能力都很好；缺点是加工性差，价格昂贵，耐寒性差，弹性较低。	-50~300	除氟、脂以外的其他所有酸、碱、盐、溶剂等强腐蚀性介质

（3）机械密封的弹性元件材料选用。

①弹性元件的材料要求。机械密封弹性元件有弹簧和金属波纹管等。要求材料具有强度高、弹性极限高、耐疲劳、耐腐蚀以及耐高温（或低温），使密封在介质中长期工作仍能保持足够的弹力，维持密封端面的良好贴合。

②弹簧的常用材料。弹簧的常用材料有65Mn、$60Si_2Mn$、50CrV、3Cr13、4Cr13、1Cr18Ni19Ti、Cr18Ni12Mo2Ti、磷青铜等。碳素钢弹簧一般用于常温无腐蚀介质中；50CrV弹簧可用于高温油类介质；铬钢弹簧适用于弱腐蚀性介质；不锈钢1Cr18Ni19Ti和Cr18Ni12Mo2Ti弹簧可用于稀硝酸、醋酸、尿素等腐蚀性介质；磷青铜和铍铜弹簧常用于油类和海水介质；对于一些强酸还需采用包覆等工艺措施。表3-33列出常用弹簧材料机械性能和使用温度范围。

表 3-33 常用弹簧材料机械性能和使用温度范围

材料总类	材料	机械性能			使用温度范围 ℃
		极限扭曲应力 MPa	许用扭曲应力 MPa	剪切弹性模量 MPa	
碳素弹簧钢	65Mn	500	400	8000	-40~120
	60Si₂Mn	750	600	8000	-40~250
	50CrV	450	360	8000	-40~400
不锈钢	4Cr13	450	360	4000	-40~400
	1Cr18Ni19Ti	400	330	8000	-100~200
磷青铜	QSn4-3	400	300	4000	-40~200

③金属波纹管的常用材料。根据工作条件的不同采用不同的材料制造，对于介质压力和温度不高的使用条件，可采用橡胶制造，价格低廉，又能满足密封的要求；对于腐蚀性介质，可采用聚四氟乙烯或填充聚四氟乙烯制造。上述两类材料的刚度较小，常辅之以弹簧才能达到要求的弹簧比压；金属波纹管常采用奥氏体不锈钢，马氏体不锈钢、析出硬化性不锈钢（17-7PH）、高镍铜合金（Monel）、耐蚀耐高温的镍铬合金（Hastel-loyB 及 C）和磷青铜等制造，有的还采用 0Cr18Ni19Ti 和 1Cr18Ni19Ti 不锈钢制造。

（4）机械密封中其他零件材料选用。除上述零件外，其他零件虽然不是机械密封的主要零件，但是在材料选择上也不容忽视。因为任何一个零件出现故障都会引起密封失效。这些零件中包括弹簧座（盒）、传动座、推环、螺钉以及轴套和压盖等，同样要求它们具有足够的强度和耐腐蚀性。常用的材料有 1Cr13、2Cr13、3Cr13、1Cr18Ni19Ti、Cr18Ni12Mo2Ti 等，腐蚀性微弱时也可采用优质碳钢等。

4. 机械密封的安装使用及注意事项

机械密封是较精密的部件，安装质量的好坏直接影响其使用寿命。同时，机械密封本身是泵的一个部件，泵的安装及运转情况无疑要对密封产生较大的影响。因此，对安装机械密封的泵有一定的要求，从而保证机械密封的密封效果。

（1）安装机械密封的泵的技术要求。

①转子部分。保证转子平衡和运转中振动较小，安装时要求达到以下技术要求：

a. 轴的径向跳动最大不超过 0.03~0.05mm。转子的径向跳动分别为：叶轮口环不超过 0.06~0.10mm，轴套等部位不超过 0.04~0.06mm（小直径对应较小值，大直径对应较大）。

b. 叶轮应找静平衡。在 3000r/min 工作的叶轮，不平衡允许值见表 3-34。

表 3-34 叶轮的不平衡允许值

叶轮外径，mm	≤200	201~300	301~400	401~500
不平衡量，g·cm	3	5	8	10

c. 凡单级泵的叶轮直径超过 300mm 时或两级泵的叶轮直径超过 250mm 时，还要检查转子的动平衡。根据式（3-41）计算允许剩余不平衡量：

$$U_{max} = \frac{635W}{n} \tag{3-41}$$

式中　U_{max}——剩余不平衡量，g·cm；
　　　W——轴颈的质量，kg；
　　　n——泵的转速，r/min。

d. 对于弹性柱销式及其他用铸铁制造的联轴器，当直径超过 ϕ125mm 而总长度超过 300mm 时也需进行动平衡校验。允许不平衡值仍用上式计算，式中 W 应为联轴器的质量。

②各部件的相对位置公差：

a. 密封箱与轴的同轴度 0.10mm。

b. 密封箱与轴的垂直度 0.05mm。

c. 转子的轴向串量 0.30mm。

d. 压盖与密封箱配合止口同轴度 0.10mm。

③与电动机的同心度：

a. 电动机单独运转时其振幅不超过 0.03mm。

b. 工作温度下泵与电动机的同心度，轴向 0.08mm，径向 0.10mm。

c. 立式泵采用的刚性联轴器同心度，轴向 0.04mm，径向 0.05mm。

④泵运转时双振恒值最大不超过 0.06mm。

（2）安装前的准备工作及安装注意事项。

①检查需要安装的机械密封的型号、规格是否正确，零件是否完好，密封圈的尺寸是否合适，动环、静环表面是否光滑平整，有无气孔和裂纹。若有缺陷，必须更换或修复。

②检查机械密封各零件的配合尺寸、粗糙度、平行度是否符合要求。

③使用小弹簧机械密封时，应检查小弹簧的长度和刚性是否相同。使用并圈弹簧传动时，还要检查弹簧的旋向应与轴的旋向一致，其判别方法是：面向动环端面，视转轴按顺时针方向旋转者用右弹簧；转轴为逆时针旋转者，用左弹簧。

④检查设备的精度是否满足安装机械密封的要求。

⑤清洗干净密封零件、轴表面、密封腔体，并保证密封液管路畅通。

⑥安装过程中应保持清洁，特别是动环、静环的密封端面及辅助密封圈表面应无杂质、灰尘。为防止启动瞬间产生干摩擦，可在动环和静环密封端面涂抹机油或黄油。

⑦在密封环就位时，不要将 O 形圈"滚入"静环座上，避免扭折。可以采取轻轻将密封圈撑大些，防止通过孔、台阶、键槽密封圈表面划伤破损。或采取将 O 形圈放入开水中，使其膨胀些再安装。注意在辅助密封端面上不要涂油。

⑧安装过程中不允许使用工具敲打密封元件，防止密封件损坏。

（3）安装机械密封。

安装前的准备工作完成后，就可以按步骤进行安装。完成静止部件在端盖内的安装和旋转部件在轴上的安装，最后完成密封的总体安装。如图 3-45 所示的离心泵用单端面内装非平衡式机械密封为例，安装步骤如下：

①静止部件的安装。将防转销插入密封端盖相应的孔内，再将静环辅助密封圈从静环尾部套入，如采用 V 形圈，注意其安装方向，如是 O 形圈，则不要滚动。然后，使静环背面的防转销槽对准防转销装入密封端盖内。防转销的高度要合适，应与静环保留 1~2mm 的间隙，不要顶上静环。最后，测量出静环端面到密封端盖端面的距离 A。

静环装到端盖中去以后，还要检查密封端面与端盖中心线的垂直度及密封端面的平面度。对输送液态烃类介质的泵，垂直度误差不大于 0.02mm，油类等介质可控制在 0.04mm

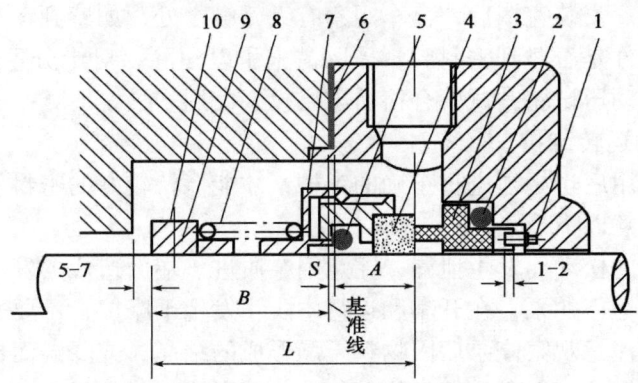

图 3-45 内装非平衡式机械密封的安装示例
1—防转销；2—静环辅助密封圈；3—静环；4—动环；5—动环辅助密封圈；
6—密封端盖垫片；7—推环；8—弹簧；9—弹簧座；10—紧定螺钉

以内。检查方法是用深度尺（精度 0.02mm）测量密封端面与端盖端面的高度，沿圆周方向对称测量 4 点，其差值应在上述范围内，如图 3-46 所示。

用光学平镜检查密封端面的平面度时，如发现变形，则用与之配对的动环研磨，注意此时不放任何研磨剂，保持清洁，直到沿圆周均匀接触为止，清洗干净待装。也可直接用光学平镜检查装配后的静环端面。

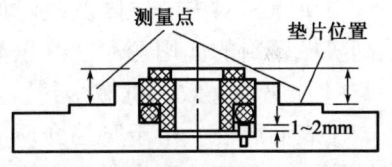

图 3-46 静环端面垂直度测量

② 确定弹簧座在轴上的安装位置。确定弹簧座的安装位置，应在调整定好转轴与密封腔壳体的相对位置的基础上进行。首先在沿密封腔的泵轴上正确地画一条基准线。然后，根据密封总装图上标记的工作长度，由弹簧座的定位尺寸调整弹簧的压缩量至设计规定值。弹簧座的定位尺寸如图 3-45 所示，可按下式得出：

$$B = L - (A - S) \qquad (3-42)$$
$$L = L' - H \qquad (3-43)$$

式中 B——弹簧座背端面到基准线的距离，mm；
L——旋转部件工作位置总高度，mm；
L'——旋转部件组装后的自由高度，mm；
H——弹簧压缩量，mm；
A——静环组装入密封端盖后，由静环端面到端盖端面的距离，mm；
S——密封端盖垫片厚度，mm。

③ 旋转部件的组装。将弹簧两端分别套在弹簧座和推环上，并使磨平的弹簧两端部与弹簧座和推环上的平面靠紧。再将动环密封圈装入动环中，并与推环组合成一体，然后将组装好的旋转部件套在轴（或轴套）上，使弹簧座背端面对准规定的位置，分几次均匀地拧紧紧定螺钉，用手向后压迫动环，看是否能轴向浮动。

④ 将安装好静止部件的密封端盖安装到密封腔体上，将端盖均匀压紧，不得装偏。用塞尺检查端盖和密封腔端面的间隙，其误差不大于 0.04mm。检查端盖和静环对轴的径向间隙，沿圆周各点的误差不大于 0.1mm。

⑤安装后的检查。安装完毕后，盘车观察有无碰触之处，如感到盘车很重，必须检查轴是否碰到静环，密封件是否碰到密封腔，采取措施予以消除。对十分重要设备的机械密封，必须进行静压试验和动压试验，试验合格后方可投入使用。

（4）机械密封的运转维护。

机械密封投入使用后也必须进行正确的维护，才能保持较好的密封效果和长久的使用寿命。维护时一般要注意以下几点：

①应避免因零件的松动而发生泄漏，注意因杂质进入端面造成的发热现象及运转中有无异常响声。对于连续运行的泵，在开车和运行中防止发生干摩擦，不要发生泵抽空现象；对于间歇运转的泵，应注意观察停泵后因物料干燥形成的结晶，或降温而析出的结晶，泵启动时应采取加热或冲洗措施，以避免结晶物划伤端面而影响密封效果。

②冲洗冷却等循环保护系统及仪表是否正常稳定工作。要注意突然停水造成冷却不良，致使密封失效，或由于冷却管、冲洗管、均压管堵塞而发生事故。

③机器本身的振动、发热等因素也将影响密封性能，必须经常观察。当轴承部分损坏后，也会影响密封性能，因此要注意轴承是否发热，运行中有无异常声音，以便及时处理。

5. 机械密封失效及故障分析

对机械密封失效原因及故障原因进行正确分析，有助于找到排除故障的最佳方案，从而提高机械密封的使用寿命。这里简单介绍机械密封失效分析和故障分析。

（1）腐蚀失效。机械密封因腐蚀引起的失效为数不少，常见的腐蚀类型有如下几种：

①表面腐蚀。由于腐蚀介质的侵蚀作用，机械密封件会发生表面腐蚀，严重时也可发生腐蚀穿孔，弹簧件更为明显，采用不锈钢材料，可减轻表面腐蚀。

②点腐蚀。金属材料表面各处产生的剧烈腐蚀点称为点腐蚀。弹簧套常出现大面积点蚀或区域性点蚀，有的导致穿孔，点腐蚀的作用要比表面均匀腐蚀更危险。

③晶间腐蚀。是指仅在金属的晶界面上产生的剧烈腐蚀现象。碳化钨环不锈钢环座以铜焊连接，使用中不锈钢座易发生晶间腐蚀，为防止这种腐蚀，不锈钢应在高温下进行热处理，使铬固熔化而均匀分布在不锈钢中。

④应力腐蚀。是指金属材料在承受应力状态下处于腐蚀环境中产生的腐蚀现象。金属焊接波纹管、弹簧等在硫化氢、盐水、碱液等介质中极易产生应力腐蚀破坏。应力腐蚀临界应力强度因子偏低，在应力与介质腐蚀的共同作用下，往往会发生断裂，由于弹簧的突然断裂而使密封失效，解决的方法是正确选材，热处理消除内应力，选择合适的弹簧比压。

⑤缝隙腐蚀。当介质处于金属与金属或非金属之间狭小缝隙内而呈停滞状态时，会引起缝隙内金属的腐蚀加剧，这种腐蚀形态称为缝隙腐蚀。动环的内孔与轴套表面之间、螺钉与螺孔之间、O形环与轴套之间、陶瓷镶环与金属环座之间也会发生缝隙腐蚀，一般在轴（轴套）表面喷涂陶瓷，镶环处表面涂以黏结剂可以减轻缝隙腐蚀。

⑥电化学腐蚀。摩擦副中不同的金属材料处在电解质溶液中，由于各材料的腐蚀电位不同，接触时产生电偶效应所引起的腐蚀情况。因此，最好选择电位相近的材料或陶瓷与填充玻璃纤维聚四氟乙烯组对。

（2）热损伤失效。机械密封件因过热而导致的失效，即为热损伤失效。最常见的热损伤失效有热裂、疱疤、炭化、弹性元件的失弹，橡胶件的老化、永久变形、龟裂等。

①热裂。由于密封面处于干摩擦、冷却突然中断、杂质进入密封面、抽空等，端面出现径向裂纹，从而使密封面泄漏量迅速增加，对偶件急剧磨损，碳化钨环热裂现象较常见。

②疤疤、炭化。在高温环境下的机械密封，常会发现石墨环表面出现凹坑、疤块。这是因为当浸渍树脂石墨环超过其许用温度时，树脂会炭化分解形成硬粒和析出挥发物，形成疤痕，从而极大增加摩擦力，并使表面损伤，泄漏量增大。

③橡胶件老化、永久变形、龟裂。高温是橡胶件老化、龟裂、永久变形的重要原因之一。橡胶超过许用温度继续使用，将迅速老化、龟裂、变硬失弹。严重时还会出现开裂，致使密封性能丧失。因此，应注意各种胶种的使用温度，避免长时间在极限温度下使用。

（3）磨损失效。

摩擦副使用材料耐磨性差、摩擦因数大、端面比压（包括弹簧比压）过大、密封面进入固体颗粒等均会使密封面磨损过快而引起密封失效。采用平衡型机械密封以减少端面比压及安装中适当减少弹簧压力，有利于克服因磨损引起的密封失效。

（4）安装、运转等引起的故障分析。

由于安装不良，机械密封加水或静压试验时会发生泄漏。安装不良有下述几方面：

①动环、静环接触表面不平，安装时有碰伤、损坏。

②动环、静环密封圈尺寸有误、损坏或未被压紧。

③动环、静环表面有异物夹入。

④动环、静环 V 形密封圈方向装反，或安装时反边。

⑤紧定螺钉未拧紧，弹簧座后退。

⑥轴套处泄漏，密封圈未装或压紧不够。

⑦如用手转动轴泄漏有方向性则有以下原因：弹簧力不均匀，单弹簧不垂直，多弹簧长短不一或个数少；密封腔端面与轴垂直不够。

⑧静环压紧不均匀。

运转中，如泵叶轮轴向窜动量超过标准、转轴发生周期性振动及工艺操作不稳定，密封腔内压力经常变化均会导致密封周期性泄漏。

由安装、运转等引起的经常性泄漏。

①动环、静环接触端面变形会引起经常性泄漏。如端面比压过大，摩擦热引起动、静环的热变形；密封零件结构不合理，强度不够产生变形；由于材料加工原因产生的残余变形；安装时零件受力不均等，均是密封端面发生变形的主要原因。

②镶装或粘接的动、静环接缝处泄漏造成泵的经常性泄漏，由于镶装工艺不合理引起残余变形、用材不当、过盈量不合要求、粘结剂变质均会引起接缝泄漏。

③摩擦副损伤或变形而不能接合引起泄漏。

④摩擦副夹入颗粒杂质。

⑤弹簧比压过小。

⑥密封圈选材不正确，溶胀失效。

⑦V 形密封圈装反。

⑧动环、静环密封面对轴线不垂直度误差过大。

⑨密封圈压紧后，传动销、防转销顶住零件。

⑩大弹簧旋向不对。

⑪转轴振动。

⑫动、静环与轴套间形成水垢不能补偿磨损位移。

⑬安装密封圈处轴套部位有沟槽或凹坑腐蚀。

⑭端面比压过大，动环表面龟裂。
⑮静环浮动性差。

由于以下原因，泵密封会出现突然的泄漏：

①泵强烈振动、抽空破坏了摩擦副。

②弹簧断裂。

③防转销脱落或传动销断裂而失去作用。

④辅助装置有故障使动、静环冷热骤变导致密封面产生变形或裂纹。

由于温度变化，摩擦副周围介质发生冷凝、结晶影响密封。

摩擦副附近介质的凝固、结晶，摩擦副上有水垢；弹簧锈蚀、堵塞而丧失弹性，均可引起停泵一段时间再启泵时发生泄漏。

三、联轴器

离心泵与电动机中间的连接机构称为联轴器。联轴器的主要作用是传递连接两轴的扭矩，同时还具有补偿两轴轴线位置的偏斜，吸收振动，缓和冲击的作用。

（一）联轴器的类型

联轴器的类型有很多种，大致可分为刚性联轴器和弹性联轴器。目前，常用的有爪形弹性联轴器、弹性柱销联轴器、膜片联轴器、液力耦合器等四种。

1. 爪形联轴器

爪形联轴器又称弹性块联轴器，它是由两个爪形半联轴器和橡胶星轮组成，其结构如图3-47。特点是体积小，重量轻，结构简单，安装方便，价格低廉，常用于小功率及不太重要的场合。爪形弹性联轴器其最大许用扭矩为850N·m，最大轴径不超过50mm。

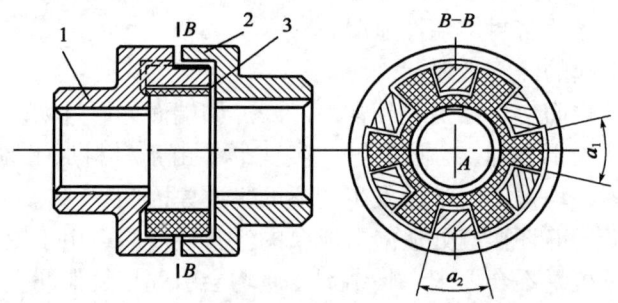

图3-47　爪形联轴器结构示意图
1—泵联轴器；2—电动机联轴器；3—弹性块

2. 弹性柱销联轴器

弹性柱销联轴器以柱销与两半联轴器的凸缘相连，柱销的一端以圆锥面和螺母与半联轴器凸缘上的锥形销孔形成固定配合，另一端带有弹性套，装在另一半联轴器凸缘的柱销孔中，弹性套用橡胶制成，其结构如图3-48。其特点是结构简单，安装方便，更换容易，尺寸小，重量轻，传动扭矩大，广泛应用于各种旋转泵中。

弹性柱销联轴器其最大许用扭矩为8316N·m，最大轴径不超过200mm的泵。如国内IS型、IH型泵等，可采用加长型弹性柱销联轴器。加长型弹性柱销联轴器在水泵行业的标准为YB101，其许用扭矩、最大轴径与弹性柱销联轴器的要求相仿。

3. 膜片联轴器

膜片联轴器采用一组厚度很薄的金属弹簧片，制成各种形状，用螺栓分别与主、从动轴上的两半联轴器连接。如图 3-49 所示。其特点是结构简单，不需要润滑和维护，抗高温，抗不对中性能好，可靠性高，传动扭矩大，但价格较高。水泵行业推荐的膜片联轴器为 JM₁J 型接中间轴整体式膜片联轴器，其最大许用扭矩为 200000N·m，最大轴径不超过 360mm。

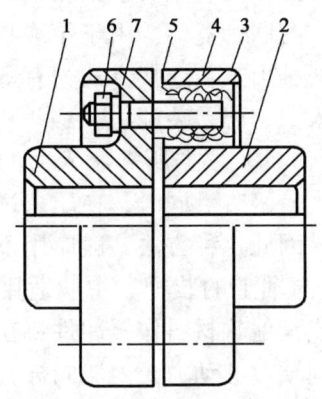

图 3-48　弹性柱销联轴器结构示意图
1—泵侧半联轴器；2—电动机侧半联轴器；
3—柱销；4—弹性圈；5—挡圈；6—螺母；7—垫圈

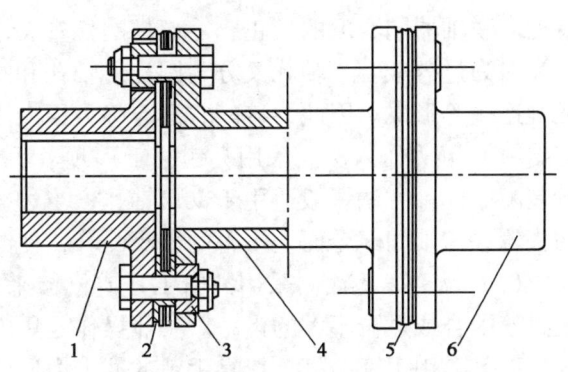

图 3-49　膜片联轴器结构示意图
1、6—半联轴器；2—衬套；3—膜片；4—垫圈；5—中间轴

4. 液力耦合器

液力耦合器通过工作液在泵轮和涡轮间的能量转化起到传递功率（扭矩）的作用。液力耦合器的起动平稳，有过载保护和无级调速等功能，缺点是存在一定的功率损耗，传动效率一般为 96%~97%，且价格较贵。

液力耦合器有普通型、限矩型和调速型三种基本类型。普通型液力耦合器结构简单，无任何限矩、调速结构措施，主要用于不需过载保护和调速的传动系统，起隔离振动和减缓冲击作用。限矩型液力耦合器能在低转速比下有效地限制传递扭矩的升高，防止驱动机和工作机的过载。调速型液力耦合器通常是通过改变工作腔中的充液量来调节输出转速的，即所谓的容积调节，调速型液力耦合器与普通型及限矩型不同，它必须有工作液的外部循环系统和冷却系统，使工作液不断的进、出工作腔，以调节工作腔的充液量和散逸热量。

液力耦合器的特点可归纳为以下几点：

（1）可实现无级调速，在较宽范围内改变泵的转速来调节流量，代替了泵出口阀调节流量，从而降低了动力消耗。

（2）工作中平稳无噪声，消除振动。

（3）传动部分无直接机械接触，没有磨损，可延长使用寿命，并具有过载保护作用。

（4）操作简便，作为调速机构使用时，易于实现自动控制。

（5）传递功率可靠，调速灵敏度高。

（6）可空载启动，再带负荷，减少电动机的启动电流。

它的缺点是：结构复杂，需冷却系统等辅助设备，成本高；另外，耦合器调至低速时，效率较低。

（二）联轴器的拆装

泵是应用联轴器比较多的一种通用机械设备，中、小型泵通常采用弹性联轴器；以同步电动机作为原动机的大功率泵，多采用凸缘联轴器；转速较高的大功率泵多采用齿轮联轴器；输送介质中有小颗粒的离心泵，大多采用弹性联轴器。

1. 联轴器的安装

联轴器的安装在机械安装中属于比较简单的安装操作，操作内容主要包括轮毂在轴上的装配、联轴器同心度的校正、零部件的检查、按图纸要求装配联轴器等。由于轮毂与轴的配合大多为过盈配合，轴孔又分为圆柱形轴孔和圆锥形轴孔两种形式，连接方式为有键连接和无键连接等形式。因此，装配方法有静力压入法、动力压入法、温差装配法。

（1）静力压入法。采用夹钳、千斤顶、手动或机械压力机，根据所需压入力的大小进行装配。此种方法一般适用于锥形轴孔，当过盈较大时压入较困难。同时，在压入过程中会切去轮毂与轴间配合面上不平的微小凸峰，使配合面易损，因此这种方法一般应用不多。

（2）动力压入法。采用冲击工具或机械来完成联轴器向轴上的装配。一般适用于配合是过渡配合或过盈不大的设备。具体操作是用木块、铅块或其他软材料作缓冲件垫在联轴器的端面上，用手锤敲打，依靠手锤的冲击力使联轴器装配到轴上。动力压入法同样会损伤配合表面，一般用于低速和小型联轴器的装配。

（3）温差装配法。使联轴器受热膨胀或使轴的端部受冷收缩，目的是让轮毂的轴孔内径略大于轴端部的直径，达到容易装配。现场安装大多采用加热的方法，具体操作是把联轴器放入高闪点的油中进行油浴加热，温度在200℃以下，最高上限不超过400℃，防止金属内部结构的改变。达到规定温度值后进行安装。

2. 联轴器装配注意事项

（1）联轴器安装前先把零部件清洗干净，对准备投用的联轴器表面涂抹润滑油，长时间停用的联轴器表面涂抹防锈油进行保养。

（2）联轴器的结构形式很多，具体装配的要求、方法都不一致，但是必须按照图纸要求进行装配。对于高速旋转机械上的联轴器，在出厂前都做过动平衡试验，合格后在各部件之间相互配合方位上画标记，装配时必须按照厂家给定的标记组装。否则由于联轴器的动平衡不好引起泵机组的振动。

（3）高速旋转机械上的联轴器连接螺栓都是经过称重的，使每一条连接螺栓的质量基本一致。如大型离心式压缩机上用的齿式联轴器，其所用连接螺栓的质量差值一般小于0.05g。因此，联轴器间的连接螺栓不能任意互换，如必须更换其中的一条，要保证质量与原有的螺栓质量一致。

（4）在拧紧联轴器的连接螺栓时，应对称均匀拧紧，使每一条连接螺栓的锁紧力基本一致。否则造成联轴器装配后产生倾斜现象，一般采用力矩扳手来达到此项要求。

（5）对于刚性可移动式联轴器，在装配完后应检查联轴器的刚性可移件是否能进行少量的移动，有无卡阻的现象。

（6）各种联轴器在装配完成后，均应进行盘车检查转动情况是否良好。

3. 联轴器同心度校正方法

离心泵和电动机是由联轴器连接的。因此，在安装时必须保证两轴的同心度。这里分别介绍用直尺法和百分表法检查机泵同心度。

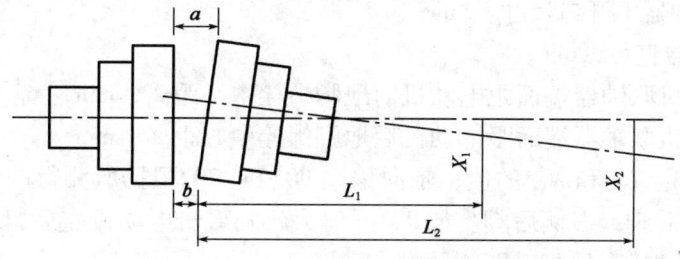

图 3-50 联轴器调整同心度示意图

（1）直尺法操作步骤如下：

①拆卸两联轴器连接螺栓，并用石笔在联轴器上均分成四等份，在电机端盖上相对应做好标记。

②测量径向偏差。用钢板尺和塞尺配合分别在联轴器平面上 0°、90°、180°、270°上测量，按表 3-35 做好记录。

表 3-35　离心泵机组同心度测量与调整记录表

项目 方位	径向，mm		轴向，mm	
	钢板尺	百分表	钢板尺	百分表
0°				
90°				
180°				
270°				
0°+180°				
90°+270°				

注：D、L_1、L_2 给定值（由现场给定）。

③测量轴向偏差。用标准块和塞尺配合使用测量联轴器 0°、90°、180°、270°方位的开口尺寸，按表 3-35 做好记录。

④调整（图 3-50）。径向偏差：0°和 180°，在电动机四个脚同时加（或减）垫子，垫子厚度为所测得的偏差值，用 Δh 表示；90°和 270°用紫铜棒敲击电动机侧面，使电动机向 90°方位（或 270°方位）平行移动，移动量为所测得的偏差值。轴向偏差：0°和 180°，可利用经验公式。

经验公式：

$$X_{前} = \frac{a-b}{D} \times L_1 \tag{3-44}$$

$$X_{后} = \frac{a-b}{D} \times L_2 \tag{3-45}$$

式中　$X_{前}$——电动机前地脚垫子厚度，mm；

$X_{后}$——电动机后地脚垫子厚度，mm；

a——两联轴器上开口尺寸，mm；

b——两联轴器下开口尺寸，mm；
　　D——联轴器直径，mm；
　　L_1——电动机联轴器端面距电动机前地脚螺栓中心距离，mm；
　　L_2——电动机联轴器端面距电动机后地脚螺栓中心距离，mm。

　　经过计算，确定 $X_前$ 和 $X_后$ 的值；轴向偏差90°和270°根据所测得的偏差值，用紫铜棒敲击电动机的左侧后脚或右侧后脚。如90°开口大，则敲击电动机左后脚或右侧后脚；270°开口大，则敲击电动机右后脚或左侧后脚。

　　⑤综合评定。垫子总厚度：前脚 $S_前 = \Delta h + X_1$，后脚 $S_后 = \Delta h + X_2$。

　　（2）百分表法操作步骤如下：

　　①如果联轴器径向、轴向偏差值过大，进行初步调整。

　　②将联轴器擦干净后，把联轴器的外圆按0°、90°、180°、270°分成四等份，同时在与0°相对应的方位的电动机端盖上找一个参照点，并用石笔做好标记。

　　③将磁力表架（或专用表架）固定在泵联轴器的脖颈处，将表杆按径向和轴向调好，擦拭百分表，检查表针是否归0，检查表盘转动是否灵活，轻拉表杆检查是否灵活。

　　④将两块百分表分别装在径向和轴向表杆上，径向百分表触头与联轴器0°标记处垂直，下压量为1~2mm；轴向百分表触头与联轴器端面垂直，下压量为1~2mm，按泵的旋转方向转动一周，观察表针是否归零，不归零重新调整。

　　⑤径向和轴向两块表大针分别调到"0"位，按泵的旋转方向缓慢转动联轴器，按表3-35分别记下0°、90°、180°、270°四个方位径向、轴向在百分表上显示出的数值（根据小针变化情况，确定"+""-"号）。

　　⑥径向偏差值的确定：

　　0°+180°（绝对值相加），所得的值为两联轴器上下径向偏差值。0°值为0时，180°值为正，说明电机比泵低，180°值为负值，说明电机比泵高；90°+270°值（绝对值相加），所得值为两联轴器左右径向偏差值，将90°值和270°值进行比较，电动机向大值方向偏。

　　⑦轴向偏差值的确定：

　　0°+180°值（绝对值相加），所得的值为两联轴器上下轴向偏差值。0°值为0时，180°值为正，说明下开口大，180°值为负，说明上开口大。90°值+270°值（绝对值相加），所得值为两联轴器左右轴向偏差值。将90°值和270°值进行比较，数值大的开口大。

　　⑧径向偏差的调整：径向上、下偏差的调整，在电动机的四个地脚同时加（或减）垫子，其垫子厚度为径向偏差值的一半，如果180°值为正，则在电动机四个地脚同时加垫子，Δh 为正值；如果180°值为负，则在电动机四个地脚同时减垫子，Δh 为负值。径向左、右偏差的调整，用紫铜棒敲击电动机侧面进行调整。

　　⑨轴向偏差的调整：轴向上、下偏差的调整：利用经验公式（3-44）和公式（3-45）进行计算。

　　如果上开口大，在电动机前、后地脚分别加 $X_前$ 和 $X_后$ 厚度的垫子，$X_前$ 和 $X_后$ 为正值；如果下开口大，在电动机前、后地脚分别减 $X_前$ 和 $X_后$ 厚度的垫子，$X_前$ 和 $X_后$ 为负值。轴向左、右偏差的调整，用紫铜棒敲击电动机的左后侧脚或右后侧脚的方法调整。

　　⑩综合评定。垫子总厚度：$S_前$ 电动机前脚，$S_前 = \Delta h + X_1$；$S_后$ 电动机后脚，$S_后 = \Delta h + X_2$。紧固螺丝，用扳手对角将电动机地脚螺栓紧固好，调整完毕后复测一遍，标准要求为径向偏差0.08mm，轴向偏差0.08mm。

有一台泵机组用百分表法测量的结果如表3-36所示。

表3-36 离心泵机组同心度测量与调整

项目 方位	径向,mm		轴向,mm	
	钢板尺	百分表	钢板尺	百分表
0°		0		0
90°		-0.25		+0.20
180°		+0.40		+0.30
270°		+0.35		-0.15
0°+180°		0.40		0.30
90°+270°		0.60		0.35

注：$D=200$mm、$L_1=300$mm、$L_2=600$mm 给定值。

记录：

将 D、L_1、L_2 值代入公式：

径向：$\Delta h = (0°+180°)/2 = 0.40/2 = 0.20$（mm）

因为电动机低，加垫子，所以 Δh 为正值。

轴向：$X_前 = (a-b)/D \times L_1 = 0.3/200 \times 300 = 0.45$（mm）

$X_后 = (a-b)/D \times L_2 = 0.3/200 \times 600 = 0.90$（mm）

因为电动机下张口、减垫子，所以 X_1、X_2 为负值。

综合：$S_前 = \Delta h + X_1 = 0.2 + (-0.45) = -0.25$（mm）

$S_后 = \Delta h + X_2 = 0.2 + (-0.9) = -0.7$（mm）

所以电动机的前地脚应减垫子垫子厚度为0.25mm，电动机的后地脚应减垫子垫子厚度为0.7mm。调整好联轴器端面间隙和左右径向偏差后，用扳手对角将地脚螺栓紧固好，在紧固时也可以用松、紧前后地脚螺栓的方法进行微调。最后进行复测，确定达到标准要求。

第四章　集输电气设备

油气集输过程中应用到大量的电气设备，为油田生产提供动力保障，对电力设备的使用管理提出了更多的要求。因此，掌握用电设备的性能及使用方法是集输操作人员必备的技能。

第一节　电工基础

学习电工基础知识的目的是让从事集输生产的技术工人能正确操作和使用本岗位的常用电气设备，提高实际操作水平。

一、电路组成及电路中的物理量

（一）电路组成

1. 电路

电路是用导体把电源用电路元件或设备连接起来，由此构成的电流通路称为电路。简单地说就是电流所流过的路径，它由电路元件组成。当合上电动机的刀闸开关时，电动机立即就转动起来，这是因为电动机通过导线经开关与电源接成了电流的通路，并将电能转换成为机械能。电动机、电源等称为电路元件，电路元件大体可分为以下四类：

（1）电源。电源即发电设备，其作用是将其他形式的能量转换为电能，如电池是将化学能转换为电能，而发电机是将机械能转换为电能。

（2）负载。负载即用电设备，它的作用是把电能转换为其他形式的能，如电炉是将电能转换为热能，电动机则是把电能转换为机械能。

（3）控制电器和保护电器。在电路中起控制和保护作用，如开关、熔断器、接触器等。

（4）导线。导线由导体材料制成，其作用就是把电源、负载和控制电器连接成一个电路，并将电源的电能传输和分配给负载。

2. 电路图

在实际工作中，为便于分析、研究电路，通常将电路的实际元件用图形符号表示在电路中，称为电路原理图，也称为电路图，如图4-1所示。

在电路中，只有两个端点与电路其他部分相连的无分支电路称为支路。在图4-2中共有3条支路。通常将3条支路以上的连接点称为节点，图4-2中的A点和B点即为节点。在电路中由支路组成的任一闭合路径称为回路，图4-2中共有3个回路。

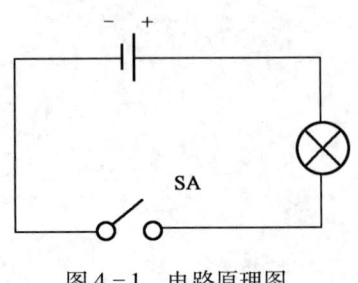

图4-1　电路原理图

（二）电路状态及作用

1. 电路的状态

电路通常有3种状态，分别是通路、开路、短路。

(1) 通路。通路是指每处连通的电路。通路也称闭合电路，简称闭路。只有在通路的情况下，电路才能有正常的工作电流。

(2) 开路。开路是指电路中某处断开，不成通路的电路，也称断路，此时电路中无电流。

(3) 短路。短路是指电路（或电路中的一部分）被短接，如负载后电源两端被导线连接在一起，就称为短路。短路也称捷路，此时电源提供的电流将比通路时的电流大很多倍，一般不允许短路。

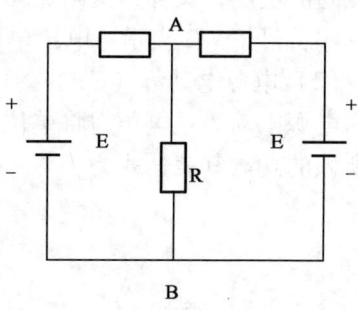

图4-2 具有3个回路的电路

2. 电路的作用

电路的作用是指电路有电能的传输、分配、转换和信息的传递及处理作用。

（三）电路中的物理量

1. 电流（I）

导体中的自由电子在电场力的作用下，做有规则地定向运动就形成了电流。电流的流向始终不随时间变化的称为直流电；电流的流向随时间周期性变化的称为交流电。电荷的定向流动称为电流。通常正电荷流动的方向为电流的方向，用符号"I"表示，单位安（A），也可以用千安（kA）、毫安（mA）或微安（μA）表示。

电荷的数量称为电量，常用符号"Q"表示，它的单位为库仑。电流的大小用电流强度表示，单位时间内通过导体横截面积的电荷量，称为电流强度。用"I"表示，其表达式为：

$$I = \frac{Q}{t} \tag{4-1}$$

式中　I——电流强度（简称电流），A；
　　　Q——通过导体横截面的电荷量，C；
　　　t——通过Q所用的时间，s。

2. 电流密度（J）

通过导线单位横截面积的电流大小，称为电流密度，用"J"表示，其单位为安/毫米^2，（A/mm^2）。其表达式为：

$$J = \frac{I}{S} \tag{4-2}$$

式中　J——电流密度，A/mm^2；
　　　I——电流强度，A；
　　　S——导线截面积，mm^2。

3. 电压（V）

(1) 电位、电压

电场力将单位正电荷从电场中某点移至无限远处（电位规定为零的参考点）所做的功，称为该点的电位。

在静电场中，将单位正电荷从某点移到另一点过程中电场力所做的功，在数值上等于这两点间的电压，又称为这两点间的电势差或电位差，用符号"U"表示，单位为伏特，简称伏，用符号"V"表示。电压单位还有用千伏（kV）、毫伏（mV）等。

（2）电源电动势（E）

电源电动势是电源力将单位正电荷从电源的低电位端经电源内部（导体）移到高电位端所做的功。其表达式为：

$$E = \frac{W}{Q} \tag{4-3}$$

式中　E——电源电动势，V；

　　　W——电源力所做的功，J；

　　　Q——单位正电荷的电荷量，C。

4. 电阻（R）

电荷在带电体内流动时，导体阻碍电荷流动的能力称为电阻。用"R"表示，单位为欧姆（Ω）或兆欧（MΩ）。

导体电阻的大小与导体的长度 L 成正比，与导体的截面面积 S 成反比，还与导体的材料性质有关，即：

$$R = \rho \frac{L}{S} \tag{4-4}$$

式中　R——导体电阻，Ω；

　　　L——导线长度，m；

　　　S——导体截面积，mm^2；

　　　ρ——导体电阻率，$\Omega \cdot mm^2/m$。

5. 电容（C）

任何两块金属导体，中间用不导电的绝缘材料隔开就形成了一个电容器，被绝缘材料隔开的金属板称为极板。用来隔开极板的绝缘材料称为绝缘介质。每个电极所带电量的绝对值称为电容器所带电量。电容器所带电的量与它的两极间的电势差的比值称为电容器的电容。用"C"表示，单位为法拉（F）。其表达式为：

$$C = \frac{Q}{U} \tag{4-5}$$

式中　C——电容器的电容，F；

　　　Q——电容器上储存的电量，C；

　　　U——电容器两端的电压，V。

6. 电功率（P）

电功率就是单位时间内电流所做的功，它反映了电场力移动电荷做功的速度；用符号"P"表示，单位瓦（W）或千瓦（kW）。其表达式为：

$$P = UI = \frac{U^2}{R} \tag{4-6}$$

式中　P——电功率，W 或 kW；

　　　U——电压，V；

　　　R——电阻，Ω；

I——电流，A。

7. 电能（W）

电动机、电灯的功率只表示它工作能力的大小，而它们所完成的工作量，不仅决定于其功率的大小，还与它们工作的时间长短有关。电能就是用来表示电流在一段时间内所做的功，用符号"W"表示，单位千瓦时（kW·h）。实际上1kW·h就是平常所说的1度电。其表达式为：

$$W = Pt \tag{4-7}$$

式中　W——电能，W·h 或 kW·h；

　　　P——功率，W 或 kW；

　　　t——时间，h。

二、电路欧姆定律

（一）部分电路欧姆定律

部分电路欧姆定律的内容是：流过导体的电流与这段导体两端的电压成正比，与这段导体的电阻成反比。其表达式为：

$$I = \frac{U}{R} \tag{4-8}$$

式中　I——导体中的电流，A；

　　　U——导体两端的电压，V；

　　　R——导体的电阻，Ω。

[例 4-1] 有一台直流电动机在 220V 电压作用下通过绕组的电流为 0.427A，求绕组的电阻。

已知：$U = 220\text{V}$，$I = 0.427\text{A}$。

求：$R = ?$

解：由欧姆定律 $I = U/R$ 得：

$$R = 220 \div 0.427 = 515.2 \text{（Ω）}$$

答：绕组的电阻是 515.2Ω。

（二）全电路欧姆定律

全欧姆电路是含有电源的闭合电路，如图4-3所示。虚线框中的 E 代表电源电动势，r 代表电源内阻。通常把电源内部的电路称为内电路，电源外部的电路称外电路。

全电路欧姆定律的内容是：全电路中电流与电源的电动势成正比，与整个电路（内电路以外电路）的电阻成反比。其表达式为：

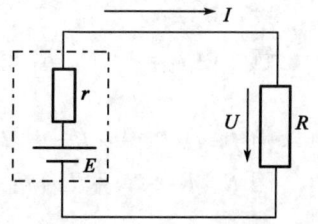

图 4-3　全欧姆电路图

$$I = \frac{E}{R + r} \tag{4-9}$$

式中　I——电路中电流，A；

　　　E——电源电动势，V；

　　　R——外电路电阻，Ω；

　　　r——内电路电阻，Ω。

[例 4-2] 某全电路电源的电动势为 36V,电源的内阻为 0.1Ω,电路电阻为 11.9Ω,求流过电路的电流。

已知:$E=36V$,$R=11.9Ω$,$r=0.1Ω$。

求:$I=?$

解:由全电路欧姆定律公式:$I=E/(R+r)$ 得:
$$I=36÷(11.9+0.1)=3(A)$$

答:流过电路的电流是 3A。

三、电路连接

(一) 电阻串联

在电路中,电阻的连接方式是多种多样的,串联电路是最简单的一种。将两个或两个以上的电阻依次首尾相连,使各电阻通过同一个电流,这种连接方式称为电阻的串联,如图 4-4 所示,即为三个电阻的串联电路。

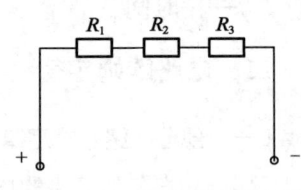

图 4-4 三个电阻串联电路

串联电路有以下特点:

(1) 串联电路中流过所有电阻的电流相等,即:$I=I_1=I_2=\cdots=I_n$。

(2) 串联电路中总电压等于各部分电压之和,即:$U=U_1+U_2+U_3+\cdots=U_n$。

(3) 串联电路中总电阻等于各电阻之和,即:$R=R_1+R_2+R_3+\cdots=R_n$。

由串联电路的特点可看出:如果在电路中串联一个电阻,那么电路的等效电阻就要增大,在电源电压不变的情况下,电路中的电流将要减小。所以串联电阻可起到限流作用。例如,大型电动机启动时,为了防止启动电流过大,常在启动回路中串入一个驱动电阻,以减小启动电流。

串联电阻的另一个用途就是可以起到分压作用,因为电阻通过电流要产生电压降,承担了电路的一部分电压,如电阻分压器和多量程电压表就是利用了这个原理。

[例 4-3] 有一个电压表,内阻为 250kΩ,最大量程为 250V,现用它测量 500V 以下的电压,现已经串联一个 150kΩ 电阻,问还需串联一个多大电阻后才能使用?

已知:$U_1=250V$,$R_1=250kΩ$,$U=500V$,$R_2=150kΩ$。

求:$R_3=?$

解:由 $I_1=I=U_1/R_1$ 得:
$$I_1=I=250÷250=1(mA)$$

由 $I=U/R$ 得:$R=U/I=500÷1=500(kΩ)$

因 $R=R_1+R_2+R_3$ 得:
$$R_3=R-R_1-R_2=500-250-150=100(kΩ)$$

答:还需串联一个 100kΩ 电阻后才能使用。

[例 4-4] 有两个电阻串联工作,$R_1=40Ω$、$R_2=20Ω$,串联电路的总电压为 120V,求串联电路的总电阻和总电流。

已知:$R_1=40Ω$,$R_2=20Ω$,$U_总=120V$。

求:$R_总=?$ $I_总=?$

解:串联电路总电阻为:$R_总=R_1+R_2=40+20=60(Ω)$

串联电路总电流为:$I_总=U_总/R_总=120÷60=2(A)$

答：串联电路的总电阻为60Ω，总电流为2A。

（二）电阻并联

几个电阻首尾分别连在一起，即电阻都接在两个节点之间，各电阻承受同一电压，这种连接方式称为电阻的并联。如图4-5所示，即为三个电阻的并联电路。

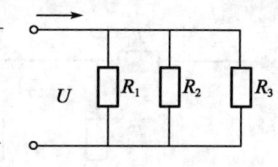

图4-5 三个电阻并联电路

并联电路有以下特点：

（1）并联电路的总电流为各电阻支路电流之和，即：$I = I_1 + I_2 + I_3 + \cdots + I_n$。

（2）并联电路的总电压等于各电阻支路电压，即：$U = U_1 = U_2 = U_3 = \cdots = U_n$。

（3）并联电路等效电阻的倒数为各电阻的倒数之和，即：$1/R = 1/R_1 + 1/R_2 + 1/R_3 + \cdots + 1/R_n$。

由并联电路的特点还可看出，当电路增加一并联电阻后则该电阻中将通过一定的电流，使总电流增大。因此，并联电阻可以起到分流作用。如电流表并联一电阻后可以扩大电流表的量程。

[例4-5] 某电路中有3个电阻并联，其阻值分别为1Ω，2Ω，3Ω。

（1）试求该电路中总电阻是多少？

（2）对比总电阻与最小分电阻值的大小，得出什么结论？

已知：$R_1 = 1Ω$，$R_2 = 2Ω$，$R_3 = 3Ω$。

求：（1）$R = ?$

（2）对比总电阻与最小分电阻值的大小，得出什么结论？

解：①由并联电路计算公式：

$1/R = 1/R_1 + 1/R_2 + 1/R_3$
　　　$= 1/1 + 1/2 + 1/3$

$R = 6 \div 11 = 0.55$（Ω）

②对比总电阻R与最小分电阻R_1的值，即0.55Ω与1Ω，可知总电阻降低了，这就是并联电路总电阻小于分电阻。

答：该电路中电阻是0.55Ω。在并联电路中总电阻小于分电阻。

[例4-6] 有一并联电路中有两个阻值相同的电阻，其阻值分别为20Ω，两端电压为110V，求并联电路的总电阻和总电流？

已知：$R_1 = R_2 = 20Ω$，$U_总 = 110V$。

求：$R_总 = ?$　$I_总 = ?$

解：并联电路总电阻为：$R_总 = R_1 \cdot R_2 / (R_1 + R_2) = 20 \times 20 \div (20 + 20) = 10$（Ω）

并联电路总电流为：$I_总 = U_总 / R_总 = 110 \div 10 = 11$（A）

答：并联电路的总电阻为10Ω，总电流为11A。

由此可见，在并联电路中，并联电阻越多，其等效电阻越小，而且小于任一并联支路的电阻，所以在电路中并联一个电阻后，总电流将增大。由欧姆定律可知，并联电路中各支路的电流与其支路电阻成反比。

（三）电阻的混联

电阻的串联和并联相结合的连接方式称为电阻的混联，如图4-6所示。计算方法是根据串联并联公式分别求出串联、并联部分的等值电阻，然后计算总电阻。

分析、计算混联电路的方法如下：

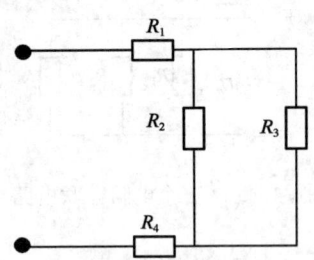

图4-6 电阻的混联电路

（1）应用电阻的串联、并联逐步简化电路，求出电路的等效电阻。

（2）由等效电阻和电路的总电压，根据欧姆定律求电路的总电流。

（3）由总电流根据欧姆定律求各支路的电压和电流。

（四）电容器串联

将电容的正、负电极顺序连接起来的连接方式称为电容器串联，如图4-7（a）所示。其特点是：

（1）串联电容器两端的电压等于各个电容器上的电压降之和，即：$U = U_1 + U_2 + U_3 + \cdots + U_n$。

（2）串联电容的总电容的倒数等于各部分电容器倒数之和，即：$1/C = 1/C_1 + 1/C_2 + 1/C_3 + \cdots + 1/C_n$。

（3）在串联电容器电路中，各电容器上所带电量是相等的，并等于电容器串联后的等效电容器上所带的电量，即：$Q = Q_1 = Q_2 = Q_3 = \cdots + Q_n$。

（4）串联电容器两端所承受的电压，与电容成反比。

（五）电容器并联

两个或两个以上的电容器同接在两点之间的连接方式称为电容器的并联，如图4-7（b）所示。其特点是：

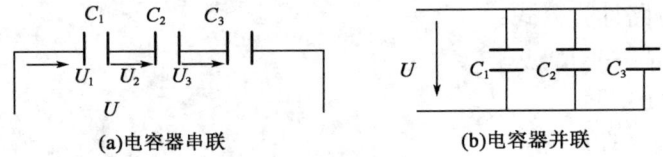

(a)电容器串联　　　(b)电容器并联

图4-7 电容器连接示意图

（1）各个电容器两端的电压相同，并等于外加电压，即：$U = U_1 = U_2 = U_3 = \cdots = U_n$。

（2）并联电容器的总电容等于各电容器的电容之和，即：$C = C_1 + C_2 + C_3 + \cdots + C_n$。

（3）各并联电容器电路中，总电量等于各电容器电量之和，即：$Q = Q_1 + Q_2 + Q_3 + \cdots + Q_n$。

四、三相交流电路

（一）三相交流电势

三相交流电是由三相交流发电机产生的。由于三相发电机、变压器、电动机比单相电机节省材料，性质可靠，而且三相输电比单相输电要优越，所以，三相制得到了广泛应用。目前的电力系统都是三相系统。最大值相等、频率相同、相位互差120°的三个正弦交流电动势称为三相对称电动势。由三相对称电动势所组成的电源称为三相交流电源。所谓三相系统就是由三个频率和有效值都相同，而相位互差120°的正弦电势组成的供电体系。

三相电势达到最大值的先后次序叫相序，三相电动势的相序为 U—V—W，称为正序。如任意两相对调后则称负序，如 W—V—U。在发电厂三相母线的相序是用颜色表示的，规定黄色表示 L_1 相、绿色表示 L_2 相、红色表示 L_3 相。

（二）电源的连接方法

作为三相电源的发电机或三相变压器都有三个绕组，在向负载供电时，三相绕组通常是接成星形或三角形，下面讨论两种连接方式供电的特点：

1. 电源的星形连接

将电源的三相绕组的末端 U_2、V_2、W_2 连成一节点，而始端 U_1、V_1、W_1 分别用导线引出接负载，这种连接方式称为星形连接，或称为 Y 连接，如图4-8所示。

三相绕组末端所连成的公共点称为电源的中性点，简称中点；在电路中用 O 表示。有些电源从中性点引出一根导线，称为中性线，当中性线接地时，又称为地线或称零线。从绕组始端 U_1、V_1、W_1 引出的三根导线称为端线，通常也称为火线。

由三根火线和一根零线所组成的供电方式称为三相四线制，常用于低压配电系统，星形连接的电源，也可不引出中性线，由三根火线供电，称为三相三线制，多用于高压输电。

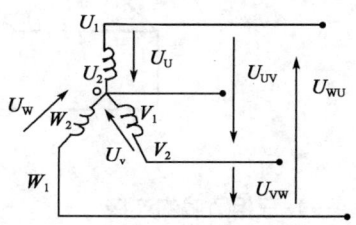

图4-8 电源的星形连接

在星形连接的电源中可以获得两种电压，即相电压和线电压。相电压是在三相供电系统中，每个线圈头尾之间的电压称为相电压，即火线与零线之间的电压。如图4-8中的 U_{U_0}、U_{V_0}、U_{W_0} 分别表示 U、V、W 三相的相电压向量，为了简单，也常表示为 U_U、U_V、U_W。一般三相电源是对称的，所以相电压也是对称的，这时相电压的有效值都相等，可用 $U_{相}$ 表示。

线电压是在三相供电系统中，相与相之间的电压称为线电压，即线路上任意两火线之间的电压。如图4-8中的 U_{UV}、U_{VW}、U_{WU} 向量分别表示 UV、VW、WU 间的线电压。线电压的有效值可用 $U_{线}$ 表示，$U_{UV} = 2U_U\cos30° = \sqrt{3}U_U$。

U_{UV} 相位超前 $U_U 30°$，同理可得：

$$U_{VW} = \sqrt{3}U_V \qquad (4-10)$$

$$U_{WU} = \sqrt{3}U_W \qquad (4-11)$$

用一般公式表示为：

$$U_{线} = \sqrt{3}U_{相} \qquad (4-12)$$

因此，对称三相电源星形连接时，线电压是相电压的 $\sqrt{3}$ 倍，且线电压相位超前相电压30°。

平时所指的发电机或线路的电压都是线电压，如220kV 的高压输电线路，是指线电压220kV。日常用电系统都采用三相四线制，因为这种系统有两种电压，用起来很方便。三相四线制的电压通常为380V/220V，即线电压是380V，相电压为220V。这种系统即可作为三相负载的电源，也可给单相负载供电，日常用来照明的电灯就是接在一根火线与零线之间的。

2. 电源的三角形连接

将三相电源的绕组，依次首尾相连构成闭合回路，再自首端 U_1、V_1、W_1 引出导线接负载，这种连接方式称为三角形连接，或称为△连接，电源为三角形连接时，线电压等于相电压即 $U_{线} = U_{相}$，如图4-9所示。

当发电机绕组接成三角形时，在三个绕组构成的回路中总电势为零。因此，在该回路中不会产生环流。当一相绕组接反时，回路电势不再为零。由于发电机绕组的阻抗很小，会产生很大的环流，可能烧毁发电机。

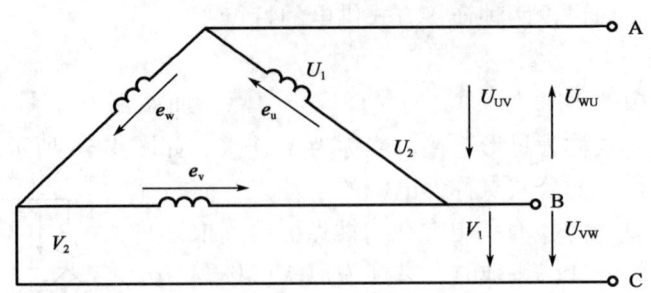

图 4-9 电源的三角形连接

(三)三相负载的连接

三相负载的连接按其对电源的要求,可分为单相负载和三相负载。日常照明用的电灯、电风扇以及电视机等都是单相负载;用来带动机械的三相电动机及大功率的三相电炉等,均为三相负载。

1. 三相负载的星形连接

三相负载的星形连接与电源的星形接法相仿,即将三相负载的末端连成节点,也称为中点,用 O 表示;负载的首端分别接到三相电源上。如将电源的中点与负载的中点用导线连接起来,就是三相四线制系统,如图 4-10 所示。一般照明用的电灯,实际上是属于这种连接方式。

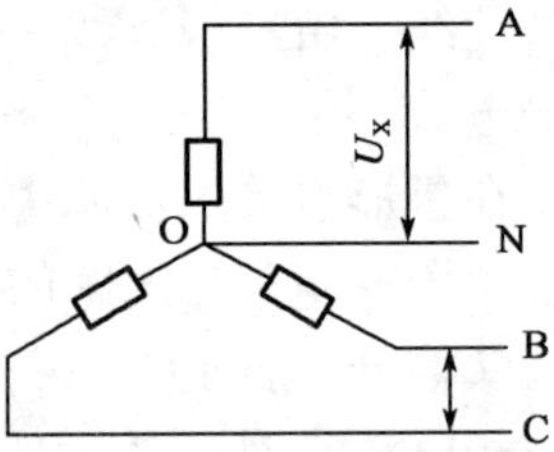

图 4-10 三相四线制电路

在三相四线制中,常见的负载是三相电动机,它的三相绕组是绕在铁芯上的三组相同的线圈 U_1—U_2、V_1—V_2、W_1—W_2。每组绕组的首末端,都连到接线盒的接线端子上 U_1、V_1、W_1 和 U_2、V_2、W_2,即把 U_2、V_2、W_2 连在一起,同时将 U_1、V_1、W_1 与电源三根火线相接,这就是电动机的星形连接。

各相负载的相电压知道以后,可以计算出各相的电流。每相负载中流过的电流,称为相电流,用 $I_{相}$ 表示。

如果三相负载对称,这时三个相电流的有效值相等,各相的相电压之间、相电流之间的相位差也相同(互差120°)。在三相电流的向量和等于零,即中线电流为零。既然中线没有电流通过,故可以把中线去掉,这时电路就成为三相三线系统,如图 4-11 所示。

2. 三相负载的三角形连接

三相负载依次首尾相连,构成一闭合回路,再把三个连接点与电源三根火线相接,就构成负载的三角形连接,如图 4-12 所示。

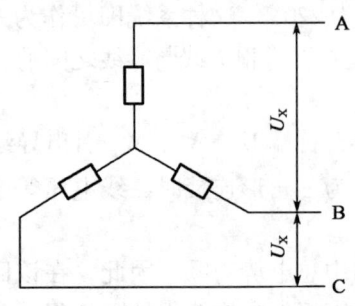

图 4-11 三相三线制电路

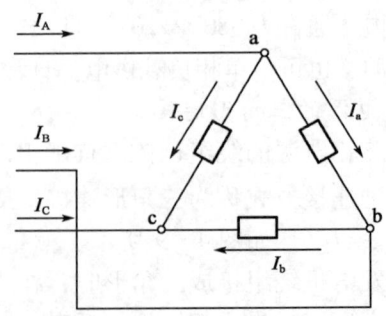

图 4-12 负载的三角形连接

在负载的三角形连接中，各相负载的两端直接跨接在电源的线电压上，所以三角形连接的负载，其相电压等于线电压，即：$U_{相} = U_{线}$。

（四）三相电路的功率

（1）三相交流电路可以看成是三个单相交流电路的组合，三相交流电路的功率，可以由单相电路的功率推导。在三相电路中同样有有功功率、无功功率和视在功率。

①有功功率：
$$P = \sqrt{3}UI\cos\varphi \tag{4-13}$$

②无功功率：
$$Q = \sqrt{3}UI\sin\varphi \tag{4-14}$$

③视在功率：
$$S = \sqrt{3}U_X I_X \tag{4-15}$$

由以上公式可知，φ 角为相电压与相电流之间的相位差。在对称的三相电路中，均可应用以上公式计算。如果三相负载不对称，则应分别计算各相功率，三相功率等于各相功率之和。

（2）在三相电路中，根据能量守恒定律，三相电源发出的或三相负载消耗的总有功功率等于各相电源或负载的有功功率之和，即：
$$P = P_U + P_V + P_W \tag{4-16}$$
$$P = U_U I_U \cos\varphi_U + U_V I_V \cos\varphi_V + U_W I_W \cos\varphi_W \tag{4-17}$$

［例 4-7］ 在线电压为 220V 的三相四线制电源上，星形接法的负载每相阻抗都是 20Ω。但是 A 相为电阻性；B 相为电感性；功率因数为 0.87；C 相为电容性，功率因数也是 0.87。求三相负载的总功率。

已知：$U = 220V$，$R = 20\Omega$，$\cos\varphi_B = 0.87$，$\cos\varphi_C = 0.87$。

求：$P = ?$

解：由于各相复阻抗的绝对值相等，故各项电流的绝对值也相等，即：
$$I_A = I_B = I_C = U/R = 220 \div 20 = 11 \text{ (A)}$$

三相总功率为：
$P = U_A I_A \cos\varphi_A + U_B I_B \cos\varphi_B + U_C I_C \cos\varphi_C$
　$= 220 \times 11 + 220 \times 11 \times 0.87 + 220 \times 11 \times 0.87$
　$= 6631 \text{ (W)} = 6.6 \text{ (kW)}$

答：三相负载的总功率为 6.6kW。

［例 4-8］ 三相电路供电电压为 380V，频率为 50Hz，电路采用星形连接的三相负载，已知负载电阻为 4Ω，感抗为 3Ω 的电感相串联，求有功功率。

已知：$U_L = 380V$，$R = 4\Omega$，$X_L = 3\Omega$。

求：$P = ?$

解：相电压为：$U_\varphi = U_L/\sqrt{3} = 380 \div 1.732 = 220 \text{ (V)}$

阻抗为：$Z = \sqrt{R^2 + X_L^2} = \sqrt{4^2 + 3^2} = 5 \text{ (}\Omega\text{)}$

相电流为：$I_\varphi = U_\varphi/Z = 220 \div 5 = 44 \text{ (A)}$

星形连接相电流等于线电流：$I_\varphi = I_L = 44A$

负载的功率因数为：$\cos\varphi = R/Z = 4 \div 5 = 0.8$

有功功率为：$P = \sqrt{3} U_L I_L \cos\varphi = 1.732 \times 380 \times 44 \times 0.8 \times 10^{-3} = 23.2 \text{ (kW)}$

答：有功功率为 23.2kW。

第二节　常用低压电器

低压电器通常指工作在交流频率为 50Hz，额定电压 1200V 及以下，直流额定电压 1500V 及以下的电路中的电器。这种电器广泛用于工矿企业、交通运输、农业及其他工业的电力输配电系统，在电气传动和自动设备中对电能的产生、输配与应用起着开关、控制、保护和调节作用。

一、低压电器的分类

常用的低压电器可分为配电电器和控制电器两大类。

（一）配电电器

配电电器主要用于低压配电力系统及动力设备，兼有保护的职能。这类电器产品有刀形开关、转换开关、断路器、熔断器等。

（二）控制电器

控制电器主要用于电力传动自动系统中。这类电器产品有继电器、接触器、启动器、控制器、主令电器、电阻器、变阻器和电磁铁等。

二、低压开关

低压开关又称低压隔离器，是低压电器中结构比较简单、应用广泛的一类手动电器。图 4-13 为低压开关外形图。图 4-14 为低压开关结构图。

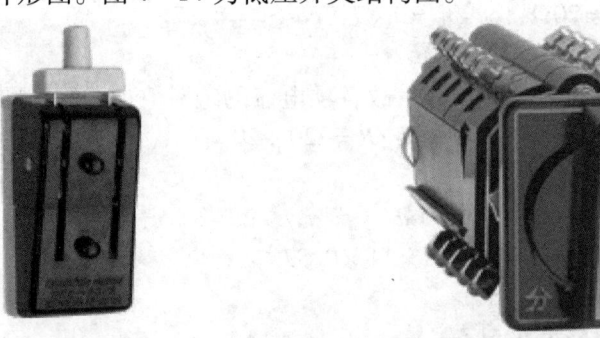

图 4-13　低压开关外形图

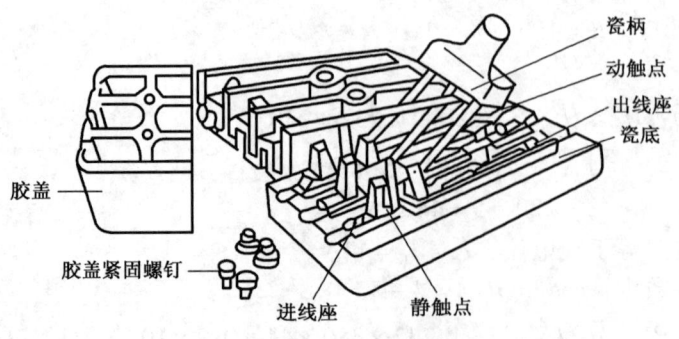

图 4-14　低压开关结构图

低压开关主要用来接通和分断电路，起控制、转换、保护和隔离作用。另外，它也可用于小功率笼型异步电动机直接启动控制。

（一）负荷开关

负荷开关有开启式（俗称瓷底胶盖刀开关）、封闭式（俗称铁壳开关）和熔断器式刀开关。

1. 常用的负荷开关型号表示方法

常用的负荷开关型号表示方法如下：

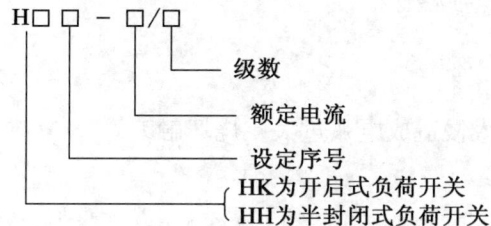

2. 负荷开关的选用

（1）用于照明或电热电路时，可选用额定电压220V，额定电流等于或大于电路中最大工作电流的二级开关；用于小功率电动机的直接启动时，可选用额定电压为380V或500V，开启式负荷开关，其额定电流一般为电动机额定电流的3倍；封闭式负荷开关的额定电流一般为电动机额定电流的1.5倍。

（2）与控制对象配合的这类开关多用于电源切换，也可作为小容量异步电动机不频繁启动用。而分断电流如在60A以上，可能会发生弧光烧伤现象。因此，短路电流超过60A时，不应使用负荷开关。对于配用瓷插式熔断器的负荷开关，其分断能力不高，只能装在短路电流不大的线路末端，以免发生分断故障。

3. 负荷开关的操作和维护

（1）负荷开关应垂直安装在控制屏或控制板上使用，不可放到地面上操作。

（2）不准面对开关操作，以免发生故障而开关又不能分断时，铁壳爆炸伤人。

（3）负荷开关铁壳必须可靠接地（或接零），防止漏电时发生触电事故。胶木壳负荷开关直接控制电动机时，只能控制5.5kW以下的电动机。

（4）严禁在开关外壳上边搁置金属物件，以免掉入开关内部发生短路故障。

（5）接线时，应将电源线接在上端静触座的接线端子上，负载接在熔断器一端，若接反了，在维修时将可能出现不安全。

（6）被控制设备应在开关容量之内，所配熔体应满足负载要求。

（7）没有胶木壳的开关不能使用。

（8）更换熔断丝时，应在停电情况下操作。

（9）检查接线有无松动现象，如发现松动，应重新连接并紧固。接拆线操作时，要先断电后操作。

（10）检查熔断器底座有无破裂，弹簧有无锈蚀、老化，一旦发现缺陷，应及时更换。

4. 负荷开关常见故障及处理方法

（1）合闸后一相或两相没电。

①原因。

a. 插座弹性失效或开口过大。
b. 熔断丝熔断或接触不良。
c. 插座、动触刀氧化或有污垢。
②处理方法。
a. 更换插座。
b. 更换熔断丝清洁插座或动触刀。
c. 检查进出线头，清除污垢。
（2）动触刀或插座过热或烧坏。
①原因。
a. 开关容量太小。
b. 分闸、合闸时动作太慢造成电弧过大，烧坏触刀。
c. 插座表面烧蚀。
d. 负载过大。
e. 动触刀与插座夹紧力不足。
②处理方法。
a. 更换较大容量的开关。
b. 改进操作方法。
c. 用细锉刀修整。
d. 减轻负载或调换较大容量的开关。
e. 调整插座压力。

（二）组合开关

组合开关属于一种转换开关，具有体积小、灭弧能力比刀开关好、接线方式多样化、可靠性能高等特点；广泛应用于交流380V 以下、直流 220V 以下的电气线路中，供手动不频繁地接通或分断电路，也可控制小功率交流、直流电动机的正反转，星形—三角形启动和变速换向等。

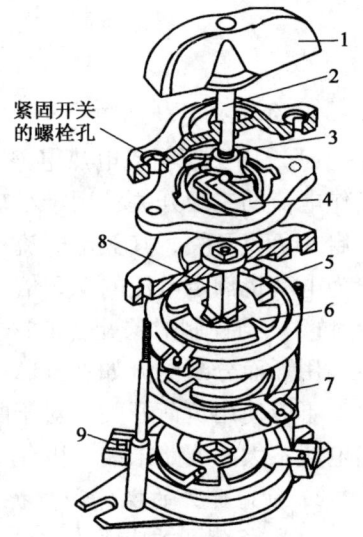

图 4－15　无限位组合开关内部结构
1—手柄；2—转轴；3—弹簧；4—凸轮；
5—绝缘垫片；6—动触点；7—静触点；
8—绝缘杆；9—接线柱

1. 无限位组合开关结构

无限位组合开关内部结构如图 4－15 所示。手柄是可以旋转 360°的无限组合开关的内部结构图。当转动手柄时，每一动触片即插入相应的静触片中，使电路接通。

2. 常用的组合开关型号表示方法

常用的组合开关型号表示方法如下：

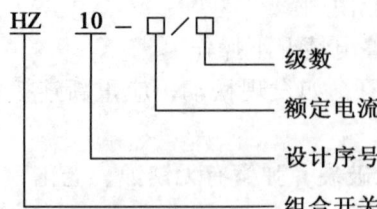

3. 组合开关的选用

（1）用于照明或电热电路的组合开关的额定电流，应等于被控制电路中各负载电流的总和。

（2）用于电动机电路的组合开关的额定电流，取电动机额定电流的 1.5~2.5 倍。

4. 组合开关操作注意事项

（1）操作频率每小时超过 300 次或功率因数低于规定值时，应降低容量使用，否则会影响寿命或造成事故。

（2）用来控制电动机正反转时，应在电动机完全停止转动后，才允许可反方向接通。

（3）组合开关本身无过载、短路、欠电压等保护功能，按需要另装保护电器。

5. 组合开关常见故障及处理方法

（1）触片起弧烧蚀。

①原因。

a. 动触片、静触片接触不良。

b. 额定电流小于负载电流。

②处理方法。

a. 调整动触片、静触片或更换。

b. 更换大一级的开关。

（2）手柄转动后，内部触片尾未动作。

①原因。

a. 手柄转动的连接部件磨损。

b. 操作机构损坏。

c. 绝缘杆变形。

d. 轴与绝缘杆装配不紧。

②处理方法。

a. 调换手柄。

b. 修理操作机构。

c. 更换绝缘杆。

d. 紧固轴与绝缘杆。

（3）手柄转动后，三副触片不能同时接通或断开。

①原因。

a. 开关型号不对。

b. 修理开关时触片装配得不正确。

c. 触片失去弹性或有尘污。

②处理方法。

a. 更换开关。

b. 重新装配。

c. 更换触片或清除污垢。

（4）开关接线柱相间短路。

①原因：因铁屑或油污附在接线柱间，造成导电而将胶木烧焦或绝缘破坏形成短路。

②处理方法：清扫开关或调换开关。

（三）空气开关

空气开关又称自动开关或低压断路器（图 4-16）。它相当于刀开关、熔断器、热继电器和欠电压继电器的组合，是一种既有手动开关作用又能自动进行欠压、失压、过载和短路保护的电器。

在正常情况下，它还可用作不频繁地接通和分断电路或控制电动机。它安装方便，工作可靠，分断能力强。

 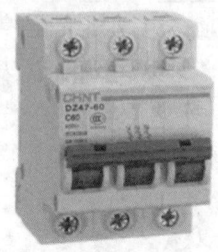 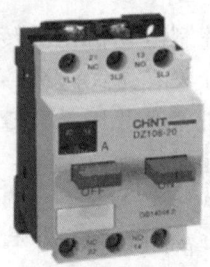

(a)两相断路器　　(b)断路保护开关　　(c)断路保护器

图 4-16　低压断路器

1. 断路器的选用

（1）断路器的额定工作电压不小于线路额定电压。

（2）断路器的额定电流不小于线路计算负载电流。

（3）断路器的额定短路通断电流不小于线路中可能出现的最大短路电流。

（4）断路器欠电压的额定电压等于线路额定电压。

（5）断路器的分励脱扣器的额定电压等于控制电源电压。

（6）电动传动机构的额定工作电压等于控制电源电压。

2. 运行中的检查维护

（1）检查所带的正常最大负载电流是否超过断路器的额定值。

（2）检查触头系统和导线连接点处有无过热现象。在运行中发现过热，应立即设法减少负载，停止运行并采取良好安全措施。

（3）检查电流分合闸状态、辅助触头与信号指示是否符合要求。

（4）监听断路器在运行中有无异常响声。

（5）检查传动机构有无变形、锈蚀、销钉松脱现象，弹簧是否完好。

（6）检查绝缘外壳和操作手柄有无裂损现象。

（7）检查电磁铁机构及电动机合闸机构的润滑情况，机件有无裂损现象。

3. 断路器的常见故障及处理方法

（1）手动操作断路器触头不能闭合。

①原因。

a. 电源电压太低。

b. 欠电压脱扣器无电压或线圈损坏。

c. 弹簧反作用力过大。

d. 热脱扣的双金属片尚未冷却复原。

②处理方法。

a. 检查线路并调高电源电压。

b. 检查线路，施加电压或调换线圈。

c. 重新调整弹簧反作用力。

d. 待金属片冷却后再合闸。

(2) 有一相触点不能闭合。

①原因。

a. 一相连杆断裂。

b. 限流开关的可拆连杆之间角度变大。

②处理方法。

a. 更换连杆。

b. 调整到原来值。

(3) 断路器发热严重。

①原因。

a. 触点脏污。

b. 触点压力不足。

c. 过载。

②处理方法。

a. 清理触点。

b. 调整弹簧压力。

c. 降低负载或更换断路器。

(4) 断路器闭合后一定时间自动分断。

①原因。

a. 电流脱扣器延时整定值不对。

b. 热元件或半导体延时电路元件变质。

②处理方法。

a. 重新整定或更换。

b. 更换元件。

三、熔断器

熔断器串联在低压电路和电动机控制电路中，作为过载和短路保护。当通过的电流大于规定值时，使熔体熔化，自动分断电路，从而起到保护作用。它具有结构简单、重量轻、体积小、价格低廉，使用和更换维修方便的特点。

(一) 熔断器的分类

熔断器的类型主要有瓷插式熔断器（图 4-17）、螺旋式熔断器（图 4-18）、有填料封闭式熔断器（图 4-19）、快速熔断器和高分断力熔断器等。

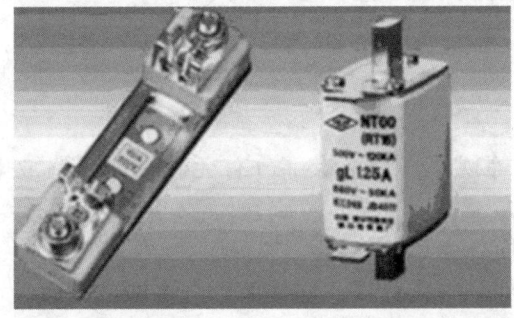

图 4-17　瓷插式熔断器

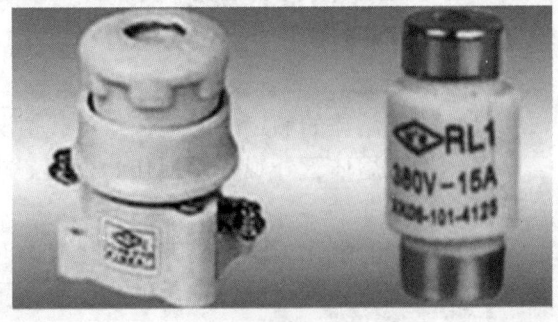

图 4-18　螺旋式熔断器

1. 按结构分

（1）开启式熔断器。当熔体熔化时没有限制电弧火焰和金属熔化粒子喷出的装置，仅适用于断开电路电流不大的场合。这种熔断器往往不单独使用，而与闸刀开关组合应用。

（2）半封闭式熔断器。熔断体装于管内，管的一端或两端开启，对熔体熔化时电弧火焰和金属熔化粒子喷出有一定的方向，减少了对人员的伤害，但仍然不够安全，使用受到一定限制。

图4-19 有填料封闭式熔断器

（3）封闭式熔断器。熔体完全封闭在壳体内，没有电弧喷出，不会造成邻近带电部分飞弧和近处人员的危险。

除此之外，还有快速熔断器，主要用于半导体元件的过载或短路保护，常用的有RS和RLS系列两种。

2. 熔断器型号

熔断器型号表示方法如下：

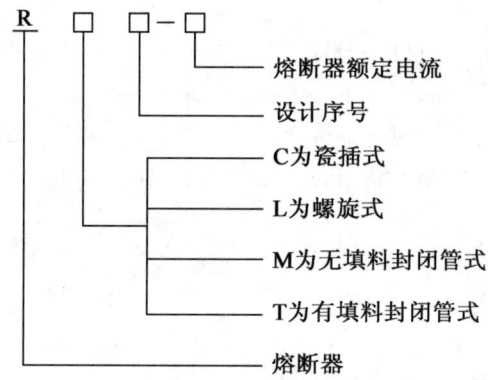

（二）熔断器的用途

熔断器是指起安全保护作用的一种电器，广泛应用于电网保护和用电设备保护。

（1）当电网或电动机发生过载或短路时能自动切断电路，保护用电设备。

（2）能在异常情况下自动断开电路，起保护作用。它的熔体是一种低熔点的金属丝或金属薄片制成，用它串接在被保护的电路中。

（3）在切断电路过程中，往往产生强烈的电弧并且四周飞溅，为了安全有效地熄灭电弧，常把金属丝或薄片装在壳体内，并采取有效措施，快速熄灭电弧。

（三）熔断器的使用

1. 外观检查

（1）检查熔体的额定电流是否与负载情况相配合。

（2）检查熔体管外观有无损伤、变形、开裂等现象，瓷绝缘部分有无破损或闪络放电痕迹。

（3）熔体有氧化、腐蚀或破损时，应及时更换。

（4）检查熔体管接触处有无过热现象，导电部分有无熔焊、烧损而影响接触的现象。

（5）有熔断信号指示器的熔断器，其指示是否保持正常状态。

（6）定期清理熔断器及夹子上的灰尘和污垢，在断电情况下，应用布擦干净。

2. 熔体更换

（1）品牌不清的熔断丝不能使用。

（2）更换熔体时，不要使熔体受到机械损伤和扭拉，因熔体一般软而易断，容易发生裂痕或截面减小，有可能出现电气设备正常运行时熔体却熔断，造成停电影响设备正常运行。

（3）对于封闭管式熔断器，管子不能用其他绝缘管代替，否则易于炸裂管子，发生人身伤害事故；也不能在熔断器管子上钻孔，以免造成灭弧困难，或喷出高温金属和气体，对人身和周围设备是非常危险的。

（4）不能用铜丝或铁丝代替熔断丝。

（5）熔断器的插片接触要保持良好，如果发现插口处过热或触点变色，则说明插口处接触不良，应及时修复。

（6）对于有指示器的熔断器，应经常注意检查，若发现熔体已烧断，应及时更换。

3. 更换熔断器的技术要求

（1）切断电源后，应挂好"有人操作，禁止合闸"警示牌。

（2）选用的熔断器容量应为线路负荷的 1.2~1.5 倍。

（3）装新熔断器时应将接触面处的氧化物刮干净，保证接触良好。

（4）熔断器要摆正上紧，操作时，不得损伤熔断器。

（5）合闸送电时，应检查线路有无其他作业，合闸时应进行试送电。

（四）熔断器的常见故障及处理方法

1. 电动机启动瞬间熔体过早熔断

（1）原因。

①熔体规格选择太小。

②负载侧短路或接地。

③熔体安装时损伤。

（2）处理方法。

①调换符合要求的熔体。

②检查短路或接地故障。

③更换熔体。

2. 熔丝未熔断但电路不通

（1）原因。

①熔体两端或接地端接触不良。

②熔断器的螺母盖未拧紧。

（2）处理方法。

①清扫并旋紧接线端。

②旋紧螺母盖。

3. 熔断器过热和冒火

（1）原因。

①过载。

②触点接触不良。

（2）处理方法。

①检查电源和负载，把负载降下来。

②排除触点锈迹，调整弹簧使触点接触良好。

四、接触器

接触器是一种用来频繁地接通或分断交直流主电路及大容量控制电路的自动切换电器，是电力拖动系统中使用最广泛的电器元件，外形如图4-20所示。根据控制线圈的电压不同，可分为直流接触器和交流接触器；按操作机构分为电磁式接触器、液压式接触器、气动式接触器；按动作方式分为直动式接触器和转动式接触器。

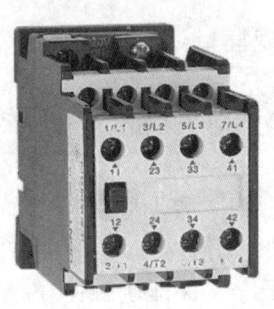 

图4-20　接触器

（一）交流接触器

1. 交流接触器型号

交流接触器型号表示方法如下：

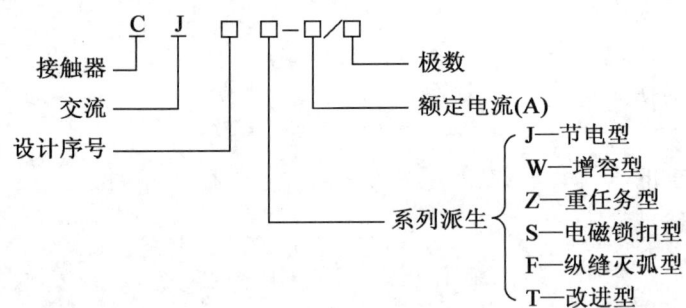

2. 交流接触器结构及分类

（1）结构。

交流接触器结构是由电磁机构、触点系统、灭弧系统和绝缘固定支架组成，如图4-21所示。当线圈通入电流时，上、下铁芯之间产生电磁力，通过传动部分，带动触点桥动作，使原来闭合的触点断开（动断触点），原来断开的触点闭合（动合触点），从而达到接触器对电路控制的目的。

（2）分类。

按主触点极数分，可分为双极、三极、四极、和五极接触器。双极接触器用于绕线转子回路，供启动时短接启动绕组用；三极接触器用于三相负荷；四极接触器用于三相四线制的照明线路；五极接触器用来组成自耦补偿启动改变绕组接法。

按灭弧介质分,可分为空气式和真空式接触器等。按主触点的静态位置分,动合接触器和动断接触器。按有无触点分,有触点接触器和无触点接触器。按动作形式分,转动式和直动式接触器。

(二) 直流接触器

直流接触器也是由触点系统、磁路系统、灭弧系统和支架绝缘组成,只是磁路和灭弧系统与交流接触器相比有所不同。

1. 磁路系统

因为直流,铁芯内不存在涡流损耗,所以铁芯常用铸铁制成,没有短路环,但有非磁性垫片。

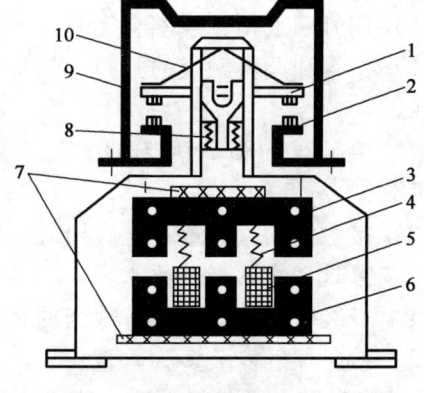

图 4-21 交流接触器结构示意图
1—动触头;2—静触头;3—衔铁;4—弹簧;
5—线圈;6—铁心;7—垫毡;8—触头弹簧;
9—灭弧罩;10—触头压力弹簧

2. 触点系统

直流电弧不易熄灭,多采用指形触点。

(三) 接触器的选用

1. 接触器类型的选择

接触器的类型有交流和直流电器两类,应根据负载电流的类型和负载的轻重来选择,接触器主触点的额定电流 (A),即:

$$I_{N主触点} \geq \frac{P_{N电动机}(W)}{(1-1.4)U_{N电动机}(V)} \tag{4-18}$$

2. 接触器操作频率的选择

操作频率是指接触器每小时通断的次数。当通断电流较大及通断频率较高时,会使触点过热甚至熔焊。操作频率若超过规定值,应选用额定电流大一级的接触器。

3. 接触器主触点的额定电压选择

接触器主触点的额定电压应大于或等于负载的额定电压。

4. 接触器主触点的额定电流选择

接触器主触点的额定电流应不小于负载电路的额定电流,若接触器控制的电动机启动或正反转频繁,一般将接触器主触点的额定电流降一级使用。如果用来控制电动机的频繁启动、正反转或反接制动等,应将接触器的主触点额定电流降低使用,一般可降低一个等级。

5. 接触器吸引线圈的电压选择

吸引线圈允许电压在额定电压的 85% ~ 105% 范围内正常使用,其电压等级有 36V、110V、120V、220V、380V 等,可根据控制回路的电压等级来选择。

(四) 接触器的安装操作要求

1. 安装前的操作要求

(1) 接触器铭牌和线圈技术数据,应符合使用要求。

(2) 接触器外观检查应无损伤,并动作灵活、无卡阻现象。

(3) 对新购买或放置久的接触器,在安装前应清理铁芯极上防锈油脂和锈垢。

（4）测量线圈的绝缘电阻，应不低于15MΩ，并测量线圈的直流电阻。

（5）用万用表检查线圈有无断线，并检查辅助触点接触应良好。

（6）检查和调整触点的开距、超程、初压力、终压力，并要求各级触点动作同步，接触良好。

（7）接触器在85%额定电压工作时候应能正常工作；在失电压或电压过低时应能释放，噪声正常。

（8）接触器的灭弧罩不应破损或失落。

2. 安装过程中的操作要求

（1）安装时，按规定留有适当的飞弧空间，防止飞弧烧坏相邻元件。

（2）接触器的安装多为垂直安装，其倾斜角不得超过5°，否则会影响接触器的动作特性；安装有散热孔的接触器时，应将散热孔放在上下位置，以降低线圈的温升。

（3）接线时，严禁将零件、杂物掉入电器内部。紧固螺钉应装有弹簧垫圈和平垫圈，将其紧固好防止松脱。

（4）对于直流接触器，必须严格按规定进行极性连接。

3. 安装后的质量要求

（1）灭弧室应完整无缺，并固定牢靠。

（2）接线要正确，应在主触点不带电的情况下试操作数次，动作正常后才能投入运行。

（3）对控制电动机正反转的接触器，要求机械和电气联锁可靠。

（五）接触器的运行检查和维修

1. 接触器巡回检查

（1）接触器通过电流应在额定电流值之内。

（2）接触器的分、合信号指示，应与电路所处状态一致。

（3）灭弧室内触点接触应良好，无放电声，灭弧室无松动和损坏现象。

（4）电磁线圈无过热现象，电磁铁上的短路环无断裂或松脱。

（5）导线各连接点无过热现象。

（6）辅助触点无烧蚀现象。

（7）铁芯吸合应良好，无异常噪声，返回位置正常。

（8）绝缘杆无损伤和断裂。

（9）周围环境没有不利于接触器正常运行的情况。

2. 定期检查

（1）外壳无裂损，紧固件不松动，接地线应完好，清除污物，并擦拭干净。

（2）对于银或银基合金的主触点，表面出现氧化或硫化而发黑是正常现象，不用打磨；对于烧毛的触点应用细锉修整，严禁用砂布打磨，否则会使砂粒嵌入，产生发热和损坏故障；触点焊点如有开焊、脱落或磨损严重时，应该更换；对于铜或铜合金触点烧毛或氧化时，可用细锉修理，并检查和调整开距、超程、触点压力盒三相的同步性。

（3）辅助触点不应有卡住或脱落现象，弹簧和活动部件应无开裂。用万用表检查触点应接触良好，如有严重磨损，应更新。

（4）取下灭弧罩，清除内部烟尘，如内壁附有金属颗粒，应铲除掉。对于栅片式灭弧罩，应检查栅片有否脱落，如有金属颗粒将栅片短接，应将其剔除，烧损的灭弧罩应更换。

（5）铁芯短路环不应有断裂或烧损情况。清理铁芯磁极面上的污垢和锈斑，缓冲弹簧和橡胶件应完好，安装位置正确。

（6）检查线圈表面不应有焦脆或发黑现象，引出线完好，对于断线或接线端子开焊或虚接线应及时修复。

（六）接触器常见故障及处理方法

1. 接触器不吸合或吸不牢

（1）原因。

①电源电压过低。

②线圈断路。

③线圈技术参数与使用条件不符。

④铁芯机械卡阻。

（2）处理方法。

①调高电源电压。

②调换线圈。

③更换线圈。

④排除卡阻物。

2. 线圈断电，接触器不释放或释放缓慢

（1）原因。

①触点熔焊。

②铁芯表面有油污。

③触点弹簧压力过小或反作用弹簧损坏。

④机械卡阻。

⑤剩磁过大。

（2）处理方法。

①排除熔焊故障，修理或更换触点。

②清理铁芯极面。

③调整触点弹簧力或更换反作用弹簧。

④排除卡阻物。

⑤更换铁芯。

3. 触点熔焊

（1）原因。

①操作频率过高或过负载使用。

②负载侧短路。

③触点弹簧压力过小。

④触点表面有电弧机械卡阻。

（2）处理方法。

①调换合适的接触器或减小负载。

②排除短路故障更换触点。

③调整触点弹簧压力。

④清理触点表面，排除卡阻物。

4. 铁芯噪声过大

(1) 原因。

①电源电压过低。

②短路环断裂。

③铁芯机械卡阻。

④铁芯磁极面有油垢或磨损不平。

⑤触点弹簧压力过大。

⑥铁芯位置倾斜。

(2) 处理方法。

①检查线路并提高电源电压。

②调换铁芯或短路环。

③排除卡阻物。

④用清洗油清洗磁极面或更换铁芯。

⑤调整触点弹簧压力。

⑥重新装配铁芯。

5. 线圈过热或烧毁

(1) 原因。

①线圈匝间短路。

②操作频率过高。

③线圈参数与实际使用条件不符。

④铁芯机械卡阻。

⑤电源电压不对。

(2) 处理方法。

①更换线圈并找出故障原因。

②调换合适的接触器。

③调换线圈或接触器。

④排除卡阻物。

⑤检查调整。

五、电容补偿器

电容补偿器按其功能的不同，电力系统的设计安装位置也不同，中转站、联合站的电容补偿器均设置在配电室内，其作用是对站内用电设备进行集中补偿，以提高功率因数。

(一) 电容器的结构

电容器由外壳和芯子组成。外壳用密封钢板焊接而成。外壳上装有出线绝缘套管、吊攀和接地螺钉。芯子由一些电容元件串、并联组成。电容元件用铝箔制作电极、用电容器纸或复合绝缘膜作为绝缘介质。

电容器的额定电压多为 0.4kV 和 10.5kV；也有 0.23kV、0.525kV、6.3kV 等额定电压的产品。

(二) 功率因数自动补偿

自动补偿功率因数，是由计算机指令完成的。操作时合上电容补偿器开关，并将转换开关打入自动位置，即可实现自动提高功率因数的目的。

（三）电容补偿器的操作

电容补偿器的操作有两种：一是自动控制调节，二是手动控制调节。

1. 手动调节操作

（1）合上电容补偿器开关。

（2）将转换开关打入手动位置，观察功率因数表，根据需要，投入一组或几组运行。

2. 停止时操作

（1）将转换开关打到停的位置，即停止补偿。

（2）拉下电容器开关。

应该说明，使用集中补偿的电力系统，一般情况下都采用自动操作。

（四）电容器操作的注意事项

（1）正常情况下全站停电操作时，就先拉开电容器的开关，后拉开各路出线的开关；正常情况下全站恢复送电时，就先合上各路出线的开关，后合上电容器线的开关。

（2）全站事故停电后，应拉开电容器的开关。

（3）电容器断路器跳闸不得强送电；熔断丝熔断后，未查明原因之前不得更换熔断丝送电。

（4）不论是高压还是低压电容器，都不允许在其带有残留电荷的情况下合闸。否则，可能产生很大的电流冲击。电容器重新合闸前，至少应放电 3min。

（5）为了检查、修理的需要，电容器断开电源后，在维修人员未到之前，不论该电容器是否装有放电装置，都必须用可携带的专门放电负荷接线人工放电。

（五）电容器故障判断及处理

1. 熔断丝熔断

如电容器熔断丝熔断，不论高压电容器还是低压电容器，均应查明原因，并做适当处理后再投入运行。否则，可能产生很大的冲击电流。

2. 电容器爆破

电容器爆破由内部严重故障造成，应立即切断电源，处理完现场后更换电容器。

3. 异常声响

异常声响由内部故障造成。异常声响严重时，应立即退出运行，并停电更换电容器。

4. 温度过高

温度过高主要由过电流（电压过高或电源有谐波）或散热条件差造成，也可能由介质损耗增大造成。应严密监视，查明原因，作针对性的处理。如不能有效地控制过高的温度，则应退出运行；如是电容器本身的问题，应予更换。

六、低压配电屏

（一）低压配电屏用途

低压配电屏又称为开关屏或配电盘、配电柜，它是将低压电路所需的开关设备、测量仪表、保护装置和辅助设备等，按一定的接线方案安装在金属柜内的一种组合式电气设备，用以进行控制、保护、计量、分配和监视等。它适用于发电厂、变电所、厂矿企业中作为额定工作电压不超过 380V 低压配电系统中的动力、配电、照明配电之用。

（二）低压配电屏结构特点

低压配电屏基本可分为固定式和手车式（抽屉式）两大类，基本结构方式分为焊接式和组合式两种。常用的低压配电屏有：PGL 型交流低压配电屏、BFC 系列抽屉式低压配电屏、GGL 型低压配电屏和 GGD 型交流低压配电柜。

1. PGL 型交流低压配电屏

PGL 型低压配电屏中，P 表示配电屏，G 表示固定式，L 表示动力用。

现在使用的通常有 PGL1 型和 PGL2 型低压配电屏，其中 1 型分断能力为 15kA，2 型分断能力为 30kA，是用于户内安装的低压配电屏，其结构特点如下：

（1）采用型钢和薄钢板焊接结构，可前后开启，双面进行维护。屏前有门，上方为仪表盘，是一可开启的小门，装设指示仪表。

（2）组合屏的屏间加有钢制的隔板，可限制事故的扩大。

（3）主母线的电流有 1000A 和 1500A 两种规格，主母线安装于屏或柜体骨架上方，设有母线防护罩，以防上方坠落物件而造成主母线短路事故。

（4）屏内外均涂有防护漆层，始端屏、终端屏装有防护侧板。

（5）中性母线装于屏的下方绝缘子上。

（6）主接地点焊接在下方的骨架上，仪表门有接地点与壳体相连，构成了完整、良好的接地保护电路。

2. BFC 型低压配电屏

BFC 型低压配电屏中，B 表示低压配电柜（板），F 表示防护型，C 表示抽屉式。

BFC 型低压配电屏的主要特点为各单元的主要电器设备均安装在一个特制的抽屉中或手车中，当某一回路单元发生故障时，可以换用备用"抽屉"或手车，以便迅速恢复供电。而且，由于每个单元为抽屉式，密封性好，不会扩大事故，便于维护，提高了运行可靠性。BFC 型低压配电屏的主电器在抽屉或手车上均为插入式结构，抽屉或手车上均设有连锁装置，防止误操作。

3. GGL 型低压配电屏

GGL 型低压配电屏中，G 表示柜式结构，G 表示固定式，L 表示动力用。

GGL 型低压配电屏为组装式结构，全封闭型式，防护等级为 IP30，内部选用新型的电器元件，内部母线按三相五线配置。此种配电屏具有分断能力强、动稳定性好、维修方便等优点。

4. GGD 型交流低压配电柜

GGD 型交流低压配电柜中，G 表示交流低压配电柜，G 表示固定安装，D 表示电力用柜。

GGD 型交流低压配电柜是本着安全、经济、合理、可靠的原则设计新型低压配电柜。它具有分断能力高，动热稳定性好，电气方案灵活，组合方便，系列性、实用性强，结构新颖，防护等级高等特点，可作为低压成套开关设备的更新换代产品。

GGD 型交流低压配电柜的构架采用冷弯型钢材局部焊接拼接而成，主母线列在柜的上部后方，柜门采用整门或双门结构；柜体后面采用对称式双门结构，柜门采用镀锌转轴式铰链与构架相连，安装、拆卸方便。柜门的安装件与构架间有完整的接地保护电路，防护等级为 IP30。

（三）低压配电屏投运前检查

低压配电屏在投入运行前应进行下列各项检查试验：

（1）检查柜体与基础型钢固定是否牢固，安装是否平直。屏面油漆应完好，屏内应清洁，无积垢。

（2）各开关操作灵活，无卡涩，各触点接触良好。

（3）用塞尺检查母线连接处接触是否良好。

（4）二次回路接线应整齐牢固，线端编号符合设计要求。

（5）检查接地是否良好。

（6）抽屉式配电屏应检查推抽是否灵活轻便，动触头、静触头应接触良好，并有足够的接触压力。

（7）用1000V兆欧表测量绝缘电阻，应不小于0.5MΩ，并按标准进行交流耐压试验，一次回路的试验电压为工频1kV，也可用2500V兆欧表试验代替。

（四）低压配电屏巡视检查

为了保证对用电场所的正常供电，对配电屏上的仪表和电器应经常进行检查，并做好记录，以便随时分析运行及用电情况，及时发现问题和消除隐患。对运行中的低压配电屏，通常应检查以下内容：

（1）配电屏及屏上的电气元件的名称、标志、编号等是否清楚、正确，盘上所有的操作手柄、按钮和按键等的位置与现场实际情况是否相符，固定是否牢靠，操作是否灵活。

（2）配电屏上表示"分"、"合"等信号灯和其他信号指示是否正确。

（3）隔离开关、断路器、熔断器和互感器等的触点是否牢靠，有无过热、变色现象。

（4）二次回路导线的绝缘是否破损、老化，并测量其绝缘电阻。

（5）配电屏上标有操作模拟板时，模拟板与现场电气设备的运行状态是否对应。

（6）仪表后表盘玻璃是否松动，仪表指示是否正确，并清扫仪表和其他电器上的灰尘。

（7）配电室内的照明灯具是否完好，照度是否明亮均匀，观察仪表时有无眩光。

（8）巡视检查中发现的问题应该及时处理，并作记录。

第三节 交流电动机

电动机是一种将电能转换为机械能的动力设备，能带动机械工作，也是集输系统使用最为广泛的动力设备。电动机分为交流电动机和直流电动机两大类。交流电动机又分异步电动机和同步电动机。因为异步电动机具有结构简单、价格低廉、工作可靠、维护方便等优点，所以被集输系统广泛采用。

一、交流电动机的分类

交流异步电动机按其结构不同分为：鼠笼式异步电动机和绕组式异步电动机，各集输站库主要用鼠笼式电动机。鼠笼式电动机的优点：构造简单、价格便宜、坚固耐用、效率高、启动方便、维修容易。其缺点：启动电流大，约为额定电流5~7倍；启动转矩小，容易受电源电压波动影响；负荷不足时，功率因数低，调速性能差。

根据相数不同，交流电动机又可分为：单相交流电动机和三相交流电动机。在油气集输系统中，容量很小的电动机使用单相交流电动机，大部分都用三相交流电动机。

二、单相异步电动机

单相异步电动机只需要单相交流电源供电，具有结构简单、成本低廉、运行可靠、容易控制、维修方便的优点。其缺点是单相异步电动机效率、功率因数、过载能力等各项性能指标都比同容量的三相异步电动机差。因此，单相异步电动机容量较小，一般从几瓦到几百瓦之间。在家用电器、电动工具、医疗器械中得到广泛应用。与同容量的三相异步电动机比较，单相异步电动机的体积较大，运行性能较差，因此，一般只做成小容量的。单相异步电动机的主要特点是启动转矩为零，没有固定转向，故无法自行启动。

（一）单相异步电动机的分类及结构

1. 分类

单相异步电动机种类很多，按照启动方式可以分成以下五类：

（1）单相电阻启动异步电动机，代号：JZ、BO、BO2。

（2）单相电容启动异步电动机，代号：JY、CO、CO2。

（3）单相电容运转异步电动机，代号：JX、DO、DO2。

（4）单相电容启动和运转异步电动机，代号：JL。

（5）单相罩极异步电动机，罩极异步电动机有凸极式和隐极式两种。

2. 结构

单相电动机一般使用220V交流电源供电。其结构简单、运行可靠、维修方便，所以广泛应用于家用电器和工业企业的机电设备中。

定子部分由定子机壳、定子铁芯、端盖、定子绕组以及风扇罩等组成。转子部分由转子铁芯、转子绕组（一般笼形）、转轴、轴承、风扇叶以及离心开关或继电器等组成。除此之外还有电容器（电容启动或电容运转以及双值电容电动机）、电动机铭牌和接线盒等。

（1）机壳。定子机壳材料常用钢板、铸铝、铸铁制成。机壳的作用是支撑定子铁芯、端盖以及承受负载反力矩，在形式上做成封闭式、开启式及防护式。目前，机壳材料常用1.2~2mm厚钢板卷成。

（2）定子铁芯。定子铁芯采用0.35~0.5mm厚的硅钢片叠成，目前多采用冷轧硅钢片制作。

（3）定子绕组。一般有两套绕组：一套为主绕组，另一套为辅绕组，也称为启动绕组，它们在空间相隔90°相位角。

（4）端盖。端盖材质与机座相同，要求端盖止口的配合公差要正确，同心度要符合要求；另外，要求端盖具有一定强度，以支撑转子。

（5）转子铁芯。转子铁芯也是采用硅钢片叠压而成，它与定子铁芯不同之处是转子做成斜槽，目的是为了减少振动和噪声；还采用闭口槽，但冲片的绝缘要求不高，可以不涂绝缘漆。

（6）转子绕组。转子绕组通常采用铸铝转子，也采用高纯铝。维修时，不可轻易车削转子端环，当把端环截面车小后，转子电阻增加，转差率增大，电动机工作性质将变坏。

（7）转轴。要求转轴不但要有一定强度，还要有一定刚度，否则由于转轴产生过大挠度使气隙不均,甚至产生扫膛故障。一般采用45号碳素钢制成,也有用65号碳素钢或其他特殊钢材的。

(二) 单相异步电动机的工作原理

单相异步电动机自行启动必须有一个旋转的磁场。通过两绕组产生旋转磁场,在空间不同相的绕组中通以时间不同相的电流,其合成磁场为一旋转磁场。单相电动机定子有两个绕组,一个是用于产生主磁场的工作绕组,一个是用来帮助电动机启动的启动绕组,一般工作绕组和启动绕组空间互差90°相位角。设法在两个绕组内通入相位差为90°的两相电流,则气隙中将产生旋转磁场,形成电磁转矩使电动机自行启动。

(三) 单相电动机的使用检查及运行维护

1. 单相电动机的使用检查
(1) 电动机的电源、频率是否与电源的电源、频率相等。
(2) 检查电源熔断丝的额定电流是否合适,应比电动机工作电流大10%~25%。
(3) 检查绝缘情况。
(4) 通电前先用手转动电动机,看能否自由转动。
(5) 电动机轴承应有适量润滑剂。
(6) 电动机底座应安装牢固,接线应正确。

2. 单相电动机的运行维护
(1) 运行中应检查电动机温度,其外壳温升不应超过40℃。若电动机温升过高,可能是内部有故障,要进行检查。
(2) 注意声音。如电动机噪声过大,可能是轴承间隙过大或窜动量太大所致,应进行检查和调整,或更换磨损零件。
(3) 保持清洁,要经常清除机壳上的灰尘,轴承要定期加油。
(4) 长期停用的电动机,重新使用时应检查其绝缘性能。用500V兆欧表测量,其绝缘电阻值应不低于0.5MΩ。
(5) 定期检查保养,每年应不少于一次。

三、三相异步电动机

在集输领域中使用三相异步电动机较多,以下主要介绍三相异步电动机的结构、原理、使用及维护。

三相异步电动机的结构由定子和转子两个基本部分组成,定子是电动机固定部分,一般由定子铁芯、定子绕组和机座等组成;转子是电动机的旋转部分,由转轴、铁芯和绕组三部分组成,它的作用是输出机械转矩。

(一) 结构

三相异步电动机的结构如图4-22所示。

1. 定子

定子是电动机固定不动的一部分,它的作用是专门产生一个旋转磁场,推动转子旋转。定子由定子铁芯和定子绕组两部分组成。定子铁芯是电动机磁力线经过的部分,它的作用是导磁。定子绕组即是定子线圈,每相线圈由几个单只线圈串联或并联组成。三相线圈在空间上以互成120°分布在定子铁芯内圆上,通入三相电流时,就会形成旋转磁场。

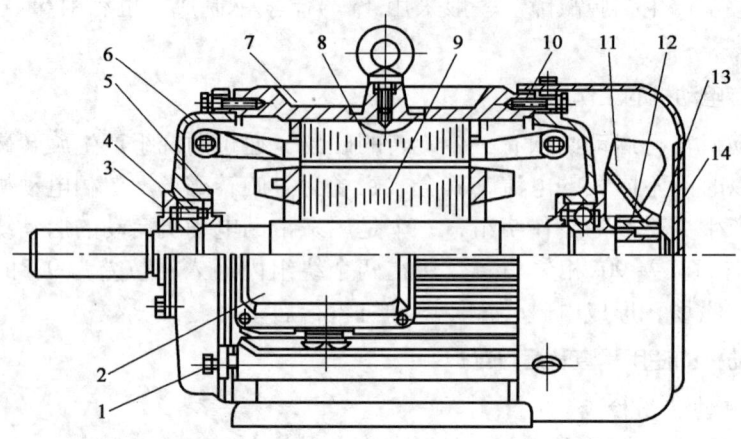

图 4-22 Y 系列（IP44）三相异步电动机结构图
1—紧固件；2—接线盒；3—轴承外盖；4—轴承；5—轴承内盖；
6—端盖；7—机座；8—定子；9—转子；10—风罩；11—风扇；
12—键；13—轴承挡圈；14—外风扇罩

2. 转子

转子是电动机的转动部分，它的作用是在旋转磁场作用下，产生一个转动力矩而旋转，并带动设备机械作功。转子在电动机定子内部，由电动机轴通过安装在机壳两侧的轴承支承。

3. 机座

机座的作用是固定和保护定子铁芯和定子绕组，并支撑和固定电动机轴承部分。

4. 端盖

端盖是用来支撑并遮盖电动机的，用螺栓固定在机座两端。除了端盖外，还包括前后两只轴承和轴承盖。两只轴承用来支撑电动机转轴，减小旋转时的摩擦阻力。轴承端盖可以保护轴承并防止润滑油脂外流。

5. 附属部分

（1）接线盒：固定电动机定子三相绕组出线头，连接电源线。

（2）风扇：冷却电动机。

（3）风扇罩：保护风扇，防止旋转时风扇伤人。

（二）工作原理

三相交流电通入电动机定子绕组后，在空间产生旋转磁场，旋转磁场的磁力线通过定子和转子铁芯构成闭合电路，在转子导体中产生电动势，从而产生感应电流；转子中的感应电流在定子磁场中受到电磁力，形成电磁力矩，使转子按旋转磁场的方向旋转。

另外，由于电动机转子的电流是由定子旋转磁场感应而产生，因此称为感应电动机；另一方面电动机转子的实际转速 n，低于定子旋转磁场的转速 n_1，所以也称异步电动机。把旋转磁场的转速 n_1 与转子转速 n 之差和旋转磁场转速 n_1 之比称为异步电动机的转差率 S，其表达式为：

$$S = \frac{n_1 - n}{n_1} \times 100\%$$

(4-19)

$$n_1 = 60f/P \qquad (4-20)$$

式中 S——转差率;

n_1——旋转磁场转速,r/min;

n——转子的实际转速,r/min;

f——交流电频率,Hz;

P——定子绕组的极对数。

从式(4-19)可以看出,n 增大,S 就减小。转子不动时,$n=0$,$S=1$。而转子转速 n 和 n_1 相同时,$S=0$,所以,$0 \leq S \leq 1$。常见电动机在额定负载时,S 为 2%~5%。

【例 4-9】某台电动机的同步转速为 1500r/min,电源频率为 50Hz,求该电动机的磁极对数。

已知:$f=50$Hz,$n=1500$r/min

求:$P=?$

解:因为 $n=60f/P$

所以 $n=60 \times 50/1500 = 2$

答:电动机的磁极对数为 2。

【例 4-10】某台电动机的磁极对数为 2,电源频率为 50Hz,转子转速为 1450r/min,求该电动机的同步转速和转差率。

已知:$P=2$,$f=50$Hz,$n=1450$r/min,

求:$n_1=?$ $S=?$

解:由 $n_1 = 60f/P$ 得:

$n_1 = 60 \times 50/2 = 1500$ (r/min)

由 $S = (n_1 - n)/n_1 \times 100\%$ 得:

$S = (1500-1450) \div 1500 \times 100\% = 3.3\%$

答:该电动机的同步转速为 1500r/min,转差率为 3.3%。

(三)三相异步电动机的技术参数

电动机铭牌是使用和维护电动机的依据,必须按照铭牌上给出的额定值和要求去使用和维修。型号意义:电动机的型号用汉语拼音字母表示,有关的国产电动机型号说明见表 4-1。

表 4-1 电动机型号表示方法

国产型号	型号说明
J	三相异步电动机
JO JO2	三相异步封闭式笼型,O 表示封闭,2 表示改型设计
JQO	三相异步封闭式笼型高启动转矩,Q 表示高启动转矩
JB JBS	三相异步防爆型,B 表示防爆型,S 表示小型
KB	矿用防爆型电动机
JR	三相异步绕线型,R 表示绕线型转子
JK JKZ	三相异步高速笼型电动机,K 表示高速笼型,Z 表示座式轴承

三相异步电动机的型号由三部组成,即产品代号、规格代号和特殊环境代号。产品代号包括产品系列代号,异步电动机用 Y 表示;特殊代号,如绕线电动机用 R 表示。

小型异步电动机产品规格代号为:中心高(mm)—机座长度(字母代号)—铁芯长度(数字代号)—极数。

如"Y280M2—4"中:Y 表示异步电动机;280 表示机座中心高度 280mm;M 表示机座类型,中号机座(L 为长机座,S 为短机座);2 表示铁芯长度代号,即表示 2 号铁芯长度;4 表示磁极数(4 极)。

特殊环境代号见表 4-2。

表 4-2 特殊环境代号

环境条件	代号	环境条件	代号
高原用	G	热带用	T
船(海)用	H	湿热用	TH
户外用	W	干热用	TA
化工防腐用	F		

1. 额定容量

额定容量就是电动机在额定条件下机轴所输出的机械功率,也称为额定功率,单位千瓦(kW)。

2. 额定电压

额定电压表示电动机定子绕组所承受的线电压值,单位伏特(V),常用的有 220V、380V 两种。

3. 额定频率

额定频率就是通入电动机交流电的频率,单位赫兹(Hz)。我国电力系统的频率是 50Hz。

4. 额定电流

电动机在额定电压和额定频率下其负载达到额定容量时的电流,单位安培(A)。

5. 额定转数

额定转数就是电动机在额定容量、额定电压、额定频率下转子每分钟的转数,单位(r/min)。

6. 接法

电动机在额定电压下定子三相绕组的连接方法。常见的接法有"星形(Y)"和"三角形(△)"两种。若铭牌标△,额定电压标 380V,表明电动机电源电压为 380V 时应接△。若电压标 380V/220V,接法标 Y/△,这表明电动机每相绕组的额定电压为 220V,如果电源线电压为 220V,定子绕组则应接成三角形。如果电源电压为 380V,则应接成星形。切不可误将星形接成三角形,将烧毁电动机。额定电压为 380V,接法为三角形,这表明定子每相绕组的额定电压是 380V,适用于电源线电压为 380V 的场合。

目前,我国三相异步电动机功率在 3kW 以下的一般用星形接法,4kW 及以上时,均采用三角形接法,以利于广泛采用星形—三角形降压启动,如图 4-23 所示。

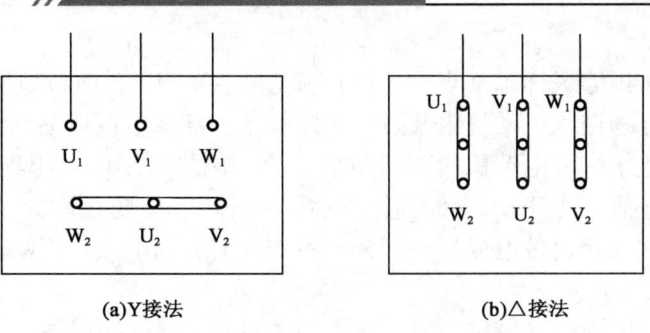

图 4-23 电动机定子绕组接线图

Y 系列电动机接线盒内接线端子的标志是"U"表示第一绕组,"V"表示第二绕组,"W"表示第三绕组;"1"表示绕组首端,"2"表示绕组末端。如图 4-24 所示。

7. 绝缘等级与温升

绝缘等级与温升就是所用绝缘材料耐热性能的等级,分为 A、B、E、F、H 五级。利用电阻法测量各级绝缘电动机的允许温升:A 级绝缘运行极限温度为 105℃,允许温升为 60℃;B 级绝缘运行极限温度为 130℃,允许温升为 60℃;E 级绝缘运行极限温度为 120℃,允许温升为 75℃;F 级绝缘运行极限温度为 155℃,允许温升为 100℃;H 级绝缘运行极限温度为 180℃,允许温升为 125℃。

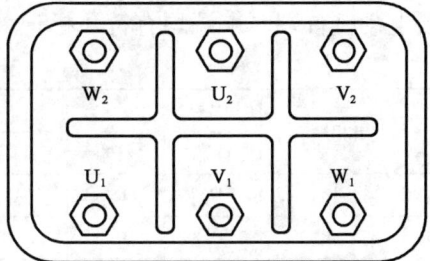

图 4-24 Y 系列电动机接线盒

上述温升是指绕组的工作温度与环境温度(一般指室温度为 35℃,有些国产电动机规定的为 40℃)之差值。电动机工作温度的极限值主要取决于绝缘材料的耐热性能,工作温度超过允许值,会使绝缘材料老化,使电动机寿命缩短,甚至烧毁。

8. 功率因数

电动机 A 级绝缘运行极限温度为 105℃,允许温升为 60℃,是电感性负载,其定子相电流比相电压滞后一个 φ 角,$\cos\varphi$ 就是电动机的功率因数,电动机的输入功率 P_1 与 $\cos\varphi$ 有关,即:

$$P_1 = \sqrt{3}U_1 I_1 \cos\varphi。$$

9. 效率

电动机从电源吸取的有功功率,称为电动机的输入功率或轴功率;用 $N_{轴}$ 表示,而电动机转轴上输出的机械功率,称为输出功率或有效功率,用 $N_{有效}$ 表示,输出功率 $N_{有效}$ 和输入功率 $N_{轴}$ 之比,称为效率,常用符号 η 表示,即:

$$\eta = \frac{N_{有效}}{N_{轴}} \times 100\% \tag{4-21}$$

输出功率总是小于输入功率的,这是因为电动机运行时,内部总有一定的功率损耗,这些损耗包括:绕组的铜(或铝)损耗、铁芯的铁损耗以及各种其他损耗,按能量守恒定则,输入功率等于损耗功率与输出功率之和。因此,输出功率总是小于输入功率的,或者说电动机的效率是小于 1 的。当负载在额定负载的 0.7~1.0 范围内,效率最高,运行最经济。

10. 定额(工作方式)

定额是指电动机正常使用时持续的时间。一般分连续、短时与断续三种,铭牌上的"SI"表示连续工作制。

11. 防护等级

电动机外壳的防护等级标志来表示。防护标志由字母 IP 及两位数字组成。第一位数字表示外壳防止固体异物进入电动机内及防止人体触及内部带电或运动部件的防护能力,第二位数字表示外壳防止水进入电动机内部的防护能力。例如,IP44(相当于 1965 年国家标准中的封闭式)能防止直径大于 1mm 的固体异物进入壳内,能防止厚度(或直径)大于 1mm 的工具、金属线等触及壳内带电或运动部分,不受任何方向的溅水影响。

12. 额定噪声值

额定噪声值表示电动机在额定情况下噪声的大小。L_w 为声功率级,单位为"dB",A 为计权方式。

(四)三相异步电动机接线方法

一般三相异步电动机接线盒内都有 6 个接头,这是电动机三相绕组的 6 个首末端。一般新电动机首端、末端均有符号标记,见表 4-3。

表 4-3 电动机绕组首、末端符号识别

引出相序	标准符号		不标准符号							
	首端	末端	首端	末端	首端	末端	首端	末端	首端	末端
第一相	D_1	D_4	A	X	A_1	A_2	C_1	C_4	1	4
第二相	D_2	D_5	B	Y	B_1	B_2	C_2	C_5	2	5
第三相	D_3	D_6	C	Z	C_1	C_2	C_3	C_6	3	6

由于电动机绕组 6 个出线头引出的情况不同,它的具体接法也就不同。

(1)电动机上有接线板,出线板上引出 6 根线的接法:因接线板上用符号标明绕组的首末端,故只要按图 4-24 接成星形或三角形就行了。三相绕组六个接线端引出至接线盒,三个始端标以 D1、D2、D3,末端标以 D4、D5、D6。三个末端接在一起,三个始端接三相电源,即为星形(Y)连接。末端、始端两两接在一起接至三相电源,即为角形(△)连接。

(2)电动机上只引出三根线的接法:这种电动机内部已接成固定的星形或三角形,所以接线时只要将引出的三根线分别与三根火线相接即可。

(3)电动机外壳上有两孔,每个孔引出三根线(分别为三组绕组首端和末端)的接法:星形接法是,只要将任何一孔中的三根线拧在一起,将另一个孔的三根线分别与三根火线相连就可以。三角形接法时,如果线上没有标记符号,首先用万用表或电池小灯泡找出哪两个线头是一个绕组,分组后,按三角形接法接线即可。

(五)电动机熔断丝或熔断片的选用

更换熔断丝或熔断片时,一定要按规定选用,不能太大,也不能太小。太大不起保险的作用,太小熔断总容易烧断。

电动机的熔断丝(片)通常按下面方法进行选用。

1. 一台电动机保险丝(片)的选择

因为电动机启动时电流很大,所以一般取熔断丝(片)额定电流等于 1.5~2.5 倍电动机额定电流。

2. 多台电动机合用熔断丝(片)的选择

一般没有同时启动情况下,总熔断丝(片)的额定电流等于 1.5~2.5 倍最大一台电动

机的额定电流与其余可能运行的电动机的额定电流之和。假若多台电动机,则有:

$$I_{熔断} = (1.5 \sim 2.5)I_{最大} + \sum I_i \tag{4-22}$$

式中 $I_{熔断}$——选用熔断丝(片)的额定电流,A;

$I_{最大}$——最大一台电动机的额定电流,A;

$\sum I_i$——其余同时可能运转的电动机额定电流,A。

(六)电动机保护接地与保护接零

1. 接地与接零的种类和作用

(1)工作接地:为了保证电气设备和电力系统正常可靠运行,而将电力系统中的某一点接地称为工作接地。

(2)保护接地:为了防止电气设备的绝缘破坏,而使人遭受触电危险,将电气设备带电部分绝缘的金属外壳同接地极之间作电气连接,称为保护接地。

(3)保护接零:将电气设备的金属外壳与电力系统的零线相连接称保护接零。中性点接地后的导线称为零线。

(4)重复接地:将零线上的一点或多点与接地极再次作金属连接,称为重复接地。

2. 保护接地与保护接零接装要求

(1)一切电气设备的金属外壳所安装的保护接地线应保证接触良好。

(2)在同一台变压器供电的系统中,不允许一部分电气设备用保护接地,而另一部分电气设备采用保护接零。

(3)接地线或接零线上不准装设熔断器开关。

(4)接地装置的接地电阻,应在土壤干燥时停电后进行定期测量,接地电阻值一般应小于4Ω。

(5)采用接地或接零的电气设备,均应单独地与接地干线相连,不准串联。

四、防爆电动机

(一)防爆电动机的类型

防爆电动机指有防爆性能的一类电动机。采取的措施有:把电气设备罩装在一个外壳内,这种外壳具有能承受内部爆炸性混合物的爆炸压力,并能阻止内部的爆炸向外壳周围爆炸性混合物传播的结构(隔爆型);使电动机带电零部件不可能产生足以引起爆炸危险的火花、电弧或危险温度,或把可能产生这些现象的带电零部件与爆炸性混合物隔断开,使之不能相互接触或达不到具有爆炸性危险的程度(增安型、通风型等)。在各类有爆炸性危险的环境中,正确地选用与各类设备配套的防爆电动机是非常重要的。

(二)防爆电动机应用范围

防爆电机是一种可以在易燃易爆场所使用的一种电机,运行时不产生电火花。防爆电机主要用于煤矿、石油天然气、石油化工和化学工业。此外,在纺织、冶金、城市煤气、交通、粮油加工、造纸、医药等部门也被广泛应用。防爆电机作为主要的动力设备,通常用于驱动泵、风机、压缩机和其他传动机械。

(三)防爆电动机的标志

防爆电动机的类型和标志见表4-4。

表 4-4　防爆电动机的类型和标志

序　号	类　型	防爆标志	
		工　厂　用	煤　矿　用
1	增安型（安全型）	A	KA
2	隔爆型	B	KB
3	充油型	C	KC
4	通风充气型	F	KF
5	安全火花型	H	KH
6	特殊型	T	KT

（四）防爆电动机特点

1. 隔爆型电动机

它采用隔爆外壳把可能产生火花、电弧和危险温度的电气部分与周围的爆炸性气体混合物隔开。但是，这种外壳并非是密封的，周围的爆炸性气体混合物可以通过外壳的各部分接合面间隙进入电机内部。当与外壳内的火花、电弧、危险高温等引燃源接触时就可能发生爆炸，这时电机的隔爆外壳不仅不会损坏或变形，而且爆炸火焰或炽热气体通过接合面间隙传出时，也不能引燃周围的爆炸性气体混合物。其主要特点如下：

（1）功率等级、安装尺寸及转速的对应关系与 DIN42673 一致，同时考虑到与 YB 系列的继承性和 Y2 系列的互换性，作了必要调整，更加有效和适用。

（2）全系列采用 F 级绝缘，温升按 B 级考核。

（3）噪声限值比 YB 系列低，接近 YB 系列的 I 级噪声，振动限值与 YB 系列相当。

（4）外壳防护等级提高到 IP55。

（5）全系列选用低噪声深沟球轴承，机座中心高在 180mm 以上电动机设注排油装置。

（6）电动机散热片有平行水平分布和辐射分布两种，以平行水平分布为主。

2. 增安型电动机

它是在正常运行条件下不会产生电弧、火花或危险高温的电动机结构上，再采取一些机械、电气和热的保护措施，使之进一步避免在正常或认可的过载条件下出现电弧、火花或高温的危险，从而确保其防爆安全性。其特点如下：

（1）满足增安型防爆电动机的要求，采取一系列可靠的防止火花、电弧和危险高温的措施，可以安全运行于爆炸危险场所。

（2）采用无刷励磁，设置旋转整流盘和静态励磁柜，励磁控制系统可靠；顺极性转差投励准确，无冲击；励磁系统失步保护可靠，再整步能力强；线路设计合理，放电电阻在工作中不发热；励磁电流调节范围宽。

（3）同步电动机、交流励磁电动机及旋转整流盘同轴。整流盘位于主同步电动机和交流励磁机之间，或置于轴承座之外。

（4）外壳防护等级为 IP54。

（5）采用 F 级绝缘，温升按 B 级考核。

（6）改变传统的下水冷为上水冷，即水冷却器置于电动机上部。

（7）设增安型防潮加热器，固定在电机底部的罩内，用于停机时加热防潮用。

（8）选优质原材料，电气及机械计算留有较大余度，能满足运行可靠性和增安型电动机的温度要求。

(9) 设置有完善的监控措施；主接线盒内设置用于差动保护的增安型自平衡电流互感器；定子绕组埋设工作和备用的铂热电阻，分度号为Pt100；设漏水监控仪，监控水冷却器的泄漏；两端座式滑动轴承分别设现场温度显示仪表和远传信号端子。

(五) 防爆型电动机原理

形成爆炸的必要条件是爆炸性混合物达到爆炸极限和设备有火花、电弧或危险温度存在。这两个必要条件同时满足时，就有爆炸的可能。排除一个便不能形成爆炸。所以各种防爆型电动机设计时，总是采取各种办法使两个条件不同时满足。

1. 常用的隔爆型电动机原理

常用的隔爆型电动机的隔爆原理是：在结构上保证电动机外壳各组成部件配合面（如端盖与机座配合）间有一定的接缝；当电动机内部发生火花或爆炸性混合物发生火焰时，火焰会沿着接合面的缝隙向外扩展，在扩展过程中，将火焰能量大部分阻止或消耗在缝隙中，当火焰传到外壳以外时，其能量和温度已不足以使外界爆炸性混合物引燃爆炸。

2. 增安型电动机原理

增安型电动机的防爆原理是：当电动机制造时，采取许多安全措施，尽可能避免或减少事故火花、电弧或危险温度的机会。安全火花型防爆电动机允许产生火花，但限制火花能量，使之低于爆炸所需的最小能量。

充油、通风、充气型防爆电动机也允许电动机内部产生弧光，但用油层、新鲜空气和惰性气体层将火花和电弧与外部爆炸性混合物隔离开，不使它冲出而与爆炸性混合物接触从而发生爆炸。

(六) 防爆型电动机的接线

防爆型电动机上均带有防爆接线盒，接线盒进线口有压盘式和压紧螺母式，无论哪种防爆电动机其接线应符合下列要求：

(1) 接线盒必须完好，无损坏。

(2) 引入电动机的电源线接点必须有防止自松脱措施，且连接点必须置于接线盒内。

(3) 接线盒口必须做好密封。

(七) 防爆型电动机的拆装

1. 拆卸防爆型电动机的操作步骤

(1) 断开电源，拆电动机接线端子。

(2) 卸传动装置的连接螺栓。

(3) 卸电动机固定地脚螺栓，电动机在底盘上错开位置。

(4) 拆卸传动装置。

(5) 拆卸电动机风扇罩、风扇。

(6) 拆卸前后端盖固定螺钉，取下前、后端盖。

(7) 小型电动机可抽出转子，拆卸前、后轴承，取下前、后轴承内盖；大中型的电动机应使用起吊工具吊起转子，再进行轴承拆卸。

(8) 按拆卸相反顺序装配。

2. 拆装的技术要求

（1）拆卸电动机端引线时，应先断电源，挂上"禁止合闸"警示牌，确实无电后，方可进行拆卸，并记录引线接头位置。

（2）拆卸联轴器应使用拉力器，禁止用手锤敲打或使用撬杠撬拨，避免击碎联轴器或造成电动机轴弯曲和端盖损坏。

（3）在拆卸轴承盖和端盖时，应先做好记号，先拆卸端盖和轴承盖的螺栓，然后用顶丝把端盖顶出，端盖较重时，应用起吊工具吊好，以防掉下摔坏。端盖的防爆面应朝上搁置，并用橡皮或布衬垫盖上，注意紧固螺栓、弹簧垫不要丢失。

（4）拆装转子时要小心缓慢不可倾斜，沿转子轴中心向风扇端外移动，不能擦伤铁芯和绕组绝缘，对大中型电动机取出转子时，若转子轴的一端不能伸出定子之外，需将轴接长（套一节粗细长度合适的管子），为避免转子表面与定子内孔（尤其定子端部绕组）碰伤，转子穿心时，可在定子下半部用钢纸或青稞纸垫好，同时用手灯照定子内孔内移动的转子端与定子之间保持有间隙的平移。用起吊工具进行起吊时，钢丝绳与转子接触部分，应用木块或麻布垫好，以免损伤轴颈。转子抽出后，应放在专用的弧形枕木上。

（5）拆卸轴承时应使用拉力器，拉力器的拉环（拉爪）应紧扣轴承的内圈拉出。装配轴承时可用热装法、机械法和选配法；对小型电动机可采用手工装配，装配时要使轴承内轨受力均匀，并慢慢推进，严禁使轴承外轨受力。添加润滑脂应占轴承内腔容积的 $1/2 \sim 2/3$ 为宜。

（6）组装端盖时应使端盖和机座止口准确吻合，用紫铜棒对称敲打端盖的加强筋部位；连接防爆外壳的紧固螺栓，不能缺少，应对角轮换拧紧，拧入深度为螺栓直径的 $1.25 \sim 1.5$ 倍，每个螺栓应装弹簧垫圈，防止自行松脱。端盖装配完后，盘动转子应灵活、无刮、卡现象。

（7）装配应紧固，零部件应齐全完整，转动灵活，轴向、径向端面跳动不大于规定值；转子之间各点间隙与平均值之差，应在平均值的 $\pm 5\%$ 范围内。

（8）为了保持防爆性好，装配的紧固件应按尺寸配制，不得改变。拆卸电动机的防爆接合面时，严禁用防爆面作撬杠的支点，不允许敲打或撞击防爆面。

（9）接线应正确，接线盒各部件不能丢失或损伤；在引线盒里应塞满防爆绝缘泥。

第四节　三相异步电动机的操作及维护

电动机按照操作规程进行操作，防止发生损坏机械设备事故。日常维护检查的要点是及早发现设备的异常状态，及时进行处理，防止事故扩大。

一、三相异步电动机的检查验收

（一）三相异步电动机解体检查条件

电动机检查验收中有下列情况时，应进行解体检查：

（1）出厂日期超过制造厂保证期限者，修理保养后电动机超过保修期限。

（2）经外观检查或电气试验，质量不可靠有问题者。

（3）开启式电动机经检查端部有缺陷者。

(4）试运转时。有异常情况，如振动值超差，不正常温升、局部过热有异常摩擦等。

（二）三相异步电动机检查的内容

（1）电动机的引线与端子连接应紧密，且编号齐全。

（2）所有紧固螺栓要齐全，无松动。

（3）电动机外壳完好，风扇叶无裂纹。

（4）电动机绝缘性能良好，经耐压试验符合原设计规定值，定子绕组在运行温度下绝缘电阻不得小于 $1M\Omega/kV$，电压 1kV 以下和容量在 100kW 以下，绝缘电阻不得小于 $0.5M\Omega$，电动机转子绕组的绝缘电阻不得小于 $0.5M\Omega$。

（5）徒手盘动电动机转子不得有碰卡，偏磨等异常杂声。

（6）润滑油（脂）合格，无变质、变色、老化变硬及杂质等。

（7）电动机空转试运，方向要与设备运转方向一致，时间不得少于 2h。

（8）试运中温升，滑动轴承不超过 70℃，滚动轴承不超过 75℃，电动机温度不超过 80℃。

（9）试运中振动振幅测定，振幅不大于 0.06mm 为合格。

（10）试运中，转数测定、空负荷试运，转数不低于额定转数。

（11）检查验收电动机安装记录和技术资料。

（12）防爆电动机应检查其防爆性能和密封。

（三）检查三相异步电动机的技术要求

（1）测量接地电阻时，引线要与电动机断开。绝缘电阻合格的标准为：每千伏工作电压，绝缘电阻大于 $1M\Omega$，380V 电动机绝缘电阻应大于 $0.5M\Omega$。

（2）测量三相电流平衡时，被测导线应尽可能远离其他导线，三相电流的差值必须在额定电流的 5% 以内。

（3）检查带电体温度时，必须用手背轻轻触摸，以防触电。轴承温度不超 75℃，电动机温度不超 80℃。

（4）切断电源后，应在开关操作把手上挂上"有人工作，禁止合闸"警示牌。

（5）拆装轴承外端盖和电动机端盖时要事先做好标记。

（6）装轴承外盖时，先将外盖套在轴上，在螺钉孔中插入一根螺钉，转动转子带着轴承内盖转动，此时外盖应固定不动。找正对准内、外盖的螺钉孔后，再将内、外盖用螺钉拧紧。

（7）安装电动机端盖和轴承端盖时，螺钉应对称均匀，使端盖受力均匀，但轴承端盖螺钉不能拧得太紧，致使转子转动不灵活。

（8）安装对轮和风扇时，键与槽的配合松紧要合适，太紧时会伤槽、伤销，太松时会滚键打滑，引起撞击。

（9）清洗轴承后，若检查轴承良好，则不拆下轴承。若轴承有缺陷不能继续使用时，应更换新轴承。

（10）在电动机前后端盖都拆下之前，一定要把电动机轴两端架起，防止转子直接落在定子上，擦伤、划破定子绕组。

（11）通电启动后，要监听轴承与电动机内声音是否正常，有无不正常气味，有无冒烟和打火现象，有无剧烈振动，有无过热现象等。

二、三相异步电动机运行前后的检查

（一）启动前的检查

（1）用验电笔检查三相电源线是否均有电，用万用表或电压表测量电源电压是否与电动机额定电压相符。

（2）检查电动机启动设备，开关触头接触是否良好，有无损坏或接线错误等故障。

（3）检查熔断丝有无熔断、松动或大小规格不相符的现象。

（4）检查电动机铭牌所示的额定数据是否符合使用要求，电动机绕组的接线是否正确，电动机与开关、启动设备之间连接线是否有松动或脱落的现象。

（5）绕线式转子电动机应检查短接集电环装置的手柄和启动变阻器的控制手柄是否在启动位置上，电刷是否紧密地与集电环接触，电刷提升机构是否灵活，电刷压力是否正常，一般为 $1.5 \sim 2.5 \text{N}/\text{cm}^2$。

（6）用干燥的压缩空气吹净电动机内部灰尘及污垢杂物。

（7）检查电动机的转轴转动是否灵活，轴承是否有油。对于滑动轴承，应检查是否达到规定油位，转子轴向串动量每侧允许 $2 \sim 3 \text{mm}$。

（8）对于新的或长期不用的电动机，使用前应检查绕组间及绕组对地的绝缘电阻；对绕线式电动机，除检查定子绝缘外，还应检查转子绕组及集电环对地及集电环之间的绝缘电阻，绝缘电阻不得小于 $1 \text{M}\Omega/\text{kv}$。一般三相 380V 电动机的绝缘电阻应大于 $0.5 \text{M}\Omega$，否则应对电动机绕组烘干。

（9）检查电动机和被拖动的机械设备有无损坏或卡住等不良现象。

（10）检查电动机的传动装置是否过紧或过松，联轴器的螺钉及销子是否牢固。

（11）检查电动机的接地装置是否可靠。

（二）启动时的注意事项

（1）操作人员应穿戴好劳动保护用品，防止卷入旋转机械，不应有人靠近机组旁边。

（2）合刀闸时，操作人员应站在一侧，防止被电弧烧伤，合闸时动作应迅速果断。

（3）使用双闸刀启动器、星形—三角形启动器或自耦减压启动器时，必须遵守操作顺序。

（4）几台电动机共用一台变压器时，应由大到小秩序的逐台启动，不可同时启动。

（5）电动机应避免频繁启动或尽量减少启动次数（特殊用途的电动机除外），一般空载连续启动不得超过 $3 \sim 5$ 次，对于满载电动机，其连续启动次数不得超过 2 次。

（6）接通电源后，电动机即在几秒或十几秒的时间内就能达到额定转速，若发现启动很慢，声音不正常或不转动，则应迅速切断电源，待检查找出原因排除故障后方可重新启动。

（三）启动后的检查

（1）检查电动机旋转方向。

（2）电动机在启动和加速时有无异常声音和振动。

（3）启动电流是否正常。

（4）启动时间是否正常。

（5）油环是否转动（对于滑动轴承）。

（6）负载电流是否正常，有无脉冲和不平衡现象。

（7）启动装置是否正常。

第四章　集输电气设备

(8) 冷却系统和控制系统动作是否正常。

(四) 运行中的监视

电动机投入运行以后，操作人员应经常监视机组运行情况，并要注意监视以下几个方面：

(1) 电动机的电流。线电流不得超过铭牌上规定的额定电流。没有装电流表的，用钳形电流表定时检查三相电流是否平衡或过载，各相电流不平衡值不得超过10%。

(2) 电动机的电压。电动机的端电压过低会使电动机过热。电动机三相不平衡也会使电动机过热，一般电动机允许电压波动为额定电压的±5%，三相电压之间差不得大于5%。

(3) 电动机的温升。电动机运行时的温升不应超过允许温升。监视电动机的温升，可用一支0~100℃的酒精式棒形温度计测量温升，卸下机壳上的吊环螺钉，把温度计插入吊环孔内，用玻璃腻子粘好。根据经验，温度计指示的温度再加15℃，就等于定子绕组的温度，再减去环境温度，即为温升。电动机各部位温升的允许值见表4-5。

表4-5　三相异步电动机的最高允许温升（℃）（环境温度为40℃时）

绝缘等级 测量方法 电动机部位	A级		E级		B级		F级		H级	
	温度计法	电阻法	温度计法	电阻法	温度计法	电阻法	温度计法	电阻法	温度计法	电阻法
定子绕组	55	60	65	75	70	80	85	100	105	125
转子绕组	55	60	65	75	70	80	85	100	105	125
定子铁芯	60	—	75	—	80	—	100	—	125	—
集电环	60	—	70	—	80	—	90	—	100	—
滑动轴承	40	—	40	—	40	—	40	—	40	—
滚动轴承	55	—	55	—	55	—	55	—	55	—

环境温度变化时，允许电动机输出功率变化的范围见表4-6。

表4-6　随环境温度变化允许电动机输出功率变化范围

周围环境温度，℃	25	30	35	40	45
允许输出功率变化百分数	+10%	+5%	额定功率	-5%	-10%

(4) 轴承的温度：滑动轴承一般不超过70℃，滚动轴承一般不超过75℃。

(5) 电动机有无振动，机组声音是否异常、是否出现不正常气味或冒烟等。

①电动机发出很大的嗡嗡声，说明电动机电流过大或一相断电。

②出现摩擦声，说明有扫膛现象。

③用螺钉旋具，一端触到轴承盖，一端贴到耳朵上，如听到均匀的"沙沙"声，说明轴承运转正常；"咕噜咕噜"声，说明轴承中滚珠损坏；"咝咝"声，说明轴承缺油。

④电动机振动声音很大，说明地基础不稳固，地脚螺栓松动，定子绕组断路或短路、转子断条等。

⑤如果闻到绝缘漆的特殊香味或焦糊味，说明电动机长时间大电流运行所发出的热把线圈绝缘烧焦，也可能是线圈内部短路；发热严重时，会冒烟。

⑥集电环碳刷的检查：对于正常运行中的绕线式电动机，应经常检查电动机的集电环有无偏心摆动的现象，观察集电环的火花是否过大；集电环的表面是否光滑；是否有斑痕或灼伤的地方；检查碳刷的压力是否足够或需要更换。

电动机在运行中发生人身事故，电动机所带动的机械损坏，电动机或启动设备冒烟起火，电动机振动剧烈或内部出现故障等情况时，应立即停机处理。

三、三相异步电动机的维护

（一）保养

（1）按操作规程停运电动机，拉下刀闸，挂上警示牌。
（2）用螺丝刀或小梅花扳手拆开接线盒，把电源线断开，标记好相序。
（3）用梅花扳手卸下电动机的地脚螺栓、接地线固定螺钉。
（4）拆下对轮销钉，使泵和电动机脱开，用撬杠使电动机转移一个角度，以便有利于保养电动机。
（5）用拉力器拆下电动机对轮，先保养前轴承。
（6）拆下电动机轴承前端盖，检查油质和油量，用压铅测量法检查轴承间隙是否合格。
（7）拆下电动机前端盖，检查电动机定子线圈上是否有油污，应用清洗剂进行清洗。
（8）检查前轴承外轨是否有跑外圆的痕迹，擦净轴承及轴承盒内的润滑油，检查轴承是否有过热变色现象。
（9）拆下风罩固定螺钉，取下风罩，检查风扇叶是否齐全对称。
（10）用螺丝刀和尖嘴钳取下卡簧，用撬杠对称撬下风扇，并用清洗剂进行清洗。
（11）用扳手卸下后轴承压盖，用压铅法检查轴承间隙是否合格。
（12）用扳手卸下电动机后端盖，检查电动机定子绕线是否有油污，用清洗剂清洗，擦净轴承及前后轴承盖的油污。
（13）检查后轴承是否有跑外圆的痕迹，保持架是否松动，有无过热变色现象。
（14）对轴承重新加清洁的润滑油。
（15）按照拆开的相反先后顺序安装各部件，组装好电动机，用抹布擦净机体。
（16）用铜棒把电动机对轮安好，并对泵和电动机进行找正。
（17）按要求接好电源线，注意密封防爆部位。
（18）合上刀闸，按操作规程启泵，挂上运行牌。
（19）按检查电动机的项目检查维修保养后的电动机，查看各项指标是否合格。

（二）注意事项

（1）拆装风扇时不可硬敲硬打，以防损坏风扇影响静平衡。
（2）卸下端盖时，用干净清洁的铁丝从螺孔内穿入将轴承内盖固定，以防内盖位移后不易装端盖。
（3）要按轴承要求选用符合规程的润滑脂，加油时注意清洁，加入量不宜过多，为轴承盒容积量80%。
（4）装轴承端盖穿螺栓时要平稳，防止轴承内盖滑脱，对孔困难。
（5）上端盖螺丝时要用力均匀，以防损坏螺纹。

（三）润滑剂和润滑油

1. 润滑剂的类别及基本要求

（1）润滑剂的分类根据机械设备使用的润滑剂，根据工作条件不同，可分为以下几种类别：

①液体润滑剂——润滑油（矿物润滑油、合成润滑油、动植物润滑油等）、水、液态金属（锂、钠、汞等）；

②半固体润滑剂——润滑脂（又称黄干油）、合成润滑脂、动植物润滑脂等；

③固体润滑剂——石墨、二硫化钼、聚四氟乙烯等；

④气体润滑剂——空气及其他气态介质。

其中，气体及固体润滑剂，多在一些高速、高温、有核辐射或要防止产品污染的特殊场合应用。对于用橡胶或塑料制成的轴承，则宜用水作润滑剂；而液态金属润滑剂已经在高温、高真空的核反应堆及宇航条件下获得了成功的应用，在一般的机械或设备中，通常用润滑油或润滑脂来润滑。

（2）润滑剂的基本要求如下：

①要有较低的摩擦系数，以便减小摩擦副之间的运动阻力和设备动力的消耗，从而降低机件磨损的速度，提高设备的使用寿命。

②有良好的吸附和楔入能力，以便能渗入摩擦副微小的间隙内，并牢固地粘附在摩擦表面上，不至于由于运动形成的剪力所刮掉。

③要有一定的内聚力，以便在摩擦副之间结聚成油膜层，能抵抗较大的压力而不被挤出。

④要有较高的纯度和抗氧化安定性，没有杂质及腐蚀性，不至于因水或空气作用而生成酸性物质而变质。

⑤要有较好的导热能力和较大的热容量。

2. 润滑油和润滑脂的分类

（1）润滑油的分类。

润滑油是根据机械的种类及操作条件的不同，对所用润滑油的理化性质和使用要求不同而分类的，可分为六大类：

①机械油——用于润滑一般机械的轴承、导轨等，也可以润滑轻负荷的齿轮；

②齿轮油——用以润滑各种重负荷齿轮；

③内燃机油——用于润滑各种内燃机的活塞系统和曲轴连杆系统；

④液压传动油——作为工作液，用于各种类型液压传动系统；

⑤电气用油——作为电绝缘介质，用于变压器、高压电缆、电容器、高压油开关等；

⑥其他专用润滑油。

（2）润滑脂的分类。

根据润滑脂所含皂基不同分为以下几类：

①钙基润滑脂——具有良好的抗水性，但耐热能力差，工作温度不宜超过 55~65℃；

②钠基润滑脂——有较高的耐热性，工作温度可达120℃。由于它能与少量水乳化，从而保护金属免遭腐蚀，比钙基润滑脂有更好的防锈能力；

③锂基润滑脂——既能抗水，耐高温（工作温度不宜高于145℃），而且有较好的机械安定性，是一种多用途的润滑脂；

④铅基润滑脂——具有良好的抗水性，对金属表面有较高的吸附能力，故可起到很好防锈作用。

3. 常用润滑油的牌号和选择

加入滑动轴承的润滑油可按表4-7来选择。润滑油（脂）的主要指标为滴点（最高温度）针入度、氧化稳定性和低温性能。轴承的工作温度必须略低于润滑油（脂）的滴点。采用合成润滑油（脂）时，轴承温度应低于滴点20~30℃，采用一般润滑油（脂）时，则应低于滴点10~20℃。见表4-7。

表4-7 电动机滑动轴承润滑油的选用

电动机转速，r/min	100kW以下电动机	100~2000kW电动机	1000kW以上电动机
<250	30号机油	40号机油或标准油	40号机油或标准油
250~1000	30号机油	30号机油	30号或40号机油或标准油
>1000	30号机油	20号或30号机油	30号机油

4. 使用润滑油的"五定"内容

（1）定质：根据设备机泵、型号、性能、输送介质、负荷大小、转速高低以及季节等因素，选用不同种类润滑油（脂）牌号，按石油产品规定标准定质量标准，即设备各润滑部位要求使用何种牌号的油，并保持油料不受污染或变质。

（2）定量：根据设备型号、负荷大小、转速高低、工作条件等因素来确定润滑油（脂）在每台设备的用油量，每个润滑点加油多少为宜，各润滑油箱容量多少，每月添加量应是多少都确定下来。

（3）定点：保证设备每个活动部分及摩擦点达到充分润滑，即设备有几个润滑点。

（4）定时：根据润滑油质的性能与设备工作条件、负荷大小，以及使用要求，定时对设备加入一定量的润滑剂，即正常时各润滑点多长时间换一次油，并根据油（脂）情况采用不同的换油方式。

（5）定人：润滑部位加油及润滑材料的发放、保管要专人负责。即一般每班加油点由设备操作者负责，润滑材料发放、保管由岗位资料员负责。

（四）检查电动机绝缘电阻

1. 选择兆欧表

根据被测电动机铭牌的额定电压值选择合适的兆欧表。

（1）被测电动机额定电压在500V以下时，选用500V的兆欧表。

（2）被测电动机额定电压在500~3000V之间时，选用1000V的兆欧表。

（3）被测电动机额定电压在3000V以上时，选用2500V的兆欧表。

2. 使用兆欧表

（1）将兆欧表水平放置。

（2）检查兆欧表外观应完好。

（3）将红表线接在"L"接线柱上，黑表线接在"E"接线柱上。

（4）将红表线和黑表线分开，用手摇动手柄，达到120r/min，当表的指针指向"∞"处，说明开路试验合格，如图4-25（a）所示。

（5）再将红表线和黑表线接在一起，缓慢地摇动兆欧表手柄一下，指针应指向"0"处，此时说明短路试验合格，如图4-25（b）所示。

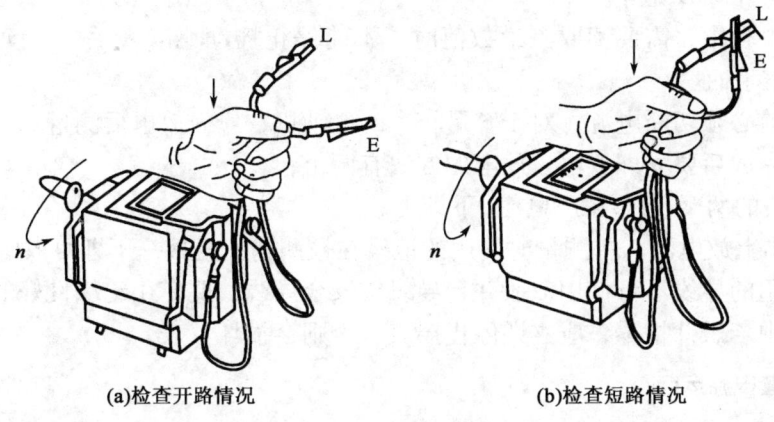

(a)检查开路情况　　　　　　　　(b)检查短路情况

图4-25　兆欧表使用前的检查

3. 检查电动机的相间绝缘电阻

(1) 首先停运电动机，切断电源，挂上检修牌。拆下电动机的接线盒盖，用试电笔测试接线柱是否带电。

(2) 将所有接线柱上螺钉、垫片、弹簧垫片、连线板依次拆下，用砂布将、连线板、接线柱擦干净。

(3) 将兆欧表接线端子分别置于第一和第二个接线柱上，摇动兆欧表手柄，达到120r/min，观察指针变化情况，如图4-26（a）所示。

①表针指向"0"，说明该绕组间短路，即不绝缘；

②表针指向"∞"或大于0.5MΩ，说明该绕组绝缘性能良好。

(4) 按上述方法测量其他两绕组相间绝缘性能；并做好记录。

4. 检查电动机接地绝缘电阻

(1) 将兆欧表红表线接于第一个接线柱上。

(2) 将黑表线接地。

(3) 接好线后，要平稳、均匀地摇动兆欧表手柄，速度一般是120r/min，否则测量不准，读数时表针要稳定，摇动1min左右的数值便是电动机的绝缘电阻值。要求绝缘电阻值不小于0.5MΩ，并做好记录，如图4-26（b）所示。

(a)测量电动机相间的绝缘电阻　　　　(b)测量电动机绕组对地的绝缘电阻

图4-26　电动机绝缘电阻的测量图

(4) 按上述方法测量其他两绕组对地绝缘性能。

(5) 测量完成后将接线柱上平垫片、弹簧垫片、螺帽依次装好拧紧，安装接线盒盖。

5. 测量操作中的注意事项

（1）测量过程中，需要读取测量数值时，不能停止摇动兆欧表手柄，读取数值后方可停止摇动兆欧表手柄。

（2）使用前必须切断电源，对于容量较大的电动机，应先放电后测量。

（3）测量完成后要立即放电。放电的方法有两个：

①将兆欧表的两个接线端子短接一下即可；

②在被测物上放电法，将测量时使用的地线在被测物上短接一下即可放电。

（4）测量用的导线不可使用双股并行导线或绞合导线，要使用绝缘良好的导线。

（5）测量中若表针指零，应立即停止摇表，否则会损坏仪表。

（五）倒一套电源运行

1. 当一侧电源突然停电时的操作

（1）关闭停电侧运行泵的出口阀门，按停止按钮。

（2）断开已停泵电源刀闸，断开停电侧电源进户刀闸，挂上警示牌。

（3）合上母联刀闸，挂上运行牌。

（4）检查电源电压在规定范围内（360～420V）。

（5）合上所有需运行泵的刀闸；挂上运行牌。

（6）按照启泵操作规程启泵，根据生产情况调节压力和流量并做好记录。

2. 计划一侧电源停电时的操作

（1）按照操作规程停欲停电侧的泵。

（2）断开停电侧所有泵的刀闸，挂上停运牌。

（3）断开停电侧电源进户刀闸，挂上警示牌。

（4）合上母联刀闸，检查电源电压在规定范围内（360～420V）。

（5）按照操作规程启泵。

（6）根据生产情况调节排量和压力并做好记录。

（六）电动机查找首尾端的方法

三相异步电动机查找首尾端的方法有直流法和剩磁法两种。

1. 直流法

直流法操作步骤如下：

（1）检查电动机电源刀闸在断开位。

（2）检查万用表完好，拆卸电动机接线盒盖。

（3）将万用表转换旋钮调整至欧姆挡1k位置，将红表笔插入正极，黑表笔插入负极，调零。

（4）用一表笔与任一相连接，另一表笔与其他5个抽头连接，阻值小的为同一绕组，做好标记。按同样方法找出其他两绕组。

（5）将万用表转换旋钮调整至直流电流挡100mA处。

（6）将任一绕组两个抽头分别与万用表的表笔相接，假设与红笔连接的是首端，与黑笔连接的是尾端。

（7）将另一绕组的两个抽头分别与电池组的正负极瞬间相接，观察万用表指针摆动，指针反转，与正极相接的为首端，指针正转，与负极相接的为首端。按同样方法找出另一绕组的首尾端。

（8）按三角形接法连接在电动机接线柱上，装好接线盒盖。

2. 剩磁法

剩磁法就是利用电动机内部所剩的磁进行首尾端的查找方法。只有使用过的电动机方可利用剩磁法判断首尾端。具体操作步骤如下：

（1）检查电源在断开位。

（2）拆卸电动机接线盒盖，检查万用表完好。

（3）将万用表转换旋钮调整至欧姆挡 1k 位置，将红表笔插入正极，黑表笔插入负极，调零。

（4）用一表笔与任一相连接，另一表笔与其他 5 个抽头连接，阻值小的为同一绕组，做好标记。按同样方法找出其他两绕组。

（5）将万用表转换旋钮调整至直流电流挡 100mA 处。

（6）假设三相绕组的首尾端，分别把三相的首端和尾端与两支表笔连接封在一起。

（7）匀速转动电动机转子，观察指针若有摆动，对调任一相首尾端，直至指针不动。

（8）按三角形接法连接在电动机接线柱上，装好接线盒盖。

剩磁法查找中的注意事项如下：

若万用表指针不动，还得证明电动机存在剩磁，具体方法是改变接线，确定线号接反，转动转子后若指针仍不动，则说明没有剩磁，若指针摆动则表明有剩磁。

四、三相异步电动机故障及处理

（一）电动机缺相运行现象

（1）电动机缺相运行时，转子左右摆动，有较大嗡嗡声。

（2）缺相的电流表无指示，其他两相电流升高，泵的转数发生一定变化。

（3）电动机转数降低电流增大，电动机发热，温升快。

如果发生上述现象必须立即停机检查。

（二）电动机紧急停机

电动机出现下列情况应立即停机：

（1）电缆接线头或启动装置冒烟、打火。

（2）电动机出现剧烈振动。

（3）拖动机械设备出现故障或损坏。

（4）电动机声音异常。

（5）电动机电流突然急剧上升。

（6）转速急剧下降，温度急剧升高。

（7）电动机着火。

（8）发生人身伤亡事故，或火灾、水灾等事故。

（三）电动机常见故障原因及处理方法

电动机常见故障原因及处理方法见表 4-8。

表 4-8 三相异步电动机常见故障及其处理

序号	故障现象	故障原因	处理方法
1	电动机不能启动	(1) 电源未接通； (2) 绕组断路； (3) 定子绕组相间短路； (4) 定子绕组接地； (5) 定子绕组接线错误； (6) 熔断丝烧断； (7) 绕线转子电动机启动误操作	(1) 检查开关、熔断丝、各对触点及电动机引出线头； (2) 需专业人员拆机检修； (3) 需专业人员拆机检修； (4) 需专业人员拆机检修； (5) 需专业人员拆机检修； (6) 查出原因，排除故障，按电动机规格配新熔断丝； (7) 检查集电环短路装置及启动变阻器位置，启动时应分开短路装置，串接变阻器
2	电动机通电后，电动机不启动，有嗡嗡响声	(1) 改极重绕后，槽配合选择不当； (2) 定子、转子绕组断路； (3) 绕组引出线始末端接错或绕组内部接反； (4) 电动机负载过大或被卡住； (5) 电源未能全部接通； (6) 电压过低； (7) 对于小型电动机，润滑脂硬或装配太紧	(1) 选择合理绕组型式和绕组节距，适当车小转子直径；重新计算绕组参数； (2) 查明断路点进行修复；检查绕线转子电刷与集电环接触状态；检查启动电阻是否断路或电阻过大； (3) 在定子绕组中通入直流电，检查绕组极性；判定绕组首末端是否正确； (4) 检查设备，排除故障； (5) 更换熔断的熔断器，紧固接线柱上松动的螺钉；用万用表检查电源线某相断线或假接故障，然后修复； (6) 如果△接电动机误接成Y接，就改回△；电源电压太低时，应与供电部门联系解决；电源线压降太大造成电压过低时应改粗电缆线； (7) 选择合适的润滑脂，提高装配质量
3	电动机外壳带电	(1) 电源线与接地线接错； (2) 电动机绕组受潮，绝缘严重老化； (3) 引出线与接线盒接地； (4) 线圈端部顶端盖接地	(1) 纠正接线； (2) 电动机烘干处理，老化的绝缘要更新； (3) 包扎或更新引出线绝缘；修理接线盒； (4) 拆下端盖，检查线圈接地点，要包扎绝缘和涂漆，端盖内壁垫绝缘纸
4	绝缘电阻低	(1) 绕阻受潮或被水淋湿； (2) 绕组绝缘粘满粉尘、油垢； (3) 电动机接线板损坏，引出线绝缘老化破裂； (4) 绕组绝缘老化	(1) 进行加热烘干处理； (2) 清洗绕组油垢，并经干燥、浸渍处理； (3) 重包引线绝缘，更换或修理出线盒及接线板； (4) 经鉴定可以继续使用时，可经清洗干燥，重新涂漆处理；如果绝缘老化、不能安全运行时，需更换绝缘
5	电动机振动	(1) 轴承磨损，间隙不合格； (2) 气隙不均； (3) 转子不平衡； (4) 机壳强度不够； (5) 基础强度不够或安装不平； (6) 风扇不平衡； (7) 绕线转子开焊、断路； (8) 笼型转子开焊、断路； (9) 定子绕组短路、断路、接地、连接错误等； (10) 转轴弯曲； (11) 铁芯变形或松动； (12) 靠轮或皮带轮安装不符合要求； (13) 齿轮接后松动； (14) 电动机地脚螺栓松动	(1) 检查轴承间隙，应符合要求； (2) 调整气隙，使之符合规定； (3) 检查原因，经过清扫，紧固各部螺栓后校动平衡； (4) 找出薄弱点，进行加固，增加机械强度； (5) 将基础加固，并将电动机地脚找平、垫平，最后紧固； (6) 检修风扇，校正几何形状和校平衡； (7) 需专业人员拆机检修； (8) 进行补焊或更换笼条； (9) 需专业人员拆机检修； (10) 校直转轴； (11) 校正铁芯，然后重新叠装铁芯； (12) 重新找正，必要时检修靠轮或皮带轮，重新安装； (13) 检查齿轮接手，进行修理，使之符合要求； (14) 紧固或更换不合格的电动机地脚螺栓

续表

序号	故障现象	故障原因	处理方法
6	三相空载电流匀称平衡但普遍增大	(1) 重绕时，线圈匝数不够； (2) Y 接误接成 △ 接； (3) 电源电压过高； (4) 电动机装置不当（如装反，转子铁芯未对齐，端盖螺钉固定不匀称等）； (5) 气隙不均或增大； (6) 拆线时，使铁芯过热而灼损	(1) 绕组重绕； (2) 将绕组接线改正为 Y 接； (3) 测量电源电压，如果电源本身电压过高，则与供电部门协商解决； (4) 检查装置质量，消除故障； (5) 调整气隙，对于曾经车过转子的电动机需更换新转子或改绕； (6) 检修铁芯或重新计算绕组，进行补偿
7	电动机运行时有杂音，不正常	(1) 改极重绕时，槽配合不当； (2) 转子擦绝缘纸或槽楔； (3) 轴承磨损； (4) 定子、转子铁芯松动； (5) 电压太高或不平衡； (6) 定子绕组接错； (7) 绕组短路； (8) 重绕时每相匝数不相同； (9) 轴承缺少润滑脂； (10) 风扇碰风罩； (11) 气隙不均匀，定、转子相擦	(1) 要校验定、转子槽配合； (2) 检修绝缘纸或检修槽楔； (3) 检修或更换新轴承； (4) 检查振动原因，重新压铁芯； (5) 测量电源电压，检查电压过高和不平衡原因进行处理； (6) 需专业人员拆机检修； (7) 需专业人员拆机检修； (8) 重新绕线，改正匝数； (9) 清洗轴承，填加润滑脂，使其充满轴承室容积的 $1/3 \sim 1/2$； (10) 修理风扇和风罩，使其几何尺寸正确，清理通风道； (11) 调整气隙，提高装配质量
8	轴承发热超过规定	(1) 润滑脂过多或过少； (2) 油质不好，含有杂质； (3) 轴承与轴颈配合过松或过紧； (4) 轴承与端盖配合过松或过紧； (5) 油封太紧； (6) 轴承内盖偏心，与轴相擦； (7) 电动机两侧端盖或轴承盖未装平； (8) 轴承磨损，有杂物等； (9) 电动机与被拖机构连接偏心或传动皮带过紧； (10) 轴承型号选小了，过载，使滚动体承受载荷过大； (11) 轴承间隙过大或过小； (12) 滑动轴环转动不灵活	(1) 拆开轴承盖，检查油量。要求润滑脂填充至轴承室容积的 $1/3 \sim 1/2$； (2) 检查油内有无杂质，更换洁净的润滑脂； (3) 更换轴承，使之符合配合公差要求； (4) 更换新轴承； (5) 更换或修理油封； (6) 修理轴承内壁，使之符合配合公差要求； (7) 按正确工艺将端盖轴承盖装入止口内，然后均匀紧固螺钉； (8) 更换损坏的轴承，对含有杂质的轴承要彻底清洗、换油； (9) 校准电动机与传动机构连接的中心线，并调整传动皮带的张力； (10) 选择合适型号的轴承； (11) 更换新轴承； (12) 检修轴环使尺寸正确，校正平衡

续表

序号	故障现象	故障原因	处理方法
9	电动机过热或冒烟	（1）电源电压过高，使铁心磁通密度过饱和，造成电动机温升过高； （2）电源电压过低，在额定负载下电动机温升过高； （3）灼线时，铁芯被过灼，使铁耗增大； （4）定子、转子铁芯相擦； （5）绕组表面粘满尘垢或异物，影响电动机散热； （6）电动机过载或拖动的生产机械阻力过大，使电动机发热； （7）电动机频繁启动或正、反转次数过多； （8）笼形转子断条或绕线转子绕组接线松脱，电动机在额定负载下转子发热，使电动机温升过高； （9）绕组匝间短路、相间短路以及绕组接地； （10）进风温度过高； （11）风扇通风不良； （12）电动机两相运转； （13）重绕后绕组浸渍不良； （14）环境温度增高或电动机通风道堵塞； （15）绕组接线错误	（1）如果电源电压超过标准很多，应与供电部门联系解决； （2）若因电源线电压降过大而引起，可更换较粗的电线；如果是电源电压太低，可向供电部门联系，提高电源电压； （3）做铁芯检查试验，检修铁芯，排除故障； （4）检查故障原因，如是轴承间隙超限，则应更换新轴承，如果转轴弯曲，则需调直处理，铁芯松动或变形时，应处理铁芯； （5）清扫或清洗电动机，并使电动机通风沟畅通； （6）排除拖动机械故障，减少阻力；根据电流表指示，如超过额定电流，需减低负载；更换较大容量电动机或采取增容措施； （7）减少电动机启动及正、反转次数或更换合适的电动机； （8）查明断条和松脱处，重新补焊或拧紧固定螺钉； （9）需专业人员拆机检修； （10）检查冷却水装置是否有故障；检查周围环境温度是否正常； （11）检查电动机风扇是否损坏，扇叶是否变形或未固定好，必要时更换风扇； （12）检查熔丝、开关接触点，排除故障； （13）要采取二次浸漆工艺，最好采用真空浸漆措施； （14）改善环境温度采取降温措施；隔离电动机附近高温热源；不使电动机在日光下暴晒； （15）Y接电动机误接成△接，或△接电动机误接成Y接，要改正接线

第五节 变 频 器

变频器已经广泛地应用于交流电动机的速度控制之中，其最主要的特点是具有高效率的驱动性能以及良好的控制特性。应用变频技术可以有效地提高自动控制性能和有效地提高工作质量及经济效益。变频器的工作原理被广泛应用于各个领域。

一、变频器的概念及分类

（一）概念

变频器是利用电力半导体器件的通断作用将工频电源变转换为另一频率的电能控制装置。通常，把电压频率固定不变的交流电变换成电压或频率可变的交流电的装置称为变频器。在集输工作中电动机应用变频器较为普遍。

（二）分类

（1）按照主电路工作方式分：电压型变频器、电流型变频器。

（2）按照开关方式分：PAM（脉冲幅值调制）控制变频器、PWM（脉冲宽度调制）控制变频器、高载频PWM控制变频器。

（3）按照控制方式分：V—F控制变频器、转差频率控制变频器、矢量控制变频器等。

（4）按照用途分：通用变频器、高性能专用变频器、高频变频器、单相变频器和三相变频器。

（5）按变频调速原理分：交—交型变频器、交—直—交型变频器。

二、变频器工作原理及结构

（一）交—交型变频器

交—交型变频器工作原理如图4-27所示，将三相工频电源经过几对电子开关切换，直接产生所需要的变压变频的电源。此变频器结构简单、造价低、体积小，与目前常用的变频器比较具有较大的经济优势，但其控制算法相对复杂一些，所以未被普遍使用。随着计算机技术的发展，交—交变频器的应用前景是乐观的。

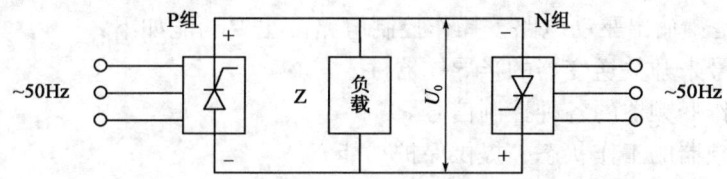

图4-27 交—交变频器工作原理

（二）交—直—交型变频器

交—直—交型变频器是目前变频技术的主流，在集输系统中应用比较广泛。其工作原理如图4-28所示。

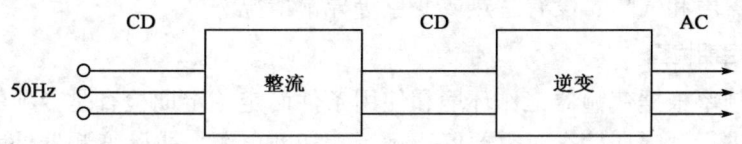

图4-28 交—直—交变频器工作原理

由图4-28可以看出，交—直—交变频器实际上是整流电路和逆变电路的组合。整流电路将工频电源通过整流器变成恒定的直流电压，然后通过大功率晶体管组成的逆变器，逆变成可变电压、可变频率的交流电源，由于采用微处理机编程的正弦波PWM控制，电流输出波形近似正弦波，故可用于交流电动机的无级调速。变频调速技术是最有发展前途的一种交流调速方式。

（三）变频器的基本结构

目前，使用最为普遍的变频器是交—直—交变频器，这种变频器基本上可以分为整流器、中间电路、逆变器和控制电路4个主要部分，如图4-29所示：

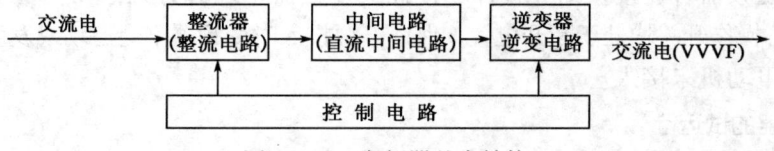

图4-29 变频器基本结构

1. 整流器

整流器与单相或三相交流电源相连接，产生脉动的直流电压。整流器分为可控的和不可控两种基本类型。

2. 中间电路

中间电路有以下3种作用：

(1) 使脉动的直流电压变得稳定或平滑，供逆变器使用。

(2) 通过开关电源为各个控制线路供电。

(3) 可以配置滤波或制动装置已提高变频器性能。

3. 逆变器

逆变器将固定的直流电压变换成电压和频率可变的交流电压。

4. 控制电路

控制电路将信号传给整流器、中间电路和逆变器，同时它也接受来自这些部分的信号。其主要组成部分是：输出驱动电路、操作控制电路。主要功能如下：

(1) 利用信号来开关逆变器的半导体器件。

(2) 提供操作变频器的各种控制信号。

(3) 监视变频器的工作状态，提供保护功能。

三、变频器的检查

（一）变频器日常检查

日常检查是应经常进行的内容，在运行中进行，不需要停电和取下外盖。检查方式为外部目检。检查结果应确保运行性能符合标准规范、周围环境符合标准规范。面板键盘显示正常、没有异常的噪声和气味、没有过热或变色等异常情况。

（二）变频器定期检查

定期检查的频率根据变频器工作环境和使用条件而定，定期检查是专项的工作，必须由专业的工作人员进行。定期检查时需要停止运行、切断电源、去除变频器外盖。在打开变频器外盖时必须确认变频器的电源指示灯已经灭，或者经测量变频器直流母线电压已低于DC25V时方可进行。

四、变频调速的基本操作

（一）变频器运行前的检查和准备

在设备投入运行前，必须要进行必要的检查和准备工作，以防止因意外而产生故障，需要做以下的检查：

(1) 核对接线是否正确。

(2) 确认各端子间或各暴露的带电部分没有短路或对地短路情况。

(3) 检查变频器各连接板的连接件、接插式连接器、螺钉有无松动。

(4) 确认各操作开关均处于断开位置，保证电源投入时变频器不会启动或发生异常动作。

(5) 确认电动机未接入。

（二）变频器的试运行

变频器试运行的步骤基本是从空载到负载逐步进行的，具体的操作步骤如下。

1. 静态检查

确认电动机未接入，确认运行前检查无异常，投入变频器电源。确保变频器操作面板显示正常，变频器内装的冷却风扇正常运行，变频器及外部电路无异常气味或声响，各外部仪表显示正常。

2. 空载运行

将变频器设置为面板操作模式，由面板操作变频器启动/停止及加/减速，确认变频器显示及外部仪表显示正常。

3. 带电机空载运行

将电动机接入，确认电动机已与机械负载脱开。正确设置影响运行的各保护参数，由操作面板将变频器频率设定为0Hz。启动变频器，将变频器缓慢加速至电动机缓慢旋转，检查电动机转向。确认转向正确后将变频器在全部频率范围内加/减速，检查变频器及电动机有无异常声响或气味，检查各指示表是否指示正确。更改操作参数，按设定功能由设计操作台操作，检查各操作开关是否功能正常。

4. 带负载运行

将机械负载接入，按要求重新检查各闭合参数及加/减速时间，启动设备。检查电动机及机械负载运行是否平稳，加速或减速过程及运转电流是否在设定范围内，加速或减速过程是否平稳，有无机械振动或异常声响等。

五、变频器调速的特点

（1）属于高效调速方式。对要求高效、高精度，需连续调速的应用场合具有应用性和优越性。

（2）节能效果好，因这种调速过程中转差率小，转差损耗小，定子、转子的磨损不大，磨损随频率的降低而下降，附加损耗和杂散损耗增加有限，只要变频转子本身损耗不大，就可获得较高的节能率。

（3）如果采用相控整流调压（配合调频），则在低速时系统功率因数较低，要靠电容器进行补偿。由于变频器直接接入电网，对电网存在一定的谐波污染。

（4）一次性投资较高。

第六节 变 压 器

变压器是一种静止电气设备。它利用电磁感应原理，将一种等级的交流电压和电流转换为同频率的另一种等级的电压和电流，实现电能的传递。在国民经济各个领域中的应用十分广泛，且种类很多。

在电力系统中，要把大功率的电能从发电厂输送到远距离的用电地区，需用电力变压器将发动机输出电压升高，输送距离越远，电压等级越高。电能输送到用电地区后，还要将电压逐级降低至配电电压（如380V）供给用户使用，因此，变压器的数量和总容量要比发电机的装机容量大得多，一般在7∶1左右。

一、变压器分类

变压器按用途一般分为电力变压器和特殊变压器两大类。电力变压器指的是电力系统一次回路中供输、配、供电用的变压器；特殊变压器是特殊电源、控制系统、电讯装置中使用的，用途、性能、结构特殊的变压器。

（一）电力变压器分类

（1）按作用分：有升压变压器、降压变压器和配电变压器、联络变压器等。

（2）按绕组数目分：有双绕组变压器、三绕组变压器、多绕组变压器、自耦变压器等。

（3）按相数分：有单相变压器、三相变压器。

（4）按冷却方式分：有油浸自冷变压器、干式空气自冷变压器、干式浇铸绝缘变压器、油浸风冷变压器、油浸水冷变压器、强迫油循环风冷变压器、强迫油循环水冷变压器等。

（5）按绕组使用材料分：有铜线变压器、铝线变压器等。

（6）按调压方式分：有无励磁调压变压器、有载调压变压器。

（7）按容量大小分：有小型变压器（630kVA及以下）、中型变压器（800~6300kVA）、大型变压器（8~63MVA）和特大型变压器（90MVA及以上）。

（二）特殊用途变压器分类

按特殊用途分类主要有整流变压器、电炉变压器、电焊变压器、矿用变压器、船用变压器、中频变压器、试验变压器、调压变压器等。

二、变压器结构及工作原理

（一）电力变压器结构

电力变压器是变电设备的主体，是用来降低电压的电器。它分干式和油浸式变压器两种。每一类型又可分为单相、三相两种，其中不同容量和作用的变压器有着不同的结构。下面以油浸式三相电力变压器为例说明。

油浸式电力三相变压器的外形结构如图4-30所示，其箱体组成由主体（包括绕组和铁心两部分）和附件组成，主体部分置于箱壳内部，箱内通常注满变压器绝缘油。

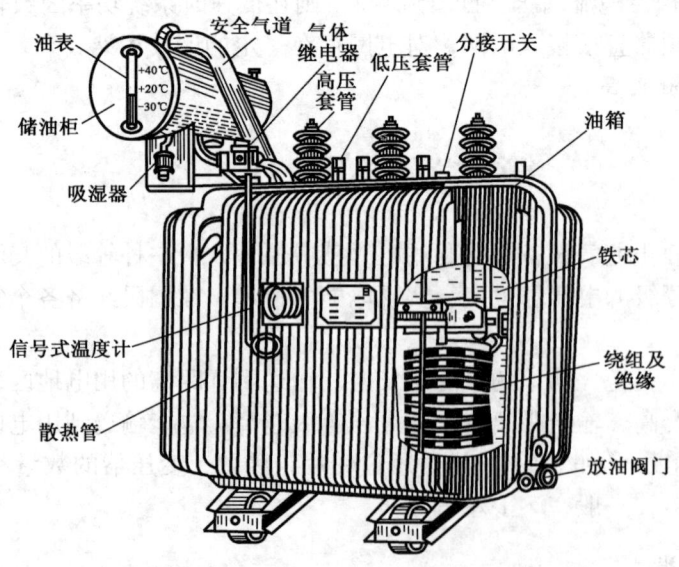

图4-30 油浸式三相电力变压器结构

1. 绕组

绕组是变压器的电路部分，用纸或纱布等绝缘材料包裹的铝线或铜线绕制而成。变压器绕组结构可分为筒式（同心式）和盘式（交叠式）两种。制成绕组的各线圈呈筒形，因这种形状的绕组绕制比较方便，而且在电磁力的作用下仍具有较好的机械性能，不易变形。

装配时将低压绕组套在铁芯柱上，并靠近铁芯，高压绕组则套在低压绕组外面，使高低压绕组同时与铁芯柱中的磁通相交链。高低压绕组间、绕组与铁间都以绝缘板衬垫。绕组间留有油道，便于变压器油的流动，以加强绝缘和散热。

（1）筒式绕组。变压器的一、二次绕组绕成两个直径不同的圆筒，低压绕组放在里层靠近铁心，高压绕组套在外层。低压电流较大的变压器，也有将低压绕组放在外面的。这种绕组的绝缘处理较简单，是最为常用的一种形式。

（2）盘式绕组。变压器的高、低压绕组互相交替套在铁心上。便于绝缘，将低压绕组置于靠近上下铁轭的位置上，中间安放高压绕组。这种绕组的机械强度较高、引线方便，但高压、低压间的绝缘处理较为复杂，一般用于低电压、大电流的变压器上。

2. 铁芯

铁芯用来构成变压器的磁路，分为芯柱和铁轭两部分。芯柱用来套高低压绕组，铁轭将各芯柱连接起来，构成完整的闭合磁路，并可作为变压器本体的机械骨架。为了减少涡流和磁滞损耗，变压器的铁芯用电工钢片叠制而成。目前，较大容量变压器的电工钢片采用较多的是0.35mm厚的冷轧高导磁晶粒去向硅钢片，有效降低空载损耗与噪声，硅钢片的表面涂有很薄的绝缘层。

铁芯在叠装时采用交叠式装配，冷轧硅钢采用全斜接缝，可进一步减小变压器的附加损耗。圆柱形芯柱与铁轭截面积相等，采用内接圆的多级矩形叠片。大型变压器铁芯中还留有油道，用来改善散热条件。

3. 主要附件

（1）油箱、变压器油及储油柜。

油浸式电力变压器的器身是装在用钢板焊制成的油箱中。油箱一般为椭圆柱体状，有较高的机械强度。为了加强散热，在油箱的外壁上安装有圆形或扁形散热管以增加散热面积。大容量变压器则将散热管做成散热器，再接到油箱上。很大容量的电力变压器还可采用风吹冷却或强迫油循环等方式加强变压器的散热。

变压器油箱中充满的是专用变压器油，变压器油的主要作用是：提高绕组间、绕组与铁芯和油箱间的绝缘，变压器油比空气的绝缘强度大。通过冷热油的对流作用或强迫油循环的方法进行散热。利用故障在油中产生的气体，启动气体继电器或通过安全气道保护变压器。

变压器油是一种矿物油，十分纯净。水分对绝缘强度的影响很大，变压器油长期与含有水分的空气接触会因氧化作用使油发生老化，降低其绝缘性能。运行中变压器油因受热产生的杂质过多会堵塞油道影响散热。所以经常要对运行中的变压器油进行去潮去杂质处理，并定期进行全面的色谱分析和油质检验。

储油柜又称油枕，它的容积为油箱容积的1/10。储油柜位于油箱上部，其下部有油管与油箱连接，储油柜的作用是给油的热胀冷缩缓冲余地，保持油箱始终充满油；同时，由于储油柜减小了油与空气的接触面积，可以减缓油的氧化。储油柜上有油标，供观察之用。储油柜经吸湿或注油器与外界相通。储油柜上还有集污盒、取油样、放油阀等附件。

（2）绝缘套管。

变压器高低压绕组的引出线是通过绝缘套管引到箱外的,绝缘套管用瓷质材料制成。有良好的绝缘性能,以保证高压线与接地的箱体之间的绝缘。电压等级在1kV以下采用的是实心瓷套管,10~35kV采用空心充气或充油式套管,110kV级以上的电压等级多采用电容式套管。为了增加放电距离,套管外形常做成多级伞状形,且电压等级越高,伞状级数越多。从外观上看,高压套管长,引出的高压导线细;低压套管短,引出的低压导线粗。

(3) 气体继电器和压力释放阀。

为了保护变压器箱体的安全,在中等容量以上的电力变压器上还设置了气体继电器和压力释放阀或安全气道。

气体继电器安装在储油柜与油箱之间的连通油管上,当变压器内部发生故障产生较多气体或因漏油使油面下降过多时,气体继电器将发出报警信号或自动跳闸,使变压器退出电网以便检查或加油。

在变压器油箱顶部盖板上装有钢管状的安全气道,其封口处安有玻璃或纸板。当发生严重故障时,变压器内部产生的大量气体使压力迅速增大,进而气体冲破玻璃或纸板,喷出箱体,由此消除压力,以免油箱受到强大压力而发生爆裂。电力变压器现已广泛采用压力释放阀来替代安全气道,当气体压力过大时,压力释放阀动作并报警,压力减小后可自动恢复。

(4) 信号式温度计。

信号式温度计用来测量和监视变压器运行时其介质如变压器油的温度。温包内充满氯化烷、乙醚等液体。当变压器内油温变化时,温包内液体的压力随之变化,于是温度计内的弹簧因随压力变化而变形,从而带动表针主要偏转。当表针随油温增高而偏转到整定值时,则与之相连的两对触头分别接触,即发出信号或操纵冷却系统的自动装置动作。

(二) 变压器工作原理

变压器最少有两个绕组,套装在同一个铁芯上。两个绕组分别接电源和负载,接电源的绕组称为一次绕组或原绕组,接负载的绕组称为二次绕组或副绕组。有关一次绕组的各量均用下标1表示,二次绕组的各量均用下标2表示。两个绕组中匝数多的为高压绕组,匝数少的为低压绕组。

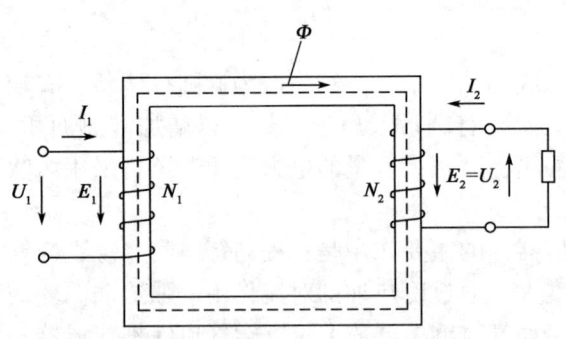

图4-31 变压器的基本工作原理图

变压器的基本工作原理如图4-31所示。当一次绕组接上电压为 U_1 的交流电源时,一次绕组中将有交流电流 I_1 流入,变压器因而从一次绕组输入功率。电流在铁芯中建立交变磁通,高磁通同时交链一次、二次绕组,根据电磁感应原理在绕组中感应出交变电动势 E_1 和 E_2,感应电动势的大小正比于各绕组的匝数。将 E_2 引出即得到变压器输出电压 U_2,接上负载将由电流 I_2 通过,因此从二次绕组输出功率,达到由电源经变压器传递电能的目的。

负载所消耗的电能,是由铁芯中的交变磁通通过电磁感应从一次侧绕组传递到二次侧绕组的电能。由此可见,变压器是根据电磁感应原理进行工作的。用变压器改变电压、电流和变换阻抗时,需要运用下列有关变压器电压比、电流比和阻抗比的数学表达式。

1. 电压比

一次、二次侧绕组感应电动势分别为:

$$E_1 = 4.44fN_1\Phi_m \qquad (4-23)$$
$$E_2 = 4.44fN_2\Phi_m \qquad (4-24)$$

式中 f——电源频率（工频为50Hz）；

N_1、N_2——一次、二次侧绕组匝数；

E_1、E_2——一次、二次侧绕组电动势，V；

Φ_m——主磁通的最大值，Wb。

当 f 一定，而 Φ_m 不变时，每个绕组中的电动势随绕组的匝数的改变而变化。如忽略漏磁通和绕组电阻所造成的压降，则一次侧绕组的自感电动势 E_1 的大小与一次电压 U_1 相等，而二次绕组的互感电动势 E_2 等于该绕组的空载电压 U_2，于是得出电压比的数学表达式（4-25），即：

$$\frac{U_1}{U_2} = \frac{E_1}{E_2} = K \qquad (4-25)$$

式（4-25）表明，变压器一次、二次侧绕组采用不同的匝数比，即可达到升压或降压，当 $N_1 > N_2$ 时，变压器为降压；反之，变压器为升压。

由式（4-25）可导出匝数比算式：

$$\frac{N_1}{U_1} = \frac{N_2}{U_2}$$

当变压器二次侧绕组为多组时，可运用上式计算其匝数或电压。

2. 电流比

如将变压器本身的损耗（一般只占百分之几）略去不计，则其输入功率与输出功率相等，即 $U_1I_1 = U_2I_2$，由此可得电流比 K_i 的算式：

$$\frac{I_1}{I_2} = \frac{U_2}{U_1} = \frac{N_2}{N_1} = \frac{1}{K} = K_i \qquad (4-26)$$

【例4-11】某台脱水器控制盘上电流表和电压表指示值分别为30A和380V。如果已知脱水器内电场电压为38000V 电流值为0.3A，求变压器变比。

已知：$I_1 = 30A$，$U_1 = 380V$，$I_2 = 0.3A$，$U_2 = 38000V$。

求：变压器变比 $K = ?$

解：根据 $U_2/U_1 = I_1/I_2 = K$

所以 $K = U_2/U_1 = 38000/380 = 100$

答：这台变压器变比为100。

（三）其他常用变压器

1. 自耦变压器

（1）用途：在电压相近的大功率输电变压器中用得较多，并在10kW以上异步电动机的降压启动器中得到广泛使用。

（2）结构及工作原理：自耦变压器是一次、二次侧共用的一个绕组的变压器。其低压绕组是高压绕组的一部分，一次、二次侧电路之间除有磁的联系外，还有直接的电的联系。

自耦变压器的工作原理与普通变压器相同，一次、二次侧绕组的电压比 K（一般在1.2~2.0之间）。这种变压器的效率比普通变压器高，但因一次、二次侧绕组的电路直接相连，高压的电路故障会波及低压侧，因此须采取防护措施。

低压小容量自耦变压器二次侧绕组的一个接头做成自由滑动的触头，使二次侧电压可平滑地进行调节。这种自耦变压器称为自耦调压器。

2. 电压互感器

电压互感器是一种专用变压器。

（1）用途：在高压交流电路中将高压转变为一定数值的低电压（一般为100V），以供测量、继电保护以及指示电路之用。

（2）类型：按相数分，有单相和多相两种；按绝缘结构分，有环氧树脂浇注式和油浸式两种；按电压等级分，常用的有0.4kV、10kV、35kV等。

（3）结构和工作原理：与双绕组电力变压器相同，主体由铁心和一次、二次侧绕组组成。其二次侧绕组往往与高阻抗负载连接，二次电流 I_2 极小，近似空载电流。根据电压比公式，可得 $U_1 = K$。

可见，电压表上被测高电压 U_1 等于二次侧绕组测得的电压表上的读数 U_2 乘以互感器电压比 K。K 又称为电压互感器的交换倍率。

通常，电压互感器二次侧绕组的额定电压为100V。相当于电压等级不同的电路，采用电压比不同的电压互感器。常用额定电压比有3000V/100V、6000V/100V、10000V/100V等几种。

（4）选用时注意事项：电压互感器的额定电压应与所测主电路额定电压相符；二次侧负载电流的总和不得超过二次侧电流的额定值。

3. 电流互感器

电流互感器也是一种专用变压器。常用在大电流的交流电流中，将大电流转换为一定数值的小电流（一般为5A）。还用来测量高压输电线路上的电流。

（1）类型：按电压等级分，常用的有0.4kV、10kV、35kV等多种；按精度、等级分，常用的有0.5、1.0、3.0级等多种；按一次侧绕组的匝数分，有单匝式和多匝式两种。前者以母线式和套管式最为常用；后者以线圈式和线环式最为常用。

（2）结构和工作原理：其结构与单相小型变压器类似，由铁心和一次、二次侧绕组组成。一次侧绕组与待测电流的负载串联，二次侧绕组与测量仪表（安培表、瓦特表等）串联成闭合回路。

电流互感器的工作原理与变压器类似。它的一次侧绕组匝数 N_1 很少，用粗导线绕成，二次侧绕组匝数 N_2 较多，用较细导线绕成。根据电流比 K_i 公式，可得 $I_1 = K_i I_2$。可见，被测的负载电流 I_1 等于 I_2 乘以电流互感器的电流比。

通常，把电流互感器的二次侧绕组额定电流定为5A。不同电流的电路中，采用电流比不同的电流互感器。电流互感器的电流比有10A/5A、20A/5A、30A/5A、40A/5A、100A/5A等。

4. 单相照明变压器

（1）用途：为低压电器、机床照明及电源指示灯提供电源电压。

（2）结构：由铁芯和两组互相绝缘的绕组构成。变压器的一次侧工作电压为380V或220V，二次侧多为36V，但二次侧可绕成多个绕组，其电压有36V、24V、12V、6V、3V等。

三、变压器型号及基本参数

变压器制造厂和设计部门对变压器正常工作时所规定的一些量值，称为基本参数；也叫额定值。额定值一般标注在铭牌上，也称为铭牌数据。变压器在额定状态下运行称为额定运行，变压器在额定运行时，可以保证长期可靠地工作，并具有良好的性能。

为了方便正确使用和维护变压器，生产厂家按照国家标准，在铭牌上标明了变压器正常运行时所规定的有关参数。铭牌上主要有型号和额定值等数据。某厂生产的变压器铭牌见表4-9。

表4-9 某厂生产变压器的铭牌

电力变压器			
型号	S7—630/6.3—0.4	标准代号	GB 1094
额定容量,kV·A	630		GB 6451
额定电压,V	6300/400	产品代号	100B.710.1104.2
额定电流,A	57.7/909.3	出厂序号	960126
连接组标号	Y·Y00	冷却方式	ONAN
绝缘水平	L165AC25/L15AC	频率,Hz	50
分接位置		油重,kg	537
分接电压,kV	6.6 6.3 6.0	总重,kg	2460
(某生产厂家)		(出厂日期)	

(一) 型号

型号表明该变压器的基本类别和特点,变压器型号主要由字母和数字两部分组成。例如,S9—500/10型号变压器。

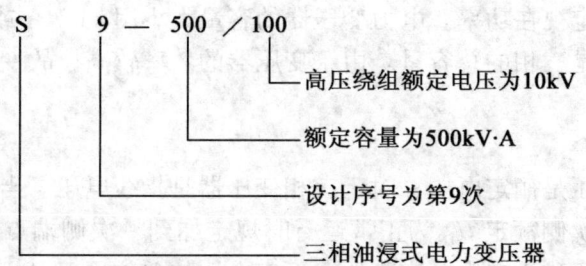

变压器型号含义见表4-10。

表4-10 变压器型号含义

分　类	类　别	代 表 符 号	
		新型号	旧型号
绕组耦合方式	自耦	○	○[①]
相数	单相	D	D
	三相S	S	
冷却方式	空气自冷式	不表示	不表示
	风冷式	F	F
	水冷式	W	S
	强迫油循环	P	P
	油浸风冷	F	F
	油浸水冷	W	S
	强迫油循环风冷	FP	FP
	强迫油循环水冷	WP	SP
	干式空气自冷	G	K
	干式绕组绝缘	C	C

续表

分 类	类 别	代 表 符 号	
		新型号	旧型号
绕组数	双绕组	不表示	不表示
	三绕组	S	S
	分裂	F	F
绕组导线材质	铜	不表示	不表示
	铝	不表示	L
调压方式	无励磁调压	不表示	不表示
	有载调压	Z	Z

①○在前面表示降压变压器，○在后面表示升压变压器。

（二）基本参数

1. 额定容量（S）

额定容量是反映变压器在额定运行时（在额定电压、额定频率、额定电流、额定功率条件下）能够传递最大的电功率的能力。变压器的额定容量指的是铭牌所规定的额定状态下，变压器输出的额定视在功率。电力变压器的容量大小用 kV·A 或 MV·A 来表示。对于三相变压器而言指的是三相的总容量。由于变压器的效率较高，故变压器的输入和输出容量通常都相等。

2. 额定电压（U）

铭牌上标志的电压是额定电压，对于三相变压器是指线电压。当变压器一侧施加额定电压、额定频率时，一次侧额定 U_{1N} 为正常运行时规定加到一次侧端点间的电压。二次各绕组开路，测出的二次电压称为二次额定电压。额定电压的单位用 V 或 kV 表示。

由于电力变压器接在电网上运行，变压器一次、二次侧的额定电压必须与电网电压相同。我国输电电压等级有：500kV、330kV、220kV、110kV；配电电压 10kV、6kV、0.4kV 等。高压绕组与低压或中压绕组的额定电压之比，称为额定电压比。

变压器额定电压应与所连接的系统电压相符合。35kV 以下升压变压器高压侧高出相应电压的 5%，35kV 及以上高出相应电压的 10%；降压变压器高压侧与相应电压相等。例如，发电机出口段升压变压器的额定电压为 121kV/20kV，其中一次侧电压 20kV 为发电机的出口电压，二次侧电压 121kV 为变压器输出电压，即标准电压 110kV 加上 10% 的电压；配电用降压变压器的额定电压为 10kV/0.4kV，其中一次侧电压 10kV 输入电压为标准电压，二次侧电压 0.4kV 则是在标准电压的基础上提高 5% 的电压，供给 380V 的用户使用。

3. 额定电流（I）

铭牌上标志的电流值是变压器的额定电流值。当变压器运行时，绕组中电流为铭牌上电流时，称为变压器额定运行；大于铭牌上电流值，称为过载运行；小于铭牌上电流值，称为欠载运行，单位用 A 或 kA 表示。额定电流与额定容量、额定电压的关系为：

单相变压器：
$$S_N = U_{1N}I_{1N} = U_{2N}I_{2N} \tag{4-27}$$

三相变压器：
$$S_N = \sqrt{3}U_{1N}I_{1N} = \sqrt{3}U_{2N}I_{2N} \tag{4-28}$$

在实际中常用式（4-27）和式（4-28）来计算变压器的电流，注意三相变压器公式中的额定电压、电流量均为线电压和线电流,所以计算时与变压器的星形或三角形接法无关。

空载电流通常以与额定电流之比的百分数表示,中小型变压器空载电流为额定电流2%~8%;大型变压器空载电流小于1%,空载电流允许偏差为+22%。

4. 额定频率 (f)

额定频率 f_N 指变压器使用的固定频率,我国的工业频率为50Hz,故 f_N = 50Hz。

5. 阻抗电压 (u_k)

阻抗电压用百分数表示,是指做变压器短路试验时短路电压所占额定电压的百分数。变压器的额定电流指线电流。三相电力变压器的额定电流按式(4-29)计算:

$$I_1 = \frac{S}{\sqrt{3}U_1} \text{ 和 } I_2 = \frac{S}{\sqrt{3}U_2} \qquad (4-29)$$

式中　I_1、U_1——一次侧的额定电流、额定电压;
　　　I_2、U_2——二次侧的额定电流、额定电压;
　　　S——额定容量。

阻抗电压是表示变压器内阻抗(漏阻抗)大小的参数。10kV变压器的阻抗电压在4%~6%之间,35kV变压器的阻抗电压多在6.5%~7.5%之间。大容量变压器的阻抗电压偏大。

此外,铭牌上还有相数、连接组别、运行方式、调压方式及重量等。

四、变压器运行及检查

(一)变压器的运行

油浸式电力变压器的油兼有散热、绝缘、防止内部元件和材料氧化以及内部严重故障时灭弧的作用。变压器油的闪点在135~160℃之间,属于可燃液体。变压器内的固体绝缘衬垫、纸板、棉纱、布、木材等都属于可燃物质。因此,电力变压器不但火灾危险性较大,而且还有爆炸的危险。

1. 变压器的巡视

对运行中的变压器应巡视检查负荷电流、运行电压是否正常;温度和温升是否过高,冷却装置是否正常,散热管温度是否均匀,散热管有无堵塞迹象;油温、油色是否正常,有无渗油、漏油现象;接线端子连接是否牢固、接触是否良好,有无过热迹象;套管及整体是否清洁,套管有无裂纹、破损和放电痕迹;变压器运行声音是否正常,呼吸器内吸潮剂的颜色是否加深、是否达到饱和状态;通向气体继电器的阀门和散热器的阀门是否处于打开状态;防爆管的隔膜是否完整;变压器外壳接地是否良好;变压器室的门窗、通风孔、百叶窗、铁丝网、照明灯等是否完好;室外变压器基础是否良好、有无下沉,电杆是否牢固、有无倾斜,木杆杆根是否腐朽。

变电室有人值班者,每班巡视检查一次,变电室无人值班者,每周巡视检查一次;对于强迫油循环的变压器,每小时巡视检查一次;对于室外柱上变压器,每月巡视检查一次,在天气恶劣,或变压器负荷变化激烈,或变压器运行异常,或线路发生故障后,应增加特殊巡视。

2. 变压器运行参数

新投入的变压器带负荷前应空载运行24h。运行中变压器的运行参数应当符合规定。例如,高压侧电压偏差不得超过额定值的±5%,低压最大不平衡电流不得超过额定电流的

25%，温度和温升不得超过规定值；声音不得太大或不均匀；还有套管应保持清洁，外壳和低压中性点接地应保持完好，接线端子不应过热等。

变压器允许过负荷运行，但允许过载的时间必须与过载前上层油温和过载量相适应。油浸电力变压器的允许过载时间可参考表 4-11 确定。

表 4-11　油浸电力变压器的允许过载时间　　　　　　　　　　　min

过载量，%	过载前上层油温，℃					
	18	24	30	36	42	48
5	350	325	290	240	180	90
10	230	205	170	130	85	10
15	170	145	110	80	35	—
20	125	100	75	45	—	—
25	95	75	50	25	—	—
30	70	50	30	—	—	—
35	55	35	15	—	—	—
40	40	25	—	—	—	—
45	25	10	—	—	—	—
50	15	—	—	—	—	—

油浸电力变压器采用的绝缘纸、木材、棉纱是 A 级绝缘材料。由于 A 级绝缘材料的最高工作温度为 105℃，变压器发热元件温度不得超过 105℃。因此，绕组温升不得超过 65℃；铁芯表面温升不得超过 70℃；油箱上层油温最高不得超过 95℃，但为了减缓变压器油变质，上层油温最高不适宜超过 85℃。

如发现运行中变压器的温度过高，应及时处理。如环境温度未发生变化，负荷电流和电源电压也没有变化，运行中变压器温度过高的原因和处理方法。

（1）变压器绕组匝间短路或层间短路使油温上升导致变压器温度过高。其判断方法如下：

①根据变压器的声音粗略判断，有时发出"咕噜咕噜"声。

②取油样化验，检查绝缘油是否变坏。

③检查气体继电器，轻气体是否动作发出信号、重气体是否动作造成跳闸。

④停电后测量绕组直流电阻作进一步判断。如确定为变压器绕组匝间短路或层间短路，应进行大修。

（2）变压器分接开关接触不良，接触电阻过大而发热或局部放电导致变压器温度过高。其判断方法如下：

①观察是否负荷越大时温度升高越多。

②检查气体继电器，观察轻气体是否频繁动作发出信号。

③取油样化验，检查绝缘油是否变坏、闪点是否下降。

④停电后测量高压绕组的直流电阻是否发生变化；如确定为变压器分接开关接触不良，应吊芯修理分接开关；如系分接开关未就位，应将其就位。

（3）变压器铁芯片间绝缘损坏或压紧螺杆绝缘损坏，造成铁芯短路，涡流损失增加使变压器温度过高。其判断方法如下：

①检查气体继电器，轻气体是否频繁动作发出信号、是否导致重气体动作。

②取油样化验，检查绝缘油是否变坏、闪点是否下降。如确定为变压器铁芯短路，应吊芯检查并修理。

如变压器负荷电流过大且延续时间过长或三相负荷严重不平衡，或电流电压偏高或电源缺相，也可能造成运行中变压器温度过高。应根据变压器的声音和仪表指示进行判断，并记录、报告和作相应的处理。如环境温度过高，通风条件恶化或变压器散热故障，也可导致变压器温度过高。应根据情况减小负荷、改善通风条件或修理变压器。

3. 变压器并联运行

为了提高运行的经济性和提供供电的可靠性，在很多情况下，需要用两台容量较小的变压器并联起来代替一台容量较大的变压器。两台变压器并联运行是两变压器一次侧和二次侧的同名端都连在一起的运行方式。单相变压器的并联运行接线如图4-32所示。变压器并联运行的基本要求是并联回路内不产生有害的环流，而且负荷合理分配。

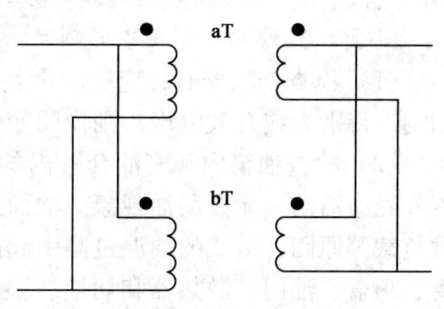

图4-32 单相变压器的并联运行

为此，变压器并联运行应当满足以下条件：

（1）并联变压器的连接组必须相同。否则，即使各变压器二次电压数值相等，即 $U_{a2} = U_{b2}$，但由于两者的相位不同而在二次并联回路中存在差值电动势。由于并联回路内的阻抗很小，该差值电动势将在二次并联回路中产生很大的环流；由于电磁感应，一次回路中也将产生很大的环流。环流过大即可能烧毁变压器。

（2）并联变压器的额定变压比应当相等，满足 $U_{a2} = U_{b2}$ 的条件，并联变压器变比的偏差不得超过 0.5%。如并联变压器变压比偏差太大，即使各变压器连接组相同（二次电压的相位相同），由于二次并联回路中差值电动势的作用，会产生有害的环流；一次回路中也将产生较大的环流。该环流将增加变压器的发热、降低变压器的输出能力，环流过大也可能烧毁变压器。

（3）并联变压器的阻抗电压最好相等；阻抗电压相差不宜超过 10%。因为并联变压器自身的负载率与阻抗电压成反比，所以如两台变压器的阻抗电压相等，则各自的负载率相等；如两台变压器的阻抗电压不相等，则阻抗电压高的负载率低、阻抗电压低的负载率高。在后一情况下，阻抗电压低的变压器满负载时，阻抗电压高的变压器将不能满负载运行；而阻抗电压高的变压器满负载时，阻抗电压低的变压器将过负载运行。因此，并联变压器的阻抗电压不相等将造成并联变压器组负荷分配不合理或并联变压器组输出能力低。

（4）并联变压器的容量之比一般不应超过 3:1。由于制造上的原因，如容量相差太大，阻抗电压的条件将得不到满足。并联变压器容量不同时，希望容量较大的变压器的阻抗电压低一些。

4. 变压器并联运行的优点

（1）提高变压器运行经济性，改善供电质量。并联运行在轻负载时可以使一部分变压器退出运行，从而减少空载损耗，使用更加经济。

（2）提高变压器供电可靠性。当某台变压器发生故障或检修时，其余变压器仍可供给一定负载，减少用户停电。

（3）可以分期安装，减少初次投资。用电负载是在若干年内逐年增加的，根据发展分期分批添置变压器台数比较经济，同时有利于减少备用容量。当然，并联运行变压器的台数也不宜过多，否则，总的设备费用、材料消耗、占地面积都将增大，使变电所总的造价升高。因此，变电站增容量较大时，可将多台小容量更换成大容量变压器再并联运行，一般以 2～3 台变压器并联运行为宜。

（二）变压器运行中的检查

为确保安全用电，对运行中的变压器，岗位人员应按规定定期进行检查，以便了解变压器的运行情况，发现异常，及时处理，把事故消除在萌芽状态。

1. 变压器外部正常检查的项目

（1）检查变压器时，应听响声。变压器在正常运行时，一般有均匀的"嗡嗡"电磁声，如响声特别大或有放电声，则说明变压器内部有故障。

（2）检查油箱内和充油套管内的油位、油的颜色及变压器的外壳。油位应正常，变压器外壳应清洁，无渗漏油现象。油面过高，一般是由变压器的冷却装置运行不正常或变压器过负载等原因，造成的油温过高引起的。若油面过低，则应仔细检查变压器所有的密封处套管、顶盖、油门、散热器和切换装置等是否漏油。变压器的油应是透明微带黄色，如呈红棕色，可能是由于油位计本身的脏污造成的，也可能是由于变压器油运行时间过长，油温高使油变质引起的。

（3）检查变压器上层油温。变压器上层油温一般应在85℃以下。由于每台变压器的负载轻重和冷却条件不同，所以油温也不同，维修人员在检修时，不能仅以油温不超过85℃为标准，应与以往运行的数据进行比较。例如，油温突然过高，则可能是冷却装置有故障，也可能是变压器内部有故障。对油浸水冷式变压器，如散热装置的各部分温度有明显不同，则可能是管路有堵塞现象。检查时，除检查上层油温外，在周围空气温度较低的情况下，还应检查变压器周围的空气温度，了解变压器的温升，以作为参考。

（4）检查冷却系统的运行情况。对于强迫油循环水冷或风冷式变压器，应检查油、水、温度、压力、流量是否符合规定。

（5）检查变压器引线。引线不应过松或过紧；接头接触应良好。

（6）检查变压器套管。套管应清洁，无裂纹、无放电打火现象。

（7）变压器呼吸器应畅通，硅胶不应吸潮饱和，油封呼吸器的油位应正常。

（8）防爆管薄膜应完整，无裂纹、无存油。

（9）瓦斯继电器应充满油。

（10）外壳接地线应良好。

2. 变压器运行中的监视

变压器在运行中，要定期进行下列巡视和检查，发现异常现象及时处理或报告有关人员。

（1）注意变压器运行时的声音。正常运行为有规则的，清脆的"嗡嗡"声，如有异常响声或不规则的放电声则可能有故障。

（2）检查外壳及各密封连接处有无渗漏现象，检查油量是否达到油面线。

（3）查看绝缘套管有无损伤及放电痕迹。

（4）检查接地和防雷装置是否良好。

（5）掌握变压器的负载情况。变压器不允许长时间的过负载运行，但短时过载是允许的，过载越严重，则允许过载时间越短。另外，如果变压器副边为三相四线制，带有照明负载，则各相电流不平衡度不应超过10%。

第五章　计量仪表及控制系统

第一节　计量与计量单位

一、计量基础

(一) 计量的分类

1. 科学计量

科学计量主要是指基础性、探索性、先行性的计量科学研究，如关于计量单位与单位制、计量基准与标准、物理常数、测量误差、测量不确定度与数据处理等。

2. 工程计量

工程计量通常称为工业计量，是指各种工程、工业企业中的应用计量。例如，关于能源、原材料的消耗，工艺流程的监控以及产品品质与性能的计量测试等。

3. 法制计量

法制计量是为了保证公众安全，国民经济和社会发展，根据法制、技术和行政管理的需要，由政府或官方授权进行强制管理的计量，包括对计量单位、计量器具（特别是计量基准、标准）、计量方法和计量精确度（或不确定度）以及计量人员的专业技能的明确规定和具体要求。

(二) 计量的特点

1. 精确性

精确性是计量的基本特点。它表征的是测得值与被测量的真值的接近程度。严格地说，只有量值，而无精确程度的结果，不是计量结果。

2. 一致性

计量单位的统一，是量值一致的重要前提。无论在任何时间、任何地点、采用任何方法、使用任何器具以及任何人进行计量，只要符合有关计量的要求，所得结果就应在给定的不确定度（或误差范围）内一致。

3. 溯源性

在实际工作中，由于目的和条件不同，对计量结果的要求也各不相同。但是，为使计量结果精确一致，所有的同种量值都必须由同一个计量基准（或原始标准）传递而来。换言之，任何一个计量结果，都能通过连续的比较链溯源到计量基准。

4. 法制性

计量本身的社会性就要求有一定的法制保障。也就是说，量值的精确一致，不仅要有一定的技术手段，而且还要有相应的法律、法规和行政管理，特别是对于那些对国计民生有明显影响的计量，更必须有法制保障。

（三）常用计量术语

1. 量

量是现象、物体或物质的可以定性区别和定量确定的一种属性。

2. 被测量

被测量是被测量的量。它可以是待测量的量，也可以是已测量的量。

3. 影响量

影响量不是被测量，但却影响被测量的量值或计量器具示值的量。例如，环境温度、被测的交流电压的频率。

4. 量的真值

量的真值是某量在所处的条件下被完善地确定或严格定义的量值，或者可以理解为没有误差的量值。

5. 实际值

实际值是满足规定精确度的用来代替真值的量值。实际值可理解为由实验获得的，在一定程度上接近真值的量值。

6. 测量

测量是为确定量值而进行的操作。操作可能是相当复杂的，也可能是极其简单的。

7. 测量重复性

测量重复性是在相同的地点和使用条件下，用相同的测量方法和器具，由相同的观测者在短时间内对同一量进行连续多次重复测量所得结果之间的符合程度（一致性）。它一般可用结果之间的差值（离散）来定量表示。

8. 测量复现性

测量复现性是在不同的测量条件下，对相同被测量进行测量时，其测量结果之间的符合程度（一致性）。它一般可用结果之间的差值（离散）来定量表示。

二、误差

（一）误差的定义

1. 测量误差

测量误差是指测得值与被测量的真值之差。对于实际测量，严格地讲，被测量的真值永远是未知的；而只能随着科技的发展、测试方法和手段的改进以及人们认识的加深，使测得值越来越接近真值。

2. 绝对误差

绝对误差是测量结果与被测量的真值之差，即：

$$\text{绝对误差} = \text{测量值} - \text{真实值}$$

3. 相对误差

相对误差是测量的绝对误差与被测量的真值之比，通常以%表示，即：

$$\text{相对误差} = [(\text{测量值} - \text{真实值})/\text{真实值}] \times 100\%$$

4. 引用误差

引用误差是计量仪表的绝对误差与其特定值之比。特定值可以是计量器具的量程或标称范围的最高值，即：

引用误差 = ［（测量值 − 真实值）/量程］×100%

5. 回程误差

回程误差是在相同条件下，被测量值不变，计量仪表行程方向不同时其示值之差的绝对值。回程误差也称为滞后误差。

6. 偏差

偏差是计量仪表的实际值与标称值之差。若用于调节系统时，为给定值与测量值之差。

（二）测量误差的主要来源

1. 方法（或理论）误差

方法（或理论）误差是测量方法（或理论）不十分完备，特别是忽略和简化等所引起的误差。

2. 器具误差

器具误差是计量器具本身的结构、工艺、调整以及磨损、老化或故障等所引起的误差。

3. 环境误差

环境误差是测量环境的各种条件，如温度、湿度、气压、电场、磁场与振动等所引起的误差。

4. 人员误差

人员误差是由观测者的主观因素和实际操作，如个性、生理特点或习惯、技术水平以及失误等所引起的误差。

（三）测量误差的分类

误差的分类方法多种多样，如按误差出现的规律来分，可分为系统误差、偶然误差和疏失误差；按仪表使用的条件来分，有基本误差、附加误差；按被测变量随时间变化的关系来分，有静态误差、动态误差；按与被测变量的关系来分，有定值误差、累计误差。

根据性质，测量误差可分为系统误差、随机误差和粗大误差三类。

1. 系统误差

在对同一被测量的多次测量过程中，保持恒定或以可预知方式变化的测量误差称为系统误差。系统误差决定测量结果的"正确"程度。

许多系统误差可通过实验确实（或根据实验方法、手段的特性估算出来）并加以修正。但有时由于对某些系统误差的认识不足或没有相应的手段予以充分确定，而不能修正，即所谓的未定或剩余的系统误差，也称未消除的系统误差。系统误差与测量次数无关，也不能用增加测量次数的方法使其消除或减小。

2. 随机误差

在对同一被测量的多次测量过程中，以不可预知方式变化的测量误差称为随机误差。随机误差决定测量结果的"精密"程度。

随机误差是由尚未被认识和控制的规律或因素所导致的，故不能修正，也不能完全消除，而只能根据其本身存在的规律用增加测量次数的方法加以限制和减小。

3. 粗大误差

超出在规定条件下所预期的误差称为粗大误差。出现该类误差的原因，主要是有关工作人员的失误、计量器具的失准，以及影响量超出所规定的值或范围等。

对粗大误差，必须随时或在进行数据处理时予以鉴别，并将相应的数据剔除。

消除粗大误差的根本方法就是对工作的认真负责，切实保持计量器具的计量性能和所要求的环境条件，严格执行检测规程和操作规范以及具备熟练的计量测试技能等。

三、计量单位和单位换算

（一）国际单位制基本单位

表 5-1 列出国际单位制基本单位。

表 5-1　国际单位制基本单位

量 的 名 称	单 位 名 称	单 位 符 号
长度	米	m
质量	千克（公斤）	kg
时间	秒	s
电流	安［培］	A
热力学温度	开［尔文］	K
物质的量	摩［尔］	mol
发光强度	坎［德拉］	cd

表 5-1 中列出的 7 个国际单位制基本单位彼此独立并有严格的定义。

1. 米（m）

长度单位米是光在真空中于 (1/299792458) s 时间间隔内所经路径的长度。

2. 千克（kg）

千克是质量单位，等于国际千克原器的质量。国际千克原器是用铂铱合金制造的。为减小由于磨损或其他物质的吸附而引起的变化，原器的表面积应尽可能小。

3. 秒（s）

时间单位秒是铯-133 原子基态的两个超精细能级之间跃迁所对应的辐射的 9192631770 个周期的持续时间。

4. 安培（A）

安培是电流单位。在真空中，截面积可忽略的两根相距 1m 的无限长平行圆直导线内通以等量恒定电流时，若导线间相互作用力在每米长度上为 2×10^{-7} N，则每根导线中的电流为 1A。

5. 开尔文（K）

热力学温度单位开尔文等于水的三相点热力学温度的 1/273.15。

6. 摩尔（mol）

物质的量单位摩尔是一系统的物质的量，该系统中所包含的基本单元数与 0.012kg 碳-12 的原子数目相等。

7. 坎德拉（cd）

发光强度单位坎德拉是一光源在给定方向上的发光强度，该光源发出频率为 540×10^{12} Hz 的单色辐射，且在此方向上的辐射强度为 (1/683) W/sr。

（二）单位换算

1. 构成十进倍数和分数单位的词头

用于构成十进倍数和分数单位的词头见表 5-2。

表 5-2 用于构成十进倍数和分数单位的词头

所表示的因数	词头名称	词头符号	所表示的因数	词头名称	词头符号
10^6	兆	M	10^{-2}	厘	c
10^3	千	k	10^{-3}	毫	m
10^2	百	h	10^{-6}	微	μ
10^1	十	da	10^{-9}	纳	n
10^{-1}	分	d	10^{-12}	皮	p

2. 单位换算

（1）长度。

1 千米（km）＝0.621 英里（mile）　　1 米（m）＝3.281 英尺（ft）

1 厘米（cm）＝0.394 英寸（in）　　1 英里（mile）＝5280 英尺（ft）

1 英寸（in）＝2.54 厘米（cm）　　1 英尺（ft）＝12 英寸（in）

（2）质量。

1 吨（t）＝1000 千克（kg）　　1 千克（kg）＝2.205 磅（lb）

1 吨（t）＝2205 磅（lb）　　1 磅（lb）＝0.454 千克（kg）

（3）密度。

1 千克/米^3（kg/m^3）＝0.001 克/厘米^3（g/cm^3）

1 磅/英尺^3（lb/ft^3）＝16.02 千克/米^3（kg/m^3）

1 磅/英寸^3（lb/in^3）＝27679.9 千克/米^3（kg/m^3）

（4）压力。

1 兆帕（MPa）＝10.2 千克力/厘米^2（kgf/cm^2）

1 大气压（atm）＝1.03 千克力/厘米^2（kgf/cm^2）

（5）面积。

1 平方公里（km^2）＝100 公顷（ha）

1 平方米（m^2）＝10.764 平方英尺（ft^2）

1 公顷（ha）＝10000 平方米（m^2）

1 平方英里（mile^2）＝2.590 平方公里（km^2）

（6）体积。

1 立方米（m^3）＝1000 升（L）

1 立方英尺（ft^3）＝28.317 升（L）

（7）体积流量。

1 升/分（L/min）＝0.06 米^3/时（m^3/h）

1 米^3/时（m^3/h）＝16.667 升/分（L/min）

（8）质量流量。

1 千克/时（kg/h）＝16.7×10^{-3} 千克/分（kg/min）

1 千克/秒（kg/s）＝3.6 吨/时（t/h）

(9) 力。
1 牛顿（N）＝0.225 磅力（1bf）
1 千克力（kgf）＝9.81 牛顿（N）
(10) 温度。
摄氏度（℃）＝5/9×〔华氏温度（℉）－32〕
开尔文度（K）＝摄氏度（℃）＋273.15
(11) 热功。
1 千瓦小时（kW·h）＝$3.6×10^6$ 焦耳（J）
1 千克力·米（kgf·m）＝9.8 牛·米（N·m）
1 卡（cal_{it}）＝4.1868 焦耳（J）
(12) 功率。
1 千克力·米/秒（kgf·m/s）＝9.80665 瓦（W）
1 米制马力（hp）＝735.499 瓦（W）
(13) 速度。
1 英尺/秒（ft/s）＝0.3048 米/秒（m/s）
1 英里/时（mile/h）＝0.44704 米/秒（m/s）
(14) 电流。
1 千安（kA）＝10^3 安培（A）
1 安培（A）＝10^3 毫安（mA）＝10^6 微安（μA）
(15) 电压。
1 千伏（kV）＝10^3 伏特（V）
1 伏特（V）＝10^3 毫伏（mV）＝10^6 微伏（μV）

第二节　计量仪表

一、仪表的相关概念

（1）刻度。刻度是指在计量器具上指示不同量值的刻线标记的组合。
（2）量程。量程是指测量范围上限值和下限值之差。
（3）示值范围。示值范围是由计量器具所显示或指示的最低值到最高值范围。
（4）测量范围。测量范围是在允许误差限内，计量器具所具有的可测量值的范围。
（5）分度值。分度值是两个相邻刻线所代表的量值之差。
（6）容量。容量是在一定条件下，容器内可容纳物质的数量。
（7）传感器。传感器是直接作用于被测量对象，并能按一定规律将测量结果转换成同种或别种量值输出的器件。
（8）变送器。变送器是输出为标准信号的传感器，如压力变送器、温度变送器和电流变送器等。
（9）数字信号。数字信号是具有两种状态的电信号如"开"或"关"、"高"或"低"、"正"或"负"等。这里的数字的含义是指二进制两种状态，数字信号又称开关信号。
（10）模拟信号。模拟信号是具有连续变化状态的电信号，它可以从各种模拟传感器中获得。

(11) 死区。死区是不引起计量仪表响应的任何可观察变化的最大激励变化范围。

(12) 流量。流量是单位时间内流过管道横截面的流体量。流量以质量表示时称"质量流量",以体积表示时称"体积流量"。

(13) 压力损失。压力损失是液体克服阻力所引起的不可恢复的压力降低值。

(14) 标准密度。标准密度是在温度20℃时,物质的质量除以其体积。

(15) 视密度。视密度是用石油密度计在试验温度下测得的密度。

二、温度检测仪表

温度是表征物体冷热程度的物理量,是集输生产中重要的热工参数之一。温度检测仪表按工作原理分,可分为膨胀式温度计、压力式温度计、热电偶温度计、热电阻温度计和辐射高温计五类;按测量方式分,可分为接触式和非接触式两大类。前者测温元件直接与被测介质接触,这样可以使被测介质与测温元件进行充分地热交换,而达到测温目的;后者测温元件与被测介质不相接触,通过辐射或对流实现热交换来达到测温的目的。

(一) 膨胀式温度计

膨胀式温度计有液体膨胀式温度计和金属膨胀式温度计。液体膨胀式温度计常见的玻璃水银温度计和有机液体玻璃温度计。这种温度计按精度等级又分为标准、实验室、工业用三个使用等级。目前,工业上限制使用玻璃水银温度计,多使用金属膨胀式温度计作为就地温度指示仪表。

1. 液体膨胀式温度计

液体膨胀式温度计工作原理是基于被测介质的热量或冷量通过温度计外层玻璃的热传导,玻璃汽包内的液体吸收热或释放热,随着热量交换过程,液体体积具有热胀冷缩物理特性,其体积的增大或减小量与被测介质的温度变化量成正比例。

(1) 结构。

如图5-1所示,它的下部有一感温泡状容器,内盛工作液体,泡状容器上部为管状,管内径很细,为毛细管。当泡球内液体受热膨胀时,其液体体积的增量部分进入毛细管,在毛细管内以液柱的高度反映被测介质的温度量值。温度值为液柱面所对应的标尺刻度数值。

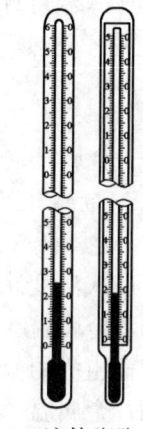

图5-1 液体膨胀式温度计

(2) 特点。

①结构简单,线性好,使用方便和准确度高。

②仅供就地测量,示值不能远传。

③温度标尺刻度细小,读数不够清晰。

④不抗振,易损坏,水银外泄会产生汞蒸气,对人体有害。

⑤是导电体,在电动机械上应用受限制。

(3) 温度计使用。

①使用前的检查工作。

a. 检查温度计温包是否破损。

b. 检查温度计毛细管标尺的刻度是否清晰。

c. 检查毛细管液体中是否有气泡断空的地方。

d. 在室温下同标准温度计进行对比,误差不准超过±0.5℃。

e. 检查温度计孔是否有杂物堵塞，温度计应插入 2/3。

f. 检查温度计插孔中是否装有变压器油。

② 使用操作。

a. 根据现场介质的工作温度选择合理量程的温度计。

b. 把检查好的温度计在恒温状态下拿到工作现场。

c. 把温度计沿着插孔的坡度方向轻轻放入插孔，温包浸入液体中。

d. 温度计插入被测介质时，要稳定一段时间方可读数。

e. 在读数时不可抽出温度计读取，以免造成误差。

f. 读数时，水银温度计应读凸面最高点温度，酒精温度计应读凹面最低点温度。

g. 要按时定期检查温度计，确保温度计的准确性和可靠性。

③ 注意事项。

a. 不能超出温度计标度的测量范围，否则将损坏温度计。

b. 读数时，视线要与温度计垂直。温度计不要离开被测物质，并且应在示数稳定后读数。

c. 操作中不能用温度计搅拌，以免断裂。

d. 使用中，标准和实验温度计液柱应全部插入被测介质，工业用一般玻璃温度计应把尾部插入被测介质，否则会产生测量误差。

e. 温度计应定期校验，否则会因零点位移而产生示数误差。

2. 金属膨胀式温度计

金属膨胀式温度计的工作原理是基于金属线长度受冷热变化的影响会发生变化的原理。金属片或金属杆受热后其长度伸长量可用式（5-1）计算：

$$L_t = L_{t_0}(1 + \alpha + t + t_0) \tag{5-1}$$

式中 L_t——金属杆（或片）经热交换后，在温度为 t 时的长度；

L_{t_0}——金属杆（或片）在温度为 t_0 时的长度；

α——金属杆（或片）在温度 t_0 至 t 间的平均线膨胀系数。

金属膨胀式温度计有杆式、片式、螺旋式。其基本结构是由线膨胀系数不同的两种金属组成。典型的双金属温度开关如图 5-2 所示，双金属片 1 是由膨胀系数不同的两种金属片紧密粘合在一起而组成的温度传感元件，其一端固定在绝缘子上，另一端为自由端，当温度升高时，由于两片金属温度膨胀系数不同，双金属片产生弯曲变形，当温度升高到一定值，双金属片的弯曲形变量增大到使金属片 1 端部与片 2 触点接触，信号灯亮，显示温度已升到设定值。

杆式双金属温度计结构如图 5-3 所示。其外套管 1 和管内杆 2 为两种不同金属组成，杆 2 材质的线膨胀系数大于管 1 材质的线膨胀系数，杆 2 的下端在弹簧 4 的推力下与管 1 封口端 3 接触，杆的上端在弹簧 7 的拉力作用下使杠杆 6 与其保持接触，管 1 上端固定在温度计外壳上。当温度上升时，由于管 1 和杆 2 的线膨胀系数不同，杆 2 的伸长量大于管 1 的伸长量，杆 2 的上端向上移动，推动杠杆 5 的一端，杠杆支点上的指针 8 发生偏转，当温度计管内温度与被测温度平衡时，指针处在一稳定位置，指针所指示的刻度数字即被测温度值。

为了提高双金属温度计的灵敏度，常把双金属片做成直螺旋结构，螺旋金属片线度较长，其膨胀伸长量必然增大，则仪表灵敏度大大提高。

杆式双金属温度计具有如下特点：

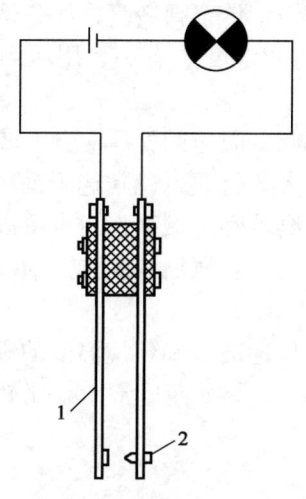
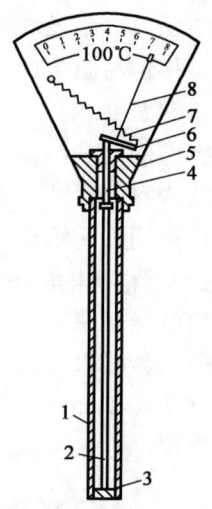

图 5-2 双金属温度开关　　　　图 5-3 杆式双金属温度计结构图

（1）结构简单、刻度清晰、抗振动性能好，价格便宜。

（2）量程范围较小，精确度不高，适用于对精确度要求不高的场合。

3. 膨胀式温度计安装

膨胀式温度计安装形式一般为螺纹连接。温度计的安装位置应选择在被测介质温度变化灵敏，具有代表性和便于观察的地方。为了观察方便，轴向型双金属温度计宜选择在垂直工艺管道上安装；如果工艺管径较小，应采用扩径管；在管道上垂直安装时，温度取源部件轴线应与管道轴线垂直相交。径向型双金属温度计可安装在管道的弯肘处，在工艺管道拐弯处安装时，宜逆着物流流向，取源部件轴线应与工艺管道轴线相重合。

杆式双金属温度计金属套管的端部应有一定自由空间。安装时，套管端部不可与管壁接触，更不允许对套管端部施加压力。玻璃温度计应安装在无振动或振动较小，无机械损伤的地方，安装玻璃温度计时，也不允许对玻璃温度计的保护套管施加应力。

（二）压力式温度计

压力式温度计统称为温包温度计。它的工作原理是利用封闭于小容器内的气体、液体或饱和蒸汽经热交换后，封闭容器内的工作介质的压力因温度的变化而变化，压力变化与温度之间存在一定比例关系。

压力式温度计内工作物质可以是气体（氮气）、液体（甲醇、二甲苯、甘油等）或低沸点液体的饱和蒸气（氯甲烷、氯乙烷、乙醚等），分别称为气体式、液体式、蒸气式温度计。

1. 结构及工作原理

如图 5-4 所示，压力式温度计结构主要由温包 1、毛细管 2 和压力表的弹簧管 3 组成一个封闭系统。该封闭系统内充有工作介质，如气体式工作介质为氮气。温度计显示部分的结构与弹簧压力表相同。

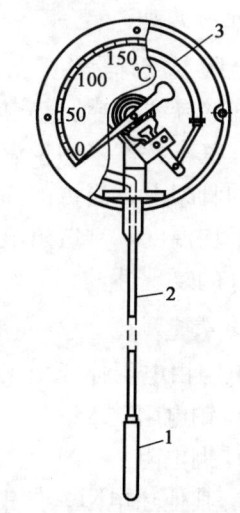

图 5-4 压力式温度计结构图

压力式温度计测量物料温度时，其温包必须浸入被测物料之中。当温度发生变化时，温包内工作介质的压力因温度的变化而变化,其压力通过毛细管传至弹簧管,使弹簧管产生形变位移,形变位移量与温包内工作介质的压力(被测物料的温度)有关,用压力式仪表间接测量被测物料的温度。

温包是传感部件,是与被测物料直接接触的元件。因此,温包的材质应具有较快的导热速度和能耐被测物料的腐蚀。温包材料一般选用热导率较大的材质,通常选用铜质材料,对于腐蚀性物料可选用不锈钢来制作。另外,为了防止化学腐蚀和机械损伤,也可以在温包外加设不锈钢保护套管,并在保护管与温包间隙内填充石墨粉、金属屑或高沸点油以增大机械强度和保持较快的导热率。

毛细管是压力传导管,是由铜或钢拉制而成,为减小传递滞后和环境温度的影响,管子外径一般很细(为1.2mm),毛细管极易被器物击损或折伤,其外面通常用金属软管或金属丝编织软管加以保护。

2. 特点

(1)压力式温度计既可就地测量,又可在60m之内的其他地方测量。
(2)刻度清晰、价格便宜。
(3)因示值由毛细管传递,滞后时间长。另外,毛细管机械强度较低,易损坏。
(4)易加工成各种温度开关(或温度控制器)。

3. 使用注意事项

(1)压力式温度计的温包应全部插入被测介质中,以减小因导热而引起的误差。
(2)毛细管应远离热源或冷源,千万不能与热源或冷源接触,毛细管不应打折,其最小弯曲半径不应小于50mm。
(3)压力式温度计的指示部分高度位置与温包一致,否则应进行调零修正,周围环境温度应稳定,且应避免强烈振动,以保证仪表指针指示的稳定性。

(三)热电阻温度计

1. 工作原理

热电阻温度计是生产过程中常用的一种温度计,常规检测系统由热电阻感温元件、显示仪表和连接导线组成。热电阻温度计的工作原理是利用金属导体的电阻值随着温度的变化而变化这一基本特性来测量温度。其受热部分(感温元件)是用细金属丝均匀地绕在绝缘材料制成的骨架上,当被测介质有温度梯度存在时,则测得的温度是感温元件所在范围内介质层中的平均温度。制造热电阻的材料需要大的温度系数,大的电阻率,稳定的化学、物理性质及良好的复现性。

2. 分类

热电阻由电阻体、引出线、绝缘套管等组成。常用工业热电阻有以下几种:
(1)铂电阻。
(2)铜电阻。
(3)其他热电阻,如铟电阻、锰电阻和碳电阻以及合金电阻等。

3. 特点

(1)精确度高、性能稳定。
(2)便于实施远距离测量和温度集中控制。

(3) 感温元件存在传感滞后,连接导线线路电阻受环境温度变化影响。

4. 使用注意事项

(1) 热电阻和测量仪表的接线有二线制、三线制和四线制之分。在使用二线制的时候,由于热电阻和电测仪表之间有导线电阻,误差较大,因此所用的导线不宜过长,采用三线制或四线制,可以基本消除导线电阻的影响。

(2) 热电阻所测量的温度,是它所占空间的平均温度。为了保证热电阻温度测量结果准确性、可靠性,应将热电阻感温元件放置在被测介质的温度最高处,如果安装在管道上,则应将感温元件总长的1/2放置在最高流速的位置上。

(3) 热电阻和测量仪表均应在检定合格后安装使用,并且要检查仪表面板上所标注的分度号是否与热电阻的分度号一致。

5. 热电阻测温系统的故障及处理

热电阻的常见故障是热电阻的短路和断路。一般断路更常见,这是因为热电阻丝较细所致。断路和短路是很容易判断的,可用万用表的"×1Ω"档,如测得的阻值小于R_0,则可能有短路的地方;若万用表指示为无穷大,则可断定电阻体已断路。电阻体短路一般较易处理,只要不影响电阻丝的长短和粗细,找到短路进行吹干,加强绝缘即可。电阻体的断路修理必须要改变电阻丝的长短而影响电阻值,为此更换新的电阻体为好,若采用焊接修理,焊后要检验合格后才能使用。热电阻测温系统在运行中的故障及处理见表5-3。

表5-3 热电阻测温系统的故障及处理

故障现象	原因	处理方法
显示仪表指示值比实际值低或示值不稳	保护管内有金属屑、灰尘,接线柱间脏污及热电阻短路(水滴等)	除去金属屑,清扫灰尘、水滴等,找到短路点,加强绝缘等
显示仪表指示无穷大	热电阻或引出线断路及接线端子松开等	更换电阻体,或焊接及拧紧接线螺丝等
阻值与温度关系有变化	热电阻丝材料受腐蚀变质	更换电阻体(热电阻)
显示仪表指示负值	显示仪表与热电阻接线有错,或热电阻有短路现象	改正接线,或找出短路处,加强绝缘

(四) 热电偶温度计

1. 测温原理

热电偶是工业上最常用的温度检测元件之一。其测温原理是将两种不同材料的导体或半导体A和B焊接起来,构成一个闭合回路,如图5-5所示。当导体A和B的两个接点1和2之间存在温差时,两者之间便产生电动势,因而在回路中形成一定大小的电流,这种现象称为热电效应。热电偶就是利用这一效应来工作的。

热电偶的一端将A、B两种导体焊在一起,置于温度为t的被测介质中,称为工作端;另一端称为自由端,放在温度为t_0的恒定温度下。当工作端的被测介质温度发生变化时,热电势随之发生变化,将热电势送入显示仪表进行指示或记录,或送入微机进行处理,即可获得温度值。

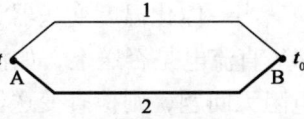

图5-5 热电偶工作原理图

2. 分类

常用热电偶温度计可分为标准热电偶和非标准热电偶两大类。所谓标准热电偶是指国家标准规定了其热电势与温度的关系、允许误差,并有统一的标准分度表的热电偶,它有与其配套的显示仪表供选用。非标准化热电偶在使用范围或数量上均不及标准化热电偶,一般也没有统一的分度表,主要用于某些特殊场合的测量。

3. 特点

(1) 测量精度高,因热电偶直接与被测对象接触,不受中间介质的影响。

(2) 测量范围广,常用的热电偶从 -50~1600℃ 均可连续测量,某些特殊热电偶最低可测到 -269℃(如金铁—镍铬),最高可达 2800℃(如钨—铼)。

(3) 构造简单,使用方便。

4. 结构要求

为了保证热电偶可靠、稳定地工作,对它的结构要求如下:

(1) 组成热电偶的两个热电极的焊接必须牢固。

(2) 两个热电极彼此之间应很好地绝缘,以防短路。

(3) 补偿导线与热电偶自由端的连接要方便可靠。

(4) 保护套管应能保证热电极与有害介质充分隔离。

(五) 一体化温度变送器

一体化温度变送器是油田上最常用的温度测量仪表。两线制一体化结构,可输出与量程范围内的温度成线性关系的 4~20mA 的电流信号。由于变送器模块安装紧靠感温元件,因此消除了连接导线阻值产生的误差,所以信号传输距离长。变送器模块采用全密封结构,环氧树脂烧注,故耐潮、耐腐、抗震、抗干扰能力强。缺点是变送器模块坏了无法进行维修。

1. 工作原理

一体化温度变送器主要由两部分组成:热电阻和变送器模块。变送器模块内低温漂稳压管与低漂移运放构成了高稳定度稳压源,另一运放与量程微调电位器及电阻构成一个恒流源,与高稳定稳压源相配合使得流经热电阻的电流具有高稳定度。该电流经过热电阻产生的毫伏电压由差动运放放大后送入非线性转换器,使得热电阻的温度—电阻非线性曲线得到补偿。非线性转换器的输出信号与热电阻感受的温度值呈非常好的线性关系。该信号被送往运放及三极管构成的 V/I 转换器,变换成了 4~20mA 的直流电流信号。变送器模块上有两个对零点和量程起微调作用的精密微调电位器,用于零点及量程的校正。

2. 结构及组成

温度变送器在结构上只比热电阻多了一个变送器模块。一般由一体化温变、连接导线、架装仪表和显示仪表(或工控机)等组成。

3. 故障及处理

当一体化温度变送器无输出信号或输出信号显示值不对时,首先检查一下变送器模块 24V 直流电是否送上,如没有,先送上。如有,则断电,检查一下热电阻是否有故障。如热电阻无问题,则检查变送器模块。用一精密电阻箱与变送器模块连上,再送上电,检查其是否正常工作。

一体化温度变送器的故障及处理见表 5-4。

表 5-4　一体化温度变送器的故障及处理

故障现象	产生原因	处理方法
无输出	热电阻丝短路	检查
	变送器模块坏	更换变送器模块
	变送器输出回路断线	检查接通
	线路接触不良	检查处理
输出值大	热电阻丝断路	更换热电阻
	线路连接有锈处	处理
	变送器模块故障	检查处理
	连接线路断路	查找接通
输出线性不好或抖动	产生这种现象的原因主要在变送器模块上	重新检验或更换变送器模块

（六）便携式红外测温仪

便携式红外测温仪无须接触物体即可测量物体表面的温度。它接收所测目标辐射的红外波段能量，然后计算其表面温度，也可以计算出测量过程的平均温度、最高温度、最低温度和差值，并将其在显示屏上显示出来。其数字—模拟输出可用于数据记录，对其他仪器设备或工艺控制器，也可实现温度测量值和发射率的远程显示。

便携式红外测温仪的特点如下：
(1) 携带使用方便。
(2) 测温范围宽。
(3) 测量精度高。
(4) 性能稳定。

三、压力检测仪表

压力是指垂直作用在单位面积上的力。该"压力"在物理概念上应称为压强，压力与作用力及其受力面积之间的关系式如下：

$$p = \frac{F}{S} \tag{5-2}$$

式中　p——压力，Pa；
　　　F——作用力，N；
　　　S——受力面积，m^2。

（一）压力表

1. 类型

压力测量仪表按测量原理分类可分为液柱式、弹性式、活塞式、电气式等。

按仪表功能用途分类可分为就地指示、远距离显示、巡回检测、开关、接点等多种类型仪表。

常用压力表外形尺寸有 $\phi100mm$、$\phi150mm$、$\phi200mm$，气动仪表管路上常用 $\phi60mm$。

还有许多用于特定介质的压力表，如氧气压力表、氨压力表、乙炔压力表、耐酸、耐碱压力表等。

2. 选择

(1) 根据工艺设备要求，选择压力表外壳直径。

①为了便于操作和定期检查校验，工艺管网和机泵一般安装外壳直径为 100mm 压力表。

②受压容器（加热炉、锅炉、缓冲罐、注水泵进出口管线等）及振动较大的部位，一般安装直径为 100～150mm 的压力表。

③控制仪表系统一般多采用直径为 60mm 的压力表。

(2) 根据所测量的工艺介质压力要求，选择压力表量程。

正确选择压力表的量程，对压力表安全运行、免遭损坏和延长其使用寿命，至关重要。因此压力表的最高测量范围值不得超过满量程的 3/4，按负荷状态的通性来说，压力表的测量范围在满量程的 1/3～2/3 之间时，其稳定性和准确性最高。

(3) 压力表按使用环境和被测介质性质选择，根据环境的腐蚀性强弱、粉尘状况、机械振动、介质的腐蚀性、粘度和安装场合防爆等级来选择合适的专用仪表。

(4) 对一般介质的测量，压力在 -40～0～40kPa 时，宜选用膜盒压力表。压力在 40kPa 以上时，一般选用弹簧压力表或波纹管压力表。压力在 -100～0～2.4MPa 时，应选用压力真空表。压力在 -100～0kPa 时应选用弹簧管真空表。

（二）弹性式压力计

弹性式压力计工作原理是利用具有弹性的材料所制作的弹性元件，弹性元件表面在外力的作用下，会产生弹性形变。在弹性极限范围内，弹性元件形变（挠曲、伸展）量与外力大小成比例，形变量经传动机构放大后，带动仪表示值指针。弹性式压力表是将压力量转换为位移量来反映被测压力值。

弹簧管压力表结构简单、实用，耐腐蚀性较强，对恶劣工况及环境适应性强，可供选择量程范围宽，价格便宜，是弹性式压力计中应用很广泛的一种仪表。

1. 弹性式压力表的分类

(1) 根据弹性敏感元件种类可分为：弹簧管式、螺旋弹簧管式、膜片式、膜盒式、波纹管式等。

(2) 根据测压种类可分为：压力表、真空表、压力真空表及其他专用仪表等。

(3) 根据精度等级可分为：一般压力表（精度为 1 级，1.5 级，2.5 级，4 级）和精密压力表（精度为 0.25 级，0.4 级，0.6 级）。

(4) 根据耐抗和防护性能可分为：普通型、抗振型、抗冲击型、防水型、密封型、充油型和防爆型等。

(5) 根据压力表安装方式及接头位置可分为：直接安装式、凸装式、嵌装式以及径向、轴向接头等。

2. 弹簧管压力表

弹簧管压力表的传感元件是一根用机械弯制而成的 3/4 圆弧异型金属管，金属管的截面外形有扁圆形、椭圆形和圆形。圆形多用于测量高压范围，该弹性元件的外径和内径为偏心圆。弹簧管的材质是依据量程范围、被测介质的性质来确定的，常用的材质为磷青铜、合金钢和不锈钢。

弹簧管压力表结构如图 5-6 所示，弹簧管 1 的一端为自由端，即活动端，其端口封闭，另一端为固定端，固定端焊接于过程接头 9 的连接体上，弹簧管的端口与表接头孔相通。弹簧自由端通过拉杆 2 与杠杆扇形齿轮 3 相连接，扇形齿轮与固定在表支撑架上的中心齿轮 4

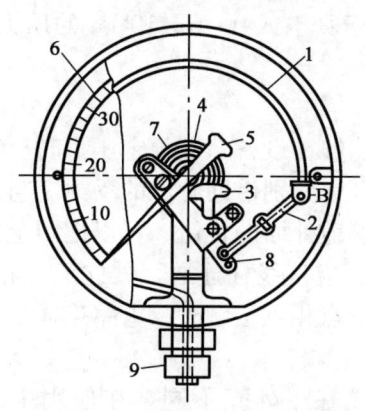

图 5-6 弹簧管压力表结构图

1—弹簧管；2—拉杆；3—杠杆扇形齿轮；
4—中心齿轮；5—指针；6—刻度面板；
7—游丝；8—调整螺钉；9—接头

啮合，中心齿轮后轴与游丝 7 连接，中心齿轮前轴上套压一只表指针 5，平置于刻度面板 6 零刻度处。

当被测压力从表接头导入弹簧管内，管壁在内压作用下，因弹簧管为异形管，外形呈圆弧状，管内壁受压膨胀伸展，弹簧管的自由端向着趋直方向移动，移动量的大小与管内压力成比例。自由端移动后必会带动与之连接的拉杆，拉杆将移动信号传至杠杆扇形齿轮，因杠杆的放大与转换作用，将微小的移动量放大，转换成较大的角位移量。扇形齿轮逆时针转动带动中心齿轮作顺时针转，因齿轮的传动比其转角进一步放大。中心齿轮上的指针随着中心轴转，当被测压力与弹簧管回复力平衡时，指针停于刻度示值某处，其示值即为被测压力值。

游丝 7 的作用在于保持扇形齿轮与中心齿轮之间的可靠接触，以避免因齿间间隙产生空行程。调整螺钉 8 的作用是用来调整位移放大比，即校准压力表的量程。

3. 膜式压力表

膜式压力表分膜片式压力表和膜盒式压力表两种。膜片式压力表用于测腐蚀性介质或非凝固、非结晶的粘性介质的压力；膜盒式压力表常用于测气体的微压和负压。它们的敏感元件分别为膜片和膜盒，其形状如图 5-7 所示。

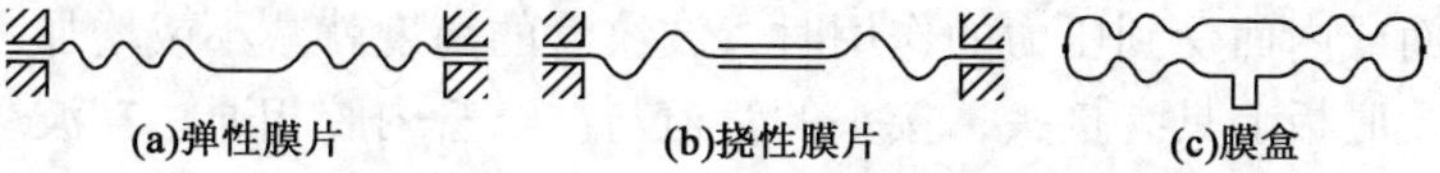

(a)弹性膜片　　(b)挠性膜片　　(c)膜盒

图 5-7 膜片和膜盒

膜片是一个圆形薄片，它的圆周被固定起来。通入压力后，膜片将向压力低的一面弯曲，其中心产生一定的位移（挠度），通过传动机构带动指针转动，指示出被测压力。为了增大中心位移量，提高仪表灵敏度，可以把两片金属膜片的周边焊接在一起，成为膜盒。甚至可以把多个膜盒串接在一起，形成膜盒组。

膜片可分为弹性膜片和挠性膜片两种。弹性膜片一般由金属制成，常用的弹性波纹膜片是一种压有环状同心波纹圆形薄片，其挠度与压力的关系主要由波纹的形状、数目、深度和膜片厚度、直径决定，而边缘部分的波纹情况基本上决定了膜片的特性，中部波纹影响很小。挠性膜片只起隔离被测介质作用，它本身几乎没有弹性，是由固定在膜片上弹簧的弹力来平衡被测压力的。

膜盒式压力计的传动机构和显示装置在原理上与弹簧压力表基本相同，图 5-8 为膜盒式压力计的结构示意图。

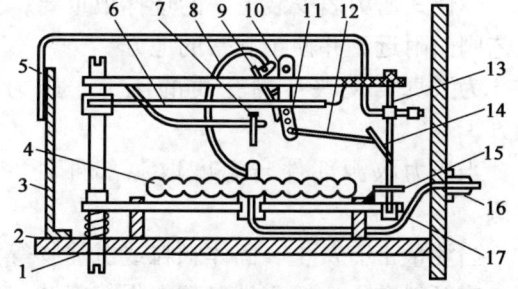

图 5-8 膜盒式压力计的结构示意图

1—调零螺杆；2—机座；3—刻度板；4—膜盒；5—指针；
6—调零板；7—限位螺钉；8—弧形连接；9—双金属片；
10—轴；11—杠杆架；12—连杆；13—指针轴；14—杠杆；
15—游丝；16—管接头；17—导压管

膜式压力表的精度一般为 2.5 级。膜片压力表适用于真空或 $0 \sim 6 \times 10^6 Pa$ 的压力测量，膜盒压力表的测量范围为 $0 \sim \pm 4 \times 10^4 Pa$。

4. 电接点压力表

电接点压力表比一般压力表多了一个电接点装置，能够在设备超过预定压力时自动发出信号。电接点压力表有两个装有绝缘柱的上下限控制指针，分别借助游丝的反力矩与静触点的金属杆接触，静触点可随控制指针移动，转动安在玻璃盖外面的转钮，可以把两个控制指针固定在所选定的压力表刻度上。动触点和静触点各与相应接线柱连通，彼此又互相绝缘。根据压力变化，动触点随压力指针移动，当动触点、静触点相互接触时，电路连通信号指示器就会报警。

防爆型电接点压力表与一般电接点压力表的区别仅在于外壳不同。在使用中，当其内部的爆炸混合物因受火花和电弧的影响而发生爆炸时，所产生的热量不能顺利向外扩散，而只能沿着外壳上具有足够长的微小缝隙处缓慢地传到壳外，这时传到壳外的瞬时温度已不能点燃外界的爆炸物，从而达到防爆目的。

5. 其他弹性式压力表

（1）弹簧管式真空表和压力真空表。

弹簧管式真空表和压力真空表的结构及工作原理与弹簧管式压力表大致相同，但仪表表盘的刻度方向和指针的移动方向与压力表有所不同。在负压作用下，真空表指针从左向右移动，而压力真空表指针在大气压力下指向零点，测压时指针向左转动，测负压时指针向右转动。

（2）波纹管式压力表。

波纹管式压力表的弹性敏感元件为波纹管。波纹管是用薄金属管做成的具有波纹状的圆柱形盒子。当外面或内面受到压力的作用时，波纹管的高度就减小或增加。波纹管的底端牢固地装的底板上，底板上具有接头，接头的管道与波纹管内腔相通。在波纹管的上端有传动机构，传动机构的中心齿轮轴上装有指针。

（3）螺旋管式压力表。

螺旋管式压力表的螺旋形弹簧管实际上是一系列串联的单圈弹簧管，其自由端能产生较大的位移和推动力，因此多用做自动记录仪表的元件。

6. 弹性式压力表的安装

弹性式压力表安装位置的选择很重要，弹性式压力表是就地指示仪表，通常安装在手操工艺阀门附近，并便于观察的地方。

为了真实反映被测介质的压力，压力取压源的安装位置应选择在介质流速稳定的地方。

当压力取源部件与温度取源部件处在同一管道上时，应安装在温度取源部件的上游侧。

当测量带有灰尘、固体颗粒或沉淀物等混浊介质时，在垂直工艺管道上的取源管件取压端口应倾斜向下，接表端口朝上焊接安装。在水平工艺管道上安装取源部件，取压口宜顺介质流向成锐角安装。

（三）压力变送器

1. 工作原理

压力变送器一方面可以就地显示或指示现场压力值，另一方面可以将压力信号转换成标准的 4~20mA DC 电流值，送入值班室内仪表盘上二次仪表显示或工控机内显示。其基本工作原理如下：

输入压力 → 隔离膜片 →（位移）→ 传感器 →（电容量变化）→ 测量电器 →（电压）→ 运算放大电器 →（输出电流）

被测压力通过隔离膜片和充灌液作用到测量膜片上，随着被测压力的变化，测量膜片产生与被测压力成比例的微小位移，这个位移使得原来与固定电极构成对称的电容量发生变化。电容量的变化通过转换部件的测量电路转变成电压力信号，经运算放大后，输出与被测压力成线性关系的 4~20mA 的直流电流信号。

2. 种类及特点

油田上应用的压力变送器主要分为两种，即普通模拟型和智能型。

普通模拟型主要特点是：

（1）结构简单，它是基于微位移检测和转换技术的变送器，因此体积小，重量轻。

（2）精度一般，通常为 0.25 级，基本能够满足油田生产的需要。

（3）测量范围比较宽，最大负迁移为最小调校量程的 600%，正迁移为最小调校量程的 500%。

（4）变送器为两线制，安装、调整、使用方便。

（5）与智能型仪表相比价格便宜。

智能型变送器，就是指变送器内装有微处理器，可以在手持终端（编程器）上进行组态，设定仪表的零点和改变量程，显示仪表目前的工作状态，能自己诊断故障，并能和相同通信协议的设备进行数字通信。它的主要特点是：

（1）检测部件采用微机械电子加工技术、超大规模的专用集成电路和表面安装技术，因此体积小、线性好、稳定性高、可靠性强。

（2）精度高，一般为 0.1 级。

（3）测量范围宽，量程比达 40、50、100。

（4）可以在手持通信器上远程设定、修改仪表的零点和量程。

3. 故障及处理

压力变送器故障及处理见表 5-5。

表 5-5　压力变送器故障及处理

故障现象	产生原因	处理方法
无输出	导压管的阀没打开	打开导压管控制阀
	导压管路堵塞	疏通导压管
	电源电压过低	将电源电压调整到工作允许范围内
	仪表输出回路断线	查找输出回路断线处，接通线路
	仪表内部接、插件接触不良	查找接触不良处，将插件插好，保证内部接、插件接触良好
	内部电子器件故障	更换新电路板或根据仪表电路图查找故障

续表

故障现象	产生原因	处理方法
输出过大	导压管内有残余物	排出导压管内的残余物
	输出导线接反或接错	查找后重新接线
	检测膜片有卡阻	轻微活动膜片，排除卡阻
	仪表量程小	重新调整仪表量程
	仪表内部接、插件接触不良	查找接触不良处，将插件插好，保证内部接、插件接触良好
	内部电子器件故障	更换新电路板或根据仪表电路图查找故障
输出不稳定	导压管内有残存液体或气体	排出导压管内的液体或气体
	受被测介质的脉动影响	调整表内阻尼，消除影响
	供电电压不稳	调整供电电压，使其稳定输出
	输出回路中有接触不良或短路	查找接触不良处，将插件插好，排除短路
	仪表内部接、插件接触不良	查找接触不良处，将插件插好，保证内部接、插件接触良好
	内部电子器件故障	更换新电路板或根据仪表电路图查找故障

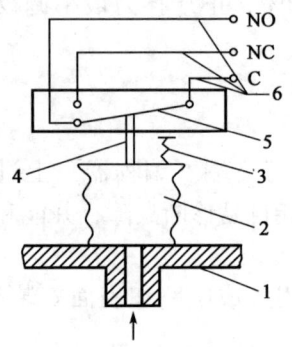

图 5-9 压力开关工作原理示意图
1—压力开关接头；2—波纹管；
3—压力设定弹簧；4—顶针；
5—微动开关；6—外引电线

（四）压力开关

压力开关也称为压力控制器，具有结构简单、触点容量大等优点，在管道系统中的使用日趋普遍。其基本结构如图 5-9 所示。

压力开关主要由弹性元件、微动开关和压力设定弹簧三个部分所组成。具体工作过程是当被测压力 p 低于由压力设定弹簧 3 产生的压力时，波纹管不能产生向上的膨胀位移，这时微动开关 5 的触点 C 与触点 NO 接通。当被测压力 p 高于由压力设定弹簧产生的压力时，被测介质通过压力开关接头 1 进入波纹管 2，波纹管膨胀，其上部端面产生向上位移，并带动顶针 4 使微动开关的触点状态发生转变，即触点 C 和触点 NO 断开，与触点 NC 接通。

（五）弹簧管压力表的使用和更换

1. 压力表的读值

读取压力值的方法：

（1）眼睛、表针和刻度之间成垂直于表盘的直线。

（2）如果指针摆动，应多读取几次，取平均值，确保结果准确。

2. 更换压力表操作

（1）操作步骤。

①检查传压流程的各阀门是否打开；核对被换压力表与给定的压力表量程是否相符。

②记录压力值，关闭压力表控制阀。

③用扳手缓慢卸松压力表，待压力表与表接头松动后，放掉压力表内的余压，在压力表指针归零后，继续拆卸，至最后卸掉。

④用螺丝刀清理压力表接头内的残余物，用通针清理传压孔，再用棉纱擦净。

⑤将准备更换的压力表顺时针缠上生料带 4~5 圈。

⑥装表：先用双手缓慢上扣，确认没有偏扣后，再用扳手上紧上正。

⑦缓慢打开压力表控制阀，试压；在看到压力表指针起压时，停止，在压力不再上升后，仔细检查压力表接头无渗漏后开大控制阀。

⑧记录新压力值，并与原压力值进行对比。

（2）注意事项。

①压力表在携带、使用过程中严禁震动或撞击。

②压力表应安装在便于观察，易于更换的地方；安装地点应避免振动和高温，要有足够的光线照明。

③振动较大的压力源要安装导压管或抗震压力表。

④不许用手扳压力表整体卸表。

⑤使用活动扳手时禁止推扳手以防伤手。

⑥压力表下必须安装表接头。压力表装表接头的原因，一是压力表的螺纹和闸门的螺纹不一致，一个是公制扣，一个是英制扣；二是压力表的螺纹多是软质金属（铜），上卸的次数多容易损坏。

3. 压力表的校验

校验是指将被校压力表和标准压力表通以相同的压力，比较它们的指示数值。所选择的标准表其绝对误差一般应小于被校表绝对误差的1/3，所以它的误差可以忽略，认为标准表的读数就是真实压力的数值。如果被校表对于标准表的读数误差，不大于被校仪表的规定误差，则认为被校仪表合格。用标准表比较法校验压力表时，一般校验零点、满量程和25%、50%、75%三点。常用的校验仪器是活塞式压力计，它由压力发生部分和测量部分组成。

4. 压力表的停用条件

压力表出现下列情况之一必须停用：

（1）压力表指针不归零。

（2）表面玻璃破碎或表盘刻度不清楚的。

（3）铅封损坏或超过检定有效期限，无有效合格证和检定证书的。

（4）表内漏气（液）或指针跳动的。

（5）其他有影响压力表准确的缺陷的。

（6）经检定不合格的。

四、液位测量仪表

在生产过程中，把容器中存放的液体表面位置称为液位；把固体堆放一定高度的表面位置称为料位；两种互不相容、密度又不相同物质的相交处位置称为界位或界面。液位、料位和界面总称为物位。我们这里主要介绍液位和界位测量仪表。

工业上所采用的液位计种类很多，按其工作原理分为直接式、浮力式、静压式、超声波式和辐射式等多种。

（一）玻璃管液位计

1. 结构原理

如图5-10（a）所示，玻璃管液位计的上端通过阀门与被测容器中的气体相连接，下端经阀门与被测容器中的液体相连接。按照连通器液柱静压平衡原理，只要被测容器内和玻璃管内液体的温度相同，两边的液柱高度必然相等，据此，在玻璃管旁竖一标尺，从标尺上可直接读出液位的高度。

图5-10（b）为玻璃管液位计结构图。玻璃管液位计主要由玻璃管、上下阀门、玻璃管两端连接密封件、标尺、玻璃管保护罩等组成。在上下阀上有螺纹接头，将与被测容器连接用的法兰焊接在该螺纹接头上。在上下阀门内装有小钢球，其作用是当玻璃管因意外事故破碎时，钢球在容器内压力的作用下自动密封，以防止容器内的液体外流。在上下阀端部还装有堵塞螺钉，可供取样之用。

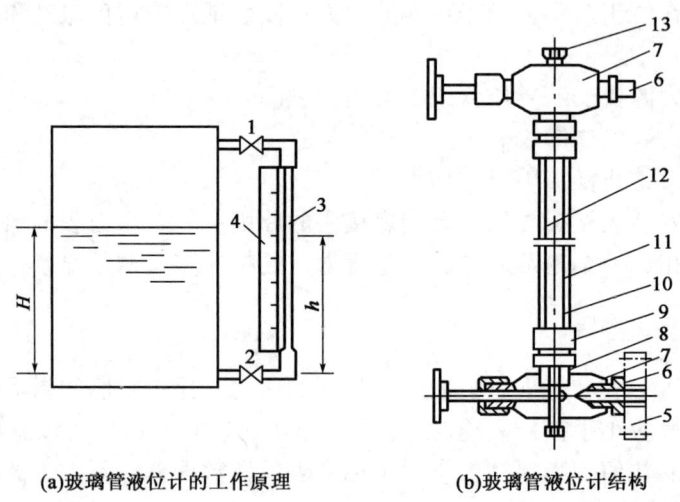

图5-10 玻璃管液位计
1—阀门；2—阀门；3—玻璃管；4—标尺；5—连接法兰；6—螺纹接头；
7—小钢球；8—阀门；9—密封件；10—保护罩；11—玻璃管；12—标尺；
13—堵塞螺钉

2. 使用注意事项

（1）为了保证玻璃管一旦打碎时，上下阀内的小钢球能自动密封，要求介质压力不得小于0.2MPa。

（2）定期清洗玻璃管，使液位显示清晰。

（3）应根据被测介质的压力和温度合理选用液位计，不得超压使用玻璃管液位计。

3. 更换安装玻璃管液位计

（1）操作步骤。

①测量上下流阀之间玻璃管安装长度，割出长度合适玻璃管；

②关闭下、上流阀门，打开放空阀门，放净玻璃管内的液体；

③卸上丝堵，卸上下压盖；

④卸下玻璃管，取出密封填料；

⑤安装玻璃管，加好填料；

⑥对称紧固压盖、压帽、堵头；

⑦关闭放空阀门，缓慢开上流阀门试压，不渗不漏后，开下流阀门上液。

（2）注意事项。

①玻璃管切口要平整、无坡口、无裂痕、长度合适（误差±2mm）；

②切割玻璃管时注意安全，避免伤手；

③紧压帽时用力要均匀缓慢，防止用力过猛挤碎玻璃管；
④用螺丝刀加入密封填料时，要均匀轻轻加入，防止挤碎玻璃管；
⑤标定量油高度误差不超过±1mm，标线宽度不大于2mm。

（二）浮力式液位计

浮力式液位计是一种应用较为广泛，种类、型号较多的液位测量仪表。测量方式为接触式，适用于大型储槽、开口或封闭式储槽、储罐和储液池的液位连续测量和位式测量。浮力式液位计分为恒浮力式和变浮力式两大类。恒浮力式液位计的传感部件有浮球和浮标，变浮力式液位计的传感部件为沉筒（或浮筒）。

1. 恒浮力式液位计工作原理

如图5-11所示，恒浮力式液位计的浮子（浮球、浮标）始终漂浮在液面上，随着液位的上升或下降，浮子也随之上升、下降，浮子上升或下降的位移量与液位的变化量始终保持一致。浮球与平衡锤之间用柔性缆绳相连，缆绳置于两滑轮之上，在液位标尺处，缆绳上固定有指针。浮球置于导向管内，导向管底部和管壁开孔。

浮球的配重稍重于平衡锤的重量，被测液体对浮球的浮力 $F_{浮}$ 始终是一恒定值，因此，称之为恒浮力式液位计，即：

$$F_{浮} = G - W \quad (5-3)$$

式中　G——浮子的重量，N；
　　　W——平衡锤的重量，N。

当液位升高时，浮球随液面上浮，平衡锤下降；当液位下降时，浮子在重力作用下随液面下降，平衡锤上升，平衡锤上端的指针移动的方向与液位的升降方向相反，因此，液位标识刻度为反向刻度。

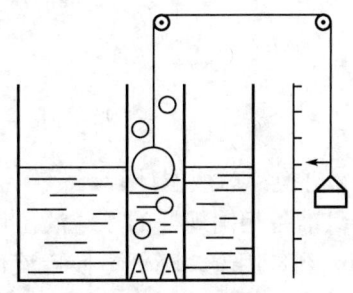

图5-11　恒浮力式液位测量原理示意图

（1）浮球液位计。
①浮球液位计工作原理。

如图5-12所示，浮球 是由金属（一般为不锈钢）制成的空心球。它通过连杆与转动轴相连，转动轴的另一端与容器外侧的杠杆相连，并在杠杆上加上平衡重物，组成以转动轴为支点的杠杆力矩平衡系统。一般要求浮球的一半浸没于液体之中时，系统满足力矩平衡，可调整平衡重物的位置或质量实现上述要求。当液位升高时，浮球被浸没的体积增加，所受浮力增加，破坏了原有的力矩平衡状态，平衡重物使杠杆做顺时针方向转动，浮球位置抬高，直到浮球的一半浸没在液体中时，重新恢复杠杆的力矩平衡为止，浮球停留在新的平衡位置上。

平衡关系式为：

$$(W - F)L_1 = GL_2 \quad (5-4)$$

式中　W——浮球的重力，N；
　　　F——浮球所受的浮力，N；
　　　G——平衡重物的重力，N；
　　　L_1——转动轴到浮球的垂直距离，m；
　　　L_2——转动轴到重物中心的垂直距离，m。

如果在转动轴的外侧安装一个指针，便可以由输出的角位移指示液位的高低。还可采用其他方式将此位移转换成标准信号进行远传。

浮球式液位计常用在温度、粘度较高而压力不太高的密闭容器的液位测量。它可以直接将浮球安装在容器内部（内浮式），如图5-12（a）所示；对于直径较小的容器，也可以在容器外侧另做一个浮球室（外浮式）与容器相通，如图5-12（b）所示。外浮式便于维修，但不适合粘稠或易结晶、易凝固的液体。内浮式特点则与此相反。浮球液位计采用轴、轴套、密封填料等结构，既要保持密封又要将浮球的位移灵敏地传送出来，因而，它的耐压受到结构的限制而不会很高。它的测量范围受到其运行角的限制（最大为35°）而不能太大，故仅适合于窄范围液位的测量。

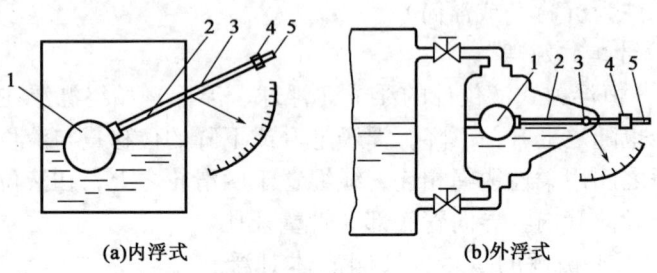

图5-12　浮球液位计
1—浮球；2—连杆；3—转动轴；4—平衡重物；5—杠杆

② 更换浮球液位计。
a. 准备相同规格的浮球液位计。
b. 倒备用罐，降低更换罐液位，关闭更换罐的进出口阀门。
c. 对角拆卸浮球液位计连接螺栓，取下液位计。
d. 清理液位计法兰平面，涂抹黄油，加密封垫片。
e. 对角紧固浮球液位计接口连接螺栓。
f. 将流程倒回更换罐，停备用罐。
g. 检查液位计灵活好用及渗漏情况。

（2）磁浮子式液位计。

对于中小容器和设备，常用磁浮子舌簧管液位变送器，如图5-13所示。在容器中自上而下插入下端封闭的不锈钢管，管内有条形绝缘板，板上紧密排列的舌簧管和电阻。在不锈钢管外套有可上下滑动的佛珠形浮子，其内部装有环形永磁铁氧体。环形永磁体的两面分别为N、S极，磁力线将沿管内的舌簧闭合。因此，处于浮子中央的舌簧管吸合导通，其他呈断开状态，如图5-13（a）所示。

各舌簧管及电阻按图5-13（b）所示方法接线，随液位的升降，AC间或AB间的阻值相继变化，再用适当的电路将阻值变为标准电流信号，就成为液位变送器。也可以在CB间接恒定电压，A端就相当于电位器的滑点，可得到与液位对应的电压信号。整个仪表安装方式如图5-13（c）所示。

不锈钢管和浮子壳体都用非磁性材料制成，除不锈钢外也可用铝、铜和塑料等，但不可用铁。这种液位变送器比较简单，其可靠性主要取决于舌簧管的质量。为了防止个别舌簧管吸合不良引起错误信号，通常设计成同时有两个舌簧管吸合。由于舌簧管尺寸所限，总数和排列密度不能太大，所以液位信号的连续性差。

（3）浮子钢带式液位计。

第五章 计量仪表及控制系统

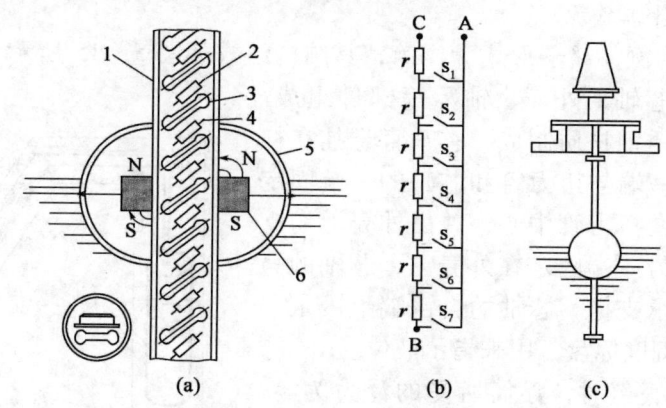

图 5-13 磁浮子舌簧管液位计
1—不锈钢管；2—绝缘板；3—舌簧管；4—电阻；5—佛珠形浮子；6—磁铁

浮子钢带式液位计的原理如图 5-14 所示。浮子吊在钢带的一端，钢带对浮子施以拉力，钢带可以自由伸缩，当浮子在测量范围内变化时，钢带对浮子的拉力基本不变。为了防止浮子受被测液体流动的影响而偏离垂直位置，可增加一个导向机构。导向机构由悬挂的两根钢丝组成，靠下端的重锤进行定位，浮子沿导向钢丝随液位变化上下移动。如果罐内液体表面流速不大，可以省略导向系统。

浮子经过钢带和滑轮将浮力的变化传到钉轮上，钉轮周边的钉状齿与钢带上的孔啮合，将钢带的直线运行变为转动，由指针和计数器指示出液位。在钉轮轴上再安装转角传感器，就可以实现液位信号的远传。

为了保证钢带张紧，绕过钉轮的钢带由收带轮收紧，其收紧力由恒力弹簧提供。恒力弹簧在自由状态是卷紧在恒力弹簧轮上的，受力反绕在轴上以后其恢复力 f_8 始终保持常数，因而称为恒力弹簧。

由于恒力弹簧具有一定厚度，虽然 f_8 恒定，但它对轴形成的力矩并非常数，液位低时力矩大。同样，由于钢带厚度使液位低时收带轮的直径小，于是在 f_8 恒定的情况下，钢带上拉力 f_7 和液位有关。液位低 f_7 大，恰好与液位低时图 5-14 中 l 段钢带重力抵消，使浮子受的提升力几乎不变，从而减小了误差。当浮子浸没在液体中某一高度时，液体对浮子产生的浮力为 F，若浮子本身的重力为 W，恒力弹簧对浮子的拉力为 T，整个系统平衡时应满足式（5-5），即：

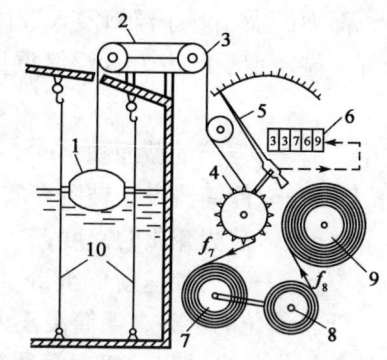

图 5-14 浮子钢带液位计
1—浮子；2—钢带；3—滑轮；4—钉轮；
5—指针；6—计数器；7—收带轮；
8—轴；9—恒力弹簧轮；10—导向钢丝

$$T = W - F \qquad (5-5)$$

如果液位升高，则在瞬间会使浮力 F 增加，恒力弹簧会通过钢带将浮子上拉，钢带上的小孔和钉轮上的钉状齿啮合，从而钢带的线位移变为钉轮的角位移。当拉力 T 恒定，钉轮的周长、钉状齿间距及钢带的孔间距均制造的很精确时，可以得到较高的测量精度。但这种传动方式，密封比较困难，不适用于有压容器，因此，通常多用于常压储罐的液位测量。

2. 变浮力式液位计工作原理

以浮筒式液位计为例，浮子形式为浮筒，其结构组成如图 5-15 所示，检测部分由浮筒、杠杆、扭力管、芯轴、外壳、轴承等部件组成。浮筒由一定重量的不锈钢材质制成，它垂直悬挂在杠杆的一端，杠杆的另一端与扭力管和芯轴的一端固定连接在一起，芯轴套在扭力管中心，并由外壳上的支点把支撑，扭力管的另一端固定在外壳上，芯轴的另一端为自由端，由轴承支撑，芯轴的自由端上固定一指针，对应于一圆形刻度标盘，用来指示液位。

当液位低于浮筒底部时，浮筒所受的浮力为零，浮筒的全部重量作用于杠杆一端，杠杆在浮筒重力作用下向下偏转，杠杆的另一端由于扭力管的外壳套孔的支撑，将力以力矩的形式对扭力管产生扭力矩，这时，扭力管承受的扭力矩最大，扭力管的弹性变形产

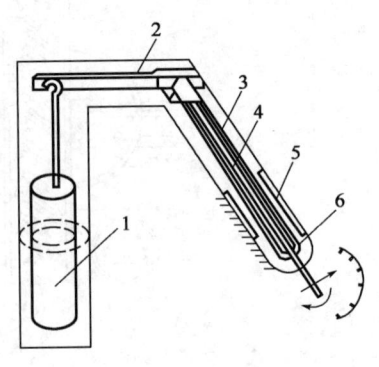

图 5-15 变浮力式液位计结构示意图
1—浮筒；2—杠杆；3—扭力管；4—芯轴；
5—外壳；6—轴承

生反扭力矩来平衡外部的扭力矩，芯轴随着扭力管的弹性变形方向转动一个角度，指针也相应转相同的角度，此时，指针指示的刻度盘的位置就是零液位。

当液位升高，液面高于浮筒底部，浮筒的一部分浸泡入液体之中，浮筒受到液体的浮力，浮力的大小等于浮筒浸入液体的体积被测液体介质密度的乘积（阿基米德定律），此时杠杆一端所承受的力 F 为浮筒重量（重力）W 减去浮筒所受的浮力 $F_浮$，即：

$$F = W - F_浮 = W - Ah\rho g \tag{5-6}$$

式中　A——浮筒的截面积，m^2；
　　　h——浮筒浸没于被测介质的深度，m；
　　　ρ——被测介质的密度；
　　　g——重力加速度，N/kg。

随着液位的上升，浮筒浸没入液体的体积增大，浮筒所受的浮力也增大，浮筒作用于杠杆的作用力随之减小，扭力管所受到的扭力矩也逐渐减小，芯轴所产生的角位移也相应减小，指针指向与液位高度相应的刻度示值。扭力管和芯轴角位移还可通过气动或电动附加装置转换成气动或电动信号，用于远传显示、记录和调节。变浮力式液位计工作原理是基于浮子所受浮力是随着液位的变化而变化。

（三）差压式液位计

1. 工作原理

差压液位计是根据流体静力学原理对液位、界位进行检测。无论是开口式容器或者是封闭式容器，容器内同一液层水平面上的压力处处相等。不同液层面上的压力与液体表层（液面）的垂直距离成正比，离液面的距离越远，其压力就越大，反之，则小。以固定高度 H_0 的液层为例，如果液面高度不变，则 H_0 液层的压力也不变；当液面升高时，随着 H_0 液层与液面之间的距离 h 增大，该液层的压力也随之增大。当液面下降到 H_0 液层处（$h=0$）时，H_0 液层的压力 p_A 等于容器内的气体压力 $p_气$。当 $h>0$ 时，p_A 液层压力值按式（5-7）计算：

$$p_A = \rho g h + p_气 \tag{5-7}$$

式中　p_A——液体 H_0 液层的压力，Pa；

ρ——液体介质密度，kg/m^3；
g——重力加速度，N/kg；
h——H_0 液层面与液面之间的垂直距离，m；
$p_气$——罐内气体压力，Pa。

液体介质密度是较稳定的参数，生产过程中的罐内液面高度 h 和罐内气体压力 $p_气$ 都是变量，为了获取仅与液面位置 h 变化相关的压力 p_A，必须消除气体压力 $p_气$ 的变化对 p_A 的影响，采用差压法即可抵消 $p_气$ 对 p_A 的影响，如图 5-16 所示。

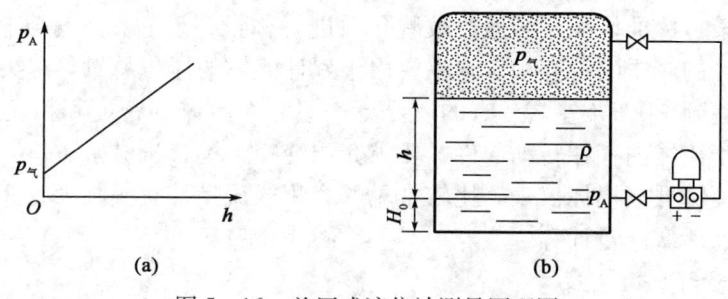

图 5-16 差压式液位计测量原理图

2. 特点

差压式液位计是石油、化工和石化生产过程中应用十分广泛的液位测量仪表，其特点是结构简单、精确度高、线性、便于安装与维护、易于组合成控制系统，用于连续生产或间歇生产过程的塔、罐、槽等容器的液位的连续测量和界位测量。

3. 安装

差压计或差压变送器测量液位时，仪表安装高度通常不应高于被测容器液位取压接口的下接口标高。安装位置应易于维护，便于观察，且靠近取压部件的位置。若选用双法兰式差压变送器测量液位，变送器安装位置只受毛细管长度的限制。毛细管的弯曲半径应大于 50mm，且应对毛细管采取保护和绝热措施。差压液位计应垂直安装，保持"+"、"-"压室标高一致。差压液位计的"+"压室应与工艺容器的下接口相连，"-"压室与容器的上接口相连。

（四）DE 射频导纳物位仪

DE 射频导纳界面仪主要安装在联合站的游离水分离器、电脱水器及转油放水站的三相分离器上。射频导纳界面仪检测准确，维修量小。

射频导纳中的导纳含义为电学中的阻抗的倒数，它由电阻性成分、电容性成分、电感性成分综合而成；而射频即高频无线电波谱。所以射频导纳可以理解为用高频无线电波测量导纳，利用被测介质液位的变化影响该表的导纳变化这一原理工作的。用于测量油水界面时，主要是基于油与水导电特性的差异，即油（或油包水）是绝缘体或导电性差，水（或水包油）是良导体或导电性好。对于射频导纳界面仪而言，可以准确地测量乳化层中的导电特性发生较大变化的电界面，而不受其他因素的影响。

五、流量测量仪表

流量是集输过程中的一个重要参数，流量就是单位时间内流经某一截面的流体数量。流量可用体积流量和质量流量来表示，其单位有 m^3/h、L/h 和 kg/h 等。

流量计是指测量流体流量的仪表，它能指示和记录某瞬时流体的流量值；计量表（总量表）是指测量流体总量的仪表，它能累计某段时间间隔内流体的总量，即各瞬时流量的累加和，如水表、煤气表等。

（一）流量仪表的分类

工业上常用流量计种类很多，按其被测流体状态分类，有单相流和多相流。按其测量原理分，大致可分为容积式、差压式、速度式和质量式等。

1. 容积式流量计

容积式流量计是出现最早的一种流量计，它是利用液体本身的动力推动仪表的部件转动，利用仪表中某一标准体积连续地对被测介质进行称量，最后根据标准体积计量的次数，计算出流过流量计的介质的总容积。它主要用于累计流体的体积总量。这类仪表的测量精度很高，一般可以达到 ±0.5% 左右，有的还要高一些，而流体的密度和粘度变化对精度影响不大。但是，由于流体内存在转动部件，要求介质纯净，不含机械杂质，以免使转子磨损或卡住，使测量精度降低或损坏仪表。比较常见的容积式流量计有椭圆齿轮流量计、腰轮流量计、刮板流量计、活塞流量计等。

2. 差压式流量计

差压式流量计即节流式流量计，是利用安装在管道中的节流装置（如孔板、喷嘴、文丘里管等），使流体流过时，产生局部收缩，在节流装置的前后形成静压差。该压差的大小与流过的流体的体积流量一一对应，利用压差计测出压差值，即间接地测出流量值。由于这类流量计的结构简单、价格便宜、使用方便，是用来测量气体、液体和蒸汽流量的常用流量仪表。

3. 速度式流量计

速度式流量计是采用直接或间接测量流体平均速度的方法测量流体的流量。速度式流量计有靶式流量计、电磁流量计、蜗轮流量计、超声波流量计、漩涡式流量计及垫式流量计等。

4. 质量式流量计

质量式流量计是测量所经过的流体质量。此类流量计有惯性力式质量流量计、推导式质量流量计等。这种测定方式被测流体流量不受流体的温度、压力、密度、粘度等变化的影响。

5. 其他流量计

除上述几类流量外，还有利用相关技术测量流量的流量计及激光多普勒流量计等。

（二）常用流量仪表

1. 容积式流量计

容积式流量测量是采用固定的小容积来反复计量通过流量计的流体体积。所以，容积式流量计内部必须具有构成一个标准体积的空间，通常称其为"计量空间"或"计量室"。这个空间由仪表壳的内壁和流量计转动部分一起构成。

容积式流量计的工作原理为：流体通过流量计，就会在流量计进出口之间产生一定的压力差。流量计的转动部分在这个压力差作用下将产生旋转，并将流体由入口排向出口。在这个过程中，流体一次次地充满流量计的"计量空间"，然后又不断地被送往出口。在给定流量计条件下，该计量空间的体积是确定的，只要测得转子的转动次数，就可以得到通过流量计的流体体积的累积值。

容积式流量计的种类很多，测量液体的有椭圆齿轮式、腰轮式、旋转活塞式、刮板式等；测量气体的有腰轮式、皮囊式、湿式气体计量表等。湿式气体计量表主要用来测量家用煤气或其他不溶于水的气体的体积流量总量。集输常用的有椭圆齿轮流量计、腰轮流量计、刮板流量计等。

（1）椭圆齿轮流量计。

椭圆齿轮流量计是一种测量液体总量（容积）的仪表，特别适合于测量粘度较大的纯净（无颗粒）液体的总量。其主要优点是精度高，可达±（0.3%~0.5%），但加工复杂、成本高，而且齿轮容易磨损。

①工作原理。

椭圆齿轮流量计的测量部分是由两个互相啮合的椭圆形齿轮、轴和壳体（它与椭圆齿轮构成计量室）等组成。其测量原理如图5-17所示。当被测流体流过椭圆齿轮流量计时，它将带动椭圆齿轮旋转，椭圆齿轮每旋转一周，就有一定数量的流体流过仪表，只要用传动及累积机构记录下椭圆齿轮的转数，就能知道被测流体流过仪表的总量。

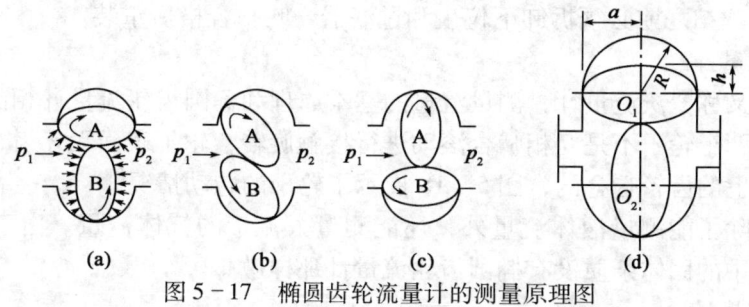

图5-17 椭圆齿轮流量计的测量原理图

当流体流过齿轮流量计时，因克服仪表阻力必将引起压力损失而形成压力差 $\Delta p = p_1 - p_2$，p_1 为入口压力，p_2 为出口压力。在此 Δp 的作用下，图5-17（a）中的椭圆齿轮A将受到一个合力矩的作用，使它绕轴作顺时针转动，而此时椭圆齿轮B所受到的合力矩为零。但因两个椭圆齿轮是紧密啮合的，故椭圆齿轮A将带动B绕轴作逆时针转动，并将A与壳体之间月牙形"计量空间"内的介质排至出口。显然，此时A为主动轮，B为从动轮。当转至图5-17（b）所示的中间位置时，齿轮A与B均为主动轮。当再继续转至图5-17（c）所示位置时，A轮上的合力矩降为零，而作用在B轮上的合力矩增至最大，使它继续向逆时针方向转动，从而也将B齿轮与壳体间月牙形"计量空间"内的介质排至出口。显然这时B为主动轮，A为从动轮，这与图（a）所示的情况刚好相反。齿轮A和齿轮B就这样反复循环，相互交替地由一个带动另一个转动，将被测介质以月牙形"计量空间"的容积为单位，一次一次地由进口排至出口。图5-17表示了椭圆齿轮转过1/4周的情形，在这段时间内，仪表仅排出了体积量为一个月牙形容积的被测介质。所以，椭圆齿轮每转一周所排出的被测介质量为月牙形"计量空间"容积的4倍，因而从齿轮的转数便可以计算出排出介质的数量。由图5-17（d）可知，通过流量计的体积总量 V 为：

$$V = 4nV_0 = 4n(\frac{1}{2}\pi R^2 - \frac{1}{2}\pi ab)\delta = 2\pi n(R^2 - ab)\delta \tag{5-8}$$

式中　n——椭圆齿轮的旋转次数；

　　　V_0——椭圆齿轮与壳体间形成的月牙形"计量空间"的体积；

　　　R——计量室的半径；

a、b——椭圆齿轮的长半轴、短半轴；

δ——椭圆齿轮的厚度。

椭圆齿轮流量计的精度直接取决于齿轮缘和壳体之间的泄漏量。这就要求间隙不能大，加工精度严格。同样可以理解，粘度越大，泄漏量越小，测量精度也就越高。

②安装要求。

a. 椭圆齿轮流量计安装，应在流量计的上游侧加设过滤器，滤去被测介质中的杂质。

b. 椭圆齿轮流量计宜装在水平管道上，管道应设旁路，并在仪表的上、下游侧和旁路管道上设置切断阀，以便于不停车时对过滤器进行拆卸清洗。

c. 安装仪表前，管道应清洗干净。

d. 仪表安装方向应注意仪表壳体上的箭头方向，箭头方向必须与流体流向一致。

e. 仪表在水平管道上安装，应将仪表指示刻度盘面处于垂直方位，并便于观察的方向，仪表在垂直管道上安装时，管道内流体流向应自下而上。

f. 如果被测液体内含有气体时，应在仪表前增设气体分离器。

g. 工艺管道吹扫之前必须拆卸下仪表和过滤器，吹扫合格后重装。

（2）腰轮流量计。

腰轮流量计又称罗茨流量计，测量流量的基本原理和椭圆齿轮流量计相同，只是轮子的形状略有不同。两个轮子不是互相啮合滚动进行接触旋转，轮子表面无牙齿，它是靠套在伸出壳体的两根轴上的齿轮啮合的，图5-18展示了轮子的转动情况。

腰轮流量计除了能测量液体流量外，还能测量大流量的气体流量。由于两个腰轮上无齿，所以对流体中的固体杂质没有椭圆齿轮流量计那样敏感。

（3）刮板流量计。

刮板流量计也是一种常见的容积式流量计。在这种流量计的转子上装有两对可以径向内外滑动的刮板，转子在流量计进、出口差压作用之下转动，每转一周排出4份"计量空间"流体体积量。因此，只要测出转动次数，就可计算出排出流体的体积。

常见的凸轮式刮板流量计结构如图5-19所示。图中壳体内腔是一圆形空筒，转子也是一个空心圆筒形物体，径向有一定宽度，径向在各为90°的位置开4个槽，刮板可以在槽内自由滑动，四块刮板由两根连杆连接，相互垂直，在空间交叉。在每一刮板的一端装有一小滚珠，4个滚珠均在一固定凸轮上滚动使刮板时伸时缩，当相邻两刮板均伸出至壳体内壁时，就形成一"计量空间"的标准体积。刮板在计量区段运动时，只随转子旋转而不滑动，以保证其标准容积恒定。当离开计量区段时，刮板缩入槽内，流体从出口排出。同时，后一刮板又与其相邻的另一个刮板形成第二个"计量空间"，同样动作。转子转动一周，排出4份"计量空间"体积的流体。

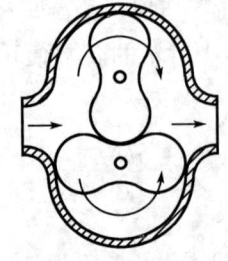

图5-18　腰轮式容积流量计

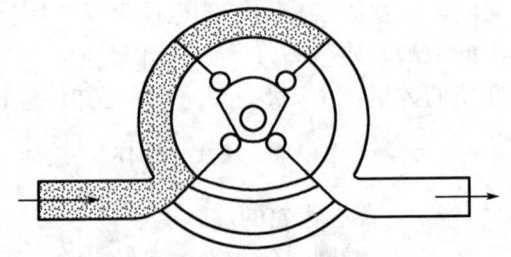

图5-19　凸轮式刮板流量计

(4) 旋转活塞流量计。

旋转活塞流量计又称环形活塞或摆动活塞流量计，其结构原理如图 5-20 所示。将一开口的环形旋转活塞插入外圆筒的内壁和内圆筒的外壁所形成的环形区间中。在内外圆筒间有一固定隔板，隔板左边是流量计进口，隔板右边是流量计出口。在未安装上旋转活塞前，进口与出口是相通的。安装上旋转活塞后，进口与出口就被旋转活塞和隔板隔开。在流量计进出口流体差压的作用下，旋转活塞的中心轴只能绕着内圆筒沿箭头方向旋转，故旋转活塞在环形区间中只能摆动旋转，而不是真正的旋转。

图 5-20（a）所示状态，由旋转活塞的外侧、外圆筒内侧以及旋转活塞的内侧和内圆筒外侧构成的空间与流量计进口相通。在进口流体压力作用下，旋转活塞沿箭头方向旋转。旋转到图 5-20（b）所示状态时，旋转活塞的内部空间充满流体，并与流量计进出口都不相通，形成一个密封的"斗"空间，即内侧计量室。此时，旋转活塞的左右外侧分别与流量计进出口相通，在进出口流体差压作用下，旋转活塞将沿箭头方向继续旋转。到图 5-20（c）所示状态时，内侧计量室中的流体已开始排向流量计出口。当继续旋转到图 5-20（d）所示状态时，旋转活塞的外部空间充满流体，并与流量计进出口都不相通，形成另一密封"斗"空间，即外侧计量室。此时，旋转活塞的左右内侧分别与流量计进出口相通，在进出口流体差压作用下，旋转活塞将沿箭头方向继续旋转而回到图 5-20（a）所示状态，并开始将外侧计量室中的流体排出流量计。

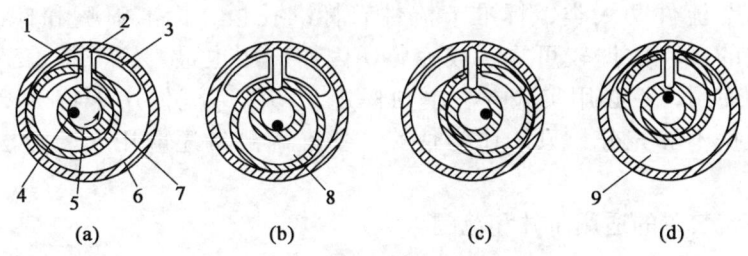

图 5-20 旋转活塞流量计原理
1—进口；2—固定隔板；3—出口；4—中心轴；5—内圆筒；6—外圆筒；
7—旋转活塞；8—内侧计量室；9—外侧计量室

当旋转活塞贴着外圆筒内壁面旋转摆动一周，就有一个内侧计量室和一个外侧计量室的流体体积排向流量计出口，因此，只要将中心轴的旋转通过齿轮机构传递到流量计指示机构就可实现流量的计量。

旋转活塞式容积流量计具有流通能力较大的优点，它的不足是工作过程中会有一定的泄漏，所以准确度较低。

(5) 容积式流量计的特点及使用要求。

容积式流量计的特点是精度高、量程宽（可达 10：1）、可测小流量、受粘度等因素变化影响较小和对前面的直管段长度没有严格要求。但对于大流量的检测来说成本高、质量大、维护不方便。

使用容积式流量计应注意以下几点：

①选择容积式流量计，虽然没有雷诺数的限制，但应该注意实际使用时的测量范围，必须是在此仪表的量程范围内，不能简单地按连接管尺寸去确定仪表的规格。

②为了保证运行部件的顺利转动，器壁与运行部件间应有一定的间隙，流体中如有尘埃颗粒会使仪表卡住，甚至损坏。为此，在流量计前必须要装过滤器或除尘器。

③由于各种原因，可能使进入流量计的液体中夹杂有少量气体。为此，应该在流量计前设置气体分离器，否则会影响仪表检测精度。

④用不锈钢、聚四氟乙烯等耐腐蚀材料制成的椭圆齿轮流量计，可用来测有腐蚀性的介质流量。当被测介质易凝固易结晶时，仪表应加装蒸汽夹套保温。

2. 节流流量计

节流流量计是由节流装置、信号管路、差压计及显示仪表组成。节流流量计是应用广泛的一种流量仪表，主要是由于它结构简单、安装方便、实验数据可靠性高、不需要单独标定，其准确度可达 ±1%。与其配套的差压计的压差系列较全，可实现流量的指示记录、积算、远传和调节等，但安装技术要求严格，测量范围窄，压力损失大。

（1）节流流量计工作原理。

当充满圆管的单相连续流体流经节流件时，由于节流件的截面比管道截面小，使流体流通面积突然缩小，在压力作用下，流体的流速增大，挤过节流孔形成流束收缩。在挤过节流孔后流速由于流通面积的变大和流束扩大而降低，因此在节流件前后的管壁处的流体静压力产生压差。另外，由于流过的流量越大，产生的压差越大，因此可通过测量压差来度量流体流量的大小。

（2）流量测量用标准节流装置。

节流装置包括节流件、取压装置和前后测量管。节流件的型式有十几种，可分为标准节流件和特殊节流件两大类，标准节流件有标准孔板、标准喷嘴和标准文丘里管等。这些标准节流件的试验数据较可靠、较完整，因而应用也最广泛。标准节流件可以根据计算结果制造和使用，不必用实验方法单独标定。特殊节流体用于特殊要求的流量测量中，它的实验数据不够充分，只能作为估算，要准确测量还应用实验方法单独标定，否则会有较大误差。

（3）标准节流装置的适用条件和范围。

①适用条件。

仅适用于圆管流，并且流体充满管道和连续地流过管道。

流体必须是牛顿流体，即作用在流体上的切向应力与由它引起的速度梯度之间存在线性关系的流体。流体流经节流装置时不应发生相变，并且流体的流量不随时间的变化而变化或变化非常缓慢，因此，不适用于脉动流和临界流的流量测量。

流体流经节流装置前，流束必须与管道轴线平行，不得有旋转流，流体的流动必须形成典型的充分发展的紊流速度分布。

②适用范围。

角接取压标准孔板适用于管道内径为 50～1000mm，直径比 B 为 0.22～0.80，雷诺数 Re_D 的范围为 $5 \times 10^3 \sim 1 \times 10^7$。

法兰取压标准孔板适用于管道内径为 50～750mm，直径比 B 为 0.10～0.75，雷诺数 Re_D 的范围为 $1 \times 10^4 \sim 1 \times 10^7$。

标准喷嘴适用于管道内径为 50～500mm，直径比 B 为 0.32～0.80，雷诺数 Re_D 的范围为 $2 \times 10^4 \sim 1 \times 10^7$。

3. 速度式流量计

（1）涡轮流量计。

涡轮流量计由涡轮流量变送器、前置放大器以及流量指示积算仪所组成。

①工作原理。

涡轮流量计的工作原理分变送器与积算仪两部分介绍。

变送器的工作原理：当流体轴向流经变送器时，流体的能量作用在叶轮螺旋形叶片上，驱使叶轮旋转。由磁性材料制成的小叶片，当它通过固定在壳体上的磁电感应转换器中的永久磁铁时，由于磁路中的磁阻发生周期性的变化，从而在感应线圈内产生脉动电信号。该信号近似于正弦波的脉冲，在测量范围和一定的粘度范围内时，频率与流体的体积流量成比例。

流量指示积算仪的工作原理：当被测流体流经变送器时，变送器即有微弱的脉冲信号输出。该信号经前置放大器放大后输出到流量指示积算仪输入回路，输入信号经灵敏度调节电位器调到适当的幅度，送入负反馈放大器进一步加以放大，再次放大后的信号经过整形电路整形成前后沿陡峭的矩形脉冲，然后输送到单位换算单元进行运算计数，累计出流体总量。

②安装、使用及维护。

涡轮流量计的变送器必须水平安装，应注意箭头指向和流体流向一致；前后直管段口径应与变送器口径一致。变送器前直管段长度应大于或等于 20 倍的变送器口径，后直管段长度应大于或等于 15 倍的变送器口径。变送器前应安装过滤器，且可安装整流器。凡测易汽化的液体时，应安装消气器，流量调节阀应置于变送器下游处，减少来自上游的流场干扰，以利于流量的稳定调节。压力表可设置在变送器的进口或出口处，温度计设置在变送器的下游处，前后直管段及连接处，不准有凸出物伸入管道内，管道与变送器要同心安装。

前置放大器信号传输电缆应采用屏蔽电缆，且不能与动力线接近，也不能平行布线，不能放在一个线管内。

在进行管道清洗时，可使清洗液通过旁路，而不让它进入涡轮流量计，以免损坏轴承。在测量低温液化气时，应除去管道和涡轮流量计内的水分和油分。

在接通电源之前，要检查布线是否正确，检查电源电压是否正常。接上电源后，当流体还未流动时，要保证前置放大器无脉冲信号输出。在启动时，首先把旁路阀全开，接着把涡轮流量计下游的阀慢慢打开，然后慢慢打开下上游阀，全开之后，再慢慢关闭旁路阀。若无旁路阀时，可徐徐打开上游阀，再慢慢打开下游阀，不要使涡轮的旋转速度过大。

涡轮叶片的磁化会对信号产生电压调制，是出现误差的原因之一，必须在组装前对涡轮完全去磁。

（2）电磁流量计。

①工作原理。

电磁流量计的工作原理是基于法拉第电磁感应定律。定律要点是导体在磁场中作切割磁力线方向运动时，导体受磁场感应产生感应电动势 E（即发电机工作原理）。传感器测量通道内的磁场是由安装在测量通道外壳壁上的励磁线圈在励磁电流作用下的交变磁场。检测元件为两根电极棒，分别安装在传感器壳体两侧的棒孔部位，且两极棒各有一端头在传感器通道内壁处，与通道内流体保持良好的电气接触。

当导电流体流经传感器通道时，导电流体流向垂直于磁力线方向，流体流动时切割磁力线，在导电流体中有感应电势 E 产生，感应电势与流体的平均流速成正比关系，所以说电磁流量计属测速式流量计。流体所感应的电势由两支与液体接触的电极检出，并传送至转换器，由转换器完成信号放大，并转换成标准的输出信号输送至显示器和累计单元。

电磁流量计的特性与被测介质的物性和压力、温度无关，电磁流量计经出厂前的校准后，在测量导电性介质的流量时，所测得的体积流量示值无需进行修正。

②特点。

a. 电磁流量计的传感器结构简单，测量管内没有可动部件，也没有任何阻碍流体流动的节流部件，所以流体通过流量计时无压力损失。

b. 可测量脏污介质、腐蚀性介质及悬浊性液固两相流的流量。这是因为仪表测量管内无阻碍流动的部件，与被测流体接触的只是测量管内衬和电极，其材料可根据被测流体的性质来选择。如用聚三氟乙烯或聚四氟乙烯做内衬，可测各种酸、碱、盐等腐蚀性介质；采用耐磨橡胶做内衬，就特别适合测量带固体颗粒、磨损较大的矿浆、水泥浆等液固两相流以及各种带纤维液体和纸浆等悬浊液体。

c. 电磁流量计是一种体积流量测量仪表。在测量过程中，它不受被测介质的温度、粘度、密度的影响。因此，电磁流量计只需经水标定后，就可以用来测量其他导电性液体的流量。

d. 电磁流量计的输出只与被测介质的平均流速成正比，而与对称分布下的流动状态（层流或湍流）无关。所以，电磁流量计的量程范围极宽，其测量范围度可达 $100:1$。

e. 电磁流量计无机械惯性，反应灵敏，可以测量瞬时脉动流量，也可测量正反两个方向流量。

f. 工业用电磁流量计的口径较宽，从几毫米一直到几米，国内已有口径达 3m 的实验流量检验设备。

电磁流量计也存在一定不足，即不能用来测量气体、蒸汽以及含有大量气体的液体；不能用来测量电导率很低的液体介质，如石油制品或有机溶剂等；普通工业用电磁流量计由于受测量管内衬材料和电气绝缘材料限制，不能用于测量高温介质；如未经特殊处理，也不能用于测量低温介质，以防止测量管外结露破坏绝缘；电磁流量计易受外界电磁干扰的影响。

③安装和使用要求。

要保证电磁流量计的测量精度，正确的安装使用是很重要的。因此，在安装和使用时一般要注意以下几点：

a. 变送器应安装在室内干燥通风处，避免安装在环境温度过高的地方，不应受强烈振动，尽量避开有强烈磁场的设备，如大电动机和变压器等；避免安装在有腐蚀性气体的场合；安装地点便于检修。这是保证变送器正常运行的环境条件。

b. 为了保证变送器测量管内充满被测介质，变送器最好垂直安装，流向自下而上，尤其对于液固两相流，必须垂直安装。若现场只允许水平安装，则必须保证两电极处在同一水平面。

c. 变送器两端应装阀门和旁路管道。

d. 电磁流量变送器的电极所测出的几毫伏交流电势，是以变送器内液体电位为基准的。为了使液体电位稳定并使变送器与流体保持等电位，以保证测量信号稳定，变送器外壳与金属管两端应有良好的接地，转换器外壳也应接地。不能与其他电器设备的接地线共用。

e. 为了避免干扰信号，变送器和转换器之间信号必须用屏蔽导线传输，不允许把信号电缆和电源线平行放在同一电缆钢管内。信号电缆长度一般不得超过 30m。

f. 转换器安装地点应避免交、直流强磁场的振动，环境温度为 $-20 \sim 60℃$，不含有腐蚀气体，相对温度不大于 80%。

g. 为了避免流速分布对测量的影响，流量调节阀应设置在变送器下游。对小口径变送器来说，因为电极中心到流量计进口端的距离已相当好几倍直径 D 的长度，所以对上游直管段可以不做规定。但对大口径流量计，一般上游应有 5D 以上的直管段，下游一般不做直管段要求。

（3）涡街流量计。

涡街流量计也称为旋涡流量计或卡门涡街流量计。涡街流量计的特点是：压力损失小、精确度较高、量程范围大，仪表工作特性不受流体压力、温度、粘度、密度的影响，也不受工艺管道口径的限制，适合于洁净气体、蒸汽和液体流量的测量。低流速和粘度高的液体不宜选用涡街流量计。

①工作原理。

涡街流量计工作原理是基于流体振动原理，以流体旋涡的发生的频率与流体流速的关系作为流量检测信息。流体产生振动的原因比较多，旋涡振动是流体振动的一种形式，就目前所采用的流量计，主要有两种类型；一种是使流体产生自然振动的涡街流量计；另一种是使流体产生强制振动的旋进式旋涡流量计。

流体在一定的流速下平稳有序地流动，当流体在流动的途径中受到一个非流线型障碍物的阻挡，流体自然分开，从障碍物两侧流过，并产生两行旋涡列，旋涡不断地产生，又不断地随着流径慢慢消失。旋涡的产生与消失有一定的规律性，两列旋涡并非对称性产生，旋涡一会儿在障碍物左侧发生，一会在右侧发生；两行旋涡旋转方向相反，这种现象称之为卡门涡列现象。

如图 5-21 所示，流体在旋涡发生体两侧产生自然旋涡，流体流经发生体，流体旋涡在传感探头两侧来去匆匆，忽左忽右，产生压力波动。安装于探头上的压电晶体对压力波动变化十分敏感，将感受到交变压力转换成交变电荷。该交变电荷信号很弱，经仪表电子部件检出放大处理后，以频率信号输出。涡街流量计的旋涡发生体和检测元件部分合称为传感器。传感器将频率信号传输送给转换器，由转换

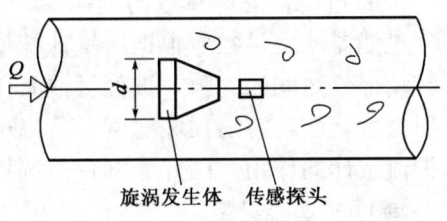

图 5-21 涡街流量计工作原理图

器将频率信号转换成 4~20mA DC 标准信号或脉冲信号，并将该信号传输给显示、记录、累计器等仪表，完成对流体流量的测量和累计。

流体在一定的流动状况下，旋涡的发生频率与流体平均流速成正比，与流体密度、粘度、压力、温度无关。

②结构。

涡街流量计的结构一般有两种形式：一种是一体化结构型，集传感、转换、显示于一体，可实现就地显示和远传；另一种是分体型，涡街流量计分体为传感器、转换器两部分。分体型传感器结构有的是自带测量通道，以法兰短管形式与管道连接，对于较大口径流量计，通常就不带测量室通道。

4. 更换安装流量计

（1）准备校验好的流量计。

（2）开旁通阀门，关流量计进出口阀门，开放空阀门泄压。

（3）记录原流量计底数。

（4）拆卸需更换流量计。
（5）清理管线法兰端面及水线，涂抹黄油，加密封垫片。
（6）按介质流动方向安装流量计，对角紧固流量计接口螺栓。
（7）记录流量计底数。
（8）关放空阀门，缓开出口阀门试压。
（9）开大流量计出口阀门及进口阀门，关闭旁通阀门，投入运行。

5. 过滤器

（1）作用。

过滤器一般安装在泵的入口、计量仪表的前段。其主要作用是过滤液体中颗粒较大的杂物，以防止堵塞泵的叶轮，使泵不能正常工作，卡住计量仪表的转动部分，使仪表不能正常显示流量，另外对液体中积沙起到一定的沉降作用。

根据生产情况和工艺要求，过滤网的目数可以适当进行调整，但不能变化范围太大。更换时最好保持原来滤网目数。

过滤器只对液体中的杂质进行初步过滤，要想达到油品含杂质的要求，还必须通过充分的沉降和更细一级过滤。

（2）分类。

过滤器按过滤方式通常分为插板式和圆筒式两种。插板式一般用于低压区，如泵的吸入口，体积较大，主要是为了避免泵抽空；圆筒式主要用于有压力的计量表前段，在工艺流程上都有旁通阀，体积通常比插板式要小。

（3）过滤器滤网目数的选择。

过滤器滤网目数应根据流量计计量室内转动部分和壳体隔板之间的间隙，以及转动部分与转动部分之间的间隙、被计量油品性质等多方面情况综合考虑确定。如滤网目数太密，压力损失大，而且容易损坏滤网，价格也较高；也不能太稀，滤网目数少滤不住杂质，起不到保护流量计的作用。因此滤网目数选择一定要适当。

（4）过滤器安装。

①过滤器安装时，首先将过滤器的封口盖去掉，将防锈油清洗干净。

②将安装的管道冲洗干净，以免杂质进入过滤器及流量计。

③过滤器必须安装在流量计的进口端，并注意过滤器外壳箭头与液体流动方向一致。

④切忌使用在液体对滤芯有腐蚀的管路中。

⑤安装完毕后，首先作加压密封检查，压力为规定最大工作压力的1.5倍，若无渗漏即可投入使用。

（5）过滤器使用和维护。

①在使用过程中，根据过滤器两端压差大小决定是否清洗。若发现滤网损坏，立即更换。

②建立过滤器定期清洗制度。清洗依据是流量计计量系统的进出口压差，对于腰轮流量计系统压差不大于0.15MPa；对于刮板流量计系统压差小于0.12MPa；对于速度式流量计（如涡轮流量计）系统压差小于0.5MPa。超过上述压差就应停运清洗。

③过滤器清洗方法有两种：一种是用蒸汽吹扫；另一种是将滤网取出，用汽油或柴油浸泡后清洗。

（6）判断过滤器堵塞。

①对于泵入口过滤器，若堵塞则泵的排量明显降低，出口压力低于正常工作的压力。启动泵时，过滤缸上的真空压力表显示值低。即使是提高来液压力，但泵的排量仍不增加。

②对于计量过滤器，若堵塞，则计量表前后压差超标，流量计的瞬时流量变小，在计量前段系统压力升高，调整困难。

（7）清理过滤器操作。

低压过滤器滤网为插板式，计量过滤器滤网为圆筒式，但清理方法一致。

①打开排污阀检查其是否畅通，关闭过滤器进口阀门和出口阀门。计量过滤器应先打开旁通，后关进出口阀。

②打开过滤器排污阀及过滤器上的放气阀，进行排污。若过滤器内为油，应用热水置换，直到见清水为止。

③用梅花扳手拆卸盲板盖螺钉，用撬杠对称撬动盲板盖缝隙，均匀用力，把盲板盖向上抬起，放在平整的地方。

④抽出插板式过滤网，对过滤缸内的杂物进行清理，冲洗过滤网，摘去网孔上的悬挂物。如滤网坏，更换相同数目的滤网。

⑤擦净过滤缸法兰密封面及上盲板盖密封面。用刮刀清理密封端面的垫片，并清出密封水线。

⑥用直尺量出密封垫片的内外孔径，用划规、直尺、弯剪子制作过滤缸密封垫片，并在垫片两侧涂上黄油。

⑦把符合要求的过滤网插入过滤器的凹槽上，摆正石棉垫片，对正放好上盲盖，均匀对角紧固好螺栓。

⑧关闭排污阀，打开放气阀，打开进口阀门少许，排除过滤缸内空气，见液后关闭放气阀，开大进口阀门，检查渗漏情况，若不渗漏投入正常生产。

（8）清理过滤器的注意事项。

①放空时缓慢操作，注意液体喷出；

②拆盲板时防止掉落砸伤手脚；

③盲板旧垫子要清理干净，要显露出法兰端面水线；

④制作垫片应符合要求，不能有裂纹，要涂上黄油，便于固定和密封；

⑤清洗过滤网时要用热水冲洗或用清洗剂，严禁用火烧滤网；

⑥过滤器内的脏杂物要清理干净，如果过多则要分析原因，采取预防措施；

⑦装插板式过滤网时应注意有滤网一侧在前边；

⑧紧固螺栓时要均匀对称，防止盲板盖压偏；

⑨清理后，过滤缸前后压差应小于 0.05MPa，流量能达到正常工作范围。

6. 取外输油样

（1）准备好擦布、污油桶、取样桶。

（2）检查取样桶内清洁无杂物。

（3）放净取样口的死油。

（4）缓慢平稳开取样阀门取样至所需量。

（5）贴上取样标签，填写取样时间、取样地点、取样人。

（6）清理取样口周围，清除污油桶内的油污。

六、其他测量仪表

(一) 电流表

测量电路电流的仪表，统称电流表。电流表非特殊指出时均是指配电盘上等固定式电流表。根据量程和计算单位的不同，电流表又分为微安表、毫安表、安培表、千安表等。这里主要介绍电流表是怎样测电流的。

电流表分为直流电流表和交流电流表两种，两者的接线方法都是与被测电路串联。

1. 直流电流表的接线方法

接线前要搞清电流表的极性。通常，直流电流表的接线柱旁边标有"＋"和"－"两个符号，"＋"接线柱接直流电路的正极，"－"接线柱接直流电路的负极。接线方法如图5-22（a）所示。

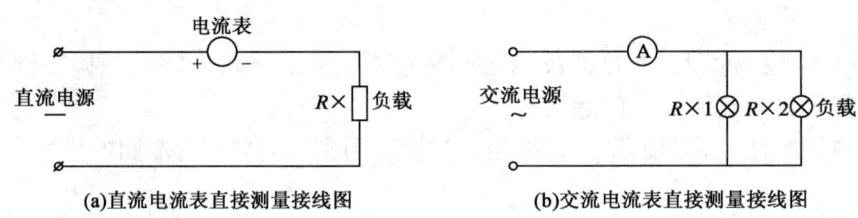

图5-22 电流表直接测电流接线图

2. 交流电流表的接线方法

交流电流表一般采用电磁式仪表，其测量机构与磁电式的直流电流表不同，它本身的量程比直流电流表大。在电力系统中常用的1T-A型电磁式交流电流表，其量程最大为200A。在这一量程内，电流表可以直接串联于负载电路中。如图5-22（b）所示。

图5-22是在低压线路中，电流表可以直接接在被测电路上。在高压交流线路中测量电流时不能用电流表直接测量，而应采取电流互感器测量，通过电流互感器将仪表接入电路。电流互感器的一次绕组与电路负载串联，二次绕组接在电流表的两个接线柱上，当电流互感器的一次绕组有电流通过时，就会在电流表内产生互感电流，并使电流表指针偏转；其显示数值是按互感比折算后的，如图5-23所示。

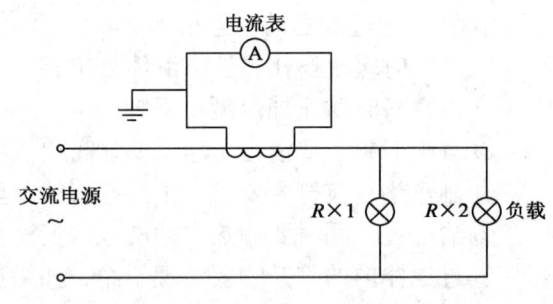

图5-23 交流电流表经电流互感器测电流接线图

(二) 电压表

测量电路电压的仪表称为电压表，也称为伏特表，表盘上有符号"V"。因量程不同，电压表又分为毫伏表、伏特表、千伏表等多种规格，在其表盘上分别标有V、kV等字样。

电压表分为直流电压表和交流电压表，两者的接线方法都是与被测电路并联。

1. 直流电压表的接线方法

在直流电压表的接线柱旁边通常也标有"＋"和"－"两个符号，接线柱的"＋"（正端）与被测量电压的高电位连接。接线柱的"－"（负端）与被测量电压的低电位连

第五章 计量仪表及控制系统

接。正负极不可接错，否则，指针就会因反转而打弯。其接线如图5-24所示。

2．交流电压表的接线方法

电压表在低压线路中可以直接并联在被测电压的电路上。在高压线路中测量电压，由于电压高不能用普通电压表直接测量，而应通过电压互感器将仪表接入电路中。电压互感器的一次绕组要接到被测量的高压线路上，二次绕组接在电压表的两个接线柱上。当电压互感器的一次绕组接入电源时，二次绕组被感应，产生低压电流通过电压表，使指针偏转。其接线如图5-25所示。

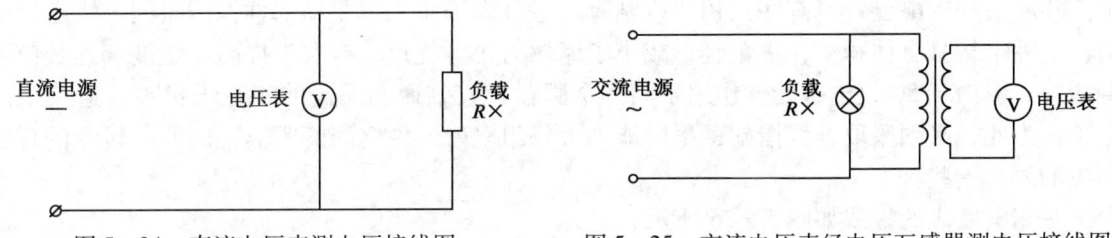

图5-24 直流电压表测电压接线图　　图5-25 交流电压表经电压互感器测电压接线图

（三）电度表

1．概念

电度表用于测量三相交流电路中电源输出（或负载消耗）的电能。目前，应用的电度表有两种：一种是机械式电度表，又称感应式电度表，还有一种是电子式电度表。

2．工作原理

（1）机械式电度表内主要由电压线圈、电流线圈、铝质表盘、永久磁体、硅钢片铁芯、机械传动机构、电度数的显示码盘、校准装置等组成。

机械式电度表工作原理：传统电度表指感应式的机械电度表（简称感应表或机械表），它利用的是电磁感应原理。电表通电时，在电流线圈和电压线圈产生电磁场，在铝盘上形成转动力矩，通过传动齿轮带动计度器计数，电流电压越大，转矩越大，计数越快，用电越多。铝盘的转动力矩与负载的有功功率成正比。电表常数是指计量每单位电能值（度或kW·h）时对应铝盘转过的圈数，单位是转/kW·h。机械式电度表的重要参数是r/kW·h，在表盘上标注。例如，1000r/kW·h，意思就是每消耗1度电，表盘将转1000转。

（2）电子式电度表工作原理。

电子式电度表是利用电子电路和芯片来测量电能。用分压电阻或电压互感器将电压信号变成可用于电子测量的小信号，用分流器或电流互感器将电流信号变成可用于电子测量的小信号，利用专用的电能测量芯片将变换好的电压、电流信号进行模拟或数字乘法，并对电能进行累计，然后输出频率与电能成正比的脉冲信号；脉冲信号驱动步进马达带动机械计度器显示，或送微计算机处理后进行数码显示。因为没有了机械传动机构的那些电子电路，微电脑电路的功耗可以做的非常低，甚至以微安计，所以它非常省电，这是其优点。电子式电度表则标注：imp/kW·h。

机械式与电子式电度表区别很明显，机械式的有个铝盘在用电时会转，而电子式的通常是"LCD"显示屏直接显示已用度数，通常还有一个红色的"LED"在闪烁，闪烁的频率与用电功率成正比。

（3）三相电度表工作原理。

三相电度表用于测量三相交流电路中电源输出（或负载消耗）的电能。它的工作原理与单相电度表完全相同，只是在结构上采用多组驱动部件和固定在转轴上的多个铝盘的方式，以实现对三相电能的测量。

根据被测电能的性质，三相电度表可分为有功电度表和无功电度表；由于三相电路的接线形式的不同，又有三相三线制和三相四线制之分。下面简要介绍一下三相有功电度表的一些特性。三相三线制有功电度表采用两组驱动部件作用于装在同一转轴上的两个铝盘（或一个铝盘）的结构，其原理与单相电度表完全相同。三相四线制有功电度表与单相电度表不同之处，只是它由三个驱动元件和装在同一转轴上的三个铝盘所组成，它的读数直接反映了三相所消耗的电能。也有些三相四线制有功电度表采用三组驱动部件作用于同一铝盘的结构，这种结构具有体积小，重量轻，减小了摩擦力矩等优点，有利于提高灵敏度和延长使用寿命等。但由于50组电磁元件作用于同一个圆盘，其磁通和涡流的相互干扰不可避免地加大了，为此，必须采取补偿措施，尽可能加大每组电磁元件之间的距离，因此，转盘的直径相应的要大一些。

三相电度表的接线如图5-26所示。

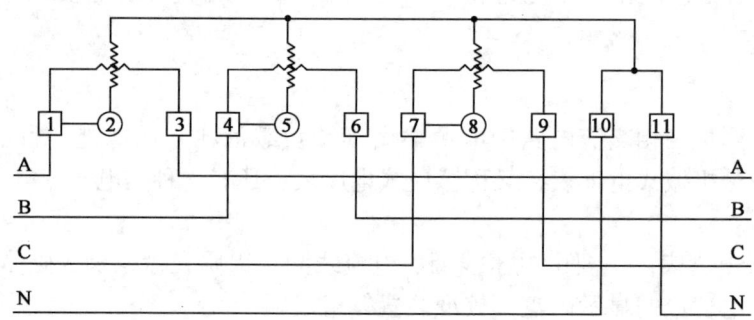

图5-26 三相电度表的接线示意图

（四）万用表

万用表又称复用表或多用表，可用来测量直流电流、直流电压和交流电流、交流电压，电阻和电平等，有的万用表还可用来测量电容、电感以及晶体二极管、三极管的某些参数。由于万用表具有功能多、量程宽、灵敏度高、价格低和使用方便等优点，所以它是电工必备的电工仪表之一。随着电子技术的发展，目前常用万用表有模拟（指针）式和数字式两种。由于指针式万用表的价格低，很适用于普通技术工人群体，所以目前它仍被广泛使用。下面分别详细介绍两种常用的万用表。

1. 指针式万用表

（1）组成。

指针式万用表主要由指示部分、测量电路、转换装置三部分组成，常用的有MF64型、MF500型等万用表，图5-27所示就是最常用的MF500型万用表。其指示部分俗称表头，用以指示被测电量的数值。表头是万用表的关键部件，万用表的许多性

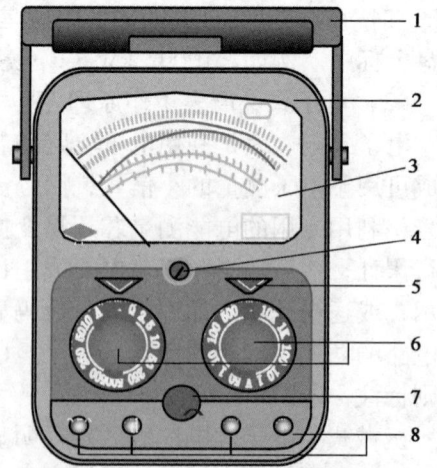

图5-27 常用MF500型万用表示意图
1—表把；2—表体壳；3—仪表刻度盘；4—指针微调旋钮；5—功能指示键；6—功能切换旋钮；7—测电阻微调钮；8—测试插孔

能（如灵敏度、精确度等级、阻尼和指针回零等）大都取决于表头的性能。表头的灵敏度是以满刻度偏转电流来衡量的，满刻度电流越小，表头的灵敏度越高。测量电路的作用是把被测的电量转变成适合于表头要求的微小直流电流。它通常包括分流电路、分压电路和整流电路。分流电路将被测的大电流通过分流电阻变换成表头所需的微小电流；分压电路将被测的高电压通过分压电阻变换成表头所需的低电压；整流电路将被测的交流电转变成表头所需的直流电。万用表被测物理量和量程的选择是靠转换装置来实现的，转换装置通常有转换开关、接线柱、插孔的组成。转换开关有固定触点和活动触点，接通相应的触点，就可构成相应的测量电路。

（2）使用方法（以 MF500 型为例）。

①熟悉所有万用表。

万用表的结构形式很多，面板上旋钮、开关的布置也有差异。因此，使用万用表以前，应仔细了解和熟悉各部件的作用，并分清表盘上各条标度尺所对应的被测量。

②机械调零。

万用表应水平放置，使用前检查指针是否指在零位上。若未指零，则应调整机械零位调节旋钮。如图 5-27 所示中指针微调旋钮，将指针调到零位。

③接好测试表笔。

应将红色测试表笔的插头接到红色接线柱上或标有"+"号的插孔内，黑色测试表笔的插头接到黑色接线柱上或标有"*"号的插孔内，如图 5-28 所示。

④选择测量种类和量程。

有些万用表的测量种类选择旋钮和量程变换旋钮是分开的，使用时应先选择被测量种类，再选择适当量程。如果万用表被测量类型和量程的选择都由一个转换开关控制，则应根据被测量的大小将开关置于适当的量程位置。如果事先无法估计被测量的数值范围，可先用该被测量的最大量程档试测，然后逐渐调节，选定适当的量程。测量电压和电流时，万用表指针偏转最好在量程的 1/2～2/3 的范围内；测量电阻时，指针最好在标度尺的中间区域。

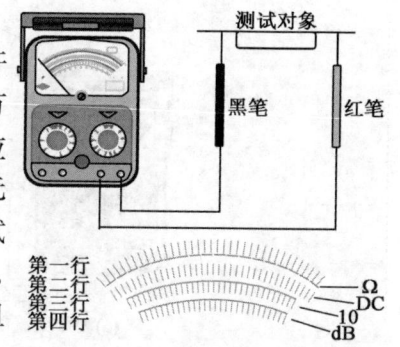

图 5-28 万用表使用示意图

⑤读数。

以 MF500 型万用表标度盘为例，测量电阻时应读取标有"Ω"的最上方的第一行标度尺上的分度线数字。测量直流电压和直流电流时应读取标有第二行、第三行的第二行标度尺上的分度线"DC"数字，满量程数字是 50 或 250。测量交流电压，应读取标有"10V"的第三行红色标度尺上的分度线数字，满量程数字为 10。标有"dB"第四行绿色的标度尺只在测量音频电平时才使用。电平测量使用交流电压挡进行，如果被测对象含有直流成分，应串入一只 0.1μF/400V 以上的电容，以隔断直流电压，若使用较高量程，则应加上附加分值。

（3）注意事项。

①每次测量前对万用表都要做一次全面检查（检查 1.5V 干电池的使用情况），以核实表头部分的位置是否正确。

②测量时，应用右手握住两只表笔，手指不要触碰表笔的金属部分和被测元器件。

③测量过程中不可转动转换开关，以免转换开关的触头产生电弧而损坏开关和表头。

④使用 $R×1$ 挡时，调零的时间应尽量缩短，几乎是在短路放电以延长电池使用寿命。

⑤万用表使用后,应将转换开关旋至空挡或交流电压最大量程挡。

(4) 具体应用。

①直流电流的测量。

一般万用表只有直流电流挡而无交流电流挡。用万用表测量直流电流时,首先将左侧的转换开关旋到 A 位置,右侧的转换到标有"mA"或"μA"符号的适当量程上。一般万用表的最大电流量程在 1A 以内,若是用直接法只能测量小电流。如果要用万用表测量较大电流,则必须并接分流电阻。测量直流电流时,将红色表笔(表的正端)接到电源的负极,黑色表笔(表的负端)接到负载的一个端头上,负载的另一端接到电源的正极,也就是表头与负载串联。测量时要特别注意,由于万用表的内阻较小,切勿将两只表笔直接触及电源的两极。否则,表头将被烧坏。测量方法如图 5-29 所示。

②交流电压的测量。

测量前,先将右侧的转换开关旋到"$\underset{\sim}{V}$"上,左侧的转到标有"$\underset{\sim}{V}$"相应的量程符号处,并将开关置于适当量程档,然后将红色表笔插入万用表上标有"+"号的插孔内,黑色表笔插入标有"*"号的插孔内。手握红色表笔和黑色表笔的绝缘部位,先用黑色表笔触及一相带电体,用红色表笔触及另一相带电体。(或中性线)读数,读完数后立即脱开测试点,如图 5-30 (a) 所示。

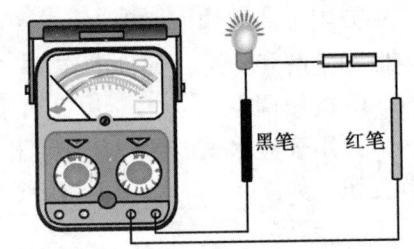

图 5-29 万用表测量直流电流示意图

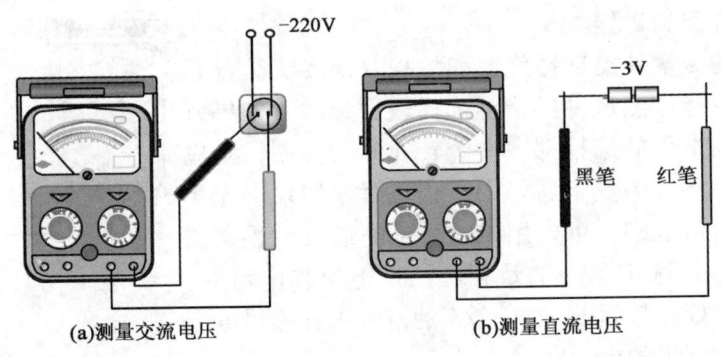

(a)测量交流电压　　(b)测量直流电压

图 5-30　常用 MF500 型万用表测量电压示意图

③直流电压的测量。

与测量交流电压基本相同。区别是左侧切换开关旋至"$\underset{\text{-}}{V}$"量程线内:直流电压有正负之分,测量时,黑色表笔应与电源的负极相触,红色表笔应与电源的正极相触,两者不可颠倒,如图 5-30 (b) 所示。如果分不清电源的正负极,则可选用较大的测量范围挡,将两支表笔快触一下测量点,观察表针的指向,找出被测电压的正负极并选择档位及极性测试。

④电阻的测量。

测量前,将万用表的转换开关左旋"Ω"位置,右旋"Ω"量程范围内,先选择"1K"挡调零旋到标有"Ω"符号,然后将两表笔短接、调零,再将两表笔分别触及电阻的两端。将测得的读数乘以倍率数即为所测电阻值。测量时,必须注意:第一,切勿带电测量,否则不仅测量结果不准确,而且还可能烧坏电表。若线路中有电容,则应先放电。第二,使用间歇中,不可使用两表笔相碰短接,以免浪费电池的电能。第三,不可用欧姆挡直接测量检流计、标准电池等的内阻。第四,使用欧姆挡判别仪表的正负端或半导体元件的正反向,万用表的"+"端应与内附干电池的负极相连,而"*"端则应与内附干电池的正极相连。即黑色表笔为正端,红色表笔为负端。

⑤电路通断的判断。

在电器线路和电器设备的安装、维修中,电工经常要使用万用表检查电路是否导通。此时尽可能地选择大欧姆挡位测量,若是测量负载高绝缘度的电路时不能测量断路(绝缘度)的必须用兆欧表,若读数为零或接近于零,则表明电路是通的;若读数为无穷大(∞),则表明电路不通。

2. 数字式万用表

(1)组成。

数字式万用表采用了大规模集成电路和液晶数字显示技术。与指针式万用表相比,数字式万用表具有许多特有的性能和优点:读数方便、直观,不会产生读数误差;准确度高;体积小、耗电省;功能多。许多数字式万用表还具有测量电容、频率、温度等功能。因此,数字式万用表得到更为广泛的应用。

DT890D 型数字式万用表的外形如图 5-31 所示。DT890D 型万用表属于中低档普及型万用表。液晶显示屏直接以数字形式显示测量结果并且还能够自动显示被测数值的单位和符号(如欧姆、千欧姆等)。

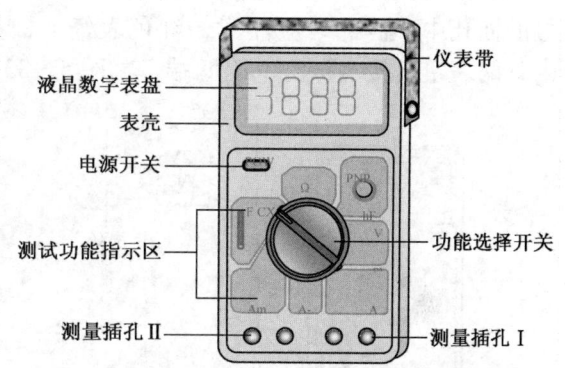

图 5-31 DT890D 型数字式万用表示意图

数字式万用表的量程比指针式万用表多。DT890D 型数字式万用表的电阻量程有七挡,从 200Ω 至 200MΩ。数字式万用表的表笔插孔有四个。标有"COM"的插孔为公共插孔,通常插入黑色表笔;标有"V/Ω"的插孔应插入红色表笔,用以测量电阻值和交直流电压值。测量交直流电流有两个插孔,分别标有"mA"和"20A",供不同量程挡选用,也插入红色表笔。

(2)使用方法。

将电源开关钮"ON—OFF"拨向"ON"一侧,接通电源。先用旋钮调零校准,使液晶屏显示屏显示"000"。用功能转换开关选择被测量的类型和量程。功能开关周围字母和符号的含义分别为:"DCV"表示直流电压,"ACV"表示交流电压,"DCA"表示直流电流,"ACA"表示交流电流,"Ω"表示电阻,"—"表示二极管测量、"C"表示电容等。

①直流电压的测量。

测量时,将黑色表笔插入标有"COM"的符号的插孔中,红色表笔插入标有"V/Ω"符号的插孔中,并将功能开关旋于"DVC"的适当位置,两表笔跨接在被测负载或电源的两端。在显示屏上显示电压读数的同时,还指示红色表笔的极性。如果只在高位显示"1",则表明被测量已超过量程,应将量程调至高挡。测试高电压时,严禁接触高电压电路。

②交流电压的测量。

测量时,将黑色表笔插入标有"COM"符号的插孔中,红色表笔插入标有"V/Ω"符号的插孔中,并将功能开关旋于"AVC"的适当位置,两表笔跨接在被测负载或电源的两端,如图 5-32 所示。测量的注意事项与直流电压的测量相同。

③直流电流的测量。

当被测最大电流为 200mA 时,将黑色表笔插入标有"COM"符号的插孔中,红色表笔插入标有"A"符号的插孔中。如果被测最大电流为10A,则红色表笔插入10A孔中;功能开关置于 DCA 量程范围内,并且两表笔串入被测电路中。红色表笔的极性将在数字显示的同时指示出来。标有警告符号插孔,最大输入电流为200mA或10A(按插孔分),200mA 挡装有熔断丝,但10A挡不设熔断丝。

④交流电流的测量。

两表笔插孔与直流电流的测量相同,功能开关置于"ACA"量程范围内,并将表笔串于被测电路中。其他注意事项同直流电流的测量。

⑤电阻的测量。

测量时,将黑色表笔插入标有"COM"符号的插孔中,红色表笔插入标有"V/Ω"符号的插孔中,但此时应注意,红色表笔的极性应为"+"。将功能开关置于欧姆量程范围内,两表笔跨接在被测电阻两端,如图5-33所示。

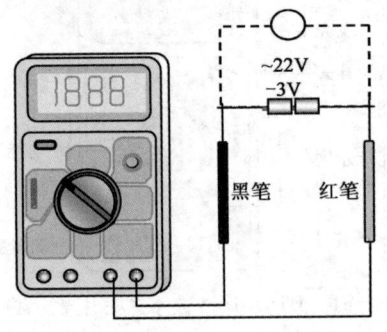

图5-32 数字万用表测量
直(交)流电压示意图

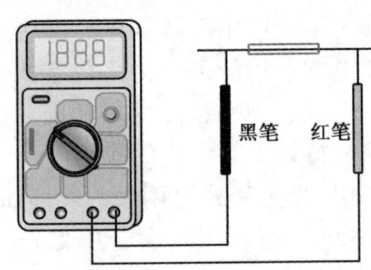

图5-33 数字型万用表
测量电阻示意图

测量时还要注意:当两表笔开路时,表盘上显示超过量程状态的"1"是正常现象;测量1MΩ以上的高电阻时,需经数秒表盘上才显示出稳定读数;被测电阻不得带电。

(五)兆欧表

兆欧表又称为摇表,是专门用来测量电器线路和各种电器设备绝缘电阻的便携式仪表。它的计量单位是 MΩ(兆欧),所以称为兆欧表。如图5-34所示,就是常用的 ZC11D-10 型兆欧表。

1. 组成和测量原理

兆欧表的主要组成部分是一个磁电式流比计和一只手摇发电机。发电机是兆欧表的电源,可以采用直流发电机,也可用交流发电机与整流装置配用。直流发电机的容量很小,但电压很高(100~500V)。磁电式流比计是兆欧表的测量机构,由固定的永久磁铁和可在磁场中转动的两个线圈组成。当用手摇动发电机

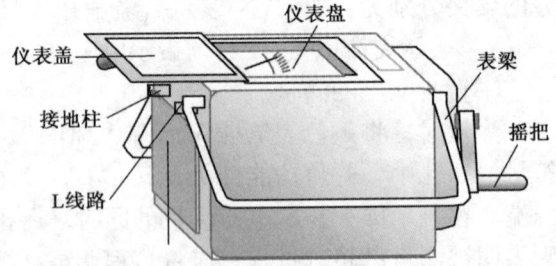

图5-34 常用 ZC11D-10 型兆欧表示意图

时,两个线圈中同时有电流通过,在两个线圈上产生方向相反的转矩,表针就随着两个转矩的合成转矩的大小而偏转某一角度,这个偏转角度取决于上述两个线圈中电流的比值。由于附加电阻的阻值是不变的,所以电流值仅取决于待测电阻阻值的大小。值得一提的是,兆欧表测得的是在额定电压作用下的绝缘电阻值。万用表虽然也能测得数千欧的绝缘电阻值,但它所测得的绝缘电阻,只能作为参考。因为万用表所使用的电池电压较低,绝缘材料在电压

较低时不易击穿，而一般被测量的电器线路和电器设备均要在较高电压下运行，所以，绝缘电阻只能采用兆欧表来测量。

2. 使用方法和注意事项

（1）选择兆欧表。

选择兆欧表应以所测电器设备的电压等级为依据。通常，额定电压在 500V 以下的电器设备，选用 500V 或 1000V 的兆欧表；额定电压在 500V 以上的电器设备，选用 1000V 或 2500V 的兆欧表。

电器设备究竟选用哪种电压等级的兆欧表来测定绝缘电阻，有关规程都有具体规定，按规定选用即可。必须指出，切不可任意选用电压过高的兆欧表，以免被测设备绝缘击穿造成事故。同样，也不得选用电压过低的兆欧表，否则无法测出被测对象在额定工作电压下的实际绝缘电阻值。

选择兆欧表量程的方法是：所选量程不宜过多的超出被测电器设备的绝缘电阻值，以免产生较大误差。测量低压电器设备的绝缘电阻时，一般可选用 $0 \sim 200 M\Omega$ 挡；测量高压电器设备或电缆的绝缘电阻时，一般可选用 $0 \sim 250 M\Omega$ 挡。有些兆欧表的刻度不是从零开始，而是从 $1 M\Omega$ 或 $2 M\Omega$ 开始。这种兆欧表不宜用来测量潮湿环境中的低压电器设备的绝缘电阻。因为在潮湿环境下电器设备的绝缘电阻值有可能小于 $1 M\Omega$，测量时在仪表上得不到读数，容易误认为绝缘电阻值为零而得出错误结论。

（2）测量前的准备。

①测量前，应切断被测设备的电源，并进行充分放电（约需 $2 \sim 3s$），以确保人身和设备安全；

②擦拭被测设备的表面，使其保持清洁、干燥，以减小测量误差；

③将兆欧表放置平稳，并远离带电导体和磁场，以免影响测量的准确度；

④对有可能感应出高电压的设备，应采取必要的措施；

⑤对兆欧表进行一次开路和短路实验，以检查兆欧表是否良好。实验时，先将兆欧表"线路（L）"、"接地（E）"两端钮开路，摇动手柄，指针应指在"∞"位置；再将两端钮短接，缓慢摇动手柄，指针应指在"0"处。否则，表明兆欧表有故障，应进行检修。

（3）测量方法及注意事项。

①兆欧表接线柱与被测设备之间的连接导线，不可使用双股绝缘线、平行线或绞线，而应选用绝缘良好的单股铜线，并且两条测量导线要分开连接，以免因绞线导致绝缘不良而引起测量误差。

②摇动手柄的速度应由慢逐渐加快，一般保持转速 120r/min 左右为宜，在转速稳定 1min 后即可读数。如果被测设备短路，指针摆到"0"，应立即停止摇动手柄，以免烧坏仪表。

③兆欧表上有分别标有"接地（E）"、"线路（L）"和"保护环（G）"的三个端钮。测量线路对地的绝缘电阻时，将被测线路接于 L 端钮上，E 端钮与地线相接，如图 5-35 所示。测量电动机定子绕组与机壳间的绝缘电阻时，将定子绕组接在 L 端钮上，机壳与 E 端钮连接；测量电缆芯线对电缆绝缘保护层的绝缘电阻时，将 L 端钮与电缆芯线连接，E 端钮与电缆绝缘保护层外表面连接，将电缆内层绝缘层表面接于保护环端钮 G 上。

④测量电容器的绝缘电阻时应注意，电容器的击穿电压必须大于兆欧表发电机的额定电压值。测试电容后，应先取下兆欧表表线再停止摇动手柄，以免以充电的电容向兆欧表放电

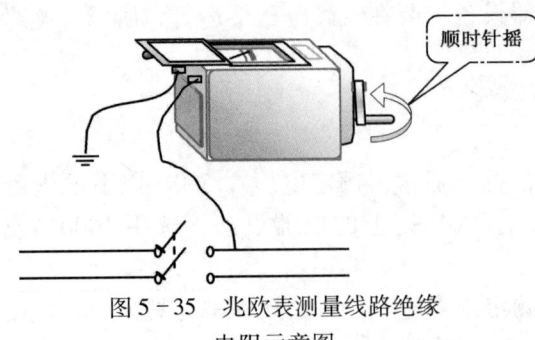

图 5-35 兆欧表测量线路绝缘电阻示意图

⑤同杆架设的双回路架空线和双母线，当一路带电时，不得测试另一路的绝缘电阻，以防感应高压危害人身安全和损坏仪表。

⑥测量时，所选用兆欧表的型号、电压值以及当时的天气、温度、湿度和测得的绝缘电阻值，都应详细记录下来，为下一步检修维护提供准确依据。

⑦测量工作一般由两人完成。测量完毕，只有在兆欧表完全停止转动和被测设备对地充分放电后，才能拆线。被测设备放电的方法是：用导线将测点与地（或设备外壳）短接 2~3s。

前面介绍了几种电工常用的仪表，这里还要明确一下，仪表的维护与保养要点。为使仪表处于良好的工作状态，能测试出准确可靠的数据，必须做到：搬运和使用电工仪表，应轻拿轻放，避免振动和撞击；接线端必须洁净，表笔引线长短要适当；仪表应存放在清洁、干燥、湿度温度适当（温度 10~30℃，相对湿度 30%~80%）、无振动、无强电磁场干扰的环境中，并且不受阳光直接照射；由专人负责保管；按有关规程规定，电工仪表应定期（一般每年一次）校验和调整，仪表的调整校验报告和有关记录资料应妥善保管，以便分析比较；对电工仪表应定期进行擦拭，擦拭时禁止随便给仪表加注润滑油；电工仪表发生故障时，应送有关单位或由有经验的人员修理，不得乱拆卸。

（六）钳形电流表

钳形电流表的精确度虽然不高，通常为 2.5 级或 5.0 级，但由于它具有不需要切断电源即可测量的优点，所以得到广泛应用。例如，用钳形电流表测试三相异步电动机的三相电流是否正常，测量照明线路的电流平衡程度等。

1. 钳形电流表的分类

（1）钳形电流表按结构原理可分为交流钳形电流表和交流、直流两用钳形电流表。

如图 5-36 所示，为两种常用的钳形电流表。图 5-36（a）为旧型钳形电流表，为东海 500 型；图 5-36（b）为新型钳形电流表，为 MG-28 型；两者测电流的原理是一致的，不同的是新型电流表的附加测试内容多（直流电阻等）一些。

（2）按数值显示可分为指针式钳形电流表和数字式钳形电流表两种。

2. 测量原理及使用方法

钳形电流表主要由一只电流互感器和一只电磁式电流表组成，电流互感器的一次线圈为被测导线，二次线圈与电流表相连接，电流互感器的变比可以通过旋钮来调节，量程从一安至几千安。测量时，按动扳手，打开钳口，将被测载流导线置于钳口中。当被测导线中有交变电流通过时，在电流互感器的铁芯中便有交变磁通通过，互感器的二次线圈中感应出电流。该电流通过电流表的线圈，使指针发生偏转，在表盘标度尺上指示被测电流值。

3. 使用注意事项

（1）测量前，应检查仪表指针是否在零位。若不在零位，则应调到零位。同时应对被测电流进行粗略估计，选择适当的量程。如果被测电流无法估计，则应先把钳型表置于最高挡，逐渐下调切换，至指针在刻度的中间段为止。

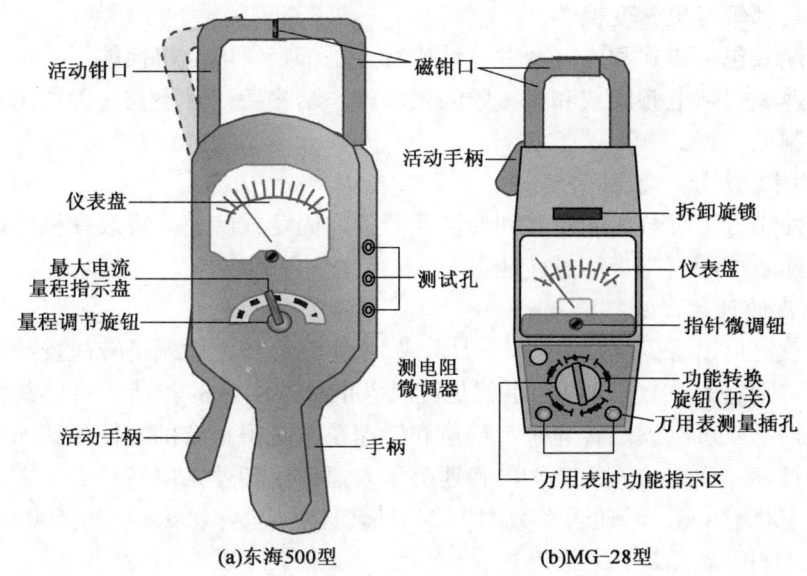

图 5－36 常用钳形电流表示意图

（2）应注意钳形电流表的电压等级，不得将低压表用于测量高压电路的电流。

（3）每次只能测量一根导线的电流，不可将多根载流导线都夹入钳口测量。被测导线应置于钳口中央，否则误差将很大（＞5%）。当导线夹入钳口时，若发现有振动或碰撞声，应将仪表扳手转动几下，或重新开合一次，直到没有噪声才能读取电流值。测量大电流后，如果还要测量小电流，应打开钳口几次，以消除铁芯中的余磁，提高测量准确度。

（4）在测量过程中不得切换量程，否则就会造成二次回路瞬间开路，感应出高电压而击穿表内元件。若是选择的量程与实际数值不符，需要变换量程时，应先将钳口打开。

（5）若被测导线为裸导线，则必须事先将邻近各相用绝缘板隔离，以免钳口张开时出现相间短路。

（6）测量时，如果附近有其他载流导体，所测的值会受到载流导体的影响而产生误差。此时，应将钳口置于远离其他导线的一侧。

（7）每次测量后，应把调节电流量程的切换开关置于最高挡位，并开几次钳口，以免下次使用时因为未选择量程就进行测量而损坏仪表。

（8）有电压测量挡的钳型表，电流和电压要分开测量，不得同时测量。

（9）测量 5A 以下电流时，为获得较为准确的读数，若条件许可，可将导线多绕几圈放进钳口测量，此时实际电流值为钳型表的示值除以所绕导线圈数。

（10）读数时要注意安全，切勿触及其他带电部分。

（11）钳形电流表应保存在干燥的室内，钳口处应保持清洁，使用前后都应擦拭干净。

（七）转速表

1. 转速表的分类

转速表也称转速计量仪器，可以有以下 3 种分类方法：

（1）按原理分。转速表按原理分有离心式、定时式、磁式、电式和频闪式等。

（2）按结构分。转速表按结构分有机械式、磁电式、电频式和机械频闪式等。

机械式转速表包括离心式、定时式、摩擦式、振动式、液压式、气动式等多种，它们的结构特点主要是都带有机械变换器。

磁电式转速表包括磁式和电式两种，结构特点是都带有电动机换能器。

频闪式转速表包括电频闪式和机械频闪式两种，结构特点是不与被测物接触，是根据频闪测速的原理制成。

（3）按使用方法分。

转速表按使用方法可分为固定式和便携式两种，固定式转速表可装在机器设备上测量转速，便携式转速表可随时携带测量转速。

2. 测速表盘的读数方法

在有的表盘上可以看到标注有 1:2、1:5 或 1:10 等符号，这就是转速表系数。如果没有这样标注说明，则它的系数是 1:1，也就是说表盘指示就实际的转速，只要看好转速挡的位置，对照表盘指示就可以读出转速来。挡位和转速系数是很重要的，使用转速表时要认真操作，以免把表打坏。读数的方法：轴的转速等于表盘指示转速乘以转速表系数。如指针在表盘上指示值是 1000r/min，转速表系数为 1:2，轴转速就应是 $1000 \times 1/2 = 500$ r/min。

3. 转速表附件

有些转速表除本身结构外，还带有一些附件装在表盒内，盒内有线速度圆盘、大橡皮接头、小橡皮接头、钢三角接头、长接杆、表油等。

速度圆盘：圆盘周长 10cm，不同型号转速表可查有关说明使用；

大橡皮接头：把大橡皮接头装在转速表轴上，使用时橡皮的锥形应接在合适的圆锥内，接触要可靠，以免使用时丢转；

小橡皮接头：装在转速表轴上，使用时小橡皮锥形紧接在合适的旋转体内，以保证测速时接触可靠，不丢转；

钢三角接头：装在较软的旋转轴顶部端面中心孔内来测量转速；

长接杆：测量较深的旋转轴接杆。

4. 频闪式转速表

频闪式转速表特点是不与被测轴接触，使用时较安全，比离心式转速表先进，频闪式转速表按结构可分为机械式频闪测速仪和电频闪式测速仪两种。

以电频闪式测速仪为例简述其结构。电频闪式测速仪是由闪光灯、计数器等部分组成。其原理是基于频闪效应原理。所谓频闪效应就是物像在人的视野中消失后能保留一定时间的视觉印象，即视后效。视后效的持续时间，在物体平均光度条件下约为 $1/15 \sim 1/20$s 的范围内，如果来自被视物体的视刺激信号是一个接一个断断续续的，而每次都少于 $1/20$s，则视觉就来不及消失，从而给人以连贯的假象。人们根据频闪效应原理制造出的 SSC-1 型数字式闪光测速仪，这种仪器是用单结晶体管作为可变频率振荡器，当频率可变的脉冲信号经斯密特电路整形后，一路送计数器计数，另一路送 60 分频去触发闪光灯闪光。闪光灯一闪一闪的光照旋转圆盘，并在圆盘上做记号，当圆盘转速与闪光频率相等或成倍数关系时，圆盘上的记号即呈现停留不动状态。若闪光频率已知，可根据圆盘上按一定顺序排列的记号数及图像停留二次数测量圆盘转速。

5. HY-441 转速测试仪

HY-441 数字转速表是非接触型的手持式转速测试仪器。使用时，只要在被测旋转物体上贴一块反射片，将本仪器射出的红光对准反射片即可进行测量，既方便又安全。可以对电动机等各种旋转机械的转速进行精密测量，是工业检测中的必备仪器。

（1）主要技术参数。

测量范围：50～3000r/min。

检测方法：非接触反射式，红色光源。

测量距离：50～150mm。

结果显示：5位液晶数字。

测量时间：1s，能自动更新（在50～60r/min范围内为2s）。

记忆保留时间：约5min。

电源：5号电池3节。

工作温度：0～40℃。

外形尺寸（$l \times b \times h$）：165mm×59mm×42mm。

质量：约210g。

（2）部件名称及功能。

①电源开关。按下此开关，电源接通，可以进行测量。

②显示器。有5位液晶数字显示测量结果，其单位为转/分（r/min）。出现"B"标志时，应更换电池。

③接收状态指示器。该红色发光管点亮时，表示仪器接收到反射片反射回来的光信号，仪器即显示测量结果。

④检测部件。内部有光发射和接收装置。

⑤记忆读出开关。在关机状态，按下该开关时，显示器上会出现机内寄存的最后一次测量值。

⑥电池盒盖。按箭头方向推开电池盒盖，即可更换电池。

（3）测量方法。

①打开电池盖，按正确极性装入电池。

②剪一块约12mm×12mm的反射片贴在被测的旋转轴等零件上，注意与旋转体非反射面圆周宽度之比应不少于1:1。如被贴处有水、油污等应预先擦去。如果该零件本身具有光亮的表面（如有电镀层等），那么，转速表投射红光时，必须斜向对准该零件面，或者在贴反射片之前先将零件表面涂黑。

③按下电源开关，使仪器发射的红光对准反射片位置。调整仪器角度及距离，使检测器上部的信号接收指示灯点亮，即可以从显示器读出测量结果。

④使用记忆读出开关。当测量时，如直接读数有困难，可按如下方法进行：按上述①～③进行测量，在仪器处于正常测试状态时松开电源开关。仪器会自动将最后一次测到的数据储存起来。此时将仪器移到方便读数的位置，按下记忆读数开关，即可从显示器上读到刚才的测量数据。注意每次按电源开关后上次记忆的数据即自动清除。

⑤当显示器上出现"B"标志时，说明电池将耗尽，应更换电池。

⑥仪器长期不用，应取出电池，以防电池漏液损坏仪器。

（八）可燃气体报警器

可燃气体报警器是区域安全监视器中的一种预防性报警器。可燃气体报警器用于检测区域内环境空气中可燃气体或蒸汽的含量。当空气中可燃气体浓度接近或达到爆炸极限时，可燃气体报警器及时报警，警示区域管理人员或操作人员查找并排除可燃气体泄漏源，并启用区域排风措施，避免火灾或爆炸事故的发生。

引起火灾和爆炸危险的因素：易燃易爆性气体或蒸气在环境空气中的存在，且在空气中的含量已达到一定的浓度，当混合气体接触到一定能量的火（热）源时即可发生火灾和爆炸。

某些气体或蒸气与空气相混合，在一定的浓度范围内极易引起燃烧爆炸，将该浓度范围称之为易燃易爆范围。爆炸范围的最低浓度称为爆炸下限（LEL），最高浓度称为爆炸上限（HEL）。

在易燃易爆场所要求可燃气体报警器应具备以下四项特性：

（1）响应快速。

（2）从零至可燃下限范围内应灵敏。

（3）对空气中的可燃气体具有选择性。

（4）可燃气体在可燃范围内（从可燃下限至可燃上限），检测器不具有可产生引燃引爆混合气的能量源。

1. 种类及特点

可燃气体报警器的种类较多，工作原理各不相同，目前常用的检测器主要有半导体气敏元件、催化燃烧法、红外线吸收法。

（1）半导体气敏元件。精确度不高，较灵敏，受环境温度影响大，而且有休眠现象。它只能用于检测判断有无可燃气体泄漏的场合。

（2）催化燃烧法。精确度高，线性特性好，响应速度快，抗干扰能力强，适合检测各种可燃性气体浓度。但是，在某些场合由于环境气体中含有使催化剂中毒的气体（如卤素或二氧化硫），也受到一定限制。

（3）红外线吸收法。精确度高，使用寿命长，无中毒问题，维护量小。但价格较高。

2. 结构及工作原理

（1）催化燃烧法传感元件为接触燃烧式探测器，载体为三氧化二铝，在其表面附着铂金丝，在载体和铂金丝表层混有钯、钍类氧化物组成的催化池。催化池元件内的铂金属丝作为惠司登电桥的一个桥臂——检测臂，电桥的另一桥臂——参比桥臂也用同样材料铂丝绕成，并与检测臂分别装在同一金属壳体的两个隔离室内，参比臂与检测臂置于同一环境温度中，起温度补偿作用，也称之为补偿元件。检测电路如图 5 - 37(a)所示。补偿元件的表层已经过钝化处理，或者在元件表层涂一层隔离膜。补偿元件和检测元件同置于环境空气中。当环境空气中的可燃气体或蒸气在加热催化也是表面发生燃烧时（催化池内装有消焰器，其燃烧为无焰燃烧），燃烧过程使催化池温度升高，铂金丝电阻值增大，电桥失去平衡产生不平衡电压，该电压与可燃性气体或蒸气的浓度成正比，该电压经放大后通过指示器显示可燃气体或蒸气浓度，当浓度接近或达到设定的可燃下限值时，接通报警电路，发出声光报警信号。

（2）半导体气敏元件检测器结构工作原理与催化燃烧检测器基本类似，如图 5 - 37（b）所示。所不同的是传感器元件为半导体材料，该半导体材料对可燃气体或蒸气具有吸附性，可燃气体或蒸气在空气中含量的高低直接影响到半导体气敏元件电阻值的大小，从而使电桥失去平衡。

3. 安装注意事项

可燃气体报警安装正确与否关系到报警功能的正常使用。检测器的安装位置应根据生产设备、管线布局、可燃气体密度、环境地势、主导风向和空气流通状况等情况决定。

第五章 计量仪表及控制系统

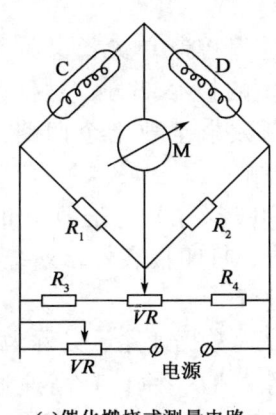
(a)催化燃烧式测量电路

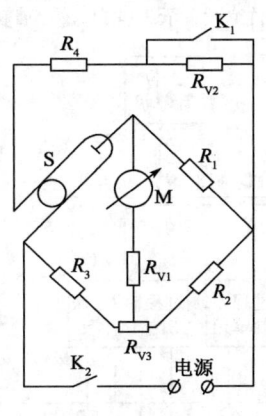
(b)半导体式测量电路

图 5-37 可燃气体报警器检测原理

D—检测元件；C—补偿元件；VR—可调电阻；S—检测元件；R_1、R_2、R_3、R_4—固定电阻；M—指示仪表；R_{V1}、R_{V2}、R_{V3}—可调电阻；M—指示仪表

（1）安装在易燃易爆场所的检测器必须符合危险区域的防爆等级。
（2）检测器安装位置应选择在有泄漏可能或气体、蒸气浓度相对较高处。
（3）检测器安装标高应视被检测气体的相对密度而定，当可燃气体密度大于空气时，检测器应安装在较低处，反之，则安装于较高处。
（4）风向是指区域的主导风向。风向对于露天场所安装是很重要的，检测器应安装在易泄漏点的下风向处。
（5）为遮挡日照或雨水，检测器在露天安装应有防护罩。在多尘或污浊的环境中，也应给检测器提供防尘罩。
（6）室内安装，检测器安装位置应避开强制通风或采暖设施的主气流。
（7）为检测燃料罐区是否有可燃气体进入生产装置或公路，可采用长距离式红外吸收式可燃气体检测器。

第三节 自动控制系统

一、集散控制系统（DCS）的组成和特点

集散控制系统（DCS）又称为集中分散控制系统（简称集散系统），也称其为分布式控制系统。它是利用计算机技术、控制技术、通信技术、图形显示技术实现过程控制和过程管理的控制系统，它以多台（数十台，甚至数百台）微处理机分散应用于过程控制，通过通信总线、CRT 显示器、键盘、打印机等又能高度集中地操作、显示和报警。分散控制系统兼有常规模拟仪表和计算机系统的优点，克服了它们的不足。

（一）组成

集散控制系统一般由以下四大部分构成：
（1）过程输入/输出接口单元，又称为数据采集站、监视站等，是为生产过程中的非控制变量设置的数据采集装置。它不但能完成数据采集和预处理，还可以对实时数据进一步加

工处理，供 CRT 操作站显示和打印，实现开环监视。

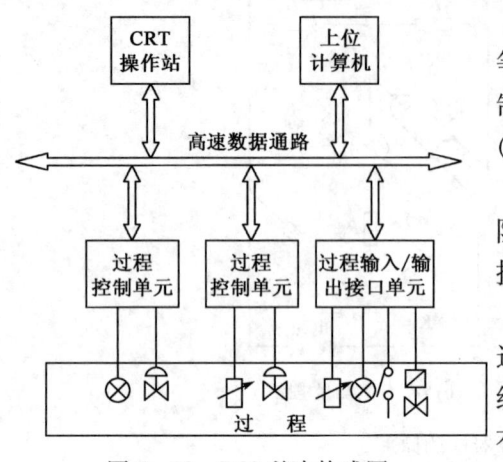

图 5-38 DCS 基本构成图

(2) 过程控制单元，又称为控制器、控制站等，是 DCS 的核心部分，对生产过程进行闭环控制，可控制数个至数十个回路，还可以进行批量（顺序）控制。

(3) CRT 操作站，是 DCS 的人—机接口装置，除监视操作、打印报表外，系统的组态、编程也在操作站上进行。

(4) 高速数据通路，又称为高速通信总线、大道、公路等，是一种具有高速通信能力的信息总线，一般采用双绞线或光纤维构成。有的 DCS 还挂有上位计算机，实现集中管理和最佳控制等功能。

DCS 基本构成如图 5-38 所示。

（二）特点

集散控制系统为了达到集中管理和监控目的，使用了监控计算机，它能够存取系统中所有的数据和控制参数，能按要求打印综合报告，能进行长期的趋势分析以及最优化监控，具有如下特点：

(1) 易于实现控制算法，如串级、前馈、解耦、多变量、非线性、最优等控制。

(2) 系统易扩展，并且易于改变现有方案，只借助键盘，通过固化软件即可实现，便于进行科学实验和技术革新。

(3) 易于实现程序控制。

(4) 系统可靠性高。

(5) 多种画面的 CRT 显示和"智能"操作台，方便操作。

(6) 安装投资少，工作量时间缩短，工程期大大减少。

二、集散控制系统的工作过程

首先是通过采样器测取被控装置各参数，再经过 A/D 转换器将模拟信号转换成数字信号，接着计算机将测量参数值与设定值进行比较，计算出输出值，输出值再经过 D/A 转换器将数字信号转换成模拟信号，转输到现场控制器，来调节被控装置的各参数，然后再取样、转换、计算、调节形成连续循环这一工作过程。

三、系统功能

系统功能包括数据采集和存储、控制、报警、记录、显示的功能。

（一）数据采集和存储

系统能够检测数字和模拟两种信号，且操作者可随时中断模拟信号的采集，并能以固定量来代替该变量，最后将数据储存在存储器内，数字信号每秒最少采集一次，而模拟信号的采集时间以按工艺要求进行设定，应对所测取参数的历史数据建立数据库。例如，数据库对所测取参数每 5s 存储一次读数，一个小时保留多少个这种 5s 存储一次的读数，每天的每小时平均值和累积值及每月的平均值和累积值。

（二）控制

控制可分为连续控制和顺序控制。

（1）连续控制：指系统不间断地对生产过程进行控制。

（2）顺序控制：系统根据设备的操作顺序及各项操作之间的关系来对生产过程进行控制。例如，加热炉的启炉和停炉，事故的联锁保护等过程均为顺序控制。

（三）报警

当系统出现下列情况时应有报警功能：

（1）输入的模拟信号超出信号范围。

（2）输入的模拟信号超出设定的高、低限值。

（3）输入的模拟信号变化率超出限定范围。

（4）输出的模拟信号超出高、低限幅值。

（5）热电偶断路。

（6）输入的数字信号为报警状态。

（7）系统本身故障。

系统可将报警优先分级如下：

（1）紧急报警。

（2）高限报警。

（3）低限报警。

（4）仅作为日记。

（5）没有作用。

（四）记录

系统定时自动存储或用打印机打印下列记录。

1. 参数记录

（1）小时记录：每1h自动存储或打印一次参数值和累积值。

（2）班记录：每8h存储或打印一次参数平均值和累积值。

（3）日记录：每24h自动存储或打印一次参数平均值和累积值。

（4）月记录：每月自动存储或打印一次参数平均值和累积值。

2. 报警记录

系统中发生任何一项报警时，计算机将自动记录储存，并可自动（或手动）启动打印机打印报警记录。报警记录的内容有报警发生的设备（或参数）名称、原因、时间和日期。

3. 操作者动作记录

操作者动作记录是指改变系统控制参数、设备状态或流程的动作记录，内容包括改变控制参数（设备）的名称、原因、时间和日期。

（五）显示

系统中尽量使用汉字显示，并应具有下列显示项：

（1）总貌显示。显示全部被测参数及工艺设备的状态。操作者可监视判断整个生产过程是否正常平稳。

（2）组显示也称控制画面。总貌显示画面中的每一组，对应一个组显示画面，每个组显示画面最多显示8个PID控制回路，操作者可在组画面上根据生产需要对控制回路进行必要的操作。

（3）点画面也称调整画面。组显示画面中每一个工位点，对应一个点显示画面，每幅点显示画面上可显示一个 PID 控制回路的全部信息，如给定值、测量值、输出值、偏差值、PID 参数值、控制模式、报警值、报警状态等。操作员可在点显示画面上对该 PID 控制回路的各种参数进行调整。

（4）趋势画面。趋势显示画面是通过曲线来描述被测参数的变化的。趋势显示画面可分为：实时趋势记录和历史趋势记录两种，将实时趋势曲线存盘后当需要时再调出来显示就成了历史趋势记录了，每幅趋势显示画面应在同一坐标上，同时显示最少 4 个变量的变化趋势，可用不同颜色表示每个变量的变化趋势，趋势的回隔时间，根据需要来选择，一般有 1h、8h、24h 等。

（5）流程图画面。它是由各种图形、颜色、文字和数据等组合来显示装置的运行状态和重要变量的实时值。除静止画面以外，还有颜色变化、闪光、图形和文字连续变化的动态画面，给操作员以直观形象的感觉。

（6）报警显示画面。报警画面上显示发生报警的回路名称、工位号、报警状态、日期、时间等。在报警画面上，按时间序列显示，最近一次报警显示在首行。报警级别用不同的声响和闪光来提醒操作员，发生的报警在没有确认之前，应保持声响的闪光，报警确认后，声响停止并转为平光，报警点在没有恢复正常前都应同时显示。

（7）操作指导画面。为了操作方便、安全，事先将各种操作程序信息储存在计算机内，实际操作时，以操作指导画面的形式显示出来，若操作员误操作，则系统不予确认并显示出错信息，从而保证安全操作。

四、不同运行状况下对油气分离器的控制

对油气分离器的控制可分三种不同运行状态进行说明。

（一）系统正常——运行平稳

操作者只需要监视各分离器液位和压力、温度，按操作规程进行常规操作，因为系统运行平稳，所以不要操作者过多调节。

（二）系统异常——运行不平稳

操作者可以根据液位和压力变化的情况，进行调整系统操作。当系统报警图形变为红色并且开始闪烁时，提醒操作者有参数已偏离给定值。由于来液量不稳定，当油量过大过快时，控制回路的呼应时间较慢，操作者需要进行调节，调节前操作者可调用组显示图查看设定值、输出值及测量值（一般测量值与设定值相近），看到测量值已高于设定值，这时可在点显示图上改变设定值或改自动为手动调节输出值，但油量平稳后要将设定值恢复原值，手动改为自动。当油量少时，为保证下游设备的平稳生产，可将自动改为手动进行调节输出值。正常后恢复自动。

（三）系统发生报警的处理

当报警发生时，操作者要迅速辨认和处理，确认报警后，若发生两个以上的报警，根据报警的优先级进行处理。如分离器一个高液位报警，一个超压报警，首先应判断出压力高是由何原因引起的，先查看高液位报警的情况进行处理，一般超压报警将会正常。若超压报警不能解除，再根据具体情况进行处理，最后将报警情况在打印机上打印出来。

第六章 常用工用具

第一节 常用手工工具

一、手钳的分类及使用

手钳是用来夹持零件、切断金属丝，剪切金属薄片或将金属薄片、金属丝弯曲成所需形状的常用手工工具。手钳的规格是指钳身长度（mm）。按用途可分为钢丝钳、尖嘴钳、扁嘴钳、圆嘴钳、弯嘴钳等。

（一）钢丝钳

钢丝钳用于夹持或折弯薄片形、圆柱形金属零件或金属丝，其旁边带有刃口的钢丝钳还可以用于切断细金属（带有绝缘塑料套的可用于剪断电线），是应用最广泛的手工工具，外形如图6-1所示。

钢丝钳按照柄部可分为不带塑料套和带塑料套两种；按照钳口形状可分为平钳口、凹钳口和剪切钳口三种。钢丝钳的规格见表6-1。

表6-1 钢丝钳的规格

类 型		工作电压 V	钳身长度 mm		
柄部	旁剪口				
铁柄	有	—	160	180	200
	无				
绝缘柄	有	500			
	无				
能切断硬度 $HR_c \leq 30$ 中碳钢丝的最大直径，mm			2	2.5	3

（二）尖嘴钳

尖嘴钳适用于比较狭小的工作空间位置上小零件的夹持，主要用于仪器仪表、电信、电器行业安装维修工作，带刃口的尖嘴钳还可以切断细金属丝，外形如图6-2所示。

图6-1 钢丝钳

图6-2 尖嘴钳

尖嘴钳按照柄部可分为不带塑料套和带塑料套两种。铁柄尖嘴钳电工禁用，绝缘柄的耐压强度为500V。常用的有125mm、140mm、160mm、180mm、200mm五种规格。

尖嘴钳的钳头部分尖细，且经过热处理，夹持物体不能过大，用力不能过猛，以防损伤钳头；使用时不能用尖嘴去撬工件以免钳嘴撬变形。

(三)扁嘴钳

扁嘴钳适用于狭窄或凹下工作空间中装拔销子、弹簧等小型零件及对金属薄片或细丝的弯曲,外形如图 6-3 所示。

扁嘴钳按照钳头可分为短嘴式和长嘴式两种。其规格见表 6-2。

表 6-2 扁嘴钳的规格　　　　　　　　　　　　mm

钳身长度		125	140	160	180	200
钳头部长度	短嘴式	25	32	40	—	—
	长嘴式	32	40	50	63	80

(四)圆嘴钳

圆嘴钳可将金属薄片或细丝弯曲成圆形,是仪器仪表、电信器材以及家电装配、维修行业中常用的工具,外形如图 6-4 所示。

图 6-3 扁嘴钳

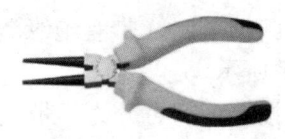

图 6-4 圆嘴钳

圆嘴钳按照柄部可分为带塑料套和不带塑料套两种。铁柄圆嘴钳电工禁用,绝缘柄的耐压强度为 500V。常用的有 125mm、140mm、160mm、180mm、200mm 五种规格。

(五)弯嘴钳

弯嘴钳与扁嘴钳相似,主要用于在狭窄或凹下的工作空间中夹持零件,外形如图 6-5 所示。

弯嘴钳按照柄部可分为带塑料套和不带塑料套两种。铁柄弯嘴钳电工禁用,绝缘柄的耐压强度为 500V。常用的有 140mm、160mm、180mm、200mm 四种规格。

(六)斜嘴钳

斜嘴钳是剪断金属丝的常用工具。平口斜嘴钳还可在凹坑中完成对金属丝的剪切,常用于电力及电线安装工作场合,外形如图 6-6 所示。

图 6-5 弯嘴钳

图 6-6 斜嘴钳

斜嘴钳按照柄部可分为带塑料套和不带塑料套两种。铁柄斜嘴钳电工禁用,绝缘柄的耐压强度为 500V。其规格见表 6-3。

第六章 常用工用具

表 6-3　斜嘴钳的规格　　　　　　　　　　　　　　mm

钳身长度	125	140	160	180	200
加载距离	80	90	100	112	125

（七）挡圈钳

挡圈钳专用于拆装弹簧挡圈。挡圈钳分为轴用和穴用两种，可适应对各种位置上挡圈的拆装，外形如图 6-7 所示。

挡圈钳按钳口形状又可分为直嘴式和弯嘴式两种结构（弯嘴结构一般为 90°，也有 45°的产品），常用有 150mm、175mm 两种规格。使用挡圈钳时防止挡圈弹出伤人。

（八）鲤鱼钳

鲤鱼钳用于夹持扁形或圆柱形金属零件，其钳口的开口宽度有两档调节位置，使其可夹持较厚或较大的零件，刃口可切断金属丝，也可代替扳手用于拆装螺栓、螺母等，外形如图 6-8 所示，常用有 125mm、150mm、165mm、200mm、250mm 五种规格。

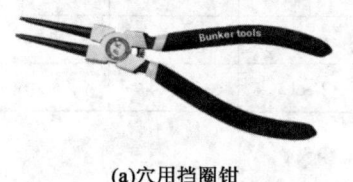

(a) 穴用挡圈钳　　(b) 轴用挡圈钳

图 6-7　挡圈钳

图 6-8　鲤鱼钳

（九）胡桃钳

胡桃钳可用于剪切钉子或其他金属丝，拔起钉入木材或其他非金属材质中的钉子或金属丝，主要用于木料或鞋中钉子的拔起，外形如图 6-9 所示。

胡桃钳可分为圆肩式（A 型）和方肩式（B 型）两种。常用的有 125mm、150mm、175mm、225mm、250mm、260mm 六种规格。

（十）顶切钳

顶切钳常用于机械、电器的装配及维修工作中，用于切断金属丝，外形如图 6-10 所示。

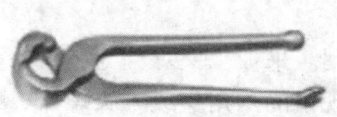

图 6-9　胡桃钳

图 6-10　顶切钳

顶切钳有 100mm、125mm、140mm、160mm、180mm、200mm 六种规格。

（十一）大力钳

大力钳能夹持管子、管材及其他零件，还可夹紧零件进行铆接、焊接、磨削等加工，另外还可作为扳手用。由于夹持后钳口能自锁，不会自然脱落，夹持力大，且钳口有多档调节位置等优点，使其成为一种多功能、使用方便的工具，外形如图 6-11 所示。

大力钳的规格是指钳身长度×钳口最大开口，常用为220mm×50mm。

（十二）断线钳

断线钳用于切断较粗、较硬的金属丝、线材盘条、刺铁丝及电线等，外形如图6-12所示。

图6-11 大力钳

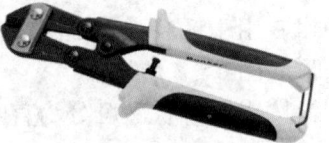

图6-12 断线钳

断线钳按钳柄分管柄式、可锻铸铁柄式和绝缘柄式，其规格见表6-4。

表6-4 断线钳的规格

规格		300	350	450	600	750	900	1050
长度，mm		305	365	460	620	765	910	1070
剪切直径，mm	黑色金属	≤4	≤5	≤6	≤8	≤10	≤12	≤14
	有色金属	2~6	2~7	2~8	2~10	2~12	2~14	2~16

（十三）手钳使用注意事项

手钳在使用时应根据工作需要选择合适的规格和类型。钳把带塑料套的不能在工作温度100℃以上情况下使用，以防塑料套熔化。带绝缘柄的电工钳可供电工使用，绝缘护套耐压为500V，只适合在低压带电设备上使用。带电操作时，手与金属部分应保持2cm以上的距离，剪切带电导线时，不得用钳口同时剪切相线和零线，或同时剪切两根相线（均会造成线路短路）。手钳夹持工件用力得当，防止变形损坏，手钳不能剪硬质合金钢，不能当作锤子或其他工具使用。

二、扳手的分类及使用

扳手主要用来扳动一定范围尺寸的螺栓、螺母，启闭阀类，装、卸杆类螺纹等。常用扳手有：呆扳手、梅花扳手、两用扳手、活扳手、内六角扳手、套筒扳手、钩形扳手、棘轮扳手、F扳手等。

（一）呆扳手

呆扳手俗称死板手，在扭矩较大时可与手锤配合使用。呆扳手又可分为单头呆扳手和双头呆扳手两种。单头呆扳手用于紧固或拆卸某一种固定规格的六角头或方头螺栓、螺钉或螺母，其外形如图6-13所示。双头呆扳手用于紧固或拆卸具有两种固定规格的六角头或方头螺栓、螺钉或螺母，其外形如图6-14所示。

图6-13 单头呆扳手

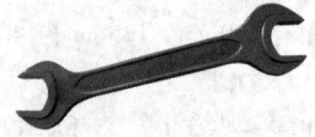

图6-14 双头呆扳手

呆扳手的规格是指扳手开口宽度（mm）。单头呆扳手的规格为：5.5mm，6mm，7mm，8mm，9mm，10mm，11mm，12mm，13mm，14mm，15mm，16mm，17mm，18mm，19mm，20mm，21mm，22mm，23mm，24mm，25mm，26mm，27mm，28mm，29mm，30mm，31mm，32mm，34mm，36mm，38mm，41mm，46mm，50mm，55mm，60mm，65mm，70mm，75mm，80mm。双头呆扳手的规格见表6-5。

表6-5 双头呆扳手的规格　　　　　　　　　　　　　　　　　　　　mm

规格类型		开口宽度尺寸系列
单件双头呆扳手		3.2×4，4×5，5×5.5，5.5×7，6×7，7×8，8×9，8×10，9×11，10×11，10×12，10×13，11×13，12×13，12×14，13×14，13×15，13×16，13×17，14×15，14×16，14×17，15×16，15×18，16×17，16×18，17×19，18×19，18×21，19×22，20×22，21×22，21×23，21×24，22×24，24×27，24×30，25×28，27×30，27×32，30×32，30×34，32×34，32×36，34×36，36×41，41×46，46×50，50×55，55×60，60×65，65×70，70×75，75×80
成套双头呆扳手	6件组	5.5×7（或6×7），8×10，12×14，14×17，17×19，22×24
	8件组	5.5×7（或6×7），8×10，10×12（或9×11），12×14，14×17，17×19，19×22，22×24
	10件组	5.5×7（或6×7），8×10，10×12（或9×11），12×14，14×17，17×19，19×22，22×24，24×27，30×32
	新5件组	5.5×7，8×10，13×16，18×21，24×27
	新6件组	5.5×7，8×10，13×16，18×21，24×27，30×34

（二）梅花扳手

梅花扳手的用途与呆扳手相似。梅花扳手又可分为单头梅花扳手和双头梅花扳手两种。单头梅花扳手仅适用于紧固或拆卸一种规格的内六角螺栓、螺母，其结构如图6-15所示。双头梅花扳手适用于紧固或拆卸两种规格的六角头螺栓、螺母，其结构如图6-16所示。梅花扳手可以在扳手转角小于60°的情况下，一次一次地扭动螺母，使用时一定要选配好规格，使被扭螺母和梅花扳手的规格尺寸相符，不能松动打滑，否则会将梅花扳手棱角损坏。

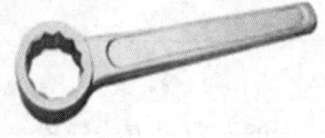

图6-15 单头梅花扳手

图6-16 双头梅花扳手

梅花扳手的规格是指梅花的对边距离（mm）。单头梅花扳手又分为矮颈和高颈两种，其规格为：10mm，11mm，12mm，13mm，14mm，15mm，16mm，17mm，18mm，19mm，20mm，21mm，22mm，23mm，24mm，25mm，26mm，27mm，28mm，29mm，30mm，31mm，32mm，34mm，36mm，38mm，41mm，46mm，50mm，55mm，60mm，65mm，70mm，75mm，80mm。双头梅花扳手可分为矮颈、高颈、直颈和弯颈4种型式，其规格见表6-6。

表6-6　双头梅花扳手的规格　　mm

规 格 类 型		梅花对边距离尺寸系列
单件双头梅花扳手		6×7，7×8，8×9，8×10，9×11，10×11，10×12，10×13，11×13，12×13，12×14，13×14，13×15，13×16，13×17，14×15，14×16，14×17，15×16，15×18，16×17，16×18，17×19，18×19，18×21，19×22，20×22，21×22，21×23，21×24，22×24，24×27，24×30，25×28，27×30，27×32，30×32，30×34，32×34，32×36，34×36，36×41，41×46，46×50，50×55，55×60
成套双头梅花扳手	6件组	5.5×8，10×12，12×14，14×17，17×19（或19×22），22×24
	8件组	5.5×7，8×10（或9×11），10×12，12×14，14×17，17×19（或19×22），22×24，24×27
	10件组	5.5×7，8×10（或9×11），10×12，12×14，14×17，17×19，19×22，22×24 或（24×27），27×30，30×32
	新5件组	5.5×7，8×10，13×16，18×21，24×27
	新6件组	5.5×7，8×10，13×16，18×21，24×27，30×34

（三）两用扳手

两用扳手的一端与单头呆扳手相同，另一端与梅花扳手相同，两端适用于紧固或拆卸相同规格的螺栓、螺钉、螺母，其外形如图6-17所示。

两用扳手的规格是指扳手的开口宽度或梅花对边尺寸距离（mm），其规格见表6-7。

表6-7　两用扳手的规格　　mm

规 格 类 型		开口宽度（梅花对边距离）尺寸系列
单件扳手		5.5，6，7，8，9，10，11，12，13，14，15，16，17，18，19，20，21，22，23，24，25，26，27，28，29，30，31，32，33，34，36
成套扳手	6件组	10，12，14，17，19，22
	8件组	8，9，10，12，14，17，19，22
	10件组	8，9，10，12，14，17，19，22，24，27
	新6件组	10，13，16，18，21，24
	新8件组	8，10，13，16，18，21，24，27

（四）活扳手

活扳手的开口宽度可以调节，可用于扳拧一定尺寸范围的六角或方头螺栓、螺钉、螺母，其外形如图6-18所示。

图6-17　两用扳手

图6-18　活扳手

扳手规格是指首尾全长×最大开口宽度，如扳手上标有"200×24"字样，"200"表示扳手全长为200mm，"24"表示扳手虎口全开时为24mm，见表6-8。

第六章 常用工用具

表6-8 活扳手的规格　　　　　　　　　　　　　　mm

扳手全长	100	150	200	250	300	375	450	600	650
最大开口宽度	13	14	24	28	34	45	55	60	65

活动扳手在使用时应根据所扳动的螺母、螺栓的规格大小来选择合适的扳手。扳手使用前应检查扳手的张合度、滑轨是否灵活，销子是否良好，虎口有无裂痕。根据螺栓或螺帽的规格将开口调到合适的尺寸，使松紧合适，活动扳唇与用力方向一致。活动扳手扳动较小的螺母时，应握在接近头部的位置，施力时手指可随时旋调蜗轮，收紧活动扳唇，以防打滑。扳动时扳手要用力拉动，不能推动，拉力的方向要与扳手的手柄成直角。在某些非推不可的场合时，要用手掌推，手指伸开，防止撞伤关节。

（五）内六角扳手

内六角扳手专门用于拆装各种内六角螺钉。其结构如图6-19所示。

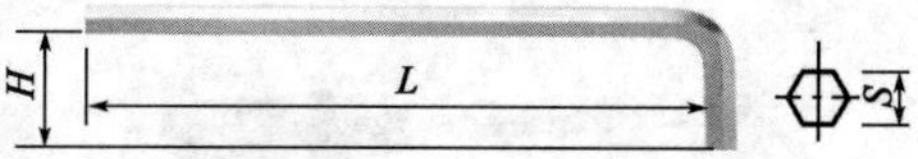

图6-19　内六角扳手

内六角扳手的规格是指所适用内六角螺钉的对边距离（mm）、见表6-9。

表6-9　内六角扳手的规格　　　　　　　　　　　　　　mm

公称尺寸S	2	2.5	3	4	5	6	7	8	10	12	14	17	19	22	24	27	32	36
长脚长度L	50	56	63	70	80	90	95	100	112	125	140	160	180	200	224	250	315	355
短脚长度H	16	18	20	25	28	32	34	36	40	45	56	63	70	80	90	100	125	140

（六）套筒扳手

套筒扳手分手动和机动（电动、气动）两种。由各种套筒（工作头）、传动附件和连接附件组成。除具有一般扳手紧固和拆卸六角头螺栓、螺母的功能外，特别适用于工作空间狭小或深凹的场合。手动套筒扳手应用十分广泛，如图6-20所示。

套筒扳手可分为小型、普通型和重型三种类型。

套筒扳手在使用时根据被拆装螺母选准规格，根据螺母所在位置大小选择合适的手柄，将套筒套在螺母上。拆装前必须把手柄接头安装稳定后才能用力，防止打滑脱落导致伤人，拆装过程中用力要平稳。

（七）钩形扳手

钩形扳手用于拆卸机床、车辆设备上的圆（锁紧）螺母。其外形如图6-21所示。

图6-20　套筒扳手

图6-21　钩形扳手

钩形扳手的规格是指适用圆螺母的外径尺寸（mm），见表6-10。

表6-10　钩形扳手的规格　　　　　　　　　　　　　　mm

适用圆螺母的外径尺寸	22~26	28~32	34~36	38~42	45~52	55~62	68~72	78~85	90~95	100~110	115~130
扳手长度	120	130	140	150	170	190	210	230	250	270	290

（八）棘轮扳手

棘轮扳手利用棘轮机构可在旋转角度较小的工作场合进行操作，分为普通式和可逆式两种。其外形如图6-22所示。普通式需要与方榫尺寸相应的直接头配合使用，可逆式的旋转方向可正向或反向。

（九）F扳手

F扳手由钢筋棍直接焊接而成，主要应用于闸门的开关操作中，是非常简单而好用的专用工具。其结构如图6-23所示。

图6-22　棘轮扳手

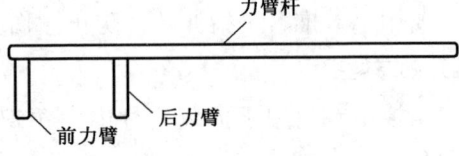

图6-23　F扳手结构示意图

F扳手规格通常为：两力臂距150mm、力臂杆长100mm、总长600~700mm。F扳手在开压力较高的阀门时一定要开口朝外进行操作，以防止丝杠打出伤人，（如图6-24所示）。

（十）扳手使用注意事项

扳手在使用时应根据被扳动对象以及尺寸选择合适的类型及规格，使用前应检查扳手及手柄有无裂痕，无裂痕方可使用；使用扳手时不能在手柄上接加力杠，防止超力比范围造成伤害；扳手用过后应及时擦洗干净。

三、螺钉旋具的分类及使用

螺钉旋具又称螺旋凿、起子、改锥和螺丝刀，它是一种紧固和拆卸螺钉的工具。螺钉旋具的样式和规格很多，常用的有一字形螺钉旋具、十字形螺钉旋具、夹柄螺钉旋具、多用螺钉旋具、内六角螺钉旋具。

（一）一字形螺钉旋具

一字形螺钉旋具用于紧固或拆卸一字槽螺钉、木螺钉。穿心式一字槽螺钉旋具能承受较大的扭矩，且可在尾部用手锤敲击使用；方形旋杆螺钉旋具还可用相应扳手夹住旋杆扳扭，以增大扭矩。其外形如图6-25所示。

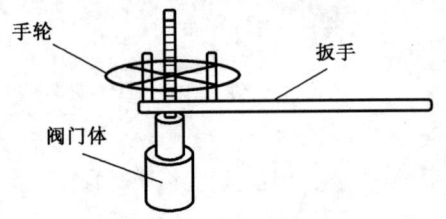

图6-24　F扳手使用示意图

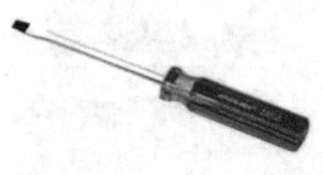

图6-25　一字形螺钉旋具

一字形螺钉旋具规格用旋杆长×旋杆直径（mm）来表示。按照柄部结构可分为普通式和穿心式两种；按照材质可分为木柄和塑料柄；此外还有方形旋杆和短粗型旋具。其规格见表6-11。

表 6-11 一字形螺钉旋具的规格   mm

公称尺寸	公称尺寸	公称尺寸	公称尺寸	公称尺寸	公称尺寸	公称尺寸
50×3	75×4	50×5	100×6	100×7	125×8	125×9
65×3	100×4	65×5	125×6	125×7	150×8	250×9
75×3	150×4	75×5	—	150×7	200×8	300×9
100×3	200×4	200×5	—	—	250×8	350×9
150×3	150×4	250×5	—	—	—	—
200×3	—	300×5	—	—	—	—

（二）十字形螺钉旋具

十字形螺钉旋具用于拆装十字槽螺钉。其外形如图 6-26 所示。

十字形螺钉旋具规格用旋杆长×旋杆直径（mm）来表示。其规格见表 6-12。

表 6-12 十字形螺钉旋具的规格   mm

公称尺寸	公称尺寸	公称尺寸	公称尺寸	公称尺寸
50×4	50×5	50×6	50×8	50×9
75×4	75×5	75×6	75×8	75×9
90×4	90×5	90×6	90×8	90×9
100×4	100×5	125×6	100×8	250×9
150×4	200×5	150×6	150×8	300×9
200×4	—	200×6	200×8	350×9
—	—	—	250×8	400×9

（三）夹柄螺钉旋具

夹柄螺钉旋具由于其能承受较大扭矩，除可用于紧固或拆卸一字槽形螺钉、木螺钉和自攻螺钉外，还可以在尾部敲击、在无电场合下作为凿子使用。其外形如图 6-27 所示。

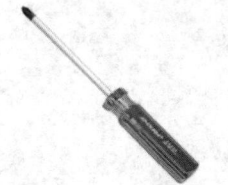

图 6-26 十字形螺钉旋具

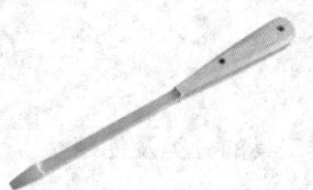

图 6-27 防爆夹柄螺钉旋具

夹柄螺钉旋具的规格是指旋具全长（mm），常用有 150mm，200mm，250mm，300mm 4 种规格。

（四）多用螺钉旋具

多用螺钉旋具用于紧固或拆卸多种形式的带槽螺钉、木螺钉和自攻螺钉，并可钻木螺钉孔眼以及做试电笔用。其外形如图 6-28 所示。

多用螺钉旋具的规格是指旋具全长（mm）。其规格为 230mm。

（五）内六角螺钉旋具

内六角螺钉旋具用于紧固或拆卸内六角螺钉。其外形如图 6-29 所示。

图 6-28 多用螺钉旋具　　　　　　　图 6-29 内六角螺钉旋具

内六角螺钉旋具的规格见表 6-13。

表 6-13 内六角螺钉旋具的规格　　　　　　　　　　　mm

型号	T40				T30		
长度	100	150	200	250	125	150	200
旋头六角对边距	4、4.5、5、5.5、6、7、8、9、10、11、12、13、14						

（六）螺钉旋具使用注意事项

（1）螺钉旋具在使用时应根据螺钉槽选择合适的类型和规格，旋具的工作部分必须与槽形、槽口相配，防止破坏槽口。

（2）普通型旋具端部不能用手锤敲击，不能把旋具当凿子、撬杠或其他工具使用。

（3）使用旋具紧固或拆卸带电的螺钉时，手不得触及螺丝刀的金属杆，以免发生触电事故。

（4）为了防止螺钉旋具的金属杆触及皮肤或触及邻近带电体，应在金属杆上套上绝缘管。

（5）电工不可使用金属杆直通柄顶的螺钉旋具，否则，很容易造成触电事故。

（6）螺钉旋具的刀口使用日久变圆后，可以在磨石上修磨，切勿在砂轮机上打磨，以免退火失去刚性。

第二节　钳 工 工 具

一、钳类工具的分类及使用

台虎钳是钳工常用工具，主要用于夹持中、小工件，以便进行锯割、凿削、锉削等操作。

（一）普通台虎钳

台虎钳又称台钳，是中、小型工件凿削加工专用工具，普通台虎钳安装在钳工工作台上，用于稳定地夹持工件，以便钳工进行各种操作。按钳体旋转性能可分为固定式和转盘式两种，常用的是固定式台虎钳，其结构如图 6-30 所示。

台虎钳由固定部分和活动部分组成。转动手柄，进退丝杠就可以带动活动钳口前后移动，固定钳口用螺栓固定在工作台上，工件放在两个钳口之间。旋转手柄就可紧固或松开工件。台虎钳的规格是以钳口最大宽度表示（mm）。固定式规格有：50mm、75mm、100mm、125mm、150mm、175mm、200mm 和 300mm；活动式规格有：75mm、100mm、125mm、150mm 和 200mm。

台虎钳使用注意事项：

（1）工件要夹在台虎钳钳口的中间，如果非使用钳口一边不可时，另一边要用与工件尺寸相应、硬度相近的物件支撑。

（2）工件若超出钳口太长，应将另一端支撑起来。

（3）夹持精致工件或软质金属时，应垫上软质衬垫。

（4）紧固工件时，不能在钳手柄上用加力管或用锤敲击。

（5）操作时防止敲击、锯、锉钳口。有砧座的虎钳，允许将工件放在上面做轻微的敲打。

（6）不能将虎钳当砧子用。

（7）对螺旋杆要保持清洁，经常加注润滑油。

（二）桌虎钳

桌虎钳与普通台虎钳相似，其特点是钳体轻便、安装场地随意性大、移动方便，适于夹持小工件进行操作加工，因多固定在桌面边缘而得名。其外形如图 6-31 所示。桌虎钳的规格是以钳口最大宽度表示（mm）。常用有 40mm、50mm、60mm 和 65mm。

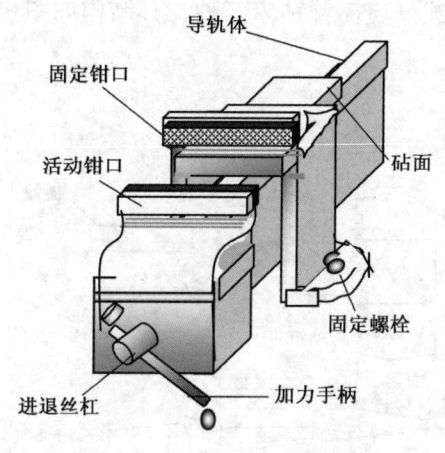

图 6-30　台虎钳结构示意图

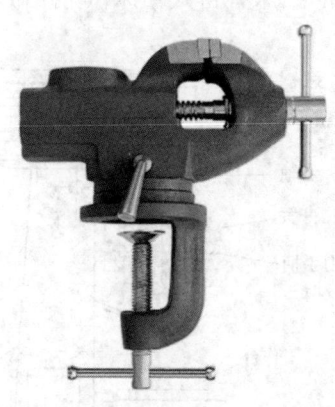

图 6-31　桌虎钳

（三）手虎钳

手虎钳作为一种手持工具，可以用来夹持轻巧小型工件，并进行操作。凡是不能握持的小工件，均可以用它来夹持。其外形如图 6-32 所示。手虎钳的规格是以钳口最大宽度表示（mm）。常用有 25mm、30mm、40mm 和 55mm。

二、钻类工具的分类及使用

电钻是常用的电动工具，用于在工件上钻孔。电钻分为手电钻和台式电钻两种。

（一）手电钻

手电钻是用来对金属或工件进行钻孔的电动工具。常用的有手枪式和手提式两大类，手电钻的特点是自重较小，携带方便，使用灵活，尤其在检修工作中使用广泛，如图 6-33 所示。

图 6-32 手虎钳

(a)手枪式

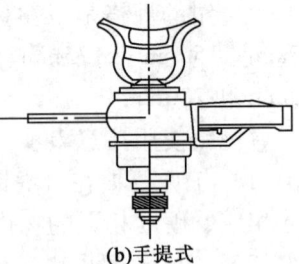
(b)手提式

图 6-33 手电钻示意图

单相（220V）电钻，按钻孔直径划分有 6mm 和 10mm 手握式电钻，13mm 和 19mm 手提式电钻；三相（380V）的，按钻孔直径划分有 13mm、19mm、23mm、32mm、48mm 等规格。

手电钻使用注意事项：

（1）手电钻由工人直接手持操作，应特别注意用电安全。

（2）使用前要检查外壳接地是否可靠。

（3）通电后要检查外壳是否带电。

（4）操作时应戴橡皮手套（低压及双层绝缘的手电钻除外），穿电工鞋或站在绝缘板上，以防触电。

（二）台式电钻

常用的钻床有台式钻床（台钻）、立式钻床（立钻）、摇臂钻床三种，其结构如图 6-34 所示。

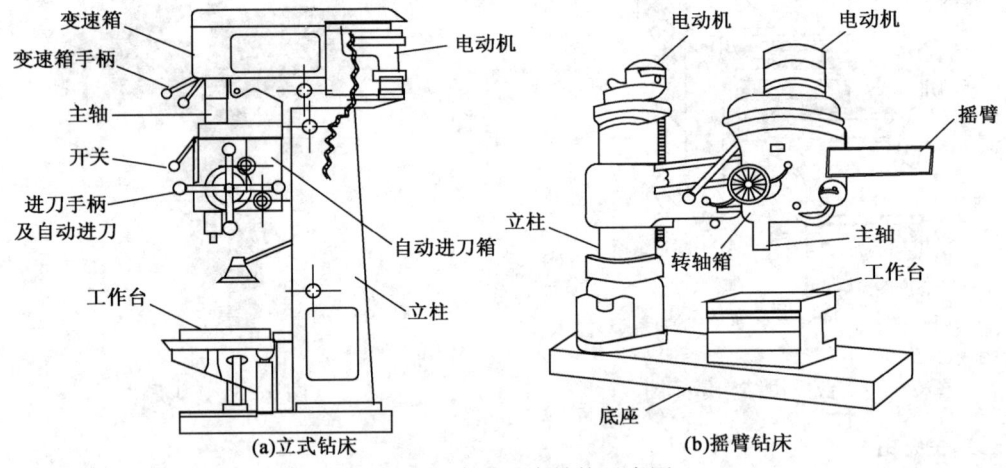

图 6-34 常用钻床结构示意图

1. 台钻

台钻是一种常用的小型钻床，分电动式和手摇式两种。台式钻床一般用来钻直径 12mm 以下的孔，手摇封闭台钻可钻 1.5～13mm 的孔，也有的台式钻床最大钻孔直径可达 20mm，但这种钻床体积较大，使用不普遍。台钻在使用过程中，工作台面必须保持清洁，钻通孔时必须使钻头能通过工作台面上的让刀孔，或在工件下面垫上垫铁，以免钻坏工作台面。

2. 立钻

立钻一般用来钻中、小型工件上的孔，其钻孔直径为 25mm、35mm、40mm、50mm 几种。立式钻床在使用前必须先空转试车，在钻床各机构都能正常工作时才可操作。在工作过程中不采用机动进给时，必须将三星手柄端盖向里推，断开机动进给传动。在变换主轴转速

第六章 常用工用具

或机动进给量时，必须在停车后进行。还要经常检查润滑系统的供油情况。

3. 摇臂钻床

用立式钻床在一个工件上加工多孔时，每加工一个孔，工件就要移动找正一次，对于加工大型工件来说时非常麻烦的。另外，还要使钻头中心准确地与工件上的钻孔中心重合，这也是很困难的。因此，采用主轴可移动的摇臂钻床来加工这类工件就比较方便。摇臂钻床在加工多孔工件时，只要调整摇臂和主轴箱在摇臂上的位置，即可方便地对准中心孔。摇臂还可沿着立柱上下升降，使主轴箱的高低位置适合于工件加工。

4. 钻床在操作过程中的注意事项

（1）操作钻床时不可戴手套，袖口必须扎紧，女工必须戴工作帽。

（2）工件必须夹紧，特别是在小工件上钻直径较大的孔时装夹必须牢固。

（3）钻通孔在将要钻穿前，必须减少进给量。钻不通孔时，要按钻孔深度调整好挡块。

（4）钻孔时不可用手和棉纱或用嘴吹铁屑，必须用毛刷清除，钻出长条切屑时，要用钩子钩断后清除。

（5）操作者的头部不准与旋转着的主轴靠的太近，停车时应让主轴自然停止，不可用手去刹住，也不能用反转制动。

（6）严禁在开车状态下装拆工件；检查工件和变换主轴转速时，必须在停车状况下进行。

（7）清洁钻床或加注润滑油时，必须切断电源。

三、锤类工具的分类及使用

锤子又称榔头、手锤，常用于矫正小型工具、打样冲和敲击錾子进行切削以及切割等。锤子分为硬锤子和软锤子。硬锤子一般是钢铁制品，软锤子一般是铜锤、铝锤、木锤、橡胶锤等。锤子由锤头和木柄组成，锤子的规格是以锤头质量来表示（kg），英制单位为磅。常用有斩口锤、圆头锤和钳工锤等。

（一）斩口锤

斩口锤用于对金属板或皮制品表面平整及翻边等。其外形如图 6-35 所示。斩口锤常用有 0.0625kg、0.125kg、0.25kg 和 0.5kg。

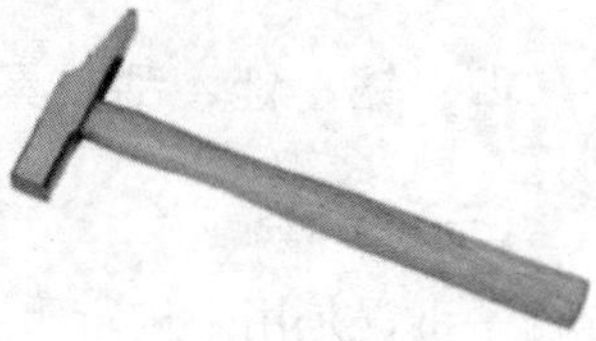

图 6-35 斩口锤

（二）圆头锤

圆头锤用于钳工、锻工、钣金工、安装工等敲击工件或整形。其外形如图 6-36 所示。圆头锤常用有 0.11kg、0.22kg、0.34kg、0.45kg、0.68kg、0.9kg、1.13kg 和 1.36kg。

（三）钳工锤

钳工锤供钳工、锻工、安装工、冷作工维修装配工作时敲击或整形用。其外形如图 6-37 所示。

图 6-36 圆头锤

图 6-37 钳工锤

钳工锤常用有 0.1kg、0.2kg、0.3kg、0.4kg、0.5kg、0.6kg、0.8kg、1.0kg、1.5kg 和 2.0kg。

（四）手锤的使用方法及注意事项

1. 手锤的使用方法

市场供应为连柄和不连柄两种手锤。木柄装入锤头中必须稳固可靠，防止脱落伤人，为此装木柄的锤孔要做成椭圆形，两端大、中间小，木柄敲入孔中后打入楔子，使锤头不易脱出。手柄长度一般为300mm左右，太长操作不方便，太短弹力不够。锤子使用时要注意两点：一是握锤，二是挥锤。

（1）握锤方法：握锤分紧握和松握两种。紧握法是用右手握手锤，五指满握，大拇指轻压在食指上，虎口对准锤头方向，木柄尾端露出手掌15～30mm。松握法是只用大拇指和食指始终握紧锤柄。

（2）挥锤方法：挥锤的方法有手挥、肘挥和臂挥三种。手挥只有手腕的运动，锤击力小。肘挥是用腕和肘一起挥锤，其锤击力较大，应用最广泛。臂挥是用手腕、肘和全臂一起挥动，其锤击力最大。

2. 手锤使用注意事项

（1）根据工作需要，选择合适的类型和规格。

（2）手锤的锤柄安装不好，会直接影响操作。因此，安装手锤时，要使锤柄中线与锤头中线垂直，然后打入锤楔，以防使用时锤头脱出发生意外。

（3）操作空间要够用，工具要握牢，人要站稳。

（4）使用手锤时右手应握在木柄的尾部才能使出较大的力量。在锤击时，用力要均匀，落锤点要准确。

四、锯、锉、刮工具的规格与使用

（一）手钢锯

手钢锯是用来进行手工锯割金属管子或工件的工具。由锯弓和锯条两部分组成，有可调式和固定式两种。其结构示意图如图6-38所示。

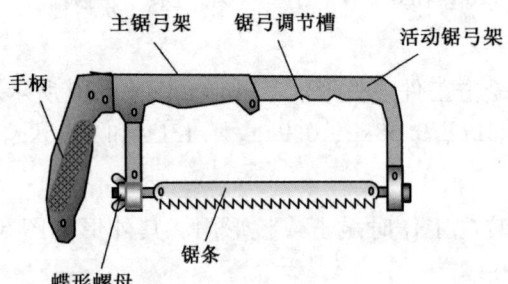

图6-38 手钢锯的结构示意图

调节式手钢锯有200mm、250mm、300mm三种，固定式是300mm。常用的锯条规格是300mm，锯条按锯齿粗细分为三种：锯条每英寸长度内粗齿（18齿）、中齿（24齿）、细齿（32齿）。粗齿锯条齿距大，适合锯割软质材料或厚的工件；细齿锯条齿距小，适合锯割硬质材料。一般来说，粗齿锯条适用于锯割铜、铝、铸铁、低碳钢和中碳钢等；中齿锯条适用于锯割钢管、铜管、高碳钢等；细齿锯条适用于锯割硬钢、薄管子、薄板金属等。

手钢锯在前推时才起到切削作用，因此安装锯条时应使齿尖的方向朝前。在调节锯条松紧时，蝶形螺母不宜旋得太松或太紧，太紧时锯条受力太大，在锯割中用力稍有不当，就会折断；太松时锯条容易扭曲，也容易折断，而且锯出的锯缝容易歪斜。其松紧程度可用手扳动锯条，以感觉硬实即可。锯条安装后，要保证锯条平面与锯弓中心平面平行，不得倾斜和扭曲，否则，锯割时割缝极易歪斜。

手钢锯使用注意事项如下：

（1）锯条要安装松紧适当，锯割时不要突然用力过猛，防止工作中锯条折断从锯弓上崩出伤人。

（2）当锯条局部的锯尺崩裂后，应及时在砂轮机上进行修整。

（3）工件将要锯断时，压力要小，避免因压力过大而使工件突然断开，使手向前冲造成事故，一般工件将要锯断时，要用左手扶住工件断开部分，避免掉下砸伤脚。

（二）锉刀

锉刀是用来手工锉削金属表面的一种钳工工具。锉刀由锉身和锉柄两部分组成。按锉刀断面形状来分，有齐头扁锉、尖头扁锉、方锉、圆锉、半圆锉、三角锉等几种；按锉刀工作部分的锉纹密度（每10mm长度内的主锉纹数目）来分，有1号、2号、3号、4号、5号五种等级；按锉刀长度可分为100mm、150mm、250mm和300mm四种。齐头扁锉结构如图6-39所示。

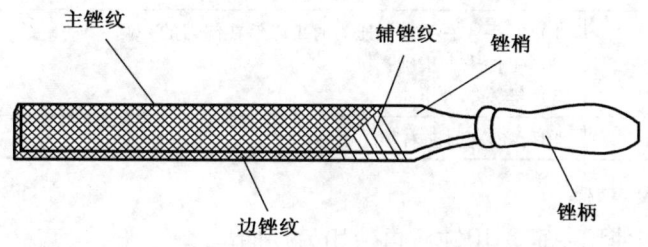

图6-39 齐头扁锉的结构示意图

锉刀的粗细规格是按锉刀齿纹的齿距大小来表示的，其粗细等级分为5种。其规格见表6-14。

表6-14 锉刀的粗细规格等级表　　　　　　　　　　　　　mm

等　级	粗细规格	齿　距
1号	粗锉刀	2.3~0.83
2号	中粗锉刀	0.77~0.42
3号	细锉刀	0.33~0.25
4号	双细锉刀	0.25~0.2
5号	油光锉	0.2~0.16

每种锉刀都有一定的用途，如果选择不当，就不能充分发挥它的效能，甚至会过早地丧失切削能力。应根据被锉削工件表面形状和大小选用锉刀的断面形状和长度。锉刀的粗细规格，决定于工件材料的性质、加工余量的大小、加工精度和表面粗糙度的高低。例如，粗锉刀由于锯齿较大不宜堵塞，一般用于锉削铜、铝等软金属及加工余量大、精度低和表面粗糙的工件；而细锉刀则用于锉削钢、铸铁以及加工余量小、精度要求高和表面粗糙度低的工件；油光锉用于最后修光工件表面。

1. 锉刀使用方法

锉削平面的方法有两种：一是顺向锉，二是交叉锉。

（1）顺向锉。锉刀运动方向与工件夹持方向始终一致，在锉宽平面时，为使整个加工表面能均匀地锉削，每次退回锉刀时应做适当的横向移动。顺向锉的锉纹整齐一致，比较美观，这是最基本的锉削方法。

（2）交叉锉。锉刀运动方向与工件夹持方向成30°~40°，且锉纹交叉。由于锉刀与工件的接触面大，锉刀容易掌握平稳，同时，从锉痕上可以判断出锉削面的高低，便于不断地修整锉削部位。交叉锉法一般适用于粗锉，精锉时必须采用顺向锉，使锉痕变直，纹理一致。

（3）平面锉削时产生平面不平的形式和原因见表6-15。

表6-15 锉削平面不平的形式和原因

形　式	产　生　原　因
平面中凸	（1）锉削时双手的用力不能使锉刀保持平衡； （2）锉刀在开始推出时，右手压力太大，锉刀被压下，锉刀推到前面，左手压力太大，锉刀被压下，形成前、后面多锉； （3）锉削姿势不正确； （4）锉刀本身中凹；
对角扭曲或塌角	（1）左手或右手施加压力时重心偏在锉刀的一侧； （2）工件未夹正确； （3）锉刀本身扭曲
平面横向中凸或中凹	锉刀在锉削时左右移动不均匀

2. 锉刀使用注意事项

（1）新锉刀要先使用一面，用钝后再使用另一面。

（2）在锉削时，应充分使用锉刀的有效长度，既提高了锉削效率，又可避免锉齿局部磨损。

（3）不可锉毛坯件的硬皮和经过淬火的工件。

（4）铸件表面如有硬皮，应先用砂轮磨去或用旧锉刀锉去，然后再进行正常锉削加工。

（5）锉削时锉刀不能撞击到工件，以免锉刀柄脱落造成事故。

（6）没有装柄的锉刀、锉刀柄已经裂开的锉刀或没有锉刀柄箍的锉刀不可使用。

（7）如锉屑嵌入齿缝内，必须及时用钢丝刷沿着锉齿的纹路进行清除。在锉削时不能用嘴吹锉屑，也不能用手擦摸锉削表面。

（8）锉刀不可作为撬杠或手锤使用。

（9）锉刀上不可沾油或沾水，锉刀使用完毕必须清刷干净，以免生锈。

（10）在使用过程中或放入工具箱时，不可与其他工具或工件堆放在一起，也不可与其他锉刀互相重叠堆放，以免损坏锉齿。

（三）刮刀

刮刀是在金属表面进行修整与刮光用的工具。刮削时，由于工件的形状不同，因此要求刮刀有不同的形式。刮刀一般可分为平面刮刀和曲面刮刀两大类。

平面刮刀用于刮削平面和刮花，一般多采用T12A钢制成。当工件表面较硬时，也可以焊接高速钢或硬质合金刀头。常用的平面刮刀有直头刮刀和弯头刮刀两种，弯头刮刀因其头部较薄、呈弯曲状，头部与刀体部分具有一定的弹性，使得刮削省力，适用于大面积轻力刮削，工件可达较高精度；曲面刮刀用于刮削内曲面，常用的有三角刮刀、蛇头刮刀和柳叶刮刀。三角刮刀用于刮削工件上的油槽、内孔表面及边缘。三角刮刀外形如图 6-40 所示。

刮刀规格以长度（不带柄）表示，有 100mm、125mm、150mm、175mm、200mm 和 250mm 等规格。

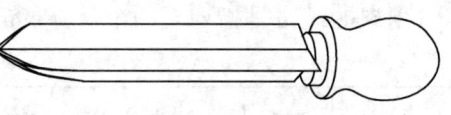

图 6-40　三角刮刀外形

1. 刮削方法

刮削方法可分为手刮法和挺刮法。采用手刮法时右手握刀柄，左手四指向下蜷曲握住刮刀近头部约 50mm 处，刮刀与被刮削表面成 20°~30°。同时，左脚前跨一步，上身随着往前倾斜，增加左手压力，也容易看清刮刀前面点的情况。刮削时右手随着上身前倾，使刮刀向前推进，左手下压，落刀要轻，同时当推进到所需要的位置时，左手迅速提起，完成一个手刮动作。手刮法动作灵活，适应性强，应用于各种工作位置，对刮刀长度要求不太严格，姿势可合理掌握，但是手较易疲劳，所以不适用于加工余量较大的场合。挺刮法是将刮刀柄放在小腹右下侧，右手并拢握在刮刀前部距刀刃 80mm 处，刮削时刮刀对准研点，左手下压，利用腿部和臀部力量，使刮刀向前推挤，在推动后的瞬间，同时双手将刮刀提起，完成一次刮点。

2. 刮刀使用注意事项

（1）因为在刮削时用力较大，为防止柄部脱落或断裂造成伤害，刮刀应装有牢固光滑的手柄。

（2）刮刀在不使用时，应放在不易坠落部位，防止掉落时伤人以及损坏刮刀。

（3）被刮削的工件一定要稳固牢靠，高度位置适宜人员操作，不允许被刮削的工件有移动、滑动的现象。

（4）不要将刮刀与其他手工具放在一个工具袋中，应单独妥善保管。

五、划线工具的分类及使用

（一）划线规

划线规用于在待加工的工件上划出加工的直线、圆弧及角度等，以便于加工，也可用以量取尺寸长度及等分线段。

划线规分普通式和弹簧式两种。其外形如图 6-41 所示，规格见表 6-16。

表 6-16　划线规规格　　　　　　　　　　　　　　　　　　mm

脚杆长度	普通式	100	150	200	250	300	350	400	450
	弹簧式	—	150	200	250	300	350	—	—

（二）划规

划规用在工件上划圆、分角度、排孔眼等。其外形如图 6-42 所示。

(a) 普通式

(b) 弹簧式

图 6-41　划线规

图 6-42　划规

划规的规格是指划规的全长（mm）。其规格见表6-17。

表6-17 划规的规格   mm

划规长度	160	200	250	320	400	500
最大开度	200	280	350	430	520	620
厚度	9	10	10	13	16	16

划规使用注意事项：

脚尖要保持尖锐靠紧，旋转脚施力要大，划线角施力要轻。划规两脚的长短要磨得稍有不同，而且两脚合拢时脚尖能靠紧，这样才可划出尺寸较小的圆弧。划规的脚尖应保持尖锐，以保证划出的线条清晰。用划规划圆时，作为旋转中心的一脚应加以较大的压力，另一脚则以较轻的压力在工件表面上划出圆或圆弧，这样可使中心不致滑动。

六、螺纹切削工具的分类及使用

用丝锥在孔中切削出内螺纹称为攻螺纹；用板牙在工件上切削出外螺纹称为套螺纹。

（一）丝锥与绞手

丝锥是加工普通内螺纹用的切削工具。按加工螺纹的种类不同可分为：普通三角螺纹丝锥、圆柱管螺纹丝锥和圆锥管螺纹丝锥三种；按加工方法分机用丝锥和手用丝锥。机用丝锥通常是指高速钢磨牙丝锥，其螺纹公差带为 H1、H2、H3 三种。手用丝锥是碳素钢或合金工具钢的滚牙（或切牙）丝锥，螺纹公差带为 H4。

绞手是用来装夹丝锥的工具，有普通绞手和丁字绞手两类。丁字绞手主要还用在攻工件凸台旁的螺孔或机体内部的螺纹。各类绞手有固定式和活络式两种。固定式绞手常用于攻 M5 以下的螺孔，活络式绞手可以调节方孔尺寸。绞手长度应根据丝锥尺寸大小选择，以便控制一定的攻螺纹扭矩。其外形如图6-43所示。

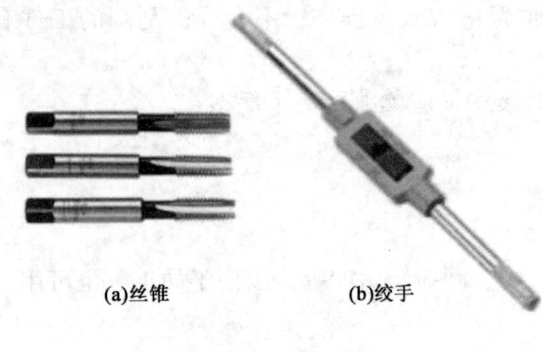

(a)丝锥　　　(b)绞手

图6-43 丝锥与绞手

绞手的规格是指绞手的全长（mm），见表6-18。

表6-18 绞手的规格   mm

绞手全长	130	180	230	280	380	480	600
适用丝锥公称直径	2~4	3~6	3~10	6~14	8~18	12~24	16~27

手攻螺纹时应注意以下事项：

（1）工件装夹要正，一般情况下，应将工件要攻螺纹的一面置于水平或垂直的位置。这样在攻螺纹时，就能够比较容易地判断丝锥垂直于工件的方向并保持。

（2）在开始攻螺纹时，尽量把丝锥放正，然后一只手压住丝锥的轴心方向，另一只手轻轻转动绞杠。当丝锥旋转后，从正面和侧面观察丝锥是否与工件平面垂直，必要时可用90°角尺进行校正。一般在攻3~4圈螺纹后，丝锥的方向就可基本确定。如果开始螺纹攻得不正，可将丝锥旋出，用二锥加以纠正，然后再用头锥攻。当丝锥的切削部分全部进入工件时，就不需要在施加轴向力，靠螺纹自然旋进即可。

（3）在攻螺纹过程中，对塑料材料来说，要保证足够的切削液。

（4）攻螺纹时，每次扳转绞杠，丝锥旋进不应太多，一般每次旋进 1/2～1 圈为宜。M5 以下的丝锥一次旋进不得大于半圈。加工细牙螺纹或精度要求高的螺纹时，每次的进给量还要减少。攻铸造的速度可比攻钢材快一些。每次旋进后，再倒转约旋进的 1/2 的行程。攻较深的螺纹孔时，回转行程还要大一些，并需反复拧转几次，这样可折断切屑，有利于排屑，减少切削刃粘屑现象，以保持锋利的刃口。同时使切削液顺利地流入切削部位，起冷却和润滑作用。

（5）扳转绞杠时，两手用力要平衡。切记用力过猛和左右晃动，否则容易将螺纹牙型撕裂和导致螺纹孔扩大及出现锥度。

（6）攻螺纹中，如感到很费力时，切不可强行扭转，应将丝锥倒转，使切屑排除，或用二锥攻削几圈，以减轻头锥切削部分的负荷，然后再用头锥继续攻。如继续攻仍很吃力或继续发出"咯咯"的声响，则说明切削不正常，或丝锥磨损，应立即停止，查找原因，否则丝锥就会有折断的危险。

（7）攻不通的螺纹孔时，末锥攻完，用绞杠带动丝锥倒旋松动后，应用手将丝锥旋出，不宜用绞杠旋出丝锥，尤其不能用一只手快速拨动绞杠来旋出丝锥。因为攻完的螺纹孔和丝锥配合较松，而绞杠又重，若用绞杠旋出丝锥，容易产生摇摆和振动，从而降低表面质量。

攻通孔螺纹时，丝锥的校准部分不应全部出头，以免扩大和损坏最后几扣螺纹。螺纹孔攻完后，应参照上述方法旋出丝锥。

（8）用成组丝锥攻螺纹时，在头锥攻完以后，应先用手将二锥或三锥旋进螺纹孔内，一直到旋不动时，才能使用绞杠操作，防止前一丝锥攻的螺纹产生乱扣现象。

（9）攻不通的螺纹时，经常要把丝锥退出，将切屑清除，以保证螺纹孔的有效长度，攻完后也要将切屑清除干净。

（10）攻 M16 以下的螺纹孔时，如工件不大，可用一只手拿着工件，另一只手拿着绞杠，这样可避免丝锥折断。

（11）丝锥用完后，要擦洗干净，涂上机械油，隔开放好，妥善保管，不应混装在一起，以免将丝锥刃口碰伤。

（二）板牙与板牙架

板牙是加工外螺纹的工具，它用合金工具钢或高速钢制成并经淬火处理，其外形如图 6-44 所示。板牙由切削部分、校准部分和排屑孔组成。它本身就像一个圆螺母，在上面钻出几个排屑孔而形成刀刃。板牙的中间是校准部分，也是套螺纹时的导向部分。因板牙的校准部分磨损会使螺纹尺寸变大而超出公差范围。因此，为延长板牙的使用寿命，M3.5 以上的圆板牙，其外圆上有一条 V 形槽，起到调节板牙尺寸的作用。当尺寸变大时，将板牙沿 V 形槽用锯片砂轮切割出一条通槽，用绞杠上的两个螺钉顶入板牙上面的两个偏心的锥孔坑内，使圆板牙尺寸缩小，其调节范围为 0.1～0.5mm。上面两个锥坑之所以要偏心，是为了使紧

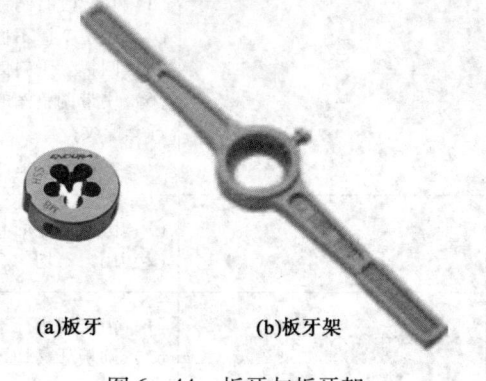

(a)板牙　　(b)板牙架

图 6-44　板牙与板牙架

定螺钉挤紧时与锥坑单边接触，使板牙尺寸缩小。若在 V 形槽开口处旋入螺钉，还能使板牙尺寸增大。板牙下部两个通孔中心的螺钉孔，是用紧定螺钉固定板牙柄传动扭矩的。板牙两端都有切削部分，待一端磨损后，可更换另一端使用。

板牙架用于装夹板牙，在工件上手工铰制外螺纹。板牙放入后，用螺钉紧固。

板牙架的规格见表 6-19。

表 6-19 板牙架的规格　　　　　　　　　　　　　　　　　　mm

适用圆板牙尺寸			适用圆板牙尺寸			适用圆板牙尺寸		
外径	厚度	加工螺纹直径	外径	厚度	加工螺纹直径	外径	厚度	加工螺纹直径
16	5	1~2.5	38	10, 14	12~15	75	20, 30	39~42
20	5, 7	3~6	45	16, 18	16~20	90	22, 36	45~52
25	9	7~9	55	16, 22	22~25	105	22, 36	55~60
30	10	10~11	65	18, 25	27~36	120	22, 36	64~68

套螺纹与攻螺纹一样，切削过程中也有挤压作用，因此，圆杆直径要小于螺纹大径。为了使板牙起套时容易切入工件并正确的引导，圆杆端部要倒角。

1. 套丝的方法

（1）套丝时的切削力矩较大，且工件都为圆杆，一般要用 V 形夹块或厚铜衬作衬垫，能保证可靠加紧。

（2）起套方法与攻丝起攻方法一样，用一手手掌按住绞手中部，沿圆杆轴向施加压力，另一手配合作顺向切进，转动要慢，压力要大，并保证板牙端面与圆杆轴线的垂直度，不能歪斜。在板牙切入圆杆 2~3 牙时，应及时检查其垂直度并作准确校正。

（3）正常套丝时，不要加压，让板牙自然引进，以免损坏螺纹和板牙。要经常倒转断屑。

（4）在钢件上套丝时要加切削液，以减少加工螺纹的表面粗糙度值，延长板牙使用寿命，一般可用机油或较浓的乳化液，要求高时可用工业植物油。

2. 套螺纹时产生废品的原因

套螺纹时产生废品的原因见表 6-20。

表 6-20 套螺纹时产生废品的原因

废品形式	产生原因
烂牙	（1）圆杆直径太大； （2）圆板牙太钝； （3）套螺纹时圆板牙没有经常倒转； （4）绞手掌握不稳，套螺纹时圆板牙左右摇摆； （5）圆板牙歪斜太多，套螺纹时强行修正； （6）用带调整槽的板牙套螺纹时，第二次套螺纹圆板牙没有与已切出的螺纹旋合就强行套螺纹； （7）未采用合适的切削液
螺纹歪斜	（1）圆板牙端面与圆杆不垂直； （2）用力不均匀，绞手歪斜
螺纹中径小（牙型瘦）	（1）由于圆板牙端面与圆杆不垂直而多次纠正，使部分螺纹切去过多； （2）圆板牙已切入，仍施加压力

七、其他钳工工具的规格与使用

(一)顶拔器

顶拔器又称拉马、拔轮器,是用于拆卸装在传动轴上的轴承、皮带轮及齿轮、凸轮、连接器等机械零件的一种工具。

顶拔器有2爪和3爪两种,其外形如图6-45所示;其规格见表6-21。

表6-21 顶拔器的规格

最大受力处外径,mm	100	150	200	250	300	350
2爪顶拔器最大拉力,kN	10	18	28	40	54	72
3爪顶拔器最大拉力,kN	15	27	42	60	81	108

顶拔器的使用方法及注意事项如下:

(1) 根据被拔轮规格的大小及安装位置情况,选择合适的顶拔器。

(2) 用扳手将加力杠卸到适当位置后,将3爪挂在皮带轮边缘上,用手扶住,迅速紧加力杠,丝杠前尖端顶在电机轴上待3爪吃力时,松开扶住的手。

(3) 用一个撬棍插与3爪之间别在设备基础上,用扳手等专用工具用力紧丝杠,直至皮带轮被拔出为止。

(二)撬杠、线锤、铜棒

(1) 撬杠是用以撬起、迁移、活动物体的工具(图6-46),可根据具体情况采用长短大小不同的撬杠。长的为1.6m,短的为0.5m。操作时,撬杠应放在身体一侧,两腿叉开,两手用力。不准站在或骑在撬杠上面工作,也不准将撬杠放在肚子下,以防发生事故。

(2) 线锤在建筑测量工作时,作垂直基准线用,也用于机械安装中。通常用铁或黄铜车制而成,铁制的常镀有不锈层。线锤为锥形体,在锥底圆心处有螺纹连接的接头,用蜡线连接接头即可使用,外形如图6-47所示。其规格是以重量分,常用为0.5kg以下。使用线锤时要检查接头螺纹是否完好,线锤是否为一正圆锥,防止线锤顶尖碰伤。使用后应擦拭干净,用布包好放入工具箱内保管。

 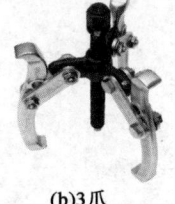 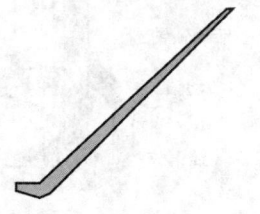 

(a)2爪　　　　　　(b)3爪

图6-45 顶拔器　　　　　图6-46 撬杠　　　　　图6-47 线锤

(3) 铜棒是集输工操作中常用的防爆工具。按材质可分为纯铜棒、黄铜棒、白铜棒和青铜棒。常用为纯铜棒,因其硬度较低,常作为间接的敲击工具,以保护被敲击件。

(三)錾子

錾子一般用碳素工具钢(T7A)锻成,将切削部分刃磨成楔形,经热处理后使其硬度达到HRC56~62。錾子的切削部分由前刀面、后刀面以及它们的交线形成的切削刃组成。

錾子的种类有以下三种：
（1）扁錾（阔錾），主要用于去除凸缘、毛边和分割材料等，如图6-48（a）所示；
（2）狭錾（尖錾），主要用来錾削沟槽及分割曲线形板料，如图6-48（b）所示；
（3）油槽錾，常用来錾切平面或曲面上的油槽，如图6-48（c）所示。

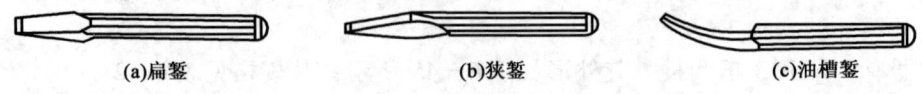

(a)扁錾　　　　　(b)狭錾　　　　　(c)油槽錾

图6-48　錾子外形

錾子头部有明显毛刺时要及时除掉，以免碎裂伤手。在錾削过程中要防止錾切碎屑飞出伤人，工作地点周围应装有安全网，操作者应戴上防护眼镜。錾子使用损坏原因见表6-22。

表6-22　錾子损坏的原因

损坏形式	原　因
錾子卷刃	（1）錾子硬度低； （2）楔角太小，錾削强度低； （3）錾削量太大
切削刃崩口	（1）工件硬度太高或硬度不均匀； （2）錾子强度太高，回火不好； （3）锤击力过猛，錾子打滑

第三节　管工工具

一、管子台虎钳的作用与规格

管子台虎钳又称为压力钳。用于夹持并旋转各种金属管子及其他圆柱形工件和管路附件，使其紧固或拆卸，是管路安装和维修的常用工具。其结构如图6-49所示。

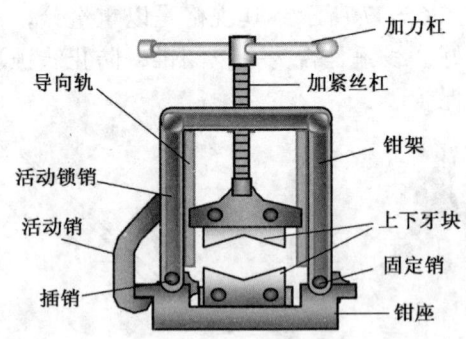

图6-49　管子台虎钳结构示意图

管子台虎钳的规格按照夹持管子的最大外径来划分。其规格见表6-23。

表6-23　管子台虎钳的规格　　　　　　　　　　　　　　　　　　　　mm

型　号	夹持管子的最大外径	型　号	夹持管子的最大外径
1	10~60	4	15~165
2	10~90	5	30~220
3	15~115	6	30~300

管子台虎钳的使用方法及注意事项如下：

（1）使用前应检查压力钳三角架及钳体，将三角架固定牢靠。

（2）使用时，一定要牢固垂直固定在工作台上，固定后下钳口要牢固可靠，上钳口要移动自由。

（3）脆性或软的管件要用布或铜皮垫在夹持部位，夹持不应过紧。

（4）夹压管子时，不能用力过猛，应逐步旋紧，防止夹扁管子或使钳牙吃管子太深，不能用锤击和加装套管旋转螺杆。

（5）夹持长管子，应在管子尾部用十字架支撑。

（6）若长期停用，要去污擦净并涂油存放。

二、管子钳的作用与规格

管子钳通常称为管钳，是用于紧固或拆卸金属管和其他圆柱形零件，为管路安装和修理工作常用工具。管子钳分张开式和链条式两种，链条式管子钳应用在较大规格金属管子的安装和拆卸上，常用的是张开式管子钳，由钳柄、套夹和活动钳等组成。其结构如图 6-50 所示。

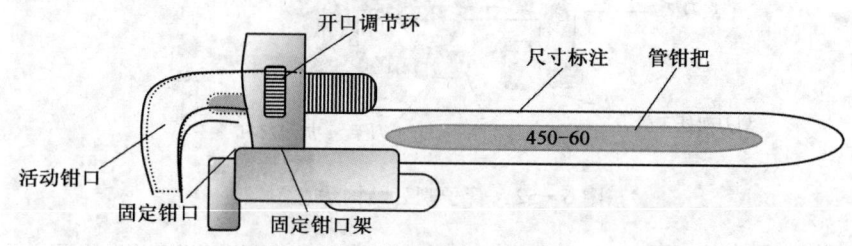

图 6-50　张开式管子钳结构示意图

管子钳可分为轻型、普通型和重型。其规格是管钳最大咬合开口时整体长度（mm）。管子钳规格见表 6-24。

表 6-24　管子钳的规格

规格，mm		150	200	250	300	350	450	600	900	1200
最大夹持管径，mm ≤		20	25	30	40	50	60	75	85	110
实验扭矩，N·m	轻型	98	196	324	490	—	—	—	—	—
	普通型	105	203	340	540	650	920	1300	2260	3200
	重型	165	330	550	830	990	1440	1980	3300	4400

管子钳的使用方法及注意事项如下：

管钳的使用方法如图 6-51 所示。

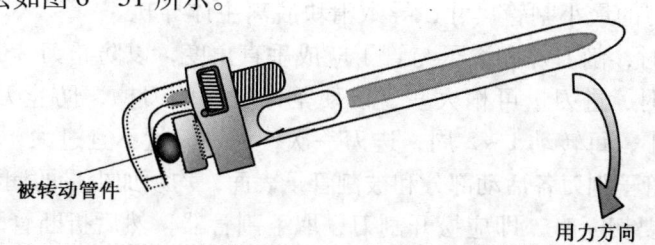

图 6-51　管子钳的使用示意图

(1) 使用管钳时应先检查固定销钉是否牢固，钳柄、钳头有无裂痕，有裂痕者不能使用。

(2) 使用管钳时两手动作应协调，松紧应合适，防止打滑。

(3) 较小的管钳不能用力过大，不能加加力杠使用。

(4) 使用管钳时，管钳开口方向应与用力方向一致。

(5) 钳柄末端高出使用者头部时，不要用正面拉吊的方法扳动钳柄。

(6) 管钳不得用于拧紧六角头螺栓和带棱的工件。

(7) 不能将管钳当榔头或撬杠用。

(8) 装卸地面管件时，应一手扶管钳头一手按钳柄，按钳柄的手指应平伸，管钳头不能反使，操作时顺时针使用。

(9) 用后应及时洗净、涂抹黄油，防止旋转螺母生锈；用后放回工具架或工具箱内。

三、管子割刀的作用与规格

管子割刀用于切割各种金属管、软金属管及硬塑料管。其结构如图6-52所示。

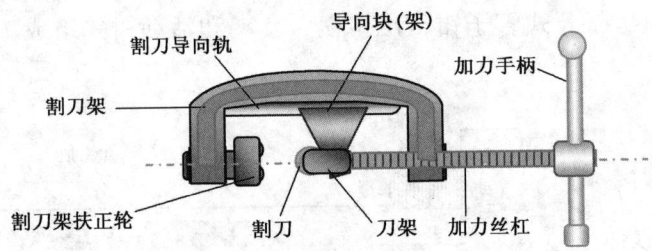

图 6-52　管子割刀结构示意图

管子割刀规格见表6-25。

表 6-25　管子割刀的规格

规　格	全长，mm	割管范围，mm	割管最大壁厚，mm	质量，kg
1	130	5~25	1.2~2（钢管）	0.3
	310		5	0.75, 1
2	380~420	12~50	5	2.5
3	520~570	25~75		5
4	630	50~100	5	4
	1000			8.5, 10

管子割刀的使用方法及注意事项如下：

(1) 根据被割管子的尺寸选择适当规格的管子割刀，以免刀片与滚轮之间的最小距离小于该规格管子割刀的最小割管尺寸，导致滑块脱离主体导轨。

(2) 切割管子时，割刀片和滚子与管子应成垂直角度，以防止刀片刀刃崩裂。

(3) 割刀初割时，进刀量可稍大些，以便割出较深的刀槽，防止刀片刃崩裂，以后各次进刀量应逐渐减小，每转动1~2周，进刀一次，但进刀量不宜过大，并应对切口处加油。

(4) 使用时，管子割刀各活动部分和被割管子表面，均须加少量的润滑油，以减少摩擦。

(5) 当管子快要切断时，即应松开割刀，取下割管器，然后折断管子，严禁一割到底。

(6) 割刀使用完后，应除净油污，妥善保管，长期不用应涂油。

四、管螺纹铰板的作用与规格

管子铰板是一种在圆管（棒）上切削出外螺纹的专用工具。管螺纹铰板分普通型和轻便型两种。铰板主要是由板牙和绞手组成，其结构如图6-53所示。

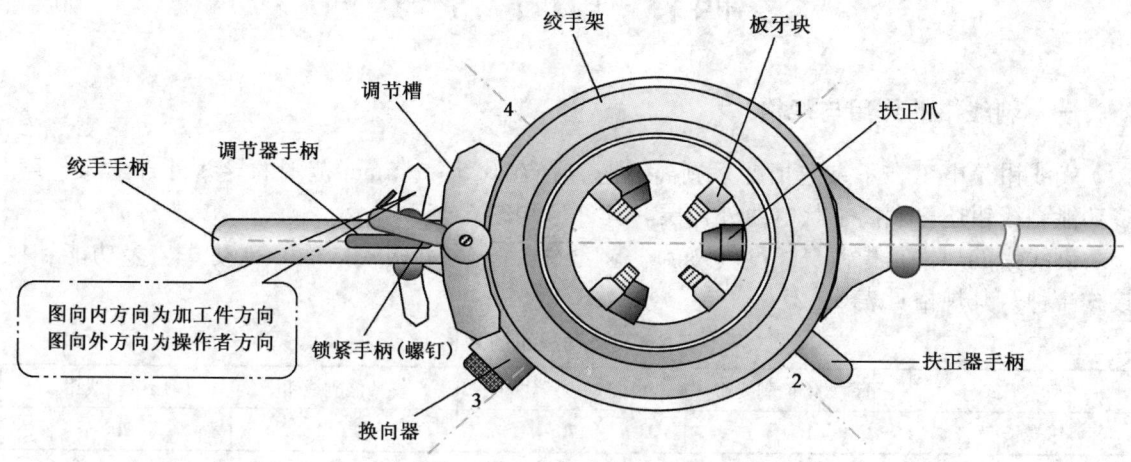

图6-53 管子铰板结构示意图

每种规格的管子铰板都分别附有几套相应的板牙，每套板牙可以套两种尺寸的螺纹。其规格见表6-26，常用为普通式114型。

表6-26 管子铰板技术规范

型式	型号	螺纹种类	螺纹直径，mm	每套板牙规格，mm
轻便式	Q7A-1	圆锥	$DN6 \sim DN25$	$DN6$、$DN10$、$DN15$、$DN20$、$DN25$
	SH-76	圆柱	$DN15 \sim DN40$	$DN15$、$DN20$、$DN25$、$DN32$、$DN40$
普通式	114	圆锥	$DN15 \sim DN50$	$DN15 \sim DN20$、$DN25 \sim DN32$、$DN40 \sim DN50$
	117		$DN50 \sim DN100$	$DN50 \sim DN80$、$DN80 \sim DN100$

管螺纹铰板的使用方法及注意事项如下：

（1）套丝前应将板牙用油清洗，保证螺纹的光洁度。

（2）套丝前，圆杆端头应倒角，这样板牙容易对准和起削，可避免螺纹端头处出现锋口。

（3）板牙套丝时，装牙的操作方法是：将板机以顺时针方向转到极限位置，松开调节器手柄转动前盘盖，使两条A刻线对正，然后将选择好的板牙块按1，2，3，4序号对应地装入牙架的四个牙槽内，将板机逆时针方向转到极限位置。装卸牙块时不允许用铁器敲击。

（4）套丝时，应使板牙端面与圆杆轴线垂直，以免套出不合规格的螺纹。

（5）在套制有焊缝钢管时，要对凸起部分铲平后再套；套制中要浇注润滑油，加力要均匀、平稳，不能用榔头等物件敲击板牙手柄。

（6）管扣套进中，禁止将三爪松开来减轻负荷，这样容易打坏牙齿。

（7）直径小于49mm的管子所套扣数为9~11扣，直径大于49mm的管子所套扣数为13扣以上，螺纹光滑，无损伤；锥度合理，用标准件测试。

（8）套扣过程中每板至少加机油两次，套扣控制扳机时，扳机方向每次要在同一位置，直径 25mm 以上管子必须 3 板套成，直径 25mm 以下管子可以 2 板套成。

（9）管子铰板用后，要除去板体里的铁屑、尘泥和油污物，然后将扳体及牙块擦上洁净油脂，放好。

第四节 电工工具

一、剥线钳的作用与规格

剥线钳是电工在不带电情况下剥离线芯直径在 0.5~2.5mm 范围的导线外部绝缘包层。多功能剥线钳还可剥离带状电缆外包层。其外形如图 6-54 所示。

剥线钳的规格是指钳身长度（mm）。剥线钳可分为可调式端面、自动式、多功能和压接式 4 种。其规格见表 6-27。

表 6-27　剥线钳的规格　　　　　　　　　　　　　　　　　　mm

型　式	可调式端面剥线钳	自动剥线钳	多功能剥线钳	压接剥线钳
钳身长度	160	170	170	200

剥线钳的使用方法及注意事项如下：

（1）剥线钳适用于塑料、橡胶绝缘电线、电缆芯线的剥皮。

（2）根据缆线的粗细型号，选择相应的剥线刀口。

（3）将准备好的电缆放在剥线钳的刀刃中间，选择好剥线的长度。

（4）握住剥线钳的手柄，将电缆夹住，缓缓用力使电缆外表慢慢剥落。

（5）松开剥线钳手柄，取出电缆线，电缆绝缘层完好剥落。

二、电工刀的作用与规格

电工刀用于电工装修施工中割削电线绝缘层、绳索、木桩及软性金属材料，多用式电工刀的附件锥子、锯片还可用做钻孔、锯割木材。其外形如图 6-55 所示。

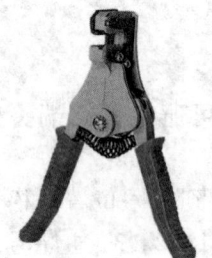

图 6-54　剥线钳

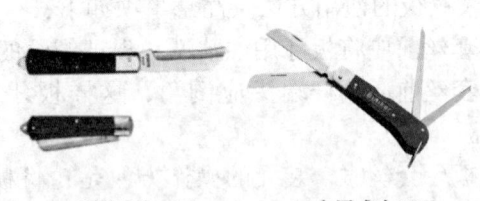

(a)普通式电工刀　　(b)多用式电工刀

图 6-55　电工刀

电工刀的规格是指刀柄长度（mm）。电工刀分为普通式和多用式两种。其规格见表 6-28。

表 6-28　电工刀的规格　　　　　　　　　　　　　　　　　　mm

型　式	普通式（单用）			多　用　式	
	大号	中号	小号	二用	三用
刀柄长度	115	105	95	115	115
附件	—	—	—	锥子	锥子、锯片

电工刀的使用方法及注意事项如下：

（1）使用电工刀时，刀口应向外剖削，以防脱落伤人；使用完后，应将刀身折入刀柄。

（2）电工刀刀柄是无绝缘保护的，因此使用电工刀时严禁带电操作，以防触电。

（3）带有引锥的电工刀，在其尾部装有弹簧，使用时应拨直引锥弹簧自动撑住尾部。这样，在钻孔时不致有倒回扎伤手指的危险。使用完毕后，应用手指揪住弹簧，将引锥退回刀柄，以免损坏工具或伤人。

三、测电笔的作用与规格

测电笔用于检测线路通电状况，是电工必备的一种工具。测电笔分低压试电笔（图6-56）和高压测电器（其结构如图6-57所示）两种。高压测电器检测电压范围不大于10000V，低压试电笔的检测范围不大于500V。

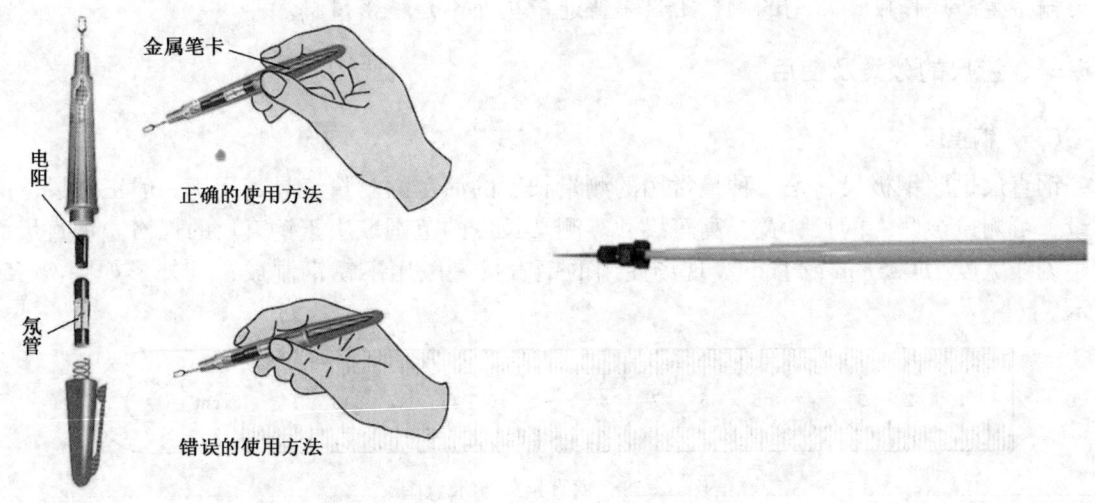

图6-56　试电笔结构及使用方法　　　图6-57　GD-500型高压测电器

（一）低压试电笔的使用方法及注意事项

（1）使用试电笔之前，首先检查电笔内有无安全电阻，然后检查试电笔是否损坏，有无受潮或进水，检查合格后方可使用。

（2）测量时手指握住试电笔身，食指触及笔身金属体（尾部），试电笔的小窗口朝向自己的眼睛。

（3）测量前先要检查氖泡是否能正常发光，如果试电笔氖泡能正常发光，则可以使用。

（4）在明亮的管线下或阳光下测试带电体时，应当注意避光，以防光线太强观察不到氖泡是否发亮，造成误判。

（5）在使用完毕后要保持试电笔清洁，并放置于干燥处，严防摔碰。

（二）高压测电器的使用方法及注意事项

（1）使用高压测电器时，注意手握部位不能超过保护环。

（2）测电器在使用前应在确有电源处测试，证明测电器确实良好，方可使用。

（3）使用时应逐渐靠近被测体，直至氖管发光，只有氖管不亮时，才可与被测物体直接接触。

（4）室外使用高压测电器，必须在气候良好的情况下使用，在雨、雪、雾及湿度较大的情况下不能使用，以确保安全。

（5）用高压测电器进行测试时必须戴耐压强度符合要求并在有效期内检验合格的绝缘手套，测试时人应站在合格的高压绝缘垫子上。

（6）测试时一人测试，一人监护，测试时要防止发生相间或对地短路事故，人与带电体应保持足够的安全距离（10kV 高压为 0.7m 以上）。

第五节 测量工具

测量工具（俗称量具）是指在生产过程中用来测量各种工件的尺寸、角度和形状的工具。由于对工件的精度要求不同，量具也有不同精度，故可分为普通量具和精密量具两种。在集输工生产操作中，常用的测量工具是普通量具而不是精密量具。

一、量尺的分类及使用

（一）钢直尺

钢直尺也叫钢板尺，是一种最常用的测量长度的简单的测量工具，用于一般工件尺寸的测量，可测量被测件的长、宽、高等尺寸。测量长度的范围取决于钢直尺的规格。钢直尺的最小刻线宽度为 0.5mm 或 1mm。现场使用的钢直尺一般用不锈钢制成，其外形如图 6-58 所示。

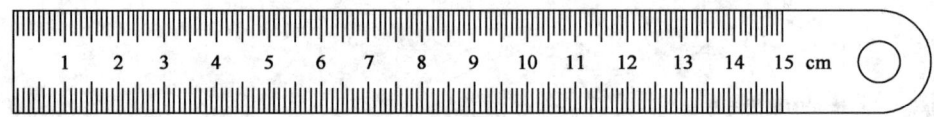

图 6-58　钢直尺外形示意图

钢直尺的规格是指测量上限（mm）。其规格见表 6-29。

表 6-29　钢直尺的规格　　　　　　　　　　　　　　mm

测量上限	150	300	500	600	1000	1500	2000
全长	175	335	540	640	1050	1565	2065

钢直尺连续测量时，必须使首尾测线相接，并在一条直线上。用钢尺画线时，注意保护钢尺的刻度和边缘不得移位。

（二）钢卷尺

钢卷尺用于较大工件尺寸的测量（图 6-59）。钢卷尺有大钢卷尺和小钢卷尺两种。大钢卷尺可测量较大距离，有摇盒式、摇架式两种，卷尺的一面刻有公制单位刻度线，用于测量较长的管线或距离。小钢卷尺又称钢盒尺，测量较小的距离，分为自卷式和制动式两种，尺的一面刻有公制单位的刻度线，用于测量较短管线或距离。测量时将钢尺由盒中拉出，将钢尺的刻度与被测件直接比量读出得数，用后将钢尺擦拭干净以免腐蚀。钢卷尺测量时必须保证量尺的平直度。拉伸钢卷尺要平稳，不能速度过快，拉出时尺面与出口断面相吻合，防止扭卷。

钢卷尺的规格见表 6-30。

第六章 常用工用具

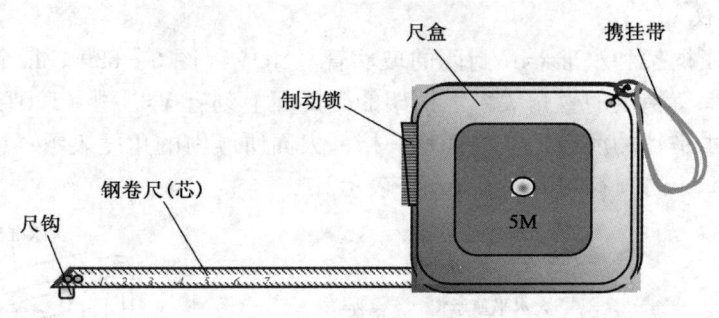

图 6-59 钢卷尺示意图

表 6-30 钢卷尺的规格　　　　　　　　　　　　　　　　　　　　　　　　　m

型　　式	自卷式、制动式	摇卷盒式、摇卷架式
公称长度	1、2、3、3.5、5、10	5、10、15、20、30、50、100

（三）皮尺

皮尺又称盘尺或布卷尺，用于测量较长的距离，精度较低。其外形如图 6-60 所示。皮尺的规格是指标称长度，常用有 5m、10m、15m、20m、30m 和 50m。

（四）90°角尺

90°角尺又称直角尺，是精确检验工件垂直度的一种测量工具，也可在工件进行垂直划线时使用，如图 6-61 所示。运用直角尺来检验工件的直角或垂直角度时，应清除工件棱边的毛刺，并将被测面擦干净，将直角的一个测量面紧贴基准面，观察工件被侧面与直角尺的另一测量面应紧密贴合。如贴合不严说明角度不是直角。

图 6-60 皮尺

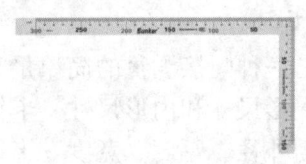

图 6-61 90°角尺

（五）条形和框式水平仪

水平仪用来检测被测表面的平直度，也可用于检验普通机床上各平面间的平行度与垂直度。水平仪分条形水平仪（ST）和框式水平仪（SK）。

1. 条形水平仪

条形水平仪的主水准器用来测量纵向水平度，小水准器用来确定水平仪本身横向水平位置。水平仪的底平面为工作面，中间制成 V 形槽（120°或 140°），以便安装在圆柱面上测量（图 6-62）。当水准器内的气泡处于中间位置时，水平仪便处于水平状态；当气泡偏向一端时，表示气泡靠近的一端位置较高。水平仪的示值应在垂直水准器的位置上读数。

被测工件两点的高度差可按下式计算：

$$H = ALa$$

式中　H——两支点间在垂直面内的高度差，mm；

　　　A——气泡偏移格数；

　　　L——被测工件的长度，mm；

　　　a——水平仪精度。

2. 框式水平仪

框式水平仪由框架和水准器（封闭的玻璃管）组成（图6-63）。每个侧面都可作为工作面，各侧面都保持精确的直角关系。框架的测量面上刻有V形槽（120°或140°），便于测量圆柱形零件。水平仪的度数用气泡偏移一格，表面所倾斜的角度表示；或者用气泡偏移一格，表面在1000mm内倾斜的高度差 Δh 来表示。

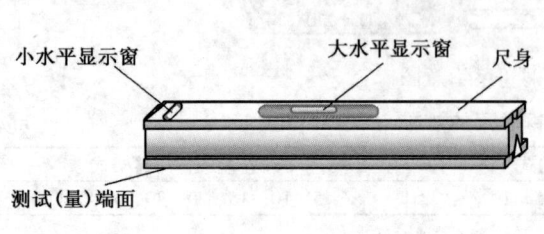

图6-62 条式水平仪结构示意图

图6-63 框式水平仪结构示意图

3. 水平仪使用注意事项

（1）测量前应先检查水平仪的零位是否正确。
（2）将被测物测量面擦干净。
（3）必须在水准器内的气泡完全稳定时才可读数。

二、卡钳及卡尺的分类及使用

（一）卡钳

卡钳是一种间接测量的简单量具，必须与钢直尺或其他带有刻度值的量具配合使用，测量工件的外形尺寸和内形尺寸。卡钳分内卡钳和外卡钳两种，内卡测量工件的孔和槽；外卡测量工件的外径、厚度、宽度。卡钳分为普通式和弹簧式，弹簧卡钳便于调节且稳定，尤其适用于在连续生产过程中使用。其外形如图6-64所示。

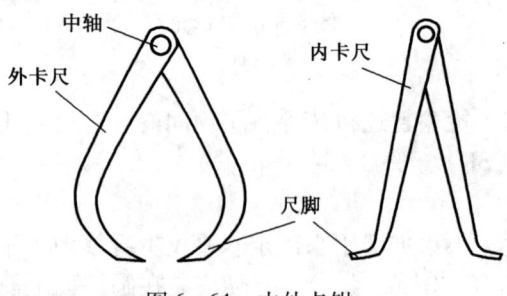

图6-64 内外卡钳

卡钳的规格是指卡钳的全长。有100mm、125mm、200mm、250mm、300mm、350mm、400mm、450mm、500mm和600mm。

卡钳的使用及注意事项如下：

（1）清理工件，调整卡钳的开度，要轻敲卡钳脚，不要敲击或扭歪尺口。

（2）用外卡钳测量工件外径时，工件与卡钳应成直角，中指、食指捏住卡钳股，卡钳的松紧程度适中（以不加外力，靠卡钳的自重通过被测量物为宜）。度量尺寸时，将卡钳一脚靠在钢尺刻度线整数位上，另一脚顺钢尺边缘对在齿面应对的刻度线上，眼睛正对尺口，该脚所指的刻度尺寸为度量尺寸（图6-65）。

（3）用内卡钳测量工件内孔时，应先把卡钳的一脚靠在孔壁上作为支撑点，将另一卡脚前后左右摆动探试，以测得接近孔径的最大尺寸，度量尺寸同外卡。

（4）测量要准确，误差不得超过±0.5mm，每次操作重复3遍。

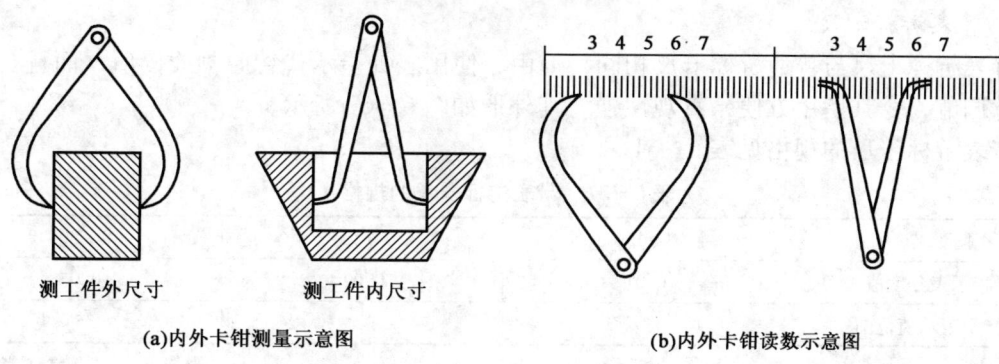

图 6-65 内、外卡钳使用示意图

(5) 卡钳的中轴不能自行松动。

(6) 使用后清理现场,将测量面擦干净,保养存放。

(二)游标类卡尺

游标类卡尺是应用较广泛的通用量具,具有结构简单、使用方便、测量范围大等特点。根据用途不同,游标类卡尺可分为游标卡尺、深度游标卡尺、高度游标卡尺 3 种。

1. 游标卡尺

游标卡尺用于测量工件的内、外径尺寸及长度尺寸(如宽度、厚度)等,带深度尺的卡尺还可以测量工件的深度尺寸,是一种中等精度的量具。其结构如图 6-66 所示。

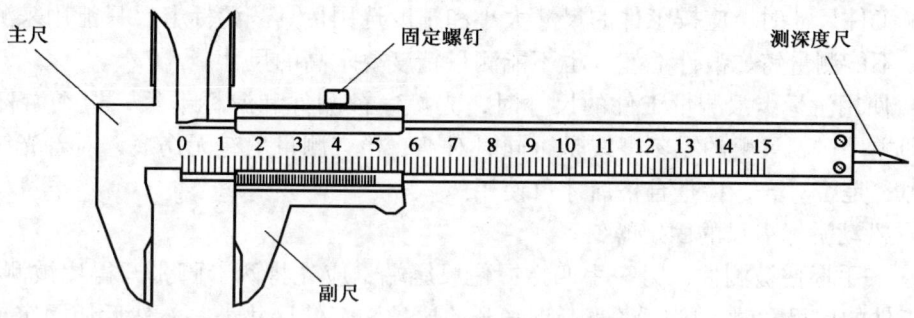

图 6-66 游标卡尺结构示意图

常用的游标卡尺长度为 150mm、200mm、300mm 和 500mm 四种规格。

(1) 主尺:主尺有刻度,刻度线距离 1mm,刻度决定游标卡尺的测量范围。

(2) 副尺:副尺上有游标,游标的读数值(精度)有 0.1mm、0.05mm、0.02mm 三种。

(3) 深度尺:0~125mm 的卡尺,固定在副尺背面,能随着副尺在尺身导向槽中移动。测量深度时,应将主尺的尾部端点紧靠在被测物件的基准平面上。移动副尺使深度尺与被测工件底面相垂直,读数方法与测量内、外径的相同。

根据游标卡尺的结构,游标卡尺的读数方法为:

(1) 在主尺上读位于游标零线左面的毫米尺寸数,为测量结果的整数部分。

(2) 读出游标上与尺身上刻线对齐的刻线数值,次数值和间隔差值(卡尺的精确度,可分为 0.1mm、0.05mm、0.02mm 三种)的乘积为小数部分。

(3) 把整数部分与小数部分相加即可得出测量结果。

2. 带表游标卡尺

带表游标卡尺与普通游标卡尺相同，但由于使用表针指示代替原刻线读值，而且0位又可任意调节，令其使用方便，直观性强。其外形如图6-67所示。

带表游标卡尺的规格见表6-31。

表6-31　带表游标卡尺的规格　　　　　　　　　　　　　　　mm

测量范围	0~150	0~200		0~300
指示表分度值	0.01	0.02		0.05
指示表示值范围	1	1	2	5

3. 电子数显卡尺

电子数显卡尺有清晰的数字显示，读数快而准确，比一般游标卡尺精度高，具有防锈、防磁的功能。其结构如图6-68所示。电子数显卡尺的测量范围为0~150mm、0~200mm、0~300mm和0~500mm，最小显示值为0.01mm。

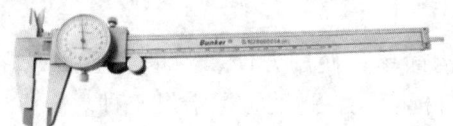
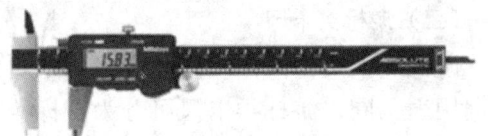

图6-67　带表游标卡尺　　　　　图6-68　电子数显卡尺结构示意图

4. 机械式游标卡尺测量工件的操作方法

测量工件尺寸时，应按工件的尺寸大小和精度选用量具。游标卡尺只能用来测量中等精度尺寸，不能测量铸、锻件毛坯，也不能测量精度要求高的尺寸。

（1）使用游标卡尺测量工件的尺寸时，先擦净被测件和游标卡尺，检查游标卡尺是否归零，即主尺、副尺上的零刻度线是否同时对准，检查测量爪有无伤痕，对着光线看测量爪有无缝隙，是否对齐，检查合格后才可使用。

（2）松动游标卡尺的固定螺钉。

（3）一手握住被测件，另一手四指握住尺尾端，应先将两卡脚张开得比被测尺寸大些，而测量工件的内尺寸时，则应将两卡脚张开的比被测工件尺寸小些。然后使固定卡脚的测量面贴靠工件，轻轻用力使副尺上活动卡脚的测量面也贴紧工件，并使两卡脚测量面的连线与所测工件表面垂直。再固定游标卡尺固定螺钉（图6-69）。

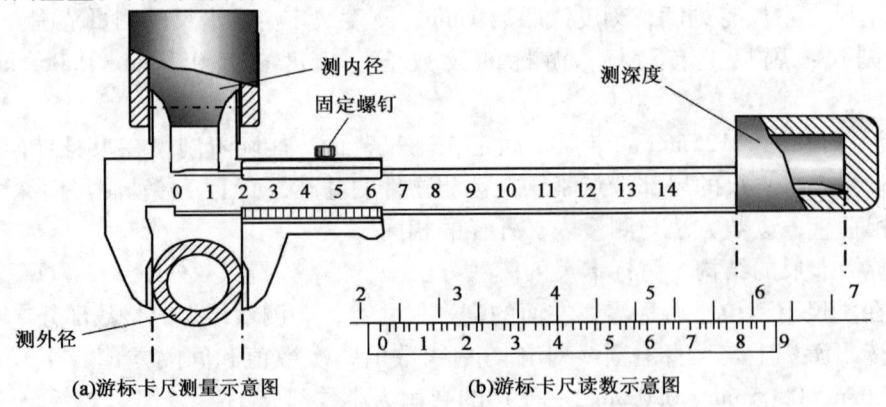

(a) 游标卡尺测量示意图　　　(b) 游标卡尺读数示意图

图6-69　游标卡尺及使用示意图

（4）在主尺上读出游标零位的读数，此数据为整数值（mm）。

（5）在游标上找到和主尺相重合的数值，此数值为小数部分，将上述两数值相加，即为游标卡尺测得的尺寸数据。

（6）读数时要在光线较好的地方进行，不能斜视读数，决不能读出如：23.17mm、4.01mm、0.65mm之类的数据，即游标卡尺的精度为0.02mm，所测得的最后一位小数应是0.02的倍数才对，每次测量不少于3次，取平均值。

（7）使用完后清理现场，将测量面擦干净，加润滑油保养存放。

三、千分尺的分类及使用

千分尺是一种精度较高的量具，主要是用来测量精度要求较高的工件，其精度可达0.01mm，比游标卡尺精度高出一倍。千分尺可分为外径千分尺、深度千分尺和壁厚千分尺。其中，外径千分尺应用最为普遍。

（一）外径千分尺

外径千分尺又称螺旋测微器、分厘卡。外径千分尺有测砧固定式与可调式两种。其结构如图6-70所示。

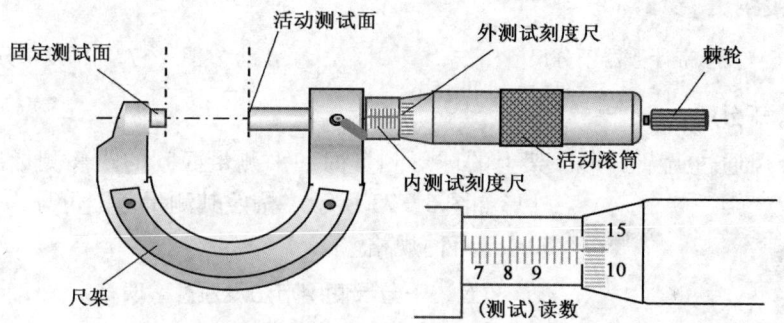

图6-70 外径千分尺结构示意图

外径千分尺规格见表6-32。

表6-32 外径千分尺的规格　　　　　　　　　　　　　　　　　　mm

品　种	测量范围	分度值
测砧固定式量程为25mm、测微螺杆螺距为0.5mm或1mm	0~25、25~50、50~75、75~100、100~125、125~150、150~175、175~200、200~225、225~250、250~275、275~300、300~325、325~350、350~375、375~400、400~425、425~450、450~475、475~500、500~600、600~700、700~800、800~900、900~1000	0.01、0.001、0.002、0.005
测砧可调式	1000~1200、1200~1400、1400~1600、1600~1800、1800~2000、2000~2200、2200~2400、2400~2800、2800~3000	0.01、0.001、0.002、0.005
测砧带表式	1000~1500、1500~2000、2000~2500、2500~3000	

千分尺的分度值为0.01mm（微分筒上每一格间距离），也就是测量精度为0.01mm。根据外径千分尺的结构，外径千分尺的读数方法如下：

(1) 在固定套筒上读出其与微分筒边缘靠近的刻线数值（包括整毫米数和半毫米数）。

(2) 在微分筒上读取其与固定套筒的基准线对齐的刻度数值。

(3) 将以上两个数值相加即可为测量结果。

（二）带计数器千分尺

带计数器千分尺与外径千分尺相同，利用机械原理将长度位移转化为数字显示，使读数直观、迅速、准确，计数器分辨率 0.01mm。其外形如图 6-71 所示。按照其测量范围可分为 0~25mm、25~50mm、50~75mm、75~100mm 四种规格。

（三）深度千分尺

深度千分尺与深度游标卡尺用途相同，其测量精度较高，分度值为 0.01mm。其外形如图 6-72 所示。按照其测量范围可分为 0~25mm、0~50mm、0~100mm、0~150mm、0~200mm、0~250mm、0~300mm 七种规格。

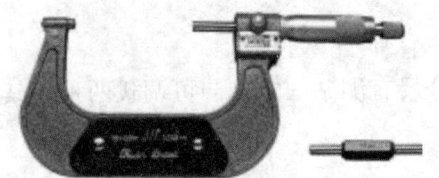

图 6-71 带计数器千分尺

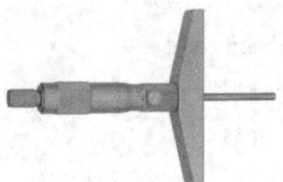

图 6-72 深度千分尺

（四）壁厚千分尺

壁厚千分尺通过调节弧形尺架上的球形测量面和平测量面间的距离测量出管子壁厚。其外形如图 6-73 所示。按照其测量范围可分为 0~25mm、25~50mm 两种规格。

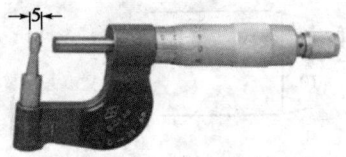

图 6-73 壁厚千分尺

（五）千分尺使用方法及注意事项

(1) 将螺旋测微器的测量面擦干净，校正其归零。

(2) 将预测件表面清洗干净，一手握住预测件，一手转动千分尺的活动套筒，将预测件置于两侧杆之间。

(3) 调整微分套筒，使两侧杆的侧面接近预测件表面。

(4) 转动棘轮，当棘轮发出"咔咔"的响声时，读测量数据。

(5) 测取三个不同方位的数据，取平均值作为测量结果。

(6) 不可用螺旋测微器测量粗糙工件表面，使用完后清理现场，将测量面擦干净，加润滑油保养，放入盒中存放。

四、量规、量仪的分类及使用

（一）塞尺

塞尺用于检验两个平面间的间隙，由厚度为 0.02~1.0mm，长度为 75~300mm 的塞尺片（组）组成。其外形如图 6-74 所示。塞尺也是一种界限量具。测量时若用一片 0.04mm 的测试片可插入两零件间隙，但用一片 0.05mm 的测试片却不能插入，则该间隙的尺寸在 0.04~0.05mm 之间。

塞尺分为 A 型和 B 型两种。A 型端头为半圆形；B 型端头为弧形、尺片前端为梯形。塞尺片按厚度偏差及弯曲度分为特级和普通级。常用塞尺尺片长度为75mm、100mm、150mm、200mm、300mm。

塞尺使用注意事项如下：

（1）塞尺使用时，应先清除塞尺和工件上的污垢，根据间隙的大小，可用一片或数片重叠在一起插入间隙内。

（2）塞尺的片容易弯曲和折断，测量时不能用力太大，测量时可用一片或几片重叠插入间隙，但不允许硬插。

（3）不能测量温度较高的零件，用完后要擦拭干净，及时合到夹板中去。

（二）量块

量块也称量规，用于调整、校正或检验测量仪器、工具，常作为长度计量的基准，也可用于精密工件尺寸测量（图6-75）。量块具有较高的研合性。由于测量面的平面度误差极小，用比较小的压力把两个量块的测量面互相推合后，就可牢固地贴合在一起，因此，可以把不同基本尺寸的量块组合成量块组，得到需要的尺寸。为了能够把量块组成各种尺寸，量块是成套制造的，形成系列尺寸，装在特制的盒内。

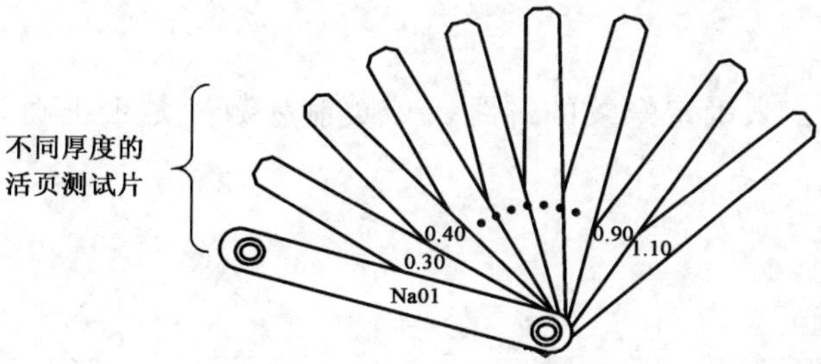

图6-74 塞尺结构示意图 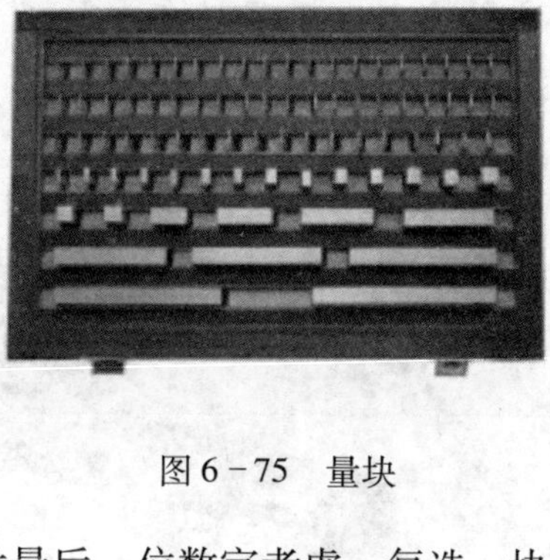　　　　图6-75 量块

把量块组合成一定尺寸时的方法为：先从所给定的尺寸最后一位数字考虑。每选一块应使尺寸的位数减少1~2位，使量块数量尽可能少。以减少累积误差。例如，要组成38.935mm的尺寸，若采用83块一套的量块，其选用方法如下：

```
  38.935
 -1.005 ──────────── 第一块量块尺寸为1.005mm
  37.93
 -1.43  ──────────── 第二块量块尺寸为1.43mm
  36.5
 -6.5   ──────────── 第三块量块尺寸为6.5mm
  30    ──────────── 第四块量块尺寸为30mm
         全部组合尺寸为38.935mm
```

采用量块附件可扩大量块的使用范围。附件主要包括夹持器和各种量爪。将量块和附件一起装配，可以用来测量外径、内径尺寸和划线。为了保持量块的精度，延长使用寿命，一般不要用量块直接测量工件。

（三）半径样板

半径样板通过与被测圆弧接触比较，来确定被测圆弧的半径。凸形样板检测凹表面圆弧，凹形样板检测凸表面圆弧。其外形如图6-76所示。半径样板分凹、凸两组，样板数量为16片。

半径样板的使用方法及注意事项如下：

（1）检验轴类零件的圆弧曲率半径时，样板要放在径向界面内；检验平面形圆弧曲率半径时，样板应平行与被检截面，不得前后倾倒。

（2）当已知被检测工件的圆弧半径时，可选用相应尺寸的半径样板去检验。

（3）不知道被检测工件的圆弧半径时，则要用试测方法进行检验。首先用目测估计被检验工件的圆弧半径，依次选择半径样板去测试，当光隙位于圆弧的中间部分时，说明工件的圆弧半径 r 大于样板的圆弧半径 R，应换一片半径大一些的样板检验，若光隙位于圆弧的两边，说明工件的半径 r 小于样板的半径 R，则换一片小一些的样板检验，直到两者吻合 $r=R$，则此样板的半径就是被测工件的圆弧半径。

（4）半径样板使用后应擦净，擦拭时要从铰链端向工作端方向擦，切勿逆擦，以防止样板折断或弯曲。

（5）半径样板要定期检定，如果样板上标明的半径数值不清时千万不可使用，防止错用。

（四）螺纹样板

螺纹样板用以与被测螺纹接触比较，来确定螺纹的螺距（或英制牙数）是否正确。其外形如图6-77所示。

图6-76 半径样板

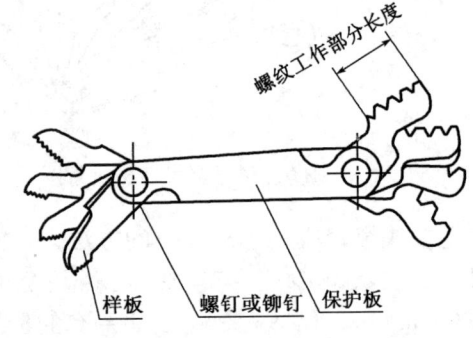

图6-77 螺纹样板结构示意图

螺纹样板的规格见表6-33。

表6-33 螺纹样板的规格

螺距种类	普通螺纹螺距，mm	英制螺纹螺距，牙数/in
螺距尺寸系列	0.40、0.45、0.50、0.60、0.70、0.75、0.80、1.00、1.25、1.50、1.75、2.00、2.50、3.00、3.50、4.00、4.50、5.00、5.50、6.00	4、4.5、5、6、7、8、9、10、11、12、14、16、18、19、20、22、24、28
样板数	20	18
厚度（mm）	0.5	

螺纹样板的使用方法及注意事项如下：

（1）螺纹样板的表面不应有影响使用性能的缺陷。

（2）螺纹样板与保护板的联结应保证能方便地更换样板，应能使样板平滑地绕螺钉或铆钉轴转动，不应有卡滞或松动现象。

(3) 螺纹样板测量面的表面粗糙度 R_a 值为 $1.6\mu m$。

(4) 测量螺纹螺距时,将螺纹样板组中齿形钢片作为样板,卡在被测螺纹工件上,如果不密合,就另换一片,直到密合为止,这时该螺纹样板上标记的尺寸即为被测螺纹工件的螺距。但是,必须注意把螺纹样板卡在螺纹牙廓上时,应尽可能利用螺纹工作部分长度,使测量结果较为正确。

(5) 测量牙形角时,把螺距与被测螺纹工件相同的螺纹样板放在被测螺纹上面,然后检查它们的接触情况。如果没有间隙透光,被测螺纹的牙形角是正确的。如果有不均匀间隙透光现象,那就说明被测螺纹的牙形不准确。但是,这种测量方法是很粗略的,只能判断牙形角误差的大概情况,不能确定牙形角误差的数值。

五、指示表的分类及使用

(一) 百分表与千分表

百分表与千分表用于测量工件的形状、位置误差及位移量,也可用比较法测量工件的长度。它们是利用机械结构将被测工件的尺寸数值放大后,通过读数装置标识出来的一种测量工具。图 6-78 为百分表外形图。

百分表与千分表的规格见表 6-34。

表 6-34　百分表与千分表的规格

名　称	测量范围,mm	分度值,mm	最大测力,N	示值总误差,μm	夹持长度,mm
大量程百分表	0~30	0.01	2.2	30	
	0~50		2.5	40	
	0~100		3.2	50	
百分表	0~3	0.01	0.5~1.5	14	
	0~5			16	
	0~10			18	
千分表	0~1, 0~2	0.001	1.5		16
	0~3, 0~5	0.005			11

电子数显百分表和千分表用于精密测量工件的形状及位置误差,也用于测量工件长度,其优点是读数迅速、直观。其外形如图 6-79 所示。电子数显百分表数字最小分度值 0.01mm,测量范围 0~3mm、0~5mm、0~10mm、0~25mm、0~30mm。电子数显千分表数字最小分度值 0.001mm,测量范围 0~5mm、0~9mm、0~10mm。

图 6-78　百分表

图 6-79　数显百分表

百分表的分度值为 0.01mm。表面刻度盘上共有 100 个等分格，当指针偏转 1 格时，量杆移动距离为 0.01mm。

使用百分表、千分表时可将其装在专用表座上或磁性表座上。

1. 百分表的使用方法及注意事项

（1）百分表应固定在可靠的表架上，根据测量的需要可选择带平台的表架或万能表架。

（2）百分表应牢固的装夹在表架夹具上，如与装套筒紧固时，夹紧力不宜过大，以免使装夹套筒变形，卡住测杆，应检查测杆移动是否灵活，夹紧后，不可再转动百分表。

（3）百分表测杆与被测工件表面垂直，否则将产生较大的测量误差。

（4）测量圆柱形工件时，测杆轴线应与圆柱形工件直径方向一致。

（5）测量前必须坚持百分表是否夹牢又不影响其灵敏度，为此可检查其重复性，即多次提拉百分表测杆略高于工件高度，放下测杆，使之与工件接触，在重复性较好的情况下，才可以进行测量。

（6）在测量时，应轻轻提起测杆，把工件移至测头下面，缓慢下降测头，使之与工件接触，不准把工件强迫推入至测头，也不准急剧下降测头，以免产生瞬时冲击测力，给测量带来误差。对工件进行调整时，应按上述方法操作。在测头与工件表面接触时，测杆应有 0.3~1mm 的压缩量，以保持一定的起始测量力。

（7）测量杆上不要加油，以免油污进入表内，影响表的传动机构和测杆移动的灵活性。

2. 千分表的使用方法及注意事项

（1）使用千分表时不要使测量杆移动次数过多，以免造成测量头端部过早磨损，齿轮系统过于消耗，弹簧松弛影响千分表的精度。

（2）测量时，不要使测量杆移动的距离过大，甚至超出测量限度，否则会造成测量时压力太大，弹簧过分的伸张。

（3）千分表测杆与被测工件表面垂直，否则将产生较大的测量误差。

（4）测量时，不要把工件强迫推入测量头下，否则会损伤千分表机件。

（5）不要用千分表测量表面粗糙或有明显凹凸的工件。

（6）在测量杆移动不灵活或者发生阻塞时，不要用力推压测量头，应进行修理。

（7）测量前，将被测部位擦拭干净，不能用千分表测量不清洁的工件。

（8）测量杆上不应有任何的油脂。

（二）万能表座

万能表座用于夹持百分表、千分表，并可使其处于任意位置和角度上。表座可沿平面滑行，以方便测量工件尺寸及形位偏差。其外形如图 6-80 所示。万能表座有普通式、可微调式两种。

（三）磁性表座

磁性表座的用途与万能表座相同，利用其磁性可使表座固定于空间任意位置和角度上，更便于使用。其外形如图 6-81 所示。磁性表座里面是一个圆柱体，在其中间放置一条条形的永久磁铁或恒磁磁铁，外面底座位置是一块软磁材料（软磁材料是指在较弱的磁场下，易磁化也易退磁的一种铁氧体材料），通过转动手柄，来转动里面的磁铁。当磁铁的两极（N 或 S）呈上下方向时，也就是磁铁的 N 或 S 极正对软磁材料底座时，就被磁化了，这个方向上具有强磁，所以能够用于吸住钢铁表面。而当磁铁的两极处于水平方向时，及 N、S

的正中间正对软磁材料底座时（长条形磁铁的正中间只有极小的磁性，可以不记）不会被磁化，所以此时底座上几乎没有磁力，就可以很容易地从钢铁表面取下来了。

图 6-80　万能表座

图 6-81　磁性表座

第六节　起 重 器 材

一、千斤顶的分类及使用

千斤顶是可以用很小的力量将重物顶高，既简单又方便的起重设备，属于轻小型手动起重设备，它主要适用于流动性和临时性的物件单纯升降作业，尤其适于在无电源的场合使用。特点是灵活、机动、轻小，方便。千斤顶的构造各有不同，常用的普通千斤顶有齿条千斤顶、螺旋千斤顶和液压千斤顶三种。螺旋千斤顶和液压千斤顶体积小，重量轻，使用灵活方便。液压千斤顶更省力，但对工作环境有一定要求，高温和低温条件下不能使用，维护也较麻烦。螺旋千斤顶在任意环境下都可使用，维护也简单，因此应用更为广泛。

（一）齿条千斤顶

齿条千斤顶利用齿条传动来举起重物，并可用背面钩脚抬起较低位置的重物。其外形如图 6-82 所示。

齿条千斤顶的规格是指其额定起重量，常用为 3t、5t、8t、10t、15t、20t。

齿条千斤顶的使用方法及注意事项如下：

（1）千斤顶使用前，应先检查制动齿轮及制动装置的可靠程度，并保证在顶重时能起制动作用。

（2）千斤顶的齿条和齿轮应无裂纹或断齿，手柄及其所有配件完整无缺。

图 6-82　齿条千斤顶

（3）千斤顶使用时，应放在平整坚固的地方、底部应铺垫坚实的垫板以扩大支承面积，顶部和物体接触处也应垫上木板，既可防止重物被挤坏，又可防止受压时千斤顶滑脱。

（4）顶重时，必须将千斤顶垂直放置，并不允许超负荷，以确保使用安全。

（5）操作时应先将物体稍微顶起一点，然后检查千斤顶底部的垫板是否平整和牢固，如垫板受压后不平整、不牢固、千斤顶有偏斜时，必须将千斤顶松下，经处理后重新进行顶升，顶升时应随物体的上升在物体的下面及时增垫保险枕木，以防止千斤顶倾斜或失灵而引起活塞突然下滑的危险。

（6）起升重物时，应在千斤顶两旁另搭架枕木垛，以防意外。枕木垛和重物底面净距离应始终保持在 50mm 以内，即应随顶随垫。

（7）千斤顶的顶升高度，不得超过规定的行程。

（8）几台千斤顶同时顶升同一物件时，要有专人统一指挥，目的是使几台千斤顶的升降速度基本相同，以免造成事故。

（9）放落千斤顶时，不能突然下降，以免千斤顶内部结构遭受冲击及引起重物振动、倾覆。

（10）齿条及齿轮等部分须经常保持整洁，防止泥沙杂物阻滞齿轮和齿条部分，增加阻力和减少使用寿命，并定期清洗涂油。

（二）螺旋千斤顶

螺旋千斤顶利用螺旋传动顶举重物，是汽车修理和机械安装等行业必备的手动起重工具。其外形如图 6-83 所示。常用螺旋千斤顶按其最大起重量分为：5t、10t、15t、30t、50t 共 6 种规格。

螺旋千斤顶的使用方法及注意事项如下：

（1）使用螺旋千斤顶要选择合适的规格，不能超负荷顶举重物。

（2）千斤顶摆放必须平稳，丝杠顶杆要垂直地面，防止承压后将丝杠顶杆憋弯。

（3）螺旋丝杠要经常清洗保养打油，防止生锈、腐蚀。

（4）搬运螺旋千斤顶时要防止磕碰丝杠顶杆。

（三）液压千斤顶

液压千斤顶是用液体压力来举升重物的。其结构如图 6-84 所示。

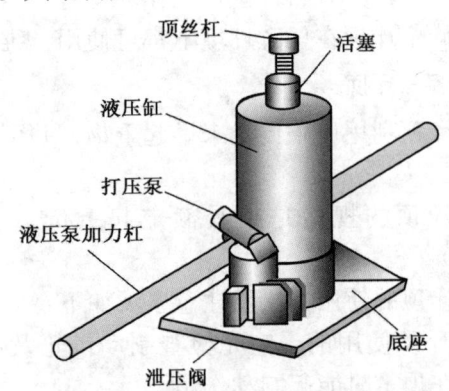

图 6-83 螺旋千斤顶　　　　图 6-84 液压千斤顶结构示意图

常用液压千斤顶有 11 种规格，按其最大起重量分为：3t、5t、8t、12.5t、16t、20t、32t、50t、100t、200t 和 320t。

液压千斤顶的使用方法及注意事项如下：

（1）使用液压千斤顶要选择合适的型号。

（2）打开泄压阀使千斤顶活塞降到最低位置。

（3）千斤顶的底座要垫平，最好用方木板，增大承压面积。

（4）被顶升的物件与丝杠顶杆要求接触平稳，有时也可加顶板，防止将物件顶变形。

（5）被测重物在千斤顶上重量要平衡，防止倾斜打滑。

（6）用手压泵打压举升千斤顶活塞，试顶无误后再继续顶升。

二、环链手拉葫芦的使用

环链手拉葫芦是一种悬挂式手动提升机械,是生产车间维修设备和施工现场提升移动重物件的常用工具。常用的有两种:链条式手拉倒链(或称为链式滑轮)和钢丝绳式手扳倒链。其结构如图 6-85 所示。

环链手拉葫芦的规格是指:起重量(t)、起重高度(m)、手拉力(kg)、起重链数。如型号为 SH2 的环链手拉葫芦起重量 2t、起重高度 3.0m、手拉力 32.5kg 等。

环链手拉葫芦的使用方法及注意事项如下:

(1) 悬挂环链手拉葫芦的支架或吊环必须有足够的支撑和悬挂强度。

(2) 被起吊的重物不得超过环链葫芦的允许载荷范围。

(3) 悬吊重物所用的绳套必须牢固,长度适当。

(4) 拉动环链要缓慢平稳,不能用力过猛。

(5) 拉动前应检查环链有无损伤,防止中途断裂。

(6) 环链手拉葫芦吊起的重物摆动不要过猛,重物下面严禁站人。

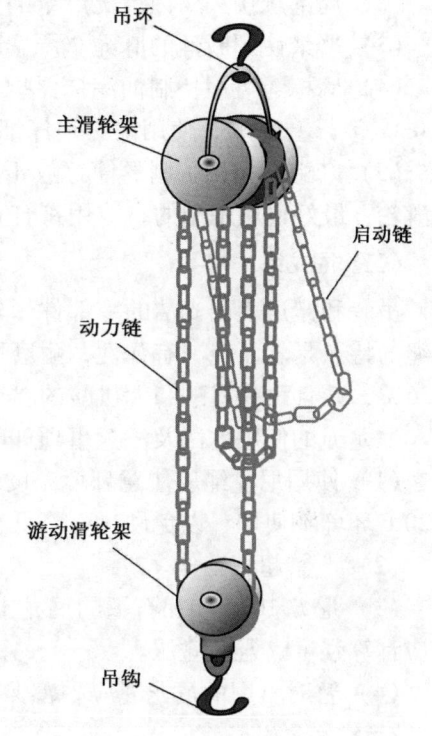

图 6-85 环链手拉葫芦结构示意图

三、绳具的分类及使用

起重和搬运作业中常用的绳其种类有麻绳,棕绳、混合绳、尼龙绳及钢丝绳等。

(一) 麻绳和棕绳

麻绳和棕绳具有轻便,容易捆绑、价格便宜等优点。但是它们的强度低、耐磨性和耐腐蚀性都很差,所以只用于吊装小型工具和小于 500kg 的轻型设备。

麻绳和棕绳分为人工捻制和机器捻制两大类。按使用的材料又可分为白棕绳、混合麻绳和线麻绳三种。

1. 白棕绳

白棕绳以剑麻(龙吉兰麻)为原料,用机器捻制而成。它具有白棕的特点,但质量略差。

2. 混合麻绳

混合麻绳以剑麻和苎麻各一半,再接 10% 的大麻捻制而成。因生苎麻拉力强、韧性差,遇水易腐,环境潮湿使用时应特别注意。

3. 线麻绳

线麻绳以大麻为原料捻制而成。线麻绳纤维柔韧、弹力大、抗拉力大,用途同混合麻绳。

4. 麻绳和棕绳使用方法及注意事项

（1）麻绳表面均匀磨损不超过直径的30%，局部触伤不超过截面直径的10%，可按直径降低级别使用。

（2）局部触伤和腐蚀情况严重的，可截去损伤部分，插接后继续使用。

（3）严禁使用断丝的麻绳。严禁用麻棕绳超负载起吊重物。

（4）麻棕绳可用特制油涂抹保护。涂油成分的重量比：工业凡士林0.83，松香0.1，石蜡0.04，石墨0.03，使用前必须仔细检查，及时处理发现的问题。

（5）麻棕绳应用木制卷筒存放干燥库房，卷筒直径应大于绳径的7倍。使用时如果需要滑轮，最好也用木制的，或用符合直径要求的金属滑轮，以减少麻绳的磨损和断裂。

（二）尼龙绳

吊装和搬运表面光洁的零部件、软金属制品、磨光的精密轴等，最适于采用尼龙绳。尼龙绳的特点是软而轻，有弹性，耐磨蚀、耐油、耐虫蛀、耐冲击，吸水率4%，抗水性能达99.6%，并且耐有机酸和无机酸的腐蚀。尼龙绳按材料可分为锦纶、涤纶和维尼纶。

尼龙绳的使用方法及注意事项如下：

（1）使用尼龙绳应注意环境温度不能过高或过低，特别是尼龙6和尼龙66不能在低于-20℃环境下使用，以免硬化，降低韧性而折裂。

（2）严禁超载工作。

（3）尼龙1010和加石墨的尼龙1010机械性能优越，特别是有较高的耐磨性和适应性，但应计算强度，避免碰压。

（4）暂时不用的尼龙绳应妥善保管，使用前应检查质量确实没有变化才能保证安全。

（三）钢丝绳

钢丝绳通常也称钢索，是用高强度碳素钢丝捻成分股，再和韧性好的纤维丝合股捻制而成的。

钢丝绳直径：钢丝绳的直径是指最大外经，常用的钢丝绳直径为6.2~83mm，所用钢丝直径为0.22~3.2mm，常用6股和8股，公称抗拉强度为1400~2200MPa。

1. 钢丝绳的分类

（1）钢丝绳按结构分为棉芯或麻芯、其他纤维芯、石棉芯和钢丝芯四种。前两种由有机材料制成，简称有机芯。起重机上常用纤维芯钢丝绳。根据每股内相邻钢丝间的接触形式有点接触、线接触和面接触三种。线接触钢丝绳强度和疲劳强度都比点接触的高，结构紧密，故使用寿命比点接触要高1~2倍。起重机常用的面接触式钢丝绳有多股不扭转式、异股式、封闭式等。它们的共同特点是结构密度大、强度高耐磨性好、不易变形，寿命比普通型高2~3倍。

（2）钢丝绳按捻制方向不同，可分为顺绕、交绕、混绕三种类型。

2. 钢丝绳的使用方法及注意事项

（1）使用钢丝绳不能使其锐角曲折，或被压、砸而成扁平；当起重设备有尖角时，应垫木块。

（2）穿钢丝绳的滑轮边缘不允许有尖角或破裂，以免损坏钢丝绳。

（3）严禁钢丝绳与电焊线或电线接触，以免电弧打坏钢丝绳或触电。

（4）钢丝绳有磨损、断丝、锈蚀、尖刺等损坏现象出现后，应按规定判断其程度。不严重的可以折减使用，达到报废规定的要报废。

（5）吊运赤热或熔化金属的钢丝绳，如果在150℃以上应采用石棉芯的或金属芯的；在有腐蚀介质中工作的起重设备，最好用镀锌钢丝绳；在有砂土或脏物的地方作业，最好选外粗式钢丝绳。

（6）钢丝绳在卷筒上要求卷绕整齐，有乱绳现象时，应停止使用并调整和修复。

（7）起重机的起升、变幅机构不得使用编结接长的钢丝绳。如用其他方法接长时，其接头强度不应小于原钢丝绳破断拉力的90%。

（8）起升高度大的起重机，宜采用不旋转、无松散的钢丝绳，以避免重物旋转而发生事故。

（9）吊钩在最低时，钢丝绳在卷筒上缠绕不得少于两圈；绳头连接应按设计规定，不得任意改变。

（10）钢丝绳应保持良好润滑状态，应用无水防锈油或气缸油、钢丝绳专用油等作润滑剂。钢丝绳使用时，每隔一定时间要涂油一次。存放前应涂满防锈油，并且每六个月检查一次是否有锈蚀及其他损坏情况。有损坏应及时处理，确认钢丝绳存放良好时，再重新涂油存放。

第七章　安全生产及培训

第一节　安全生产知识

安全生产是社会主义企业管理中的一个基本原则。它要求企业的各级领导和岗位员工，在生产建设中把安全和生产看成一个统一体，要树立"生产必须安全、安全促进生产"的指导思想，必须贯彻"安全第一、预防为主"的方针，将安全生产落到实处，只有这样才能确保各项生产和建设任务的顺利完成。

一、安全生产的意义

（一）安全生产的概念

安全生产主要是指依靠科学技术进步和科学管理，采取技术组织措施，消除劳动过程中危及人身安全和健康的不良条件与行为，防止伤亡事故和职业病等，保障劳动者在劳动过程中的安全和健康。其含义有二：一是企业必须为员工提供必要的安全生产条件和劳动保护措施；二是从业的员工必须遵守企业的生产规章制度，懂安全生产知识，生产不出事故、人身不受到伤害。

（二）安全管理工作的意义

安全管理是企业经营管理中的一项重要工作，做好安全管理和劳动保护工作具有以下重要的意义：

（1）搞好安全管理和劳动保护是党和国家的一项重要政策，是一项重要而艰巨的任务。
（2）搞好安全管理和劳动保护工作是企业日常生产经营活动的重要保证。
（3）搞好安全管理和劳动保护工作是现代企业文明的重要标志。
（4）搞好安全管理和劳动保护工作是企业经济效益最直接的体现。
（5）搞好安全管理和劳动保护工作是企业员工思想稳定和社会安定的一个重要因素。

（三）安全管理工作的原则

1. "安全第一、预防为主"的原则

所谓"安全第一"，就是在生产经营活动中，在处理保证安全与生产经营活动的关系上，要始终把安全放在首要位置上，优先考虑从业人员和其他人员的人身安全，实行"安全优先"的原则，在确保安全的前提下，努力实现生产的其他目标。

所谓"预防为主"，就是指按照系统化、科学化的管理思想，按照事故发生的规律和特点，千方百计预防事故的发生，做到防患于未然，将事故消灭在萌芽状态，将事故和危害的事后处理转变为事故和危害的事前控制。

2. 生产与安全齐抓共管的原则

安全和生产是辩证统一的关系。在生产过程中，安全和生产既有矛盾性，又具有统一性。所谓矛盾性，一是生产过程中不安全因素与生产安全顺利进行的矛盾；二是安全工作与生产工作的矛盾；所谓统一性，一是安全工作是伴随生产过程而产生、存在和发展的；二是做好安全工作有利于生产的正常进行。因此说，两者是一个统一的有机的整体，既不能分割，更不能对立起来。同时，该原则也是进行安全事故责任追究的一个重要依据。

3. 事故"四不放过"原则

所谓"四不放过"是指在调查处理事故时，必须坚持事故原因分析不清不放过；事故责任者和群众没有受到教育不放过；没有采取切实可行的防范措施不放过；事故责任者没有受到严肃处理不放过。

（四）安全生产管理内容及任务

（1）贯彻执行国家法律规定的工作时间、法定的休息和休假制和国家对女工及未成年特殊保护的法令。

（2）参与制定并组织实施安全法规、制度，预防、控制和消除生产过程中的各种不安全因素。

（3）建立安全管理机构和安全生产责任制，制定安全技术措施计划，进行安全生产的监督检查。

（4）进行伤亡事故的调查、分析、处理、统计和报告，开展伤亡事故规律性的研究及事故的预测预防。

（5）开展经常性劳动保护宣传教育、群众性的安全教育和安全检查活动，普及劳动保护科学技术知识。

（五）安全生产管理制度

安全生产管理制度是企业经营管理中重要的管理制度，主要是指安全生产责任制度、安全生产教育及培训制度、安全生产检查制度。

1. 安全生产责任制度

（1）企业及各级领导的责任：在生产管理思想观念上要高度重视企业安全生产，在行动上要为员工创造必要的安全生产条件，提供有效的安全保障。

（2）岗位员工的责任：岗位员工在企业安全生产中的责任主要有以下六个方面：

①掌握本岗位存在的危险因素和防范措施；

②严格执行安全生产规章制度和岗位操作规程，遵守劳动纪律；

③熟练掌握岗位安全操作技能和故障排除方法，按规定巡回检查，及时发现和消除隐患，自己不能处理的应及时上报；

④有权制止、纠正他人的不安全行为，有权拒绝执行违章作业的指令并可越级汇报；

⑤上岗时应按规定穿戴好劳动防护用品，服装要达到"三紧"；正确维护和保养安全防护装置及设施，保持其完好、齐全、灵活有效；

⑥积极参加各项安全生产活动，学习掌握消防设备的使用，在生产工作中应同班组其他成员一起协同配合，搞好安全生产。

2. 安全生产教育及培训制度

（1）安全生产教育和培训的基本内容：安全生产教育是企业为提高员工安全技术素质和防范事故的能力，搞好企业的安全生产和安全思想建设的一项重要工作。其基本内容有安全意识教育、安全知识教育（安全生产常用标志）、安全技能教育。

（2）安全生产教育和培训的形式：主要有三级安全教育、特种作业人员的专门教育、日常的安全教育、典型案例教育。

①三级安全教育：对新从业人员进行厂（矿）、车间（工段、区、队）、班组三级安全生产教育培训，经考试合格后方可上岗。新从业人员安全教育培训的时间不少于24学时，危险性较大的行业和岗位，新从业人员安全教育培训时间不少于48学时。

②特种作业人员的专门教育：特种作业人员上岗前，必须进行专门的安全技术和操作技能的教育培训，增强其安全生产意识，获得证书后方可上岗。

③日常的安全教育：在生产过程中进行的经常性教育。例如，班前、班后安全注意事项，施工和检修前安全措施落实，安全活动日、张贴安全生产招贴画、宣传标语等。

④典型案例教育：分析典型案例中造成事故的原因和责任，教育员工从事故中吸取教训。

（3）安全生产教育和培训的方法：安全生产教育培训在实际应用，要根据培训内容和培训对象灵活选择，一般可采用讲授法、实际操作演练法、案例研讨法、读书指导法、宣传娱乐法等。

3. 安全生产检查制度

安全生产检查是指对生产过程及安全管理中可能存在的隐患、有害与危险因素、缺陷等进行查证，以确定隐患或有害与危险因素、缺陷的存在状态，以及它们转化为事故的条件，以便制定整改措施，消除隐患及危险因素，确保生产的安全。

（1）安全检查的类型：分定期安全生产检查、经常性安全生产检查、季节性及节假日前安全生产检查、专业（项）安全生产检查、综合性安全生产检查、不定期的职工代表巡视安全生产检查。

（2）安全生产检查的内容：安全检查对象的确定应本着突出重点的原则，对于危险性大、易发生事故、事故危害大的生产系统、部位、装置、设备等应加强检查。

安全检查的内容包括软件系统和硬件系统，具体主要是查思想、查管理、查隐患、查整改、查事故处理。

（3）安全生产检查的方法。

①常规检查法：是常见的一种检查方法。通常是由安全管理人员作为检查工作的主体，到作业场所的现场，通过感官或辅助一定的简单工具、仪表等，对作业人员的行为、作业场所的环境条件、生产设备设施等进行的定性检查。

②安全检查表法：安全检查表（SCL）是事先把系统加以剖析，列出各层次的不安全因素，确定检查项目，并把检查项目按系统的组成顺序编制成表，以便进行检查或评审。安全检查表是进行安全检查，发现和查明各种危险和隐患，监督各项安全规章制度的实施，及时发现事故隐患并制止违章行为的一个有力工具。

③仪器检查法：机器、设备内部的缺陷及作业环境条件的真实信息或定量数据，只能通过仪器检查法来进行定量化的检验和测量，才能发现不安全隐患，从而为后续整改提供信息。

（4）安全生产检查的工作程序。

安全检查工作一般包括以下几个工作程序：

①安全检查准备：确定检查对象、目的、任务；查阅掌握有关法规、标准、规程的要求；了解工艺流程、生产情况；制定检查计划；编写检查提纲；准备检查工具、仪表、记录本；挑选和训练检查人员及进行必要的分工等。

②实施安全检查：通过访谈、查阅文件和记录、现场检查、仪器测量的方式获取

信息。

③通过分析做出判断：掌握情况（获得信息）之后，就要进行分析、判断和检验。可凭经验、技能进行分析、判断，必要时可以通过仪器检验得出正确结论。

④及时做出决定进行处理：做出判断后，应针对存在的问题作出采取措施的决定，即下达隐患整改意见和要求，包括要求进行信息的反馈。

⑤整改落实：通过复查整改落实情况，获得整改效果的信息，以实现安全检查工作的闭环。

（六）生产操作人员的安全职责

（1）认真学习和严格遵守各项规章制度，遵守劳动纪律，不违章作业，对本岗位的安全生产负主要责任。

（2）精心操作，严格执行操作规程，做好各项记录。交接班应交接安全情况，交班要为接班创造良好的安全生产条件。

（3）正确分析、判断和处理各种事故苗头，把事故消灭在萌芽状态。在发生事故时，及时地如实向上级报告，按事故预案正确处理，并保护现场，做好详细记录。

（4）按时认真进行巡回检查，发现异常情况及时处理和报告。

（5）正确操作，精心维护设备，保持作业环境整洁，搞好文明生产。

（6）上岗应按规定着装，妥善保管、正确使用各种防护器具和灭火器材。

（7）积极参加各种安全活动、岗位技术练兵和事故预案演练。

（8）有权拒绝违章作业的指令，对他人违章作业加以劝阻和制止。

（9）认真做好直接作业的监护工作。

（七）安全禁令

中国石油天然气集团公司2008年发布反违章禁令：为进一步规范员工安全行为，防止和杜绝"三违"现象，保障员工生命安全和企业生产经营的顺利进行，特制定本禁令。

（1）严禁特种作业无有效操作证人员上岗操作；

（2）严禁违反操作规程操作；

（3）严禁无票证从事危险作业；

（4）严禁脱岗、睡岗和酒后上岗；

（5）严禁违反规定运输民爆物品、放射源和危险化学品；

（6）严禁违章指挥、强令他人违章作业。

员工违反上述《禁令》，给予行政处分；造成事故的，解除劳动合同。

（八）安全标志

《中华人民共和国安全生产法》第二十八条规定，生产经营单位应当在较大危险因素的生产经营场所和有关设施、设备上，设置明显的安全警示标志。警示标志是提醒人们注意的各种图示标牌、文字标语、声光电的信号等。

1. 安全色

安全色使用以表达禁止、警告、指令、指示等安全信息含义的颜色，我国规定的安全色为红、黄、蓝、绿四种颜色，其含义和用途如下：

（1）红色：使人在心理上产生兴奋感和醒目感，用于表示禁止、停滞、防火等信号。

(2) 蓝色：和白色配合使用效果较好，表示指令或必须遵守的规定。

(3) 黄色：和黑色相间组成的条纹是视认性最高的色彩，用于表示警告、注意。

(4) 绿色：使人感到舒畅、平静和安全感，用于表示提示、安全状态、通行。

安全色的对比色是黑白两种颜色，红、蓝、绿色的对比色为白色，黄色的对比色为黑色。

2. 安全标志

安全标志是由几何图形和图形符号所构成，用以表达特定的安全信息。安全标志的作用是引起人们对不安全因素的注意，防止事故发生，但不能代替安全操作规程和防护措施。这些标志分别为禁止标志、警告标志、指令标志、提示标志四类。

(1) 禁止标志：禁止人们不安全行为的图形标志，其基本形式是带斜杠的圆形边框，颜色为白底、红圈红杠黑图案。禁止标志图形共有 23 种。图 7-1 主要列出其中的 12 种。

图 7-1 禁止标志

(2) 警告标志：提醒人们对周围环境引起注意，以避免可能发生危险的图形标志。其基本形式是正三角形边框，颜色为黄底黑边黑图案。警示标志图形共有 24 种。图 7-2 主要列出其中的 8 种。

(3) 指令标志：强制人们必须做出某种动作或采用防范措施的图形标志，其基本形式是圆形边框，颜色为蓝底白图案。指令标志图形共有 12 种。图 7-3 主要列出其中的 4 种。

(4) 提示标志：向人们提供某种信息的图形符号，其基本形式是正方形边框，颜色为绿色白图案。提示标志图形共 3 种。如图 7-4 所示。

图 7-2 警示标志

图 7-3 指令标志

图 7-4 提示标志

(九) 劳动防护用品的分类与使用

劳动防护用品,是指在劳动过程中能够对劳动者的人身起保护作用,使劳动者免遭或减轻各种人身伤害或职业危害的各种用品。使用劳动防护用品,是保障从业人员人身安全与健康的重要措施,也是保障生产经营安全生产的基础。

1. 劳动防护用品的分类

劳动防护用品的种类很多,可分为一般劳动防护用品和特殊劳动防护用品。

(1) 头部防护用品:用来防御头部不受外来物体打击和其他因素危害,能使冲击分散到尽可能大的表面,并使高空坠落物向外侧偏离。如一般防护帽、防尘帽、安全帽、防静电帽等。

(2) 呼吸器官防护用品:用来防御有害气体、蒸气、粉尘、烟、雾由呼吸道吸入,或直接向使用者供氧或清净空气,保证尘、毒污染或缺氧环境中作业人员正常呼吸,如防尘口罩和防毒面具等。

(3) 眼(面)防护用品:预防烟雾、尘粒、金属火花和飞屑、热、电磁辐射、激光、化学飞溅等伤害作业人员眼睛和面部，如焊接护目镜和面罩等。

（4）听力防护用品：防止过量的声能侵入外耳道，使人耳避免噪声的过度刺激，减少听力损失，预防由噪声对人身引起不良影响，如耳塞或耳罩，防噪声头盔等。

（5）手部防护用品：保护手和手臂，作业者劳动时戴的手套，如一般防护手套，防酸（碱）手套、绝缘手套、防静电手套等。

（6）足部防护用品：防止生产过程中有害物质和能量损害劳动者足部，如电绝缘靴、防滑鞋，防静电鞋、焊接防护鞋等。

（7）躯干防护用品：即通常讲的防护服，如防静电服、防酸（碱）服、阻燃服等。

（8）皮肤防护用品：防止皮肤免受化学、物理等因素的危害。如防毒、防腐、防油漆的护肤品等。

（9）高处坠落防护用品：防止人体从高处坠落，通过绳、带，将高处作业者的身体系接于固定物体上，火灾作业场所的边沿下放张网，以防不慎坠落，如安全带、安全绳、安全网等。

2. 劳动防护用品的使用方法

（1）劳动防护用品在使用前，应首先做一次外观检查。检查的目的是认定用品对有害因素防护效能的程度，用品外观有无缺陷或损坏，各部件组装是否严密，启动是否灵活等。

（2）劳动防护用品的使用必须在其性能范围内，不得超越极限使用；不得使用未经国家指定、未经监测部门认可或检测不达标的产品；不能随便替代，更不能以次充好。

（3）劳动保护用品应严格按照说明书使用。

二、防火防爆知识

（一）燃烧及爆炸

1. 燃烧

燃烧是可燃物质与氧或氧化剂化合时发生的一种放热和发光的化学反应；由于其可燃物可以是气体、液体、固体，所以燃烧的形式是多种多样的。但它们的过程基本均可被常见的四种形式所包括，即自燃、闪燃、燃烧、爆炸。

（1）自燃：自燃是指某些可燃物质在没有外来热源（火花、火焰）的情况下，由其本身内部的生物、物理或化学作用产生的热而引起自动燃烧的现象。

（2）闪燃：闪燃是指可燃液体在低于某一温度时液体挥发出来的蒸汽与空气形成混合物，遇火源（明火）时能够发生一闪即灭的现象。这一最低温度就称之为该液体的闪点，闪点越低火灾的危险性就越大（表7-1）。

表7-1 常见油品在空气中的闪点、自燃点

油 品	闪点,℃	自燃点,℃	油 品	闪点,℃	自燃点,℃
汽油	< 28	510～530	原油	28	
煤油	28～45	380～425	蜡油	> 120	300～320
柴油	45～120	350～380	渣油	> 120	230～240

液体按闪点的高低可分为四类：第一级闪点＜28℃；28℃≤第二级闪点≤45℃；45℃≤第三级闪点≤120℃；第四级闪点＞120℃。第一级和第二级为易燃液体，第三级和第四级为可燃液体。

(3) 燃烧：燃烧也称着火，是指可燃物在空气中受到火源的作用而燃烧，并在火源移去后仍能继续燃烧的现象。

燃烧必须具备以下三个条件：

①要有可燃物质存在，如木柴、纸张、汽油、酒精和氢气等。

②要有助燃物质，凡能帮助和支持燃烧的物质都称助燃物质，如氧气、氯气、氯化钾和高锰酸钾等氧化剂。

③要有火源，如火柴、火焰、静电火花、化学能及聚焦的日光等。

上述三个条件为燃烧的基本条件，控制三个条件其中之一，就可以控制燃烧。

2. 爆炸

爆炸就是物质发生变化的速度不断急剧增加，并在极短的时间内放出大量能量的现象，称为爆炸。这种变化（爆炸）是以机械功的形式在瞬间放出大量的气体和热能量，使周围压力发生急剧变化，同时产生巨大的响声，爆炸的传播速度为 10～7000m/s，故爆炸的危害是最严重的。

爆炸可分为物理性爆炸和化学性爆炸。

(1) 物理性爆炸：物质因状态或压力发生突变等物理变化而引起的爆炸称物理性爆炸。物理性爆炸前后物质的性质和化学成分不变。例如，锅炉爆炸、压力容器爆炸、液化石油气超压爆炸都是物理性爆炸。

(2) 化学性爆炸：由于物质发生极迅速的化学反应，产生高温、高压而引起的爆炸称化学性爆炸。化学性爆炸前后物质的性质和成分发生了根本的变化。如炸药爆炸、天然气爆炸均属于化学性爆炸。化学性爆炸比物理性爆炸危害性大。

当可燃气体、可燃液体的蒸汽或可燃粉尘和空气混合达到一定浓度时，遇到火源就会发生爆炸的浓度范围，称之为"爆炸极限"。"爆炸极限"通常用可燃气体蒸汽或粉尘在空气中的体积百分数来表示。掌握"爆炸极限"可以进行防火、防爆。通过各种技术措施改变"爆炸极限"条件，以防止爆炸。

(二) 防火与灭火

1. 火源

火源是燃烧的三个条件之一。通常火源可分为直接火源和间接火源两种。

(1) 直接火源——明火、电火花、雷击等；

(2) 间接火源——加热自燃起火、本身自燃起火等。

2. 火灾的发展过程

火灾的发展过程通常要经历以下三个阶段：

(1) 初燃阶段——燃烧面积小、强度弱，放出的热辐射不多，烟和气体流动较慢；

(2) 燃起阶段——燃烧强度大，温度上升，放出的热辐射多而强，烟和气体流动迅速，面积扩大；

(3) 熄灭阶段——可燃物质减少，温度下降，火趋向于熄灭，直到可燃物烧完为止。

3. 火灾的扑救原则

初起火灾的扑救原则：企业、事业单位灭火，救灾指挥人员，在指挥灭火救灾中要遵循"救人第一"，"先控制、后消灭"，"先重点、后一般"等原则。

(1) 救人第一的原则：是指火场上如果有人受到火势威胁，企、事业单位消防队员的首要任务就是把被火围困的人员抢救出来。运用这一原则，要根据火势情况和人员受火势威胁的程度而定。在灭火力量较强时，人未救出之前，灭火是为了打开救人通道或减弱火势对人员威胁程度，从而更好地为救人脱险、及时扑灭火灾创造条件。在具体实施救人时应遵循"就近优先，危险优先，弱者优先"的基本要求。

（2）先控制、后消灭的原则：先控制、后消灭，是指对于不可能立即扑灭的火灾。要首先控制火势的继续蔓延扩大，在具备了扑灭火灾的条件时，再展开全面进攻，一举消灭。义务消防队灭火时，应根据火灾情况和本身力量灵活运用这一原则。对于能扑灭的火灾，要抓住战机，就地取材，速战速决；如火势较大，灭火力量相对薄弱，或因其他原因不能立即扑灭时，就要把主要力量放在控制火势发展或防止爆炸、泄漏等危险情况发生上，以防止火势扩大，为彻底扑灭火灾创造有利条件。先控制，后消灭，在灭火过程中是紧密相连、不能截然分开的，只有首先控制住火势，才能迅速将火灾扑灭。控制火势要根据火场的具体情况，采取相应措施。

（3）先重点，后一般的原则：先重点、后一般，是就整个火场情况而言。运用这一原则，要全面了解并认真分析火场的情况，主要包括以下几个重点：

①人和物相比，救人是重点；

②贵重物资和一般物资相比，保护和抢救贵重物资是重点；

③火势蔓延猛烈的方面和其他方面相比，控制火势蔓延猛烈的方面是重点；

④有爆炸、毒害、倒塌危险的方面和没有这些危险的方面相比，处置这些危险的方面是重点；

⑤火场上的下风向与上风、侧风向相比，下风向是重点；

⑥可燃物资集中区域和这类物品较少的区域相比，这类物品集中区域是保护重点；

⑦要害部位和其他部位相比，要害部位是火场上的重点。

4. 火灾扑救方法

（1）扑救初起火灾的指挥要点。

扑灭火灾的最有利时机是在火灾的初起阶段。要做到及时控制和消灭初起火灾，主要是依靠群众义务消防队。因为他们对本单位的情况最了解，发生火灾后能在公安消防队和企业专职消防队到达之前，最先到达火场。所以初起火灾发生后，一般首先由起火单位的义务消防队组织指挥和扑救；当本单位企业专职消防队到达火场时，企业专职消防队的领导负责组织指挥和扑救；当公安消防队到达火场时，由公安消防队的领导统一组织指挥。扑救初起火灾的组织指挥工作主要做好以下几点：

①及时报警，组织扑救。义务消防队员，无论在任何时间和场所，一旦发现起火，都要立即报警，并参与和组织群众扑救火灾。当火灾刚发生且不大时，要迅速利用现场的灭火器、沙桶、水泥粉等简易灭火器材灭火，并设法立即报警。报警时，应根据火势情况，首先向周围人员发出火警信号，并通知单位领导和有关部门，要有专人向公安消防部门报警。

②积极抢救被困人员。当火场上有人被围困时，要组织力量，积极抢救被困人员。

③疏散物资，建立空间地带。

（2）初起火灾扑救的基本方法。

初起火灾容易扑救，但必须正确运用灭火方法，合理使用灭火器材和灭火剂，才能有效地扑灭初起火灾，减少火灾危害。灭火的四项基本措施主要有控制可燃物、隔绝空气、消除火源、阻止火势蔓延。灭火的四种方法有冷却法、隔离法、窒息法、抑制法。

①冷却灭火法：就是将灭火剂直接喷洒在可燃物上，使可燃物的温度降低到自燃点以

下,从而使燃烧停止。或者将灭火剂喷洒到火源附近的物体上,使其不受火焰辐射热的威胁,避免形成新的着火点,还可用水冷却建筑构件、生产装置或容器等,以防止其受热变形或爆炸。常见的就是用清水灭火,还有二氧化碳冷却降温灭火。

②隔离灭火法:是将燃烧物与附近可燃物隔离或者疏散开,使火源没有燃烧物质而熄灭。这种方法适用于扑救各种固体、液体、气体火灾。采取隔离灭火的具体措施很多,例如将火源附近的易燃、易爆物质转移到安全地点;关闭设备或管道上的阀门,阻止可燃气体、液体流入燃烧区;排除生产装置、容器内的可燃气体、液体,阻拦、疏散可燃液体或扩散的可燃气体;拆除与火源相毗连的易燃建筑结构,形成阻止火势蔓延的空间地带等。

③窒息灭火法:即采取适当的措施,阻止空气进入燃烧区,或用惰性气体稀释空气中的氧含量,使燃烧物质缺乏或断绝氧而熄灭。适用于扑救封闭式的空间、生产设备装置及容器内的火灾。火场上运用窒息法扑救火灾时,可采用石棉被、湿麻袋、湿棉被、沙土、泡沫等不燃或难燃材料覆盖燃烧或封闭孔洞;用水蒸气、惰性气体(如二氧化碳、氮气等)充入燃烧区域;利用建筑物上原有的门以及生产储运设备上的部件来封闭燃烧区,阻止空气进入。此外,在无法采取其他扑救方法而条件又允许的情况下,可采用水淹没(灌注)的方法进行扑救。但在采取窒息法灭火时,必须注意以下几点:

a. 燃烧部位较小,容易堵塞封闭,在燃烧区域内没有氧化剂时,适于采取这种方法。

b. 在采取用水淹没或灌注方法灭火时,必须考虑到火场物质被水浸没后能否产生的不良后果。

c. 采取窒息方法灭火以后,必须确认火已熄灭,方可打开孔洞进行检查。严防过早地打开封闭的空间或生产装置,而使空气进入,造成复燃或爆炸。

d. 采用惰性气体灭火时,一定要将大量的惰性气体充入燃烧区,迅速降低空气中氧的含量,以达窒息灭火的目的。

④抑制灭火法(中断化学反应法):是将化学灭火剂喷入燃烧区参与燃烧反应,使燃烧过程中产生的游离烃消失,形成稳定分子或低活性的游离烃,从而使燃烧的化学反应中断,停止燃烧。采用这种方法可使用的灭火剂有干粉和卤代烷灭火剂。灭火时,将足够数量的灭火剂准确地喷射到燃烧区内,使灭火剂阻断燃烧反应。

三、站库防火、防雷、防静电知识

(一)站库防火要求

为了确保集输储运的安全,转油站和油库应建立严格的防火防爆制度。其主要内容如下:

(1)新建和改建时,必须严格按照有关的技术安全规程办事,各建筑物和设备的安全距离和安全防火等级,必须符合安全技术部门的各项规定。

(2)在管理上必须严格按照岗位责任制各项规定办事,室内外做到"三清、四无、五不漏"。

(3)站库内严禁吸烟玩火,在允许使用明火和焊接工作的车间,应采取防范措施。

(4)站库内禁止使用明火的地方动火时,需要用火单位提出申请,采取有效措施并经过有关安全技术部门检查批准后,方可用火。

(5)站库内的输电线路不能跨越油罐;有可燃气体的房间上空不准使用裸体导线;所

有照明必须采用防爆式；探照灯焦距应适当调整，不得对准可燃易燃物及储罐气孔；非电工人员禁止乱接乱修电器设备。

（6）站内避雷及电器设备的接地装置必须定期检查，其接地电阻不得大于10Ω。

（7）有严格的门卫制度，凡需进站车辆，事先须经有关部门批准和检查。

（8）禁止穿带钉子的鞋进泵房和上油罐。检修清洁油罐时，应避免猛烈敲打和碰击。使用过的油布应集中存放和及时处理。

（9）泵房和机室的防爆墙应严密封闭，若电动机是防爆的，可以不用封密。

（10）油罐区周围必须有高1.2m，顶宽0.6m的防护堤，并经常保持坚固完整。

（11）油罐上的液压机械呼吸阀泡沫室以及分离器的安全阀、放空阀等装置，必须定期检查、维护，保持灵活好用。

（12）站内消防公路必须畅通，站内除固定的消火装置外，必须配备适量灭火工具、器材，定期检查并保持完好状态。

（13）站库员工特别是新工人要加强安全防火知识教育，熟知岗位工艺流程。

（二）站库的安全设施——防火堤

防火堤是为了防止油品流散蔓延扩大而建的大堤。防火堤要求高1.2m、顶宽0.6m。防火堤具体要求如下：

（1）防火堤内纯空间应容纳全组油罐容积，防火堤上缘须比上述油罐溢出液体的液面高出0.2m。

（2）为方便灭火工作，油罐的罐壁与防火堤底部的距离不得小于最近一个油罐直径的一半。

（3）为了进入罐区工作方便，防火堤应根据情况修建踏步梯。

（4）一级油站，油库容量在$4\times10^4 m^3$以下的油罐组可设一道防火堤，堤内可设分割堤。

（5）防火堤内排水沟，正常时阀门应关闭，不得在分割堤之间相互贯通，以防万一油溢出流散扩大。

（三）站库安全生产注意事项

石油和天然气易于燃烧、爆炸和不定期有毒性，如果在工作中不慎或不遵守安全技术操作规程，就会发生火灾、爆炸或中毒事故。因此，为确保油气集输工作安全，严防事故发生，就必须采取有效措施，最大限度消除引起火灾爆炸中毒等事故的一切因素。

1. 站库防火防爆措施

爆炸起火是对站库安全生产最严重的威胁，一旦发生爆炸火灾，就可能造成生命财产的巨大损失，因此必须做好以下防范措施：

（1）严格执行防火禁区的规定，在防火禁区不准携带火种，严禁吸烟。

（2）不准穿铁钉鞋进入油气区；使用金属工具和搬运油桶时，注意防止撞击，以免产生火星。

（3）油罐区严禁堆放可燃物、易燃物。

（4）油罐区必须按规定设置防火堤，并保持完好。

（5）油罐检尺、取样时，轻开轻关量油孔盖；量油尺、重锤、取样器和检尺孔必须用不产生火花的金属材料制作。

(6) 油罐区内禁止装设非防爆型电气设备。

(7) 油罐避雷接地极每年春秋两季测定一次,接地电阻不大于10Ω。

(8) 油罐顶透光孔,检尺处盖垫片必须保持完好,保证不冒油气,雷雨天必须用石棉被盖好。

2. 防毒

(1) 毒性分析。

根据进入人体的速度、剂量、人体与毒物接触时间长短、症状发作的快慢及持续时间,可将中毒分为急性中毒、亚急性中毒和慢性中毒三类。

①急性中毒:是指毒物一次大量进入人体引起的中毒,作用迅速而剧烈,一般以秒、分、时计。

②亚急性中毒:是指介于急、慢性中毒之间,在较短时间内(3~6个月)有较大量的毒物进入人体的中毒。

③慢性中毒:是指毒物少量长期进入人体后所引起的中毒,一般以月、年计。

(2) 毒物进入人体的途径。

毒物只有进入人体并与人体的新陈代谢系统发生作用后,毒物才会对人体造成伤害。毒物进入人体的途径主要有三条:

①通过呼吸道吸收:大部分生产性毒物是通过呼吸道进入人体而引起中毒的。呼吸道是生产过程中毒物进入人体的主要途径。

②通过皮肤吸收:由于皮肤的表面屏障作用,毒物经皮肤吸收一般较其他途径慢一些;吸收速度与毒物的溶脂性成正比,与相对分子质量成反比。

③通过消化道吸收:消化道吸收可发生在口腔粘膜、胃、小肠等部位,而以小肠吸收为主。

(3) 防毒措施

为了预防油品及其他有害气体引起人体中毒,在油气集输中应做好以下防毒措施:

①加强管理和督促,对工作人员加强防毒安全教育,定期检查工作场地空气中有毒气体含量,使其不超过最大允许浓度(表7-2)。

表7-2 在工作区内油品蒸气的最大允许浓度   mg/L

油品名称	原油、汽油、煤油	苯	甲苯、二甲苯
最大允许浓度	0.3	0.1	0.1

②油管、油罐、油泵设备的严密不漏,以减少空气中油蒸气的浓度。

③泵房内应注意通风,以使重于空气的油蒸气消散;在通风不良的条件下,应采用机械通风。

④清各类油罐时,必须对罐进行通风。如果紧急需要应穿上工作服、胶靴,戴上手套、防毒面具,系上保险带和信号绳,并在罐外派人等候,以便及时联系救护。

⑤严禁用嘴从胶管吸取油品,禁止用含铅汽油洗手、洗机械零件、洗涮衣服。

⑥要定期检查身体,及时治疗铅、汞中毒。

(四) 雷电的形成及危害

1. 雷电的形成

雷电是自然界中的一种静电放电现象。大气中多数的带电雷云是底部带负电、顶部带正电。雷云的上下部分聚积的电荷越多,产生的电场强度越大,当电场强度达到 10^4V/cm 以上时,雷中的气体被击穿而发生火花放电,这就是闪电。当雷云较低时,大地会感应出与雷云的下端符号相反的电荷,构成云地电场。当这个电场足以击穿地面空气时,雷云与大地发生放电,这就是落地雷。雷云的放电可能发生在雷云的内部,也可能发生在雷云与大地之间。

2. 雷电的危害

雷电的危害可分为直接雷电危害和间接雷电危害。

(1) 直接雷电危害。

①由于雷对大地的放电电流很大,虽然持续时间只有 $50\sim100\mu\text{s}$,但因为电流的热效应,能使放电通道的温度高达数万摄氏度,使可燃物燃烧造成火灾。

②雷电电流经过时,因放电通道温度高,使空气剧烈膨胀,同时又将水分及其他物质分解为气体,因而产生巨大的机械力,会击毁树木和破坏建筑物。

③当雷电电流直接通过具有电阻或电感的物体时,因雷电电流变化率很大,产生很大的电压和感应电动势,造成电气设备的直接雷电电压,能破坏绝缘产生火花放电,从而引起燃烧和爆炸。

(2) 间接雷电危害。

雷电间接危害分为雷击电流引起的电磁感应危害和静电感应危害。

①电磁感应危害是指附近有雷击时,因雷电电流的变化率很大,处于这变化磁场中的金属导体要感应出很大的感应电动势。若导体是闭合的,仅产生较大的感应电流;若导体有缺口,由于感应电动势很大,在缺口处也会产生火花放电,从而有可能点燃可燃蒸气。

②静电感应危害是指带电的雷接近地面时,对导体感应出与雷的符号相反的电荷,对地绝缘导体上的感应电荷不能迅速流入地壳,这些电荷可能会对其邻近的接地导体或大地发生火花放电,从而可能点燃可燃蒸气。

(五) 防雷电的基本措施

1. 避雷针

避雷针是一种最常用的防雷电保护装置,它由受雷器、引下线和接地装置三部分组成。

(1) 受雷器又称接闪器,即避雷针的针尖部分。采用直径 $10\sim12\text{mm}$,长为 $1\sim2\text{m}$ 的铁棒或打扁并焊接封口的直径 $20\sim25\text{mm}$ 镀锌钢管制成。

(2) 引下线:常用直径不小于 6mm 圆钢或截面积小于 $30\sim35\text{mm}$ 的扁铁制成;引线应短而直;避免转弯和穿越铁管等闭合结构。

(3) 接地装置:是为了把雷电电流引入地壳的一些金属接地体。它的尺寸和埋深需由计算决定。

2. 避雷针的保护作用

因避雷针比其周围建筑物高而尖,其感应电荷的场强比周围建筑物感应电荷的场强大得多,使避雷针附近的空气较容易击穿。若雷击对大地发生放电,因为避雷针针尖附近的空气已击穿,通过避雷针放电是最有利的路径,即避雷针吸引了雷击,使雷电电流经避雷针入地,避免雷电电流经其附近的构筑物入地。

3. 避雷针的保护范围

受到避雷针某种程度保护的空间称为避雷针的保护范围。避雷针的保护范围与避雷针的高度、数目、相对位置、雷的高度以及雷电对避雷针的位置等因素有关。

（六）静电的产生及分类

1. 静电的产生

当两种不同性质的物体相互摩擦或接触时，由于它们对电子的吸引力大小各不相同，发生电子转移，使一个失去一部分电子而带正电荷，另一个得到一部分电子而带负电荷。如果该物体对大地绝缘，则电荷无法泄漏，停留在物体内部或表面上呈相对静止状态，这种电荷称为静电。

2. 静电的分类

按静电的聚集状态分为：液相与固相之间带电；喷射带电（流体喷射出的小液滴带电）；冲击带电（流体冲击后飞溅的液滴带有电荷）；沉降带电（水滴向下沉降时发生静电带电）。

3. 静电产生条件

由于静电放电而引起爆炸，必须同时具备以下四个条件：

（1）必须有产生静电的条件。

（2）必须具备静电积聚的条件，积聚起来的电荷形成的静电场，具有足够大的电场强度。

（3）电场强度能形成火花放电，并达到点燃油品可燃蒸汽的能量。

（4）火花间隙中必须有可燃气体，并处于爆炸的浓度范围内。

（七）防止静电的安全措施

防止静电的安全措施，就是消除静电引起爆炸火灾的四个条件。

（1）防止静电的产生。

①控制流速。

②控制加油方式，防止喷溅装油。

③防止不同油品相混或油品含水和空气。

④经过过滤以后，油品要有足够的漏电时间。

（2）加速静电消除，防止静电积聚。

①接地和跨接泄漏：如果是带电导体，接地后其电荷会迅速导入地壳。

②设置静电消除器：静电消除器使绝缘介质电离而减少带电体的电荷。

③添加抗静电剂：加入微量抗静电剂后，可以大幅度地增加油品电导率，使其电荷得不到积聚。

（3）消除火花放电。

（4）防止存在爆炸性气体。

（八）站库安全用电

1. 常用电气设备安全知识

电气安全主要包括人身安全与设备安全两个方面。人身安全是指从事电气工作和电气设备操作使用过程中人员的安全；设备安全是指电气设备及有关设备的安全。

当人体触及带电体，或者带电体与人体之间闪击放电，或者电弧波及人体时，电流通过人体进入大地或其他导体，形成导电回路，这种情况就叫触电。触电时人体会受到某种程度伤害或死亡。电流流经人体内部造成伤害或死亡称为电击；人体与带电体接触不良部分发生的电弧灼伤称为电伤。

为了防止电气工作中的事故，确保人身安全和设备安全，电气设备在设计、制造和安装时以及在安全技术上应满足以下要求：

（1）对地面裸露和人身容易触及的带电设备采取可靠的防护措施。

（2）设备带电部分对地和其他带电部分相互间要保持一定的安全距离。

（3）对易产生过电压危害的电力系统采用避雷针、避雷线、避雷器、保护间隙等过电压保护装置。

（4）对低压电力系统采用接地、接零保护。

（5）对各种高压用电设备采用电容器、自动开关、断电等不同类型的保护措施；对低压用电设备则采用相应的低压电气进行保护。

（6）在电气设备系统和有关工作场所安装安全标志。

（7）根据某些电气设备的特性和要求采取特殊的安全措施。

2. 电气火灾的预防

（1）油开关、电开关及熔断器的预防。

①油开关防火。

用油开关切断电源时要产生电弧，电弧通过油开关的灭弧装置而熄灭。如果油开关不能迅速有效的灭弧，电弧将产生 300~400℃ 的高温，使油分解成含有氢的可燃气体，可能引起燃烧或爆炸。

②电开关防火。

电开关防火措施如下：安装电开关应与房内的防火要求相适应。在有爆炸危险的场所，应采用防爆型或防爆重油型的开关，否则开关应安装在室外；闸刀开关应安装在非燃烧材料制成的闸板上或闸盒内；开关的额定电流和额定电压均应和实际使用情况相适应；线路和设备应连接牢固避免产生过大的接触电阻；单极开关必须接在火线上，否则开关虽断，电气设备仍然带电，一旦火线接地或搭接金属物体，仍然有自发接地短路引起火灾的危险。

③熔断器防火。

因为一定粗细的电线和一定容量的电气设备允许长时间通过的额定电流是有一定数值的。用来保护电线和设备的熔断丝，一定要选择适当，才能起到保险作用。如果用铁丝来代替熔断丝，当电路中的电流超过额定电流时，铁丝不会及时熔断，将起不到保险的作用。

（2）电气照明的防火要求。

①照明电线上应安装熔断丝或自动开关装置，以保证发生事故时，立即切断电源；

②车间的照明，功率大的电灯泡应用灯罩进行防护；

③在有大量水蒸气的厂房内，采用防水灯罩；

④在有爆炸危险性厂房内，采用防爆灯。

3. 电气火灾的扑救

针对电气设备火灾燃烧猛、蔓延快、易形成大面积燃烧，烟雾大，气体有毒的特点，一般常用以下几种灭火方法。

（1）断电灭火：扑救电气火灾前应设法及时切断电源，但必须注意几下几点：

①应用绝缘操作杆操作闸刀开关来切断电源，以防造成触电事故；

②电源线切断后要防止对地短路，触电伤人及线间短路；

③在主要开关未断开之前，不允许用隔离开关切断负载电流，以免产生电弧，造成设备和人身伤亡；

④切断电容器和电缆后，因仍有残留电压，灭火时要按带电灭火的要求进行灭火。

（2）使用灭火器带电灭火：因来不及断电或断电会造成更大的经济损失的情况下，为迅速控制火势，应使用电阻率大，导泄电流小的灭火剂，并在灭火器与带电体间保持一定距离时进行灭火。泡沫灭火剂具有导电性，对电气设备的绝缘有很大的损坏作用，因此不能用泡沫灭火器进行带电灭火。

（3）启动灭火装置带电灭火：常用的固定灭火装置有：二氧化碳灭火装置、固定干粉灭火装置。

（4）充油电气设备的火灾扑救：在油田充油电气设备一般指变压器、油断路器、电容器等。

①设备容器外部局部着火而未受破坏时可进行灭火剂带电灭火，同时应预防中毒事故；
②火势大并对其他电气设备有威胁时，应切断所有设备的电源，再进行灭火；
③容器受破坏，喷油燃烧，火势大时应切断电源，设法放掉油，同时用泡沫灭火剂对油火进行扑救。

四、消防器材

（一）灭火剂选择

1. 灭火剂概念

能够有效地在燃烧区破坏燃烧条件，达到抑制燃烧或中止燃烧的物质，称为灭火剂。灭火剂效能高，取用方便，对人体和物体基本无害，成本低廉。

2. 灭火剂种类

灭火剂的种类较多，常用的灭火剂有水、泡沫、二氧化碳、干粉等。

3. 选择灭火剂正确方法

灭火剂使用时根据火场燃烧的物质性质、状态、燃烧时间和风向风力等因素，正确选择，并保证供给强度，充分发挥灭火剂的效能，避免因盲目使用灭火剂而造成适得其反的结果和更大的损失。例如：水是最广泛的、既经济又实惠的灭火剂。首先，水能迅速冷却物体，其次，水能隔绝空气，使燃烧窒息。当水喷到燃烧物上后，一部分水汽化成水蒸气，降低燃烧区内的氧含量。但水不能扑救下列物质和设备的火灾：

（1）比水轻的（如石油、汽油、苯等）能浮在水面上的可燃液体。
（2）遇水能发生燃烧和爆炸的化学危险品，如金属钠、钾、铝粉、电石。
（3）熔化的铁水、钢水、灼热的金属和矿渣等。
（4）高压电气设备。
（5）精密仪器设备和贵重文件档案。

（二）常用灭火器

目前，生产现场灭火普遍采用的器材主要为灭火器。灭火器是一种灭火效率高，使用方便，来源丰富，成本低廉，对人体和物体基本无害的灭火器材。其种类多种多样，常用的有标准型泡沫灭火器、二氧化碳灭火器、干粉灭火器等。不同型号的灭火机适宜扑救不同的火灾，正确使用灭火器材，对于预防和消灭生产过程中的各类火灾事故具有重要的意义。

（三）灭火器的使用

1. 泡沫灭火器

能够与水混溶并可通过化学反应或机械方法产生灭火泡沫的药剂，称为泡沫灭火剂。按照泡沫生成机理，泡沫灭火剂可分为化学泡沫灭火剂和空气机械泡沫灭火剂两大类。目前，常用的为化学泡沫灭火器，其筒内盛装着碳酸氢钠与发泡剂的混合液，另外还装有一瓶硫酸铝溶液，两种溶液互不接触。其原理是泡沫液与水和空气混合后，产生大量泡沫，使燃烧物质表面冷却，阻止燃烧物质表面热，起到灭火作用。因此，在使用时要将筒身颠倒，使两种溶液混合，产生一种含有二氧化碳气体的泡沫，并以一定的压力喷射出来，进行灭火。

（1）应用范围。

泡沫灭火器主要适用于工矿企业的物资仓库和公共场所，适用于扑救汽油、煤油、柴油、苯、香蕉油、松香水等易燃液体引起的火灾；在扑灭电气火灾时，必须先切断电源。

（2）使用方法。

到火场后，一手提环（手柄），另一手托起底部，将灭火器颠倒过来，使喷射的泡沫对准燃烧物。在扑灭容器内液体火灾时，要将泡沫喷射到容器上，避免直接喷射到液体上，扩大着火范围。

（3）性能参数。

①灭火剂量：2 ± 0.05 kg；

②有效喷射时间：$\geqslant 8.0$ s；

③有效喷射距离：2.5 m；

④电绝缘性能：$\geqslant 50$ kV；

⑤使用温度范围：$-10 \sim 55$ ℃。

（4）注意事项。

①因为泡沫导电，若是扑救电着火时一定要先切断电源后才能实施救火；

②泡沫和水不能在一起，否则就会降低灭火效果；

③泡沫灭火器一定要定期保养和更换药品，以确保其灭火性能；

2. 二氧化碳灭火器

二氧化碳灭火器是一种瓶内充有压缩二氧化碳气体的灭火器材。二氧化碳是无色无味、不燃烧、不助燃、不导电、无腐蚀性的惰性气体，灭火用的二氧化碳一般是以液态灌装在钢瓶内，依靠二氧化碳的蒸发作用喷射出雪花状固体颗粒的干冰进行灭火。二氧化碳灭火器有手提式和推车式两类，其中最常用的手提式灭火器又可分为鸭嘴式和手轮式两种。

（1）应用范围。

由于二氧化碳灭火剂灭火不留痕迹，并具有一定的电绝缘等性能，因此可用于扑救 6 kV 以下电气设备、贵重设备、精密仪器、文件档案等场所的初期火灾，主要适用于室内电气着火。

（2）使用方法。

二氧化碳灭火器，有开关式和闸刀式两种，使用时先拔去保险销子，然后一手紧握喷射喇叭上的木柄，另一手掀动鸭舌开关或旋转开关，然后提握机身。但闸刀式的一经启开后，内部封口铜片即穿破无法关闭。

（3）性能参数。

同泡沫灭火器。每月称一次重量，三年做一次承压力实验。

（4）注意事项。

灭火时手一定要握住胶木柄，以防止冻伤，在空气不畅通的环境条件下灭火要及时通风。

第七章 安全生产及培训

3. 干粉灭火器

干粉灭火器又称粉末灭火器,是一种通用型的灭火器。其内部装有一种干燥的、易于流动的微细固体粉末,一般借助于专用灭火器或灭火设备中的气体压力,将干粉从容器中喷出,以粉雾状形式覆盖在燃烧物上形成阻碍燃烧的隔离层,同时粉末受热还会分解出不燃性气体,降低燃烧区中的含氧量,达到灭火的目的。

(1) 应用范围。

干粉灭火器综合了泡沫、二氧化碳和四氯化碳灭火器的优点,主要适用于扑救石油及其制品,可燃液体、气体、固体,电气设备及能与水发生燃烧的物质等而引起的初期火灾。因干粉有 $5 \times 10^4 V$ 以上的电绝缘性能,因此广泛适用电气设备初期火灾。

(2) 使用方法(以目前较通用的 MFZ8 型储压式干粉灭火器为例)。

拉出插销,对准火源按下压把,即喷出灭火,松开压把即停喷。

(3) 性能参数。

①干粉重量:$8 \pm 0.16 kg$;
②充气压力(氮气):1.5MPa;
③喷粉时间:14s;
④喷射距离:4.5m;
⑤使用温度范围:$-22 \sim +55$℃;
⑥电绝缘性:50kV。

(4) 注意事项。

①存放地点要通风良好,防潮、防晒、防高温;
②灭火剂严禁随意拆卸更换零件,以免发生危险;
③灭火器一经开启,即使灭火剂喷出不多,也必须按规定要求再充装;
④检查、维修必须由专业消防机构(行业)进行。

五、安全防护与急救知识

防护准确地说有两个方面的内容:一是操作者人身自我防护,即不被各种设备、电气火灾等事故对人身构成威胁或伤害;二是各种生产操作场所为操作者提供必要的安全设施。具体与集输工有关的内容为:防中毒,防火、防爆,防机械伤害,防触电。

(一)防油气中毒

1. 油气中毒的危害

原油、天然气及其产品的蒸汽都具有一定的毒性。这些物质一旦被人吸入超过一定量时就会导致慢性或急性中毒。当空气中油气含量为 0.28% 时,人在该环境中 12~14h 就会有头晕感;如果含量达到 1.13%~2.22%,将使人难以支持;含量再高时,会使人立即晕倒,失去知觉,造成急性中毒。在这种情况下若不能及时发现并抢救,则可能导致窒息死亡。

2. 油气中毒的防护措施

在油气集输生产工作中防止中毒主要采取以下措施:

(1) 对生产密闭流程严格管理,杜绝随意排放。

(2) 在易燃易爆作业场所,严禁工艺流程及设备"跑、冒、渗、漏"。

(3) 站库天然气的放空严加控制,不准随意排放。

(4) 站库是油气聚集的场所,要采取自然通风或强制通风等办法,来降低或避免油气聚集的机会。

（5）对集输过程中经常使用或接触的带有毒性的药品，要严格按规定使用操作，时时提高自我保护能力。

（二）防火、防爆

石油工业生产的产品主要是原油、天然气以及石油液化气和少量的天然汽油。这些产品具有易燃、易爆、易蒸发、易于聚集静电等特点。液体产品蒸发或气体产品蒸发与空气混合到一定的范围内即形成可爆炸气体，若遇明火，立即爆炸，从而造成极大的破坏。因此，在石油生产中，防火、防爆的工作极其重要。有效的防护措施具体如下：

（1）在易燃易爆生产作业场所，严格控制火源；认真履行动火手续和有效的安全措施。

（2）在要害危险场所应设置防火装置、自动报警器及强制通风等设施；严格执行国家、企业有关防火、防爆安全管理规定。

（3）工艺流程尽量采用密闭流程，减少油气外泄，避免设备的"跑、冒、渗、漏"，一旦发现及时关闭电源和泄漏点，并排除附近明火源。

（4）配备性能合适数量充足的消防器材；关键操作部位（点）必须采用防爆工具。

（三）防机械伤害

1. 机械伤害

机械伤害（事故）是指由于机械性外力的作用而造成的事故。通常是指两种情况：一是人身的伤害；二是机械设备的损坏。

2. 防机械伤害的原则

（1）操作管理机械设备的岗位工人必须懂设备的性能、用途，会操作，会检查，会排除故障；必须持有上岗操作证。

（2）必须严格按操作规程使用工具，避免伤害自己或他人。

（3）机械设备的操作人员按规定穿戴、使用劳动保护用品。

（4）活动机械设备现场作业时，要有专人指挥，要选择合适的环境和场地停放，避免碰、撞、挤压等事故发生。

（5）对机械外露的运动部分，按设计要求必须加装防护罩，以免引发绞碾伤害事故。

3. 机械伤害的急救

由于撞击、摔打、坠落、挤压、摩擦、穿刺、拖曳等造成的人体闭合性、开放性创伤、骨折、出血、休克、失明等的现场自救、互救基本方法有止血、包扎、固定、搬运等。

（四）防触电

1. 触电伤害概念

人体触及带电体或者带电体与人体之间闪击放电，或者电弧波及人体时，电流通过人体进入大地或者其他导体，这种情况称为触电。

触电时人体会受到某种程度的伤害。按其形式又可分为电击和电伤两种。

（1）电击是指电流流经人体内部，引起疼痛发麻、肌肉抽搐，严重的会引起强烈痉挛，心室颤动或呼吸停止，甚至由于人体心脏、呼吸系统以及神经系统的致命伤害造成死亡。绝大部分触电是电击造成的。

（2）电伤是指触电时，人体与带电体接触部分的电烙印，或者是由于被电流融化和蒸发的金属微粒等侵入人体皮肤引起的皮肤金属化。这些伤害会给人留下伤痕，严重时也可能致人死亡。电伤通常是由电流的热效应、化学效应或机械效应造成的。

2. 触电方式

（1）单相触电——中线接地的单相触电；中线不接地的单相触电。

（2）两相触电——人体两处同时触及两相带电体的触电事故。

（3）跨步电压触电——当带电体接地有电流，入地下时，电流在接地点周围土壤中产生电压降，人在接地点周围两脚之间的电压即跨步电压；由此引起的触电事故叫跨步电压事故。距地点周围20m范围为危险区。高压故障接地处或有大电流流过的接地装置附近都可能出现较高的跨步电压。

3. 触电防护

触电的防护措施主要是指为了防止直接电击或间接电击而采取的通用基本安全措施。

（1）绝缘防护：电气设备和线路都是由导电部分和绝缘部分组成的，良好的绝缘能保证设备正常运行和人不会接触带电部分。

（2）屏障防护：采用遮拦、栅栏、护罩、护盖和箱匣等，把电气装置的带电体同外界隔开，确保无绝缘或绝缘水平低的电气装置运行安全。安装在室外的遮拦或栅栏高度不低于1.7m，下边离地不超过0.1m，室内高度不低于1.2m。

（3）安全间距防护：就是避免因碰到或靠近带电体而造成事故所需要的距离，因此要求带电体与地面间，带电体与其他设备之间要有一定的距离。

（4）接地接零保护：是把电气设备某一部分，通过接地装置，同大地紧密联系在一起。安全接地是指触电保护接地、防雷接地、防静电接地和防屏蔽接地。

（5）漏电保护：用于防止漏电而引起的触电事故，防止单相触电事故，防止漏电引起火灾事故，监视或切除一相接地故障。

（6）安全电压：安全电压是为了防止触电事故而采用的特殊电源供电的电压。它是以人体允许电流与人体电阻的乘积为依据而确定的。我国规定6V、12V、24V、36V、42V为安全电压。

为防止触电事故的发生，还必须认真做到以下几点：

（1）人手潮湿时不能接触带电设备和电源线；

（2）各种电气设备必须安装接地线；

（3）开关一定要安装在火线上；

（4）在接换熔断丝时，应切断电源；

（5）正确选用电线；

（6）在任何情况下，均不得用手来鉴定接线端或裸导线是否带电；

（7）在电气设备发生火灾时，应立即切断电源，并用四氯化碳灭火机扑灭。

4. 触电的急救

触电急救的基本原则为动作迅速、方法正确。其具体措施如下：

（1）迅速脱离电源。

低压触电事故的处理：

①若触电地点附近有电源开关或电源插头，可立即拉开开关或拔下插头，断开电源；

②若触电地点附近没有电源开关或电源插头，可用有绝缘柄的电工钳或有干燥木柄的刀斧切断电源，或用干木等绝缘物插入触电者身下，以隔断入地电源；

③当电线搭落在触电者身上或压在身下时，可以用干燥的或绝缘物件拉开触电者或挑开

电线，使触电者脱离电源；

④若触电者衣服是干燥的，又没有紧缠在身上，可以用一只手拉其衣服，使其脱离电源；但因触电者的身体是带电的，其鞋绝缘也可能遭到破坏，救护人不得接触触电者的皮肤，也不能抓他的鞋。

高压触电事故的处理：

①立即通知有关部门停电；

②带上绝缘手套、穿上绝缘鞋，用相应电压等级的绝缘工具按顺序拉开开关；

③抛掷金属物线使线路短路接地，迫使保护装置动作，断开电源。注意，抛金属物线前，应先将其金属物线一端可靠接地，抛掷的金属线一定要在抛掷后不能触及自己和他人。

（2）对症救治。

①若伤势较轻，可以使其安静休息，并密切观察；

②若伤势较重，无知觉，无呼吸，但心脏有跳动，应进行人工呼吸；如有呼吸，但心脏停止跳动，应采用人工体外心脏挤压法；

③若伤势较严重，心跳、呼吸都停止，瞳孔放大，失去知觉，则应同时进行人工呼吸和人工体外心脏挤压。人工呼吸要有耐心，每 5s 吹一次，尽可能坚持 6h 以上。

（3）救治方法。

①人工呼吸法。

a. 迅速清理触电者嘴里的东西，使头尽量后仰，让鼻口朝天，以保呼吸道畅通；解开其领口，头下不可垫枕头。

b. 救护者用一只手捏紧触电者的鼻孔，另一只手掰开嘴，如嘴掰不开，可用口对鼻孔吹气。

c. 救护者深呼吸后，吹 2s，停 3s，即每 5s 完成一次呼吸最为适当。

②人工胸外心脏挤压法。

a. 若触电者心脏停止跳动，应将其衣服解开，使其仰卧地或硬板上，找到正确的挤压点。

b. 救护者跨腰跪在伤者的腰部，两手相叠，手根部放在心口窝稍高一点的地方，掌根放在胸骨的下 1/3 部位。

c. 手掌用力向下挤压，成人压陷 3～5cm（用力要匀），每秒挤压一次，挤压后手掌根很快放松，让伤员胸廓自动复原。

现场急救应注意以下三点：

a. 任何药物均代替不了人工呼吸和胸外心脏挤压。

b. 要慎重使用肾上腺素，对于有心跳的触电者不能使用肾上腺素。

c. 对触电者严禁乱打强心针。

第二节　HSE 管理体系

石油天然气工业生产的突出特点为勘探开发活动风险性较大、环境影响较广，因此其健康、安全和环境管理工作就显得尤为重要。2007 年集团公司体系办组织专家组对 Q/CNPC104.1—2004 进行了修订，发布 Q/SY1002.1—2007 版标准《健康、安全与环境管理体系第 1 部分：规范》，它是在 ISO14001 标准、GB/T 28001 标准和 SY/T 6276《石油天然气工业 健康 安全与环境管理体系》的基础上根据共性兼容、个性互补的原则整合而成的管理体系。

一、HSE 管理体系的基本知识

（一）HSE 管理体系的概念

健康（Health）、安全（Safety）、环境（Environment）用英文第一个字母大写表示，缩写为 HSE，健康、安全与环境管理体系简称 HSE 管理体系（Health，Safety and Environment Management System）。它将企业的健康、安全与环境管理纳入一个管理体系中，突出"预防为主、安全第一，领导承诺，全面参与，持续发展"的管理思想，是近几年在国际石油天然气工业推崇的一种管理模式。

（二）HSE 管理体系的理念和指导思想

（1）以人为本。

（2）任何事故都是可以避免的。如果人们能够预先知道可能会发生某种特定危害，那么就能够通过管理措施、专用的技术或设备等手段避免事故，设法使人、财产、环境免受损害，即能够对风险进行控制。

（3）预防为主。

（4）持续改进。

（5）效益最大化，损失最小化。

（三）HSE 管理的意义

（1）企业间的合作。

（2）实施 HSE 管理是企业与国际市场接轨的需要，良好的 HSE 管理体系和业绩是企业进入市场的准入证。

（3）杜绝事故。

（4）事故赔款使企业越来越难以承受。

（5）国际大环境。

（四）文件化的 HSE 管理体系

作为一个管理体系，HSE 体系同样也需要文件支持。HSE 管理系统文件是目前国际石油工业较有影响的两个 HSE 管理组织 LAGC 和 E&P（LAGC 是一个国际化的商业组织，E&P 论坛就是既管勘探又管开发的一个组织）协调组织起草的 HSE 管理系统文件；它是当前各国际石油组织在石油公司遵循的 HSE 管理的纲领性文件。这些文件有 7 个，分别是：

（1）领导和承诺。

（2）政策、战略和目标。

（3）组织、资源和记录（文件）。

（4）危险评估与管理。

（5）计划。

（6）执行与监督。

（7）审查与回顾（总结）。

前 3 个文件，是针对领导层而言的，表述了如何去建立一个 HSE 管理系统；一是要求每一个作业公司应有一个完整的、好的安全管理系统，而且规定有权随时变更系统，要求领导层必须承诺安全现任和提供资源（人、财、物资源），以保证安全工作的开展；二是要求最高管理层应把最着急的 HSE 政策、目标和战略向公众公布以便员工了解这些政策和目标是什么；三是在 HSE 管理系统中要有一个明确的管理机构，并写明各自的责任，即上至总经理，下到各作业经理，班组长以及员工的责任。后 4 个文件主要针对建立了 HSE 管理系统之后，如何进行运作，其中第五、第六这两个文件主要阐述如何识别隐患、如何对隐患进行评估、消除和控制以及制定消除和控制隐患的措施，还包括在作业过程中如何进行监督管理，实际上这是一个 HSE 管理系统动作中的安全计划；第七个文件是审查，主要针对安全计划而言的，承包商不能审查自己，而是雇请外界具有 HSE 专业技能人员来担任审查。审查的目的是保证安全计划得以正常实施，达到一个比较满意的效果，寻求一个较完善的目标，即按时完成工程项目，取得好资料，不超费用，没有安全和环保事故。回顾指的是由公司最高领导人亲自总结 HSE 的执行情况，找出成绩和不足，提出新的目标和计划。

HSE 作业计划内容是指具体实施生产作业的基层组织在 HSE 管理体系的框架内，结合其所从事的专业项目活动；是 HSE 管理体系在施工、作业生产项目中的文件化表现；是基层组织在具体项目作业中实施 HSE 管理体系的指南；其最终目的就是识别风险、降低危害、防止事故发生。

（五）HSE 管理体系的基本要素

管理体系要素是指为了建立和实施体系，将 HSE 管理体系划分为一些具有相对独立性的条款。

健康、安全与环境管理体系标准，既是组织建立和维护健康、安全与环境管理体系的指南，又是进行健康、安全与环境管理体系审核的标准。它由七个关键要素构成。健康、安全与环境管理体系的七个一级要素和多个相应的二级要素见表 7-3。

表 7-3　健康、安全与环境管理体系的要素（要点）

序 号	一级要素	二级要素（要点）
1	领导和承诺	自上而下的承诺和企业文化是体系成功实施的基础
2	健康、安全与环境方针	关于健康、安全与环境的共同意图、行动原则和追求
3	策划	（1）对危害因素辨识、风险评价和风险控制的策划； （2）法律、法规和其他要求； （3）目标和指标； （4）管理方案
4	组织机构、资源和文件	（1）组织结构和职责； （2）管理者代表； （3）资源； （4）能力、培训和意识； （5）协商和沟通； （6）文件； （7）文件控制

续表

序 号	一级要素	二级要素（要点）
5	实施与运行	（1）设施完整性； （2）承包方和（或）供应方； （3）顾客和产品； （4）社区和公共关系； （5）作业许可； （6）运行控制； （7）变更管理； （8）应急准备与响应
6	检查和纠正措施	（1）绩效测量和监视； （2）合规性评价； （3）不符合、纠正措施和预防措施； （4）事故、事件报告、调查和处理； （5）记录控制； （6）内部审核
7	管理评审	组织的最高管理者应按规定的时间间隔对健康、安全与环境管理体系进行评审，以确保其持续适宜性、充分性和有效性

上述七个一级要素在标准中是分别叙述的，但实际上它们之间紧密相关，并会在不同时候同时涉及，因此在许多步骤中应同时强调。健康、安全与环境管理体系任何一个要素的发迹必须考虑其他所在因素，以保证整体健康、安全与环境表现依然满足要求。这七个一级要素中"领导和承诺"是核心，"方针、目标"是导向，"企业组织结构、资源和文件"是基本资源支持，"评价和风险管理"是实现事前预防的关键，"规划和实施监测"是实现过程控制的基础，"审核和评审"是纠正完善和自我约束的保障，从而形成了健康、安全与环境体系的建立过程和建立之后有计划地评审和持续改进的循环上升过程，使组织内部健康、安全与环境管理体系得以不断完善和提高，有效地控制健康、安全与环境方面的事故。

（六）危险因素、危害因素的识别与评价

1. 危险因素和危害因素

通常为了区别客体对人体不利作用的特点和效果，分为危险因素和危害因素。危险因素是指能对人体造成伤亡或对物体造成突发性损坏的因素（强调突发性和瞬间作用）；危害因素是指可能导致人员伤害或疾病、财产损失、工作环境破坏、有害的环境影响或这些情况组合的要素，包括根源和状态（强调在一定时间范围内的积累作用）。有时，对两者不加以区分，统称为危险因素。

所有危险因素和危害因素尽管表现形式不同，但从本质上讲，之所以能造成危险、危害后果（伤亡事故、损害人身健康和物体的损坏等）均可归结为存在能量、危害物质和陷害物质失去控制两方面的综合作用，并导致能量的意外释放或危害物质泄漏、散发的结果。因此存在能量、危害物质的失控是危险、危害因素产生的根本原因。

2. 危险因素和危害因素识别与评价的主要内容

（1）组织的地理环境。

（2）组织内的各生产单元的平面布置。

（3）各种建筑物结构。

(4) 主要生产工艺流程。
(5) 主要生产设备装置。
(6) 粉尘、毒物、噪声、振动、辐射、高温、低温等危害作业的部位。
(7) 管理设施、应急方案、辅助生产、生活卫生设施。

3. 危险因素和危害因素识别与评价的方法

危险因素和危害因素识别与评价的方法很多，每一种方法都有其目的性和应用范围，常用的评价方法有安全检查法、类比法、预先危险性分析、危险度分析法、蒙德法、单元危险性快速划序法。

（七）中国石油天然气集团公司基层组织 HSE 管理基本模式

《HSE 作业指导书》、《HSE 作业计划书》和《HSE 现场检查表》（简称两书一表）是集团公司基层组织 HSE 管理基本模式，是 HSE 管理体系在基层的文件化表现，是适应国内外市场需要，建立现代企业制度，增强队伍整体竞争能力的重要组成部分，各单位应按要求认真组织编写。《HSE 作业计划书》应随工程施工项目的变更而编写。生产作业场所固定、经初始状态风险评价变化不大的基层组织可将《HSE 作业指导书》和《HSE 作业计划书》合并编写。

目前，油田现场施工基层队 HSE 管理体系采用"两书一表一案一本"运行模式，内容包括《HSE 作业指导书》、《HSE 作业计划书》、《HSE 现场检查表》、《事故应急预案》、《HSE 管理记录本》。

1. 《HSE 作业指导书》

《HSE 作业指导书》是基层组织施工作业实施 HSE 风险管理的指南，可按工艺单元或设备操作单元划分，在人员、工艺设备、作业环境等因素相对稳定的情况下进行危害识别，确定主要危害，制定削减措施，并将 HSE 管理义务与责任（措施）落实到现场每一个人。《HSE 作业指导书》在执行过程中基本保持不变，即《HSE 作业指导书》的内容和要求不随项目变化而变化，是同类组织作业中相对固定的作业要求。当然，《HSE 作业指导书》在执行过程中也应按照 HSE 管理体系要求进行持续改进和不断完善，但和《HSE 作业计划书》相比，它更具有静态特性。

2. 《HSE 作业计划书》

《HSE 作业计划书》是在《HSE 作业指导书》控制和削减常规风险的文件要求基础上，针对具体项目（施工人员、设备、环境和 HSE 法规标准），通过补充、变更和细化有关控制、削减风险的关键措施内容，制定的更切合实际、更具个性化和约束力的供"现场"操作的 HSE 作业文件。《HSE 作业计划书》的建立立足于风险评估的基础上，主要是基层组织为了满足新的项目或新的条件（项目变化或作业要求变化），在作业指导书的基础上，针对项目变化和满足新的要求所开发的作业文件。

《HSE 作业计划书》可以看作是对指导书的补充，是《HSE 作业指导书》满足项目要求的一个"变更"文件。这样基层组织不必因为项目变化而立即重新修订《HSE 作业指导书》。《HSE 作业指导书》和《HSE 作业计划书》具有共性与个性的关系，既有区别又有联系。

3. 《HSE 现场检查表》

《HSE 现场检查表》又称《HSE 管理监测检查表》，分设备检查表和现场检查表两种。它是根据作业指导书和作业计划书的要求，为提高现场检查质量而设计的，是监测现场 HSE 管理实施效果，评价 HSE 管理体系运行有效性的重要工具。其涵盖的主要内容是精心设计的一套表格,通过检查表对监测检查结果的记录,有利于发现事故隐患,降低现场施工的 HSE 风险,促进 HSE 管理体系的顺利运行。

4. 应急预案

应急预案在应急系统中起着关键作用,它明确了在突发事故发生之前、发生过程中以及刚刚结束之后,谁负责做什么、何时做,以及相应的策略和资源准备等。它是针对可能发生的重大事故及其影响和后果的严重程度,为应急准备和应急响应的各个方面所预先做出的详细安排,是开展及时、有序和有效事故应急救援工作的行动指南。

(1) 应急预案的基本结构:不同的应急预案由于各自所处的层次和适用的范围不同,因而在内容的详略程度和侧重点上会有所不同,但都可以采用相似的基本结构。如图 7-5 所示的"1+4"预案编制结构,是由一个基本预案加上应急功能设置、特殊风险管理、标准操作程序和支持附件构成的。

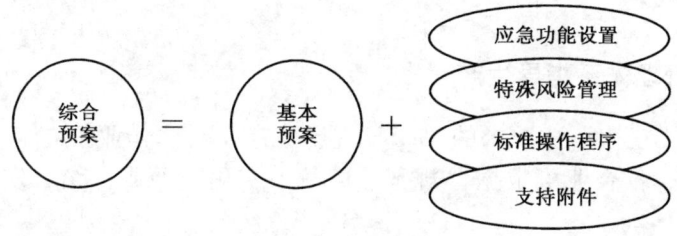

图 7-5 预案编制结构

①基本预案:基本预案是应急预案的总体描述,主要阐述应急预案所要解决的紧急情况、应急的组织体系、方针、应急资源、应急的总体思路,并明确各应急组织在应急准备和应急行动中的职责以及应急预案的演练和管理等规定。

②应急功能设置:应急功能是指针对各类重大事故应急救援中通常采取的一系列的基本应急行动和任务,如指挥和控制、警报、通信、人群疏散与安置、医疗、现场管制等。

③特殊风险管理:特殊风险根据某类事故灾难、灾害的典型特征,需要对其应急功能做出针对性安排的风险。应说明处置此类风险应该设置的专有应急功能或有关应急功能所需的特殊要求,明确这些应急功能的责任部门、支持部门、有限介入部门以及它们的职责和任务,为制定该类风险的专项预案提出特殊要求和指导。

④由于基本预案、应急功能设置并不说明各项应急功能的实施细节,因此各应急功能的主要责任部门必须组织制定相应的标准操作程序,为应急组织或个人提供履行应急预案中规定职责和任务的详细指导。标准操作程序应保证与应急预案的协调和一致性,其中重要的标准操作程序可作为应急预案附件或以适当方式引用。

⑤支持附件:支持附件主要包括应急救援的有关支持保障系统的描述及有关的附图表,如危险分析附件,通信联络附件,法律法规附件,机构和应急资源附件,教育、培训、训练和演习附件,技术支持附件,协议附件,其他支持附件等。

从广义上来说,应急预案是一个由各级文件构成的文件体系,它不仅是应急预案本身,也包括针对某个特定的应急任务或功能所制定的工作程序等。一个完整的应急预案的文件体系可包括预案、程序、指导书、记录等,是一个 4 级文件体系。

(2) 应急预案的编制过程:成立由各有关部门做成的预案编制小组,制定负责人。

①危险分析和应急能力评估:辨识可能发生的重大事故风险,并进行影响范围和后果分析(危险识别、脆弱性分析和风险分析);分析应急资源需求,评估现有的应急能力。

②编制应急预案：根据危险分析和应急能力评估的结果，确定最佳的应急策略。

③应急预案的评审与发布：预案编制后应组织开展预案的评审工作，包括内部评审和外部评审，以确保应急预案的科学性、合理性以及与实际情况的符合性。预案经评审完善后，由主要负责人签署发布，并按规定报送上级有关部门备案。

④应急预案的实施：预案经批准发布后，应组织落实预案中的各项工作，如开展应急预案宣传、教育和培训，落实应急资源并定期检查，组织开展应急演习和训练，建立电子化的应急预案，对应急预案实施动态管理与更新，并不断完善。

5. 《HSE 管理记录本》

《HSE 管理记录本》是油田设计的一套基层队、班组的 HSE 管理记录本。对与班组合并使用的，根据 HSE 管理工作的发展，应进一步修订，使得内容涵盖所要记录的要求，方便工作。

基层队"两书一表一案一本"的基本运行模式，对 HSE 管理体系的有效运行起着支持和保障作用。

二、用 HSE 管理体系指导生产

对于 HSE "两书一表"中要求的"HSE 现场检查表"、"作业指导卡"等属于在检查和执行上的细化问题，各企业可根据"规范、简练、实用"原则，结合实际情况自行策划、编制。

1. 《进一步规范 HSE 作业指导书和 HSE 作业计划书编制工作的指导意见》的内容

根据《进一步规范 HSE 作业指导书和 HSE 作业计划书编制工作的指导意见》的要求，《HSE 作业指导书》包括以下几个部分：HSE 管理体系、组织结构、岗位 HSE 职责、危险及控制、记录与考核。

（1）HSE 管理体系。

HSE 管理体系描述基层组织执行的 HSE 管理体系，以及根据 HSE 管理体系的方针、目标，分解到该基层组织的具体 HSE 指标，主要包括 HSE 承诺，HSE 方针和目标，基层组织的 HSE 控制指标。

（2）组织结构。

①管理模式：描述基层组织隶属关系，生产经营性质、范围，主要技术装备，以及生产管理模式和 HSE 管理网络结构，主要包括生产管理组织结构图及职责，HSE 管理网络结构图及职责，主要技术装备一览表。基层 HSE 管理网络结构如图 7-6 所示。

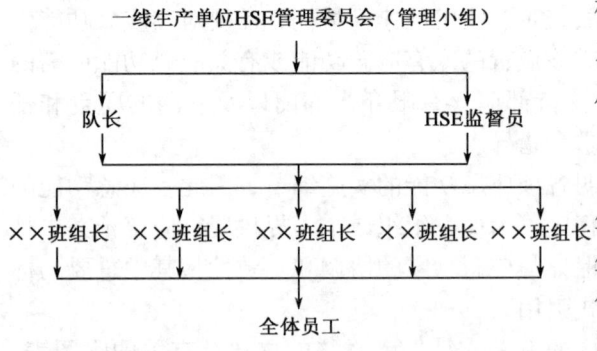

图 7-6 基层 HSE 管理网络结构图

②岗位分布：描述基层组织的生产过程或工艺流程、危险点源分布、岗位构成，以及相互关系，主要包括生产流程及岗位分布图、危险点源及岗位位置图、岗位构成表。

③岗位 HSE 职责。

（3）本基层组织内所有岗位，均应按下列要求编制：

①岗位条件。根据 HSE 管理体系及法律、法规的要求，明确从事本岗位工作人员应具备的 HSE 条件，主要包括文化素质、技能资质、业务水平、工作经验、身体素质、工作表现。

②岗位职责。根据基层组织的生产管理和 HSE 组织网络，岗位之间的关系，界定岗位的 HSE 职责，主要包括对上向谁负责、对下负责什么、HSE 权利、HSE 义务。

③岗位风险。描述本岗位常见的风险，明确应采取或防范的风险削减及控制措施，主要包括岗位风险是什么、可能产生的危害程度及频率、采取什么样的控制措施。

④岗位规定。按照岗位性质和岗位的 HSE 职责，明确应遵守的 HSE 管理文件目录，主要包括法律、法规、HSE 管理体系文件，合同规定。

⑤操作指南。详细描述涉及 HSE 风险的操作程序，主要包括 HSE 操作程序、岗位操作程序、操作程序图、注意事项。

（4）危险及控制。

危险及控制描述基层组织存在的各种潜在和常见的风险。

①风险识别。

②风险削减及控制。对于通常可能构成危害的风险，削减和控制风险的常规措施，可采用关键岗位 HSE 任务清单，分类、分项列出危害、地点或环节、潜在后果、频率、削减和控制措施，并专门标明岗位操作的关键工序和关键点。针对具体或特殊施工作业时，在识别上述风险基础上，还应结合因项目变更、作业内容变化或人员变动具体分析可能引起的潜在风险，通过《HSE 作业计划书》进一步细化和补充控制措施，并落实到有关岗位、人员。

③应急措施。根据可能遇到的自然灾害、突发事件，制定应急反应预案，明确应急组织、各岗位在应急程序中的职责和义务，主要包括应急反应图、应急程序。

（5）记录与考核。

①记录管理。明确各岗位在生产过程中应报告的 HSE 内容和填写的 HSE 记录，主要包括填写要求、资料管理、验收要求。

②岗位考核。按《岗位 HSE 作业指导卡》定期对员工的 HSE 业绩和表现水平进行考核，规定考核方式及实施程度，主要包括考核组织、实施办法、考核程序、考核周期、奖惩制度。

2.《中国石油天然气集团公司 HSE 作业计划书》的内容

根据《中国石油天然气集团公司 HSE 作业计划书编写指南（试行）》的要求，HSE 作业计划书包括以下几个部分：作业项目概述；政策和目标；人员、组织机构与职责；主要施工设备、HSE 设施及用品；危害识别与控制；应急计划；管理制度和文件控制；信息交流；监测和整改；审核和总结回顾。

（1）作业项目概述。

①作业项目概况：简要说明作业项目的来源、业主情况、投资额、工作量、生产方式、工艺流程、生产技术指标、工期，所需生产物资、生活用品（包括食品和饮用水）的供应方式与途径等背景基本情况。

②地理环境：作业区域的地理位置、地形地貌、水文地质、动物、植被、文物遗迹、地下设施、工业民用建筑、搬迁路线等情况，以及可能发生的自然灾害（可附作业区域地形图）。

③社会环境：作业区域的社会治安、交通通信、医疗卫生条件以及民族分布、风俗人情、地方病、传染病等情况。

④气象：作业区域的气象特点，如气温、降雨（雪）、风、雾总量、雷电分布以及潮汐、洪水、沙尘暴等规律和特点。

⑤外部依托：明确外部可依托的医疗急救与消防、治安力量，必要时所依托的国家紧急救援和队伍力量。

⑥工区、营地布置：写明工区、生产作业场所布置情况（可附生产作业场所布置图），营地的选择与布置情况（可附营地布置图）。

⑦法律、法规：基层组织应注明驻在国或所在地法律、法规要求，包括地方政府对HSE的特殊要求等。

（2）政策和目标。

①HSE政策：基层组织应概括阐明公司的HSE承诺、方针、目标以及基层组织一贯的HSE管理理念。

②HSE目标：基层组织在建立和评审HSE目标时，应遵循法律和法规，结合自身健康、安全与环境危害和影响的特点，考虑相关方（公司、业主、员工）的要求和意见。基层组织应针对具体的作业项目制定HSE目标，并形成文件。

③业务范围和关系：基层组织应阐述HSE作业计划所涵盖业务范围，与业主、公司及其他相关方HSE管理的关系。

④业绩：基层组织应描述本组织近年来HSE的业绩。

（3）人员、组织机构与职责。

①组织机构与职责：借助组织结构图表描述基层组织和HSE组织和机构、职责和权限。明确项目经理、管理人员及岗位所负的健康、安全与环境的责任。基层组织应设HSE经理。基层组织应聘请或接受专职HSE监督员，或项目管理人员兼职HSE监督员，承担特定的健康、安全与环境监督职责。

②能力评估：关键人员一览表应列出基层组织管理层、HSE管理人员、主要技术工种、关键岗位、特种作业人员等。表中应注明学历、资历、人员能力评估、持证等情况，尤其要反映能力现状评估结果是否满足作业需要。能力评估主要包括：资历；素质；工作表现；身体状况；理论和操作考核；岗位培训要求；各方面意见。

③培训：应结合作业需要和能力评估的结果，列出培训计划。培训内容至少应包括《HSE作业计划书》的学习、风险识别、削减和控制措施、应急预案、岗位HSE知识及相关专业知识等。

（4）主要施工设备、HSE设施及用品。

①主要施工设备：主要设备一览表应列出本作业主要设备的型号、主要技术性能指标、出厂日期、检修日期、能力评估等内容。

②HSE设施：主要HSE设施一览表应列出本项目主要HSE设施的规格、主要技术指标、出厂日期、检修日期、损坏情况、能力评估等内容。

③医疗用品：主要医疗器具及药品一览表应列出医疗器具及药品的规格、型号、性能及使用范围、出厂日期、有效期等内容。

（5）危害识别与控制。

基层组织应在开工前对作业全过程中的危害进行识别，对识别出的主要危害进行评价，制定相应的控制和削减措施，分配关键任务，使危害降低到"合理实际并尽可能低"的水平。

①危害识别：危害识别是依据判别准则，按程序进行的有层次的集体决策活动，应明确有各种实践经验的人员参加，全体员工有责任参与作业的危害识别。应明确本作业危害识别

的方式、范围、参加人员,并对识别出的危害填写危害和影响清单。

②风险评价:风险评价小组可由项目经理、副经理、现场 HSE 监督、工程师、技术员、专家、顾问、有经验的员工等组成。小组成员依据经验和各种相关资料进行差距分析,对危害和影响列出清单,并进行评价。评价可利用风险矩阵图,分析危害发生的频率和后果,按顶端事件顺序进行排列,找出主要的危害。

③风险控制:风险评价小组应对可能构成风险的危害,制定详细风险削减和控制措施,措施应从人、机、物、环境等方面进行考虑。基层组织把风险削减和控制措施作为相关人员的 HSE 关键任务进行分配,形成关键岗位 HSE 任务清单,清单至少应包括危害、危害地点或环节、潜在后果、发生频率、削减和控制措施、责任人、监督人等。

对作业重大危害建议采用领结式关联图描述,形象表明设置的屏障(削减和控制措施)。HSE 关键任务应经项目经理审核,并将各自的任务单发至员工,指定有 HSE 关键任务的员工必须负责检查任务的关联性和准确性,并认真执行这些任务,确保潜在的主要事故危害得到控制。

(6)应急计划。

①应急组织:为有效控制和及时处理作业过程中的各类突发事件,应建立各类应急组织,并明确职责和权限。

②应急预案:基层组织应编制并及时修订各类应急预案,编制的应急预案应详细、具体、切合实际、可操作性强、分工明确,并有培训和演习计划要求。

③应急演习计划:基层组织应制定演习计划实施一览表,按规定要求对各类应急预案进行仿真演习,已经进行的演练和评价结果应随时记录。

(7)管理制度和文件控制。

①管理制度:基层组织应结合作业项目要求,收集整理应执行的相关健康、安全与环境管理的规章制度,并列出清单。对作业有特殊要求,或根据风险管理要求,应写明需要制定完善的相关管理制度(包括相关岗位职责和操作规程)。

如本项目或作业过程涉及的岗位职责、操作规程和工作许可,已注明在《HSE 作业指导书》中,只提供《HSE 作业指导书》中有关岗位目录即可。

②文件控制:应有本作业项目相关文件,以及受控文件保管人清单,并建立控制文件程序或办法。对《HSE 作业计划书》的批准、呈报及发放范围应按《HSE 作业计划书批准登记表》格式登记。

(8)信息交流。

①HSE 会议:基层组织应建立 HSE 会议制度,通过会议掌握和了解 HSE 的相关信息。会议包括但不限于如下内容:开工前动员会、开工前班组会议、班前 HSE 会议、现场 HSE 会议、HSE 工作分析会、阶段总结会及作业完成后的评估会等。

②报告和记录:明确应填写的报告和记录。报告和记录可包括以下内容:作业报告、作业报表、现场与项目的联系、事故报告、百万工时记录、隐患报告、值班记录、完工报告、HSE 简讯等。

③野外通信:应明确现场与营地、营地与母公司、业主,营地与外部依托的联络方式,并确保通讯畅通。

④变更管理:任何对作业内容、设计、人员和设备的变更,对可能产生新的或扩大的危害进行风险评估,都必须有批准人的签字,形成书面文件交流,并保留变更通知单。

⑤相关方的交流：明确与相关方交流的方式和要求。

(9) 监测和整改。

①监测检查：应制定监测检查计划，明确监测检查的人员和职责，以及检查后应记录的表格。

②整改：基层组织应制定整改记录表，记录表中应明确不符合项、整改人、整改时限、监督检查人等。

③事故报告：任何事故都必须上报和调查，制定出事故的报告程序，明确事故报表格式，并制定事故分析的方式和要求。

④事故的调查：制定调查程序，针对事故大小由不同的人员组成，找出事故发生的真正原因，制订防范措施。如果致因是由于体系缺陷有关文件没有覆盖就要提出修改、完善意见。

(10) 审核和总结回顾。

①审核：制定本次作业的内审计划，以及根据审核计划实施后应完成的内审报告、总结报告的交流方式。

②总结回顾及改进：应确定本次作业完成后总结回顾的方式方法，包括：完成日期、负责人、总结报告编写人、提出对《HSE作业计划书》的改进要求。

3. 《中国石油天然气集团公司HSE现场检查表》的内容

HSE现场检查表内容包括表头及表格内容两部分。

(1) 表头。

(2) 表格内容。

设置应根据不同的检查项目设置不同的栏目，通常包括但不限于以下内容：

①检查项目（包括被检部位、岗位、设备名称等）；

②检查标准或要求；

③检查结果；

④存在的问题，整改意见、措施或方案；

⑤责任人；

⑥整改日期等。

设备检查表的一般格式见表7-4。

表7-4 设备检查表

序号	检查内容	检查内容的依据	检查结果是或否	整改情况
1	外输泵	Q/SY DQ 0065—2000		
2	掺水泵	Q/SY DQ 0065—2000		
3	加热炉	Q/SY DQ 0067—2000		

现场检查表的一般格式见表7-5。

表7-5 现场检查表

序号	检查内容	检查结果		整改情况	
		符合	不符合	符合	不符合
1	松动渗漏				
2	安全装置				
3	消防设施				

附实例：某油田集输岗位《HSE 作业指导书》内容提纲

（一）概述

1. 基础数据
2. 集输岗流程示意图
3. 集输岗平面示意图
4. 集输岗消防器材配置图
5. 集输岗巡回检查示意图

（二）操作指南

1. 操作规程及管理规定
2. 操作程序
3. 注意事项

（三）风险识别及控制措施

1. 危险点源

危险点源平面图（略）

2. 风险控制与削减（表1）

表1　风险控制与削减表

序号	危险点源	风险预想	原因分析	控制及削减措施	应急措施
1	沉降罐	高空坠落事故	上罐时不注意从罐顶上坠落下来	（1）五级以上大风不可上罐量油或检尺；（2）在雪后上罐一定要把扶梯上的积雪或冰清除；（3）上下罐时，必须把好扶手	人员受伤要立即进行救护
		冒罐	仪表失灵未及时发现	仪表要按时检修	根据实际，立即降低液位，并汇报
			未定时检查，压力、液位等参数有异常现象未及时发现	按时巡回检查及时调整	
		罐被抽瘪或鼓包	呼吸阀和安全阀冻结和锈死	呼吸阀和安全阀定期检验	立即停止进油（液）和油（液）
2	（略）				

3. 应急处理程序

（四）记录

1. 生产日报表
2. 设备维修保养记录
3. 加药记录
4. 岗位 HSE 检查表
5. 交接班工作记录
6. 电量抄表记录

7. 设备档案

(五)《岗位 HSE 作业指导卡》

岗位要求：上岗的员工（操作者）应持证上岗，具备的素质——文化水平、工作能力、技能资历。

岗位职责：上岗的员工对上向谁负责，对下负责什么，有什么权力。

操作指南：岗位工作程序、工作要求、注意事项。

风险应急：岗位有什么样的风险，具体情况；应及时采取应急措施。

考核：奖励和处罚——奖罚分明、力度适当、及时准确、无论高低。

第三节　全面质量管理

一、全面质量管理概述

全面质量管理（TQC）是 Total Quality Control 的缩写，就是企业全体职工及有关部门同心协力、综合运用管理技术和科学方法，经济地开发、研制、生产和销售用户满意产品的管理活动。

全面质量管理的核心是提高人的素质，调动人的积极性，人人做好本职工作，通过抓好工作质量来保证和提高产品质量或服务质量。

(一) 推行"ＴＱＣ"的目的

(1) 养成善于发现问题的素质。

(2) 养成重视计划的素质。

(3) 养成重视过程的素质。

(4) 养成善于抓关键的素质。

(5) 养成动员全员参加的素质。

养成这些素质来期待完成企业的社会责任和经营的发展目标。

(二) 全面质量管理的基础工作

(1) 标准化工作。

(2) 计量工作。

(3) 质量教育工作。

(4) 质量责任制。

推行全面质量管理的工作就要做到以下几点：

(1) 认真贯彻"质量第一"的方针。

(2) 充分调动企业各部门和全体职工关心产品质量的积极性。

(3) 有效地运用现代科学技术和管理技术，做好设计、制造、售后服务、市场调查等方面的工作，以预防为主，控制影响产品质量的各方面因素。同时，要做到"三全"，即全面、全过程、全企业的质量管理；"一多样"，即所运用的方法必须多种多样。

(三) 全面质量管理模式

1. 戴明模式

戴明模式是全面质量管理依据的管理模式。该模式由"计划（Plan）、实施（Do）、检查（Check）和改进（Action）"四个阶段组成，简称为 PDCA 循环模式（图 7-7）。它反映了质量改进和做各项工作必须经过的四个阶段。这四个阶段不断循环，故称为 PDCA 循环。它是提高产品质量的一种科学管理的工作方法。

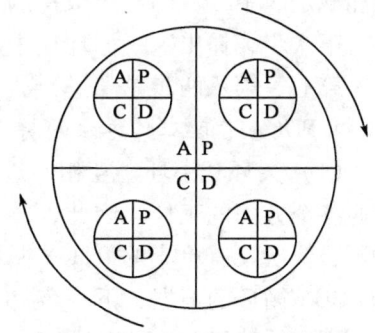

图 7-7　PDCA 循环模式

2. 戴明模式的基本指导思想

（1）一切为了用户。
（2）体系化综合管理。
（3）一切用数据说话。
（4）预防为主。
（5）全员参与。

3. 全面质量管理的工作方法

PDCA 反映出四个阶段的基本工作内容。

（1）P 阶段。以提高质量、降低消耗为目标，通过分析诊断，制定改进目标，确定达到这些目标的具体措施和方法。这就是计划阶段。

（2）D 阶段。按照已制定的计划内容，克服各种阻力，扎扎实实地去做，以实现质量改进的目标。这就是执行阶段。

（3）C 阶段。对照计划要求，检查、验证执行的效果，及时发现计划过程中的经验及问题。这就是检查阶段。

（4）A 阶段。把成功的经验加以肯定，制定标准、规程、制度，巩固成绩，总结教训，克服缺点。这就是总结阶段。

这种 PDCA 的工作程序，一般情况下还可以具体分为以下八个步骤进行：

第一步，分析现状，找出存在的主要质量问题。对于存在的质量问题，要尽可能用数据加以说明。在分析现状时要坚决克服"没问题"、"质量很好"等自满情绪。

第二步，诊断分析产生质量问题的各种影响因素。这就要逐个问题、逐个因素详加分析，切忌主观、笼统、粗枝大叶。

第三步，找出影响质量的主要因素。影响质量的因素往往是多方面的，从大的方面来看，可以有操作者、机器设备、检测工具、原材料、工艺方法以及环境条件等方面的影响因素。每项大的影响因素中又包含许多小的影响因素。要想解决质量问题，就要在许多因素中，全力找出主要的直接影响因素，以便从主要影响因素入手，解决质量问题。

第四步，针对影响质量的主要因素，制定措施、提出改进计划，并预计其效果。措施和活动应该具体、明确。一般应明确：为什么（Why）要制订这一措施（或计划）；预计达到什么目标（What）；在哪里（Where）执行这一措施（或计划）；由哪个单位、由谁来执行（Who）；何时开始、何时完成（When）；如何执行（How）等，即通常所说的 5W1H 的内容。

以上四个步骤就是"计划"（P）阶段的具体化。

第五步，按既定的计划执行措施，即"执行"（D）阶段。

第六步，根据改进计划的要求，检查、验证实际执行的结果，看是否达到了预期效果。即"检查"（C）阶段。

第七步，根据检查的结果进行总结，把成功的经验和失败的教训都纳入有关的标准、制度和规定之中，巩固已经取得的成绩，同时防止重蹈覆辙。

第八步，提出这一循环还未解决的问题，把它们转到下一次 PDCA 循环的第一步去。

第七、第八两步是"总结"（A）阶段的具体化。

4. PDCA 管理工作方法的特点

（1）大环套小环，互相促进。PDCA 作为企业管理和质量管理的一种科学方法，适用于企业各个方面的工作。因此，整个企业是一个大的 PDCA 循环，各部门又都有各自的 PDCA 循环，依次又有更小的 PDCA 循环，直至具体落实到每一个人。上一级的 PDCA 循环是下一级 PDCA 循环的根据，下一级 PDCA 循环又是上一级 PDCA 循环的贯彻落实和具体化。通过循环把质量改进和企业各项工作有机地联系起来，彼此协同，互相促进。

（2）不断循环上升。四个阶段要周而复始地转动，而每一次转动都有新的内容和目标，因而也意味着前进了一步，犹如爬楼梯，逐步上升，经过了一次循环，也就是解决了一批问题，质量水平就有了新的提高。

（3）推动 PDCA 循环，关键在于"总结"阶段。所谓总结，就是指总结经验，肯定成绩，纠正错误。这是 PDCA 循环所以能上升、前进的关键。如果只有前三个阶段，而没有将成功的经验和失败的教训纳入有关标准、制度和规定中，就不能巩固成绩、吸取教训，也就不能防止同类问题的再度发生。因此，推动 PDCA 循环，一定要始终如一地抓好总结这个阶段。

按 PDCA 的四个阶段、八个步骤进行提高产品质量的管理活动，需要利用大量的数据和信息，并要结合专业技术动用各种统计方法。对质量数据进行搜集和整理，才能对质量状况作出科学的诊断。这里还应该着重指出，PDCA 循环是一种科学管理的工作方法，四个阶段反映了人们的认识过程，是必须遵循的。至于八个步骤则是具体的工作程序，不应强求任何一次循环都有八个步骤。具体工作程序可增可减，视所要解决的问题的具体情况而定。

二、全面质量管理方法与图表

全面质量管理方法比较多，有排列图法与分层法、调查表与因果图法、散布图法、直方图法、控制图法、关联图法、KT 法、系统图法、矩阵图法、矩阵数据解析法、过程决策程序图法（PDPC）及箭头图法。

（一）排列图

排列图是为寻找主要质量问题或影响质量的主要原因问题使用的图，排列图是由两个纵坐标，一个横坐标，几个按高低顺序依次排列的长方形和一条累积百分比曲线组成的图。

排列图就是用来找出产品主要问题或影响产品质量主要因素的一种有效方法。

（二）因果图

因果图是表示质量特性与原因关系的图。产品质量在形成的过程中，一旦发现了问题就要进一步寻找原因。采用开"诸葛亮"会的办法，集思广益，再把群众分析的意见按相互间的关系，用特定的形式反映在一张图上，就是因果图。因果图又称为特性要因图、石川图、树枝图、鱼刺图等。

三、QC 小组活动

QC 小组是企业实现全员参与质量改进的有效形式，组织开展好 QC 小组活动是企业员工参与本单位生产管理、提高效率的分内职责。

(一) QC 小组的含义

QC 小组是在生产或工作岗位上从事各种劳动的职工，围绕企业的经营战略方针目标和现场存在问题，以改进质量、降低消耗、提高人的素质和经济效益为目的组织起来，运用质量管理的理论和方法开展活动的小组。

(二) QC 小组活动的程序

（1）确定课题名称。
（2）小组概况。
（3）确定选题理由。
（4）质量因素现状调查。
（5）主要原因分析。
（6）制定对策。
（7）实施情况。
（8）效果分析。
（9）巩固措施。
（10）体会与打算。

(三) 用全面质量管理知识指导 QC 小组活动

1. 准备工作

（1）本单位 QC 小组状况表。
（2）目前确定的活动课题（目标）。

2. 操作步骤

（1）对已组建的 QC 小组基本情况进行摸底了解：对其成员情况、基本条件、已往活动简历、曾达到的水平和保持的现有成果等进行了解掌握。

（2）对已确定的课题内容和性质进行分析。

①课题是上级业务部门指定的还是小组从现场生产实际存在的问题中选定的。
②选定的课题本身是否符合质量管理标准，即一目了然、具体准确。
③并依据所掌握的知识初步评定课题的可行性、有多大的价值等。

（3）积极组织、参与小组活动进行现状调查。

①对收集调查的数据进行整理、分析，用数据说明问题存在的原因。
②调查的方法要科学合理，常用的方法有调查法、列图表，排列图、直方图、控制图等。

（4）组织成员对调查的结果进行讨论分析，设定小组活动目标，即小组活动要把问题解决到什么程度（为以后检查活动的效果提供依据），并确定其量化值以及对制定目标理由作必要的陈述；使所有成员都能从中得到启发和坚定信心，最后用柱状图或折线图等形象地描绘出来。

（5）在问题调查目标明确后，广泛发动小组成员开动脑筋（思路）分析原因：找出究竟是什么原因造成的这个问题，可把所设想的全部要素（认为是可能产生问题的原因）一个一个地分析、判断，在逐个排除，确定出真正的原因。经过反复的、恰当的方法（因果图、单位图及关联图）分析后，在最后确定原因中，分头组织成员到生产现场去逐一验证、测试、测量，根据那一个对问题影响程度大从而确定主要原因是什么。

（6）针对主要原因制定对策。

①首先让小组成员提对策，集思广益；

②把提出所有对策针对每一个原因加以分析确定；

③选出的对策列表，为下一步实施对策提供依据。

（7）实施对策，即在对策制定后，组织成员按照对策表所指严肃、细致、认真、负责任地去实施，并对其过程和有关数据详细地记录，对实施过程如遇到困难进行不了的，可组织成员讨论并制定新的对策。

（8）检查效率。在对策表项目都实施后，把每个过程的记录数据和结果进行计算对比分析，对达到的程度是否需要再进行 PDCA 的值进行确定；经济效益是多少。

（9）制定巩固措施，即认真组织小组把措施中有效的措施内容如何巩固下去等。

（10）总结及下步打算：组织成员一起进行分析哪些是解决和没有解决的；哪些是成功和不足的地方，最后编写本次小组活动报告（成果报告）。

第四节 技 术 培 训

技术培训一般是指为了掌握本职业技能或提高职业活动水平，所参加的职业技能理论学习和实际操作等活动。技术培训是企业对员工进行技术理论和技艺能力的教学和示范活动。技术培训目的是提高企业员工的专业理论水准和技术操作能力。

一、制定教学计划

教学计划主要是针对培训目标、课程设置、基本原则、实例等具体内容的陈述，是课程安排的具体形式，包括学科设置、学科开设顺序、教学时数及学习时间安排；可按年、季、月等不同时间段制定，也可针对某一环节进行制定。

制定教学计划的原则是以教学为主，全面安排，互相衔接，相对完善，突出重点，注重联系，统一性，稳定性和灵活性相结合的原则。

（一）培训的目标

培训的目标即通过理论学习和岗位实际操作培训所要达到的最终目的，使学员的职业道德水平、业务理论知识水平和实际操作技能有新的提高并达到某种程度，适应发展需要。

（二）课程设置

1. 培训对象及条件

根据不同的培训对象进行不同的培训内容，培训主要分以下几种类型。

（1）岗前培训：对新就业人员进行先培训后上岗，培训内容主要包括公司概况、政策规定、法律法规、行为规范、工作职责及相关专业知识。使之正确认识本职业（工种、岗位）的重要性；在具体技术管理环节中每位成员的技术素质都起着至关重要的作用；要求人人都要认真学习，珍惜从事本职业的机会等。

（2）岗位达标培训：主要培训岗位应知、应会工作实例考核。

（3）转岗培训：对转岗人员应先培训后晋级。

（4）晋级培训：对晋级人员先培训后晋级。

(5) 提高更新培训：对在岗员工进行新知识、新工艺、新技能的培训。

2. 培训教材与培训内容

根据不同的培训对象选择相应的培训教材及培训内容。

3. 培训时间安排

根据培训内容安排时间。

4. 培训形式及方法

培训的形式是脱产、半脱产及业余等几种，培训主要方法有讲座、岗位练兵、示范操作、一事一训等。

5. 培训设施及条件

根据不同的培训内容、培训形式及培训方式而设定不同的场所及相关的设施。

6. 检查培训结果的方式

检查培训结果的方法主要有闭卷考试、实际操作、问答、观察等。

二、制定教学大纲

教学大纲应根据培训计划中的培训人员、培训内容、培训形式及时间等具体编写。

（一）编写教学大纲应遵循的原则

（1）思想性和科学性相统一。

（2）理论联系实际。

（3）稳定性和时代性相结合。

（4）系统性和可接受性。

（二）编写教学大纲的要求

教学的原则是科学性与思想性的统一。运用这一原则的基本要求有以下几点：

（1）在传授基本知识时，要通过理论联系实际的方法，使书本上的知识变成学员自己的能灵活运用的知识，达到既懂又会，学以致用。

（2）通过直接接触实际，引导学员获得感性知识，获得直接的实际知识。

（3）利用学员各种感官和已有经验，通过各种形式和手段感知，丰富学员的直接经验和感性知识，使学员直观地获得鲜明的表象。

（4）能启发性地调动和发挥学员学习的主动性、积极性，教师讲课力求吸引注意，简单明了，启发学员独立思考，发展思维能力，唤起学习兴趣和求知欲望。

（5）必须按教学要求，按照学科的逻辑系统和学员认识的发展，循序渐进地进行教学，按教材系统地进行教学，抓主要矛盾，解决好重点、难点，由浅入深，由易到难，由简到繁的进行教学。

（6）巩固性原则。在教学过程中，引导学员在理解的基础上牢固地掌握知识技能，长久地保持在记忆中，能根据需要迅速再现出来，坚持在理解的基础上巩固，重视组织各种复习加以巩固，在扩充运用知识中积极巩固。

（7）因材施教原则。指导教师从学员的实际情况、个别差异出发，针对学员的特点有的放矢地进行差别教学，采取有效措施使学员得到充分的发展。

（三）编写教学大纲具备的内容

1. 课程性质及目的要求

课程性质及目的主要是指应具备的基础理论、基础知识、基本技能的总要求，即明确培训后应掌握的基础知识和基本技能，应达到的操作水平能力及能从事哪方面的专业工作。

课程重点是指学员应重点掌握的培训内容，一般指生产中关键的操作安全。课程的难点是指学员不易理解和掌握的培训内容。

2. 课程的内容及范围

课程的内容及范围应根据培训计划、培训内容来确定，并根据课程内容范围准备教材及教案。

教案的编写是培训活动中的重要组成部分，是教师授课的重要依据，教程编写要依据培训教材，结合实际工作按课程设计顺序逐个编写，教案的内容主要包括以下几方面：

（1）教学计划：明确培训目标、要求、课程设置及课时分配。

（2）授课教案：对于单个课程（或每一节课）的教案内容应包括：授课名称，教学任务，教学重点、难点，使用的教具，教程。

3. 教学评估总结

培训结束后自我客观评价，包括经验和教训两方面，便于及时发现教学中的问题，改正教学方法，提高教学质量。

三、教材编写的原则及内容

（1）培训教材的编写要简便易行、易看、易懂，用通俗的文字表达。

（2）立足实际，以解决生产中实际问题为出发点，以实际技能为主，兼顾理论基础知识。

（3）编写主要内容。

前言：阐明本教材主要内容和体系结构，指出学习本教材的重要性。

章：在教程内容结构中，一个具有相对独立意义的内容可列为一章，用科学简练的语言概括每一章的标题。

节：节是章以下层次，每一章可有若干节。

目：节以下层次是目，即基础层次。每一节根据其内容在分解为若干目，一个目应是一个比较完整的基础性内容。

四、教学手段（方法）及组织形式

教学手段主要是指就本期培训班的具体情况，利用现有的教学设施和条件，做出具有针对性的、较为具体的、可行的授课方法；教学方法是完成教学任务而采用的方法，包括教师教的方法和学员学的方法。在实际教学中，教学方法是实现教学目的的手段，是完成教学任务的保证。

1. 教师常用的教学方法

（1）以语言传递作为教学方法，有讲授法、类比法、讨论法、读书指导法。

（2）以直观感知作为教学方法，有演示法、参观法。

（3）以实际训练作为教学方法，有练习法、实验法、作业法、实践活动法。

2. 学员的学习方法

学员的学习方法有预习、听课、复习、作业和练习，阅读教材和课外书，制订学习计划和小结等。

3. 教学的组织形式

教学的基本组织形式主要是课堂教学，辅助形式有现场教学、个别教学、分组教学等。

五、教学、培训工作的基本环节

1. 备课

备课就是根据教学大纲的要求和本门课程特点，结合学生的具体情况，选择最适合的表达方法和顺序，以保证学员有效地学习。一般要求如下：

（1）钻研教材：包括教学大纲、教科书和阅读有关的参考资料。

（2）熟悉学员：应了解学员原有的学习基础、学习质量、学习态度和学习方法，以及学生的思想精神面貌、个性特征和健康状况。

（3）考虑教学方法：就是考虑如何将自己掌握的教材知识传授给学员，包括规定教材和选定教材等。

2. 课程要求

课程准备完成之后，应编制出学期教学进度计划、课题式单元计划、课时安排。一般课程要求有以下几点：

（1）目的明确。教师、学员双方对教学要达到的目的应当明确，使教学紧紧围绕目的进行。

（2）内容正确，传授给学员的信息要准确无误，严把教学内容的科学性。

（3）能采用恰当的方法，以调动起学员的积极性。

（4）结构合理，每堂课必须有严密的计划性和组织性。

（5）讲究语言艺术，语言要清晰、准确、简练，生动形象，通俗易懂，言简意赅，语速、高低合适，音调抑扬顿挫。

（6）板书有序，设计合理。

（7）态度从容自如，把满腔的工作热情投入到教学过程之中。

3. 课外辅导与课外作业的布置与批改

深入到学员中去，耐心仔细地进行答疑，批改作业反馈信息。

4. 对学员的成绩的检查与评定

通过提问检查作业、书面测验、考试、实验、操作和日常观察了解学员，对学员作出公正客观的评价。为国家和企业选拔优秀人才提供参考。

六、集输工培训班教案的编写

（一）制定教学计划

（1）掌握本期学员技术（资历）状况及培训要求，准备教材。

（2）制定具体培训目标及要求：

①培训目标：通过本期理论学习和岗位实际操作，使学员的职业道德水平、业务理论知识水平和实际操作技能达到（某级别水平）要求，适应油田发展需要。

②具体要求：

a. 正确认识本职业（工种、岗位）在油田开发过程的重要性；在具体技术管理环节中每位成员的技术素质都起着至关重要的作用；要求人人都要认真学习，珍惜从事本职业的机会等（刚从事本职业的、初级工做此项要求）。

b. 熟悉各种集输设备。

c. 掌握油气集输工艺技术。

d. 掌握集输工艺流程和集输工基础知识。

e. 掌握集输系统的各种设备操作规程。

f. 熟悉各种常用工具、量具和电工基础知识。

g. 明确本职业（岗位、工种）的工作范围和操作规程。

(3) 课程的设置和要求（刚从事本职业和初级工的课程设置和要求）。

①职业道德课。

通过学习国家、企业的法律法规和形势教育等，使学员的职业道德水平、理论知识水平、思想水平不断提高，达到热爱祖国、热爱党、热爱企业、热爱本职工作。

②专业技术理论。

a. 油气集输基础知识及基本概念：使学员了解石油、天然气的组成及性质；熟悉油田开采常识；掌握安全生产知识及消防知识；了解输油、输气的基本原理。

b. 油气集输设备的操作、维护及保养：使学员了解泵的种类、结构、原理；掌握机泵的操作规程、维护及保养；了解集输系统中容器和加热炉的种类、结构、原理；掌握压力容器及储罐的操作规程；集输设备的合理使用及保养、故障管理。

c. 油气集输工艺技术：了解计量、中转及联合站的集输流程；掌握原理脱水工艺、脱气工艺、原油输送工艺。

d. 常用工具、量具及电工基础知识：使学员能正确使用工具、量具；具有一定的电工知识，掌握安全用电、合理使用电气设备。

③实际操作技能。

a. 能进行更换离心泵对轮胶垫、离心泵加密封填料操作、单级泵更换机油、油罐采样常规操作。

b. 能对岗上的设备进行一保、二保及三保操作。

c. 能够分析判断设备故障，并能正确进行处理。

d. 集油脱水资料的录取、计算；生产质量指标的控制；会分析资料的变化，通过资料的变化对生产动态进行简单分析并提出建议。

(4) 课时分配。

课时分配就是把上述设置的课程及内容按轻重合理地分配学时，见表7-6。

表7-6 课时分配表

序 号	课程名称	课 时	备 注
1	油气集输基础知识	80	
2	油气集输设备	100	
3	油气集输工艺	100	
4	常用工具、量具及仪器仪表	50	
5	电工基础知识	40	
6	实际操作	100	
7	职业道德	20	初级工以上可不设

（二）制定教学大纲

制定教学大纲就是在上述课程设置及要求的基础上，依据课时分配，对各课程内容做更进一步具体要求和布置。下面以制定课程"油气集输基础知识"教学大纲为例具体说明。

油气集输基础知识教学大纲

(1) 教学的目的和要求。

① 了解石油及天然气的生成和储藏、原油和天然气的物理和化学性质、组成；

② 石油的开采常识；

③ 掌握安全常识和消防知识；

④ 熟悉并掌握机械制图基础知识；

⑤ 掌握集输系统岗位资料的填写、生产指标及计算方法。

(2) 课时分配（表1）。

表1　课时分配表

序　号	章　节	课　题	课　时
1	第一章	石油和天然气的生成和储藏	5
2	第二章	石油的开采常识	5
3	第三章	安全常识和消防知识	10
4	第四章	机械制图基础知识	40
5	第五章	集输系统的生产指标及计算方法	10
6		复习考试	10

(3) 教学内容。

第一章 石油和天然气的生成和储藏：石油生成的层理、构造、组成、储藏方式；

第二章 石油的开采常识：采用什么样的开采方式、使原油的采收率最高；

第三章 安全常识和消防知识：站库防火、防爆、防雷、防电等安全常识；常用电气设备安全知识、消防基础知识、灭火器材的管理及使用。

第四章 机械制图基础知识：投影知识、三视图的表达、零件测绘及视图表达方法；

第五章 集输系统的生产指标及计算方法：岗位资料的填写、联合站生产指标、怎样才能控制更合理、节能达到最好的输油效果，及其各指标的计算方法。

复习考试：对本课程内容各部分的所学知识点进行考试：如初级工的重点是判断是与非；中级工的重点是理解和认识上；高级工的重点是分析、判断应用上发挥上等进行考核。（略）。

（三）确定教学手段（方法）

教学手段主要是指就本期培训班的具体情况，利用现有的教学设施和条件，做出具有针对性的、较为具体的、可行的授课方法。常见的方法如下：

(1) 先感性后理性教学。

(2) 示范操作法。

(3) 启发性法。

(4) 战略战术法。

(5) 阶段性反复法：温故知新、举一反三等。

现代化工具：幻灯片——现场不好操作（实际操作不了的）的，如井下抽油泵抽油过程，就可通过幻灯片进行室内模拟演示等。

（四）考评

考评是教学者对培训对象（学员），某阶段（其中、期末）所学的各方面内容进行一次综合评定。通常有两部分（方面）内容：一是考试——书面的理论答卷和现场实际操作考试；二是教学者根据培训对象（学员）在这一阶段平时所掌握的成绩（表现）进行综合评定。

（五）注意事项

(1) 培训不同于日常的技术课，后者是前者的一个具体内容的体现。
(2) 教学大纲和课时分配一定要符合实际（学员状况和教学设施）。
(3) 某具体实际操作课不能现场示范的，可在室内模拟进行。
(4) 考试时对级别高的可适当加些计划外的内容（生产实际操作），但比例要小些。

第五节　编写技术论文

论文是指用抽象思维的方法，通过说理辨析，阐明客观事务本质、规律和内在联系的文章。

一、常用的几种判断、推理、归纳方法

（一）判断

简单地说，判断是对思维对象有所断定地一种思维形式。它可分为简单判断和复合判断。

（二）推理

推理是根据一个或几个已知判断，推出一个新判断地思维形式。根据思维进程方式不同，推理可分为演绎推理、归纳推理和类比推理三大类。技术论文中常用的有科学归纳推理、统计归纳推理。

科学归纳推理：是通过考察某类事物中的部分现象，发现客观事物间的必然联系，概括出关于这类事务的一般性结论；统计归纳推理：采用样本或典型事物的资料对总体的某些性质进行估计或推断。

二、怎样写好论文

写作是一门综合技能，需要多方面的知识。

(1) 要具备一定的逻辑知识。作者需懂得什么是概念和判断，学会运用各种推理。
(2) 要具备一定的写作知识。作者应该明确论文的特征，把握住常见科技文体结构特点。
(3) 要具备一定的驾驭语言文字的能力。作者应该掌握一定的语法、修辞知识，学会正确使用标点符号。
(4) 应了解科技论文的文稿规范。如科技论文的题目、摘要、主题词、注释、参考文献的写法，图表的画法，计量单位的用法。
(5) 要学会积累材料。作者应该学会检索、做文摘以及对积累起来的材料进行归纳

整理。

三、论文中常用术语

（一）概念

概念是反映事物特有属性或本质属性的思维形式。根据概念在内涵和外延方面的逻辑特征，概念可分为很多种。技术论文中常用的概念有单独概念和普遍概念、集合概念和非集合概念、具体概念和抽象概念、正概念和负概念等。

（1）单独概念。单独概念是反映单个对象的概念。它的外延是特指一个独一无二的对象。例如：长江、达尔文等。

（2）普遍概念。普遍概念是反映一类对象的概念。它的外延是指一类对象中的每一个分子。例如：花，学生等。

（3）集合概念。集合概念也称为群体概念，它是反映一定数量的同类对象集体的概念。它是把一些同类对象的集合体当作一个独立对象来思考的，而不反映组成群体的个体。例如：森林，舰队等。

（4）非集合概念。非集合概念是相对于集合概念而言的。除集合概念以外的概念均为非集合概念。例如：树，军舰等。

（5）具体概念。具体概念是反映对象本身的概念，也称为实体概念。例如：教师、科学知识等。

（6）抽象概念。抽象概念是反映对象属性的概念，因此又称为属性概念。例如：美丽、价值等。

（7）正概念。正概念是反映事物具有某种属性的概念，因此又称为肯定概念。例如：红、坚定等。

（8）负概念。负概念是反映事物不具有某种属性的概念，因此又称为否定概念。例如：不红、不坚定等。

上述关于概念的不同分类，是从不同角度按不同标准划分的，因此一个概念从不同角度来看，可以分属不同的种类。

（二）定义

定义是明确概念内涵的一种逻辑方法。给概念下定义就是用简洁的语言精确地揭示概念的内涵。定义的规则如下：

（1）定义必须是相应相称的。

所谓定义相应相称，就是指定义概念与被定义概念的外延是相等的。否则要犯"定义过宽"或"定义过窄"的逻辑错误。

（2）定义的概念不应该直接或间接地包含被定义的概念。

如果定义概念直接或间接地包含被定义的概念，就等于用被定义概念去解释定义概念。这样，被定义概念内涵不能被明确。违反这条规则，常常会出现"同语反复"或"循环定义"。

（3）定义一般不应当是否定的。

下定义的目的是说明概念所反映的事物本质属性是什么，如果是否定的，则只能说明被定义不是什么，而不能说明其是什么。违背这条规则常常犯"定义否定"的逻辑错误。

（4）下定义必须用清楚确切的概念，不能用隐喻或含混的概念。

四、论文的三要素

论文的三要素是论点、论证、论据。论点是所要阐述的观点，说明论点的过程称为论证，说明论点的根据、理由称为论据。论点是作者要表达的主题，必须正确、鲜明、集中；论证是论述证明论点的过程，要求逻辑严密，方法灵活；论据是证明论点的理由，一般可采用理论论据、事实论据（包括典型实例、数据），要求论据准确、充分、典型、新鲜。

常用的论证方法有以下几种：

（1）例证法。例证法是用典型的具体事实作论据来证明论点的方法也就是通常所说的"摆事实"。它运用的是归纳推理的逻辑形式，因此又称为归纳法。

（2）引证法。引证法是一种用已知的事理做论据来证明论点的方法。人们习惯上把它称为"从理论上论述"。它运用演绎推理的逻辑形式，又称为演绎法。

（3）对比法。对比法实际上也是一种例证法，区别在于对比法除举例外还要用事例加以比较。

（4）反证法。反证法是一种间接的证明方法。特点是要证明此论点正确，先要证明与此相反的论点的错误，非此即彼，进而确立此论点。

五、技术论文的文稿规范

技术论文是对生产、科研中新发现的事实及研究过程进行报道，是向科研资助和主管部门汇报的文献。技术论文的结构内容为：标题、摘要、前言、正文、结尾（结论）、参考文献、谢词和附录。

（一）拟定标题

按着标题应具备的准确性、简洁性和鲜明性的原则，先拟定出一个标题，即标题用词要恰如其分地反映实质，表达出自己所研究（改革）的范围和进行的深度；而且在表达清楚的前提下，所用词句越短越好，便于记忆，使之一目了然，不费解，无歧义，便于引证分类。

（二）编写正文

即写文章的主体部分，通用的写法如下：

（1）首先概况交代，就是把所做情况做一个整体性的介绍；
（2）其次是把所做的准备工作及过程写出；
（3）再详细描述整个过程中都实施了哪些手段，采用了什么方法等；
（4）列出所取得的成果以及分析过程等，要求主次分明，数据准确。

（三）整理草稿

把正文草稿每部分内容和用途、引用公式等再逐一核实，对结果及表格数据前后都要核实一次，确认无误。对正文和所做的过程及结果关系不大的，能略去的要坚决略去，不能滥竽充数。

（四）正式写论文（报告）的摘要

摘要即文章主要内容的摘录，一定要达到简短、精粹、完整；这关系到整篇文章给读者的最初印象。

（五）撰写前言

前言又称为文章的绪言，即把所论的技术（问题）的来龙去脉写出来，简述为什么要写该文，以提醒读者注意；其主要内容为背景、目的、范围、方法和取得的成果等。

（六）认真写好正文

正文是文章的主体核心内容，一般是首先提出论点，即研究分析课题的准备过程。

（七）精心写好结尾

结尾是文章正文之后的结论或总结，它是整个论文（报告）事实的结晶是全文章的精髓，是向读者最终交代的关键点，所以要精心写好。如实例中最后一段对课题研究归纳出了四个方面的结论："开发应用了……技能新工艺，研究应用了……新技术；首次开发了……提出了经济合理的节能技术措施；该技术的应用取得了……经济效益显著；注水节能技术由人工到计算机诊断分析，是注水节能技术更加规范化、科学化。"

（八）写全写准参考文献

参考文献是作者（研究者）引用别人的成果，它也是所写技术报告的一部分；一般都要认真把所引用的文献附录在结尾之后，说明成果归属是谁，即那些是引用他人的，到哪去找，是否可信等。

六、论文编写注意事项

（1）格式要正确，文字公式、图表要清晰；语言准确、引用文献要标注；不能出现"大概、可能、差不多"之类的词句。

（2）文章前后相同的内容尽量避免重复。

（3）不能出现跑题现象，更不能喧宾夺主。

附实例：

加强过程控制　确保外输原油合格
××采油厂××作业区××联合站

摘要：本文针对×油田南四、五区采出液含聚浓度逐渐升高，影响脱水效果的情况，采取动态分析控制法，从加药、容器液位界位控制、加热炉温度控制、流程改进等方面进行探索，在保证脱水效果上取得了显著成效，并在探索今后控制方法上提出设想。

关键词：加强　原油脱水　过程　控制

××采油厂××作业区采油××队和××队是聚驱采油队，采出的原油全部进入××联合站，投产初期，没有发现××联合站脱水上有什么变化，但伴随着时间推移，脱水频繁波动，经常出现垮电场现象，针对这种情况，重点对联合站控制参数的八个方面进行了分析，并采取了相应措施，见到了良好效果。

1. 原油脱水的现状分析

采油××队和××队投产初期，中转站来液含量在 $10\mu g/g$ 左右，2个月后，脱水器电场连续几天不稳，经取样化验得知，××站来液含聚已达 $38.4\mu g/g$，据其他见聚联合站介绍，含量在 30~50μg/g 是脱水电场不稳的一个阶段，随后我们加密了取样频率，了解其含量情况，呈逐渐上升的趋势，伴随量驱来液含量浓度的上升，脱水的整个过程都有了以下变化：

（1）水驱破乳剂逐渐失去作用，改为聚驱破乳剂 DP101；
（2）游离水脱除器玻璃管内油水界面处见微黄物质；
（3）加热炉的温度低于 50℃时，脱水器电场波动频繁；
（4）脱水器水层升高时，脱水器逐台跳，难以恢复，没有电流上涨，电压下降的过程；
（5）收污水沉降罐油时，脱水器电场不稳尤为明显。

从脱水器工作状况分析，在整个脱水过程中，如按常规生产操作，收 2000m^3 及 5000 m^3 沉降罐里的油，脱水器电场将波动更为频繁和剧烈，针对这种现状，也采取了一些办法和措施。

2. 控制过程中采取的措施

经过近一年的实践摸索和总结分析，我们对控制脱水器的"三勤"（即勤检查、勤调整、勤分析）、"五平稳"（即排量平稳、压力平稳、温度平稳、水位平稳、加药平稳）有了更深的认识，反复调整各个环节的参数，使其达到最佳状态，具体办法如下。

2.1 制定动态参数控制表

要求岗位员工严格按照规定监控，做好生产运行数据记录，队里定期对动态数据进行分析、讨论，并制定出各岗位新的控制参数，要求各班认真执行，经过一段时间运作，如有设备改造、容器更换等，其动态参数随时调整，以保证相对科学合理的运行状态。

2.2 游离水界面的控制

对于两段密闭流程脱水工艺来讲，游离水的界面高低，含水多少，是原油进入电脱水器之前的首要环节，因此游离水的界面经多次调整，现确定在 2.0~2.1m 处，用自动调节，在微机上随时可见，并可用 1~4 号游离水的玻璃管界面计与微机对照。控制稳界面，才能保持一段含水的稳定。

现一段含水控制在 10%~20% 之间，化验工做准每一个样，及时向运行班长汇报，如果发现脱水器水放不下去，化验工要加密取样化验为生产提供数据，以便及时调整游离水界面及加药量。

2.3 加药量的控制

破乳剂由水驱药剂改为聚驱用药，破乳剂加药比在 10.2~14.0μg/g，加药量的确定主要依据处理量大小，按比例加药。目前是正常生产状态，加药比为 12.2μg/g，如有收油或一段含水较高时，药量每个班多加 10~50kg。

2.4 一段含水的确定

一段含水的高低主要取决于两方面因素，一是破乳剂药量的多少；二是游离水油水界面的高低。游离水界面调整先后进行了三次摸索和尝试：

（1）第一次是 1~4 号游离水油水界面控制在 1.8~2.0m 之间，延长沉降时间，一段含水较低，一般在 2%~12% 之间，但游离水界面降低后，使一段放水水质变差，污水含油较高，造成污水沉降罐内油厚增加。

（2）第二次是将 6 台游离水界面提高到 2.8~3.0m 之间，此时一段含水较高，有时达到 30% 或 50% 左右不等，导致脱水器进口含水过高，脱水器处理量增加，造成脱水电场不稳。

(3) 第三次调整，是将游离水放水改为自动状态，并以1~4号游离水的玻璃管界面为参考，同时结合微机液位，油水界面确定在2.0~2.1m，将5~6号界面控制在2.2~2.3m处，这样既保证了一段含水的稳定，又减少了游离水放水的含油量，比较理想的，一段含水在10%~20%之间。

2.5 加热炉的调整及温度的确定

温度在脱水过程中是非常关键的因素。本站有3台火筒炉（8.36×10^6J/h），目前运行两台，经过一段时间的观察，温度在50~55℃之间，还是有利于脱水的，如果温度太高，容易使加热炉产生汽化，造成生产不安全。

总之在两台加热炉并联运行时，要随时监控温度、流量、气压的变化，做到及时发现、及时调整。定期（每周一）检查燃烧器燃烧情况，看耐火砖是否有脱落，看火管是否有变形及鼓包现象。

2.6 脱水器的控制

电脱水是油站脱水的核心环节，涉及、影响脱水的因素也多，主要有以下几个方面：
(1) 进电脱水器的含水要求在10%~20%之间较理想；
(2) 温度要求在50℃~55℃之间；
(3) 压力要求在0.20~0.30MPa之间；
(4) 界面要求，比较难调整。

目前，脱水器放水不能实现全自动控制，处在半自动状态，要求脱水工根据看窗的放水情况，调节水位，来保证脱水器内的油水界面。脱水器的控制，追求的是平稳，如果波动，分析准原因，才能"对症下药"。如果水多，缓慢放水，保持脱水器水位，电场很快建立，比较容易恢复；如果几台脱水器电场同时波动，或脱水器电场全部破坏，情况就难处理，我们分析这种情况，可能是聚合物、硫化物等杂质进入了脱水器电场，控制方法是将脱水器内混合层（易导电层）压回2000m³罐，再重新建立，恢复脱水器电场，或者是关小或关闭单台脱水器出口，缓慢静脱，恢复脱水器电场，脱水器出口阀门半圈半圈的开，保证脱水器平稳运行。

2.7 对部分流程的改动

污水站收油流程，原打入聚驱游离水的进口，后改入聚驱放水进2000 m³污水沉降罐，这样污水回收的油经水洗后，再收入系统，使脱水器电场更平稳些。

2.8 两个污水沉降罐的界面控制及收油时间的摸索

根据一段时间摸索，目前2000m³和5000m³两个沉降罐的油液位停留在1.8m和0.5m左右位置上，不再收油，脱水器电场相对比较平稳。经过现场结合和论证，认为可将污水沉降罐内液体分为3个存在区间，依上而下为：油层、过渡层、水层。如图1所示。

从图1中可以看出，收油最佳位置是在油层段，若高低控制不好，都会给脱水器电场造成波动，尤其是过渡层，一旦收入系统，脱水器电场恢复得相当慢（大约3~4h），而且这些物质出不了系统，总在沉降罐、游离水、脱水器，再回沉降罐之间形成一个恶性循环，若想打破这个循环，就得采取一些措施，使问题得以解决。

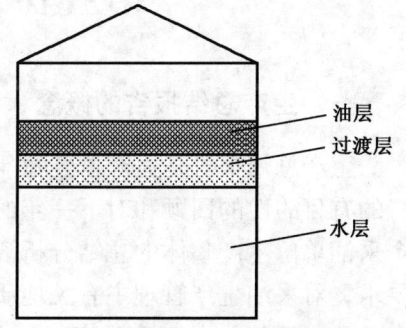

图1 污水沉降罐内分层情况

3. 下一步控制方法的探索及设想

针对××油站见聚后产生的一系列脱水器电场波动,从厂到区各级领导及××联合站的干部员工都在积极地思考着一些问题,采取了一些措施办法,但目前为止,还未形成一个妥善的解决方法,本站将更加积极地探索解决方法。下一步打算及设想:

3.1 游离水及脱水器的放水全自动调节及投用

同厂工程仪表联系协调,将6台游离水和6台脱水器自动放水系统全部重新调试,争取全部投运全自动放水系统,这样不仅减小了员工的工作强度,更重要的是使游离水和脱水器的界面更加平稳,有利整个系统操作和控制。

3.2 对破乳剂型号、用量合理调整及投加

报请上级业务部门,考虑化学药剂的配方是否可以调整,主要针对目前的原油成分,是否做个分析,破乳剂的浓度、化学机理及投加量是否可以更科学、更合理一些。

3.3 对污水沉降罐内的过渡层处理

既然目前沉降罐内的混合油层进入脱水器后,脱水器就会垮电场,是否能采取其他措施将其处理。比如将该层段油用罐车收回;加热、加药后重新打入系统;多沉降一段时间,待各层稳定后,缓慢输送回系统中去。

3.4 改变$2000m^3$沉降罐的进液方式

原流程是聚污站回收水池的污水回收后直接由罐进入$2000m^3$沉降罐,没有进中心反应筒,容易使沉降罐里污水沉降不好,现预想将聚污站回收水池的污水打入$2000m^3$沉降罐污水进口,直接进入中心反应筒,使污水均匀分配后,有利于油水界面沉降分层,有利于$2000m^3$罐收油。

3.5 针对水驱、聚驱来液混合处理的工艺流程,能否合理改进处理工艺

现工艺流程是水驱来液、聚区来液在游离水这段流程是分开的,但含水油从游离水脱除器出来后,进加热炉及脱水器水驱、聚驱含水油就混合一起,如果水驱、聚驱含水油彻底分开处理,就避免了因聚驱不稳而影响整个站的脱水,采取的措施也就更可以直接更有针对性。

参考文献(略)

第六节　编写阶段生产总结报告

一、生产总结报告的概念

生产总结报告是生产单位每年(阶段)对其完成企业所下达的经营目标和生产管理进行的有目的性的回顾和对下一年的工作进行展望;是技术人员站在生产管理者的角度,对一个采油单位生产整体的总结分析活动;是围绕本单位的生产经营目标,按照相关的必要格式要求,对采油生产管理中有关地质开发、采油技术、工程改造、管理模式等实际情况,进行本单位(区块)的年度生产工作总结,为生产决策者提供必要的参考管理模式,为上级业务部门提供可靠的工程数据。

第七章 安全生产及培训

二、编写生产总结报告

（一）拟定标题

如果本年度里在生产经营管理方面有新成果或新思路（被上级认可的）应用的，可以突出其内容为标题写年度总结；否则按常规写即可。

（二）简要概括性地交代过去一年的工作总体情况

通常以"××××年时我单位（区块）按照油田开发方针×××××××及××××要求，积极努力地××××同时，认真落实××××××，结合生产实际情况，在泵站生产管理、节能降耗、安全生产和×××专项攻关等方面积极开展工作，不仅按期（计划）较好地完成了各项生产任务（经营目标），而且在新技术应用上也取得了突破性的进步。"特别是拟有某项（方面）的标题时，一定要扣题。

（三）重点详细写过去一年里所做的主要工作及结果

可直接用小标题来描述每项具体工作：是在什么环境条件下着手干的，具体是如何实施开展的，采用了什么手段（技术），得到了那些业务部门的指导和帮助，目前取得的成果如何，还存在哪些问题等等。通常主要有以下几个方面（具体可参考本油田生产工作再添加）。

1. 生产管理方面

重点描述本单位在上级下达的经营指标任务后，面对设备老化、新技术××××××××等困难，在加强管理和发扬×××××××精神外，充分依靠技术的提高，员工素质的提高，上下共同努力取得了×××××××成绩；并列出当年的各项生产管理指标（原油外输任务、外输含水、集输吨液耗电、吨液耗气、吨油耗气、外输液单耗、单脱水耗、集输系统效率、设备和计量仪表的完好率和利用率等）完成情况，最好是画出表格对比。接着可以再细写抓好基础工作（日常管理如何，制度建全如何，资料录取如何，生产参数优化等）以及生产规章制度落实（执行制度）等方面的具体工作内容。

2. 节能降耗方面

根据本单位的生产实际情况，在节能降耗方面做了哪些工作（节电、节气）：现有成熟技术坚持应用抓好——根据本单位特点和共性（各个站均采用的降温集输）概述说明即可；针对生产中的难题——自己或上级业务部门帮助进行了那几项专题攻关，是什么样的难题（如掺水泵耗电高、脱水器含水波动大问题），影响的程度，采取了什么样的技术手段，效果（对生产管理和原油产量）如何，下一步打算等；节能降耗的新技术推广或应用——就本单位生产状况，应用或推广了什么样的新技术，重点解决或促进提高的是什么，新技术的可操作性如何，在本单位员工中实际推广应用的范围大小，结果如何，存在问题是什么，是员工技术的差距还是生产客观实际情况不适宜采用（生搬硬套）等，或对其进行部分改进一下（当然不是原技术的关键点），再进行应用。

3. 员工技术培训方面

员工技术培训总目标——外培训、内操练全面提高员工技术素质；具体的外培情况——全年培训多少人，培训形式如何，结果如何（多少人获得了什么级别的证书）；内部培训操练情况——分工种、分级别、分岗位的具体培训，整体与个别等形式的岗位实际操练，有多少人次，结果如何岗位实际生产操作水平达到什么程度，技术比赛中有多少人次获得什么级别的称号等;对新技术的学习——室内怎样教学的,现场如何示范操练的帮教的;在整体氛围上干部是如何带头学的,各种比赛成绩好的是如何奖励表彰的;以上的结果对单位各项生产管理水平的提高和任务的出色完成起到了什么样的作用。

4. 其他方面

如抓好以 HSE 管理体系为主的安全工作等。

(四)下一年工作安排设想(计划)

1. 总体工作思路(参考如下)

根据企业(油田开发)"××××"方针,结合上级业务部门的"××××"采油技术会议精神,确定下一年的工作总体思路——"以原油生产任务为重点,以经济效益为中心,加强基础工作,抓好队伍建设,精细管理,依靠技术进步和×××实现全年×××目标"。

2. 工作目标

把全年要完成或达到的开发管理指标、工程技术管理指标、安全等其他重要的指标,用图表或曲线逐一列出具体内容。

3. 做好几项主要工作

为了完成上述工作目标,在总体工作思路的指导下,全年要做好那几项主要工作是:(具体逐一写出,并简单交代一下每项工作制定的相应保障措施)。

附实例:

生产改造两不误 　干群联袂攀新高

求真务实创高效 　努力实现新目标

××采油厂××矿(作业区) ××站

××联合站现有员工 80 人,其中党员 12 人,干部 6 人,团员 24 人。管理面积 4.5 万 m^2,共管理各种机泵××台、各种压力容器××座;设有输油、脱水、加热、计量仪表等××岗位。

××联紧紧围绕作业区 2007 年总体指导思想和工作规划,结合本站实际,实现了"生产改造两不误,提高技能强素质,注重学习求创新,实现目标跨先进"的总体工作目标。在原油生产、经营管理等方面取得了长足的进步。下面将××联 2007 年生产任务完成情况以及 2008 年的工作思路汇报一下,请领导给予批评指正。

一、2007 年指标完成情况及主要业绩

(一)指标完成情况

指标完成情况见表 1(略)。

(二)主要工作业绩

在 2007 年我站共取得了以下业绩……

二、2007 年主要工作

(一)加强领导班子建设及员工队伍建设

2007 年我们围绕"基层建设推进年"和"企业文化建设基础年"两大活动,大力加强班子建设和员工队伍建设。

1. 加强班子建设

努力创建"政治素质好、经营业绩好、团结协作好、作风形象好"的"四好"班子，提高领导干部的政治理论水平和业务能力，使安全生产和精神文明建设取得了长足发展。

2. 加强员工队伍建设

在加强员工队伍建设上，今年我们主要抓了以下方面的工作：

一是开展形势教育，与员工进行沟通交流，培养忠诚型职工。

二是极力解决员工的实际困难，培养感恩型员工。

三是实行岗位优化，培养责任型职工。

四是注重向员工提问为什么，培养知识型员工。

五是从日常小事抓起，培养素质型员工。

六是注重抓团队建设，培养团结互助型员工。

七是采取激励赞美语言，培养快乐型员工。

（二）抓好正常生产及施工改造管理

2007年对于全站最重要的任务是站内施工改造，面临改造施工现场环境杂乱，××联全体干部员工团结协作，确保安全生产与施工的正常进行。

（1）加强设备管理，确保安全生产。

（2）积极主动想措施，确保系统平稳运行。

①积极主动想办法，努力扭转外输原油含水超高的被动局面

为了扭转外输含水超高被动局面，保证外输含水指标，××联全体干部员工本着事实求是的态度，多次恳请油田管理部不定期对我们联合站化验含水进行抽查，同时，为了保证外输含水也积极想办法做好自己工作。

②齐心协力献对策，降低输差保运行。

（三）完善管理制度，不断提高管理水平

2007年我们对岗位制度及规范进行了修改，修改后的制度更加体现以人为本的理念，对不遵守劳动纪律、违反岗位规范，经多次思想说服教育屡教不改的，我们的制度更加严厉，对于工作积极努力、思想要求进步、集体荣誉感特别强的我们的制度变成一种福利保证措施。

（四）完善基础工作，努力创建一支信息化的现代基层队

今年年初以来，我们不断完善基础工作，为实现信息化基层队鉴定基础。首先建立××联合站网页，提高××联合站知名度，另外我们自行开发设计了基层队库房管理系统软件，一方面规范基层队库房管理，另一方面提高工作效率。

（五）加强员工培训，提高员工岗位技能及思维方式，培养创新精神

（1）把满足岗位技能要求、提高员工岗位工作能力作为培训工作的重点。

（2）把培养思维方式，作为培训工作的目的。

（3）把培养创新精神作为培训的主旋律。

（六）积极开展节能降耗工作　提高经济效益

（1）制定措施开展节电工作。

在夏季制定了具体的节电措施：一是降低掺水量和掺水压力，二是间歇加热、间歇掺水

(2) 通过采取措施,达到节能减排的目的。

(3) 通过在站内装定压放气阀等措施,日减少天然气放空 3000 m^3。年少排放天然气 $109 \times 10^4 m^3$。

(4) 推行"5S+5E"标准,提升管理水平。

根据作业区要求,制定了"5S+5E"管理工作方案,要求各岗位对按照方案要求,认真组织实施,并严格按照方案规定执行,同时组织人员到先进学习,把别人做得好的地方学回来,各种资料、物品摆放标准,使各岗位"5S+5E"管理工作逐步走向正轨。

三、存在的主要问题

回顾一年的工作,我们认为在以下几个方面工作中还存在不足,需要在以后的工作中加强并改进……

四、2008 年工作规划

（一）工作思路

以党的"十七大"精神为指导,加强基层建设和企业文化建设,打造和谐团队,争创一流业绩,全面完成和超额完成各项生产任务。

（二）工作目标

在生产管理上,完成作业区下达的各项指标,争创五星级联合站,强化安全管理,完善设备管理制度,保证设备的平稳运行。开展节能降耗,实现清洁生产、文明生产,确保安全生产无事故。

在队伍建设上,开展五型班组创建活动,班组达标率100%,加强群团组织建设,发挥群团组织作用,工会达到"模范小家"。

（三）工作重点

1. 在生产管理方面

全面贯彻执行点项管理法,夯实基础工作,继续保持五星级站队称号,生产管理水平保持全厂前列……

2. 安全管理方面

(1) 编制完善设备操作卡及 QHSE 体系文件,新设备、新工艺投入使用后,原有的操作卡及体系文件不适合于现有生产要求,需要结合生产重新编制完善。在操作卡的使用上有一个想法（使用语音提示功能,操作规程编程用数据库模拟）。

(2) 结合新设备、新工艺生产实际编制岗位安全应急预案,组织全站干部员工学习掌握,并组织应急预案演练,计划明年五月份、十月份进行两次全员范围的安全消防演习及应急预案演练,通过演练提高员工的实战技能,快速应急能力,加强员工安全意识,对安全生产平稳运行打下坚实的基础。

(3) 全年认真开展严管理、查隐患、反三违、保安全活动,通过管理、自查整改,及时发现生产中存在的隐患,及时处理,确保有一个良好安全生产环境。

(4) 继续完善安全亲情文化建设,建立良好的安全氛围。2007 年年底我站开展了安全亲情文化,利用员工更衣柜门,将员工全家福照片粘贴在更衣柜门上,同时由员工自己写上安全提示语,每当员工上班时打开衣柜门,就能看到全家福照片,这样很好地起到了提高员工安全意识作用，2008年初全面推行此项工作。

3. 队伍建设方面

党建思想工作是一支队伍发展的灵魂，××联党支部在2008年要抓好以下几方面工作：

(1) 加强"四好领导班子"的建设。

(2) 进一步推进落实企业文化建设工作。

(3) 抓好队伍建设，确保队伍稳定，充分发挥政治思想骨干队伍的作用。

4. 技教培训方面

(1) 2008年我站将坚持2007年好的团队沟通培训，并在此基础上拓展为室外的团队培训游戏训练，包括提高团队创新能力的游戏，体现团队互助与合作的游戏，沟通与合作的游戏等。有研究表明，一个人早晨的情绪将很大程度上影响一天的工作、生活情绪。因此我们在早晨的团队趣味训练使岗位员工每天早晨在欢笑声的伴随下步入生产岗位，决定了一整天以愉快的心情投入到工作当中，无形当中，减小了员工彼此间的距离感，从游戏的团队配合延伸到了岗位发生事故时各岗位协作配合能力的提高，保证了安全平稳运行。

(2) 采取"三结合"的培训方式开展2008年岗位员工培训工作。"三结合"即："施工图纸与现场相结合、设备控制与构造相结合、生产岗位与厂家相结合"。2007年在××联施工改造时，我站就利用每天早晨对员工进行新系统流程的培训，干部轮流利用休息时间将主要流程制作成多媒体课件，在早会上轮流讲解。使员工在新系统投运前便通过培训对流程有了一定的了解。2008年在新系统投运后，我站将首先采取施工图纸与现场相结合的培训方式，将现场实际的流程制作成简易的流程走向图，将培训教室转移到现场，使岗位员工从书本上的培训转移到实际操作当中。其次，在流程学习的同时我站将组织岗位员工对所管容器设备的控制与内部构造相结合的培训方式。使员工真正熟悉容器内部构造，便于控制操作。第三，我们将采取生产岗位与厂家相结合的方式，邀请厂家技术人员到生产现场，对机泵、自动化以及容器的操作要领等进行讲解，站里组织相关人员进行学习，达到少走弯路，一步到位，正确操作的目的。

总之，2007年我站在作业区党委的正确领导和关怀下，取得了一些成绩，但是，我们深知与领导的要求和组织的期望，还有一定的距离，要做的工作还有很多，所肩负的责任也很大，我们会以加倍的努力来完成上级党委交代的各项任务。

参 考 文 献

[1] 中国石油天然气集团公司人事服务中心编．集输工（上册）．北京：石油工业出版社，2005．
[2] 中国石油天然气集团公司人事服务中心编．集输工（下册）．北京：石油工业出版社，2005．
[3] 朱介瑞．管工工艺．北京：石油工业出版社，2003．
[4] 汪楠，陈桂珍．工程流体力学．北京：石油工业出版社，2007．
[5] 王立吉．计量学基础．北京：中国计量出版社，2003．
[6] 王化祥．自动检测技术．北京：化学工业出版社，2004．
[7] 陈洪全，岳智．仪表工程施工手册．北京：化学工业出版社，2005．
[8] 乐嘉谦．仪表工手册．北京：化学工业出版社，2004．
[9] 蒋青，等．实用泵技术问答．北京：中国标准出版社，2009．
[10] 魏龙．泵维修手册．北京：化学工业出版社，2009．
[11] 范继义．油库用泵．北京：中国石化出版社，2007．
[12] 李振泰．油气集输工艺技术．北京：石油工业出版社，2007．
[13] 蒋杨贵．输油技术读本．北京：石油工业出版社，2003．
[14] 王光然．油气集输．北京：石油工业出版社，2006．
[15] 冯叔初，等．油气集输与矿场加工．东营：中国石油大学出版社，2006．
[16] 杨溥泉．电工手册．北京：中国劳动社会保障出版社，2000．
[17] 赵家礼．图解维修电工操作技能．北京：机械工业出版社，2006．
[18] 刘玉敏．变频器应用问答．北京：化学工业出版社，2009．
[19] 魏召刚．工业变频器原理及应用．北京：电子工业出版社，2009．
[20] 李耀天．五金手册．北京：中国电力出版社，2008．
[21] 任级三．工具钳工实训与职业技能鉴定．沈阳：辽宁科学技术出版社，2005．